甘肃尕海则岔国家级自然保护区

二期综合科学考察报告

GANSU GAHAI-ZECHA GUOJIAJI ZIRAN BAOHUQU
ERQI ZONGHE KEXUE KAOCHA BAOGAO

陈有顺 主编

甘肃科学技术出版社

图书在版编目(CIP)数据

甘肃尕海则岔国家级自然保护区二期综合科学考察报告 / 陈有顺主编. -- 兰州 : 甘肃科学技术出版社, 2023.5

ISBN 978-7-5424-3067-0

Ⅰ. ①甘… Ⅱ. ①陈… Ⅲ. ①自然保护区－科学考察－考察报告－甘肃 Ⅳ. ①S759.992.42

中国国家版本馆CIP数据核字(2023)第077511号

甘肃尕海则岔国家级自然保护区二期综合科学考察报告

陈有顺　主编

责任编辑　陈学祥
封面设计　麦朵设计

出　版　甘肃科学技术出版社
社　址　兰州市城关区曹家巷1号　730030
电　话　0931-2131572(编辑部)　0931-8773237(发行部)

发　行　甘肃科学技术出版社　　印　刷　甘肃兴业印务有限公司
开　本　880毫米×1230毫米　1/16　　印　张　30.5　插页　12　字　数　849千
版　次　2023年6月第1版
印　次　2023年6月第1次印刷
印　数　1~2000
书　号　ISBN 978-7-5424-3067-0　　定　价　158.00元

二期科考队员

独一味

红花绿绒蒿

红花岩生忍冬

头花杜鹃

冬虫夏草

甘青铁线莲

桃儿七

山丹花

甘肃贝母

中华花葱

全缘绿绒蒿

五裂茶藨子

双花堇菜

四裂红景天

密生波罗花

糖茶藨子

山莨菪

小叶金露梅

星叶草

高山绣线菊

中国马先蒿

紫果云杉

白尾海雕

斑头鸺鹠

斑尾榛鸡

藏狐

藏原羚

大天鹅

黑额山噪鹛

黑颈鹤幼雏

黑颈鹤

黑鹳

血雉

胡兀鹫

红喉雉鹑

厚唇裸重唇鱼

金雕

高山麝

四川梅花鹿

四川羚牛

蓝马鸡

林麝

环志大天鹅

雪豹

岩羊

编 委 会

序

党的十八大以来，以习近平同志为核心的党中央高度重视生态文明建设，提出建设以国家公园为主体的自然保护地体系。做好自然保护地工作，依法保护典型的自然生态系统和珍稀濒危野生动植物天然集中分布区，对维护生态安全、建设生态文明具有十分重要的意义。

尕海湿地属于我国特有的高原湿地类型，是国际湿地组织指定的中国第41块、甘肃省首块国际重要湿地，是洮河重要的水源涵养区，也是正在创建的若尔盖国家公园的重要保护区域。尕海则岔自然保护区是甘肃省建立的第4个国家级自然保护区，集高原湿地、高山草甸、高山森林和野生动物类型为一体，在落实黄河国家战略和构筑青藏高原生态安全屏障中发挥着重要作用。

尕海则岔保护区二期综合科学考察历时三年，通过开展大量富有成效的工作，编辑形成了《甘肃尕海则岔国家级自然保护区二期综合科学考察报告》，客观反映了20年来保护区在湿地、森林、草原、野生动植物等方面的保护成效，摸清了保护区内高等植物、大型真菌、脊椎动物、昆虫等资源情况，特别是国家重点保护野生动植物资源数量和分布情况，为全面加强保护工作和推进若尔盖国家公园创建奠定了良好基础。

林草兴则生态兴。做好尕海则岔保护区工作，任重道远，使命光荣。当前和今后一段时期，我们要深入学习贯彻习近平总书记关于加强自然保护地体系建设的系列重要讲话和指示精神，坚持山水林田湖草沙一体化保护和系统治理，全面提升保护区保护治理水平。认真贯彻落实甘肃省第十四次党代会精神，准确把握甘肃作为生态屏障的特殊功能定位，积极服务省委提出的“一核三带”发展布局，组织实施好甘南黄河上游水源涵养区建设、尕海湿地生态保护修复和若尔盖国家公园创建工作，努力建设山川秀美、生态优良的美丽甘肃。

是为序。

甘肃省林业和草原局党组书记、局长

2022年7月15日

前　言

世纪之交,国家先后启动了天然林资源保护、退耕还林还草、野生动植物保护及自然保护区建设等林业生态建设工程。甘肃尕海则岔国家级自然保护区(以下简称“保护区”)应运而生。为了将尕海省级自然保护区和则岔省级自然保护区合并晋升为国家级自然保护区,在甘肃省、甘南州和碌曲县有关林业部门配合下,由兰州大学生物系刘迺发教授牵头,于1996年10月完成了保护区资源本底调查也就是第一次综合科学考察,主要进行了气象、地质地貌、水文地理、土壤、植物、植被、森林、草原、湿地、脊椎动物、昆虫及社会经济状况调查。考察结果认为本地区具有众多珍稀野生动物物种,湿地、森林、草原生境基本保持原始状态,在涵养水源、防止洮河上游水土流失、维持黄河流域生态平衡、保持经济持续发展方面有重要作用,具有国家重点保护的价值,将尕海和则岔两个省级保护区合并晋升为国家级自然保护区是适宜的。考察重要成果《尕海—则岔保护区》为国务院批准建立国家级自然保护区发挥了重要作用,也为保护区积累了重要的原始技术资料。

甘肃尕海则岔国家级自然保护区,是由1982年建立的尕海候鸟省级自然保护区与1992年建立的则岔省级自然保护区合并晋升而成,国务院1998年8月18日批准晋升国家级自然保护区时,正值国家生态保护战略转型之时,党中央高度重视生态环境保护和自然保护区建设,本保护区从而成为甘肃省第四家国家级自然保护区。2001年,甘肃省政府同意成立尕海则岔国家级自然保护区管理局,事业性质,处级建制,隶属甘肃省林业厅。2021年4月,经甘肃省委机构编制委员会办公室批准,“甘肃尕海则岔国家级自然保护区管理局”(以下简称“管理机构”)更名为“甘肃尕海则岔国家级自然保护区管护中心”(以下简称“管护中心”)。

甘南州委州政府、碌曲县委县政府十分重视和支持保护区工作，在保护区晋升、管理机构筹建、基础设施建设、自然资源保护等方面都给予很大的支持。保护区管理机构成立以来，通过对保护区生态区位的调查分析，提出了“搞好生态建设、维护生态安全、实现生态文明”的保护区发展思路，制订了以保护尕海湿地生态系统、则岔森林生态系统为主体的生态建设任务，全力构建湿地、森林、草原和野生动植物安全体系，营造人人爱护自然、人与自然和谐相处的社会氛围，把保护区建成资源丰富、功能完善、效益显著、生态良好的绿水青山。20年来，保护区全体干部职工以区为家、以野生动物为友、以保护自然资源为荣，秉持“绿水青山就是金山银山”的新发展理念，不忘初心、踔厉奋发、笃行不怠、不断发力，自然保护取得了明显成效。

保护区动植物物种的特有性、自然性、地理代表性和多样性，具有极高的保护和科研价值。广袤的湿地、森林和草原及其生态系统在保护生态环境、维持动植物物种多样性、维护生态平衡、调节和改善区域气候、涵养水源、保持水土、净化空气以及促进社区经济发展等方面，有着十分重要的作用。

保护区管理机构成立伊始，就把调查自然资源并建立档案、组织环境监测、组织或者协助有关部门开展自然保护区的科学研究作为重要工作。积极配合中国科学院动物研究所和武汉植物园、武汉大学、兰州大学、西北师范大学、甘肃农业大学、甘肃民族师范学院、渭南师范学院、信阳师范学院等大专院校、科研院所开展科学研究，使保护区成为科研教学和野外实习基地。保护区技术人员先后配合开展了甘肃省中药资源调查、甘肃省湿地资源调查、鸟类生态学研究、蝶类群落及其区系研究、湿地温室气体排放研究等多个资源调查和科学研究项目；同时协助和配合热爱野生动物的自然摄影爱好人士在保护区开展拍摄。通过配合开展调查、科研和拍摄工作，进一步丰富了保护区自然资源本底资料，提高了保护区职工的业务技术水平。

为了搞好自然资源保护，保护区技术人员先后开展了泥炭资源调查、动植物资源综合调查、森林资源调查和湿地资源调查，并对气象、水文、动物和植物进行了持续监测，充实和更新了自然资源资料，发表了专业论文和报道，提高了保护区的知名度，引起了社会各界人士对自然保护事业的关注。

按照《自然保护区综合科学考察规程》关于“自然保护区建立后，原则上每10年应开展1次综合科学考察”的规定，为了查清保护区自然资源消长变化情况，全面反映保护区建立以来特别是保护区管理机构成立以来的保护成果，进一步科学地保护自然资源，很有必要全面开展保护区二期综合科学考察（以下简称“二期科考”）。

参加二期科考的技术人员由陈有顺、李俊臻、田瑞春、王琳、马沛龙、张勇、王修华、贾赓、党乾锟、安源、李世洋、石小伟、朱海栋、王俊发、张弟弟等组成，扎西才让、考塔、马更智、张明德、何更加巴、仁欠等同志也参加了调查工作。科学考察共调查动物样线11条，调查植物样线60条、样地292个、样方1285个，采集植物标本960份、动物标本274份，拍摄动植物照片22 290份。收集了有关保护区的气象、水文、社会经济、基础设施建设、村镇建设、环境污染等方面的资料，外来物种、外来入侵物种的种类组成、传入途径、种群数量、危害程度的资料，生态旅游规模、开展方式、旅游影响的资料，过度放牧、采集、乱捕滥猎等威胁因素调查资料。经过外业考察、标本鉴定、内业整理和科考报告编写，保护区二期综合科考取得了可喜的成果，起到了承前启后、总结经验、培养人才和推动保护区发展的重要作用。

二期科考报告引用资料截至2020年底。共调查整理高等植物8纲41目82科314属978种，大型真菌9目24科44属70种，脊椎动物29目81科204属354种，昆虫10目61科202属340种。国家重点保护野生动物84种，其中一级19种、二级66种，国家重点保护野生植物16种(全为二级)。在报告成书前夕，国家林业和草原局、农业农村部先后公布了调整后的《国家重点保护野生动物名录》和《国家重点保护野生植物名录》。为了增强二期科考报告的利用价值，又按2021年公布的两个新名录对保护区国家重点保护野生动物和野生植物相关介绍进行了系统全面地修改。

另外，在本科考报告截稿后，监测发现尕海湖中又出现群众异地放生的外来物种鲤鱼和草鱼；2021年9月22日，保护区职工在野生动物监测时，近距离观察到1只羚牛，专家鉴定为四川羚牛 *Budorcas tibetanus* Milne-Edwards，属中国特有动物，列入CITES-2019附录Ⅱ保护动物、中国脊椎动物红色名录——易危(VU)、国家一级保护动物；2022年6月16日，野外红外相机发现国家二级保护动物毛冠鹿 *Elaphodus cephalophus* Milne-Edwards。

按照国家有关规定并结合保护区实际，《甘肃尕海则岔国家级自然保护区二期综合科学考察报告》共分自然地理、高等植物、无脊椎动物、脊椎动物、调查监测和科学研究、保护区管理、保护区评价、生态建设工程等12章，共84.9万字，图表文并茂，数据翔实，从一定程度上反映了保护区的自然资源和保护研究成果，是自然保护工作者和生态环境研究者的参考书。

《甘肃尕海则岔国家级自然保护区二期综合科学考察报告》初稿完成后，承蒙西北师范大学陈学林教授、兰州大学张立勋教授、甘肃农业大学马维伟副教授、甘肃民族师范学院马雄副教授和刘汉成副教授分别对高等植物、脊椎动物、土壤及昆虫及其他无脊椎动物等章节进行了审查和修改,特此致谢!保护区管护中心的马沛龙、安源、贾赓、李世洋等同志提出了许多很好的修改意见,也在此一并致谢!

由于保护区范围较广、海拔落差大、水系众多,动植物种类多且分布各异,二期科考一定会有部分动植物没有调查上,待后来者加以补充和完善。相关专业知识更新快、各类法律法规也随着社会发展而产生变化,加上作者专业知识水平和实践经验有限,时间仓促,虽经反复修改,报告中错误疏漏在所难免。衷心期望广大读者、专家、同行批评指正,以便在今后的科考中参考。

本书在编写过程中引用和参考了许多文献材料,对此,我们通过文字说明或列出相应的参考文献,在此对相关作者表示崇高敬意。

保护区动植物资源丰富、生态区位重要,又是国家重要湿地和国际重要湿地,欢迎省内外各界人士特别是从事生态环境保护的专家、师生和科技人员来保护区从事科学研究工作!

陈有顺

2022年5月

目 录

第1章 总 论

1.1 位置、境域

甘肃尕海则岔国家级自然保护区(以下简称“保护区”)位于甘肃省西南部的甘南藏族自治州(以下简称“甘南州”)碌曲县境内,东与碌曲县双岔镇和卓尼县接壤,南、东南与四川省若尔盖县相连,西南与玛曲县毗邻,西接碌曲县李恰如种畜场和青海省河南蒙古族自治县,北邻碌曲县玛艾镇、西仓镇和双岔镇。地理坐标介于102°05′00″~102°47′39″E、33°58′12″~34°32′16″N,东西宽55km,南北长56km,总面积247 431hm²。在行政区划上,涉及的单位和乡镇有甘南州大水种畜场,碌曲县尕海镇、拉仁关乡、郎木寺镇的全部行政村和西仓镇贡去乎行政村洮河南岸的多拉、贡去乎、土房则岔3个村民小组。区内的213国道是连接西北和西南的咽喉要道,交通较为便捷。

1.2 自然地理和环境概况

1.2.1 自然地理

保护区地处青藏高原的东部边缘向陇南山地和黄土高原的过渡地带,总趋势西高东低。最高点在西南部西倾山与玛曲县交界的最高峰,海拔4438m;最低点在保护区北部洮河右岸的区界上,海拔2960m;高差约1500m,大部在海拔3200~4000m之间。境内有格尔琼山、西倾山、巴列卜恰拉山、豆格拉布则山、杂干恰拉山。豆格拉布则山是洮河水系与白龙江水系的分水岭。山地的顶端多是夷平面,各山之间多为开阔的草滩,著名的有野马滩、尕海滩(姜托滩)、郭茂滩(果芒塘、郭莽滩)、晒银滩、布俄藏滩(慕俄藏滩)等,都是良好的天然牧场。

1.2.2 环境概况

1.2.2.1 气候

在气候区划上,保护区位于青藏高原气候带、高寒湿润气候区,属青藏高原大陆性季风气候类型区。受西风环流影响和高原地形作用,雨量比较充沛。由于海拔较高,气温偏低。按照张宝堃的“候平均气温”划分,保护区长冬无夏,春秋相连,北部冬季285d、春秋季80d,南部冬季315d、春秋季50d,平均冬季300d、春秋季65d。气候多变,尤其是6~9月,时而烈日当空、晴空万里,时而乌云密布、暴风骤雨。5~9月多冰雹,最多月可达3次。冬季积雪较深,时间较长,全年积雪约31d,通常深5~10cm。光照比较丰富。无绝对无霜期,相对无霜期30d左右。在这种气候条件下,保护区内的植物生长期较短。

通过对则岔、尕海、石林和郎木寺4个自动气象站观测资料的统计分析,进入21世纪以来,气候变化在气温和降水量的表现上比较明显。

保护区年平均气温3.5℃,极端最高气温29.0℃,极端最低气温为-25.4℃,有效积温1 254.2℃;7月平均气温13.2℃,1月平均气温-7.6℃;平均最大冻土深73.7cm,最大冻土深105cm,最小冻土深0cm;平均最大月霜冻日数25.9d,最大月霜冻日数30d,最小月霜冻日数0d;年平均日照时数2 237.1h,最大月日照时数265.1h,最小月日照时数87.6h;年太阳辐射520.0kJ/(cm^2•a),生理辐射255.1kJ/(cm^2•a);年平均降水量654.2mm,多集中在夏、秋季节,最大月降水量235.7mm,最小月降水量0mm;年平均蒸发量1 160.0mm,最大月蒸发量185.1mm,最小月蒸发量37.7mm;平均冰雹日数2.8d,最大月冰雹日数3d,最小月冰雹日数0d;年平均积雪日数30.5d,最大月积雪日数19d,最小月积雪日数0d。

1.2.2.2 土壤

受高原、山地气候条件的作用以及更新世冰川和洪积的影响,保护区土壤多样化程度较高,而且随海拔高度的变化,土壤的类型呈规律性的垂直变化。分为高山寒漠土、高山草甸土、亚高山草甸土、灰褐土、暗色草甸土、泥炭土和沼泽土7大类。

高山寒漠土土类面积很小,多生长壳状地衣和苔藓类低等植物,高等植物很缺乏,仅有垫状点地梅、红景天、风毛菊、龙胆、高山嵩草、大锥早熟禾、疏花针茅等,植被盖度非常低。

高山草甸土土类面积较大,植被以高寒草甸和高寒灌丛为主,草本以高山嵩草为主,垫状植被分布较普遍,是主要的夏季牧场之一。

亚高山草甸土土类几乎遍及保护区全境,上接砾土或与灰褐土毗邻。所处的气候带高寒阴湿。土层厚度不等,成土母质为页岩的风化物。有深厚的腐殖质层,植被生长良好,是主要牧场。

灰褐土土类主要分布于贡去乎到则岔的区域内,面积不大。所处地带高寒阴湿,植被为暗针叶云、冷杉林,林上层灌丛以金背杜鹃为主,地被植物有薹草和苔藓,是保护区的主要林地。

暗色草甸土土类主要分布于尕海、则岔河滩等水位浅的低平地带,面积不大。植被以喜湿性的草甸草本植物为主,有披碱草、嵩草、龙胆等。热量充足,水源条件好,是优良的冬春牧场。

沼泽土土类主要分布于尕海滩、郭茂滩、晒银滩等湿地,面积不大。主要植物为高地沼泽喜湿植物,以湿生、中湿生的嵩草属及薹草属植物为主。

泥炭土土类见于尕海凹尔下滩、尕海滩的沼泽湿地,面积很小,嵩草属植物为建群植物。

1.2.2.3 水文水质

保护区水资源总量$9.38 \times 10^8 m^3$,其中地表水$7.10 \times 10^8 m^3$、地下水$2.28 \times 10^8 m^3$。洮河汇水面积2 304.34km^2,在境内年径流量约$6.51 \times 10^8 m^3$,其中洮河干流237.55km^2、径流量$0.71 \times 10^8 m^3$,发源和补水全在保护区的括合曲流域面积1 261.61km^2、径流量$3.39 \times 10^8 m^3$,周曲在保护区内流域面积805.18km^2,多年平均径流量约$2.41 \times 10^8 m^3$;黑河在境内流程27km,汇水面积117.90km^2,年径流量$10.6 \times 10^8 m^3$,其中入境水$10.28 \times 10^8 m^3$、自产水$0.32 \times 10^8 m^3$;白龙江在境内流程15.43km,保护区内的汇水面积52.07km^2,年径流量$0.27 \times 10^8 m^3$,全为自产水。

尕海湖及周围流域的水质达到了国家Ⅰ类水质标准,白龙江流域源头的水质优于洮河流域水质。通过在贡去乎水文监测点、忠曲下游、郭茂滩、白龙江出境处、白龙江源头及尕秀水文监测点6个样点水质的测定,地表水主要项目pH、电导率(μs/cm)、ORP(氧化还原电位)、溶解氧(mg/L)和水温(℃)的平均值分别是7.68、364.7、143.9、8.16和7.79,其中6月的监测值为7.47、359.6、150.9、7.32和10.17,11月的监测值为7.90、369.9、136.8、9.00和5.4。

通过对保护区及其周边地下水的采样化验结果显示:地下水无主要污染物,所有监测样点的地下水水质全部达到国家Ⅲ类地下水环境质量标准,地下水水质良好,水质类型几乎全为HCO_3-Ca或

HCO_3-Ca-Mg型，矿化度为0.5g/L以下，只有NO_3离子含量比较高，是可供人畜饮用的良好水源。

1.3 自然资源概况演变

保护区分布大面积湿地、森林和草地，动植物资源丰富。

2004年：保护区管理机构成立后，技术人员对各类土地面积进行了重新整理和补充调查，在总面积247 431hm^2中，有林业用地40 772hm^2，湿地35 000hm^2，草场163 929hm^2，耕地、工矿用地、住宅用地、交通运输用地等其他用地7730hm^2。在草场面积中，不包含湿地和森林类型中的草地。

2010年：在保护区总面积247 431hm^2中，林地41 991hm^2、非林地205 440hm^2。在非林地中，湿地58 150hm^2、草地145 545hm^2、其他1745hm^2。在其他地类中，耕地132hm^2、工矿用地120hm^2、住宅用地734hm^2、交通运输用地759hm^2。

2018年：在总面积247 431hm^2中，林地45 173.8hm^2、非林地202 257.2hm^2（其中耕地131.6hm^2、草地128 543.6hm^2、湿地60 842.1hm^2、未利用地5 119.2hm^2、建设用地7 620.7hm^2）。森林覆盖率15.4%，林木绿化率18.2%。各功能区、不同权属土地面积见附表1，各保护站的各类土地面积见表1-1。

表1-1 保护区各保护站各类土地面积统计表 单位：hm^2、%

统计单位	总面积	林地	非林地						森林覆盖率	林木绿化率
			合计	耕地	草地	湿地	未利用地	建设用地		
保护区	247 431	45 173.8	202 257.2	131.6	128 543.6	60 842.1	5 119.2	7 620.7	15.4	18.2
则岔站	58 470	19 554.6	38 915.4	131.6	32 789.3	4 034.6	1 048.1	911.8	24.6	33.3
尕海站	112 070.9	11 053.6	101 017.3		48 339.6	45 836.6	2 311.8	4 529.3	9.9	9.9
石林站	76 890.1	14 565.6	62 324.5		47 414.7	10 970.9	1 759.3	2 179.6	16.6	18.7

1.3.1 湿地资源

湿地与森林、海洋并称全球三大生态系统，也是价值最高的生态系统。《中华人民共和国湿地保护法》规定，湿地是指具有显著生态功能的自然或者人工的、常年或者季节性积水地带、水域，包括低潮时水深不超过6m的海域，但是水田以及用于养殖的人工的水域和滩涂除外。到2020年底，我国湿地面积已达5 360.3×10^4hm^2，有国际重要湿地64处、湿地自然保护区602处、湿地公园899处、湿地保护小区700余处，全国湿地保护体系初步建立，湿地保护率达52.65%。

保护区湿地地处黄河上游源区，为若尔盖高原沼泽湿地的重要组成部分，是我国典型的内陆高寒湿地类型之一，也是黄河水源涵养和生态保护功能重要保护地。尕海湿地资源特别是泥炭储量和动植物资源十分丰富，具有强大的涵养水源的能力，对维持生物多样性、涵养黄河水源有着十分重要的作用，丰厚的泥炭资源对减缓温室效应引起的气候变化有着非常重要的作用。2000年11月8日，在《中国湿地保护行动计划》中，尕海则岔保护区湿地被列入中国重要湿地；2011年9月，尕海则岔保护区湿地被列入国际重要湿地名录，属于国家重点保护的湿地资源。

1.3.1.1 湿地类型及面积

保护区内的湿地主要有三种类型，即河流及其支流和河漫滩组成的河流湿地、以尕海湖为主的湖泊湿地和遍布保护区的沼泽湿地。

河流湿地：保护区内洮河支流众多，小河小溪遍布沟谷之中，其中有一部分是季节性河流，冬春两季枯竭，仅夏季流水。主要有多拉沟、玛日沟、则岔沟、地勒克赫（地勒库合、地勒库）等十几条大的支流，这些大小支流及其河漫滩组成了河流湿地。河流湿地主要分布于保护区的东北部，其河流总长在400km以上，年径流量$5\times10^8m^3$。河水主要来源于降水补给，其次是地下水和消融的冰雪水的补给，因此其水文特征与大气降水的丰水期与枯水期相一致，但河水变化过程比降水过程滞后1个月左右，滞后的主要原因是地表水受到森林植被的涵养和含水岩层的调蓄。

湖泊湿地：包括尕海湖和天鹅湖。尕海湖湖面海拔3470m，在尕海盆地的南部有许多山泉，大的泉眼有10个，流量从每秒数百毫升到1L以上不等。发源于西倾山的琼木且曲、翁泥曲、冬才曲、忠曲、格琼库合、格青库合等10多条河流流入盆地，整个盆地集水面积约$80km^2$。汇入盆地的水部分通过周曲流入洮河，部分蒸发消耗，部分通过地下潜流排泄到秀哇盆地。天鹅湖湖面海拔3430m，是20世纪70年代兴修饮水工程形成的人工湖，在郭茂滩南部有许多山泉形成的一股冬季不结冰的弥足珍贵的溪流，使天鹅湖成了大天鹅和部分野鸭越冬的天堂，冬季有300多只（最大监测数）大天鹅在此越冬，夏季是黑颈鹤和多种雁鸭类等许多候鸟的繁殖地。

沼泽湿地：以位于保护区的西南部的整个尕海盆地为主，尕海盆地形成始于中生代，进入新生代后，受到侵蚀和剥蚀，至第四纪以后，断裂的西部大幅度下降，堆积了约250m厚的第四系，构成了堆积地形，形成了典型的洪积平原。尕海盆地为广阔的洪积物所覆盖并在中北部及南部边缘发育了沼泽地，除东北部边缘保留有较好的洪积扇外多为平坦的洪积斜坡，河流几乎平行排列，最终汇集于末端水体——尕海湖。这些河流除洪水季节外常消失在洪积层中形成地下水，因地形平坦、积水难以排出而形成沼泽地。

2015年以来，甘肃省林业厅在保护区所在的碌曲县开展湿地生态效益补偿试点，结合试点工作保护区又对湿地资源进行了补充调查，到2018年底，尕海湿地总面积60 842.1hm^2，其中河流湿地1 901.2hm^2、湖泊湿地4 837.7hm^2、沼泽湿地54 103.2hm^2，湿地保护等级都是Ⅰ级，湿地率24.6%（见附表2）。

1.3.1.2　尕海湿地的泥炭资源

2006~2007年，保护区技术人员按照湿地公约确定的湿地分类系统，采用GPS定位、RS卫星遥感影像判读、MAPGIS成图等先进的调查技术，对湿地资源和泥炭资源进行了详细调查，制作了卫星影像图和湿地分布图。调查的湿地总面积43 176hm^2，其中高山湿地14 882hm^2、洪泛地12 281hm^2、草本泥炭地10 429hm^2、永久性淡水湖2513hm^2、草本沼泽2870hm^2、永久性河流201hm^2。

实施ECBP项目时，保护区技术人员陪同国际泥炭专家马丁等人，于2007年9月采用土钻对泥炭厚度进行了详细调查，14个调查点的泥炭层厚度分别为：20070907-1为181cm、20070907-2为230cm、20070907-3为85cm、20070907-4为180cm、20070907-5为175cm，20070908-1为60cm、20070908-2为150cm、20070908-3为125cm、20070908-4为85cm，20070909-1为309cm、20070909-2为310cm、20070909-3为336cm、20070909-4为260cm，200709010-1为230cm。泥炭层平均厚度194cm，最厚336cm，最薄60cm。

兰州大学环境资源学院赵文伟博士一行在尕海调查的最大泥炭厚度达475cm。岩芯位于102°33′49.2″E、34°8′58.9″N，海拔3584m的贡巴，芯长500cm，其中0~475cm为泥炭沉积，475~500cm为黏土，从而进一步印证了尕海湿地丰富的泥炭资源储量。

甘肃农业大学林学院王辉教授根据对泥炭样本的测试分析得出，尕海泥炭地的干物质含量为0.463 3g/cm^3，干物质中有机碳含量为190.828 5g/kg。

综合以上资料，在保护区湿地资源中有泥炭地10 429hm^2，平均厚度为1.94m，泥炭储量2.02×10^{8}m^3，据此推算，尕海泥炭地中干物质含量为0.93×10^{8}t，有机碳储量达1775×10^{4}t，这些储存在泥炭地中的碳汇一旦全部氧化，就可能向大气层释放大量温室气体。综上所述，保护尕海湿地的泥炭资源对我国早日实现碳达峰和碳中和也有着重要意义。

1.3.1.3 湿地野生动植物资源

湿地植物泛指生长在过渡潮湿环境中的植物，狭义的湿地植物是指生长在水陆交汇处、土壤潮湿或者有浅层积水环境中的植物。湿地植物种类繁多，主要包括水生、沼生、盐生以及一些中生的草本植物。根据《中国湿地植物初录》《中国常见湿地植物》《中国湿地及其植物与植被》《甘肃省湿地资源调查报告》等文献资料记载的湿地植物，在保护区的湿地植物共4类54科386种，其中：苔藓植物2科2种，占总种数的0.52%；蕨类植物3科9种，占总种数的2.33%；裸子植物2科4种，占总种数的1.04%；被子植物47科371种，占总种数的96.11%。

苔藓植物2科2种：水藓科仅水藓1种，占苔藓植物总数的50.00%；地钱科仅地钱1种，占苔藓植物总数的50.00%。

蕨类植物3科9种：木贼科包括问荆、溪木贼、木贼、犬问荆、节节草、笔管草等6种，占蕨类植物总数的66.67%；球子蕨科包括荚果蕨、中华荚果蕨2种，占蕨类植物总数的22.22%；铁线蕨科仅铁线蕨1种，占蕨类植物总数的11.11%。

裸子植物2科4种：松科包括青海云杉、紫果云杉、祁连圆柏等3种，占裸子植物总数的75.00%；麻黄科仅单子麻黄1种，占裸子植物总数的25.00%。

被子植物47科371种：杨柳科包括青杨、乌柳、川柳、山生柳、康定柳、青皂柳、川滇柳、洮河柳、皂柳等9种，占被子植物总数的2.43%；桦木科包括红桦、白桦2种，占被子植物总数的0.54%；荨麻科包括宽叶荨麻、毛果荨麻2种，占被子植物总数的0.54%；蓼科包括卷茎蓼、冰岛蓼、两栖蓼、萹蓄、水蓼、酸模叶蓼、圆穗蓼、细叶圆穗蓼、尼泊尔蓼、西伯利亚蓼、柔毛蓼、珠芽蓼、掌叶大黄、酸模、水生酸模、齿果酸模、巴天酸模、尼泊尔酸模等18种，占被子植物总数的4.85%；藜科包括轴藜、杂配轴藜、尖头叶藜、藜（灰藜、白藜）、灰绿藜、杂配藜、蒙古虫实、菊叶香藜等8种，占被子植物总数的2.16%；石竹科包括蚤缀（无心菜）、簇生泉卷耳、鹅肠菜、女娄菜、长梗蝇子草等5种，占被子植物总数的1.35%；毛茛科包括甘青乌头、迭裂银莲花、草玉梅（虎掌草）、小花草玉梅、水毛茛、梅花藻、驴蹄草、花葶驴蹄草、星叶草、甘川铁线莲、甘青铁线莲、蓝翠雀花、川甘翠雀花、碱毛茛（水葫芦苗）、三裂碱毛茛、鸦跖花、川赤芍、毛茛、浮毛茛、爬地毛茛、高原毛茛、毛果高原毛茛、云生毛茛、长茎毛茛、高山唐松草、贝加尔唐松草、瓣蕊唐松草、长柄唐松草、芸香叶唐松草、矮金莲花、小金莲花、毛茛状金莲花等32种，占被子植物总数的8.63%；小檗科包括鲜黄小檗、匙叶小檗、桃儿七（鬼臼）等3种，占被子植物总数的0.81%；罂粟科包括蛇果黄堇、细果（节烈）角茴香、多刺绿绒蒿、全缘叶绿绒蒿、红花绿绒蒿、野罂粟（山罂粟）等6种，占被子植物总数的1.62%；十字花科包括垂果南芥、荠菜、大叶碎米荠、播娘蒿、毛葶苈、苞序葶苈、葶苈、头花独行菜、楔叶独行菜、蚓果芥、沼生蔊菜、菥蓂（遏蓝菜）等12种，占被子植物总数的3.23%；景天科包括费菜（土三七）1种，占被子植物总数的0.27%；虎耳草科包括狭果茶藨子、道孚虎耳草、黑蕊虎耳草、山地虎耳草、狭瓣虎耳草等5种，占被子植物总数的1.35%；蔷薇科包括灰栒子、麻核栒子、西北栒子、东方草莓、野草莓、路边青（水杨梅）、鹅绒委陵菜（蕨麻）、二裂叶委陵菜、委陵菜、金露梅、银露梅、多茎委陵菜、掌叶多裂委陵菜、小叶金露梅、华西委陵菜、细梗蔷薇、扁刺蔷薇、矮地榆、地榆、窄叶鲜卑花、鲜卑花、陕甘花楸、天山花楸、高山绣线菊、蒙古绣线菊、细枝绣线菊、南川绣线菊等27种，占被子植物总数的7.28%；豆科包括甘肃黄耆、川西锦鸡儿、鬼箭锦鸡儿、披针叶黄华、高山豆（异叶米口袋）、广布野豌豆、歪头菜等7种，占被子植物总数的1.89%；牻牛儿苗科包括牻牛儿苗、粗根老鹳草、尼泊尔老鹳草、甘青老鹳草、鼠掌老鹳草、老鹳草等6种，占被子植物总数的1.62%；大戟科包括泽漆、高山大戟、沼生水马齿等3种，占被子植物总数的0.81%；柽柳科包括三春水柏枝、具鳞水柏枝2种，占被子植物总数的0.54%；堇菜科仅双花堇菜1种，占被子植物总数的0.27%；瑞香科包括甘青瑞香（唐古特瑞香）、狼毒2种，占被子植物总数的0.54%；胡颓子科包括中国沙棘、西藏沙棘2种，占被子植物总数的0.54%；柳叶菜科包括柳兰、高山露珠草、柳叶菜、光滑柳叶菜、沼生柳叶菜、长籽柳叶菜、光籽柳叶菜等7种，占被子植物总数的1.89%；小二仙草科包括穗状狐尾藻、狐尾藻2种，占被子植物总数的0.54%；杉叶藻科仅杉叶藻1种，占被子植物总数的0.27%；伞形科包括田葛缕子、葛缕子、裂叶独活、藁本、西藏棱子芹等5种，占被子植物总数的1.35%；杜鹃花科仅百里香杜鹃1种，占被子植物总数的0.27%；报春花科包括垫状点地梅、海乳草、羽叶点地梅、苞芽粉报春、胭脂花、天山报春等6种，占被子植物总数的1.62%；龙胆科包括镰萼喉毛花、长梗喉毛花、喉毛花、刺芒龙胆（尖叶龙胆）、肾叶龙胆、线叶龙胆、大花秦艽、云雾龙胆、黄管秦艽、假水生龙胆、匙叶龙胆、鳞叶龙胆、麻花艽、蓝玉簪龙胆、湿生扁蕾、花锚、椭圆叶花锚、肋柱花、辐状肋柱花、歧伞獐牙菜、红直獐牙菜、华北獐牙菜等22种，占被子植物总数的5.93%；花荵科仅中华花荵1种，占被子植物总数的0.27%；紫草科包括倒提壶、微孔草（锡金微孔草）、附地菜（地胡椒）等3种，占被子植物总数的0.81%；唇形科包括美花筋骨草、密花香薷、鼬瓣花、独一味、宝盖草、野芝麻（硬毛野芝麻）、薄荷、甘肃黄芩等8种，占被子植物总数的2.16%；玄参科包括短腺小米草、短穗兔耳草、短筒兔耳草、肉果草（兰石草）、水茫草、碎米蕨叶马先蒿、等唇碎米蕨叶马先蒿、中国马先蒿、弯管马先蒿、白花甘肃马先蒿、长花马先蒿、斑唇马先蒿、藓生马先蒿、返顾马先蒿、红纹马先蒿、轮叶马先蒿、细穗玄参、北水苦荬、小婆婆纳、水苦荬（水菠菜）等20种，占被子植物总数的5.39%；狸藻科包括捕虫堇（高山捕虫堇）、弯距狸藻（狸藻）2种，占被子植物总数的0.54%；车前科包括车前、平车前、大车前等3种，占被子植物总数的0.81%；茜草科包括拉拉藤（猪殃殃）、蓬子菜、茜草等3种，占被子植物总数的0.81%；五福花科仅五福花1种，占被子植物总数的0.27%；忍冬科包括蓝靛果忍冬、葱皮忍冬、刚毛忍冬、红花岩生忍冬、岩生忍冬、莛子藨（羽裂叶莛子藨）等6种，占被子植物总数的1.62%；败酱科仅缬草1种，占被子植物总数的0.27%；川续断科仅圆萼刺参1种，占被子植物总数的0.27%；桔梗科包括钻裂风铃草、党参2种，占被子植物总数的0.54%；菊科包括云南蓍、黄腺香青、乳白香青、牛蒡、沙蒿、臭蒿、大籽蒿、白莲蒿（铁杆蒿）、甘青蒿、丝毛飞廉、烟管头草、高原天名精、刺儿菜（小蓟）、葵花大蓟（聚头蓟）、褐毛垂头菊、喜马拉雅垂头菊、车前状垂头菊、条叶垂头菊、狭舌多榔菊、美头火绒草、长叶火绒草、矮火绒草、银叶火绒草、掌叶橐吾、箭叶橐吾、黄帚橐吾、三角叶蟹甲草、毛裂蜂斗菜（冬花）、毛连菜（毛莲菜）、日本毛连菜、草地风毛菊、禾叶风毛菊、长毛风毛菊、大耳叶风毛菊、钝苞雪莲、鸦葱、苦苣菜（苦荬菜）、苣荬菜、蒲公英、狗舌草等40种，占被子植物总数的10.78%；眼子菜科包括穿叶眼子菜、小眼子菜（线叶眼子菜）、篦齿眼子菜、角果藻、海韭菜、水麦冬等6种，占被子植物总数的1.62%；禾本科包括醉马草、芨芨草、巨序剪股颖、疏花剪股颖（广序剪股颖）、甘青剪股颖、野燕麦、菵草、短柄草、大雀麦、假苇拂子茅（拂子茅属）、沿沟草、发草、穗发草、野青茅、短颖披碱草（垂穗鹅观草）、披碱草、垂穗披碱草、老芒麦、羊茅、藏异燕麦、落草、羊草、赖草、黑麦草（黑麦草属）、白草、高山梯牧草、芦苇、早熟禾、草地早熟禾、西藏早熟禾、细柄茅、菰等32种，占被子植物总数的8.63%；莎草科包括华扁穗草、黑褐穗薹草、无脉薹草、箭叶薹草、点叶薹草、甘肃薹草、膨囊薹草、青藏薹草、木里薹草、帕米尔薹草、糙喙薹草、沼泽荸荠、具刚毛荸荠、牛毛毡、细莞（细秆藨草）、线叶嵩草、甘肃嵩草、大花嵩草(裸果扁穗薹草)、嵩草、高山嵩草(小嵩草)、四川嵩草、西藏嵩草、短轴嵩草、三棱水葱(藨草)、矮针蔺(矮藨草)等25种,占被子植物总数的6.74%;灯心草科包括葱状灯心草、小灯心草、栗花灯心草、喜马灯心草(无耳灯心草)、分枝灯心草、多花灯心草、单枝丝灯心草、枯灯心草、展苞灯心草等9种,占被子植物总数的2.43%;鸢尾科包括锐果鸢尾、马蔺2种,占被子植物总数的0.54%;百合科包括黄花韭(野葱)、天蓝韭、卷叶黄精、玉竹、轮叶黄精等5种,占被子植物总数的1.35%;兰科包括手参、角盘兰、广布小红门兰、绶草等4种,占被子植物总数的1.08%。

湿地生态系统的野生动物,划分为以下5类:一是只在沼泽地觅食和繁殖;二是在森林沼泽地带繁殖,但在其他地点觅食;三是森林地带的种类,除了繁殖季节以外,长期觅食于沼泽;四是既在沼泽又在其他生态系统繁殖和觅食,但更喜欢在非沼泽系统栖息;五是只在迁徙季节在沼泽上短暂停留。保护区的湿地野生动物大多既能适应水域环境也能适应陆域环境,其中湿地鸟类绝大部分为迁徙性鸟类,周期性往返于繁殖地和越冬地。以尕海湖为中心的尕海湿地是许多水鸟的理想繁殖地,特别是黑颈鹤、黑鹳等国家重点保护动物的重要栖息地和繁殖地。经调查统计,保护区分布的湿地野生动物约4类29科109种,其中鱼类3科17种、两栖类4科7种、鸟类20科80种、兽类2科5种,分别占湿地野生动物总数的15.6%、6.4%、73.4%和4.6%。

鱼类3科17种:鲤科包括黄河裸裂尻鱼、花斑裸鲤、厚唇裸重唇鱼、骨唇黄河鱼、极边扁咽齿鱼、麦穗鱼、鲫等7种,占鱼类总数的41.2%;鳅科包括黄河高原鳅、拟鲇高原鳅、达里湖高原鳅、东方高原鳅、硬鳍高原鳅、短尾高原鳅、黑体高原鳅、拟硬刺高原鳅、泥鳅等9种,占鱼类总数的52.9%;鲑科仅虹鳟1种,占鱼类总数的5.9%。

两栖类4科7种:小鲵科仅西藏山溪鲵1种,占两栖类总数的14.3%;角蟾科包括西藏齿突蟾、中华蟾蜍、岷山蟾蜍等3种,占两栖类总数的42.9%;蛙科包括中国林蛙、黑斑侧褶蛙2种,占两栖类总数的28.5%;叉舌蛙科仅倭蛙1种,占两栖类总数的14.3%。

鸟类20科80种:鸭科包括豆雁、灰雁、斑头雁、大天鹅、赤麻鸭、赤膀鸭、罗纹鸭、赤颈鸭、绿头鸭、斑嘴鸭、针尾鸭、绿翅鸭、琵嘴鸭、白眉鸭、赤嘴潜鸭、红头潜鸭、白眼潜鸭、凤头潜鸭、鹊鸭、斑头秋沙鸭、普通秋沙鸭等21种,占鸟类总数的26.2%;鸊鷉科包括小鸊鷉、凤头鸊鷉、黑颈鸊鷉等3种,占鸟类总数的3.7%;秧鸡科包括普通秧鸡、白胸苦恶鸟、白骨顶等3种,占鸟类总数的3.7%;鹤科包括灰鹤、黑颈鹤2种,占鸟类总数的2.5%;鹮嘴鹬科包括鹮嘴鹬1种,占鸟类总数的1.3%;反嘴鹬科包括黑翅长脚鹬1种,占鸟类总数的1.3%;鸻科包括凤头麦鸡、灰头麦鸡、金眶鸻、环颈鸻、蒙古沙鸻等5种,占鸟类总数的6.2%;鹬科包括孤沙锥、针尾沙锥、扇尾沙锥、鹤鹬、红脚鹬、青脚鹬、白腰草鹬、林鹬、矶鹬、青脚滨鹬等10种,占鸟类总数的12.5%;鸥科包括棕头鸥、红嘴鸥、渔鸥、普通燕鸥、灰翅浮鸥等5种,占鸟类总数的6.2%;鹳科仅黑鹳1种,占鸟类总数的1.3%;鸬鹚科仅普通鸬鹚1种,占鸟类总数的1.3%;鹮科仅白琵鹭1种,占鸟类总数的1.3%;鹭科包括黄斑苇鳽、栗头鳽、夜鹭、池鹭、牛背鹭、苍鹭、草鹭、大白鹭、中白鹭等9种,占鸟类总数的11.2%;鹰科包括玉带海雕、白尾海雕2种,占鸟类总数的2.5%;翠鸟科包括蓝翡翠、冠鱼狗2种,占鸟类总数的2.5%;百灵科仅长嘴百灵1种,占鸟类总数的1.3%;燕科包括褐喉沙燕、崖沙燕2种,占鸟类总数的2.5%;河乌科包括河乌、褐河乌2种,占鸟类总数的2.5%;鹟科包括赭红尾鸲、黑喉红尾鸲、红尾水鸲、白顶溪鸲等4种,占鸟类总数的5.0%;鹡鸰科包括西黄鹡鸰、黄头鹡鸰、灰鹡鸰、白鹡鸰等4种,占鸟类总数的5.0%。

兽类2科5种:鼩鼱科仅喜马拉雅水麝鼩1种,占兽类总数的20%;鼬科包括水獭、亚洲狗獾、香鼬、艾鼬等4种,占兽类总数的80%。

尕海湿地是候鸟西部迁徙路线的通道之一，也是候鸟迁徙途中重要的停歇地（中转站、驿站），每年春秋迁徙季节，大量候鸟汇集尕海湿地，特别是像黑鹳、黑颈鹤、斑头雁等候鸟，春季北迁途中在尕海湖周聚集，补充能量后一部分就地繁衍，一部分继续前行；而在秋季南归时，它们也会在尕海湖周大量集群，经过一段时间补充能量后一路南行。

据2013年候鸟集中北迁的3月30日7:00~17:00环尕海湖监测，共记录20科39种鸟类5257只。其中䴙䴘科的凤头䴙䴘36只，鹭科的中白鹭15只，鹳科的黑鹳92只，鸭科的斑头雁25只、赤麻鸭123只、绿翅鸭1350只、绿头鸭740只，鹤科的黑颈鹤25只，秧鸡科的白骨顶1830只，鸻科的凤头麦鸡370只；而在2016年候鸟南迁期间的10月23日和11月6日两次同步调查的结果分别为：2574只和3525只，11月6日比10月23日多出了37%，说明来自其他栖息地的候鸟很多。

1.3.2 森林资源

森林主要分布于海拔3000~3500m高山峡谷地带，由以岷江冷杉、紫果云杉、云杉、青海云杉和祁连圆柏组成的寒温性针叶林和以白桦为主的落叶阔叶林组成。云杉、冷杉和桦树分布于阴坡或半阴坡，圆柏分布于阳坡、半阳坡。

保护区的乔木林主要集中于则岔主沟及其支沟山地，地形复杂，气候垂直差异较大，热量随海拔增加而减少，降水量随海拔高度增加而增加。在以上诸多自然因素的综合影响下，形成了较为单一的森林类型。

灌木林和灌丛几乎分布于保护区所有立地类型。灌丛分为常绿阔叶灌丛和落叶阔叶灌丛两大类。常绿阔叶灌丛以杜鹃属植物为建种群；落叶阔叶灌丛又分为两类，即以山生柳、窄叶鲜卑花、金露梅和高山绣线菊为主组成的高寒落叶阔叶灌丛，以沙棘属植物为主组成的河谷落叶阔叶灌丛。

1.3.2.1 建区前森林消长简介

由于国家建设的需要，保护区所在的碌曲县双岔林场的森林资源遭到长期采伐利用，部分林地甚至沦为疏林地和无林地，森林资源呈快速减少趋势。直到1998年国家实施天然林资源保护工程后，才全面停止了对天然林的采伐利用。

1.3.2.2 林地面积

到2018年底，保护区林地总面积45 173.8hm²，其中有林地（全为乔木林，下同）4 750.2hm²、疏林地173.4hm²、未成林地72.6hm²、灌木林地40 177.6hm²。保护区的林地林种全部属于特种用途林，二级林种为自然保护区林。森林覆盖率15.4%，其中则岔保护站24.6%、尕海保护站9.9%、石林保护站16.6%；林木绿化率18.2%，其中则岔保护站33.6%、尕海保护站9.9%、石林保护站18.7%（见附表3）。

乔木林面积蓄积：乔木林总面积4 923.6hm²，其中有林地4 750.2hm²、疏林地173.4hm²、散生木8 232株。活立木总蓄积572 808m³，其中林分蓄积560 856m³、疏林地蓄积量11 302m³、散生木蓄积650m³（见附表4）。

有林地按林龄组面积蓄积：有林地面积4 750.2hm²、蓄积560 856m³，其中纯林4 406.9hm²、525 907m³，混交林343.4hm²、34 949m³；按林龄组分，幼龄林601.6hm²、蓄积20 766m³，中龄林2 450.7hm²、蓄积298 305m³，近熟林1 691.3hm²、蓄积241 546 m³，成熟林6.6hm²、蓄积239m³。

有林地按树种组成面积蓄积：有林地面积4 750.2hm²、蓄积560 856m³，其中纯林面积4 406.8hm²、蓄积25 907m³，混交林面积343.4hm²、蓄积34 949m³。在纯林中，软阔类纯林面积23.0hm²、蓄积606m³，针叶类纯林面积4 383.9hm²、蓄积525 301m³。保护区有林地的土地使用权全为“国有”，森林起源全为“天然”。

林地质量等级：在林地总面积45 173.8hm²中，林地质量等级Ⅲ级的面积11 763.7hm²、Ⅳ级的面积33 410.1hm²，没有Ⅰ级、Ⅱ级和Ⅴ级的。

灌木林面积：灌木林总面积40 177.6hm²，其中国家特别规定的灌木林33 429.9hm²、其他灌木林6 747.7hm²；按优势树种分，柳灌779.1hm²、金露梅1 493.0hm²、小檗214.0hm²、杜鹃8 024.9hm²、其他灌木29 666.6hm²；按覆盖度分，疏覆盖度的31 469.6hm²、中覆盖度的8 707.9hm²。保护区灌木林的土地使用权全为"国有"，森林起源全为"天然"。

2020年，保护区按照《甘肃省林业和草原局关于开展2020年森林督察暨森林资源管理"一张图"年度更新工作方案》更新了各地类资源数据，林业用地45 207.8hm²，比2018年增加34hm²，又增加了一个无立木林地；非林业用地202 223.2hm²，所有的水域和牧地中的沼泽化草甸均属于湿地资源。

1.3.2.3　森林类型

保护区森林类型分为7种，即冷杉矮林、冷杉林、云杉林、桦木林、柏木林、针阔混交林和灌木林（灌丛）。

冷杉矮林：主要分布于海拔3400~3600m阴坡、半阴坡，树种以岷江冷杉为主。地表土壤为酸性土壤，地面枯枝落叶层厚而分解不良，有大量杜鹃叶，肥力不高。冷杉矮林随海拔增高、林木变矮、蓄积减少，立木枯死率增加。金背杜鹃在下木中占优势，草本很不发达，苔藓很发达。在森林与灌丛交界处，常有冷杉侵入杜鹃灌丛，形成冷杉"岛"。冷杉矮林如遭破坏，就会被杜鹃灌丛更替。在一些坡度较为平缓的地方，由于降水量大，蒸发小，温度低，形成积水，也可直接演替成高山草甸。

冷杉矮林经过破坏就会演替成为杜鹃林，杜鹃林再进一步遭到破坏就会演替为高山草甸，如果冷杉矮林经过严重破坏也会直接演替为高山草甸；反之，经过长期的保护或人工造林、低效林改造等恢复措施，杜鹃林也会恢复成为冷杉矮林，高山草甸也会恢复为杜鹃林甚至直接恢复成为冷杉矮林。

冷杉矮林自然恢复极困难，种子年间隔期长达10年。种源不足，生境恶劣，人工植树造林保存率极低，极难成林，所以冷杉矮林很珍贵，是暗针叶林的顶级树种，应注意保护。冷杉矮林树高在7~10m。

冷杉林：分布于海拔3200~3400m的山坡中下部，多生长在凹形坡面及山坳，其分布下限常与云杉林混交，一般占二~三成。地表土壤为山地暗棕壤，酸性，枯枝落叶层厚，分解不良。树种为岷江冷杉，林相整齐。林下灌木金背杜鹃很少，有少量高山柳、忍冬，草本有薹草和蓼类等湿生植物。苔藓属极为发达，覆盖地面，平均厚度达18cm，如冷杉林遭到破坏，林下草本、灌木立即生长起来，苔藓消失。冷杉林平均树高为14~16m。

冷杉林经过破坏就会演替成为杨桦林，杨桦林再进一步遭到破坏就会演替为灌木林，如果冷杉林经过严重破坏也会直接演替为灌木林；反之，经过长期的保护或人工造林、低效林改造等恢复措施，杨桦林也会恢复成为冷杉林，灌木林也会恢复为杨桦林甚至直接恢复成为冷杉林。

云杉林：保护区内云杉有3种，即粗枝云杉、青海云杉、紫果云杉。

粗枝云杉和青海云杉分布于海拔3300m以下阴坡、半阴坡中下部，半阳坡也有少量分布，常在山谷与阴坡组成纯林，是保护区人工造林的主要树种。紫果云杉是珍贵树种，分布于海拔3400m以下阴坡、半阴坡，多生长在山脚下溪流旁的阴湿处，是云杉中最耐阴的树种，材质良好，在洮河上游分布最多，为高海拔地区的主要更新造林树种。林下灌木主要有忍冬、高山绣线菊、花楸、蔷薇 *Rosa* sp.、小檗 *Berberis* sp.、茶藨子 *Ribes* sp.等，地被物主要是苔藓和草类，云杉林平均树高为14~18m，天然更新较好。

桦木林：主要分布于阴坡和半阴坡，是云杉林砍伐后演替的一种过渡性次生群落。桦木林主要树种为白桦，多数生长不良。灌木主要有绣线菊、花楸、蔷薇等，地表多薹草、苔藓。

柏木林：主要分布于坡度35°以上，海拔3000~3400m阳坡、半阳坡，下木以小檗、忍冬、蔷薇、沙棘为主，地表多为鹅冠草。保护区内柏木主要是圆柏，树高一般在7~9m间，在溪流旁生长的高达15m以上。

针阔混交林：分布于海拔3300m以下，坡度30°以上阳坡、半阳坡或半阴坡，组成树种主要是云杉和白桦，灌木主要有高山绣线菊、花楸、蔷薇等，地表多薹草。针阔混交林面积很小。

灌木林：保护区地处高寒地区，生态环境极为脆弱，许多乔木树种无法生存的地方灌木生长茂密，是自然演替过程中形成的最稳定的植物群落。灌木林是保护区重要的森林资源，在涵养水源、保持水土、维持生物多样性和培肥土壤等方面的生态功能也十分强大，是维护高寒地区生态安全的重要森林群落。

灌木林面积达40 177.6hm²，对维护高寒地区的生态安全十分重要；由于灌木林多分布于山体中部以上且远离公路，是野生动物重要的栖息地，沙棘、锦鸡儿等灌木的饲料营养价值高于许多草本植物，成为野生动物重要的食物来源地；沙棘、锦鸡儿等灌木还具有固氮能力，据有关资料，沙棘林每年可固氮180kg/hm²，相当于375kg/hm²尿素，具有很好的培肥土壤能力；杜鹃、蔷薇、金露梅、银露梅、小檗、点地梅等灌木树种具有药用价值；小叶杜鹃、蔷薇、绣线菊、沙棘、金露梅、银露梅、鲜卑、锦鸡儿、小檗等树种的嫩枝条和叶花果都是很好的饲料，特别是发生雪灾时在抗灾保畜方面发挥着一定作用。

灌木林的盖度以40%~49%为最多，共1703个小班，面积达29 419.2hm²，占灌木林总面积的73.23%，说明增加覆盖度的空间还是很大的；盖度60%~69%的灌木林共467个小班，面积6 496.9hm²，占灌木林总面积的16.17%；盖度50%~59%的灌木林共217个小班，面积2 211.1hm²，占灌木林总面积的5.5%；盖度30%~39%的灌木林共182个小班，面积2 050.4hm²，占灌木林总面积的5.1%（见附表5）。

1.3.2.4 森林分布

水平地带分布：保护区森林植被的水平分布主要集中在洮河河谷地带，分布的树种主要为岷江冷杉、粗枝云杉、青海云杉、紫果云杉等常绿针叶林树种。云杉、冷杉分布于阴坡沟谷，阳坡仅有少数零星分布；圆柏多分布于阳坡和半阳坡。头花杜鹃、百里香杜鹃、黄毛杜鹃、烈香杜鹃等常绿革叶树种分布于海拔3500m以上林缘和山体阴坡，灌木层盖度很大，草本层除了一些苔藓植物外，几乎没有别的草本植物生长。

高寒落叶阔叶灌木林（灌丛地）中的山生柳灌丛比杜鹃灌丛稀疏，生长于较高的位置；窄叶鲜卑花灌丛高度较其他类型灌丛较高，也略为稀疏；金露梅灌丛常分布于较开阔的山谷或草滩，生长幅度较大，在河谷也有分布；高山绣线菊灌丛分布面积较小，灌丛密度也不如其他几种落叶阔叶灌丛。

温性落叶阔叶灌丛中的中国沙棘灌丛为有刺灌丛，常生长在河谷两侧开阔地上；柳属植物灌丛常生长在河谷两侧开阔地上，沿河流两侧分布，形成独特景观。

垂直地带分布：保护区森林类型的垂直分布，可明显划分为3个带，即高山常绿革叶灌丛带、暗针叶林带和落叶灌丛带及少量阔叶林带。

高山常绿革叶灌丛带一般分布于海拔3400m以上，主要灌丛有烈香杜鹃、百里香杜鹃、密枝杜鹃、头花杜鹃等为建群种，组成高山常绿革叶灌丛。还分布有高山柳、高山绣线菊、窄叶鲜卑花等组成的高山落叶阔叶灌丛。草本植物主要有珠芽蓼、全缘叶绿绒蒿、球花风毛菊、高山韭、山地虎耳草、甘肃薹草等。

暗针叶带林带分布于海拔3200~3400m。此带从低到高包括草类云杉林、灌木云杉林、苔藓云杉林、苔藓冷杉林和杜鹃冷杉林等几个森林类型。带内森林以冷杉、云杉等耐阴树种组成暗针叶林。冷杉一般呈纯林，以岷江冷杉群落为主，下木多为金背杜鹃、高山柳、忍冬等，苔藓属发育旺盛，地表多薹草及蓼类植物。云杉林从低到高有两种，粗枝云杉和紫果云杉，下木主要有忍冬、茶藨子、蔷薇、小檗等，地表多苔藓、草类。柏木多分布于海拔3300m以下阳坡，下木以忍冬、沙棘、小檗为主，地表多鹅冠草。

温性落叶灌丛带及少量阔叶林带分布于海拔3200m以下，主要灌木种类有花楸*Sorbus* sp.、绣线菊、蔷薇等，地表多薹草、苔藓。阔叶林带中以白桦为主，生长不良，多枝丫。

1.3.2.5 森林资源结构

保护区森林全部为特种用途林中的自然保护区林，兼有水源涵养、水土保持、牧场防护、护岸等作用。

在4 750.2hm²有林地中，幼龄林601.6hm²、中龄林2 450.7hm²、近熟林1 691.3hm²、成熟林6.6hm²，分别占有林地面积的12.67%、51.59%、35.60%和0.14%。有林地中，纯林4 406.8hm²、针阔混交林343.4hm²，纯林和针阔混交林分别占有林地总面积的92.77%、7.23%。在4 406.8hm²纯林中，软阔类纯林23.0hm²、针叶类纯林4 383.9hm²，软阔类纯林和针叶类纯林分别占纯林面积的0.52%、99.48%。

灌木林总面积40 177.6hm²，其中盖度为"疏"的面积31 469.6hm²、盖度为"中"的面积8 707.9hm²。优势灌木树种为杜鹃等5类，其中柳779.1hm²（疏），金露梅1493.0hm²（疏），小檗214.0hm²（疏），杜鹃8 024.9hm²（中），其他灌木29 666.6hm²，28 983.6hm²（疏）、683.1hm²（中）。

1.3.2.6 森林资源特征

分布特征：保护区的乔木林大多集中在则岔保护站和石林保护站山地阴坡半阴坡，阳坡有少量柏木林，在行政区划上集中分布于拉仁关乡的玛日、则岔行政村和西仓镇贡去乎行政村洮河南岸部分。森林与草场、高山灌丛犬牙交错，呈镶嵌形式。因复杂多变的地貌特征，森林形成了团块状分布。阴坡多为森林，阳坡多为草山。乔木林大多分布于26°~35°之间的陡坡上，分布于斜坡和急坡的很少。

灌木林广泛分布于全保护区，以平坡、斜坡分布为主，也有少量分布于缓坡的，分布于陡坡和急坡的很少。

郁闭度结构特征：保护区林分郁闭度以0.4的为最多，占林分总面积的23.58%，其次分别为郁闭度0.3的，占林分总面积的20.08%，说明森林恢复的空间还很大。郁闭度0.6的占林分总面积的16.34%、0.5的占林分总面积的13.53%、0.2的占林分总面积的12.62%、0.7的占林分总面积的8.78%，郁闭度0.8以上的仅占林分总面积的5.07%。

郁闭度0.8以上的小班共62个，面积240.7hm²；0.7~0.79的小班共22个，面积417.1hm²；0.6~0.69的小班共59个，面积776.1hm²；0.5~0.59的小班共52个，面积642.8hm²；0.4~0.49的小班共87个，面积1 120.2hm²；0.3~0.39的小班共77个，面积953.7hm²；0.2~0.29的小班共59个，面积599.6hm²。

郁闭度0.1~0.19的疏林地小班共35个，面积173.4hm²。

生长特征：由于保护区森林大部分为中龄林，森林自然生长率较高，为2.75%；而枯损率较低，为0.60%；净生长率高，达2.15%。其中冷杉自然生长率2.43%，枯损率为0.65%，净生长率为1.78%；云杉自然生长率3.85%，枯损率为0.63%，净生长率为3.22%；圆柏自然生长率1.82%，枯损率为0.60%，净生长率为1.22%；白桦自然生长率3.17%，枯损率为0.13%，净生长率为3.04%；杨树自然生长率5.14%，枯损率为0.80%，净生长率为4.34%。

1.3.3 草地资源

1.3.3.1 草地面积

草地是保护区第一大自然资源，在生态建设和畜牧业发展中都发挥着重要作用。截至2018年，保护区内不包含湿地和森林的草地面积为128 543.6hm^2，包含湿地、森林的草地面积189 374.7hm^2，包含青海、四川境内由保护区经营的草地面积为190 768.7hm^2（见附表6）。

1.3.3.2 草地类型

本区属于中国植被区划的川西、藏东高原高寒灌丛草甸区，除以则岔为主的保护区东部山地阴坡有团块状暗针叶林分布外，其余地区以亚高山草甸草场为主。随地形地貌的变化，植被种类组成也有明显变化，依据草场分类系统划分为亚高山草甸、灌丛草甸、林间草甸和沼泽草甸等4个草场类型，阳坡禾草草场、滩阶地禾草草场、沟坡莎草杂类草场、浅山山顶夷平面莎草草场等9个草场组，异针茅-硬质早熟禾+异针茅-线叶嵩草+珠芽蓼、短柄草+密生薹草、垂穗披碱草+鹅绒委陵菜、异针茅+矮生嵩草、珠芽蓼+线叶嵩草+紫羊茅+银莲花、糙喙薹草+禾叶嵩草+狭穗针茅等13个草场型（表1-2）。

表1-2 草场类型表

类	组	型
Ⅰ.亚高山草甸	1.阳坡禾草草场	①异针茅-硬质早熟禾+异针茅-线叶嵩草+珠芽蓼
		②短柄草+密生薹草
	2.滩阶地禾草草场	①垂穗披碱草+鹅绒委陵菜 ②异针茅+矮生嵩草
	3.沟坡莎草、杂类草草场	①珠芽蓼+线叶嵩草+紫羊茅+银莲花
	4.浅山山顶夷平面莎草草场	①糙喙薹草+禾叶嵩草+狭穗针茅
Ⅱ.灌丛草甸	1.丘、滩、阶地落叶灌丛草场	①金露梅-珠芽蓼+紫羊茅+矮生嵩草
	2.阴坡落叶常绿革叶灌丛草场	①高山柳-珠芽蓼+嵩草+黑褐薹草
		②狭叶鲜卑花-珠芽蓼+川甘嵩草+杂类草
		③杜鹃-珠芽蓼+黑褐薹草+糙喙薹草
	3.阳坡具刺灌丛草场	①沙棘-短柄草+野青茅
Ⅳ.林间草甸	1.阴坡暗针叶林间草场	①杂灌-野青茅+糙喙薹草+高山嵩草
Ⅵ.沼泽草甸	1.浸水丘墩莎草草场	①藏嵩草+甘肃嵩草

由于海拔高，属内陆性高寒气候，日照强烈，降温频繁，灾害性天气多、强度大，牧草生长期相对较短，青饲期仅121d左右，枯黄期长达200多天。可食牧草占天然牧草种类的90%以上，各类草场的饱和度为林间草甸35种/m^2、灌丛草甸27种/m^2、亚高山草甸67种/m^2、沼泽草甸39种/m^2，人工种植的饲草料作物主要有青稞、窄叶野豌豆、苜蓿和燕麦。

根据《中国草地资源评价原则及标准》和牧草适口性、利用率和营养成分划分规定，可将保护区草场按品质优劣划分为3个等，按地上部分的产量高低划分为6个级。其中二等草场占草场可利用总面积37.34%；三等草场占45.18%；四等草场占17.48%，中、上等草场占82.52%。亩（1亩=666.67m^2）产鲜草400~800kg的2级、3级草场利用面积占草场可利用面积22.58%；亩产鲜草300~400kg的4级、5级草场利用面积占草场可利用面积的74.04%；亩产100~200kg的6级、7级草场利用面积仅占可利用草场总面积的3.39%。

根据地形和放牧的习惯，草场的利用主要为轮牧方式。即冬春、夏秋两季轮牧。每年农历十月陆续将畜群搬入冬春牧场放牧并适当补饲，第二年5月又将畜群转迁到夏秋牧场放牧抓膘。冬春季草场占总面积的50.86%；夏秋季牧场占总面积的49.14%。人工种植草场仅占草场总面积的1%左右。

林间草甸类：林间草甸草场主要分布于洮河、白龙江沿岸，海拔3000~3800m山坡和受生物、人为因子干扰的坡麓。这类草场与森林、灌丛交互镶嵌，成为森林灌丛草甸相结合的复合景观。斑块状分布的暗针叶林下草本很少，以林间草甸草场为主，灌丛分布3200~3400m阳坡和3000~3600m阴坡；草甸分布3400m以上阳坡和山头、梁峁及采伐迹地。

山地峡谷地貌使森林、灌丛、草本均生长繁茂，地表覆盖大，水土流失小，耐寒的嵩草、薹草等短根茎密丛莎草在林缘形成较坚实的草皮层。土壤为山地草甸土，靠近林缘灌木较多，在密灌和森林部位为山地灌丛草甸土和森林棕壤土。地表枯枝落叶积累较多，蒸发少，湿度大，土壤含水量高，年均温2.4℃，雨量集中，冬春干燥、寒冷。年降水量为600~700mm。

森林主要为常绿暗针叶林，草场植被以耐阴、耐寒的中生禾草、莎草为主，距林地稍远的地方，禾本科异针茅、羊茅、早熟禾等旱生种逐渐增多。总的来看种类复杂，草本以中生牧草为主，起主要作用的有糙喙薹草、线叶嵩草、四川嵩草、密生薹草、野青茅及珠芽蓼、地榆、委陵菜等。

该类只有草甸与针叶林相结合的林间杂草草甸一个组一个型。

草层盖度一般在30%~50%，牧草种类丰富，高度差异较大，一般高10~15cm，最高可达90cm，平均高度26cm；禾草高度一般在20~30cm。草场产量低，一般平均亩产鲜草224kg，10.6亩可养活1只绵羊。由于坡度大、灌木多，只适宜作夏秋牧场。

灌丛草甸类：该类草场主要分布于林间草甸草场的西南开阔山原，宽谷的山地阴坡，是亚高山草甸草场的一个亚类，分布最广的是金露梅灌丛草场，在林缘和坡度较大北坡多为杜鹃灌丛和杂灌灌丛形成的密灌。地形以山坡、沟谷为主，海拔在3000~4000m。地表植被覆盖大，蒸发量低，土壤含水量高，夏秋季地表湿润，气温较低，土壤为灌丛草甸土，土层较薄，有机质含量高。该类草场在本区分布较广。

灌丛草甸草场牧草种类比较丰富，主要以中生、中旱生草本和中生灌木为主，混有湿中生和中湿生植物。有多年生短根茎丛生莎草、糙喙薹草、毕氏嵩草、线叶嵩草、密生薹草、甘肃嵩草、黑穗薹草等；丛生禾草、狭穗针茅、早熟禾；根茎禾草短柄草、羊茅、林缘次生类型中具有旱生异针茅、三刺草，另有野青茅、珠芽蓼等。草场中具有的中生灌木有金露梅、窄叶鲜卑花、柳、沙棘、小檗、杜鹃、忍冬及旱生的锦鸡儿等。

杜鹃在林线以上的陡峻阴坡多形成密灌，只有和其他灌木混交地段，灌木盖度下降到40%~60%，生长着嵩草、薹草和耐寒的杂草、矮大黄、珠芽蓼、藏大戟、湿生扁蕾、三脉梅花草等，牧草盖度22%左右，草层高23cm，亩产鲜草98kg，23.2亩可养活1只绵羊。

柳出现在沟谷、溪边、水分条件比较充足的地段，灌木覆盖率不等，一般为30%左右，与裸果扁穗薹草、异穗薹草、糙喙薹草、禾叶嵩草等湿中生牧草组成灌丛草甸，牧草一般盖度在50%~60%，草层高度约25cm，亩产鲜草242kg，9.6亩可养活1只绵羊，在坡地沟谷以高山柳、杯腺柳为建群种的灌丛草甸，随着土层、坡向、坡度的变化，灌木层逐渐被鲜卑花、金露梅替代，湿生牧草渐被中生、中旱生的牧草替代，在与柳灌丛相接的金露梅、鲜卑花灌丛下，起重要作用的牧草有黑褐薹草、矮生嵩草、毕氏嵩草、四川嵩草、甘肃嵩草、禾叶嵩草、狭穗针茅、藏异燕麦、狭穗针茅数量增加，滩阶地矮嵩草、披碱草、鹅观草、剪股颖、硬质早熟禾、花苜蓿等替代了莎草科的湿中生种，灌木盖度由25%~35%下降到20%以下，草层盖度65%左右，高度24cm，鲜草由193kg/亩增加到367kg/亩，最高可达573kg/亩，平均亩产鲜草244kg,9.6亩可养活1只绵羊。

亚高山草甸类:亚高山草甸植被是草场的主体,地形以坡地为主,另有滩、阶地和夷平面及浑圆山顶。海拔3000~4000m,地表覆盖度大,除郎木寺镇、尕海镇、李恰如种畜场与大水种畜场有较开阔的地形外,其他乡镇山地较多。亚高山草甸蒸发量低,土壤有机质含量高。

草场牧草种类主要以中生植物为主,同时混有少量的湿中生、旱中生和中生植物。有短根茎丛生莎草、线叶嵩草、毕氏嵩草、矮生嵩草、禾叶嵩草、密生薹草、糙喙薹草;根茎禾草、短柄草;丛生禾草披碱草、异针茅、糙野青茅、藏异燕麦硬质早熟禾、狭穗针茅,还有高山嵩草、丝叶嵩草、四川嵩草、甘肃嵩草、黑穗薹草、刚毛针蔺、三刺草、丝颖针茅、紫羊茅、远东羊茅、中华羊茅、秦氏芨芨草、芒草、花苜蓿、蒲公英、瑞苓草、美丽风毛菊、松潘风毛菊、羽裂风毛菊、沙蒿、紫菀、藏大戟、麻花头、乳白香青、火绒草、珠芽蓼、矮大黄、翻白草、鹅绒委陵菜、草玉梅、条叶银莲花、细裂亚菊、黄帚橐吾等。

短柄草生态幅度较窄,主要分布于砾质坡积、残积母质的山地正南坡海拔3100~3500m坡麓,土壤为山地草甸土。短柄草为建群种,与亚优势种密生薹草、线叶嵩草、珠芽蓼、异针茅、三刺草及其他杂草,随海拔高度、坡向、坡度的变化分别组成不同的群落。牧草盖度一般为70%~80%,牧草一般高为25cm,亩产鲜草300kg左右,7.7亩可养活1只绵羊。

异针茅比较耐寒、耐旱、喜阳,主要分布于短柄草的上限,在海拔3500~4000m阳坡、迎风坡及土层较薄、生境旱化的地段,是草场的建群种,与亚优势种高山嵩草、线叶嵩草、硬质早熟禾、毕氏嵩草、羊茅、芨芨草等分别组成不同的草场型,是亚高山草甸向亚高山草原过渡的群落,局部有紫花针茅草原群落,是亚高山草甸的前演替群聚。以镶嵌形式出现在亚高山草甸之中,牧草盖度90%,一般高度22cm,亩产鲜草394kg,5.9亩可养活1只绵羊。

在异针茅嵩草型的两侧东西坡海拔3700~4100m及浑圆山顶糙喙薹草成为优势种,与亚优势地禾叶嵩草、毕氏嵩草、狭穗针茅等组成不同的草场型,牧草盖度80%左右,一般高度24cm,平均亩产鲜草230kg、10.2亩养活1只绵羊。

披碱草通常以小片或斑块状出现于滩、阶地冬春牧场,是在放牧过度和鼠兔害严重的草地上形成的次生草场类型。披碱草型的次优势种很不一致,在践踏、啃食严重地段与矮生嵩草、翻白草、蒲公英、瑞苓草、异针茅等杂类草组成不同的草场型。牧草盖度在70%~90%,在天然刈割草场,牧草一般高度70~100cm,亩产鲜草1200kg左右,仅2.0亩草场就可养活1只绵羊。但多数出现披碱草的草场由于是植被演替的一阶段,所以产量很不稳定,平均亩产鲜草360kg,需要6.5亩才能养活1只绵羊。

矮生嵩草草场型是高寒草甸草场,本区山背、梁峁地段有与低矮的垫状、毡状牧草形成的小片低草草场。在重牧地段也可成为优势种,是亚高山超载过牧的指示群落。矮嵩草与火绒草等耐牧种组成群聚(退化秃斑)镶嵌于其他草场型之中。

沼泽化草甸类:此类草场分布比较零散,主要分布于湖边、河岸季节积水区和沟脑、低洼地、山麓溢水地及其夷平面。在尕海镇、李恰如种畜场、大水种畜场有灌草沼泽化草甸和盐化沼泽草甸草场。

该类草场水分条件充分,多属排水不畅、地表滞流、季节积水河水泛滥或地下水溢出地面的地段,水分经常达到饱和,造成土壤的嫌气条件。土壤为沼泽草甸土或泥炭沼泽土,在海拔3400m以上地区,由于气温低,呈现出冻胀丘,丘间积水时间较长,有机残体不能分解,泥炭积累逐渐高出地面,形成丘状。此类土壤为泥炭沼泽土,呈酸性反应。

植被组成主要为湿生、湿中生和中湿生植物组成。主要牧草有西藏嵩草、华扁穗草、裸果扁穗薹、川甘嵩草,也有矮柳等灌木。草层高度17cm,盖度70%~90%,分为溢水泛滥地和浸水丘墩两个组及两个型。

季节积水区主要分布于林缘和河流泛滥地，草场植被由于水分条件优越，生长较好，形成华扁穗草为主的草场型。沿河岸分布的华扁穗草、甘肃嵩草、发草型草场可作为冬季放牧场。

在土壤过湿、低温环境中形成高原高位沼泽，随泥炭的增高，茎上不断生出不定根、分蘖上升，形成浸水丘墩，牧草以莎草科嵩草属、薹草属为主要成分。其优势种为藏嵩草，与亚优势种华扁穗草、裸果扁穗薹、藏东薹草组成不同的草场型，亩产鲜草300kg左右，7.76亩可养活1只绵羊。

1.3.3.3 草场资源等级及载畜能力

根据全国草场资源等级划分原则和标准，保护区草场等级划分结果为：二、三、四等3个等和2、3、4、5、6、7等6个级。从草场质量来看，二等草场占草场可利用总面积37.2%；三等草场占草场可利用面积的45.1%；四等草场占草场可利用面积的17.7%。中、上等草场占82.3%，没有劣等草场，可见草场总体质量比较好。

从草场产量来看，以亩产鲜草200~400kg的4、5级面积最大，占草场可利用面积的74.0%；亩产鲜草400~800kg的2、3级草场利用面积占草场可利用面积22.6%；亩产鲜草50~200kg的6、7级草场面积仅占可利用草场总面积的3.4%，说明草场产草量比较高。

草场载畜能力：载畜量取决于草场的生产量和质量，根据《全国重点牧区资源调查大纲和技术规程》要求，在调查时分草种称重，数量少的草种按经济类群分类称重，将所得称重数换算成8月份最高产量，然后计算各类型草场的产量和载畜量。

2018年保护区范围内包括部分湿地和森林的草地面积189 374.7hm^2，按照碌曲县可利用草场面积占草场总面积90%计算，可利用草场面积170 437.23hm^2，平均鲜草产量5466kg/hm^2，全年总贮草量为931 609 899kg。牧草利用率按70%计，全年可用贮草量为652 126 929kg。按每个羊单位日食青草4kg，年需青草1460kg，理论载畜量为446 662个羊单位。

保护区范围内除郎木寺镇未发生超载外，其余各乡镇的实际载畜量都严重超载，其中尕海镇超载347 175个羊单位、超载174.0%，拉仁关乡超载153 054个羊单位、超载90.0%，西仓镇的贡去乎行政村超载5782个羊单位、超载36.8%。如果剔除计算军分区牧场和五团牧场移交地方的13 244hm^{2}草场后的理论载畜量224 979个羊单位，尕海镇仍然超载305 937个羊单位、超载136.0%。

草畜矛盾突出使得草地不堪重负，草地呈现逐年退化的趋势，产草量和草质明显下降，严重威胁草地植被的发育和演替，使得沼泽湿地草原化，毒草增加，鼠害加剧；过牧超载还造成草场涵养水源功能降低，鸟类生存空间缩小。

1.3.3.4 草场资源特征

由于自然条件的差异，保护区天然草场具有以下特征。

草场类型多样：东部则岔地区受洮河河谷气候影响，寒温性针叶林沿河谷向高原内部伸展，使本区成为森林与高寒草甸的过渡区，形成以岷江冷杉、紫果云杉、青海云杉、粗枝云杉为主的针叶林，丰富的禾草、莎草及豆科牧草共同组成了疏林草甸草场，在林线以上阴坡和林缘形成了杜鹃、金露梅、山生柳、窄叶鲜卑花、高山绣线菊、沙棘、小檗、锦鸡儿组成的灌丛草甸草场。在西部尕海、西倾山地区地形开阔，寒冷、风大，蒸发强，植被以草本为主，形成了以莎草科嵩草属和薹草属、禾本科披碱草为主的亚高山草甸草场。在阳坡和丘陵上形成了以异针茅与嵩草组成的草原化草甸草场，而在有季节性的积水河滩地、阶地、低洼地形成了以华扁穗草、藏嵩草、剪股颖为主的沼泽化草甸草场。辽阔的草场面积和多样的草场类型提供了发展畜牧业生产的优越条件。

牧草资源丰富:天然草场上牧草种类的组成、结构和单位面积上数量的饱和度,直接影响草场的产量和质量。碌曲县从天然草场调查采集的67科253属630种植物标本中,整理出可食牧草568种,为发展刈割草场、改良放牧场提供了丰富资源。牧草种类的多样性在营养成分上起着互补作用,有利于牲畜的发育与健康。

灌丛草甸草场面积大:保护区草场类型中,灌丛草甸草场面积约占草场总面积的44%。草场中灌木、灌丛的存在,降低了草场的利用价值,特别是小檗属、锦鸡儿属和沙棘等具刺灌木的存在,造成放牧困难,对毛肉兼用型家畜来说更为不利。高寒灌丛草甸是天然草场的组成部分,也是生物多样性保护、水源涵养、水土保持和防风固沙的生态屏障,必须制订严格的管理制度和保护制度,杜绝火烧草场灌木,减轻灌丛草场的放牧压力,达到可持续发展的目的。

东部地形和植被复杂,不适宜发展畜牧业:东部则岔林区主要为洮河支流沿岸,由于沟深、谷狭、坡陡、地形破碎,有大片森林覆盖,不适宜作放牧草场,则岔沟有石林地貌和大片云、冷杉林生长,又有潺潺流水和绿草如茵的高山草甸,是发展林业和生态旅游的宝地。

1.3.3.5 草场资源动态分析

天然草场是由天然植被组成的,天然植被是随着环境的变化不断改变其种类组成,不仅有种内的新陈代谢,而且有种间的演替变化,永远处于运动状态中,草场植被是个动态体系,环境因素的变化快慢与剧烈程度直接影响到草场的变化速度与阶段。草场的变化规律始终是符合植被自然演替规律的,但草场又有其特殊性。草场的基本属性是生产性的,衡量草场变化的标准是以生产牧草的数量和质量来决定的,如较好的草场不一定是地带性的稳定类型,而可能只是植被演替中的某一个阶段,是很不稳定的,变化的可能性很大,需要认识它们的共性和个性关系,以生态平衡的观点去经营和管理草场。

草场的演替系列与植被的演替系列相同,草场的退化和植被的退化也应是一致的,但草场的退化有其特殊性。草场退化的主要原因和后果:

人为引起的退化。人们的生产活动,如山坡开荒、挖药材、砍柴、采矿等,其中最主要的因素是草场利用不合理。草场面积是个常数,与牲畜数量发展成负相关,随着牲畜数量的增加,每个牲畜占有的草场面积就相应减少,那种不管草场面积大小,只追求牲畜发展数量的错误导向,必然使草场牲畜数目严重超载。过度放牧,加剧了草畜矛盾,引起草场退化。

火烧引起的退化。火烧灌木的结果,使灌木林下喜阴草本植物因为不适应环境变化而很快死亡,分布于峡谷、陡坡上的薄层土壤因失去植被而容易被暴雨冲走造成水土流失。

动物破坏引起的退化。草场的虫害及鼠兔掘土打洞,破坏土壤结构,鼠兔、旱獭、中华鼢鼠等连片吃掉植物的根、茎、叶、花、果实,引起大片牧草死亡,而使有毒杂草如黄帚橐吾、露蕊乌头、狼毒、龙胆、黄花棘豆等含生物碱的植物得以繁衍生长,草场质量大幅度下降。

草场退化后,草皮破坏,地表裸露,水土流失,蒸发量增加,土壤沙化,蓄水能力降低,甚者可造成水源枯竭,建群种中优良牧草让位于垫状双子叶植物、一年生杂草等低劣牧草或有毒杂草,造成了难以弥补的后果。

1.3.3.6 主要优良牧草概述

天然草场牧草种类的组成、结构和单位面积上数量的多少,直接影响草场的质量和产量,在保护区调查的119种主要牧草中,优质牧草57种、良好牧草32种、中等牧草30种。优良牧草种数虽然不多,但个体数量占主导地位,成为草场优势种、亚优势种或重要伴生种,对草场质量和产量起着决定性的作用。天然草场主要优良牧草：

赖草：质地比较粗糙，开花结籽以后草质变得更粗老。羊在幼嫩时采食，牛、马全年可采食。开花前是全草营养价值最高的时期，大牲畜食后催肥快，在抽穗期也可刈割制成干草，为冬季大牲畜较好的饲料。适宜用作水土流失地、阶地补播牧草。

羊茅：是天然草场的伴生种或次优种。草质柔软，比较耐牧，适口性良好，是各种家畜喜食的最佳牧草之一。可作天然草场的补播牧草。

紫羊茅：多为天然草场的伴生种，是一种旱生植物。草质柔软，营养价值很高，为最佳的牧草之一。可作为刈割草场的混播种或鼠兔害地的补播牧草。

本氏针茅：群落性强，多为草原草场的优势种或次优势种。是生长季、枯草季节各类牲畜所喜食的牧草，为优良牧草之一。可作为退化的草原化草甸草场补播牧草。

草地早熟禾：具有匍匐的根状茎，根茎繁殖力强，生长期长，耐践踏。粗蛋白质和粗脂肪含量较高，粗灰分含量低，为各类家畜所喜食的优良牧草。

多节雀麦：植株可高达1.5m，草质柔软，富含碳水化合物。青草期为各类牲畜喜欢采食的优良牧草。可培育成为湿润高原山地放牧型、刈割草场的主要牧草。

无芒雀麦：茎叶繁茂，再生力强，耐寒、耐旱、耐放牧，抗病力强。营养价值高，适口性好，为各类家畜喜食的优良牧草。

垂穗披碱草：多生于阴湿草场，根须状，秆直立，高50~70cm，植株生长茂盛。营养较丰富，适口性好，是各类家畜喜食的一种优良牧草。广泛应用于高寒退化草场的改良和人工草地的建设。

线叶嵩草：为典型的草甸植物，一般分布于海拔3000~3700m阳坡。草质细嫩，味美适口，营养丰富，各类家畜喜食，是较好的牧草。是砾质坡积土上的补播牧草，或阳坡撂荒地恢复植被的优良牧草。

密生薹草：分布于海拔2900~3200m草甸草场的阳坡、半阳坡，根状茎密丛生，秆高10~35cm。茎叶柔软，多汁，无特殊异味，适口性良好，营养价值较高，是各类家畜终年喜食的优良牧草。

东俄洛黄耆：生于海拔3000m以上山坡草地，高达100cm。植株高大粗壮，在花期以枝叶丰富，为豆科的优良牧草，为天然草场的伴生种，可作为人工刈割草场的混播牧草。

窄叶野豌豆：生于海拔3200m左右河滩、山沟和谷地。茎蔓细弱且柔嫩多汁，无异味，各种牲畜喜食，为优质豆科牧草。可作多年生人工刈割草场的混播和天然草场的补播牧草。

红花岩黄耆、块茎岩黄耆、锡金岩黄耆、唐古特岩黄耆：生于高山潮湿的阴坡草甸或灌丛草甸，高40~80cm。营养丰富，适口性好，为各种牲畜所喜食。是天然放牧场豆科植物的重要成分，是改良天然草场的优良牧草，也是重要的蜜源植物。

花苜蓿及矩镰荚苜蓿：分布于海拔2950~3600m地带。根系发达，生长较繁茂，茎纤细，叶量大。营养丰富，加之适口性好，是各种家畜喜食的饲草，为优质豆科牧草之一。

珠芽蓼：高10~40cm，曾经为播种牧草，是亚高山草甸草场垂直地带的建群种。由于地貌、海拔、坡向的不同，珠芽蓼在各类型草场中占优势或亚优势地位。草质优良，为各类牲畜所喜食的优质牧草。种子可酿酒。

1.3.4 植物资源

1.3.4.1 野生植物资源

根据野外科学考察和资料查阅结果显示，本区共有高等植物8纲41目82科314属978种（含27亚种、60变种、4变型）。其中苔藓植物2纲5目9科10属11种、蕨类植物2纲2目10科12属23种（含1亚种)、裸子植物有2纲2目3科5属13种(含1变型)、被子植物2纲32目60科287属931种(含26亚种、60变种、3变型);中国特有植物338种,其中保护区特有种1个(西倾山马先蒿),与全国其他地区共有的有337种;列入IUCN濒危物种红色名录ver 3.1——濒危(EN)的有中麻黄、手参、大花红景天、甘南红景天、洮河红景天等,列入易危(VU)的有唐古红景天、冬虫夏草(真菌,简称"虫草")等,近危(NT)的有西藏玉凤花、裂瓣角盘兰、角盘兰等;除少数数据缺乏(DD)的或未评估(NE)物种外,其余均为列入无危或低危(LC)的植物;列入濒危野生动植物公约CITES附录Ⅱ的野生植物有桃儿七(鬼臼)、山莨菪、华雀麦、中华羊茅、掌裂兰、凹舌掌裂兰、小斑叶兰、手参(佛手参)、西藏玉凤花、裂瓣角盘兰、角盘兰、齿唇羊耳蒜、尖唇鸟巢兰、广布红门兰、绶草、青藏大戟、泽漆、高山大戟、乳浆大戟、甘青大戟、匙叶甘松(大花甘松);按2021年版《国家重点保护野生植物名录》,列入国家二级重点保护野生植物有匙叶甘松、手参、甘肃贝母、紫芒披碱草、青海以礼草(青海仲彬草、青海鹅观草)、红花绿绒蒿、桃儿七(鬼臼)、羽叶点地梅、川赤芍、大花红景天(宽瓣红景天)、长鞭红景天、洮河红景天、四裂红景天、唐古红景天、云南红景天(菱叶红景天)、冬虫夏草(真菌)等16种。

在一期科考的基础上,通过对二期科考资料的内业鉴定,共整理大型真菌9目24科44属70种。有食用菌44种,食用兼药用菌27种,纯药用菌18种,毒菌3种。

1.3.4.2 野生植物种类变化分析

由于一期科考时间紧,安排的调查时间比较短,调查的种子植物529种,调查的大型真菌68种。二期科考调查的高等植物978种,调查的大型真菌70种,二期科考还收集了部分藻类、地衣等方面的资料。综合分析一、二期科考野生植物种类发生较大变化的原因,除了一期科考任务急、时间比较短以外,还有以下几个方面重要的原因。

一是国家推进的生态文明建设有力地保护了野生植物的生存环境。世纪之交,国家先后启动了天然林资源保护工程、退耕还林工程、公益林建设工程、湿地保护工程和退牧还草工程等一系列生态建设工程,对野生植物的威胁逐步减少。

二是在全球气候变暖的大背景下,西北地区的气候逐渐变暖变湿,这种微小的变化也会对野生植物的种类产生一定影响。据有关资料,气候变化使野生植物向高纬度地区和高海拔山地迁移。随着全球气温的不断升高,气候带的地理位置也会发生很大变化,高山生态系统植物对气候的变化是非常敏感的,因为高海拔地区的温度比低海拔地区的温度增长速度更快。随着全球温度的不断上升,有些野生物种的生命周期比较短,但是它们的更新频率却很高,所以它们的迁移速度也非常快。

三是二期科考系统总结了一期科考以来保护区技术人员完成的动植物资源调查、湿地资源调查和动植物资源监测成果,总结了保护区技术人员配合西北师范大学、甘肃农业大学、中国科学院武汉植物园、江西微生物研究所等大专院校、科研院所开展植物资源调查和科学研究的成果,而且二期科考的外业调查时间长达两年,取得了大量一手资料。

四是国家级自然保护区的建立特别是保护区管理机构的成立,为自然资源保护奠定了坚实的基础。保护区职工发扬"缺氧不缺精神,艰苦不怕吃苦,工作争创一流"的甘南精神,悉心保护着区内山山水水、一草一木和鸟兽鱼虫,从而使自然资源及其环境得到良性发展。

1.3.4.3 外来入侵物种(植物)和植物检疫性有害生物

在调查到的植物中,保护区有华北落叶松、美蔷薇、黄刺玫、大麻、芥菜、紫花豌豆、广布野豌豆、窄叶野豌豆、中华野葵、薄荷、天仙子、青稞、黑麦草等13种外来植物,大多是畜牧部门引种栽培的优良牧草,还有一部分是引种栽培的树种、药材、花卉等。对照2003年1月以来国家环保主管部门先后发布的4批共71种外来入侵物种名单，保护区没有发现外来入侵物种（植物）。

保护区没有发现植物检疫性有害生物。

1.3.5 动物资源

1.3.5.1 野生动物资源

保护区的脊椎动物有鱼类、两栖动物、爬行动物、鸟类和兽类5个大纲，计29目81科204属354种，其中鱼类2目3科10属17种、两栖类2目5科6属7种、爬行类1目3科3属3种、鸟类18目52科138属255种、兽类6目18科47属72种。在255种鸟类中夏候鸟97种、冬候鸟3种、留鸟122种、旅鸟29种、迷鸟4种，繁殖鸟类的总数达219种；在354种脊椎野生动物中，广布种野生动物有41种，东洋界野生动物有7种，古北界野生动物有172种，其余134种野生动物既是东洋界又是古北界分布的；我国特有种类69种，其中鱼类13种、两栖类5种、爬行类3种、鸟类21种、兽类27种；按照《中国脊椎动物红色名录2015》，评估为极危（CR）的有4种、濒危（EN）的10种、易危（VU）的24种、近危（NT）的48种、无危（LC）的261种、数据缺乏（DD）的5种、未评估（NE）的2种；国家重点保护野生动物85种（其中昆虫3种），其中一级重点保护野生动物19种、二级重点保护野生动物66种（其中昆虫3种）。

在一期科考的基础上，通过对二期科考资料的内业鉴定，并广泛收集大专院校、科研院所学者在保护区开展的昆虫资源调查研究成果，共整理昆虫10目61科202属340种，比一期科考的10目59科164属238种多出2科38属102种，科、属、种分别多出3.4%、23.8%和42.9%。有天敌昆虫类群6目18科56种，主要是瓢甲科12种，虎甲科2种，步甲科5种，芫菁科、龙虱科各1种，食蚜蝇科10种，食虫虻科2种，蜂虻科2种，胡蜂科1种，草蛉科2种及蜻科等捕食性种类。

1.3.5.2 野生动物种类变化分析

一期科考时，由于上报国家级自然资源本底资料的时间紧，安排的调查时间相对比较短，共调查脊椎动物197种、昆虫238种，为保护区积累了重要的原始技术资料。二期科考调查的脊椎动物354种、昆虫340种，还整理了一些软体动物、环节动物以及纤毛虫、肉鞭类等原生动物资料。

综合分析一、二期科考野生动物种类发生较大变化的原因，除了一期科考任务急、时间比较仓促以外，以下几方面的原因也很重要。

一是进入21世纪以来，国家先后启动了野生动物保护、天然林资源保护、退耕还林、公益林建设、湿地保护和退牧还草等一系列生态建设工程，国家生态文明建设的不断推进有力地改善了野生动物的生存环境，对野生动物的生存威胁逐步减少。

二是在全球气候变暖的大背景下，西北地区的气候逐渐变暖变湿，这种微小的变化也对野生动物的生存产生了一定影响。据有关资料，随着全球气候变暖，北半球物候期提前，一些野生动物的分布区北移，动物的繁殖、种群变化都发生了不同程度的变化，有的物种甚至灭绝。在这种大背景下，对于低纬度和低海拔地区的部分物种来说，可能会由于气温升高不适合生存而向气温相对较低的高纬度和高海拔地区迁移，青藏高原就是全球变化的敏感地区之一。在保护区原本没有分布的中华斑羚、羚牛等大型野生动物近年也相继出现的变化就是例证。

三是二期科考系统总结和整理了一期科考以来开展的动植物资源调查、湿地资源调查和动植物资源监测成果，总结和整理了技术人员配合中国科学院动物研究所、武汉大学、兰州大学、甘肃民族师范学院、信阳师范学院、渭南师范学院等大专院校和科研院所开展野生动物科学研究的成果。

四是保护区管理机构成立以来，全体干部职工悉心保护着野生动物及其生态环境，特别致敬那些不畏艰险、定期到大山深处和悬崖峭壁，维护用于监测野生动物的远红外相机的人！从而使野生动物的种类和种群数量逐步增长，以尕海湿地为代表的保护区广大地域已经成为野生动物的乐园，受到省内外环境保护人士的重视和青睐。

五是随着保护区的影响不断扩大，许多有志于保护野生动物和自然生态的志愿者前来保护区考察和拍摄，他们在保护区技术人员的配合下取得了丰硕的成果。他们的设备高档、拍摄技术好，作品既大大充实了野生动物资料，又为保护区进一步搞好野生动物监测工作积累了经验。

1.3.5.3 外来入侵物种(动物)和动物检疫性有害生物

在调查到的鱼类中，有尕海湖等水域异地放生的麦穗鱼、泥鳅、鲫鱼和虹鳟鱼等外来物种，但数量非常少，而且高原环境比原产地恶劣，不适应正常生殖。非本地鱼种对尕海湖食物网、食物链、土著鱼类资源及生态系统平衡受到的威胁应该非常有限。今后应加大对当地农牧民群众的宣传力度，做到不违规向保护区的水域投放非当地土著鱼种和其他外来生物。对照国家环保部门发布的71种外来入侵物种名单，保护区没有发现外来入侵物种(动物)。

保护区没有发现农业检疫性有害物种(动物)和林业检疫性有害物种(动物)。林业危险性有害生物(动物)有落叶松球蚜、柳蛎盾蚧和落叶松八齿小蠹。

1.4 社会经济概况

保护区辖区居民都是以牧为主的藏族群众，有着悠久的历史。历史上由于地处偏远，交通不便，以游牧为主。新中国成立前只有喇嘛、牧主有一定文化，广大牧民、奴隶皆是文盲。新中国成立后特别是改革开放以来，党和政府十分关心少数民族的文化建设，选送一些青年到民族院校学习，培养了一大批藏族干部和技术人才。同时，兴办学校，儿童和有条件的青年都能够上学，文化水平有了很大提高。

由于地处偏远少数民族地区，畜牧业为当地的支柱产业；第一产业只有水电业、建筑业等少数门类；第三产业有农林牧渔服务业，批发和零售业，交通运输、仓储和邮政业，住宿和餐饮业，金融业，房地产业，其他服务业。2020年，保护区所在的碌曲县实现地区生产总值143 809万元，其中第一产业增加值48 594万元、第二产业增加值8452万元、第三产业增加值86 763万元，由于新型冠状病毒疫情的影响，生态旅游业受到重创。

1.5 保护区概况

为了加强自然保护区的建设和管理，保护自然环境和自然资源，1994年10月9日国务院制定和发布了《中华人民共和国自然保护区条例》；2017年10月7日国务院对条例进行了修订。条例所称自然保护区，是指对有代表性的自然生态系统、珍稀濒危野生动植物物种的天然集中分布区、有特殊意义的自然遗迹等保护对象所在的陆地、陆地水体或者海域，依法划出一定面积予以特殊保护和管理的区域。

1.5.1 保护区范围

国务院于1998年8月18日批准建立甘肃尕海则岔国家级自然保护区，保护区位于甘南州碌曲县境内，范围涉及甘南州大水种畜场，碌曲县尕海镇、拉仁关乡、郎木寺镇的全部行政村和西仓镇的贡去乎行政村洮河以南村组。

由于地处秦岭西端，地势高亢，山势险峻，大部分海拔在3200m以上，最高处海拔4438m，最低处海拔2960m，跨黄河和长江两大水系，是黄河上游最大支流洮河和长江二级支流白龙江的发源地和水源涵养地。

1.5.2 保护区类型、管理机构及工程建设

根据原国家环境保护局和国家技术监督局联合发布的《自然保护区类型与级别划分原则》（GB/T 14529—93），2001年国家林业局批复为自然生态系统类中的湿地及森林生态系统类型自然保护区；2014年又调整为自然生态系统类中的湿地生态系统类型自然保护区。

2001年，甘肃省机构编制委员会办公室批准成立甘肃尕海则岔国家级自然保护区管理局；2021年4月，甘肃省委机构编制委员会办公室批准，甘肃尕海则岔国家级自然保护区管理局更名为甘肃尕海则岔国家级自然保护区管护中心。保护区管理机构为全额拨款社会公益性事业单位，处级建制，隶属于甘肃省林业主管部门管理。国家和甘肃省制定的生物多样性保护法律、法规、条例、办法都适用于本保护区。

晋升国家级自然保护区后，2001年原国家林业局批复立项保护区一期工程建设项目，建设了科研办公楼、尕海保护站和则岔保护站办公楼等基础设施工程，修建了尕海、则岔两个气象站，购置了交通工具、办公设备和气象观测设备，保证了自然保护和资源监测工作的正常开展。2006年1月18日，保护区一期工程通过主管部门的竣工验收；2006年5月，国家林业局批复立项保护区二期工程建设项目，完成保护与恢复工程、科研宣教工程和基础设施工程。2014年4月保护区二期工程建设项目通过主管部门的竣工验收。

1.5.3 保护区功能区调整

为优化保护区功能区，加强生态保护，支持国家重点项目建设和当地经济社会发展，规范保护区管理工作，于2015~2017年完成了保护区功能区调整工作，2018年4月得到环保部批复，调整前后各功能区面积见表1-3。

表1-3 保护区功能区调整前后面积统计表

功能区	调整前		调整后	
	面积（hm²）	比例（%）	面积（hm²）	比例（%）
核心区	39 069	15.79	48 062	19.43
缓冲区	81 143	32.79	78 918	31.89
实验区	127 219	51.42	120 451	48.68
合 计	247 431	100	247 431	100

1.5.3.1 功能区调整前

功能区调整前保护区总面积247 431hm²，其中核心区面积39 069hm²，占保护区总面积的15.79%；缓冲区面积81 143hm²，占保护区总面积的32.79%；实验区面积127 219hm²，占保护区总面积的51.42%。核心区由两片构成：尕海片区位于保护区西南部，以尕海湖为中心，面积28 105hm²；则岔片区位于保护区东北部，以高山峡谷为主要地貌特征，面积10 964hm²。

1.5.3.2 功能区调整后

功能区调整后总面积还是247 431hm²，其中核心区48 062hm²，占保护区总面积的19.43%；缓冲区78 918hm²，占保护区总面积的31.89%；实验区120 451hm²，占保护区总面积的48.68%。重新区划为尕海核心区、则岔核心区及尕海缓冲区、则岔缓冲区和实验区。

(1)核心区:是保护区内保存完好、处于天然状态的生态系统,是珍稀、濒危动植物的集中分布地。根据资源特点,结合地形地势及生态功能,核心区也由两片构成。其中南部尕海核心区34 893hm²,是尕海湖重要水源地和野生动物重要的栖息地,也是尕海湿地生态系统的重要组成部分,集中分布黑鹳、黑颈鹤、灰鹤、白琵鹭、斑头秋沙鸭、黑颈䴙䴘、鹮嘴鹬、胡兀鹫、金雕、黑耳鸢、猎隼、云雀、水獭、蒙古狼、藏狐、赤狐及冬虫夏草、红花绿绒蒿等国家重点保护动植物,主要植被类型有沼泽草甸、草原草甸、高寒灌丛等;北部则岔核心区13 169hm²,属括合曲流域,是洮河水源地和野生动物重要的栖息地,也是则岔森林生态系统的重要组成部分,集中分布斑尾榛鸡、蓝马鸡、三趾啄木鸟、黑啄木鸟、中华雀鹛、白眶鸦雀、红胁绣眼鸟、斑背噪鹛、大噪鹛、岩羊、四川马鹿、四川梅花鹿、藏原羚、林麝、厚唇裸重唇鱼、西藏山溪鲵及川赤芍、红花绿绒蒿、羽叶点地梅、桃儿七等国家重点保护动植物,主要植被类型有寒温性暗针叶林、落叶阔叶灌丛等。

(2)缓冲区:为核心区与实验区的过渡地段,总面积为78 918hm²。其功能是使核心区不受任何干扰和破坏,确保自然生态系统的良性循环。根据资源、地形地势及生态功能,缓冲区还是由两片构成。其中南部尕海缓冲区20 762hm²,该区域位于尕海湖源头区外围,分布胡兀鹫、金雕、黑耳鸢、鵟、猎隼、藏雪鸡、云雀、高山麝、蒙古狼、藏狐、赤狐、藏原羚、岩羊及冬虫夏草、红花绿绒蒿、红景天等国家重点保护动植物,主要植被类型有草原草甸、高寒灌丛等;北部则岔缓冲区58 156hm²,分布胡兀鹫、金雕、黑耳鸢、苍鹰、雀鹰、雪豹、岩羊、四川马鹿、四川梅花鹿、藏原羚、高山麝、西藏山溪鲵及红花绿绒蒿、羽叶点地梅等国家重点保护动植物,主要植被类型有常绿革叶灌丛、高山垫状植被等。

(3)实验区:位于缓冲区外围,面积120 451hm²,该区域是传统的藏族居民分布区和牧场,早在保护区建立之前就已存在。该区域偶见金雕、胡兀鹫、红花绿绒蒿等国家重点保护野生动植物,以灌木林、草地和零星湿地为主。

1.5.4 主要保护对象

保护区集高原湿地、高山森林、高山草甸和野生动物类型为一体,主要保护对象是黑颈鹤、黑鹳、白琵鹭、大天鹅、雁鸭类、鸻鹬类、水獭、厚唇裸重唇鱼等野生动物及其高原湿地生态系统;斑尾榛鸡、红喉雉鹑、蓝马鸡、林麝、高山麝、四川梅花鹿及桃儿七、星叶草、紫果云杉等野生动植物及其高山森林生态系统;胡兀鹫、秃鹫、草原雕、金雕、雪豹、蒙古狼、藏狐及羽叶点地梅、红花绿绒蒿、冬虫夏草等野生动植物及其高山草甸生态系统。

1.5.5 保护价值

尕海湿地生态系统是候鸟迁徙的重要停歇地和栖息地。保护区夏候鸟97种、冬候鸟3种,其中绝大部分候鸟栖息在尕海湿地生态系统,它们多为珍贵、稀有、濒危和保护价值较高的种类,如黑颈鹤、黑鹳、大天鹅、白琵鹭、雁鸭类等。保护好尕海湿地的候鸟资源,对研究它们的生物学和生态学价值具有重要意义。

则岔森林草原带及其生态系统是许多野生动植物的栖息地。由甘肃省珍贵保护树种紫果云杉同其伴生树种组成的高山顶级植物群落,与遍布整个地区水草丰美的高山草甸草原群落组成森林草原带。植物资源丰富,高寒植物及树种繁多;栖息有雪豹、林麝、高山麝、四川梅花鹿、斑尾榛鸡、胡兀鹫等高山、高原珍稀代表物种。因此,高寒阴湿的气候,茂密的森林,辽阔的草原以及栖息在这里的丰富的野生动物资源构成了则岔地区完整的高山森林草原生态系统,尤其是则岔地处草原向高山森林草原的过渡带,其森林植物群落在全系统中的地位和功能就更为重要,对于研究高原生态系统的变迁和演替,保存野生动植物种质的遗传多样性和栖息地,保护和拯救濒危物种,开展区系学、生态学研究具有独特的价值。

1.6 综合评价

1.6.1 管理评估

保护区建立以来，经过全体干部职工齐心努力和相关部门的密切配合，各项管理能力逐步得到提高，综合评估得分98.0分。管理内容分管理基础、管理措施、管理保障、管理成效及负面影响等几个方面，其中管理基础16分，包括土地权属、范围界线、功能区划和保护对象信息；管理措施32分，包括规划编制与实施、资源调查、动态监测、日常管护、巡护执法、科研能力和宣传教育；管理保障30分，包括管理工作制度、机构设置与人员配置、专业技术能力、专门执法机构、资金和管护设施；管理成效20分，包括保护对象变化和社区参与；负面影响0分，包括开发建设活动影响。

1.6.2 资产评估

保护区各类自然资源每年产生的直接经济效益为41.02亿元，其中湿地17.35亿元、林地3.04亿元、草地资产估计总值4.81亿元、陆生野生动物15.82亿元。

全保护区每年的生态效益总和为96.04亿元，其中湿地生态效益43.69亿元、森林生态效益31.33亿元、草地生态效益18.94亿元、野生动物生态效益2.08亿元。

各类自然资源每年产生的直接经济效益和生态效益总和为137.06亿元。

1.6.2.1 湿地资产评估

直接经济效益评估：湿地每年提供的直接使用价值为17.353 3亿元。其中动物产品价值为每年3.053 3亿元、植物产品价值6.987亿元、科研文化价值4.65亿元、游憩价值2.663亿元。

生态效益评估：运用生态经济学方法，结合实地调研和资料分析，评估尕海湿地生态系统服务价值，计算发现尕海湿地生态系统服务价值为每年43.69亿元，其中泥炭储量价值约为0.22亿元、生物栖息地价值为1.07亿元、涵养水源价值为18.94亿元、蓄水防洪价值约为6.72亿元、水力发电价值约为0.58亿元、净化水质的价值约为14.70亿元、固碳释氧调节大气组分的价值约为0.59亿元、土壤侵蚀控制价值约为0.87亿元。

湿地资源每年的经济效益和生态效益总和为61.04亿元。

1.6.2.2 森林资产评估

直接经济效益评估：有林地、疏林地、灌木林地和未成林地的收益分别为114 004.8万元、2 774.4万元、642 841.6万元和1 161.6万元，保护区内林地的总收益为760 782.4万元。由于绝大多数为利用期较短的灌木林，以有林地和疏林地100年利用期、灌木林15年利用期进行加权，平均分摊年限25年计算，则每年的资产收益约为3.04亿元。

生态效益评估：保护区内森林每年的生态效益总价值为31.334 7亿元。其中涵养水源价值21.376 4亿元、保育土壤价值4.126 3亿元、固碳释氧价值1.199 9亿元、净化空气的价值0.153 4亿元、保护生物多样性的价值4.478 7亿元。

森林资源每年的经济效益和生态效益总和为34.37亿元。

1.6.2.3 草地资产评估

直接经济效益评估：2018年保护区范围郎木寺、尕海、拉仁关三乡镇及西仓镇贡去乎畜产品为牦牛55 190头、绵羊185 352只、猪316头、鲜奶17 824t、羊毛203t。按照牦牛每头8400元、绵羊每只1200

元、猪每头1500元、鲜奶5400元/t、羊毛20 000元/t计算，2018年的畜牧业总产值为7.868 0亿元，减去湿地内畜牧业产值3.053 3亿元，保护区范围内畜牧业总产值为4.814 7亿元。

生态效益评估：保护区内不含湿地的草地生态系统服务价值为每年18.942 3亿元。其中气体调节0.265 3亿元、气候调节1.816 7亿元、干扰调节0.142 9亿元、水调节和供应0.020 4亿元、侵蚀控制1.122 6亿元、土壤形成0.081 7亿元、营养循环2.776 0亿元、废物处理3.347 6亿元、授粉0.959 4亿元、生物控制0.877 7亿元、栖息地4.756 0亿元、食物生产2.571 9亿元、原材料0.102 0亿元、基因资源0.020 4亿元、娱乐文化0.081 7亿元。

草地资源每年的经济效益和生态效益总和为23.75亿元。

1.6.2.4 野生动物资产评估

直接经济效益评估：按照《野生动物及其制品价值评估方法》，用保护区野生动物监测结果进行价值评估，陆生野生动物种群数量达1 362.582万头（只、条）、评估的价值约111 534.65万元。其中鸟类15.688 8万只、9 145.65万元，鼠（兔）类1 318.95万只、92 851.5万元，其他兽类1.443 2万头（只）、4 347.5万元，两栖类3.0万只、300.0万元，爬行类0.70万条、330.0万元，蝶类22.80万只、4 560.0万元。按照第四条的规定计算的保护区陆生野生动物的价值达158 229.05万元。

生态效益评估：野生动物的生态效益每年2.079 8亿元，其中消灭有害生物的价值每年1.547 2亿元、游憩价值每年0.532 6亿元，此外尚有难以量化、无法计算的医疗价值、存在价值、维持生物多样性的价值、选择价值与科学价值等。

野生动物资源每年的经济效益和生态效益总和为17.90亿元。

第2章　自然地理环境演变

2.1　地质地貌

保护区地处秦岭西端，地势高亢，山形险峻，大部分地区海拔3000m以上，地势西高东低，主要山脉与河流呈南东和东西向展布，构成山地骨干的为南秦岭和北秦岭。北秦岭系指合作盆地北缘的达里加山-太子山-白石山；南秦岭系指西倾山-李恰如山-光盖山-迭山-古麻山(通称迭山)。南北秦岭之间是洮河谷地。

2.1.1　地层

保护区地层构造属西秦岭古生代褶皱的一部分。北部即洮河沿岸为中生代三叠纪地层，岩石以灰绿色的砂岩和页岩为主；在褶皱带主轴南北两侧塌陷带沉积了中生代地层。

本区地层区划属于昆仑秦岭区秦岭分区，地层出露较齐全，包括前志留系、志留系-三叠系中统、下中侏罗统、下白垩统、上新统和上更新统-全新统。地层构造为秦岭古生代褶皱地带的一部分。北半部洮河沿岸属中生代三叠纪地层，岩石以灰绿色砂岩和页岩为主；南半部尕海高原以南，属秦岭的南部支脉——南秦岭加里东海西褶皱带，主要由浅变质或未变质的地层组成；在褶皱带主轴两侧凹陷带沉积中生代地层，主要岩石有千枚岩、板岩、页岩、砂岩、灰岩、砾岩及侏罗纪岩煤。在相对形成的向斜构造谷地，充填了新生代第三纪红层和第四纪黄土及近代松散沉积物。按水文地质具有以下特征：

志留系(S)至下泥盆统(D_1)：这类地层以板岩和砂岩为主，夹硅质岩或硅质灰岩，下泥盆统则有较多的碳酸盐岩，上部为深灰色厚层，中层白云岩、白云质灰岩、偶夹板岩，下部多泥灰岩夹杂色板岩。

中泥盆统(D_2)至下三叠统(T_1)：该地层主要为一套灰色厚层块状灰岩，上部夹砂岩、页岩等，顶部下三叠统(T_1)在尕海-则岔以北则为薄层灰岩与砂岩互层。

侏罗系(T_1)、白垩系：主要分布于西倾山、尕海-郎木寺一带，侏罗系为中下统(T_{1-2})，主要为大山岩夹碎岩，含煤；白垩系下统(K_1)为一套紫红色胶结板层的砾岩、沙砾岩。以上岩层均产生了构造变动。

新第三系(N)：为上新统(N_2)，岩性主要为砂岩、砂质泥岩，含少量砾岩，多为红、橘红色。这类地层亦有构造变动，但不剧烈，集中分布于北东展布盆地中。

第四系(Q)：这类地层中两类较有意义：一类是盆地堆积物，一类是沟河谷堆积物，按其成因分为洪积物和冲积物，以及两者混合类型。地面所见为上更新统(Q_3)和全新(Q_4)两个时代。尕海为中、下更新(Q_{1-2})堆积物。洪积物主要分布于尕海盆地附近，由贡巴至李恰如种畜场，北至秀哇(高茂一带)；其次为晒银滩一带；再次是一些小盆地，不大的沟口和沟谷内的堆积物。岩性均为砾卵石或漂石、块石之类，以粗颗粒为主，粗细混杂，一般盆地堆积物磨圆较好，沟谷洪积物磨圆度较差，尕海盆地见有较老的(Q_3)洪积物，为一套淡黄色、灰绿相间的亚黏土夹卵石，被近代的(Q_4)洪积物所覆盖，厚度不等，在尕海100m以上，它们基本水平产状，或有沉积原始倾斜。尕海盆地靠中心部分有一层数米厚的泥炭层，沟谷堆积物主要分布于洮河及其较大的支流中，形成漫滩或低阶地。

构造：保护区内地质构造复杂，岩性差异很大，其大地构造部位处于秦岭西端及青藏“歹”字形构造体系头部一支——西倾山东端。绝大部分为洮河复向斜二级构造单元内，西南部两大构造单元衔接部位由于相互干扰产生了一些小盆地，如尕海盆地等。大的构造线基本为东西向，至西南部转成北西西或北西向，构造骨干为亚尔玛-夏卜加琼钦背斜和西倾山褶皱束，保护区占其北翼，其轴部伴有密集的断裂，区内北半部均属背斜北翼。构造盆地次级形态，其中一类是尕海盆地和郎木寺盆地，属于山间陷落断面；另一类则是次级压扭性断裂形成的条状小盆地，却被河流所追踪，如来克河，它们的特点是呈东北—西南方向展布。在二级构造形态中，还发育次一级的褶皱和断裂，因此属于复式背斜。

2.1.2 侵入岩

本区侵入岩不发育，主要分布于南部，出露面积约13.6km²。侵入时代初步确定有华力西期、印支期、燕山期，以印支期岩体面积最大，约4.864km²。岩体受构造控制明显，多沿白龙江复背斜轴及两侧断裂带侵入。呈小岩珠或岩枝产出。一般岩体的围岩蚀变均较明显，由于热液活动，使围岩遭受不同程度的变质。主要岩性有辉绿岩、花岗闪长岩、花岗闪长斑岩，其次为正长斑岩、闪长岩，主要侵入岩一般情况见表2-1。

表2-1 主要侵入岩一般情况一览表

<table>
<tr><th>时代</th><th>侵入期</th><th>侵入期次</th><th>代号</th><th>出露面积（km²）</th><th>主要岩性</th><th>岩体名称</th><th>备注</th></tr>
<tr><td rowspan="6">中生代</td><td rowspan="3">燕山期</td><td rowspan="3">晚</td><td>$r\delta\pi_5^2$</td><td>0.2</td><td>花岗闪长斑岩</td><td>郎木寺岩体</td><td>断裂带附近</td></tr>
<tr><td>$r\delta\pi_5^2$</td><td>1.2</td><td>花岗闪长斑岩</td><td>格尔括合岩体</td><td></td></tr>
<tr><td>$r\delta\pi_5^2$</td><td>0.14</td><td>花岗闪长斑岩</td><td>京格尔岩体</td><td>断裂带附近</td></tr>
<tr><td rowspan="3">印支期</td><td rowspan="3">中</td><td>$r\delta_5^1$</td><td>4.8</td><td>花岗闪长岩</td><td>忠格扎拉岩体</td><td>西倾山背斜倾没端</td></tr>
<tr><td>δ_5^1</td><td>0.05</td><td>闪长玢岩</td><td>忠曲岩体</td><td>西倾山背斜倾没端</td></tr>
<tr><td>$\varepsilon\pi_5^1$</td><td>0.014</td><td>正长斑岩</td><td>3983高点南岩体</td><td>西倾山背斜倾没端</td></tr>
<tr><td rowspan="6">古生代</td><td rowspan="6">华力西期</td><td rowspan="5">中</td><td>$r\delta_4^2$</td><td>1.5</td><td>花岗闪长岩</td><td>降扎岩体</td><td></td></tr>
<tr><td>$r\delta\pi_4^2$</td><td>0.3</td><td>花岗闪长斑岩</td><td>毕岗北岩体</td><td>断裂带控制</td></tr>
<tr><td>$r\delta_4^2$</td><td>0.5</td><td>花岗闪长岩</td><td>秀哇北东岩体</td><td>则岔南断裂带控制</td></tr>
<tr><td>$r\delta_4^2$</td><td>0.4</td><td>花岗闪长岩</td><td>则岔南岩体</td><td>断裂带附近</td></tr>
<tr><td>δ_4^2</td><td>0.5</td><td>闪长岩</td><td>赛曲合岩体</td><td>李恰如山断裂附近</td></tr>
<tr><td>早</td><td>$\beta\mu_4^1$</td><td>4.5</td><td>辉绿岩</td><td>占洼岩体</td><td>背斜轴附近</td></tr>
</table>

2.1.3 地质构造

本区处于秦岭东西复杂带之西段南亚带内，由于经历了多次构造运动，故形成了一系列强烈复杂的褶皱和断裂构造，并伴有微弱的岩浆活动及岩石的区域变质作用。

根据褶皱轴线、压性断层、岩脉（体）、岩石的区域性片理、劈理、千枚理的分布特点等，所反映出的区域性构造线，总体呈东西方向。此外还有北东—北东东向构造，以反接关系复合其上。区内主要为秦岭东西复杂构造带及北东-北东东向构造，前者形成较早，后者形成较晚。各自特点：

秦岭东西复杂构造带：横贯全区，主要为古生代到三叠世地层中的一系列近于东西方向的褶皱、压性断层、片理、千枚理及压性劈理和岩脉，以及南北方向的张性断裂，北西、北东方向的扭性断层组成。在扭性断层中并表现一组发育、一组不发育的特点。区内整个构造线，呈近东西向展布，由于东部受祁吕系的影响，明显向南偏转；西部受青藏"歹"字形构造的干扰，向北推移。因而它的综合形态发生了自东而西，由北西西—东西—北西西的偏移。不单如此，这种向南向北的相对拉动，在秦岭带内部形成了一系列大小不等的弧形转展弯曲。

北东—北东东向构造：区内西北地区发育一组北东—北东东方向的断裂构造形迹，斜切了由三叠系组成的碌曲复式向斜构造，该组断裂沿走向断续延伸长达100km。各条断层大致近于平行排列，并略微显示近东西方向斜列展布之特点。断层沿走向大多呈平缓波状延伸，常常形成开阔的沟谷，沟谷的共同特点是沟的北西壁陡峻，南东壁平缓，沟谷中沉积有上第三系，在沉积之后断层仍有活动。其力学性质以压性为主兼有扭动。断层走向为50°~70°，断层面皆向北北西倾斜，倾角40°~80°，一般可见断层北西盘的中三叠统向南东方向逆覆于第三系之上，并有轴向与断层走向一致的牵引褶皱。

如由东向东排列的红科北东东向断层，碌曲北东东向断层和西仓北东东向断层及拉仁关推测隐伏断层。这类构造的形成可能与秦岭地区的徽成盆地、通渭–宕昌一带的北东向构造有联系。可能不属于秦岭东西复杂构造带的配套成分。它主要形成于燕山期，并具控制上第三系的沉积特征和活动的迹象。

构造体系复合与构造运动程式：区内所划分的秦岭东西复杂构造带及北东—北东东向构造，它们的展布方向和生成时间上都不相同。显然作为秦岭东西复杂构造带的主要构造成分之一的碌曲复式向斜形成之后，又被北东—北东东向构造所斜切。在各自的展布方面，一个是东西方向，另一个是北东方向，两者具有明显的交叉关系，所以它们为反接复合关系。

区内秦岭东西复杂构造带形成的应力活动方式，根据组成它的主要压性结构面，如褶皱轴向、压性断层及压性劈理、片理、千枚理的走向皆为东西方向；张性结构面为南北方向；扭性结构面为北东、北西方向来看，只能是南北方向挤压应力作用的结果。

至于北东—北东东向构造的出现，则反映了南北方向相对扭动。这与中国大陆西部地区相对向南、东部地区相对向北扭动的趋势相吻合。

2.1.4　挽近期地壳运动及地貌特征

2.1.4.1　挽近期地壳运动特征

本区进入第三纪以来，虽然经历了明显的构造变动，却未改变早期的构造轮廓，只在低序次构造形迹上有些变化。此期区内总体上升且强度较大，但各地表现出明显的差异性，形式比较复杂。归纳其特点，一是在空间上经常借助老的构造形迹活动，反映出继承性；二是活动的差异性明显，形成一些凹陷和隆升、翘起带；三是时间上是不等速上升，具明显的间歇性。

2.1.4.2　挽近期地貌特征

挽近期构造运动特征和气候条件是控制地貌形态的根本因素。各种内、外力因素在相互矛盾并力求平衡的过程中塑造出现代地貌类型及其形态特征。按保护区地貌类型及其形态特征与控制因素的关系，分为山地和盆地两大地形组成，西部是高原山地，东部地处洮河流域。沿洮河两岸山岭陡峭，小片河滩地是主要的农业种植区，平均海拔3000m。

山地：保护区的山地以高山和河谷为主。高山指海拔高于3500m以上广阔地带，皆是挽近期全面地强烈差异性上升区。由于构造运动的差异，使外力作用的方式与强度不同，在地貌形态上具有明显差别，据此划分以下形态类型：

中等切割的高山主要分布于西倾山、李恰如山等南部山区，虽然中间被拗陷带切割，但其基本排列仍与构造方向相一致，海拔在3500~4000m，切割深度500~1000m不等，西倾山西段常常切割深度达700~800m或近1000m。河谷纵向坡度可达5°左右，多陡坎，山坡较陡，常常有较大规模的峰丛分布。山脊与山坡往往呈曲线形过渡，显示出经过全面而微弱的剥蚀作用，风化壳极薄，多被乔木林植被所覆盖。西倾山主峰南木让和郎木寺一带保留有稍好的冰斗、冰蚀洼地、冰蚀湖泊和冰碛层等，均为后期的流水及其他强烈的侵蚀作用所改造，因而在区域地貌特征中不占主导地位。

浅切割的高山主要分布于西部和北部，包括碌曲的大部分地区，洮河的源头地区，海拔3500~4000m，个别山峰超过4000m。切割深度200~500m，由三叠纪的砂板岩组成。山顶圆滑，山坡平缓，坡度多20°~30°，山脊线为平缓的波状。沟谷宽浅，坡度较小，均有厚度不等的洪积物堆积，构成宽缓的箱形谷。山体普遍发育了厚度不等的风化壳，植被发育，形成天然牧场。挽近期断裂形成一些盆地，但差异性较小，相对于深切割的高山和中等切割的高山两种类型平衡程度高，只在大范围内可视其隆升或凹陷，因此，产生一些放射状水系。新生界除断裂边缘被抬升外，均未受到强烈的挤压或扭动。但是挽近期断裂活动幅度虽然不大，却很普遍，对洮河及其支流多处追踪，特别是盆地外围水流侵蚀作用相当明显，但大范围内表现以剥蚀作用为主。

山原分布于尕海盆地东北部到热水塘附近、西倾山顶一带，为不同时期不同高度的连续或不连续的夷平面组成。特点是表面平坦，高度接近，地表水流往往呈均匀的树枝状分布，切深仅几十米。其虽处在强烈或较强的上升区，但小范围内差异性很小，受上升的间歇性的影响而形成阶梯状地貌形态。西倾山以冻融作用为主。

山原系断块均衡抬升后剥蚀作用形成，由于上升迅速，水流来不及侵蚀而使夷平面得以保留。山区降水量大，流水侵蚀-溶蚀作用较强烈，特别是东部夷平面边缘，个别沟谷切深已达400~500m。但总体仍是高度相近，断续平坦之山地，故而称为山原。

山脉：阿米克山海拔3000~4000m，主峰庆各乃海拔高达4380m。除阿米克山外，碌曲境内所有山体均系西倾山系。

西倾山是保护区的主要山脉，海拔3000~4483m。西倾山从青海省分两支进入碌曲，南支西段为碌曲县与玛曲县的分界，东段称郭尔莽梁，为白龙江发源地；北支为李恰如山。西倾山主峰额日宰为境内海拔高度之最，位于西倾山北支李恰如山中段与青海省接壤处，海拔4483m；豆格拉布则为郭尔莽梁的最高山峰，海拔4190m；莫尔藏阿尼位于额日宰东南，海拔4338m；中翁（群果），位于尕海东北部，海拔4301m；忠格扎拉，位于西倾山南支东段，海拔4246m；果卜钦，位于贡巴村以北，海拔4082m。

李恰如山为西倾山北支，海拔多在4000m以上。位于李恰如山西段的达日宗喀哈海拔4078m；位于李恰如东北段的夏尔泽托伊海拔4026m。

溶洞：中等切割的高山和山原地貌类型，多有灰岩分布，在不同的高度上均可见到少量的沿裂隙发育的规模不大的溶洞。大者直径3~5m，一般深度仅数米。其中两处溶洞较深，一处白石崖溶洞，洞内有少量地下水，洞壁有碳酸钙沉积；一处在南秦岭北坡西端。则岔、中翁一带也有发育，则岔村附近的溶洞，洞口海拔3200m，宽1.6m，高1.5m，经过近10m的斜洞进入一个宽敞大厅，长20m，宽12m，高5~6m，偶尔见有石笋高0.45m，底周长近1.0m。大厅再向里分为两个洞室，也很宽大，基本无地下水排泄。一般灰岩地段均可见到零星的小溶洞，特别是南秦岭挤压带发育较多，且灰岩表面经常发育一些溶沟、溶槽之类的初级岩溶形态。总之，本区岩溶不甚发育，只沿裂隙有溶蚀现象，较大的溶洞多借助于裂隙产生，有时形成大泉。发育海拔3000~4300m，层次不明显。

河谷：主要是洮河河谷，高欠沟以上的洮河地段基本上无发育良好的阶地分布，仅由岩性差异形成数百米宽的河漫滩和Ⅰ级阶地，Ⅰ级阶地断续发育，比高较大，可达10m左右。高欠沟至寨里段河谷狭窄，为“V”字形谷段，漫滩和Ⅰ级阶地总宽度为100~500m。Ⅱ级以上阶地均为基座阶地，零星分布，宽百余米、数百米不等，多在河湾或沟口零星分布。

因地处高原的边缘，河流水流湍急，侵蚀切割作用强烈，山岭陡峻，河谷深陷，相对高差较大。黄河上游重要支流——洮河发源于保护区以西、西倾山和李恰如山之间的谷地，洮河自西而东蜿蜒流过，其主要一级支流括合曲、周曲则发源于保护区，保护区的大沟小岔几乎均有泉水涌出。

盆地：指中新生代形成以来具有一定规模的有堆积物的构造洼陷，或如尕海群山间的盆地，包括断陷和坳陷两种。

尕海-热当坝盆地沿尕海-郎木寺断裂展布，该盆地形成始于中生代，进入新生代后，受到侵蚀和剥蚀，至第四纪以后，断裂的西部（尕海）则大幅度下降，堆积了厚约250m的第四系，构成了堆积地形，形成典型的洪积平原；郎木寺-热当坝一带表现为侵蚀-剥蚀地形，第四系仅限于沟谷及其两侧地带。

尕海盆地为广阔的洪积物所覆盖并在中北部及南部边缘发育了沼泽地。除东北部边缘保留有较好的洪积扇外，多为平坦的洪积斜坡。众多的流水汇集于尕海湖，除洪水季节外，其末端经常消失在洪积层，加上排泄不畅而形成沼泽地。此沼泽的分布大体上与基底形状相一致。仅中部被通过加仓二队的近东西向近代隆起所分割形成南北两部分，但此隆起并未改变盆地基本面貌，其表面仍为一个北倾的平面。

2.1.5 典型矿区地质

保护区内地质环境复杂，各类矿产资源丰富，有金、铁、汞、锑、砷、煤、石灰岩、大理石、白云岩、泥炭等矿藏十几种，其中已探明储量的有金、铁、锑、泥炭、煤5种，在保护区成立前已开发利用的有岩金和煤2种。由于保护区生态脆弱，根据国家环境保护政策，保护区内原有的所有矿区，均注销了矿权、完成植被恢复和验收销号，退出了保护区。

2.1.5.1 忠曲-大水矿区

矿区地质：忠曲-大水位于西秦岭造山带白龙江复背斜西段之西倾山隆起带的忠曲背斜南翼，南部以玛曲-略阳大断裂为界与松潘-甘孜造山带的若尔盖地块相邻，展布于西倾山地区的大水弧形构造自西而东控制了忠曲、辛曲、大水、贡北、格尔托等金矿床的分布。

区域内出露地层有下古生界泥盆系、石炭系、二叠系和中生界三叠系、侏罗系、白垩系。泥盆系为浅海-潮坪相碎屑岩夹碳酸盐岩建造，石炭-二叠系属稳定型海相碳酸盐岩建造，三叠系为海相-海陆交互相碎屑岩-碳酸盐岩建造，中下侏罗统为山间盆地相碎屑岩建造，白垩系为河湖相粗碎屑岩建造。赋矿地层为二叠系（辛曲金矿床）、三叠系（大水、贡北、格尔托、忠曲等金矿床）。

忠曲、辛曲金矿床的西北侧分布有忠格扎拉花岗闪长岩体，面积4.8km²，岩体发育中心相和边缘相，中心以斑状二长花岗岩为主，含有辉长岩包裹体，边缘以细粒黑云母闪长岩为主，内接触带有轻微混染作用及碳酸盐化、绢云母化、高岭土化，外接触带有大理岩化，局部灰岩重结晶作用明显，形成晶体粗大的方解石。辛曲金矿床东侧约1km处分布有细粒花岗闪长斑岩岩株及岩脉，面积0.2km²，无矿化显示。

矿区地质特征：忠曲、辛曲金矿床在空间上相邻，二者相距约1.5km，矿区地质特征相近。矿区大部分被第四系残坡积物所覆盖，零星出露石炭系、二叠系、三叠系和白垩系地层。

忠曲金矿区矿化原岩为中三叠统浅灰、浅黄、灰白色薄-厚层白云岩及灰质白云岩，夹中-厚层灰岩及白云质灰岩，厚320~360m。矿化带受北东向及北东东向蚀变破碎带控制，带内发育方解石大脉，金矿体产于方解石大脉旁侧。恰若-忠曲一带发育4条北北东向和北北西向的闪长岩脉,以前者为主,脉体长几十米至100余米,宽2~8m。方解石大脉沿断裂分布,部分穿插矿体,长一般几十米至100余米,个别长500余米,宽几米至数十米。

辛曲金矿区赋矿地层为下二叠统大关山组碳酸盐岩,大关山组分为2个岩组:下岩组为杂色薄层状泥质灰岩,厚度45m;上岩组为灰-浅灰色块状-中薄层状微晶灰岩、中厚层状-块状生物碎屑灰岩,厚370m。矿区内发育向南西倾斜的单斜构造,地层走向290°~300°。控矿构造为北北东向断裂,断裂带内发育与断裂及矿体平行的方解石大脉。

2.1.5.2 拉尔玛矿区

矿区地质:拉尔玛位于秦岭西段褶皱系南亚带的白龙江复背斜西段轴部,区内分布最老地层为寒武系,为大陆环境的河湖相和深海热水喷流相、浊流相沉积,出露于白龙江复背斜轴部。从轴部向北,依次为奥陶系、志留系、泥盆系、石炭系、二叠系、三叠系,除石炭系、二叠系由碳酸盐岩组成外,其他地层均以碎屑岩为主,并夹少量钙镁碳酸盐岩。寒武系为本区最重要的赋矿层位。

白龙江复背斜是本区一级褶皱,在复背斜轴部发育一些次级短轴背斜,轴向与区域复背斜轴向基本一致。区内断裂很发育,以东西-北西向走向断裂为主,区域断裂控制着本区的地质构造发展。

矿区地质特征:拉尔玛矿区地层主要为下寒武统,含矿岩石为一套浅变质岩系。依岩性特征分为三个岩性组:第一岩组为灰黑色中-薄层条带状、团块状含碳硅质板岩、粉砂质板岩、碳质板岩等,为主要含矿层;第二岩组为灰黑色碳质板岩,深灰-灰黑色碳质粉砂质板岩和碳质泥板岩,为次要含矿层;第三岩组为灰色粉砂质绢云母板岩,灰黑色碳质粉砂岩和碳质泥板岩。

矿区为一背斜。该背斜向北倒转,轴向北东东至近东西向,轴面倾向北,两翼倾角40°~80°。向西倾伏,并有明显圈闭现象,在52线背斜枢纽又缓慢抬起。区内断裂很发育,是区域性挤压应力最集中的部位,从其展布方向来看,绝大部分断裂为北东东至近北东向,部分断裂为北西西-南东东,反映矿区各条断裂向西收敛,向东撒开之特点,这与矿区背斜构造向西倾伏大体一致。

矿区北缘发育一条近东西走向逆冲断裂。规模最大,是矿区一条长期多次活动的主干断裂,断裂面倾向北,倾角65°~75°。该条断裂破碎带很发育,最宽达200m以上。带内次级断裂发育,伴随多次构造作用的热液活动,使带内多次级断裂及其两侧的碎斑岩遭受叠加蚀变,局部形成蚀变强烈的碎斑岩和角砾碎斑岩。

区内岩浆岩不发育,多呈脉岩产出,岩性主要为石英闪长岩、花岗闪长岩等,规模一般不大,长数十米至数百米,宽1~2m,呈脉状产出,脉向近东西向,其产状与地层略有斜交,侵入在寒武系地层中;脉岩普遍具有蚀变和矿化,部分已变为矿体。如早期的碳酸盐化闪长玢岩脉矿化较好,为成矿前脉岩,晚期为微细粒花岗岩脉,具钠黝帘石化、高岭土化、白云母化,该期脉岩颗粒较粗,局部具斑状结构,斑晶由长石和石英组成,基质成分与斑晶成分相同。

2.1.5.3 尕海矿区

尕海煤矿位于郎木寺镇境内,面积1.42km^2,地理坐标为102°36′04″~102°37′04″E、34°09′30″~34°10′30″N,区内所出露的地层有中上志留统、下侏罗统、中侏罗统和第四系全新统。其中,第四系分布最为广泛。矿区主要构造形迹受区域构造体系的控制,其构造形迹表现为一两翼不甚对称的走向,近东西的北翼陡(30°)而南翼缓(25°)的复式向斜。区内断裂较为发育,且近南北向断裂对煤系地层及煤层影响较大。从近南北向断裂切割近东西向断裂的事实来看,南北向断裂的最末一次活动,较近东西向断裂为晚。区内南北向断裂多显压扭性。均与南北向挤压力及青藏“歹”字形顺扭,武都“山”

字形西翼反射弧反扭有着密切的关系。经核查,本核查单元内查明总的资源储量为3 217.6×10³t,消耗资源储量77.5×10³t,保有煤炭资源储量3 140.1×10³t,其中122b类787×10³t、333类2 353.1×10³t。

2.1.6 水文地质

类型:保护区所在的碌曲县地下水分布广泛,主要有三大类型。①松散岩类孔隙水贮藏在松散的第四纪岩石孔隙中,分布于河谷、沟谷、尕海盆地以及晒银滩、红科、高波等地。地下水靠降水、基岩裂隙和地表供给,以泉或潜流形式排泄至地表,这类含水岩中的地下水很丰富。尕海盆地靠近东部洪积潜水层中,水位埋深10~20m,含水层埋深50~60m,出水量一般可达每天数千立方米,一般河谷、沟谷地下水潜流和含水层宽度200~300m,含水量厚度5~10m,日出水量在10~1000m³。尤其是在河谷岸边出水量更大,但此类型水在碌曲县内分布所占的比重极微。②基岩裂隙水贮存在各类基岩的风化裂隙构造裂隙之中,指侏罗系、白垩系和第三系下部的含水岩层,为碌曲县分布范围最广的一个含水岩组。该类地下水主要依靠降水、冰雪融渗补给,沿裂隙通道以泉的形式排泄,或以潜流的形式进入河谷、沟谷、盆地的孔隙潜水中。它们的贮存与埋藏受降水、地质、地貌、植被条件影响较大,地下的水量随空间和时间的变化亦比较迅速。埋藏深度由裂隙发育程度和地貌条件控制,10~30m不等,由于裂隙发育程度不等,地貌条件不同,使其分布很不均匀。③岩溶裂隙水:主要指在石灰岩、石灰石与其他岩层互层地区,分布于西倾山、李恰如山、尕海东北部至亚尔玛一带。特点是由一些裂隙和溶洞出水,含水不均,如遇构造导通或切割至含水岩层有较大泉出现,如擦括大泉、老虎洞、中翁溶洞等。其中碳酸盐与一般碎骨岩互层时,常与纯酸盐岩划为并列的两个亚类,此类地下水的补给主要是降水,降水入渗量、运移速度都比基岩裂隙水大,地下水埋藏深度、循环深度也较大,可达200~300m,它们由于通道发达,往往集中流动,集中排泄,因此这类含水层的不均匀程度更高。

水质:德国度(d)就是1L水中含有相当于10mg的CaO,其硬度即为1个德国度(1d),记为1H°,这是我国最普遍使用的一种水的硬度表示方法。碌曲县地表地下水平均总硬度13.8H°,最高为19.6H°,最低为10.3H°,均低于国家规定饮水25H°的标准,合格率达98.9%,适宜饮用和灌溉。地下水质的类型几乎全为HCO_3-Ca或HCO_3-Ca-Mg型,矿化度为0.5g/L以下,极少有大于1g/L的,但NO_3离子含量较高。

2.2 气候及其演变

2.2.1 气候概况

保护区海拔高,气温低,冰冻期漫长,一年内无霜期短促,冬季寒冷而漫长,夏季凉爽而短暂,属于半湿润高山草原气候带的寒冷干燥气候类型。局部高山近于苔原气候,气温随地势高低而变化,西部年平均温度2.5~3.5℃,在海拔4000m以上山地为-3~-1℃。降水量南高北低,白龙江谷地郎木寺一带达800mm。年平均蒸发量1100~1200mm。冬季降雪较少,高山无常年积雪,气候显得寒湿,只在个别高山深谷和森林覆盖下有残存冰雪。

气温:年平均气温则岔保护站由一期的2.3℃增加到了3.5℃,尕海保护站由一期的1.2℃增加到了2.6℃,石林2.5℃,郎木寺2.7℃。最热月7月平均气温则岔由一期的12.4℃增加到了13.2℃,尕海由一期的10.5℃增加到了13.1℃,石林11.9℃,郎木寺12.8℃。最冷月1月平均气温则岔由一期的-9.5℃增加到了-7.6℃,尕海由一期的-9.1℃增加到了-8.8℃,石林-8.2℃,郎木寺由一期的-8.4℃增加到了-7.9℃。年平均日较差则岔15.4℃,尕海13.7℃;最大年较差则岔53.6℃,尕海52.5℃。

降水量：年均降水量则岔由一期的633.9mm增加到641.4mm，尕海由一期的781.8mm减少到702.1mm，石林597.6mm，郎木寺706.6mm。降水集中在7~9月，则岔由一期的361.8mm减少到361.2mm，占全年降水量的比例由一期的57.1%减少到56.3%；尕海由一期的439.1mm减少到414.6mm，占全年降水量的比例由一期的56.2%增加到59.1%；石林为318.2mm，占全年降水量的53.3%；郎木寺为356.9mm，占全年降水量的50.5%。冬季积雪深度减少，时间变短，全年积雪由一期的80d减少到31d，通常深5~10cm。

则岔保护站年太阳总辐射量由一期的519 839J/cm^{2}增加到519 883J/cm^2，年生理辐射量由一期的255 106.2J/cm^{2}减少到255 086J/cm^2。郎木寺年太阳总辐射量516 343J/cm^2，年生理辐射量253 035J/cm^2。则岔保护站年日照时数由一期的2 351.8h减少到2 237.1h，日照率由一期的53%减少到51%（表2–2）。

表2–2 保护区气温、降水量表 单位：℃、mm

月份	全保护区平均		石林气象站		尕海气象站		郎木寺气象站		则岔气象站		县城气象站	
	气温	降水量	气温	降水量	气温	降水量	气温	降水量	气温	降水量	气温	降水量
1	–8.1	4.2	–8.2	4.4	–8.8	6.5	–7.9	1.2	–7.6	4.8	–7.6	4.8
2	–5.4	7.3	–6.0	4.8	–6.4	6.2	–4.7	7.1	–4.4	11.0	–4.4	11.0
3	–0.8	14.6	–0.8	1.7	–1.5	19.3	–0.9	22.8	0.1	14.8	0.1	14.8
4	3.6	27.7	3.1	25.2	3.6	17.9	3.4	37.0	4.4	30.8	4.4	30.8
5	7.1	91.8	6.4	91.1	7.2	83.8	7.0	115.0	7.9	77.3	7.9	77.3
6	10.3	101.7	9.7	110.8	10.1	100.0	10.3	103.6	11.0	92.6	11.0	92.6
7	12.8	114.8	11.9	104.6	13.1	121.1	12.8	106.5	13.2	127.0	13.2	127.0
8	12.4	136.9	11.7	110.9	12.6	173.4	12.3	137.0	13.0	126.2	13.0	126.2
9	8.6	111.0	7.8	102.7	8.8	120.1	8.3	113.4	9.3	107.9	9.3	107.9
10	3.5	43.8	3.3	31.0	3.6	39.1	3.1	53.9	3.8	51.1	3.8	51.1
11	–2.8	8.9	–2.2	9.4	–3.7	9.6	–3.2	7.5	–2.3	8.9	–2.3	8.9
12	–7.2	2.4	–7.2	1.0	–7.9	5.1	–7.8	1.6	–6.0	1.8	–6.0	1.8
汇总	2.8	665.1	2.5	597.6	2.6	702.1	2.7	706.6	3.5	641.4	3.5	641.4
资料年度	2008~2018年		2014~2018年		2008~2010年、2012~2016年、2018年		2010~2018年		2015年		2003~2018年	

仅按最近4年郎木寺、尕海和石林自动气象观测资料（不含降雪量）分析，保护区极端最高温度26.8℃，极端最低温度–25.9℃；7月平均气温11.8℃，1月平均气温–8.6℃，平均气温2.4℃；降雨量537.9mm，相对湿度69.7%，最小湿度43.0%，最大湿度87.0%。其中郎木寺极端最高温度25.8℃，极端最低温度–23.8℃；7月平均气温12.5℃，1月平均气温–8.4℃，平均气温2.7℃；降雨量599.8mm，相对湿度68.8%，最小湿度48%，最大湿度81%。尕海极端最高温度23.9℃，极端最低温度–25.9℃；7月平均气温11.5℃，1月平均气温–9.0℃，平均气温2.0℃；降雨量525.3mm，相对湿度69.4%，最小湿度46%，最大湿度87%。石林极端最高温度26.8℃，极端最低温度–25.8℃；7月平均气温11.5℃，1月平均气温–8.3℃，平均气温2.4℃；降雨量488.5mm，相对湿度70.8%，最小湿度43%，最大湿度87%。

2.2.2 气温

2.2.2.1 气温变化

1986年以前的年平均气温:北部碌曲县城年平均气温2.3℃,最高为1960年的3.0℃,最低为1977年的1.4℃,差值达1.6℃;南部郎木寺年平均气温1.2℃,最高为1960年的1.9℃,最低为1977年的0.5℃,差值达1.4℃。

1986年以前的月平均气温:北部碌曲县城最冷月1月平均气温-9.5℃,最热月7月平均气温12.4℃,差值达21.9℃;南部郎木寺最冷月1月平均气温-9.1℃,最热月7月平均气温10.5℃,差值达19.6℃。

碌曲县37年平均气温为3.0℃,近37年平均气温总体呈上升趋势,气候倾向率为0.472℃/10年,增温明显。分析碌曲县气温年代际变化可知,20世纪80年代年平均气温2.4℃,20世纪90年代年平均气温升至2.7℃,气温持续增高;进入21世纪后,2001~2010年平均气温达3.6℃,2011~2016年平均气温为3.5℃,年平均气温基本上保持稳定。

2.2.2.2 保护区气温资料

保护区管理机构成立以来,先后建立了则岔、尕海两个人工观测气象站,后来气象部门又先后在尕海、则岔、郎木寺和石林保护站建立了自动气象观测系统,其中郎木寺、尕海、石林气象站运转比较正常。据统计,年平均气温3.5℃,各月平均气温分别是1月-7.6℃、2月-4.4℃、3月0.1℃、4月4.4℃、5月7.9℃、6月11.0℃、7月13.2℃、8月13.0℃、9月9.3℃、10月3.8℃、11月-2.3℃、12月-6.0℃(表2-3)。

表2-3 保护区2003~2018年气温资料

月份	平均气温(℃)	极端高温(℃)	极端低温(℃)	平均冻土深(cm)	最大冻土深(cm)	最小冻土深(cm)	平均霜冻日数(d)	最大霜冻日数(d)	最小霜冻日数(d)
1	-7.6	16.2	-25.4	69.7	94	53	20.7	29	3
2	-4.4	17.2	-23.2	73.7	105	55	16.5	25	9
3	0.1	22.3	-16.7	71.8	105	51	19.5	27	15
4	4.4	24.4	-10.7	51.3	102	4	15.5	20	3
5	7.9	26.4	-9.4	0.5	6		7.2	15	
6	11.0	28.3	-1.9				0.9	6	
7	13.2	28.6	0.5				0.2	4	
8	13.0	29	0.1				0.1	1	
9	9.3	28	-4.6				2.9	7	
10	3.8	25.5	-9.6	3.8	6		13.8	20	3
11	-2.3	16.9	-19.2	17.9	22	7	23.9	29	19
12	-6.0	27.4	-22.8	41.2	59	33	25.9	30	15
汇总	3.5	29	-25.4	73.7	105	0	147.1	30	

2.2.3 降水

2.2.3.1 降水变化

1981~2017年近37年,碌曲县年降水量呈增加趋势,气候倾向率为14.636mm/10a。碌曲县降水集中在5~9月,3月开始逐月增多;7月达到峰值,月平均降水量112.4mm;8月次之,月平均降水量为

106.3mm；9月后降水量开始明显减少；10月平均降水量降至45.1mm；12月最少，仅2.2mm。

2.2.3.2 保护区降水资料

保护区范围的气候变化趋势应该跟碌曲县城气象站的分析结果完全一致，也就是年降水量呈增加趋势，只是由于保护区范围的气象观测时间比较短，加上观测资料也不很全，特别是自动气象站没有准确地反映降雪量，所以难以进行准确的分析。

保护区观测的多年平均降水量为668.8mm，比碌曲县城的641.5mm的降水量高了27.3mm，符合降水规律（表2-4、5）。

表2-4 各保护站降水量统计表 单位：mm

气象站	1月	2月	3月	4月	5月	6月	7月	8月	9月	10月	11月	12月	全年
郎木寺	1.2	7.1	22.8	37	115	103.6	106.5	137	113.4	53.9	7.5	1.6	706.6
尕海	6.5	6.2	19.3	17.9	83.8	100	121.1	173.4	120.1	39.1	9.6	5.1	702.1
石林	4.4	4.8	1.7	25.2	91.1	110.8	104.6	110.9	102.7	31	9.4	1	597.6
平均	4	6	14.6	26.7	96.6	104.8	110.7	140.4	112.1	41.3	8.8	2.6	668.8
县城	4.8	11.0	14.8	30.8	77.3	92.6	127.0	113.4	107.9	51.1	8.9	1.8	641.5

表2-5 保护区2003~2018年有关降水资料

月份	平均降水量（mm）	最大降水量（mm）	最小降水量（mm）	平均蒸发量（mm）	最大蒸发量（mm）	最小蒸发量（mm）	平均冰雹日数（d）	最大冰雹日数（d）	最小冰雹日数（d）	平均积雪日数（d）	最大积雪日数（d）	最小积雪日数（d）
1	4.0	11.8	0.1	52.7	71.7	37.7	0	0	0	5.4	15	0
2	6.0	89.0	1.3	63.1	78.9	41.9	0	0	0	6.0	19	0
3	14.6	45.2	0.5	97.1	127.9	83.1	0.1	2	0	6.1	13	0
4	26.7	50.0	8.5	125.8	142.4	108.1	0.1	1	0	3.2	12	0
5	96.6	128.6	38.9	137.7	162.4	116.2	0.5	2	0	1.1	4	0
6	104.8	143.2	41.2	133.4	163.6	109.9	0.2	2	0	0.3	3	0
7	110.7	235.7	74.4	133.2	172.1	107.0	0.8	3	0	0	0	0
8	140.4	217.1	50.1	137.2	185.1	116.8	0.4	3	0	0	0	0
9	112.1	203.7	37.9	98.8	127.5	81.1	0.4	2	0	0	0	0
10	41.3	98.1	18.3	73.5	86.6	63.7	0.2	2	0	1.7	4	0
11	8.8	30.0	0	56.7	66.7	49.6	0.1	1	0	4.8	11	0
12	2.6	6.8	0	50.8	62.1	39.1	0	0	0	2.1	7	0
汇总	668.6	235.7	0	1160.0	185.1	37.7	2.8	3	0	30.5	19	0

2.2.4 光照

2.2.4.1 日照时数变化

1981~2017年碌曲县年均日照时数2 364.3h，近37年日照时数波动起伏变化较大，总体呈减少趋势，气候倾向率为-40.538h/10a。碌曲县年日照时数以1月最高，达225.1h；其次是12月，为215.0h；9月最少，仅152.0h。

2.2.4.2 保护区日照资料

由于地形复杂，地理位置不同，保护区内接收太阳辐射也有差异，一般情况下，随着坡度增加，辐射量减少，阴坡辐射量少，阳坡辐射量多。

经统计汇总，全年平均日照时数2 237.1h，月最大日照时数265.1h，月最小日照时数87.6h，年太阳辐射520.0kJ/(cm²•a)，生理辐射255.1kJ/(cm²•a)(表2-6)。

表2-6 保护区2003~2018年日照、太阳辐射量分析表

月份	平均日照时数(h)	最大日照时数(h)	最小日照时数(h)	太阳辐射(kJ/cm²)	太阳生理辐射(kJ/cm²)
1	202.3	230.1	161	31.0	15.2
2	173.0	208.7	117.4	33.5	16.5
3	200.7	232.8	167.9	44.4	21.7
4	201.4	228.2	117.4	51.9	25.5
5	200.1	242.5	172.7	55.3	27.0
6	170.8	227.3	114.3	54.4	26.7
7	187.1	265.1	87.6	56.5	27.6
8	180.9	252	129.5	51.1	25.1
9	140.1	194	100.7	42.3	20.7
10	171.2	215.8	128.4	38.1	18.7
11	198.8	237.3	172.5	31.8	15.7
12	210.7	237.4	178	29.7	14.7
汇总	2 237.1	265.1	87.6	520.0	255.1

2.2.5 风

2.2.5.1 平均风速

平均风速的时间变化：保护区内年平均风速1.6m/s。3~4月平均风速最大为2.1m/s，8月最小为1.3m/s。一年中盛行东风，东北风次之。一日当中一般白天风速大，夜间风速小，午后风速大。

平均风速的地理分布：大部分地区的海拔高度接近，所以平均风速相差不大，南部略高于北部(表2-7)。

表2-7 保护区各月平均风速 单位：m/s

月份	1	2	3	4	5	6	7	8	9	10	11	12	年
则岔	1.4	1.9	2.1	2.1	1.8	1.8	1.6	1.3	1.4	1.6	1.4	1.4	1.6
尕海	1.8	2.0	2.3	2.2	2.0	1.8	1.7	1.5	1.6	1.6	1.6	1.7	1.7

2.2.5.2 最大风速及其风向

最大风速的时间变化和地理分布与平均风速规律相同(表2-8)。

表2-8 最大风速及其风向

单位:m/s

地点	月份	1	2	3	4	5	6	7	8	9	10	11	12	年
则岔	最大风速	16	17	16	13	14	14	14	8	11	11	26	20	26
	风向	SW	WNW	NW	WNW	NW	W	NW	NE	W	NW	NW	NW	NW
尕海	最大风速	14	20	24	20	13	11	12	13	14	17	17	15	24
	风向	NNW	W	WNW	WNW	NW	NW	NW	WNW	W	WNW	WNW	WNW	WNW

2.2.5.3 最多风向及其频率

频率是某风向在总记录次数中出现的百分数,代表着气候特征,按8个方位进行统计,静风除外,则岔频率最多的为东风,占12%;冬季盛行西北风,夏季盛行东风。尕海频率最多的是西北风,占11%,全年盛行西北风见表2-9。

表2-9 保护区各风向频率

单位:%

地点	方位	北	东北	东	东南	南	西南	西	西北	静风
则岔	符号	N	NE	E	SE	S	SW	W	NW	C
	频率	2	5	12	4	2	4	7	6	49
尕海	符号	N	NE	E	SE	S	SW	W	NW	C
	频率	2	5	5	5	1	3	11	5	45

2.2.5.4 大风日数

则岔和尕海大风日数见表2-10。

表2-10 保护区各月大风日数

单位:d

月份	1	2	3	4	5	6	7	8	9	10	11	12	年总量
则岔	2.4	4.8	2.9	3.1	2.3	1.4	1.0	0.4	0.1	1.0	0.9	1.6	21.9
尕海	7.2	6.2	7.8	8.0	4.8	3.4	4.0	2.5	3.2	2.0	2.8	5.6	57.5

则岔全年平均大风21.8d,最多月2月为4.8d。尕海全年平均大风57.3d,4月平均达到8.0d。

2.3 水文、水质及其演变

保护区地表水和地下水都相当丰富,大大小小的沟岔均有泉水涌出。洮河是保护区最大的河流,在保护区的北部边界通过。洮河最大的一级支流有括合曲和周曲,括合曲汇集了也尔果河、地勒库合、阿尼库曲等支流的径流后在贡去乎注入洮河;周曲汇集了忠曲、尕海湖、麦鲁曲、夏尔子沟、那果尔河等支流的径流后在红科村附近注入洮河。尕海湖是保护区乃至甘肃省最大的高原淡水湖泊，对西倾山北坡的洪水有一定调节能力，其一部分湖水通过周曲和地下潜流流入洮河。长江水系的白龙江发源于郎木寺，在保护区流程较短。黄河一级支流黑河流经保护区，在保护区流程也比较短。

2.3.1 水文

保护区水资源总量$9.38\times10^8m^3$，其中地表水$7.10\times10^8m^3$、地下水$2.28\times10^8m^3$。洮河汇水面积2 304.34km^2，在境内年径流量约$6.51\times10^8m^3$，其中洮河干流237.55km^2、径流量$0.71\times10^8m^3$，发源和补水全在保护区的括合曲流域面积1 261.61km^2、径流量$3.39\times10^8m^3$，周曲在保护区内流域面积805.18km^2、多年平均径流量约$2.41\times10^8m^3$；黑河在境内流程27km，汇水面积117.90km^2，年径流量$10.6\times10^8m^3$，其中入境水$10.28\times10^8m^3$、自产水$0.32\times10^8m^3$；白龙江在境内流程15.43km，保护区内的汇水面积52.07km^2，年径流量$0.27\times10^8m^3$，全为自产水。保护区不但水资源丰富，而且水质优良，从而成为洮河主要的补给源区，是洮河下游地区人民生产、生活和生态用水的命脉之一，对引洮工程可持续发挥效益也有着一定的影响。

2.3.1.1 洮河

发源与流程：洮河发源于青海省河南县与甘肃省碌曲县交界的西倾山东麓及其支脉李恰如山，其中一支为代桑曲，另一支为李恰如河。代桑曲为洮河上游河段，发源于李恰如山与莫尔藏阿米山之间的河南县代富桑沟，流域地势平坦，牧草丰茂，水源充足，流程33.8km，流域面积168.6km^2；李恰如河发源于西倾山东麓支脉李恰如山的李恰如种畜场，流程25km，流域面积149km^2。代桑曲与发源于李恰如山的莫尔藏河汇流后折向北流，在两县交界处右岸汇入发源于李恰如种畜场附近的李恰如河，继续北流后称为洮河。洮河北流至河南县赛尔龙附近左岸汇入延曲后向东北流去，进入玛艾镇境内的青走道约90km。在玛艾镇红科村附近右岸汇入流经尕海滩、晒银滩等地草原的大小支流的周曲，其间虽有山峰丘陵阻隔，但河岸开阔，水流平缓，河道弯度较小，落差不大，河床宽20~90m，水深1~2m。洮河流经青走道后折向东流，经玛艾镇、西仓镇政府驻地新寺后河道进入山区，弯道变大，比降增高。在贡去乎汇入发源于保护区的括合曲后折向东北，进入峡谷区，河道亦出现大弯，河岸变窄，流速、比降值均增大，流速达2m/s左右。在流经双岔、阿拉2乡镇辖地后出碌曲县境，青走道至此段流程80余千米。

保护区主要支流：保护区地处洮河流域上游地区，河道海拔在2900m以上。洮河干流有14.31km在保护区北部边界通过，流域植被较好，水草丰盛，水文分区上属“甘南高原草原区”。洮河在保护区的汇水面积为2 304.34km^2，径流量$6.51\times10^8m^3$，其中直接流入洮河干流的小河主要有小恰日沟、土方则岔沟、多拉沟、水磨沟、石哈隆克等，总径流量$0.71\times10^8m^3$。洮河主要一级支流即东部的括合曲和西部的周曲径流量$5.80\times10^8m^3$。

括合曲：洮河一级支流。主流括合曲为发源于郎木寺镇贡巴村南部的郭尔莽梁豆格拉布则的尕尔毛隆库合，东北向流经贡巴、波海后又由南向北流去，先后纳入加秀库合、纳卜加库合等支流后称萨木擦库合，右岸纳入仁隆囊后，左岸又纳入汇集了阿莫库合、德瓜隆、延格合等小支流的擦库合，再先后纳入多盖隆、坚木瑞隆、朗玛库合等小支流，到玛日村以后在热乌库合（十八道弯）峡谷中一路向东北穿行，期间右岸纳入恰马贡马、恰马哇尔马等小支流，出热乌库合后在贡去乎村南5km处与二级支流也尔果河汇流，之后北流纳右岸二级支流地勒库合继续北流，最后在贡去乎村左岸纳入二级支流秀隆喀后一同汇入洮河。括合曲河源海拔4061m，河口海拔3000m，流程达110m，流域面积约1 261.61km^2，平均比降10.4‰，年平均径流量$3.39\times10^8m^3$。括合曲汇水区全部在保护区范围内，主要支流有也尔果河、地勒库合和秀隆喀等。

也尔果河(则岔河):为括合曲较大支流。源头杂宁隆克托发源于拉仁关乡则岔村的扎根恰惹山麓,先后汇入隆吉玛、资隆、则岔西沟等数条小支流后,出则岔石林右岸纳入则岔东沟径流后称为曲坚希库合,左岸纳入达合玛等小支流后称为也尔果河汇入括合曲,流程36km,流域面积191km²。

地勒库合:为括合曲右岸较小支流。发源于拉仁关乡则岔村东南的扎根恰惹山麓,之后在一路向北,途中纳入哈乌囊溪水,最后在西仓镇贡去乎村汇入括合曲,河流长度为18km,流域面积55.3km²。

秀隆喀(多拉河):为括合曲左岸较大支流。由阿尼库曲与拉康库合汇集而成,一期科考以阿尼库曲命名此河。阿尼库曲发源于尕海湖东北侧、尕海镇尕秀附近的尼羌潜布隆南麓,一路向东北流去,途中先后接纳隆安、隆桑囊、兰木隆尕玛、达玛尔库合等小支流,在纳入来自赛洛尔克的溪流后折向东南方流去,途中纳入麦隆、恰瑞隆等小支流后,在果隆附近右岸纳入发源于尕海镇尕秀村群果,此后与接纳了康干、达干库合、玛若库合等小支流的拉康库合汇合,阿尼库曲与拉康库合汇合之后称为秀隆喀,秀隆喀一直向东北流去,在多拉村东汇入括合曲之后即注入洮河。秀隆喀流程58km,流域面积373km²;阿尼库曲流程37km,流域面积138km²。

纳卜加库合:为括合曲支流,位于郎木寺镇境内,流程18km,流域面积80.5km²。

延格合:为括合曲支流,位于拉仁关乡境内,河流长度为25km,流域面积163km²。

周曲(周科河):洮河南岸一级支流,发源于西倾山东麓及南郭尔莽梁的崇山峻岭中,河源海拔4209m,自南向北流经尕海镇和玛艾镇,在流经尕海滩、郭茂滩、晒银滩途中,不断汇入三大草滩忠曲、尕海湖、麦鲁曲、夏尔子沟的径流,之后沿着保护区边界北流一段后出保护区,在赛若尕汇入那果尔河等众多水源,水势渐次增大,最后在玛艾镇红科村附近注入洮河,河口海拔3190m,全长115km,落差1019m,多年平均流量9.8m³/s,流域面积965.70km²,平均比降12.41‰,年平均径流量3.06×10^8m³。周曲在保护区内全长流程82.1km,流域面积805.18km²,多年平均径流量约2.41×10^8m³。周曲的源头发源于西倾山的忠格扎拉,一路北行先后纳入瓦合协库合、多霍坚、格青库合等小支流后,又于尕海桥右岸纳入尕海湖口溢出的径流北行到郭茂滩,在郭茂滩汇入从天鹅湖溢出的径流后流量大增,北行中左岸纳入麦鲁曲、夏尔子沟径流后始称周曲,此后沿着保护区西部边界向西北方向流去,出境后转朝东北方向流去,在玛艾镇花格村的四敖尕玛附近汇入洮河。周曲流域绝大多数在保护区范围内,主要支流有格青库合、翁泥曲、麦鲁曲、那果尔河等。

格青库合:为周曲支流,位于尕海镇境内,流程23km,流域面积105km²。

翁泥曲:为周曲河支流,位于尕海镇、郎木寺镇境内,流程31km,流域面积384km²。卡阿尔赛为翁泥曲支流,流程14km,流域面积76.5km²;多木且曲为翁泥曲支流,流程26km,流域面积99.5km²。

麦鲁曲:为周曲支流,位于尕海镇境内,流程20km,流域面积61.4km²。

那果尔河:为周曲支流,位于尕海镇境内,流程25km,流域面积100多平方千米。布康格日为那果尔河支流,流程20km,流域面积57.6km²;宁赛尔隆为那果尔河支流,流程20km,流域面积51.8km²。

尕海湖:尕海,藏语称"姜错""姜托错柤""姜托塘",意思是"高原古湖""高寒湖",当地群众称其为"高原圣湖",尕海湖位于洮河支流周曲流域,是甘南州乃至甘肃省最大的高原淡水湖,位于尕海湿地中心,在国道213线400km处,湖面海拔3474m。尕海湖水由郭尔莽梁和西倾山北坡的由曲青库合和庚青库合汇集的琼木且曲、吾俄库曲、翁泥曲、冬才曲、多木且曲、格琼库合等大小河流与泉水汇集成高原淡水湖,同时引入忠曲的部分径流,从根本上保证了尕海湖的水量。地下水靠降水、基岩裂隙和地表供给,以泉或潜流形式排泄至地表,这类含水岩中的地下水很丰富。尕海盆地靠近东部洪积潜水层中，水位埋深10~20m，含水层埋深50~60m，出水量一般可达1000m^3/d。由于河流流入低洼地，湖东南形成大片沼泽。由于气候变化超载过牧等因素的影响，尕海湖曾在1995年、1997年和2000年干涸，牲畜饮水遇到困难，湖中的鱼类等水生生物大量死亡，水鸟数量明显减少，对周边生态环境造成严重损坏。2002年通过筑坝引水后，湖面面积达到2300hm^2左右，平均水深约2.0m，最深处约5.0m，蓄水量$0.48×10^8m^3$左右。

2.3.1.2 白龙江

白龙江属长江水系嘉陵江的一级支流。藏语称“舟曲”，意即为“龙江”。史料记载名称各异，《禹贡》称桓水，《水经注》称垫江，《舆图》称香水河，《明一统志》称白龙江。白龙江发源于郎木寺镇西部的郭尔莽梁主峰豆格拉布则北麓的曲哈尔登西南约2km处。分南北两源，源头相距3km，平行流至郎（郎木寺）玛（玛曲）公路与兰（兰州）郎（郎木寺）公路交叉处汇合流入四川境内若尔盖县，东流至巴塘再入碌曲县境，自郎木寺三道桥以下再次流入四川，以后依次流入甘肃省迭部县、舟曲县、宕昌县、武都区、文县，最后在四川省广元市境内汇入嘉陵江，甘肃省境内长475km，流域面积$2.72×10^4km^2$，年径流量$93.8×10^8m^3$。

白龙江在保护区内河段长只有15.43km，因发源于泉水，冬季不结冰。流域内主要为天然草地植被，输沙量较小。从源头到出境处落差440m，平均坡降32‰，流域面积79.50km^2（保护区内52.07km^2、保护区外27.43km^2），平均流量为1.32m^3/s，年平均径流量$0.416×10^8m^3$，其中保护区内$0.272×10^8m^3$。

2.3.1.3 黑河

黑河从郎木寺镇尕尔娘村的布俄藏滩流过，属于保护区的界河，流域地势平坦，落差为0.2%，流程27km，汇水面积117.90km^2，年径流量$10.6×10^8m^3$，其中入境水$10.28×10^8m^3$、自产水$0.32×10^8m^3$。支流有翁尼曲、冬木曲（多木且曲）、诺尔杰尔（洛尔贾）、曲和尔（曲嘎尔、大水）等，水流都比较短，水量相对较大，季节性明显。主要支流翁尼曲发源于郎木寺镇境内的郭尔莽梁，流程10.64km，流域面积77.6km^2。

2.3.1.4 湖泊水

保护区最大的湖泊就是尕海湖，另外还有属于人工湖的天鹅湖。尕海湖也是甘肃省第一大高原淡水湖，通过综合治理，尕海湖面积由2000年的600hm^2扩大到2020年的2700hm^2，蓄水量由2000年的$1.32×10^7m^3$增加到$4.84×10^7m^3$，湖区周围60%的山泉泉水涌动，湿地生物多样性特别是鱼虾数量倍加恢复，黑颈鹤、雁鸭类、鸻鹬类等水鸟数量都明显增加，湖区生态环境得到根本恢复，恢复“圣湖”往日的丰盈与神韵；天鹅湖面积约198hm^2，蓄水量约$1.98×10^6m^3$，由于冬季湖面很少结冰，冬季是大天鹅理想的越冬地，夏季是黑颈鹤和雁鸭等许多候鸟的繁殖地。

2.3.1.5 地下水

保护区地下水总量约为$2.28×10^8m^3$，其中$2.14×10^8m^3$分布于基岩山区、$0.14×10^8m^3$分布于松散岩层地区。

2.3.1.6 保护区水文监测

水文监测是指通过水文站网对江河、湖泊、渠道、水库的水位、流量、水质、水温、泥沙、冰情、水下地形和地下水资源，以及降水量、蒸发量、风暴潮等实施监测，并进行信息报送、预测预报、分析评价等活动。

保护区分别在尕秀、贡去乎、尕海湖区和郎木寺建立了10个水文、水质监测点开展监测工作，还联合大专院校和科研院所开展各固定样点监测工作，各水文、水质监测样点的位置见表2-11。

表2-11 保护区水文、水质监测样点位置表

样点号	取样点位置	海拔(m)	经度	纬度
1	贡去乎水文监测点	3017	102°40′43.65″E	34°29′46.58″N
2	忠曲下游	3425	102°15′21.63″E	34°20′51.86″N
3	郭茂滩	3471	102°17′50.3″E	34°14′54.9″N
4	尕海湖出水口	3468	102°18′6.08″E	34°14′30.97″N
5	尕海湖周	3456	102°20′34.02″E	34°14′33.28″N
6	尕海湖东部发源地	3475	102°25′17.52″E	34°12′24.3″N
7	白龙江出境处	3309	102°38′39.75″E	34°7′4.17″N
8	白龙江源头	3335	102°37′37.42″E	34°5′30.24″N
9	忠曲向尕海湖引水渠	3474	102°18′16.87″E	34°13′48.69″N
10	尕秀水文监测点	3331	102°14′0.42″E	34°28′16.04″N

水文监测:保护区于2014年建立了水质水文监测体系,分别在尕海保护站和则岔保护站设立尕秀水文监测点和多拉水文监测点,重点监测洮河的重要支流周曲和括合曲流量。尕秀水文监测点位于尕海镇尕秀村以北赛若尕那果尔河与周曲交汇处,主要监测周曲及其支流的水质和水文,由尕海保护站技术人员负责监测;贡去乎水文监测点位于西仓镇贡去乎行政村多拉自然村大桥下,主要监测括合曲及其支流的水质和水文,由则岔保护站技术人员负责监测。

各监测点每月监测2次,每次测量pH、流速数据3~4组,同时测量宽度和水深,然后取平均值。多拉水文监测点的监测数据为2015年6月~2018年12月,径流量数据年际变化比尕秀监测点的低,流域径流深约为降水量的60%,与兰州大学2020~2021年的监测数据比较接近。

贡去乎水文监测结果全年为27 933×10^{4}m^3。其中1月1652×10^{4}m^3,占全年的5.91%;2月1377×10^{4}m^3,占全年的4.93%;3月1198×10^{4}m^3,占全年的4.29%;4月1191×10^{4}m^3,占全年的4.26%;5月1530×10^{4}m^3,占全年的5.48%;6月3305×10^{4}m^3,占全年的11.83%;7月3716×10^{4}m^3,占全年的13.31%;8月4364×10^{4}m^3,占全年的15.62%;9月3252×10^{4}m^3,占全年的11.65%;10月3011×10^{4}m^3,占全年的10.78%;11月2490×10^{4}m^3,占全年的8.91%;12月847×10^{4}m^3,占全年的3.03%。

各月的相对径流量:通过对贡去乎和尕秀2014~2018年以来水文监测资料的统计分析,括合曲和周曲1~12月各月的径流量分别占全年径流量的6.70%、5.56%、6.26%、7.85%、7.73%、8.61%、8.18%、11.18%、11.79%、11.78%、8.19%和6.17%。显然,径流量主要集中在8、9、10三个月,占比达34.75%,与气象资料最大降水量7、8、9三个月的特征基本一致。

兰州大学水文监测:2020~2021年,保护区委托兰州大学在10个样点对部分河流和湖泊进行了水文监测,每个监测因子均重复4次。

2020年水文监测:在2020年6月和11月进行了水温、流速、流量和泥沙4个因子的监测,由于修路的缘故,6月没有进行10号点的监测。2020年监测的泥沙含量、水温、流速、流量具有以下特点:

泥沙含量:所有监测样点在6月的泥沙含量均高于11月,原因是上半年降雨比较频繁,河流沿岸水土流失导致的。

水温:所有监测样点6月的水温均高于11月,主要是环境气候影响的结果。

流速:1、2、4、7等4个样点11月的流速大于6月,3、8两个样点的流速6月大于11月。说明除白龙

江源头和郭茂滩11月的流量有所减少外，其余主要河流11月流量较大，尕海湖出水量也有明显地增长。

流量：由于仅在11月对第1、2、3、4、7、8、10共7个样点的流速、河宽和水深进行了监测，而6月仅监测了第1、2、3、4、7、8共6个样点的流速，为了充分反映上、下半年的流量，用11月的流量与2个月的流速换算了6月的流量，其秒流量、日流量见表2-12。

表2-12　保护区2020年水文监测因子表

样点号	水温（℃）		泥沙（mg/L）		流速（m/s）		河宽（m）		水深（cm）		流量（m³/s）	
	6月	11月	6月	11月	6月	11月	6月	11月	6月	11月	6月	11月
1	12.45	6.03	495.25	45.75	0.948	1.32	14	11		42.5		6.37
2	9.78	5.33	391	51.75	0.522	0.64	6	6		55		1.79
3	9.08	5.83	573	39	1.095	0.86	15	15		45		2.72
4	10.83	4.9	356	166.25	0.652	1.01	4	4		55		2.36
5	16.88	4.6		166.5								
6	12.08	5.48										
7	10.55	5.85	120.5		0.812	0.97	7	6		45		1.59
8	9	4.23	127.5	11.75	0.834	0.62	3	4.5		25		0.69
9	8.63	5.55	662.25	461.75	0.673		4	0.5		10		
10		5.15		46.75		1.11		10.5		70		7.93

2021年水文监测：在2021年在6月和12月进行了水温、流速和泥沙3个因子的监测，监测结果见表2-13、14。

表2-13　保护区2021年水文监测因子精度表

样点	流速（m/s）		泥沙含量（mg/L）		水温（℃）	
	6月	12月	6月	12月	6月	12月
1	1.08±0.10a	0.31±0.02a*	102.00±3.08c	21.75±7.45c*	10.83±0.09f	2.05±0.03ab*
2	0.70±0.15bc	0.29±0.01a*	38.00±2.27d	50.00±1.08b*	12.88±0.13e	0±0c*
3	0.99±0.01a	0.10±0.01d*	500.00±7.84b	22.50±1.04c*	20.80±0.17a	0.35±0.12c*
4	0.43±0.09c	0±0e*	5.50±1.32e	15.50±0.64c*	20.95±0.21a	2.730.56±a*
5			1.25±1.25e		19.10±0.06b	0±0cd*
6			0±0e		20.85±0.06a	0±0c*
7	0.62±0b	0.19±0b*	58.25±0.94d	0±0d*	12.80±0.11e	1.80±0.21b*
8	0.63±0.04b	0.09±0.01d*	42.00±3.34d	0±0d*	13.63±0.34d	0.65±0.48c*
9	0.53±0bc	0±0e*	682.00±21.16a	0±0d*	20.40±0.31a	0±0c*
10	1.06±0.03a	0.15±0.03c*	104.25±1.25c	66.00±0.91a*	16.98±0.17c	0±0c*

注：*表示不同月份间的差异（$P<0.05$），小写字母表示不同监测点之间的差异（$P<0.05$）。

表2-14 保护区2021年水文监测汇总表

样点	水温均值（℃）		泥沙含量均值（mg/L）		流速均值（m/s）		河宽均值（m）		水深均值（cm）		流量均值（m³/s）	
	6月	12月	6月	12月	6月	12月	6月	12月	6月	12月	6月	12月
1	10.83	2.05	102	21.75	1.08	0.31	14	12.5	70	38	10.58	1.47
2	12.88		38	50	0.7	0.29	19	10.6	40	53	5.32	1.63
3	20.8	0.35	500	22.5	0.99	0.1	12.5	10.4	40	54	4.95	0.56
4	20.95	2.73	5.5	15.5	0.43		13.6	21.2	20	20	1.17	
5	19.1		1.25	1.25								
6	20.85											
7	12.8	1.8	58.25		0.62	0.19	9	10.5	37.5	14.5	2.09	0.29
8	13.63	0.65	42		0.63	0.09	7	8.5	25	36.5	1.1	0.29
9	20.4		682		0.53		3.8	7.6	43		0.87	
10	16.98		104.25	66	1.06	0.15	21	21.6	50	61	11.13	1.98

2021年监测的流速、泥沙含量和水温具有以下特点：

不同月份和监测点流速的差异：监测结果表明，第4、5、6、9等4个样点在12月水体冻结，无法监测流速。其余样点6月的流速均显著高于12月流速。原因主要为季节性因素，一方面，保护区位于青藏高原湿润气候区，并受到季风的影响，降水主要集中在夏季，因此6月河流流速显著高于12月；另一方面，12月多数河流都有不同程度的结冰，在一定程度上影响了流速。

不同月份和监测点泥沙含量的差异：监测结果表明，除郭茂滩和尕海湖出水口两个样点的径流外，其余样点6月的泥沙含量均显著高于12月。主要原因一方面是6月降雨频繁，河流沿岸雨水冲刷，加之人类和动物活动频繁使得水土流失严重所致；另一方面，12月河流冻结，导致水体流动性减弱，人类和动物活动也减小所致。

从不同监测点来看，忠曲向尕海湖引水渠和郭茂滩的泥沙含量最高，分别达到了682mg/L和500mg/L；贡去乎水文监测点和尕秀水文监测点的泥沙含量高于白龙江；尕海湖及其周围小河的泥沙含量最低。

不同月份和监测点水体温度的差异：所有样点在6月的水温均显著高于12月，是由气温季节性变化导致。非流动水体的水温大于流动水体，变差最大的为尕海湖东部发源地，温差达到了20.9℃，因为该样点为非流动水体，夏季受阳光照射后迅速升温。非流动水体的水温较高的原因还与鱼类、鸟类等野生动物、水生生物有关。

与2020年监测结果的比较：除贡去乎水文监测点和郭茂滩的流速2021年大于2020年外，其他监测点的流速均是2020年大于2021年；除忠曲至尕海湖引水渠在两年间无显著差异外，其他监测点的泥沙含量都是2020年高于2021年，造成这种差异的原因可能与取样时间段是否有降雨有关。连续两年的水文监测表明：受夏季降雨、人类和动物活动等因素的影响，6月的水体泥沙含量显著高于11月和12月，且径流量也较大。

由于监测工作只开展了两年，2020年仅在11月进行了与流速、河流宽度和水深监测，2021年分别在6月和12月进行了与流速、河流宽度和水深监测。分析主要河流两年的流量数据，由于河流上游12

月已经发生了冻结，2020年11月的流量比2021年12月的流量大4.2~5.5倍。

2.3.2 水质

地表水监测执行《地表水环境质量标准(GB 3838—2002)》表1中除粪大肠杆菌以外的23项及导电率和浊度，共25项。地下水监测执行《地下水质量标准(GB/T 14848—2017)》表1中除2项放射性指标以外的37项指标。

2.3.2.1 洮河干流水质监测

国家重点生态功能区县域地表水水质监测：2019~2021年，甘南州生态环境监测中心和甘肃峰骥环保工程有限公司先后在洮河碌曲县西仓断面开展了国家重点生态功能区县域地表水水质监测。采样点位于西仓；监测点经纬度为102°32′42″E、34°33′44″N；频次为每月1次，监测时间分别是2019年10~12月、2020年全年和2021年1~9月每月的上旬。监测结果为全部达到国家地表水质量Ⅲ类标准(表2-15、16)。

表2-15(1) 2019~2020年洮河西仓断面水质监测结果表(1)

序号	监测项目	采样时间及监测结果						标准限值
		20.01.03	20.02.26	20.03.04	20.04.01	20.05.07	20.06.02	
1	水温(℃)	0.6	4.3	5.3	7.7	7.3	13.3	/
2	pH值(无量纲)	8.75	8.28	7.76	8.4	8.24	8.27	6~9
3	高锰酸钾指数	1.2	1.8	1.9	1.2	3	1.5	≤6
4	化学需氧量(CODcr)	8	4	4L	5	11	4	≤20
5	五日生化需氧量	2.2	1.8	1.6	1.4	1.3	1.1	≤4
6	溶解氧	9.1	7.9	7.5	8.33	8.96	8.09	≥5
7	氨氮	0.08	0.14	0.15	0.15	0.55	0.11	≤1.0
8	总磷	0.03	0.01	0.01L	0.03	0.09	0.01L	≤0.2
9	总氮	0.71	0.74	0.81	0.9	1.21	0.91	/
10	氟化物	0.18	0.185	0.163	0.156	0.141	0.168	≤1.0
11	氰化物	0.004L	0.004L	0.004L	0.004L	0.004L	0.004L	≤0.2
12	铜	0.01L	0.01L	0.01L	0.01L	0.01L	0.01L	≤1.0
13	锌	0.05L	0.05L	0.05L	0.05L	0.05L	0.05L	≤1.0
14	硒	0.000 4L	0.000 4L	0.000 4L	0.000 4L	0.000 4L	0.000 4L	≤0.01
15	砷	0.001 1	0.000 9	0.000 9	0.001	0.001	0.000 5	≤0.05
16	石油类	0.01L	0.01L	0.01L	0.01L	0.01L	0.01L	≤0.05
17	汞	0.000 04L	0.000 04L	0.000 04L	0.000 04L	0.000 04L	0.000 04L	≤0.000 1
18	镉	0.000 1L	0.000 1L	0.000 1L	0.000 1L	0.000 1L	0.000 1L	≤0.005
19	铅	0.002L	0.002L	0.002L	0.002L	0.002L	0.002L	≤0.05
20	挥发酚	0.000 3L	0.000 3L	0.000 3L	0.000 3L	0.000 3L	0.000 3L	≤0.005
21	六价铬	0.004L	0.004L	0.004L	0.004L	0.004L	0.004L	≤0.05
22	阴离子表面活性剂	0.05L	0.05	0.05L	0.05L	0.05L	0.05L	≤0.2
23	硫化物	0.005L	0.005L	0.005L	0.005L	0.005L	0.005L	≤0.2

注：检出限后为“L”的表示未检出。执行《地表水环境质量标准(GB 3838—2002)》表1中除粪大肠杆菌以外的23项及导电率、浊度。监测结果为全部达标地表水质量Ⅲ类标准。

表2-15(2) 2019~2020年洮河西仓断面水质监测结果表(2)

序号	监测项目	采样时间及监测结果						标准限值
		20.07.01	20.08.03	20.09.01	19.10.09	19.11.05	19.12.04	
1	水温(℃)	14.9	12.1	9	9.6	4.8	0.8	/
2	流量(m^3/s)				66	75	45	/
3	电导率(μs/cm)				362	374	410	/
4	pH值(无量纲)	7.93	8.13	8.42	7.39	7.98	7.43	6~9
5	高锰酸钾指数	1.4	2.2	2.7	1.2	1.8	1.4	≤6
6	化学需氧量(CODcr)	12	14	6	10	15	7	≤20
7	五日生化需氧量	1	1.1	1.2	1.8	0.7	1.8	≤4
8	溶解氧	7.2	6.6	7.6	7.6	7.6	7.7	≥5
9	氨氮	0.35	0.39	0.19	0.08	0.06	0.06	≤1.0
10	总磷	0.02	0.04	0.04	0.05	0.09	0.07	≤0.2
11	总氮	1.03	1.16	2.74	2.32	1.12	1.08	/
12	氟化物	0.146	0.205	0.156	0.144	0.135	0.145	≤1.0
13	氰化物	0.004L	0.004L	0.004L	0.004L	0.004L	0.004L	≤0.2
14	铜	0.05L	0.05L	0.05L	0.001L	0.001L	0.001L	≤1.0
15	锌	0.05L	0.05L	0.05L	0.05L	0.05L	0.05L	≤1.0
16	硒	0.000 4L	0.000 4L	0.000 4L	0.000 4L	0.000 4L	0.000 4L	≤0.01
17	砷	0.006 5	0.000 7	0.000 6	0.000 8	0.000 3L	0.000 9	≤0.05
18	石油类	0.01L	0.01L	0.01L	0.02	0.01L	0.02	≤0.05
19	汞	0.000 04L	0.000 04L	0.000 04L	0.000 04L	0.000 04L	0.000 04L	≤0.000 1
20	镉	0.000 1L	0.000 1	0.000 1L	0.000 1L	0.000 1L	0.000 1L	≤0.005
21	铅	0.002L	0.002L	0.002L	0.001L	0.001L	0.001L	≤0.05
22	挥发酚	0.000 3L	0.000 3L	0.000 3L	0.000 3L	0.000 3L	0.000 3L	≤0.005
23	六价铬	0.004L	0.004L	0.004L	0.004L	0.004L	0.004L	≤0.05
24	阴离子表面活性剂	0.05L	0.05L	0.05L	0.05L	0.05L	0.05L	≤0.2
25	硫化物	0.005L	0.005L	0.005L	0.005L	0.005L	0.005L	≤0.2

注:检出限后为"L"的表示未检出。执行《地表水环境质量标准(GB 3838—2002)》表1中除粪大肠杆菌以外的23项及导电率、浊度。监测结果为全部达标地表水质量Ⅲ类标准。

表2-16(1) 2021年洮河西仓断面水质监测结果表(1)

序号	监测项目	采样时间及监测结果						标准限值
		01.05	02.02	03.02	04.06	05.07	06.01	
1	水温(℃)	0.5	4.8	4	4	7	15	/
2	电导率(μs/cm)	456	284	536	448	299	351	/
3	pH值(无量纲)	8.06	8.28	8.57	8.32	8.43	8.51	6~9

续表

序号	监测项目	采样时间及监测结果						标准限值
		01.05	02.02	03.02	04.06	05.07	06.01	
4	高锰酸钾指数	1.5	1.1	1.1	3.2	1	0.7	≤6
5	化学需氧量(CODcr)		6	6	10	6	5	≤20
6	五日生化需氧量		1.9	1.1	1.2	1.2	1.2	≤4
7	浊度	14	13	6.3	162	65	27	/
8	溶解氧	8.64	9.39	9.71	7.51	7.38	7.5	≥5
9	氨氮	0.05	0.08	0.04	0.34	0.04	0.16	≤1.0
10	总磷	0.01L	0.01	0.02	0.03	0.03	0.02	≤0.2
11	总氮	0.99	1.21	0.99	1.05	1.13	0.68	/
12	氟化物		0.206	0.246	0.148	0.136	0.162	≤1.0
13	氰化物		0.004L	0.004L	0.004L	0.004L	0.004L	≤0.2
14	铜		0.00056	0.00014	0.00104	0.0003	0.00073	≤1.0
15	锌		0.00312	0.00136	0.05L	0.05L	0.05L	≤1.0
16	硒		0.0004L	0.0004L	0.0004L	0.0004L	0.0004L	≤0.01
17	砷		0.0009	0.0011	0.0007	0.0007	0.0008	≤0.05
18	石油类		0.01L	0.01L	0.01L	0.01L	0.01L	≤0.05
19	汞		0.00004L	0.00004L	0.00004L	0.00004L	0.00004L	≤0.0001
20	镉		0.00005L	0.00005L	0.0001L	0.0001L	0.0001L	≤0.005
21	铅		0.00009L	0.00009L	0.00009L	0.00009L	0.00009L	≤0.05
22	挥发酚		0.0003L	0.0003L	0.0003L	0.0003L	0.0003L	≤0.005
23	六价铬		0.004L	0.004L	0.004L	0.004L	0.004L	≤0.05
24	阴离子表面活性剂		0.05	0.05L	0.05L	0.05L	0.05L	≤0.2
25	硫化物		0.005L	0.005L	0.005L	0.005L	0.005L	≤0.2

注:检出限后为“L”的表示未检出。执行《地表水环境质量标准(GB 3838—2002)》表1中除粪大肠杆菌以外的23项及导电率、浊度。监测结果为全部达标地表水质量Ⅲ类标准。

表2-16(2)　2021年洮河西仓断面水质监测结果表(2)

序号	监测项目	采样时间及监测结果						标准限值
		07.05	08.04	09.01	10.05	11.05	12.05	
1	水温(℃)	17	13	21				/
2	电导率(μs/cm)	377	352	377				/
3	pH值(无量纲)	8.15	8.54	8.12				6~9
4	高锰酸钾指数	1.1	1.2	1.1				≤6
5	化学需氧量(CODcr)	5	4L	6				≤20
6	五日生化需氧量	1.2	1.1	1				≤4

续表

序号	监测项目	采样时间及监测结果						标准限值
		07.05	08.04	09.01	10.05	11.05	12.05	
7	浊度	10	5.5	38				/
8	溶解氧	7.41	7.48	7.42				≥5
9	氨氮	0.36	0.1	0.07				≤1.0
10	总磷	0.01	0.01	0.01L				≤0.2
11	总氮	0.99	1.05	0.99				/
12	氟化物	0.158	0.138	0.136				≤1.0
13	氰化物	0.004L	0.004L	0.004L				≤0.2
14	铜	0.001 2	0.000 42	0.000 1L				≤1.0
15	锌	0.05L	0.05L	0.05L				≤1.0
16	硒	0.000 4L	0.000 4L	0.000 4L				≤0.01
17	砷	0.000 8	0.000 6	0.000 4				≤0.05
18	石油类	0.01L	0.01L	0.01L				≤0.05
19	汞	0.000 04L	0.000 04L	0.000 04L				≤0.0001
20	镉	0.000 1L	0.000 1L	0.000 1L				≤0.005
21	铅	0.000 09L	0.000 09L	0.000 09L				≤0.05
22	挥发酚	0.000 3L	0.000 3L	0.000 3L				≤0.005
23	六价铬	0.004L	0.004L	0.004L				≤0.05
24	阴离子表面活性剂	0.05L	0.05L	0.05L				≤0.2
25	硫化物	0.005L	0.005L	0.005L				≤0.2

注：检出限后为“L”的表示未检出。执行《地表水环境质量标准(GB 3838—2002)》表1中除粪大肠杆菌以外的23项及导电率、浊度。监测结果为全部达标地表水质量Ⅲ类标准。

国家重点生态功能区饮用水水源地水质监测：甘南州生态环境监测中心于2020~2021年在碌曲县城玛艾开展了饮用水水源地水质监测，监测频次为上下半年各1次。主要监测项目为《地下水环境质量标准(GB/T 14848—2017)》中规定的23项，监测结果见表2-17。

表2-17 玛艾饮用水水质监测结果表

序号	监测项目	2020.02.22	2020.07.01	2021.03.02	2021.09.02	Ⅲ类水标准限值	监测结果评价
1	pH值(无量纲)	7.58	7.79	8.05	8.06	6.5~8.5	达标
2	总硬度($CaCO_3$)	347	226	239	240	≤450	达标
3	硫酸盐	14.1	9.03	8.9	17.4	≤250	达标
4	氯化物	4.06	3.2	3.55	3.58	≤250	达标
5	铁	0.03L	0.03L	0.03L	0.03L	≤0.3	达标
6	锰	0.01L	0.01L	0.01L	0.01L	≤0.10	达标
7	铜	0.01L	0.05L	0.000 08L	0.000 08L	≤1.0	达标

续表

序号	监测项目	2020.02.22	2020.07.01	2021.03.02	2021.09.02	Ⅲ类水标准限值	监测结果评价
8	锌	0.05L	0.05L	0.000 67L	0.05L	≤1.0	达标
9	挥发性酚类(以苯酚计)	0.000 3L	0.000 3L	0.000 3L	0.000 3L	≤0.002	达标
10	阴离子表面活性剂LAS	0.05L	0.05L	0.05L	0.05L	≤0.3	达标
11	耗氧量(CODmn法,以O_2计)	0.9	0.9	0.9	0.9	≤3.0	达标
12	氨氮(以N计)	0.04	0.12	0.025L	0.025L	≤0.5	达标
13	总大肠杆菌(MPN/100mL)	2L	2L	1L	10L	≤3	达标
14	亚硝酸盐(以N计)	0.008L	0.016L	0.016L	0.016L	≤1	达标
15	硝酸盐(以N计)	1.36	1.2	1.07	0.785	≤20	达标
16	氰化物	0.004L	0.004L	0.004L	0.004L	≤0.05	达标
17	氟化物	0.13	0.203	0.287	0.112	≤1.0	达标
18	汞	0.000 04L	0.000 04L	0.000 04L	0.000 04L	≤0.001	达标
19	砷	0.000 4		0.000 4	0.000 3L	≤0.01	达标
20	硒	0.000 4L		0.004L	0.000 4L	≤0.01	达标
21	镉	0.000 1L		0.000 08	0.000 1L	≤0.005	达标
22	六价铬	0.004L		0.004L	0.004L	≤0.05	达标
23	铅	0.002L		0.000 09L	0.000 09L	≤0.01	达标
24	硫化物		0.005L			0.02	达标
25	菌落总数(CFU/mL)		10			100	
26	色(铂钴色度单位)		5			15	
27	嗅和味		无			无	
28	浑浊度(NTU)		2			3	
29	肉眼可见物		无			无	
29	溶解性总固体		252			1000	达标

注:检出限后为“L”的监测结果,表示低于方法监测限。除特别标注外,项目的单位均为mg/L。饮用水水源地水质监测执行《地下水环境质量标准(GB/T 14848—2017)》。

2.3.2.2 保护区水质监测

2002年尕海湖区水质监测:有关学者的监测结果显示,尕海区域水质在2002年前后为Ⅴ类水质。监测的水质指标:透明度1.5m、水温27.5℃、pH值8.5、浑浊度4.7NTU、盐度0%、电导率214μs/cm、溶解氧0mg/L、高锰酸盐指数14.4mg/L、五日生化需氧量0mg/L、总磷0.256mg/L、正磷酸盐0.366mg/L、氨氮1.47mg/L、硝酸盐氮4.71mg/L、总硬度210mg/L、铜0.037mg/L、铅<0.02mg/L、汞<0.000 01mg/L、镉<0.003mg/L、钙38.5mg/L、镁27.5mg/L、钾2.17mg/L、钠20mg/L、铁0.619mg/L、锌<0.01mg/L、锰0.216mg/L、氯化物2.38mg/L、硫酸盐65.3mg/L、矿化度200mg/L、水质类别Ⅴ。

2012年及2017年尕海湖区水质监测:有关学者的监测结果显示,2012年尕海湖为中度富营养化的高原淡水湖泊。监测时,其水体呈现黄绿色,有水华特征,水体中总磷、氨氮及叶绿素含量较高,水生生物种类丰富,数量多,是一个典型因气候变化及人类活动影响而逐渐退化的淡水湖。在2017年9

月监测的结果显示，虽然保护区建立以来尕海流域综合整治已经取得一定成果，但尕海湖仍属于轻度至中度富营养化水体，2017年的监测中有3个位点的水质处在中度富营养水平，其余为中度营养水平。

2017年对12个点位的监测显示，平均水质为Ⅲ~Ⅴ类水水质。12个点位监测的平均指标：总N 0.538 15mg/L、硝0.648 1Nmg/L、氨0.210 861Nmg/L、总P 0.320 5mg/L、叶绿素a 1.5μg/L、COD 23、透明度1m、温度13.2℃、电导率196μs/cm、综合营养状态指数52.2。

保护区水质监测：由于监测设备及其监测技术水平所限，保护区只监测了pH值。尕海保护站尕秀水文监测点重点监测洮河支流周曲的水文和水质，则岔保护站多拉水文监测点重点监测括合曲水文和水质。

周曲的平均pH值为7.61，各月的pH值分别为：8.08、7.63、8.00、7.83、7.47、7.24、7.47、7.50、7.55、7.54、7.52、7.55。历年监测的最大、最小pH值分别为8.4和7.0。

括合曲的平均pH值为7.62，各月的pH值分别为：7.64、7.58、7.80、8.04、8.01、7.26、7.33、7.23、7.33、7.37、7.83、7.81。历年监测的最大、最小pH值分别为8.5和7.0。

尕海湖的平均pH值为7.60，1~12月各月的pH值分别为：7.64、7.58、7.80、8.04、8.01、7.26、7.33、7.23、7.33、7.37、7.83、7.81，这与6~10月降水较多的实际一致。历年监测的最大、最小pH值分别为8.5和7.0。

兰州大学水质监测：2020~2021年保护区联合兰州大学在保护区设置10个固定样点进行了河流、湖泊的水质监测，每个样点都做了4个重复。各监测样点的位置见表2-11。

2020年水质监测：2020年6月和11月各采集和监测了一次水样，共采集到水质样品86份，其中6月36份、11月50份。由于修路的缘故，6月没有进行10号点的水质监测，监测结果见表2-18。

表2-18　2020年保护区水质监测因子表

样点号	pH值		电导率（μs/cm）		ORP（mV）		溶解氧（mg/L）		氨氮（mg/L）		硝态氮（mg/L）		硫酸盐（mg/L）	
	6月	11月	6月	11月	6月	11月	6月	11月	6月	11月	6月	11月	6月	11月
1	7.2	8.17	325.25	391	156.7	149	7.13	9.08	0.224	0.189	1.26	1.58	13.82	6.18
2	7.53	8.08	394	380.75	143.43	132.28	7.31	8.88	0.624	0.303	0.88	0.97	7.04	6.5
3	8.07	7.84	348.75	336.5	142.35	119.5	7.44	8.96	1.989	0.538	0.8	0.69	10.63	5.3
4	7.94	8.03	301.5	308.75	97.65	127.68	8.08	8.9	0.177	1.233	0.59	0.5	6.63	5.27
5	7.5	7.64	396.25	432.5	138.4	143.68	4.45	4.61	0.191	0.319	0.53	0.54	3.78	3.04
6	7.64	7.6	292.5	431	134.7	137.85	6.56	7.95	0.283	0.176	0.43	0.68	5.49	8.71
7	7.44	7.7	369.5	369.75	144.5	138.23	7.25	9.42	0.277	0	1.28	0.48	12.72	7.22
8	7.13	7.68	360.25	356	167.7	140.1	7.49	9.06	0.308	0.005	1.05	0.71	10.91	5.7
9	7.81	8.12	306	293.75	133.33	127.33	7.3	8.74	0.285	0.083	0.72	0.52	10.44	3.19
10		7.93		385.5		141.83		8.62		0.04		0.53		4.11

2020年监测的pH、电导率、ORP、溶解氧、氨态氮、硝态氮和硫酸盐具有以下特点：

电导率：忠曲下游、郭茂滩、白龙江源头和忠曲向尕海湖引水渠口6月的电导率高于11月，说明6月的盐离子浓度反而高于11月；其他各个样点的电导率都是11月高于6月，说明11月的盐离子浓度高于6月。

氧化还原电位ORP：除尕海湖出水口、尕海湖周和尕海湖东部发源地的ORP值11月高于6月外，其他各个样点的ORP都是6月高于11月。

pH值：除郭茂滩和尕海湖东部发源地外，其他各个样点的pH值都是11月显著高于6月。尕海湖的pH值最低，主要是由于水体流动性小，湖内生物活动导致的。

溶解氧含量：所有监测点的溶解氧含量都是11月高于6月，原因是水温越低，水中溶解氧含量越高。6月温度较高，适合水中植物的生长而消耗的氧气较多；11月水体温度下降，没有达到植物生长的适宜温度，进而使水中含氧量增加。

氨氮：除尕海湖出水口和尕海湖周的氨氮含量11月高于6月外，其余各样点的氨氮含量都是6月高于11月。

硝态氮：除贡去乎水文监测点、忠曲下游、尕海湖周和尕海湖东部发源地的硝态氮含量11月高于6月外，其余各个样点的硝态氮含量都是6月高于11月。

硫酸根离子：除尕海湖东部发源地的硫酸根离子含量11月高于6月以外，其余各个样点的硫酸根离子含量6月均高于11月。

尕海湖区水质：分别在尕海湖出水口、尕海湖、尕海湖东部发源地和忠曲向尕海湖引水渠4个监测点进行水文、水质监测，每个样点都做了4个重复。各监测项目pH值、电导率(μs/cm)、ORP(氧化还原电位)、溶解氧(mg/L)和水温(℃)的平均值分别是7.78、345.3、130.1、7.07和8.62，其中6月的监测值为7.72、324.1、126.0、6.60和12.1，11月的监测值为7.85、366.5、134.1、7.55和5.10(表2-19)。

表2-19 2020年尕海湖周边水质监测表

取样点	重复	6月监测值					11月监测值				
		pH值	电导率(μs/cm)	ORP	溶解氧(mg/L)	水温(℃)	pH值	电导率(μs/cm)	ORP	溶解氧(mg/L)	水温(℃)
4-尕海湖出水口	1	7.91	303	98.1	8.14	10.9	7.9	308	127.7	8.98	4.8
	2	7.92	302	97.5	8.11	10.6	8.1	309	127.6	8.87	4.9
	3	7.95	301	97.5	8.05	11.0	8.1	309	127.7	8.86	4.9
	4	7.96	300	97.5	8.03	10.8	8.1	309	127.7	8.87	5.0
	平均	7.94	301.5	97.7	8.08	10.8	8.0	308.8	127.7	8.90	4.9
5-尕海湖	1	7.49	388	138.7	4.50	16.3	7.7	429	143.8	4.67	4.8
	2	7.50	397	138.4	4.46	17.6	7.7	433	143.7	4.62	4.5
	3	7.51	400	138.3	4.43	16.9	7.6	434	143.6	4.59	4.9
	4	7.51	400	138.2	4.42	16.7	7.6	434	143.6	4.57	4.2
	平均	7.50	396.3	138.4	4.45	16.9	7.6	432.5	143.7	4.61	4.6

续表

取样点	重复	6月监测值					11月监测值				
		pH值	电导率（μs/cm）	ORP	溶解氧（mg/L）	水温（℃）	pH值	电导率（μs/cm）	ORP	溶解氧（mg/L）	水温（℃）
6-尕海湖东部发源地	1	7.61	292	133.9	6.55	12.1	7.6	429	138.7	7.93	6.2
	2	7.63	293	134.8	6.56	12.1	7.6	430	137.7	7.95	6.0
	3	7.65	293	135.0	6.57	12.1	7.6	432	137.6	7.95	4.7
	4	7.67	292	135.1	6.57	12.0	7.6	433	137.4	7.96	5.0
	平均	7.64	292.5	134.7	6.56	12.1	7.6	431.0	137.9	7.95	5.5
9-忠曲向尕海湖引水渠	1	7.78	304	130.2	7.30	8.8	8.1	292	128.0	8.65	5.6
	2	7.77	306	133.9	7.30	8.7	8.1	294	127.3	8.75	5.5
	3	7.84	307	134.5	7.30	8.5	8.1	294	127.1	8.78	5.6
	4	7.85	307	134.7	7.31	8.5	8.1	295	126.9	8.77	5.5
	平均	7.81	306.0	133.3	7.30	8.6	8.1	293.8	127.3	8.74	5.6
平均		7.72	324.1	126.0	6.60	12.1	7.85	366.5	134.1	7.55	5.1

主要河流水质：分别在贡去乎水文监测点、忠曲下游、郭茂滩、白龙江出境处、白龙江源头及尕秀水文监测点设置了6个样点进行了水质测定，每个样点都做了4个重复。监测的主要项目是pH值、电导率（μs/cm）、ORP（氧化还原电位）、溶解氧（mg/L）和水温（℃）的平均值分别是7.68、364.7、143.9、8.16和7.79，其中6月的监测值为7.47、359.6、150.9、7.32和10.17，11月的监测值为7.90、369.9、136.8、9.00和5.4，保护区主要河流水质监测见表2-20。

表2-20 2020年保护区主要河流水质监测一览表

取样点	重复	6月监测值					11月监测值				
		pH值	电导率（μs/cm）	ORP	溶解氧（mg/L）	水温（℃）	pH值	电导率（μs/cm）	ORP	溶解氧（mg/L）	水温（℃）
1-贡去乎水文监测点	1	7.17	325	157.3	7.05	12.3	8.09	388	142	9.02	5.5
	2	7.19	325	156.6	7.17	12.8	8.12	391	152.9	9.06	5.6
	3	7.21	325	156.5	7.13	12.5	8.23	392	150.8	9.1	6.3
	4	7.23	326	156.4	7.17	12.2	8.24	393	150.3	9.12	6.7
	平均	7.20	325.3	156.7	7.13	12.45	8.17	391	149	9.08	6.03

续表

取样点	重复	6月监测值					11月监测值				
		pH值	电导率（μs/cm）	ORP	溶解氧（mg/L）	水温（℃）	pH值	电导率（μs/cm）	ORP	溶解氧（mg/L）	水温（℃）
2-忠曲下游	1	7.49	393	142.7	7.14	9.2	8.09	380	130	8.86	5.4
	2	7.51	393	143.5	7.36	9.3	8.07	380	130.3	8.88	5.4
	3	7.53	394	143.6	7.36	10.3	8.07	381	134.4	8.88	5.1
	4	7.57	396	143.9	7.39	10.3	8.08	382	134.4	8.88	5.4
	平均	7.53	394	143.4	7.31	9.8	8.08	380.8	132.28	8.88	5.3
3-郭茂滩	1	8.04	348	141.5	7.48	9	7.69	335	130.6	9.04	5.3
	2	8.05	349	142.4	7.44	9	7.71	336	118.4	8.98	5.9
	3	8.08	349	142.6	7.42	9.1	7.97	337	117	8.93	6.1
	4	8.09	349	142.9	7.41	9.2	8.00	338	112	8.9	6
	平均	8.07	348.8	142.4	7.44	9.1	7.84	336.5	119.5	8.96	5.8
7-白龙江出境处	1	7.37	369	150.0	7.23	10.6	7.66	366	142.4	9.41	6.4
	2	7.43	369	127.7	7.25	10.6	7.69	369	136.9	9.43	6.4
	3	7.46	370	150.1	7.26	10.5	7.71	371	136.9	9.42	5.3
	4	7.48	370	150.2	7.27	10.5	7.73	373	136.7	9.4	5.3
	平均	7.44	369.5	144.5	7.25	10.6	7.70	369.8	138.23	9.4	6
8-白龙江源头	1	7.09	360	164.9	7.42	8.5	7.74	355	142.4	9.09	4.4
	2	7.11	360	169.0	7.45	8.7	7.60	356	142	9.07	4.1
	3	7.13	360	168.6	7.53	9.4	7.65	356	138.3	9.05	4.4
	4	7.17	361	168.3	7.56	9.4	7.71	357	137.7	9.04	4
	平均	7.13	360.3	167.7	7.49	9	7.68	356	140.1	9.06	4.2
10~尕秀水文监测点	1						7.81	379	142.4	8.67	5
	2						7.89	385	142.3	8.6	5.5
	3						8.00	389	141.7	8.6	5
	4						8.01	389	140.9	8.6	5.1
	平均						7.93	385.5	141.8	8.62	5.2
平	均	7.47	359.55	150.94	7.32	10.17	7.90	369.9	136.82	9.00	5.4

2021年水质监测：2021年在6月和12月各采集和监测了一次水样，监测了电导率（μs/cm）、pH值、氧化还原电位ORP（mV）和溶解氧（mg/L）4个因子，共采集水质样品90份，其中6月50份、12月40份，监测结果见表2-21。

表2-21 2021年保护区水质监测因子表

样点	电导率(μs/cm)		pH值		氧化还原电位ORP(mV)		溶解氧(mg/L)	
	6月	12月	6月	12月	6月	11月	6月	11月
1	410.75±0.63b	398.50±2.96bc*	8.20±0.01cd	7.40±0.01bc*	110.73±1.25e	177.10±0.41a*	6.97±0.01d	8.92±0.04c*
2	400.00±2.35c	379.75±21.09cd	8.11±0.09d	7.35±0.02bc*	72.03±0.55i	155.40±0.51c*	6.77±0.05e	6.60±0.01g*
3	299.75±2.93g	313.50±17.18e	8.12±0d	7.55±0.01abc*	122.18±0.15c	155.65±1.01c*	6.33±0.03g	8.21±0.03f*
4	270.00±0h	248.00±0f*	8.66±0.05a	7.52±0.18abc*	95.43±0.59h	134.45±0.85f*	8.63±0.01a	9.32±0.01a*
5	513.00±0.91a	17.72±0.11g*	8.16±0.05cd	7.72±0.25abc	117.65±0.42d	179.00±0.29a*	6.31±0.02b	4.96±0.01cd*
6	258.75±0.48i	411.25±0.85b*	8.63±0.05a	7.78±0.24ab*	99.80±2.53g	119.13±1.03g*	7.52±0.01a	6.59±0.03c*
7	367.50±0.65e	383.00±0.41cd*	7.36±0.14e	7.34±0.24c	156.98±1.40a	168.33±0.09b*	7.23±0.01e	9.12±0.03b*
8	360.75±1.97f	362.75±3.09d	8.06±0.06d	7.38±0.09bc*	128.63±2.26bc	150.80±1.73d*	6.95±0.02d	8.54±0.04c*
9	302.75±1.32g	421.00±0ab*	8.34±0.03bc	7.93±0.09a*	105.13±0.28f	139.70±0.18e*	5.81±0.03a	8.60±0.02c*
10	390.25±1.49d	442.00±2.00a*	8.40±0.04b	7.49±0.03abc*	111.08±0.57e	150.13±0.99d*	6.47±0.07c	8.83±0.03c*

注:表示不同月份间的差异($P<0.05$),小写字母表示不同监测点之间的差异($P<0.05$),每个监测因子均重复4次。

不同月份和监测点电导率的差异:监测结果表明,尕海湖出水口和尕海湖周的电导率6月显著高于12月,说明尕海湖在夏季的可溶性盐离子浓度较高,主要原因是尕海湖为非流动水体,夏季较高的潜在蒸发使水体中盐离子浓度升高所致;另一方面,尕海湖及周边流域有较多鱼类、鸟类及其他动物的栖息,也会导致其水体电导率升高。尕海湖东部发源地、白龙江上游源头、忠曲向尕海湖引水渠、尕秀水文监测点的电导率12月显著高于6月;尕海湖的电导率6月和12月差异巨大,原因可能是12月尕海湖仅取到了湖面表层的冰雪层。不同采样点电导率的监测结果表明,忠曲、尕海湖出水交汇处和尕海湖出水口的电导率最低。

不同月份和监测点pH值的差异:不同月份pH值的监测结果表明,所有样点的pH值6月均大于12月,且均大于7.34±0.24,水质呈弱碱性;6月除白龙江上游源头的pH值为7.36外,其他各个样点的pH值均大于8。不同样点电导率的监测结果表明,尕海湖出水口和尕海湖东部发源地的pH值最大,而白龙江流域的pH值最小。

不同监测点氧化还原电位和溶解氧的差异:监测结果表明,除了尕海湖和尕海湖东部发源地的溶解氧6月高于12月外,其他监测点的氧化还原电位(ORP)和溶解氧均是12月高于6月,其主要原因还是水温的因素,水温越低,水中溶解氧的含量越高。尕海湖和尕海湖东部发源地为非流动水体,水生动物较多,从而使溶解在水中的氧气含量低。氧化还原电位受pH值与溶解氧的综合影响,总体上表现为pH值越低、溶解氧越高，氧化还原电位越高，这与我们的监测结果一致。

两年间监测结果的比较：由于2020年与2021年监测的因子、设备和时间有所不同，其结果的可比性并不是太高。

不同年份pH值的差异：除白龙江上游源头外，其他监测点的pH值2021年稍高于2020年；从不同监测点来看，尕海湖周围的pH值最高，白龙江上游源头最低。

不同年份电导率的差异：贡去乎水文监测点、忠曲下游和尕海湖的水体电导率2020年高于2021年，尕海湖周围的水体电导率2021年高于2020年。从不同监测点来看，尕海湖内水体的电导率最高，而尕海湖周围监测点的电导率最低。

不同年份氧化还原电位（ORP）的差异：除白龙江上游源头的氧化还原电位2020年高于2021年外，其他各个样点的氧化还原电位均是2021年高于2020年；从不同监测点来看，尕海湖出水口的氧化还原电位最低。

不同年份溶解氧的差异：尕海湖周围几个样点的溶解氧含量2021年高于2020年，其他各个样点都是2020年高于2021年；从不同监测点来看，尕海湖监测点的溶解氧含量最低，其主要原因是湖内水生生物呼吸耗氧所致。

兰州大学连续两年的水质监测表明：尕海湖及周围流域的水质达到了国家Ⅰ类水质标准，白龙江流域源头的水质优于洮河流域水质。

地下水：甘肃三泰绿色科技有限公司于2021年8月12~14日开展了乡镇饮用水水源地水质监测。分别在尕海镇、郎木寺镇、西仓镇及拉仁关乡等地布设样点，按照《地下水环境质量标准（GB/T 14848—2017）》表1中的Ⅲ类水标准，监测了各地的地下水质量。有关样点的位置：尕海秀哇102°12′48″E、34°13′37″N，拉仁关则岔102°41′37″E、34°21′34″N，尕海齐木齐沟102°18′53″E、34°17′43″N，郎木寺电站沟102°33′45″E、34°06′34″N，双岔洛措102°50′44″E、34°33′05″N，西仓桑德沟102°34′27″E、34°33′53″N，玛艾红科102°49′39″E、34°33′46″N，监测结果见表2-22。

表2-22　尕海、拉仁关、郎木寺等地地下水水质监测因子表

序号	监测项目	尕海秀哇村	拉仁关则岔村	尕海齐木齐沟	郎木寺电站沟	双岔洛措村	西仓桑德沟	玛艾红科村	地下水Ⅲ类标准
1	色度（度）	2	2	2	2	2	2	2	≤5
2	嗅和味	无	无	无	无	无	无	无	无
3	浑浊度（NTU）	3L	3L	3L	3L	3L	3L	3L	≤3
4	肉眼可见物	无	无	无	无	无	无	无	无
5	pH值（无量纲）	8.14	8.32	7.82	8.16	7.86	7.46	7.57	6.5~8.5
6	总硬度	224	170	218	234	214	260	240	≤450
7	溶解性总固体	320	162	192	250	238	434	244	≤1000
8	铁	0.03L	0.03L	0.03L	0.03L	0.03L	0.03L	0.03L	≤0.3
9	锰	0.01L	0.01L	0.01L	0.01L	0.01L	0.01L	0.01L	≤0.10
10	铜	0.05L	0.05L	0.05L	0.05L	0.05L	0.05L	0.05L	≤1.0
11	锌	0.05L	0.05L	0.05L	0.08	0.05L	0.05L	0.05L	≤1.0
12	铝	0.013	0.01L	0.01L	0.015	0.015	0.014	0.01L	≤0.2

续表

序号	监测项目	尕海秀哇村	拉仁关则岔村	尕海齐木齐沟	郎木寺电站沟	双岔洛措村	西仓桑德沟	玛艾红科村	地下水Ⅲ类标准
13	硒	0.000 4L	0.000 7	0.000 9	0.000 8	0.000 4L	0.000 4L	0.000 4L	≤0.01
14	砷	0.000 4	0.000 4	0.000 3	0.000 4	0.000 4	0.000 3L	0.000 4	≤0.01
15	汞	0.000 07	0.000 04L	0.000 04	0.000 05	0.000 34	0.000 04	0.000 04	≤0.001
16	镉	0.001L	0.001L	0.001L	0.001L	0.001L	0.000 1L	0.000 1L	≤0.005
17	铅	0.01L	0.01L	0.01L	0.01L	0.01L	0.01L	0.01L	≤0.01
18	钠	2.39	3.84	2.08	2.08	4.7	4.7	4.88	≤200
19	六价铬	0.004L	0.004L	0.004L	0.004L	0.004L	0.004L	0.004L	≤0.05
20	挥发酚	0.000 3L	0.000 3L	0.000 3L	0.000 3L	0.000 3L	0.000 3L	0.000 3L	≤0.002
21	阴离子表面活性剂	0.05L	0.05L	0.05L	0.05L	0.05L	0.05L	0.05L	≤0.3
22	耗氧量	1.01	1.27	1.09	1.36	1.01	0.9L	1.44	≤3.0
23	氨氮	0.025	0.025	0.025	0.025	0.025	0.025L	0.025	≤0.5
24	总大肠杆菌（MPN/100mL）	2	≤2	≤2	≤2	2	≤2	≤2	≤3
25	菌落总数（CFU/mL）	21	12	5	14	8	17	10	≤100
26	亚硝酸盐氮	0.003L	0.003L	0.003L	0.003L	0.003L	0.003L	0.003L	≤1
27	硝酸盐	0.356				1.22	1.3	1.24	≤20
28	硫酸盐	8L				8L	8L	8L	≤250
29	氯化物	10L				10L	10L	10L	≤250
30	硫化物	0.005L	0.005L	0.042	0.005L	0.024	0.005L	0.005L	≤0.02
31	氰化物	0.004L	0.004L	0.004L	0.004L	0.004L	0.004L	0.004L	≤0.05
32	氟化物	0.278	0.099	0.101	0.095	0.087	0.137	0.12	≤1.0
33	碘化物	0.05L	0.05L	0.05L	0.05L	0.05L	0.05L	0.05L	≤0.08
34	三氯甲烷（μg/L）	0.000 02L	0.000 02L	0.000 02L	0.000 02L	0.000 02L	0.000 02L	0.000 02L	≤60
35	四氯化碳（μg/L）	0.000 03L	0.000 03L	0.000 03L	0.000 03L	0.000 03L	0.000 03L	0.000 03L	≤2.0
36	苯（μg/L）	0.002L	0.002L	0.002L	0.002L	0.002L	0.002L	0.002L	≤10.0
37	甲苯（μg/L）	0.002L	0.002L	0.002L	0.002L	0.002L	0.002L	0.002L	≤700

注：检出限后为“L”的监测结果，表示低于方法监测限。除特别标注外，项目的单位均为mg/L。

对地下水的采样化验结果显示：保护区范围的地下水无主要污染物，实测水质评价结果为：所有监测样点全部达到国家地下水环境质量Ⅲ类标准，地下水水质良好，水质类型几乎全为HCO_3-Ca或HCO_3-Ca-Mg型，矿化度为0.5g/L以下，只有NO_3离子含量比较高，是可供人畜饮用的良好水源。

2.4 土壤

土壤是一个历史的自然体，是人类赖以生存的物质基础，它是在地球演变的历史长河中，通过地质、地形、母质、气候、植被、水文等因素的综合作用下发育演变而来的，经过各成土因素对成土母质的改造形成了不同土壤类型。

本区土地利用类型主要是牧草地、湿地和林地,还有少量未利用地、建设用地和耕地。主要有7种主要土壤类型,土壤厚度普遍较薄,但植被大多较好。除海拔4300m以上山峰外,均有森林或草地覆盖,森林植物分布具有明显的垂直分带性,海拔3500m以下多为乔林;海拔3500~4000m分布常绿灌丛,阳坡多为草甸;海拔4000~4300m为高山草甸。

2.4.1 高山寒漠土类

在西倾山等海拔4300~4438m的山峰分水岭脊分布少量高山寒漠土,是脱离冰川晚、成土年龄最短的一类土壤。成土母质主要是冰碛、残积-坡积物,山脊岩石裸露,碎屑岩和冰碛砾石满布。活动的岩块、碎屑岩、融冻石流广泛分布,局部地点只有小片极薄的粉砂堆积,而很少形成连片土壤。气候寒冷,年均温在-8℃左右,冻结期很长,且冻层较厚,日照强烈,日变化大,风大。多生长壳状地衣和苔藓类低等植物,高等植物很缺乏,仅在流水沟两侧生长有垫状点地梅、红景天、风毛菊、龙胆、大锥早熟禾、疏花针茅等,在岩石碎屑间出现零星高山嵩草,覆盖度1%~2%。

2.4.2 高山草甸土土类

高山草甸土类分布于西倾山等海拔3800~4300m高山。该区气候高寒,年平均气温在0℃以下,年降水量650~750mm。植被以高寒草甸和高寒灌丛为主,草本以高山嵩草为主,地表常有地衣、苔藓附生,垫状植被分布较普遍,杯腺柳、木本委陵菜、鬼箭锦鸡儿、高山绣线菊、长叶毛花忍冬等灌木已矮化成垫状,盖度60%~80%,牧草平均高度10~20cm,是主要的夏季牧场。

10月下旬开始冻结,翌年5月融化,冻结期长达7个月之久,全年正负交替日大于72%。夜冻昼融现象频繁,土壤融化为自上而下方式为主,上部冻土融化后,水分下渗,受其下部冻层阻碍,形成上部分水分积聚,并受其重力影响,常顺坡蠕动,产生泥流、滑坡及草皮脱落,下层粗骨土体出露。土体形成鳞片状结构层次。

高山草甸土类的矮生草甸植物,在温暖湿润的5~10月土壤融化期生长旺盛,植物残体进入土壤,密生性草甸植物的根系盘结交织,吸水性强,通气良,有机质分解缓慢。冬半年土壤冻结,土壤微生物活动微弱,有机质分解更差。按植被之差异,分为高山草甸土亚类和高山灌丛草甸土亚类:

高山草甸土亚类:该亚类主要分布于西倾山海拔3800~4300m阳坡,植被为高山矮草草甸,主要建群种有矮嵩草、线叶嵩草、西藏嵩草、高山嵩草,还有多刺绿绒蒿、红景天、风毛菊等。随着海拔上升,垫状植被逐渐增加,土层厚度减少、有机质的累积作用逐渐减弱。草皮层发达,根系交织密集呈毡状,软韧具弹性,厚度4~18cm,有机质13.05%,全氮0.585%,全磷0.095%,全钾1.99%,速效磷5mg/kg,代换量35.21me/100g土,无石灰反应,pH值6.2~7.3;腐殖层呈灰棕色,轻壤质,夹杂有片状小砾石,土体松或较松,厚度3~49cm,有机质8.65%,全氮0.418%,全磷0.083%,全钾2.15%,代换量30.44me/100g土,pH值6.1~7.4;母质层剖面层理分化清晰,腐殖质层向母质层过渡迅速,多呈灰黄及黄棕色,粗骨质,紧实,有机质0.87%,全氮0.056%,全磷0.074%,全钾2.26%,代换量9.49me/100g土。因雨量多,淋溶作用强,剖面通体无石灰反应或有少量假菌丝体;剖面中无锈纹锈斑。

高山灌丛草甸亚类:主要分布于海拔3800~4300m阴坡。土壤发育在高山矮草草甸与灌丛混生植被下,建群植被内杂有杯腺柳、千里香杜鹃、鬼箭锦鸡儿、高山绒绣菊等灌丛植物,草类以莎草科的嵩草属、薹草属为主,并附生地衣、苔藓,总覆盖度60%~80%。成土母质多为残积-坡积物或上覆盖薄层黄土沉积物。草皮层毡状,不太发达,多呈轻壤,灰棕色,有片状小石块,屑粒或小粒状结构,根系交织不紧密,草皮层较薄而松软,但植物根系分布深度大于高山草甸土亚类,草皮层厚度10cm,有机质

26.53%，全氮0.631%，C/N为26，全磷0.086%，全钾1.67%，速效磷9mg/kg，速效钾210mg/kg，代换量74.39me/100g土，pH值6.5~6.9；腐殖质层轻壤，局部有少量小石砾、小粒及粒状结构，呈灰棕色，厚度30cm，有机质16.55%，全氮0.675%，C/N为14，全磷0.086%，全钾0.93%，速效磷9mg/kg，速效钾210mg/kg，代换量48.78me/100g土，pH值6.8，无石灰反应；过渡层有少量铁锰锈斑，与腐殖质层、母质层之间切度小，无石灰反应，pH值6.8；母质层多为粗骨质，片状石砾含量多，多为永冻层，无石灰反应。

2.4.3 亚高山草甸土土类

亚高山草甸土总的特征是草皮层发达，有弹性；腐殖质层发达腐殖质含量高，土壤团粒结构好，由于淋溶强，土体中的碳酸钙的淋洗强烈，并出现一定程度腐殖质及黏粒的下移淀积；土壤水分随季节性变化，氧化还原过程比较明显，形成一定锈纹、锈斑。

亚高山草甸土表层主要化学及养分状况，经47个剖面加权平均：有机质10.8%，全磷0.093%，全钾2.11%，速效磷4mg/kg，速效钾158mg/kg，阳离子代换量0.322mol/kg，pH值6.8，磷酸钙0.01%。

因植被的差异，此土类分为亚高山草甸土亚类、亚高山灌丛草甸土亚类、亚高山草原草甸土亚类。

亚高山草甸土亚类：成土母质主要为黄土状物。其特征为：0~14cm为草皮层，黑棕、中壤、粒状、较紧、多根系，无石灰反应，孔隙度72.17%，容重0.66g/cm^3；14~62cm为腐殖质层，暗棕、中壤、粒状、较松、多根系，无石灰反应，孔隙度60.95%，容重1.00g/cm^3；78~93cm为母质层，淡棕、轻壤、小粒、散、有石砾，强石灰反应，78cm以下有锈纹锈斑出现。

从亚高山草甸土亚类机械组成状况可以看出<0.001mm颗粒有明显移动。

亚高山草甸土亚类表层主要化学性质及养分状况经化验加权平均：有机质11.51%，全氮0551%，全磷0.099%，全钾2.11%，速效磷4mg/kg，速效钾158mg/kg，阳离子代换量0.3466mol/kg，pH值6.5。

亚高山灌丛草甸土亚类：此亚类在成土过程上介于亚高山草甸土亚类和灰褐土类之间，在腐殖质积累上具有冻土地带腐殖质积累的特点，又具有林下腐殖质积累的某些特点，它的有机质来源既有草甸提供的有机质，也有枯枝及枯枝落叶提供的有机质，并具有林下土壤的淋溶特征。腐殖质和黏粒出现明显地移动和淀积。其主要特征为：0~16cm草皮层，黑棕、中壤、团粒状结构、松、多根系、无石灰反应，容重0.788g/cm^3，孔隙度68.21%；16~55cm为腐殖质层，黑棕、中壤、团粒状结构、松、根系较多、无石灰反应，容重0.84g/cm^3，孔隙度66.23%；55~79cm为过渡层一，灰棕、中壤，团粒状、松、根系少、无石灰反应、容重1.05g/cm^3，孔隙度49.40%；79~107cm为过渡层二，灰黄棕、轻壤、块状、松、无石灰反应，容重1.35g/cm^3，孔隙度49.40%；107~123cm为母质层，灰棕黄、块状、砂壤、较松、无石灰反应，在此层出现了氧化还原层次，<0.001mm的颗粒有明显下移。

亚高山灌丛草甸土亚类表层主要化学性质及养分状况经化验平均为：有机质12.68%，全氮0.603%，全磷0.097%，全钾1.90%，速效磷3mg/kg，速效钾153mg/kg，阳离子代换量0.327 3mol/kg，pH值6.4。

亚高山灌丛草甸土亚类地带是洮河上游也是重要水源涵养地之一，此土壤上茂密的植被，深厚的腐殖质层及良好的土壤结构和发达的孔隙状况具有明显的水文效应。此区海拔3500m以下地带是营造云、冷杉林理想地区。此地带是理论载畜能力最大，利用潜力也最大的地区，具有很大的发展潜力。

亚高山草原草甸土亚类：该亚类成土母质主要以坡积物为主，次之为黄土状沉积物。在成土过程中既有高寒冻土地带腐殖质积累的特征，又有半干旱草原地带腐殖质积累及钙化的一些特征。主要特征为：0~15cm草皮层，暗棕灰、中壤、粒状、较松、多根系，无石灰反应，孔隙度62.60%，容重1.15g/cm^3；15~47cm为腐殖质层，暗棕、中壤、粒状、松、少根系、石砾多，孔隙度56.0%，容重1.15g/cm^3；47~

58cm为钙积层，棕、中壤、粒状、松、少根系、石砾多，有明显的假菌丝及斑点状碳酸盐淀积，强石灰反应，孔隙度53.36%，容重1.23g/cm^3；58~103cm为母质层，灰黄棕、中壤、块状、较松、有锈纹锈斑，强石灰反应，孔隙度50.06%，容重1.33g/cm^3，有蚯蚓洞穴及粪便。

此土类机械组成<0.01mm，颗粒含量0~15cm为34.0%，15~47cm为39.1%，47~58cm为39.1%，58~103cm为37.1%；0.001mm颗粒含量0~15cm为10.0%，15~47cm为15.1%，47~58cm为17.1%，58~103cm为17.1%。

亚高山草原草甸土亚类表层化学性状及养分含量状况经化验加权平均：有机质8.41%，全氮0.431%，全磷0.074%，全钾2.20%，速效磷5mg/kg，速效钾171kg/mg，阳离子代换量0.268mol/kg，碳酸钙0.34%，pH值7.4。

2.4.4　灰褐土土类

灰褐土土类成土母质为坡积物及黄土状沉积物。成土过程主要是林下腐殖质的积累过程。它同其他腐殖质积累相比，在有机质来源上不仅有大量的残根及根系分泌物，而且有大量的森林枯落物，并且在低温、阴湿、土体疏松、土壤中性的条件下进行的腐殖质积累过程，腐殖质积累量大，土壤有机质复合体充分发育，整个土体基本成团粒结构。由于雨量较多，腐殖质淋溶作用强。在淋溶灰褐土中，有明显地腐殖质淀积。因土体冻结期长，受融冻作用影响，土体最下部多呈鳞片状多孔结构。脱钙过程也是灰褐土成土过程的一个重要方面。由于灰褐土形成地带降水量较高，加上有机质丰富和中壤性的土壤环境，碳酸钙淋移较为强烈。碳酸钙在土体中垂直淋移的同时，大部分呈水平方向移动到海拔较低的地带。伴随着有机质或钙的淋移，土体中黏粒的移动也较明显，常常在土体下部形成淀积。

灰褐土表层主要化学性质及养分状况经加权平均：有机质19.41%，全氮0.681%，全磷0.095%，全钾1.91%，速效磷11mg/kg，速效钾141mg/kg，阳离子代换量0.487 1mol/kg，pH值6.7，碳酸钙0.03%。此土类分两个亚类：

碳酸盐灰褐土亚类：此亚类土壤腐殖质的积累相对低，土壤腐殖质的淋溶及脱钙现象相对较弱，土壤通体有石灰反应，且出现石灰淀积。主要特征为：土壤上面有3cm枯枝落叶层，下为土体层次；0~7cm为半分解层，暗棕、中壤、粒状、松、多根系、无石灰反应；7~56cm为腐殖质层，黑棕、重壤、小块、较松、根系较多、湿润、强石灰反应，容重1.148g/cm^3，孔隙度56.33%；56~88cm为钙积层，暗棕黄、中壤、小块、紧、湿润、强石灰反应，假菌丝体明显，容重1.11g/cm^3，孔隙度57.32%；88~288cm为母质层，浅棕黄、中壤、块状、松，容重1.47g/cm^3，孔隙度45.44%，强石灰反应。

碳酸盐灰褐土亚类主要化学性质及养分状况平均：有机质7.28%，全氮0.307%，全磷0.080%，全钾2.16%，速效磷21mg/kg，速效钾117mg/kg，阳离子代换量0.222 1mol/kg，碳酸钙0.03%，pH值6.9。

淋溶灰褐土亚类：成土母质为坡积及黄土状沉积物。成土特点具有显著的脱钙及有机质，黏粒淀积特征，剖面通体无石灰反应。其特征为：0~5cm为苔藓层，松、湿；5~14cm为半分解层，黑棕、轻壤、小粒、松、湿，无石灰反应，多根系；14~25cm为腐殖质层，暗灰棕、中壤、团粒、松、湿、无石灰反应；25~75cm为心土层一，灰黄棕、中壤、小片、小粒、紧，是炭屑和石砾，湿，无石灰反应；75~107cm为心土层二，灰黄棕、中壤、片、紧、石砾多、湿、有明显地胶膜，容重1.09g/cm^3，孔隙度57.88%，无石灰反应；107cm以下为石砾层。腐殖质有显著的淋溶现象和脱钙现象，土壤从表层至底层呈中性。淋溶灰褐土亚类黏粒有明显移动。

表层主要化学性质及养分状况经化验平均：有机质22.58%，全氮0.773%，全磷0.098%，速效磷

4mg/kg,速效钾145mg/kg,阳离子代换量0.545 3mol/kg,pH值6.6。

2.4.5 暗色草甸土土类

该土类成土母质为冲积-洪积物。此土类为一个亚类即石灰性暗色草甸土亚类。石灰性暗色草甸土亚类的基本特征,因降水多,表层植被生长茂盛,有发达的草皮层和腐殖质层。因受地下水的影响,氧化还原层有一定的形成。其剖面特征为:0~13cm为草皮层,暗棕、中壤、湿、根系较多,无石灰反应,容重0.97g/cm^3,孔隙度61.94%,有少量卵石;13~76cm腐殖质层,暗棕、中壤、团粒及小块、紧、湿、根系少,此层下部有斑点状碳酸盐,强石灰反应,容重11.9g/cm^3,孔隙度59.68%;76~107cm氧化还原层,栗色,中壤、粒较紧、有锈纹锈斑,强石灰反应,此层中下部卵石多。

此亚类主要化学性状及养分状况经平均:有机质10.4%,全氮0.550%,全钾2.04%,全磷0.098%,速效磷5mg/kg,速效钾180mg/kg,阳离子代换量0.342 3mol/kg,碳酸钙2.79%,pH值7.5。

2.4.6 沼泽土土类

沼泽土表面形态特征表层为草根层,下为腐殖层或泥炭层和潜育层。

沼泽土表层主要化学性状及养分状况经化验分析:有机质25.2%,全氮1.017%,全磷0.077%,全钾1.62%,速效磷8mg/kg,速效钾141mg/kg,阳离子代换量0.489 2mol/kg,碳酸钙7.88%,pH值7.2。此土类分3个亚类:

沼泽土亚类:主要成土母质为河湖沉积物,其特征为:0~7cm为草根层,黑棕、重壤、根系多、湿,弱石灰反应,容重0.77g/cm^3,孔隙度68.54%;7~48cm为潜育层,上呈灰黄,往下逐渐为青灰蓝,重壤到砂壤,小粒、小块、松、湿、根系多,容重1.47g/cm^3,孔隙度45.44%,强石灰反应。

草甸沼泽土亚类:主要成土母质为河湖沉积物。主要特征为:0~20cm为草根层,半分解的根、叶比较多,暗棕、砂壤、小粒、紧、根系多、湿,强石灰反应;20~43cm为腐殖质层,暗灰棕、重壤、小粒、较松、少根系、湿,强石灰反应;43~55cm为潜育层,上呈灰黄,下呈青蓝、重壤、松、湿,强石灰反应。

草甸沼泽土亚类各层主要化学性状及养分状况经化验分析:有机质20.03%,全氮0.980%,全磷0.099%,全钾1.77%,速效磷9mg/kg,速效钾160mg/kg,碳酸钙2.00%,阳离子代换量0.517 7mol/kg,pH值7.5。

泥炭沼泽土亚类:成土母质为河湖沉积物,剖面特征为:0~14cm为草根层,黑棕、中壤、粒、紧、根系多、湿,弱石灰反应,容重0.85g/cm^3,孔隙度65.90%;14~36cm为泥炭层,黑棕、片、松、渍水,无石灰反应;36~64cm为潜育层;其上部略见锈色,中下层为青灰色、砂壤、湿,极强石灰反应。

泥炭沼泽土亚类表层主要养分及化学状况为:有机质38.03%,全氮1.301%,全磷0.061%,全钾1.58%,速效磷9mg/kg,速效钾123mg/kg,阳离子代换量0.754 3mol/kg,碳酸钙1.76%,pH值6.6。

2.4.7 泥炭土土类

主要成土母质为冲积、洪积物及河湖沉积物,其主要形态特征以泥炭化过程为主,表层为毡状草皮层,其下为泥炭层和潜育层。

此土类只有一个亚类即低位泥炭土亚类。该土类母质为冲积,洪积物,主要特征为:0~30cm为毡状草甸层,黑棕、中壤、粒、较紧,无石灰反应;30~237cm为泥炭层,黑棕、片状、松、湿,无石灰反应;237~300cm为潜育层,青灰、块状、散、湿、弱石灰反应。

低位泥炭土亚类表层主要化学性状及养分状况化验平均:有机质35.5%,全氮1.411%,全磷0.070%,全钾1.52%,速效磷5mg/kg,速效钾153mg/kg,阳离子代换量0.741 1mol/kg,碳酸钙0.06%,pH值5.5。

第3章 植物种类、区系及其演变

3.1 高等植物种类及其分布

植物资料收集、整理和审查情况：在收集保护区植物资料期间，除了充分整理二期科考的调查成果外，也对一期科考以来有关保护区资源调查、科学研究的科技文献尽可能多地进行了收集，共收集高等植物978种。

种、亚种、变种、变型：在978种（亚种、变种、变型）高等植物中，种887个、亚种27个、变种60个、变型6个（其中白花甘肃马先蒿既是亚种又是变型，矮白苞筋骨草既是变种又是变型）。

27个亚种（subsp.）分布于20个属中：木贼属，荨麻属、卷耳属、银莲花属、芍药属、红景天属、野豌豆属、沙棘属、柳叶菜属、马先蒿属3、狸藻属、沙参属2、飞蓬属、苦荬菜属、麻花头属、发草属、落草属、早熟禾属5、薹草属、嵩草属。

60个变种（var.）分布于34个属中：即柳属、蓼属3、女娄菜属、乌头属、银莲花属、翠雀属3、毛茛属2、金腰属、梅花草属、茶藨子属2、委陵菜属7、山莓草属、锦鸡儿属、岩黄耆属、豌豆属、五加属、锦葵属、柴胡属、棱子芹属、报春花属、龙胆属3、扁蕾属、筋骨草属2、马先蒿属5、拉拉藤属3、忍冬属3、香青属、蒿属3、蓟属、大麦属、早熟禾属2、针茅属、荸荠属、葱属。

6个变型（f.）分别是垂枝祁连圆柏、长柱皂柳、淡红淡黄香青、红花乳白香青（粉苞乳白香青）、白花甘肃马先蒿、矮白苞筋骨草，其中白花甘肃马先蒿 *Pedicularis kansuensis* Maxim. subsp. *kansuensis* f. *albiflora* Li也是亚种、矮白苞筋骨草 *Ajuga lupulina* Maxim. var. *lupulina* f. *humilis* Sun ex C. H. Hu也是变种。

资料主要来源：在978种高等植物中，来源于一期科考的518种，来源于2006年保护区动植物资源综合调查的152种，来源于大专院校、科研院所学者调查研究的114种，来源于二期科考的194种。

978种高等植物详见附录2《尕海则岔保护区野生植物名录》。

3.1.1 苔藓植物门Bryophyta

本门共2纲5目9科10属11种。其中苔纲的叶苔目有羽苔科、齿萼苔科，地钱目有石地钱科、地钱科、蛇苔科；藓纲的变齿藓目有水藓科，灰藓目有青藓科、羽藓科，丛藓目有丛藓科。

3.1.1.1 苔纲Hepaticae

3.1.1.1.1 羽苔科Plagiochilaceae

（1）多齿羽苔 *Plagiochila perserrata* Herzog

分布：则岔。甘肃省内甘南地区及祁连山。我国福建、广东、四川、云南和西藏。不丹、尼泊尔及印度尼西亚。生于海拔2900~3500m阴湿地面、枯木及树基上。资料来源于其他调查（以下简称“其他调查”）。

3.1.1.1.2　石地钱科(瘤冠苔科)Rebouliaceae

(2)石地钱*Reboulia hemisphaerica*(L.)Raddi

分布:则岔。甘肃省内甘南地区及祁连山。我国东北、华北、西北、华东、中南及西南等地区。生于石壁和土坡上。其他调查。

具有清热解毒、消肿止血之功效。用于烧烫伤,跌打肿痛,外伤出血。

3.1.1.1.3　地钱科 Marchantiaceae

(3)地钱*Marchantia polymorpha* L.

分布:则岔。甘肃省内甘南地区及祁连山。我国各地均有分布。世界广布种。生于阴湿土坡、墙下或沼泽地湿土或岩石上。其他调查。

全草具有清热利湿、解毒敛疮之功效。常用于湿热黄疸,疮痈肿毒,毒蛇咬伤,烧烫伤,骨折,刀伤。

3.1.1.1.4　蛇苔科 Conocephalaceae

(4)蛇苔*Conocephalum conicum*(Linn.)Dum.

别名:蛇地钱。

分布:则岔。甘肃省内甘南地区及祁连山。我国各地区。欧洲、北美、亚洲中部及东部其他地区。多生于溪边林下阴湿碎岩石和土表上。其他调查。

全株入药,具有解热、消肿止痛等功效。治蛇咬伤。

(5)小蛇苔*Conocephalum japonicum*(Thunb.)Grolle

异名:*Conocephalum supradecompositum*(Lindb.)Steph.。

别名:蛇地钱。

分布:则岔。甘肃省内甘南地区及祁连山。我国吉林、辽宁、浙江、福建、台湾、湖北、湖南、广东、陕西、四川、西藏等地。多生于林下或溪边阴湿土上或石表薄土上。其他调查。

具有消肿止痛、清热解毒等功效。治疗痈肿,肿毒,烧烫伤,毒蛇咬伤,骨折损伤,刀伤及婴儿湿疹。

3.1.1.1.5　齿萼苔科 Geocalycaceae

(6)芽胞裂萼苔*Chiloscyphus minor*(Nees)Engel et Schust.

分布:则岔。甘肃省内榆中、舟曲、文县。我国东北、华北、华中、西南及福建、广西、河南、湖北、湖南、新疆。喜欢生长于潮湿环境。其他调查。

3.1.1.2　藓纲 Musci

3.1.1.2.1　青藓科 Brachytheciaceae

(1)青藓*Brachythecium albicans*(Hedw.)B. S. G.

分布:则岔。甘肃省内各地林区。我国新疆等地。生于海拔2900~3500m草原或林下,土生或石生。资料来源于一期科考(以下简称"一期科考")。

3.1.1.2.2　水藓科 Fontinalaceae

(2)水藓*Fontinalis antipyretica* Hedw.

分布:则岔。甘肃省内各地林区。我国大、小兴安岭等地。生于海拔2900~3300m小河或溪涧,基部固着于岩石、腐木或树基,上部随溪水漂动。一期科考。

3.1.1.2.3 丛藓科 Pottiaceae

(3)小石藓 *Weisia controversa* Hedw.

分布:则岔。甘肃省内甘南地区及祁连山。我国吉林、辽宁、内蒙古、江苏、浙江、福建、湖北、陕西、青海、新疆、四川、贵州、云南、西藏等地。生于岩石表面、石缝中或沙砾土上。其他调查。

具有清热解毒之功效。用于急慢性鼻炎,鼻窦炎。

3.1.1.2.4 羽藓科 Thuidiaceae

(4)山羽藓 *Abietinella abietina*(Hedw.)Fleisch.

分布:则岔。甘肃省内甘南地区及祁连山。我国东北、华北、西北、西南、河南、湖北。北半球其他地区。生于海拔2900~3400m阴湿或较干燥林地,可长成厚达几厘米的大片藓丛,青海云杉林下山羽藓群落盖度达到90%以上。其他调查。

(5)细叶小羽藓 *Haplocladium microphyllum*(Hedw.)Broth.

异名:*Haplocladium microphyllum*(Hedw.)Broth. subsp. *capillatum*(Mitt.)Reim.。

别名:尖叶小羽藓、青苔、树毛衣、绿青苔。

分布:则岔。甘肃省内甘南地区及祁连山。我国江苏、安徽、浙江、台湾、湖北、四川、云南等地。生于阴湿的土坡上、树干基部或墙脚废弃的砖瓦上。其他调查。

具有清热解毒之功效。用于急性扁桃体炎,乳腺炎,丹毒,疖肿,上呼吸道感染,肺炎,中耳炎,膀胱炎,尿道炎,附件炎,产后感染,虫咬高热。

3.1.2 蕨类植物门 Pteridophyta

本门共2纲2目10科12属23种(1亚种)。其中木贼纲的木贼目有木贼科,蕨纲的真蕨目有水龙骨科、蹄盖蕨科、鳞毛蕨科、中国蕨科、铁角蕨科、球子蕨科、槲蕨科、铁线蕨科、岩蕨科。

3.1.2.1 木贼纲 Eguisetinas

3.1.2.1.1 木贼科 Equisetaceae

(1)问荆 *Equisetum arvense* Linn.

分布:则岔、尕海。甘肃省内各地。我国东北、华北、西北、西南等地。生于海拔3000~3700m潮湿的草地、草甸。资料来源于二期科考(以下简称"二期科考")。

具有止血、利尿、明目之功效。主治鼻衄,吐血,咯血,便血,崩漏,外伤出血,淋症,目赤翳膜。

(2)溪木贼 *Equisetum fluviatile* L.

别名:水问荆、水木贼。

分布:则岔、尕海。甘肃省内各地。我国黑龙江、吉林、内蒙古、新疆、四川、重庆、西藏等地。生于海拔3000~3500m潮湿的草地、草甸或浅水中。其他调查。

具有止血及治疗肾脏失调、溃疡及结核的功效。

(3)木贼 *Equisetum hyemale* L.

别名:笔头草、接骨草等。

分布:则岔、尕海。甘肃省内各地。我国东北及河北、陕西、新疆和四川等地。生于海拔3000~3700m林下阴湿处、河岸湿地、溪边。其他调查。

具有疏风散热等功效。常用于目生云翳,迎风流泪,肠风下血,疟疾,喉痛,痈肿等。

(4)犬问荆 *Equisetum palustre* L.

分布:则岔、尕海。甘肃省内各地。我国东北、华北、华中、西南、西北各地。日本、印度、尼泊尔、克什米尔、俄罗斯、欧洲、北美洲。生于海拔3500m以下针叶林、针阔混交林下的湿地、沟旁及路边等处。其他调查。

清热消炎,止血,利尿。治尿道炎、肠出血、痔出血、咯血;可用于风湿性关节炎,痛风,动脉粥样硬化。

(5)节节草 *Equisetum ramosissimum* Desf.

分布:则岔、尕海。甘肃省内各地。我国西藏、云南、贵州、江西、广西、广东、海南、台湾等地。生于海拔3000~3500m潮湿的草地、草甸。二期科考。

清热,利尿,明目退翳,祛痰止咳。用于目赤肿痛,肝炎,咳嗽,支气管炎,泌尿系感染。

(6)笔管草 *Equisetum ramosissimum* subsp. *debile*(Roxb. ex Vauch.)Hauke

别名:纤弱木贼。

分布:则岔、尕海。甘肃省内各地。我国大部分地区。日本、印度和尼泊尔。生于海拔3400m以下地区,喜凉爽较干燥气候,耐严寒。其他调查。

具有清热利湿、明目退翳之功效。主治急性黄疸性肝炎,淋病,目赤肿痛,翳膜胬肉。

3.1.2.2 蕨纲 Filicopsida

3.1.2.2.1 水龙骨科 Polypodiaceae

(1)天山瓦韦 *Lepisorus albertii*(Regel)Ching

分布:则岔、尕海。甘肃省内山丹、夏河等地。我国河北、山西、四川、青海、新疆。生于海拔2900~3700m遮阴处岩石缝或沟边岩缝中。其他调查。

清热解毒,利尿通淋,止血。主治小儿高热,惊风,咽喉肿痛,痈肿疮疡,毒蛇咬伤,小便淋沥涩痛,尿血,咳嗽。

(2)扭瓦韦 *Lepisorus contortus*(Christ)Ching

别名:一皮草。

分布:则岔。甘肃省内各地。我国福建、江西、浙江、安徽、湖北、河南、陕西、重庆、云南等地。生于海拔2900~3200m林下树干或岩石上。其他调查。

清热解毒,活血化瘀。主治烫伤,化脓感染,热淋涩痛,咽喉肿痛,外伤出血,跌打损伤。

(3)瓦韦 *Lepisorus thunbergianus*(Kaulf.)Ching.

分布:则岔。甘肃省内西固、天水、康县及甘南地区。我国西南、华中、北京、山西等地。朝鲜、日本和菲律宾。附生海拔3800m以下林下树干或岩石上。二期科考。

具有清热解毒、利尿通淋、止血之功效。主治小儿高热、惊风,咽喉肿痛,痈肿疮疡,毒蛇咬伤,小便淋沥涩痛,尿血,咳嗽。

3.1.2.2.2 蹄盖蕨科 Athyriaceae

(4)高山冷蕨 *Cystopteris montana*(Lam.)Bernh. ex Desv.

分布:则岔、郎木寺。甘肃省内榆中、兴隆山、祁连山、肃南。我国内蒙古、河北、山西、陕西、宁夏、青海、新疆、河南、四川、云南和西藏等省区。欧洲东部、朝鲜半岛、日本、俄罗斯、印度北部、巴基斯坦东部及北美洲。生于海拔2900~4200m林下潮湿地方。二期科考。

(5)膜叶冷蕨 *Cystopteris pellucida*(Franch.)Ching ex C. Chr.

分布:则岔。甘肃省内天水、康县及甘南地区。我国陕西、河南、四川、云南以及西藏等省区。生于海拔2900~3700m林下或沟边阴湿处。模式标本采自四川(宝兴)。二期科考。

3.1.2.2.3 鳞毛蕨科 Dryopteridaceae

(6)华北鳞毛蕨 *Dryopteris goeringiana*(Kunze)Koidz.

分布:则岔。甘肃省内各地林区。我国吉林、辽宁、河北、河南、山西、陕西、四川等地。生于海拔2900~3200m阔叶林下或灌丛中。其他调查。

根茎味涩、微苦,性平。除风湿,强腰膝,降血压,清热解毒。主治脊椎疼痛,头晕,高血压病。

(7)毛叶耳蕨 *Polystichum mollissimum* Ching

分布:则岔。甘肃省内榆中、漳县及甘南地区。我国内蒙古、河北、山西、陕西、青海、四川、云南、西藏。生于海拔2900~3300m灌木林下或暗针叶林下。模式标本采自陕西太白山。二期科考。

3.1.2.2.4 中国蕨科 Sinopteridaceae

(8)银粉背蕨 *Aleuritopteris argentea*(Gmel.)Fee

别名:还阳草、通经草。

分布:则岔。甘肃省内各地。广泛分布于全国各省区。生于海拔2900~3900m灌丛间岩石缝中或路边墙缝隙中。其他调查。

全草性味苦而涩,性凉。清热解毒。主治乌头中毒,治肾脏病、热性腹泻、肉食或肾虚早泄、疮疖痈毒。

3.1.2.2.5 铁角蕨科 Aspleniaceae

(9)北京铁角蕨 *Asplenium pekinense* Hance

分布:则岔、尕海。甘肃省内东南部。我国华北、华东、华南、陕西、宁夏、河南、湖北、湖南、四川、贵州、云南。朝鲜、日本。生于海拔2900~3900m岩石上或石缝中。其他调查。

治毒蛇咬伤,疔疮等。

3.1.2.2.6 球子蕨科 Onocleaceae

(10)中华荚果蕨 *Pentarhizidium intermedium*(C. Christensen)Hayata

异名:*Onoclea intermedia*(C. Christensen)M. Kato,T. Suzuki & Nakato、*Matteuccia intermedia* C. Chr.。

分布:则岔。甘肃省内各地林区。我国河北、山西、湖北、四川、云南等地。生于海拔2900~3200m山谷林下。其他调查。

茎具有清热解毒、杀虫功效。

(11)荚果蕨 *Matteuccia struthiopteris*(L.)Todaro

分布:则岔。甘肃省康县、文县等地。我国东北、河北、山西、河南、湖北西部、陕西、四川、新疆、西藏等地。生于海拔2900~3300m沟谷林下或河岸湿地。其他调查。

根状茎具有清热解毒、凉血止血、杀虫作用。

3.1.2.2.7 槲蕨科 Drynariaceae

(12)秦岭槲蕨 *Drynaria baronii* Diels

别名:骨碎补。

分布:则岔。甘肃省内各地。我国陕西、山西、青海、西藏东部、四川、云南等地。生于海拔2900~3400m林下岩石上或土生,偶有树上附生。其他调查。

根状茎有壮骨、补肾、散瘀止痛、接骨续筋等功效。治牙疼、腰疼、久泻。

3.1.2.2.8 铁线蕨科 Adiantaceae

(13)铁线蕨*Adiantum capillus-veneris* L.

分布:则岔。甘肃省内各地。我国台湾、福建、广东、广西、北京等地。生于海拔2900~3400m流溪水旁和滴水岩壁上。其他调查。

全草用于淋巴结结核、乳腺炎、痢疾、蛇咬伤、肺热咳嗽、吐血、妇女血崩、产后瘀血、尿路感染及结石、上呼吸道感染等。

(14)长盖铁线蕨*Adiantum fimbriatum* Christ

分布:则岔。甘肃省内甘南地区。我国河北、山西、陕西、青海、西藏、四川、云南。生于海拔2900~3600m沟边林下岩石上或石缝中。模式标本采自云南西北部。二期科考。

祛痰,利尿,通经。主治咳嗽痰多,支气管炎,小便涩痛,月经不调,尿路感染。

(15)掌叶铁线蕨*Adiantum pedatum* Linn.

分布:则岔。甘肃省内各地。我国东北、河北、山西、陕西、河南、四川等地。生于海拔2900~3500m林下沟旁溪沟边。其他调查。

全草通淋利水、止痛。治小便不利、淋症、牙痛、月经过多;还能清肺止咳,治肺热咳嗽。

3.1.2.2.9 岩蕨科 Woodsiaceae

(16)岩蕨*Woodsia ilvensis*(L.)R. Br.

分布:则岔。甘肃省内甘南地区。我国黑龙江、吉林、河北、内蒙古、新疆。北半球的北部相当普遍。生于海拔3200m以下岩石上。二期科考。

(17)甘南岩蕨*Woodsia macrospora* C. Chr. et Maxon

分布:则岔。特产甘肃南部卓尼、石门等地。生于海拔3000~4100m山谷岩壁上。模式标本产于甘肃卓尼。二期科考。

3.1.3 裸子植物门 Gymnospermae

本门共2纲2目3科5属13种(1变型)。其中松杉纲的松杉目有松科、柏科;买麻藤纲的麻黄目有麻黄科。

3.1.3.1 松杉纲 Coniferopsida

3.1.3.1.1 松科 Pinaceae

(1)岷江冷杉*Abies faxoniana* Rehd.

别名:柔毛冷杉。

分布:则岔、石林。甘肃省南部洮河流域及白龙江流域内舟曲、迭部、卓尼、临潭、康乐各地。我国四川岷江流域上游及大、小金川流域。生于海拔3400~3700m地带。中国特有树种。一期科考。

(2)华北落叶松*Larix principis-rupprechtii* Mayr

分布:则岔有引种栽培,生长良好。为华北地区高山针叶林带中的主要森林树种。中国特有树种。一期科考。

(3)云杉*Picea asperata* Mast.

别名:粗枝云杉。

分布:则岔、石林。甘肃省内天水、两当、文县、武都、岷县和甘南地区。我国陕西西南部、四川西北部。生于海拔2900~3600m地带。中国特有树种。一期科考。

(4)青海云杉*Picea crassifolia* Kom.

分布:全保护区。甘肃省内祁连山区,甘南各地及岷县、靖远、榆中。我国青海、宁夏、内蒙古。生于海拔2900~3600m地带。中国特有树种。一期科考。

(5)紫果云杉*Picea purpurea* Mast

分布:则岔、石林、郎木寺。甘肃省内洮河流域甘南各地及岷县、康乐、榆中。我国青海、四川北部。生于海拔3100~3700m山地的阴坡、半阴坡及阴凉山谷。中国特有树种。一期科考。

3.1.3.1.2　柏科Cupressaceae

(6)祁连圆柏*Sabina przewalskii* Kom.

分布:则岔、石林、郎木寺。甘肃省内迭部、卓尼、临潭、康乐、夏河及祁连山区。我国青海、四川北部。生于海拔2900~3500m山地阳坡或沟谷。中国特有树种。一期科考。

(7)垂枝祁连圆柏*Sabina przewalskii* Kom. f. *pendula* Cheng et L. K. Fu

分布:则岔、石林。甘肃南部。我国青海东部西倾山。生于海拔2900~3400m地带。中国特有树种。一期科考。

(8)方枝柏*Sabina saltuaria*(Rehder & E. H. Wilson)W. C. Cheng & W. T. Wang

分布:则岔、石林。甘肃省南部洮河流域及白龙江流域舟曲、迭部、卓尼、临潭等地。我国西藏东部、四川、云南西北部。生于海拔2900~4000m阳坡及沟谷。我国特有树种。一期科考。

(9)高山柏*Sabina squamata*(Buch.-Hamilt.)Ant.

分布:则岔、石林。甘肃省内祁连山区及甘南各地。我国西藏、云南、贵州、四川、陕西、湖北、安徽、福建、台湾等省区。缅甸北部也有分布。生于海拔2900~3800m地带,在上段常组成灌木丛,在下段生于冷杉林内,或成小面积纯林。一期科考。

具有祛风除湿、解毒消肿之功效。用于风湿痹痛,肾炎水肿,尿路感染,痈疮肿毒。

(10)大果圆柏*Sabina tibetica* Kom.

分布:则岔、石林。甘肃省南部岷山、白龙江流域。我国青海玉树(原产)、四川北部、西北部及西部、西藏南部和东部。生于海拔2900~4300m干旱向阳山坡,散生或组成小片纯林。我国特有树种。资料来源于2006年保护区动植物资源综合调查(以下简称“综合调查”)。

治疗衄血、呕血、便血、咯血、吐血、尿血、崩漏等;治疗因感染导致的炎症;治疗因风湿入侵导致的风湿性关节炎、风湿骨痛、胸闷等。

(11)叉子圆柏*Sabina vulgaris* Antoine

别名:双子柏、爬地柏。

分布:则岔。甘肃省祁连山北坡及古浪、景泰、靖远等地。我国新疆天山至阿尔泰山、宁夏贺兰山、内蒙古、青海东北部以及陕西北部榆林。生于海拔2900~3200m地带的多石山坡,或生于针叶树或针叶树阔叶树混交林内。二期科考。

镇静,活血止痛。用于风湿关节痛,小便淋痛,迎风流泪,头痛,视物不清。藏药(秀巴):树叶用于肾病,炭疽病,痈疖肿毒;球果用于肝、胆、肺之热症,风寒湿痹。

3.1.3.2　买麻藤纲Gnetopsida

3.1.3.2.1　麻黄科Ephedraceae

(1)中麻黄*Ephedra intermedia* Schrenk ex Mey.

分布:则岔。甘肃省内甘南各地、河西走廊及临洮、兰州、永登等地。我国辽宁、河北、山东、山西、陕西、内蒙古、青海、新疆、西藏。中东也有分布。生于海拔2900~3200m地带干旱山坡、草地及河岸。一期科考。

用于风寒感冒,胸闷,风水浮肿,支气管哮喘,头痛发热,身疼腰痛,骨节疼痛,虚劳盗汗不止。

IUCN 2017濒危物种红色名录ver 3.1——近危(NT)。

(2)单子麻黄 *Ephedra monosperma* C. A. Mey.

分布:则岔、尕海。甘肃省内祁连山区和甘南各地。我国黑龙江、河北、山西、内蒙古、宁夏、青海、新疆、四川及西藏等省区。俄罗斯也有分布。生于海拔2900~4000m山坡石缝中或林木稀少的干燥地区。一期科考。

草质茎发汗解表、止咳平喘、解表利水。用于外感风寒证、喘咳证、水肿兼有表证。

3.1.4 被子植物门 Angiospermae

本门共2纲32目60科287属931种(26亚种、60变种、3变型)。其中双子叶植物纲27目52科229属755种(17亚种54变种3变型),单子叶植物纲5目8科58属176种(9亚种6变种)。

双子叶植物纲:杨柳目有杨柳科,壳斗目有桦木科,荨麻目有桑科、荨麻科,蓼目有蓼科,石竹目有藜科、石竹科、白花丹科,毛茛目有毛茛科、小檗科,罂粟目有罂粟科,十字花目有十字花科,虎耳草目有景天科、虎耳草科,蔷薇目有蔷薇科、豆科,牻牛儿苗目有牻牛儿苗科、亚麻科,远志亚目有远志科,大戟目有大戟科、水马齿科,无患子目有卫矛科,金虎尾目有藤黄科,侧膜胎座目有柽柳科、堇菜科,桃金娘目有瑞香科、胡颓子科、柳叶菜科、小二仙草科、杉叶藻科,锦葵目有锦葵科,伞形目有五加科、伞形科,杜鹃花目有杜鹃花科、报春花科,龙胆目有龙胆科,管状花目有列当科、花荵科、茄科、玄参科、紫葳科、狸藻科,唇形目有唇形科、车前科,紫草目有紫草科,茜草目有茜草科、五福花科、忍冬科、败酱科,川续断目有川续断科,桔梗目有桔梗科、菊科。

单子叶植物纲:泽泻目有眼子菜科、水麦冬科,禾本目有禾本科、灯心草科,莎草目有莎草科,百合目有鸢尾科、百合科,微子目有兰科。

3.1.4.1 双子叶植物纲 Dicotyledoneae

3.1.4.1.1 杨柳科 Salicaceae

(1)青杨 *Populus cathayana* Rehd.

分布:则岔。甘肃省内卓尼、临潭、康乐及小陇山、陇南地区。我国辽宁、四川及华北、西北。生于海拔2900~3200m沟谷、河岸。一期科考。

(2)奇花柳 *Salix atopantha* Schneid.

分布:则岔、西倾山。甘肃省南部夏河等地。我国西藏、四川、青海等地。生于海拔3700~4100m地区,见于山坡及山谷、草甸。中国特有植物。一期科考。

(3)密齿柳 *Salix character* Schneid.

分布:则岔。甘肃省内岷县、康乐。我国青海、内蒙古、山西、河北、陕西等地。生于海拔2900~3530m山坡、山谷、草甸、高山沼泽、灌丛、林缘、落叶阔叶林中、云杉林中。中国特有植物。一期科考。

(4)乌柳 *Salix cheilophila* Schneid.

分布:则岔。甘肃省内卓尼、岷县、康乐、夏河。我国河北、山西、陕西、宁夏、青海、河南、四川、云南、西藏东部。生于海拔2950~3300m沟边。中国特有植物。一期科考。

(5)高山柳 *Salix cupularis* Rehd.

别名:杯腺柳。

分布：则岔、石林、尕海。甘肃省西南部。我国陕西、青海、四川等地。生于海拔2900~4000m高寒山地。中国特有植物。综合调查。

(6)吉拉柳 *Salix gilashanica* C. Wang et P. Y. Fu

分布：则岔、石林、尕海。甘肃省西南部。我国西藏东部、云南西北部、四川西部、青海东南部。生于海拔3100~4280m草甸灌丛、冷杉林缘、水边、溪边、阴坡。其他调查。

(7)川柳 *Salix hylonoma* Schneid.

分布：则岔。甘肃省内临潭、岷县、康乐、夏河等地。我国河北、山西、陕西、云南、贵州、四川。生于海拔3000~3600m森林中。中国特有植物。一期科考。

(8)山生柳 *Salix oritrepha* Schneid.

分布：则岔、西倾山。甘肃省内甘南各地及祁连山。我国四川、青海、西藏。生于海拔2970~4000m山脊、山坡、山沟河边。中国特有植物。一期科考。

(9)康定柳 *Salix paraplesia* Schneid.

分布：则岔。甘肃省内小陇山和陇南地区及卓尼、夏河、岷县、康乐等地。我国山西、陕西、宁夏、青海、四川、西藏。生于海拔2900~3800m沟谷、山坡灌丛及林缘。一期科考。

(10)青皂柳 *Salix pseudowallichiana* Goerz ex Rehder & Kobuski

分布：则岔。甘肃省内康乐、夏河及小陇山。我国青海东部、四川北部。生于海拔3300~3800m草地或河岸、湿地、云杉林缘或林中。一期科考。

(11)小叶青海柳 *Salix qinghaiensis* Y. L. Chou var. *microphylla* Y. L. Chou

分布：尕海、则岔、石林。甘肃省碌曲等县。我国甘肃西南部。生于海拔2900~3100m河边。中国特有植物。综合调查。

(12)川滇柳 *Salix rehderiana* Schneid.

分布：则岔。甘肃省内大部分地区。我国陕西、宁夏、青海、西藏、云南、四川。生于海拔2900~4000m灌丛中、山坡、林缘或山谷溪流旁。中国特有植物。一期科考。

(13)硬叶柳 *Salix sclerophylla* Anderss.

分布：则岔、尕海。甘肃省内东南部。我国西藏、四川、青海等地。印度、尼泊尔、巴基斯坦。生于海拔3500~4000m山坡、水沟边或林中，常形成高山柳灌丛的建群种。二期科考。

(14)黄花垫柳 *Salix souliei* Seemen

分布：尕海、则岔。甘肃省内西南部。我国四川西部、云南西北部、西藏东部、青海东南部等地。生于海拔3400~4000m高山草地或裸露岩石上。二期科考。

(15)匙叶柳 *Salix spathulifolia* Seemen

分布：则岔。甘肃省内卓尼、临潭、康乐及小陇山。我国陕西、青海及四川北部等地。生于海拔2900~3300m山梁、山坡林缘。中国特有植物。一期科考。

(16)洮河柳 *Salix taoensis* Goerz.

分布：则岔。甘肃省内卓尼、夏河。我国青海。生于海拔2900~4100m地区，多生于河岸。中国特有植物。一期科考。

(17)皂柳 *Salix wallichiana* Anderss.

分布：尕海、则岔、石林。甘肃省东南部。我国西藏、云南、四川、贵州、湖南、湖北、青海南部、陕西、山西、河北、内蒙古、浙江。生于山谷溪流旁、林缘或山坡。综合调查。

具有祛风除湿、解热止痛之功效。用于风湿关节痛，头风头痛。

(18)长柱皂柳 *Salix wallichiana* f.*longistyla* C. F. Fang

分布：则岔。甘肃省内卓尼、夏河、合作。我国西藏东部地区。生于海拔2900~4100m沟沿、山坡灌丛中。一期科考。

3.1.4.1.2 桦木科 Betulaceae

(19)红桦 *Betula albosinensis* Burk.

分布：则岔。甘肃省内小陇山等林区。我国云南、四川东部、陕西、青海、湖北西部、河南、河北、山西，广泛分布于西南、西北和华北的天然林区，是秦岭西段高山次生林区主要的森林建群树种之一。生于海拔2900m以上山地杂木林中。其他调查。

(20)白桦 *Betula platyphylla* Suk.

别名：桦树、桦木。

分布：则岔。甘肃省内小陇山、乌鞘岭、陇南、陇东、甘南等地区。我国东北、华北、河南、陕西、宁夏、青海、四川、云南、西藏东南部。俄罗斯远东地区及东西伯利亚、蒙古东部、朝鲜北部、日本也有分布。生于海拔2900~4100m山坡或林中。一期科考。

(21)糙皮桦 *Betula utilis* D. Don

分布：则岔。甘肃省内岷县、宕昌、康乐、临夏、永登、榆中及甘南各地。我国西藏、云南、四川西部、陕西、青海、河南、河北和山西等地。阿富汗、尼泊尔、印度亦有分布。生于海拔2900~3300m山坡林中。一期科考。

3.1.4.1.3 桑科 Moraceae

(22)大麻 *Cannabis sativa* L.

别名：野麻、火麻。

分布：则岔有栽培。甘肃省内多地有种植。中国各地也有栽培或沦为野生，新疆常见野生。原分布于印度、不丹和中亚细亚。一期科考。

果实润肠，主治大便燥结；花主治恶风，经闭，健忘；果壳和苞片治劳伤，破积。

3.1.4.1.4 荨麻科 Urticaceae

(23)高原荨麻 *Urtica hyperborea* Jacq. ex Wedd.

分布：全保护区。甘肃南部。我国青海、新疆昆仑山，西藏南部至北部，四川西北部。印度也有分布。生于海拔3000~4200m高山石砾地、岩缝或山坡草地。综合调查。

(24)毛果荨麻 *Urtica triangularis* subsp. *trichocarpa* C. J. Chen

分布：则岔。甘肃省内西南部和祁连山区。我国青海东北部和四川西北部。生于海拔2900~3200m山坡灌丛、路边。中国特有植物。一期科考。

(25)宽叶荨麻 *Urtica laetevirens* Maxim.

分布：则岔。甘肃省东南部。我国湖南西南部、湖北西部、陕西、青海南部、四川、云南西北部和西藏东南部。生于海拔2900~3200m山地。中国特有植物。二期科考。

用于风湿关节痛，产后抽风，小儿惊风，小儿麻痹后遗症，高血压，消化不良，大便不通；外用治荨麻疹初起，蛇咬伤，虫咬等。

3.1.4.1.5 蓼科 polygonaceae

(26)卷茎蓼 *Fallopia convolvulus*(Linnaeus)A. Love

分布:则岔。甘肃省内大部分地区。我国东北、华北、西北、西南等地。日本、朝鲜、蒙古、巴基斯坦、阿富汗、伊朗、高加索、西伯利亚及远东、印度、欧洲、非洲北部及美洲北部。生于海拔3500m以下山坡草地、山谷灌丛、沟边湿地。二期科考。

主治消化不良、腹泻。

(27)冰岛蓼 *Koenigia islandica* L. Mant

分布:全保护区。甘肃省内西南部。我国山西(五台山)、青海、新疆、四川、云南及西藏。北极地区、欧洲北部、哈萨克斯坦、俄罗斯、蒙古、巴基斯坦、尼泊尔、不丹、印度西北部、克什米尔地区也有分布。生于海拔3000~4300m山顶草地、山沟水边、山坡草地。综合调查。

藏药(傲加措布哇):全草用于热性虫病,肾炎水肿。

(28)山蓼 *Oxyria digyna*(L.)Hill.

别名:肾叶山蓼。

分布:全保护区。甘肃省内西南部。我国吉林、陕西、青海、四川、云南和西藏等地。生于高山地区的山坡或山谷。其他调查。

具有清热利湿、疏肝之功效。主治肝气不舒,肝炎,坏血病。

(29)两栖蓼 *Polygonum amphibium* L.

别名:湖蓼。

分布:全保护区。甘肃省内大部分地区。我国东北、华北、西北、华东、华中和西南等地。生于海拔2900~3700m湖泊边缘的浅水中、沟边及湿地。综合调查。

清热利湿。主治痢疾,脚浮肿,疔疮。

(30)萹蓄 *Polygonum aviculare* L.

分布:则岔。甘肃省内大部分地区。我国南北各地。北温带广泛分布。生于田野、路旁以及潮湿阳光充足之处。一期科考。

用于热淋涩痛,小便短赤,虫积腹痛,皮肤湿疹,阴痒带下等。

(31)头花蓼 *Polygonum capitatum* Buch.-Ham.ex D.Don

分布:则岔。甘肃省内大部分地区。我国江西、湖南、湖北、四川、贵州、广东、广西、云南及西藏。印度北部、尼泊尔、不丹、缅甸及越南也有分布。生于海拔2900~3500m山坡草地、山谷、路旁,常成片生长。一期科考。

全草入药,治尿道感染、肾盂肾炎。

(32)硬毛蓼 *Polygonum hookeri* Meisn.

分布:则岔。甘肃省南部临潭、夏河。我国云南、四川、西藏、青海。喜马拉雅山东部也有分布。生于海拔2900~4000m山顶草甸、山坡草地、林缘。一期科考。

(33)陕甘蓼 *Polygonum hubertii* Lingelsh.

分布:全保护区。甘肃省西南部。我国陕西、青海和四川。模式标本采自陕西太白山。生于海拔2900~4100m山坡草地。二期科考。

(34)水蓼 *Polygonum hydropiper* L.

分布:全保护区。甘肃省内大部分地区。中国南北各省区大部分地区有分布。朝鲜、日本、印度尼西亚、印度、欧洲及北美也有分布。生长在海拔3500m以下河滩、水沟边、山谷湿地或水中。综合调查。

治疗湿滞内阻,脘闷腹痛,泄泻,痢疾,小儿疳积,崩漏,血滞经闭,痛经,跌打损伤,风湿痹痛,便血,外伤出血,皮肤瘙痒,湿疹,风疹,足癣,痈肿,毒蛇咬伤。

(35)酸模叶蓼 *Polygonum lapathifolium* L.

分布:全保护区。甘肃省内大部分地区。我国南北各省区都有分布。朝鲜、日本、蒙古、菲律宾、印度、巴基斯坦及欧洲也有分布。生于海拔3900m以下路旁、水边、荒地或沟边湿地。综合调查。

(36)圆穗蓼 *Polygonum macrophyllum* D. Don

别名:大叶蓼。

分布:则岔、尕海。甘肃省内祁连山区、甘南及岷县宕昌、文县。我国陕西、青海、西藏、云南、贵州、四川、湖北等地。尼泊尔、不丹及印度北部。生于近水边、阴湿处。一期科考。

(37)细叶圆穗蓼 *Polygonum macrophyllum* D. Don var. *stenophyllum*(Meisn.)A. J. Li

别名:狭叶圆穗蓼。

分布:则岔、尕海。甘肃省内礼县、卓尼。我国陕西、四川、云南及西藏。印度北部、尼泊尔也有分布。生于海拔2900~4300m山坡草地、高山草甸。二期科考。

(38)尼泊尔蓼 *Polygonum nepalense* Meisn.

分布:全保护区。甘肃省内大部分地区。我国除新疆以外都有分布。朝鲜、日本、俄罗斯(远东)、阿富汗、巴基斯坦、印度、尼泊尔、菲律宾、印度尼西亚及非洲也有分布。生于海拔2900~4000m山坡草地、山谷路旁。综合调查。

(39)西伯利亚蓼 *Polygonum sibiricum* Laxm.

分布:则岔。甘肃省内大部分地区。我国东北、内蒙古、河北、山西、山东、江苏、四川、云南和西藏。蒙古及中亚至西伯利亚。生于盐碱荒地或砂质含盐碱土壤。一期科考。

具有疏风清热、利水消肿之功效。用于治疗目赤肿痛,皮肤潮湿瘙痒,水肿,腹水。

(40)柔毛蓼 *Polygonum sparsipilosum* A. J. Li

分布:全保护区。甘肃省内甘南地区。我国陕西、青海、四川及西藏。生于海拔2900~4300m山坡草地、山谷湿地。综合调查。

(41)腺点柔毛蓼 *Polygonum sparsipilosum* var. *hubertii*(Lingelsh.)A. J. Li

异名:*Polygonum hubertii* Lingelsh.。

分布:全保护区。甘肃省西南部。我国陕西、青海和四川。模式标本采自陕西太白山。生于海拔2900~4100m山坡草地。二期科考。

(42)珠芽蓼 *Polygonum viviparum* L.

分布:则岔、西倾山。甘肃省内祁连山区及甘南地区和榆中、岷县、漳县、宕昌、武都、文县。我国东北、华北、河南、西北及西南。生于海拔2900~4100m山坡林下、高山或亚高山草甸。一期科考。

(43)掌叶大黄 *Rheum palmatum* L.

分布:则岔。甘肃省内祁连山区及陇南、甘南地区和天水。我国陕西、青海、四川、云南、西藏。生于海拔2900~4000m山坡草地、山谷湿地。中国特有植物。一期科考。

用于治疗胃肠实热积滞、大便秘结、腹部胀满、疼痛拒按,甚至高热不退、神昏谵语,如大承气汤;或脾阳不足之冷积便秘,如温脾汤。

(44)小大黄 *Rheum pumilum* Maxim.

分布:则岔、尕海、西倾山。甘肃省内祁连山区及甘南地区。我国四川、青海、西藏。生于海拔2900~4100m山坡或灌丛下。中国特有植物。一期科考。

主治食积停滞,脘腹胀痛,实热内蕴,大便秘结,急性阑尾炎,黄疸,经闭,跌打损伤等。

(45)窄叶大黄 *Rheum sublanceolatum* C. Y. Cheng et Kao

分布:则岔、尕海。甘肃省内东南部。我国青海、新疆西部。生于海拔2900~3400m山坡。二期科考。

(46)酸模 *Rumexacetosa* L.

分布:则岔。甘肃省内大部分地区。我国南北各省区都有分布。朝鲜、日本、高加索、哈萨克斯坦、俄罗斯、欧洲及美洲也有分布。生于海拔2900~4100m山坡、林缘、沟边、路旁。一期科考。

用于治疗吐血,便血,月经过多,目赤,便秘,小便不通,淋浊,恶疮,疥癣,湿疹。

(47)水生酸模 *Rumex aquaticus* L.

分布:全保护区。甘肃省内西南部。我国黑龙江、吉林、山西、陕西、宁夏、青海、新疆、湖北西部及四川毛儿盖。日本、蒙古、高加索、哈萨克斯坦、俄罗斯、欧洲也有分布。生于海拔3600m以下山谷水边、沟边湿地。综合调查。

(48)齿果酸模 *Rumex dentatus* L.

分布:全保护区。甘肃省内西南部。我国华北、西北、华东、华中、四川、贵州及云南。尼泊尔、印度、阿富汗、哈萨克斯坦及欧洲东南部也有分布。生于海拔3300m以下沟边湿地、山坡路旁。综合调查。

清热解毒,杀虫止痒。主治乳痈,疮疡肿毒,疥癣。

(49)巴天酸模 *Rumexpatientia* L.

分布:则岔。甘肃省内大部分地区。我国东北、华北、西北、山东、河南、湖南、湖北、四川及西藏。国外高加索、哈萨克斯坦、俄罗斯、蒙古及欧洲。生于海拔4000m以下沟边湿地、水边。一期科考。

根、叶有清热解毒、活血散瘀、止血、润肠之功效。

(50)尼泊尔酸模 *Rumex nepalensis* Spreng.

分布:则岔。甘肃省内南部地区。我国华中、西南、陕西南部、青海西南部。国外西亚、东南亚。生于海拔2900~4000m山坡路旁、山谷草地。其他调查。

根、叶入药,止血、止痛。

3.1.4.1.6 藜科 Chenopodiaceae

(51)轴藜 *Axyris amaranthoides* L.

分布:则岔。甘肃省内大部分地区。我国东北、华北、西北。朝鲜、日本、蒙古、俄罗斯和其他一些欧洲国家也有分布。生于山坡、杂草地、路旁、河边等处。综合调查。

(52)杂配轴藜 *Axyris hybrida* L.

分布:全保护区。甘肃省内大部分地区。我国黑龙江西部、内蒙古、河北、山西、河南、青海、新疆、云南和西藏等省区。苏联和蒙古也有分布。生于路旁、河滩、山坡上。一期科考。

(53)华北驼绒藜 *Ceratoides arborescens*(Losinsk.)Tsien et C.G.Ma

分布:则岔。甘肃省内南部地区。我国吉林、辽宁、河北、内蒙古、山西、陕西和四川松潘有分布。生于沙地、干旱荒地或山坡上。中国特产植物。综合调查。

(54)尖头叶藜 *Chenopodium acuminatum* Willd.

分布:则岔。甘肃省内大部分地区。我国东北、华北、西北、浙江、河南等地。日本、朝鲜、蒙古及苏联中亚和西伯利亚地区。生于海拔3200m以下地区河岸、荒地。二期科考。

(55)藜 *Chenopodiuma lbum* L.

别名:灰藜、灰菜、灰条、白藜。

分布:则岔。甘肃省内大部分地区。全国各地。广布于世界各大洲。生于海拔4200m以下路旁、荒地、村庄附近。一期科考。

清热,利湿,杀虫。治痢疾,腹泻,湿疮痒疹,毒虫咬伤。

(56)灰绿藜 *Chenopodium glaucum* L.

分布:则岔。甘肃省内大部分地区。我国东北、华北、西北以及河南、山东、江苏、浙江、湖南、西藏等地均有分布。生于农地边、水沟旁、山间谷地等。综合调查。

(57)杂配藜 *Chenopodium hybridum* L.

分布:则岔。甘肃省内大部分地区。我国东北、西北、内蒙古、河北、北京、山东、浙江、山西、湖北、四川、重庆、云南、西藏有分布。生于阳光充足和灌溉良好的土壤上。综合调查。

(58)小白藜 *Chenopodium iljinii* Golosk.

分布:则岔。甘肃省内大部分地区。我国宁夏、四川、青海、新疆有分布。国外中亚。生于海拔2900~4000m河谷阶地、山坡及较干旱的草地。二期科考。

(59)蒙古虫实 *Corispermum mongolicum* Iljin

分布:则岔。甘肃省内大部分地区。我国内蒙古、宁夏、新疆等地。西伯利亚、蒙古也有分布。生于海拔2900~3300m沙质草原。二期科考。

(60)刺藜 *Dysphania aristata*(Linnaeus)Mosyakin & Clemants

分布:则岔。甘肃省内大部分地区。我国东北、西北、内蒙古、河北、山东、山西、河南、四川有分布。亚洲及欧洲。生于山坡、荒地等处。综合调查。

活血、祛风止痒。主治月经过多、痛经、闭经、过敏性皮炎、麻疹。

(61)菊叶香藜 *Dysphania schraderiana*(Roemer & Schultes)Mosyakin & Clemants

分布:则岔。甘肃省内大部分地区。我国东北、华北、西北、青藏高原、云南。欧洲、非洲也有分布。生于林缘草地、沟岸、河沿、人家附近,有时也为农地杂草。一期科考。

(62)白茎盐生草 *Halogeton arachnoideus* Moq.

分布:则岔。甘肃省内大部分地区。我国西北、山西、内蒙古有分布。生长荒地、砾质荒漠、河滩及河谷阶地等。综合调查。

3.1.4.1.7 石竹科 Caryophyllaceae

(63)甘肃雪灵芝 *Arenaria kansuensis* Maxim.

别名:甘肃蚤缀。

分布:尕海、西倾山、石林。甘肃省西部、临潭、夏河及祁连山区。我国西藏东南部、青海、四川西北部。印度西北部至尼泊尔。生于海拔3500~4300m高山草甸和砾石流带。一期科考。

(64)黑蕊无心菜 *Arenaria melanandra*(Maxim.)Mattf. ex Hand.-Mazz.

分布:西倾山。甘肃省南部岷山及祁连山区。我国青海互助,四川西南部乡城、稻城,西藏昌都、八宿、安多、亚东。生于海拔3700~4100m高山草甸、石缝中、砾石流。中国特有。一期科考。

利湿、消炎、消肿，治腹水。藏药(札阿仲)：全草用于湿痹，水肿，炎症，腹水。

(65)福禄草*Arenaria przewalskii* Maxim.

别名：西北蚤缀、高原蚤缀。

分布：则岔、西倾山。甘肃省内甘南地区、天祝、武威冷龙岭、岷山、马衔山及祁连山区等地。我国青海互助、门源、泽库、河南、同仁等地。生于海拔2900~4200m高山草甸和退缩的冰斗中。中国特有。一期科考。

清热润肺。治肺结核、肺炎。

(66)蚤缀*Arenaria serpyllifolia* L.

别名：无心菜、西北蚤缀。

分布：全保护区。甘肃省内大部分地区。我国各地有分布。温带欧洲、北非、亚洲和北美洲亦有分布。生于海拔2950~3900m沙质或石质荒地、田野、园圃、山坡草地。二期科考。

清热，解毒，明目。治急性结膜炎，咽喉痛。

(67)卷耳*Cerastium arvense* L.

分布：则岔。甘肃省内大部分地区。我国东北、华北、西北。广布于欧、温带地区。生于海拔2900~3500m山坡草地。一期科考。

(68)六齿卷耳*Cerastium cerastoides*(Linn.)Britton

分布：则岔、尕海。甘肃省内大部分地区。我国辽宁、西藏、吉林、新疆等地。喜马拉雅山区、欧洲、北美、中亚、印度。生于海拔2900~4000m高山及亚高山山谷水边草地上。二期科考。

(69)簇生泉卷耳*Cerastium fontanum* subsp. *vulgare*(Hartman)Greuter & Burdet

俗名：簇生卷耳。

分布：则岔。甘肃省内兰州、天水、武威、张掖、陇南、甘南。我国华北、西北、华中、四川、云南。蒙古、朝鲜、日本、越南、印度、伊朗也有分布。生于海拔2900~3300m山地林缘杂草间或疏松沙质土壤。一期科考。

(70)苍白卷耳*Cerastium pusillum* Ser.

别名：山卷耳。

分布：尕海、西倾山。甘肃省内甘南地区。我国宁夏、青海、云南、新疆等地。哈萨克斯坦、俄罗斯、蒙古也有分布。生于海拔2900~3200m高山草地。二期科考。

(71)瞿麦*Dianthus superbus* L.

分布：则岔。甘肃省内除河西以外大部分地区。我国东北、华北、西北、华东及四川。日本、朝鲜、欧洲也有分布。生于海拔2900~3700m疏林、林缘、草甸、沟谷溪边。一期科考。

清热利水，破血通经。治小便不通，淋病，水肿，经闭，痈肿，目赤障翳，浸淫疮。

(72)喜马拉雅女娄菜*Melandrium himalayense*(Rohrbach)Y. Z. Zhao

异名：*Melandrium apetalum* var. *himalayense*、*Silene himalayensis*(Rohrb.)Majumdar。

别名：喜马拉雅蝇子草。

分布：全保护区。甘肃省内甘南地区。我国河北、湖北、陕西、四川、云南、西藏等地。国外印度。生于海拔2900~4000m灌丛间以及高山草甸。一期科考。

健脾，利尿，通乳，调经，补血。藏药(苏巴)：全草治高血压，黄疸病，咽喉炎，月经过多，中耳炎；根单用止泻。

(73)碌曲女娄菜*Melandrium multicaule*(Wall. ex Benth.)Walp. var. *luquiense* Y. Sh. Lian

分布:尕海。为尼泊尔蝇子草*Melandrium multicaule*(Wall.ex Benth.)Walp.的变种。生于海拔3300~3800m高山草甸。其他调查。

(74)鹅肠菜*Myosoton aquaticum*(Linnaeus)Moench

别名:牛繁缕、鹅肠草、鹅儿肠。

分布:全保护区。甘肃省内大部分地区。我国南北各省均有分布。生于荒地、路旁及较阴湿的草地。综合调查。

有清热解毒、舒筋活血、祛瘀消肿之功效。

(75)女娄菜*Silene aprica* Turcx. ex Fisch. et Mey.

异名:*Melandrium apricum*(Turcz.)。

别名:王不留行、长冠女娄菜。

分布:全保护区。甘肃省内大部分地区。全国各地都有分布。生于海拔3800m以下山坡草地或路旁草丛中。综合调查。

具有活血调经、下乳、健脾、利湿、解毒之功效。常用于月经不调,乳少,小儿疳积,脾虚浮肿,疔疮肿毒。

(76)麦瓶草*Silene conoidea* L.

分布:则岔。甘肃省内大部分地区。我国黄河流域和长江流域各省区,西至新疆和西藏。亚洲、欧洲和非洲。常生于荒地草坡、疏松肥沃、排水佳的沙壤土。二期科考。

(77)细蝇子草*Silene gracilicaulis* C. L. Tang

别名:九头草、大花细蝇子草、紫茎九头草、癞头参。

分布:则岔、西倾山。甘肃省内卓尼、临潭、夏河、张掖。我国内蒙古、青海、四川、云南、西藏、陕西、青海。生于海拔2900~3900m多砾石的草地或山坡草地。一期科考。

治小便不利、尿痛、尿血、经闭等症。

(78)山蚂蚱草*Silene jenisseensis* Willd.

别名:旱麦瓶草、长白山蚂蚱草、麦瓶草。

分布:则岔。甘肃省内大部分地区。我国东北、华北。朝鲜、蒙古、俄罗斯西伯利亚和远东地区。生于海拔3300m以下草原、草坡、林缘。二期科考。

根具有清热凉血及生津之功效。主治阴虚劳疟、潮热、烦温、骨蒸和盗汗等症。

(79)长梗蝇子草*Silene pterosperma* Maxim.

分布:则岔、尕海。甘肃省内甘南地区。我国陕西、青海、内蒙古和四川。生于海拔2900~4000m山地林缘或灌丛草地。中国特有。综合调查。

(80)禾叶繁缕*Stellaria graminea* L.

分布:则岔。甘肃省内岷县、临夏及甘南地区。我国青海、西藏、四川西部、陕西等地。阿富汗、克什米尔地区至不丹及蒙古。生于海拔2900~4000m山坡草地、林下或石隙中。一期科考。

清热解毒,化痰,止痛,催乳。

(81)内曲繁缕*Stellaria infracta* Maxim.

别名:内弯繁缕。

分布:则岔。甘肃省内甘南地区及临夏。我国内蒙古乌盟,四川西部、西北部,河北,山西,河南,陕西。生于海拔2900~3200m山坡草地、石缝中。中国特有植物。一期科考。

(82)鹅肠繁缕*Stellaria neglecta* Weihe

别名:牛繁缕。

分布:则岔。甘肃省内大部分地区。我国新疆、黑龙江、内蒙古、江苏、浙江、陕西、四川、贵州、云南、西藏和青海。俄罗斯、哈萨克斯坦、日本、土耳其及中南欧洲、北非和美洲北部也有分布。生于海拔2900~3400m杂木林内。二期科考。

3.1.4.1.8 毛茛科Ranunculaceae

(83)褐紫乌头*Aconitum brunneum* Hand.-Mazz.

分布:则岔。甘肃省内西南部岷县、临夏。我国青海东南都,四川西北部道孚、甘孜。生于海拔2900~4200m间山坡或冷杉林中。中国特有植物。一期科考。

块根用于肉食中毒。

(84)伏毛铁棒锤*Aconitum flavum* Hand.-Mazz.

分布:则岔。甘肃省内岷县、漳县、庆阳、临夏及甘南地区。我国四川西北部及青海、西藏、宁夏、内蒙古。生于海拔2900~3700m山坡、疏林下。中国特有植物。一期科考。

块根入药。味苦、辛,性温;有毒。有祛风镇痛、活血祛瘀等功效。用于跌打损伤、骨折、风湿腰痛。

(85)露蕊乌头*Aconitum gymnandrum* Maxim.

分布:则岔、尕海。甘肃省内甘南地区及祁连山区和临夏、岷县、康乐。我国西藏、青海及四川西部。生于海拔2950~3800m山坡草地、河边沙地、荒地、路旁。中国特有植物。一期科考。

叶、花、根皆可入药,味辛,性温。具祛风镇静、驱虫功效。可用于治疗关节疼痛、风湿等症。全草有毒。

(86)瓜叶乌头*Aconitum hemsleyanum* E. Pritz.

分布:则岔。甘肃省内大部分地区。我国四川、湖北、湖南北部、江西北部、浙江西北部、安徽西部、陕西南部、河南西部。生于海拔2900~3200m山地林中或灌丛中。其他调查。

块根辛,温,有大毒。用于跌打损伤,关节痛;外用于无名肿毒,疥疮。

(87)铁棒锤*Aconitum pendulum* Busch

分布:则岔。甘肃南部。我国西藏、云南西北部、四川西部、青海、陕西南部及河南西部。生于海拔2900~4300m山地草坡或林边。综合调查。

块根有剧毒,供药用,治跌打损伤、骨折、风湿腰痛、冻疮等症。

(88)高乌头*Aconitum sinomontanum* Nakai

别名:穿心莲、曲芍、龙骨七、九连环。

分布:则岔。甘肃省内岷县、康乐、榆中及甘南等地。我国四川、贵州、湖北、青海、陕西、山西、河北。生于海拔2900~3700m间山坡草地、林中。中国特有植物。一期科考。

根药用,治心悸、胃气痛、跌打损伤等症。

(89)松潘乌头*Aconitum sungpanense* Hand.-Mazz.

分布:则岔。甘肃省内定西、天水和陇南及甘南地区。我国四川北部、青海东部、宁夏南部、陕西南部及山西南部。生于海拔2900~3200m山地林中、林边、灌丛、林下湿地、山坡草甸。中国特有植物。一期科考。

根有大毒,供药用,治跌打损伤、风湿性关节痛等症。

(90)甘青乌头*Aconitum tanguticum*(Maxim.)Stapf

分布:则岔。甘肃省内岷县、康乐及甘南地区和祁连山区。我国西藏东部、云南西北部、四川西部、青海东部及陕西秦岭。生于海拔3200~4300m间山地草坡或沼泽草地。中国特有植物。一期科考。

温中散寒,祛风止痛,散瘀止血。用于发热,肺炎。

(91)毛果甘青乌头*Aconitum tanguticum*(Maxim.)Stapf var. *trichocarpum* Hand.-Mazz.

别名:甘青乌头、雪乌、翁阿鲁。

分布:则岔、西倾山。甘肃省内岷县、临夏及祁连山区和甘南地区。我国云南西北部(德钦)、四川西部、青海东部。生于海拔3300~4300m间高山草地。中国特有植物。一期科考。

(92)蓝侧金盏花*Adonis coerulea* Maxim.

分布:则岔、尕海。甘肃省甘南地区及祁连山区。我国西藏东北部、青海、四川西北部。生于海拔3300~4200m高山草地、草甸或灌丛。中国特有植物。一期科考。

利尿消肿、补心阳。主治阳虚水湿停聚引起的水肿、小便不利、心阳虚、心气虚、心悸、气短、健忘、失眠症。

(93)小银莲花*Anemone exigua* Maxim.

分布:则岔、尕海。甘肃南部。我国云南西北部、四川西部、青海东部、陕西以及山西南部。生山地云杉林中或灌丛中。其他调查。

(94)叠裂银莲花*Anemone imbricata* Maxim.

别名:银莲花、迭裂银莲花。

分布:则岔、尕海。甘肃西南部和中部玛曲、天祝等地。我国青海及四川西部康定以北、西藏拉萨以东。生于海拔3200~4300m间高山草坡或灌丛中。综合调查。

藏药(素嘎盎保):全草用于消化不良,痢疾,淋病,风寒湿痹,关节积黄水;果实治疗各种寒症,痞块结疖,外用治虫蛇咬伤。

(95)钝裂银莲花*Anemone obtusiloba* D. Don.

分布:则岔、尕海。甘肃西南部。我国西藏南部和东部、四川西部、青海、山西、云南等省区。尼泊尔、不丹、印度北部。生于海拔2900~4000m间高山草地或铁杉林下。其他调查。

具有清热除湿、活血祛瘀、消肿解毒等功效。

(96)草玉梅*Anemone rivularis* Buch.-Ham.

别名:虎掌草。

分布:全保护区。甘肃西南部。我国西藏南部及东部、云南、广西西部、贵州、湖北西南部、四川、青海东南部。尼泊尔、不丹、印度、斯里兰卡也有分布。生于海拔3200~4300m山地草坡、疏林、小溪边或湖边。综合调查。

根状茎和叶供药用,治喉炎、扁桃腺炎、肝炎、痢疾、跌打损伤等症。

(97)小花草玉梅*Anemone rivularis* Buch.-Ham. var. *flore-minore* Maxim.

分布:则岔。甘肃省内徽县、文县、岷县、康乐、榆中、兰州、平凉、华亭及甘南地区。我国西藏南部及东部、云南、广西西部、贵州、湖北西南部、四川、青海东南部。生于海拔2900~3500m山地草坡、小溪边或湖边。中国特有植物。一期科考。

该种根状茎药用,治肝炎、筋骨疼痛等。

(98)条叶银莲花*Anemone trullifolia* Hook. f. et Thoms. var. *linearis*(Bruhl)Hand.-Mazz.

分布:则岔、尕海。甘肃省内西南部。我国云南西北部、四川西部、青海南部和东南部、西藏东部和南部。生于海拔2900~4000m高山草地或灌丛中。中国特有植物。一期科考。

藏药(布尔青):根和花用于慢性支气管炎,末梢神经麻痹,神经痛,筋络痛。

(99)疏齿银莲花*Anemone geum* subsp. *ovalifolia*(Bruhl)R. P. Chaudhary

分布:则岔、尕海。甘肃省甘南地区、祁连山区及临夏。我国西藏、云南西北部、四川西部、青海、新疆南部、宁夏、陕西、山西、河北西部。生于海拔2900~4000m间高山草地、灌丛边。中国特有植物。一期科考。

全草药用:有补血,散寒,消积之功效。

(100)水毛茛*Batrachium bungei*(Steud.)L. Liou

分布:则岔、尕海。甘肃省内甘南地区及临夏、兰州和祁连山区。我国辽宁、河北、山西、江西、江苏、青海、四川、云南、西藏。生于海拔2900~3500m山谷溪流、河滩积水地及湖中。中国特有植物。一期科考。

(101)梅花藻*Batrachium trichopyllum* Chaix Bossche

别名:毛柄水毛茛。

分布:则岔。甘肃省内大部分地区。我国黑龙江。亚洲北部、欧洲及北美洲。生于海拔2900~3500m河边水中或沼泽水中。一期科考。

(102)驴蹄草*Caltha palustris* L.

别名:沼泽金盏花。

分布:尕海。甘肃省南部地区。我国黑龙江、西藏东部、云南西北部、四川、浙江西部、陕西、河南西部、山西、河北、内蒙古、新疆。生于海拔2900~4000m山谷溪边、湿草甸、草坡或林下较阴湿处。其他调查。

有毒。全草可供药用,有除风、散寒之效。

(103)花葶驴蹄草*Caltha scaposa* Hook. f. et Thoms.

别名:花亭驴蹄草。

分布:则岔、尕海。甘肃省内甘南地区及临夏。我国西藏东南部、云南西北部、四川西部及青海南部。印度东北部、不丹、尼泊尔也有分布。生于海拔3000~4300m高山草地、沼泽、山谷溪边。一期科考。

辛、微温,有小毒,祛风散寒。全草用于筋骨疼痛,刀伤,头晕目眩;花用于治疗化脓性创伤及外伤感染化脓。

(104)升麻*Cimicifuga foetida* L.

分布:则岔。甘肃省内天水、平凉、陇南及甘南地区。我国云南、四川、青海、西藏、陕西、山西。欧洲、中亚及缅甸和朝鲜。生于海拔2900~3700m山坡草地、林下、林缘。一期科考。

发表透疹,清热解毒,升阳举陷。主治时气疫疠,头痛寒热,喉痛,口疮,斑疹不透;中气下陷,久泻久痢,脱肛,子宫下坠;痈肿疮毒。

(105)星叶草*Circaeaster agrestis* Maxim.

分布:则岔。甘肃省内榆中及甘南地区。我国西藏东部、云南西北部、四川西部、陕西南部、青海东部、新疆西部。不丹、印度西北部、尼泊尔也有分布。生于海拔3000~4000m林下、山谷沟边或湿草地。一期科考。

星叶草为单种属植物,呈星散分布,对进一步研究被子植物系统演化问题具有一定的科学价值。

(106)甘川铁线莲 *Clematis akebioides*(Maxim.)Hort. ex Veitch

分布:则岔。甘肃省内陇南及甘南地区。我国西藏东部、云南西北、四川西部、青海东部。生于海拔3000~3600m山坡草地、灌丛中、河岸。中国特有植物。一期科考。

藤茎:清热,消炎,通经。全草:用于消化不良。

(107)甘青铁线莲 *Clematis tangutica*(Maxim.)Korsh.

分布:则岔。甘肃省内甘南地区、祁连山区及永登、临夏、兰州、榆中等地。我国西藏、四川及西北各地。中亚。生于海拔2900~3700m山地、灌丛中。一期科考。

健胃消积,解毒化湿。主治食积不化,腹满痞塞,腹泻,痈疮,湿疮。

(108)白蓝翠雀花 *Delphinium albocoeruleum* Maxim.

分布:则岔。甘肃省内甘南地区、祁连山区。我国西藏、四川、青海。生于海拔3100~4200m间山地草坡、林下。中国特有植物。一期科考。

藏药(洛赞青保):用于清小肠热,干黄水,愈疮疡,治热泻;全草及花用于消肠炎,止腹泻。

(109)蓝翠雀花 *Delphinium caeruleum* Jacq. ex Camb.

分布:则岔、西倾山。甘肃省内岷县和甘南地区、祁连山区。我国西藏东北部、四川西北部、青海东部。尼泊尔、不丹。生于海拔3400~4200m山地草坡、多砾石山坡或圆柏林下。一期科考。

根散寒,通经络。花利水,止泻。用于白痢,外用于化脓性疮疡。藏药(恰冈):地上部分治疗肝胆疾病,肠热腹泻,痢疾。

(110)弯距翠雀花 *Delphinium campylocentrum* Maxim.

分布:则岔。甘肃省内岷县及甘南地区。我国四川西北部小金、理县以北。生于海拔3400~3900m间的山地云杉林中或林边草坡。中国特有植物。一期科考。

(111)单花翠雀花 *Delphinium candelabrum* Ostf. var. *monanthum*(Hand.-Mazz.)W. T. Wang

分布:则岔、西倾山。甘肃省内甘南地区。我国西藏东北部、四川西北部、青海东南部及东部。生于海拔3500~4300m间山地多石砾山坡。中国特有植物。一期科考。

全草供药用,可止泻。

(112)密花翠雀花 *Delphinium densiflorum* Duthie ex Huth

分布:尕海、则岔。甘肃省内天祝及甘南地区。我国青海。在尼泊尔及印度也有分布。生于海拔3300~4300m河滩、山谷灌丛和冲积扇上。综合调查。

全草药用,可解乌头毒。

(113)腺毛翠雀 *Delphinium grandiflorum* var. *glandulosum* W. T. Wang

分布:则岔、尕海。甘肃省内定西及甘南地区。我国河南、陕西、青海乐都、山西南部、河北西南部、安徽北部、江苏西北部。生于海拔2950~3400m草坡、灌丛、路旁草丛中。中国特有植物。一期科考。

(114)三果大通翠雀花 *Delphinium pylzowii* Maxim. var. *trigynum* W. T. Wang

分布:尕海。甘肃省西南部。我国西藏东部、四川西北部、青海南部和东南部。生于海拔3400~4400m间高山草甸。中国特有植物。二期科考。

全草供药用,可治肠炎。

(115)川甘翠雀花 *Delphinium souliei* Franch.

分布:则岔、西倾山。甘肃省内甘南地区。我国四川西部。生于海拔2900~3800m山坡草地。中国特有植物。一期科考。

藏药(恰冈):地上部分治疗肝胆疾病,肠热腹泻,痢疾。

(116)疏花翠雀花 *Delphinium sparsiflorum* Maxim.

分布:尕海。甘肃省中部和南部。我国青海东部、宁夏南部。生于海拔2900~3800m山地草坡或云杉林中。中国特有植物。二期科考。

(117)毛翠雀花 *Delphinium trichophorum* Franch.

分布:则岔、尕海、西倾山及李恰如种畜场。甘肃省内岷县及甘南地区。我国西藏东都、四川西部、青海东部及东南部。生于海拔3000~4000m高山草地。中国特有植物。一期科考。

具有散风热、解毒之功效。主治感冒发热,肺热咳嗽。

(118)碱毛茛 *Halerpestes sarmentosa*(Adams)Komarov & Alissova

俗名:圆叶碱毛茛、水葫芦苗。

分布:则岔、尕海。甘肃省内甘南地区、祁连山区。我国西藏、四川西北部、陕西、青海、新疆、华北、东北。亚洲和北美的温带广布。生于海拔3000~3700m盐碱性沼泽地或湖畔。综合调查。

用于治疗水肿,腹水,小便不利,风湿痹痛。

(119)三裂碱毛茛 *Halerpestes tricuspis*(Maxim.)Hand.-Mazz.

分布:则岔、尕海。甘肃省内甘南地区、祁连山区。我国西藏、四川西北部、陕西、青海、新疆。在不丹、尼泊尔、印度西北部也有分布。生于海拔2900~4000m盐碱性湿草地。一期科考。

藏药(索德巴):全草解毒,利水祛湿。治烧烫伤。

(120)鸦跖花 *Oxygraphis glacialis*(Fisch.)Bunge

分布:尕海、西倾山。甘肃省内临夏及甘南地区。我国西藏、云南、四川、陕西、青海、新疆。印度及中亚和西伯利亚地区。生于海拔3000~4100m高山草甸或高山灌木丛中。一期科考。

具有祛瘀止痛、清热燥湿、解毒之功效。常用于头部外伤,瘀血疼痛,疮疡。

(121)川赤芍 *Paeonia anomala* subsp. *veitchii*(Lynch)D. Y. Hong & K. Y. Pan

分布:则岔。甘肃省内定西、天水及陇南、甘南地区。我国西藏东部、四川西部、青海东部、陕西南部。生于海拔2900~3700m山坡林下草丛中、路旁及山坡疏林中。中国特有植物。一期科考。

具有清热凉血、散瘀之功能。用于温毒发斑,吐血衄血,目赤肿痛,肝郁胁痛,经闭痛经,症瘕腹痛,跌打损伤,痈肿疮疡等。

国家二级重点保护野生植物。

(122)拟耧斗菜 *Paraquilegia microphylla*(Royle)Drumm. et Hutch.

分布:则岔。甘肃省西南部、甘南地区及祁连山区。我国西藏、云南西北部、四川西部、青海和新疆。在不丹、尼泊尔、苏联中亚地区也有分布。生于海拔2900~4300m间的高山山地石壁或岩石上。一期科考。

活血散瘀,止痛,止血。用于刀枪伤,接骨。枝、叶治子宫出血等;根和种子治乳腺炎、恶疮痈疽等。

(123)毛茛 *Ranunculus japonicus* Thunb.

分布:则岔。甘肃省大部分地区。我国除西藏外的各省区广布。朝鲜、日本、苏联远东地区也有分布。生于海拔3300m以下沟旁和林缘路边的湿草地上。二期科考。

(124)浮毛茛 *Ranunculus natans* C. A. Mey.

分布:则岔、尕海。甘肃省内甘南地区。我国西藏、青海、新疆、内蒙古、吉林和黑龙江。国外中亚和西伯利亚地区。生于海拔2900~3500m山谷溪沟浅水中或沼泽湿地。其他调查。

(125)爬地毛茛 *Ranunculus pegaeus* Hand.-Mazz.

分布:则岔、尕海。甘肃省内甘南地区。我国云南西北部和西藏南部。尼泊尔也有分布。生于海拔3300~3600m水沟边和冷杉林下低湿地。二期科考。

(126)高原毛茛 *Ranunculus tanguticus*(Maxim.)Ovcz.

分布:则岔、尕海。甘肃省内甘南地区及祁连山区。我国西藏、云南西北部、四川西部、陕西、青海、山西及河北等。国外尼泊尔、印度。生于海拔3000~4300m山坡、沟边、沼泽湿地。一期科考。

有清热解毒之效。治淋巴结核等,消炎退肿,平喘,截疟,用于感冒,瘰疬;外用于牛皮癣。

(127)毛果高原毛茛 *Ranunculus tanguticus* var. *dasycarpus*(Maxim.)L. Liou

别名:毛果毛茛。

分布:则岔、尕海。甘肃省内甘南地区。我国西藏、云南北部、四川西部等。生于海拔3200~4200m潮湿和沼泽草甸。二期科考。

(128)云生毛茛 *Ranunculus nephelogenes* Edgeworth

分布:则岔、尕海。甘肃省内甘南地区。我国云南、四川、青海、西藏。印度、尼泊尔。生于海拔3000~4100m高山草甸、河滩地、湖边及沼泽草地。一期科考。

(129)长茎毛茛 *Ranunculus nephelogenes* var. *longicaulis*(Trautvetter)W. T. Wang

分布:则岔。甘肃省大部分地区。我国新疆、青海、四川、云南、西藏。中亚和俄罗斯西伯利亚地区也有分布。生于海拔3200m以下沼泽水旁草地。二期科考。

(130)黄三七 *Souliea vaginata*(Maxim.)Franch.

分布:则岔、尕海。甘肃省西南部。我国西藏、云南、四川、青海、陕西。缅甸、不丹、印度也有分布。生于海拔2900~4000m间山地林中、林缘或草坡中。二期科考。

(131)高山唐松草 *Thalictrum alpinum* L.

分布:尕海。甘肃省内甘南地区。我国西藏、新疆等地。亚洲北部和西部、欧洲、北美洲。生于海拔3360~4300m间高山草地、山谷阴湿处或沼泽地。其他调查。

(132)贝加尔唐松草 *Thalictrum baicalense* Turcz. ex Ledeb.

分布:则岔。甘肃省内天水、定西、临夏、陇南及甘南地区。我国西藏东南部、青海东部、陕西南部、河南西部、山西、河北、吉林和黑龙江的东部。朝鲜和俄罗斯远东地区。生于海拔2900~3300m山地林下或湿润草坡。一期科考。

清热燥湿,解毒。用于痢疾,目赤。藏药(叉岗):根及根茎治瘟病时疫,血热,肠热,黄疸,肠炎,痢疾。

(133)瓣蕊唐松草 *Thalictrum petaloideum* L.

分布:则岔。甘肃省内天水、定西、临夏、陇南及甘南地区。我国东北、安徽、河南、山西、河北、内蒙古、四川、青海、宁夏、陕西等地。朝鲜、西伯利亚地区。生于海拔2900~3300m山坡草地。二期科考。

根可治黄疸型肝炎、腹泻、痢疾、渗出性皮炎等。藏药(珠嘎曼巴):根、根茎、果实治肺炎,肝炎,痈疽,痢疾,麻风病;外用止血。

(134)长柄唐松草 *Thalictrum przewalskii* Maxim.

分布:则岔、尕海。甘肃省内天水、定西、临夏及甘南地区。我国西藏东部、四川西部、青海东部、陕西、湖北西北部、河南西部、山西、河北、内蒙古南部。生于海拔2900~3500m山地灌丛、林下、草坡上。中国特有植物。一期科考。

(135)芸香叶唐松草 *Thalictrum rutifolium* Hook. f. & Thomson

分布:尕海。甘肃省内甘南、祁连山区及临夏。我国青海、四川、云南、西藏。印度。生于海拔2980~4200m山坡草地、河滩、山谷中、湖边湿地。一期科考。

全草能够清热泻火、燥湿解毒。

(136)矮金莲花 *Trollius farreri* Stapf

分布:则岔、尕海。甘肃省内甘南地区及祁连山区。我国云南、四川、青海、西藏、陕西。生于海拔3000~4200m山坡草甸。中国特有植物。一期科考。

(137)小金莲花 *Trollius pumilus* D. Don

分布:尕海。甘肃省内甘南地区及祁连山区。我国西藏南部等地。在尼泊尔及印度也有分布。生于海拔3400~4300m间沼泽草甸或林间草地。二期科考。

(138)毛茛状金莲花 *Trollius ranunculoides* Hemsl.

分布:则岔、尕海。甘肃省内甘南地区、祁连山区及临夏。我国云南西北部、西藏东部、四川西部、青海南部和东部。生于海拔2900~4100m间山坡草地、草甸、林中。中国特有植物。一期科考。

全草治风湿、淋巴结核等症,花用于治疗化脓创伤等症。藏药(麦朵色钦):花用于食物中毒,疮疖痈肿,外伤溃烂。

3.1.4.1.9　小檗科 Berberidaceae

(139)堆花小檗 *Berberis aggregata* Schneid.

别名:锥花小檗。

分布:则岔。甘肃省内甘南、陇南、陇东南及陇中地区。我国青海、陕西、四川、湖北、山西。生于海拔2900~3500m山谷灌丛中、山坡路旁、河滩、林中、林缘灌丛中。综合调查。

有清热解毒、消炎抗菌的功效。主治目赤、咽喉肿痛、腹泻、牙痛等症。

(140)近似小檗 *Berberis approximata* Sprague

分布:则岔。甘肃省内碌曲。我国西藏、云南、四川、青海。生于海拔2900~4300m山坡灌丛中、山坡、林缘或林中。中国特有植物。一期科考。

(141)秦岭小檗 *Berberis circumserrata*(Schneid.)Schneid.

分布:则岔。甘肃省内康乐、榆中、山丹、卓尼。我国湖北、陕西、河南、青海。生于海拔2950~3300m山坡、林缘、灌丛中、沟边。中国特有植物。一期科考。

根皮含小檗碱,供药用,为苦味健胃剂,有解毒、抗菌、消炎作用,也有用本种树皮代替黄檗皮使用的。

(142)直穗小檗 *Berberis dasystachya* Maxim.

分布:则岔。甘肃省内天水、定西、兰州、武威、临夏及甘南地区。我国宁夏、青海、湖北、陕西、四川、河南、河北、山西。生于海拔2900~3400m向阳山地灌丛中、山谷溪旁、林缘、林下、草丛中。中国特有植物。一期科考。

根皮及茎皮含小檗碱,可供药用。藏药(给尔驯):茎和根的内皮用于痢疾,尿路感染,肾炎及疮疖,结膜炎等。

(143)鲜黄小檗 *Berberis diaphana* Maxim.

别名:黄花刺、三颗针、黄檗。

分布:则岔、尕海。甘肃省内甘南地区。我国山西、陕西、宁夏等地。生于海拔2900~3600m灌丛中、草甸、林缘、坡地或云杉林中。中国特有植物。综合调查。

根和茎含小檗碱,供药用,能清热燥湿、泻火解毒。并可提取小檗碱。

(144)甘肃小檗 *Berberis kansuensis* Schneid.

分布:则岔。甘肃省内甘南地区。我国青海、陕西、宁夏、四川。生于海拔2900~3400m山坡灌丛中或杂木林中。中国特有植物。综合调查。

根皮、茎皮:苦,寒。用于泄泻,痢疾,肝炎,胆囊炎,目赤。藏药(杰唯哇兴):皮治疫疠,陈热病,黄水病;花用于治疗各种出血症。

(145)延安小檗 *Berberis purdomii* Schneid.

分布:则岔。甘肃省内甘南地区。我国陕西、山西、青海。生于海拔2900~3200m山坡、土堆或山坡灌丛中。中国特有植物。二期科考。

根:苦,寒。清热燥湿,泻火解毒。

(146)匙叶小檗 *Berberis vernae* Schneid.

俗名:西北小檗、匙形小檗。

分布:则岔、尕海。甘肃省内甘南地区及岷县等地。我国青海、四川、新疆等省区。生于海拔2900~3800m河滩地或山坡灌丛中。中国特有植物。二期科考。

根皮和根可入药。主治赤痢,黄疸,咽痛,目赤,跌打损伤。

(147)桃儿七 *Sinopodophyllum hexandrum*(Royle)Ying

别名:鬼臼。

分布:则岔。甘肃省内定西、临夏、榆中以及陇南、甘南地区。我国云南、四川、西藏、青海和陕西。尼泊尔、不丹、巴基斯坦、阿富汗及印度北部、克什米尔地区。生于海拔2900~4300m林下、林缘湿地、灌丛中或草丛中。单种属植物。一期科考。

具有祛风除湿、活血止痛、祛痰止咳之功效。用于风湿痹痛,跌打损伤,月经不调,痛经,脘腹疼痛,咳嗽。

列入濒危野生动植物种国际贸易公约(2019年)附录Ⅱ保护植物(以下简称"CITES-2019附录Ⅱ保护植物",国家二级重点保护野生植物。

3.1.4.1.10 罂粟科 Papaveraceae

(148)斑花黄堇 *Corydalis conspersa* Maxim.

分布:尕海。甘肃西南部。我国青海中南部、四川西北及西部地区、西藏东部和中部。生于海拔3800~4200m多石河岸和高山砾石地。其他调查。

清热解毒,杀虫止痒。用于一般疮毒,毒蛇咬伤及顽癣,牛皮癣,疥疮等。

(149)曲花紫堇 *Corydalis curviflora* Maxim.

分布:则岔。甘肃省内西南部北起榆中西南至洮河流域。我国山西、河南、陕西、四川、云南、宁夏(隆德、泾源)和青海东部至南部。生于海拔2900~3900m山坡云杉林下、灌丛下或草丛中。中国特有植物。一期科考。

具有清热毒、利肝胆、凉血止血之功效。常用于热病高热,湿热黄疸,衄血,月经过多。

(150)迭裂黄堇 *Corydalis dasyptera* Maxim.

分布:则岔、西倾山。甘肃省内甘南地区、祁连山区。我国四川、青海、西藏。生于海拔3500~3900m高山草地、岩隙中、疏林下。中国特有植物。一期科考。

具有清热解毒、止血敛疮之功效。常用于热病高热,黄疸型肝炎,肠炎,外伤出血,疮疡溃后久不收口。

(151)赛北紫堇 *Corydalis impatiens*(Pall.)Fisch.

分布:则岔。甘肃省内岷县、临夏及甘南地区。我国内蒙古、黑龙江、四川、西藏。蒙古、西伯利亚。生于海拔3300m以下林下、山坡灌丛下、草丛中或地边路旁。一期科考。

活血散瘀,行气止痛,清热解毒。主治胃脘痛,肝炎,胆囊炎,腰腿痛,痈肿,疥癣,毒蛇咬伤,刀伤。

(152)条裂黄堇 *Corydalis linarioides* Maxim.

分布:则岔、西倾山。甘肃省内榆中、岷县、文县、临夏及甘南、祁连山地区。我国四川西北部、青海东部。生于海拔2900~4100m山坡草地、灌丛下。中国特有植物。一期科考。

活血散瘀,消肿止疼,除风湿。治跌打损伤,劳伤,风湿疼痛,皮肤风痒症。

(153)暗绿紫堇 *Corydalis melanochlora* Maxim.

分布:则岔、西倾山。甘肃省内甘南地区。我国四川、青海。生于海拔2900~4300m高山草甸或流石滩。中国特有植物。综合调查。

用于治疗败血症,心烦,热毒病证,创伤感染,口干苦,肿毒,疮痈、两肋不舒等。

(154)扁柄黄堇 *Corydalis mucronifera* Maxim.

别名:黄花紫堇、尖突黄堇。

分布:则岔、西倾山。甘肃省内甘南地区。我国西藏、青海。生于海拔3900~4300m高山沙砾地或流石滩。中国特有植物。其他调查。

藏药,全草清热止痛。

(155)蛇果黄堇 *Corydalis ophiocarpa* Hook. f. et Thoms.

分布:则岔、西倾山。甘肃省内甘南地区。我国西南及河北、山西、陕西、宁夏、青海、安徽、浙江、江西、台湾、河南、湖北。生于海拔2900~4000m山地林下、沟边草地。中国特有植物。二期科考。

主治跌打损伤,皮肤瘙痒症。

(156)粗糙黄堇 *Corydalis scaberula* Maxim.

分布:则岔。甘肃省内岷县、夏河。我国青海、四川和西藏东北部。生于海拔3500~4000m高山草甸或流石滩。中国特有植物。一期科考。

叶片和根茎是传统中药,主治流行感冒和高烧。

(157)陕西紫堇 *Corydalis shensiana* Liden

分布:则岔。甘肃省内兰州及甘南等地。我国山西、陕西、河南、四川、青海等地。生于海拔2900~3300m林下、灌丛下或山顶。模式标本采自陕西太白山。二期科考。

(158)草黄堇 *Corydalis straminea* Maxim.

别名:草黄花黄堇。

分布:则岔。甘肃省内祁连山区及西南部夏河、卓尼、洮河流域、临夏。我国青海东部海晏、大通、安多及四川西北部松潘。生于海拔2900~3300m针叶林下或林缘。中国特有植物。一期科考。

(159)天山黄堇 *Corydalis tianshanica* Lidén

分布:则岔。甘肃省内甘南等地。我国新疆等地。中亚地区。生于海拔2900~3200m云杉林缘。二期科考。

(160)天祝黄堇 *Corydalis tianzhuensis* M. S. Yan & C. J. Wang

别名:宝库黄堇。

分布:则岔。甘肃省内中部、甘南等地。我国青海等地。生于海拔2900~3300m山坡或杜鹃林下,模式标本采自天祝。中国特有植物。二期科考。

(161)糙果紫堇 *Corydalis trachycarpa* Maxim.

分布:则岔、尕海、西倾山。甘肃省内西达祁连山区、东至甘南地区夏河及临夏等地。我国陕西、云南、青海东部、四川西北部至西南部和西藏东北部。生于海拔2900~4200m高山草甸、灌丛、流石滩或山坡石缝中。中国特有植物。一期科考。

解表退热,清热利湿。主治风热外感,胆经湿热引起的寒热往来,口苦,两肋胀满等。

(162)苣叶秃疮花 *Dicranostigma lactucoides* Hook. f. et Thoms

分布:则岔、尕海、西倾山。甘肃省内甘南地区。我国四川西北部马尔康、甘孜和西藏南部拉萨、江孜、日喀则、昂仁、聂拉木、吉隆。印度北部及尼泊尔。生于海拔2900~4300m石坡或岩屑坡(石流坡)。中国特有植物。二期科考。

清热解毒,消肿,止痛,杀虫。主治扁桃体炎,牙痛,咽喉痛,淋巴结结核(瘰疬),秃疮,疥疮疥癣,痈疽。

(163)细果角茴香 *Hypecoum leptocarpum* Hook. f. et Thoms.

别名:节裂角茴香、中国角茴香、野茴香。

分布:则岔、尕海。甘肃省内天水、临夏及甘南地区、祁连山区。我国华北、西北及河南、四川、云南、西藏等地。阿富汗、巴基斯坦、尼泊尔、不丹及中亚、克什米尔地区。生于海拔2900~4300m山坡草地、林缘、路旁等处。一期科考。

用于感冒发热,头痛,咽喉疼痛,目赤肿痛,关节疼痛,肺炎,肝炎,胆囊炎,痢疾,吐血,衄血,便血。

(164)多刺绿绒蒿 *Meconopsis horridula* Hook. f. & Thoms.

分布:则岔、石林。甘肃省内甘南地区。我国西藏、云南、四川、青海。缅甸、印度东北部、不丹、尼泊尔。生于海拔3400~4100m草坡。综合调查。

活血化瘀,镇痛,燥湿,利咽。用于跌打损伤。

(165)全缘叶绿绒蒿 *Meconopsis integrifolia*(Maxim.)French.

分布:则岔、西倾山。甘肃省内甘南地区、祁连山区及临夏。我国青海东部至南部、四川西部和西北部、云南西北部和东北部、西藏东部。缅甸东北部。生于海拔2900~4100m高山灌丛下或林下、草坡、山坡、草甸。一期科考。

全草清热止咳;花前采叶入药,治胃中反酸;花退热催吐、消炎,治跌打骨折。

(166)红花绿绒蒿*Meconopsis punicea* Maxim.

别名:阿柏几麻鲁(藏语)。

分布:则岔、西倾山。甘肃省内甘南地区、祁连山区及临夏。我国四川西北部、西藏东北部、青海东南部。生于海拔2900~4300m山坡草地、林缘。中国特有植物。一期科考。

具有较高的观赏价值和药用价值。花茎及果入药,有镇痛止咳、固涩、抗菌的功效,治遗精、白带、肝硬化。

因过度采集及生境退化,濒临灭绝。国家二级重点保护野生植物。

(167)五脉绿绒蒿*Meconopsis quintuplinervia* Regel

分布:则岔、西倾山。甘肃省内榆中、岷县、临夏及甘南地区、祁连山区。我国湖北、陕西、青海、四川、西藏等地。生于海拔2900~4300m高山草地或阴坡灌丛中。中国特有植物。一期科考。

清热解毒,消炎,定喘。治小儿惊风,肺炎,咳喘。

(168)总状绿绒蒿*Meconopsis racemosa* Maxim.

异名:*Meconopsis horridula* Hook. f. et Thoms. var. *racemosa*(Maxim.)Prain。

别名:刺参、条参、鸡脚参、雪参、红毛洋参。

分布:则岔、西倾山。甘肃省内甘南地区、祁连山区及临夏。我国青海、四川、云南、西藏等地。生于海拔3000~4300m草坡、石坡或林下。中国特有植物。一期科考。

具有清热解毒、止痛之功效。常用于肺炎,传染性肝炎,风热头痛,跌打损伤,骨折,关节肿痛。

(169)野罂粟*Papaver nudicaule* L.

别名:山罂粟。

分布:则岔、西倾山。甘肃省内甘南地区。我国东北、内蒙古、河北、山西、宁夏、新疆、西藏等地。蒙古、俄罗斯。生于海拔2980~3500m林下、林缘、山坡草地。二期科考。

镇痛,止咳,固涩,抗菌。治遗精,白带,肝硬化。

3.1.4.1.11 十字花科 Cruciferae

(170)垂果南芥*Arabis pendula* L.

分布:则岔。甘肃省内天水及陇南、甘南地区。我国东北、华北、西北、西南。亚洲北部和东部地区。生于海拔2900~3400m山坡草地、山沟、草地、林缘、灌木丛、河岸及路旁的杂草地山坡。一期科考。

清热,解毒,消肿。治疮痈肿毒。

(171)芥菜*Brassica juncea*(L.)Czern. et Coss.

别名:野油菜。

分布:则岔。甘肃省内大部分地区。起源于亚洲,我国各地普遍栽培。西亚南部和印度。生于河边、湖边、路旁、沟谷草丛等较湿润的地方。综合调查。

化痰平喘,消肿止痛。藏药(运那):种子用于胃寒呕吐,心腹疼痛,腰痛,痈肿,止血。

(172)荠菜*Capsella bursa-pastoris*(Linn.)Medic.

分布:则岔。甘肃省内大部分地区。我国及世界各地广泛分布。生于海拔2900~3500m山坡、路边。一期科考。

用于治疗痢疾、水肿、淋病、乳糜尿、吐血、便血、血崩、月经过多、目赤肿疼等。所含的二硫酚硫酮具有抗癌作用。

(173)大叶碎米荠 *Cardamine macrophylla* Willd.

分布:则岔。甘肃省内天水及陇南、甘南地区。我国内蒙古、河北、山西、湖北、陕西、青海、四川、贵州、云南、西藏等省区。日本、印度及远东地区。生于海拔2900~4200m山坡灌木林下、沟边、石隙、高山草坡潮湿处。一期科考。

全草药用,利小便、止痛及治败血病。

(174)唐古碎米荠 *Cardamine tangutorum* O. E. Schulz

别名:紫花碎米荠。

分布:则岔、西倾山。甘肃省内甘南地区、祁连山区及临夏。我国河北、山西、陕西、青海、四川和云南鹤庆、维西、中甸、德钦以及西藏东部。生于海拔2900~4100m山沟、草地及林下阴湿处。中国特有植物。一期科考。

清热利湿,并可治黄水疮;花用于治疗筋骨疼痛。

(175)离子芥 *Chorispora tenella*(Pall.)DC.

分布:则岔。甘肃省内大部分地区。我国辽宁、内蒙古、河北、山西、河南、陕西、青海、新疆。阿富汗、巴基斯坦、蒙古、欧洲东南部。生于海拔2900~3300m干燥荒地、荒滩、草丛、路旁沟边。二期科考。

(176)播娘蒿 *Descurainia sophia*(L.)Webb. ex Prantl

分布:则岔、尕海。甘肃省内大部分地区。我国各地(除华南)。亚洲、欧洲、非洲及北美洲。生于山地草甸、沟谷、村旁、田边。综合调查。

种子可药用,有利尿消肿、祛痰定喘的效用。

(177)异蕊芥 *Dimorphostemon pinnatus*(Pers.)Kitag.

分布:西倾山。甘肃省内甘南地区。我国黑龙江、内蒙古、河北、四川、云南。俄罗斯及蒙古。生于海拔2950~4000m山坡草丛、林下、山沟灌丛、河滩及路旁。一期科考。

(178)羽裂花旗杆 *Dontostemon pinnatifidus*(Willdenow)Al-Shehbaz & H. Ohba

分布:则岔。甘肃省内肃北、夏河等地。我国华北、河南、四川、云南、西藏、青海、新疆等地。生于海拔2900~3200m路旁、荒地、山坡及山地向阳处。模式标本采自山西五台山。二期科考。

(179)抱茎葶苈 *Draba amplexicaulis* Franch.

分布:则岔、西倾山。甘肃省内康乐、卓尼等地。我国四川、云南、西藏。生于海拔3000~4300m高山与亚高山草地。模式标本采自云南丽江。二期科考。

(180)毛葶苈 *Draba eriopoda* Turcz.

分布:则岔、西倾山。甘肃省内甘南地区、祁连山区及临夏。我国山西、陕西、青海、新疆、四川、西藏。印度、亚洲北部至蒙古北部、西部,苏联东西伯利亚也有分布。生于海拔2900~4300m山坡、阴湿山坡、河谷草滩。一期科考。

用于痰涎壅滞,肺热咳喘的实证,水肿实证,胸腹积水、小便不利,哮喘。

(181)苞序葶苈 *Draba ladyginii* Pohle

分布:则岔。甘肃省内甘南地区。我国西北、华北、湖北、四川、云南、西藏。苏联东西伯利亚。生于海拔2900~4200m山草甸、高山阳坡草甸、河滩、流石滩、路边、山坡草甸、山坡林中、石上、亚高山潮湿草甸、阴坡石隙。中国特有植物。一期科考。

(182)葶苈 *Draba nemorosa* L.

分布:则岔、西倾山。甘肃省内天水、临夏及陇南、甘南地区、祁连山区。我国东北、华北、华东、西北、西南及西藏。北温带其他地区。生于山坡、田野、荒地、沟旁、路旁及村庄附近。一期科考。

具有破坚逐邪、泻肺行水、祛痰平喘之功效。主治痰饮，咳喘，脘腹胀满，肺痈。

(183)喜山葶苈 *Draba oreades* Schrenk

分布：则岔、尕海、西倾山。甘肃省内甘南地区、祁连山区及临夏。我国内蒙古、陕西、青海、新疆、四川、云南、西藏。中亚、克什米尔地区、印度。生于海拔3000~4300m高山岩石边、石砾沟边裂缝中。一期科考。

藏药（希五拉普）：全草助消化，消炎；治肉食中毒等症。

(184)独行菜 *Lepidium apetalum* Willd.

别名：毛萼独行菜、腺茎独行菜。

分布：则岔。甘肃省内大部分地区。我国东北、华北、江苏、浙江、安徽、西北、西南。苏联欧洲部分，亚洲东部及中部、喜马拉雅地区。生于海拔2900~3200m山坡、山沟、路旁及村庄附近。二期科考。

种子用于痰涎壅肺、咳喘痰多、胸胁胀满、不得平卧、肺炎高热、痰多喘急、肺源性心脏病水肿、胸腹水肿、小便淋痛。种子的70%乙醇提取物中有强心成分。地上部水煎液浓缩物制成干糖浆，用于肠炎、腹泻及细菌性痢疾。

(185)头花独行菜 *Lepidium capitatum* Hook. f. et Thoms.

分布：则岔、尕海。甘肃省内玛曲、阿克塞。我国云南、四川、青海、西藏。印度、巴基斯坦、尼泊尔、不丹及克什米尔地区。生于海拔3000~3400m山坡、草甸。一期科考。

(186)楔叶独行菜 *Lepidium cuneiforme* C. Y. Wu

分布：则岔。甘肃省各地。我国陕西、四川、贵州、云南。亚洲北部和西部及欧洲和非洲。生于海拔2900~3200m山坡、河滩、村旁、路边等处。综合调查。

(187)涩荠 *Malcolmia africana*(Linn.)R. Br

别名：离蕊芥。

分布：则岔。甘肃省各地。华北、西北及河南、安徽、江苏、四川。亚洲北部和西部及欧洲和非洲。生于海拔2900~3300m山坡荒地、草地和路边。一期科考。

(188)双果荠 *Megadenia pygmaea* Maxim.

分布：则岔、尕海。甘肃省内甘南地区。我国青海、西藏。生于海拔2900~4200m山坡草地、灌丛下、河边。中国特有植物。综合调查。

(189)蚓果芥 *Neotorularia humilis*(C. A. Meyer)Hedge & J. Léonard

分布：则岔。甘肃省内甘南地区。我国河北、内蒙古、河南北部、陕西、青海、新疆、西藏。俄罗斯西伯利亚、中亚以及朝鲜、蒙古。模式标本采自西藏。生于海拔2900~4000m林下、河滩、草地。一期科考。

藏药（切乌拉普）：全草治食物中毒，消化不良。

(190)柔毛藏芥 *Phaeonychium villosum*(Maximowicz)Al-Shehbaz

分布：尕海。甘肃省内甘南等地。我国四川、西藏、青海。生于海拔4000m左右山顶、山坡。模式标本采自青海玛沁县。二期科考。

(191)沼生蔊菜 *Rorippa islandica*(Oed.)Borb.

分布：尕海。甘肃省内甘南地区及岷县。我国东北、华北、华东、华中、西北、西南。北半球温暖地区。生于海拔2900~3400m潮湿环境或近水处、湖边、溪岸、路旁、田边、山坡草地及草场。一期科考。

(192)垂果大蒜芥 *Sisymbrium heteromallum* C. A. Mey.

别名:弯果蒜芥。

分布:尕海。甘肃省内天水、定西及甘南地区。我国东北、华北、西北,内蒙古、四川、云南。蒙古、印度、西伯利亚及欧洲北部。生于海拔2900~3800m林缘、灌丛、山坡草地、沟边、草地或石质山坡。一期科考。

止咳化痰,清热,解毒。主治急慢性气管炎,百日咳;全草可治淋巴结核;外敷可治肉瘤。

(193)藏芹叶荠 *Smelowskia tibetica*(Thomson)Lipsky

俗名:藏荠。

分布:尕海。甘肃省内祁连山、甘南地区。我国青海、新疆、四川、西藏。俄罗斯、蒙古、印度、尼泊尔、巴基斯坦也有分布。生于海拔2900~4200m高山山坡、草地及河滩。模式标本采自西藏西部。二期科考。

(194)宽果丛菔 *Solms-laubachia eurycarpa*(Maximowicz)Botschantzev

别名:宽叶丛菔、短柄丛菔、长果丛菔。

分布:则岔、西倾山。甘肃省内甘南地区、祁连山区。我国云南、青海、四川、西藏。生于海拔3000~4100m高山悬崖、山坡草地、路边、碎石坡、峭壁石缝、流石滩、水边、沙质土中。中国特有植物。一期科考。

根及全草清热止咳,用于治疗肺热咳嗽。

(195)菥蓂 *Thlaspi arvense* L.

别名:遏蓝菜。

分布:则岔、尕海。分布几乎遍及全国。亚洲、欧洲及非洲北部。生于山坡草地、沟边、路旁。一期科考。

全草清热解毒、消肿排脓;种子利肝明目;嫩苗和中益气、利肝明目。

3.1.4.1.12 景天科 Crassulaceae

(196)瓦松 *Orosta.chysfimbriata*(Turcz.)Berg.

分布:则岔。甘肃省内甘南地区。我国湖北、安徽、江苏、浙江、青海等多省。朝鲜、日本、蒙古、苏联。在甘肃、青海可到海拔3500m以下山坡石上或屋瓦上。综合调查。

治吐血,鼻衄,血痢,肝炎,疟疾,热淋,痔疮,湿疹,痈毒,疔疮,汤火灼伤。

(197)费菜 *Phedimus aizoon*(Linnaeus)'t Hart

异名:*Sedum aizoon* L.。

别名:土三七、三七景天、景天三七、养心草。

分布:则岔。甘肃省内天水、定西及陇南、甘南地区。我国东北、华北、华东、西北及四川、湖北、江西、河南。日本、朝鲜及蒙古至乌拉尔。生于海拔2900~3500m干旱山坡。一期科考。

活血,止血,宁心,利湿,消肿,解毒。治跌打损伤,吐血,便血,心悸,痈肿。

(198)大花红景天 *Rhodiola crenulata*(HK. f. et Thoms.)H. Ohba

别名:宽瓣红景天。

分布:则岔、尕海。甘肃省内甘南地区。我国西藏、云南西北部、四川西部。尼泊尔、不丹。生于海拔2900~4300m山坡草地、灌丛中、石缝中。综合调查。

药理成分是红景天苷和苷元酪醇,具有提高免疫力、降血糖和降血脂等功效。

IUCN 2017濒危物种红色名录 ver 3.1——濒危(EN),国家二级重点保护野生植物。

(199)小丛红景天 *Rhodiola dumulosa*(Franch.)S. H. Fu

分布:尕海、则岔。甘肃省内甘南地区。我国四川西北部、青海、陕西、湖北、山西、河北、内蒙古、吉林等地,生于海拔3000~3900m山坡石上。中国特有植物。综合调查。

根颈药用,有补肾、养心安神、调经活血、明目之效。

(200)长鞭红景天 *Rhodiola fastigiata*(HK. f. et Thoms.)S. H. Fu

分布:则岔、西倾山。甘肃省内甘南玛曲、碌曲、合作、舟曲等地。我国西藏、云南、四川。克什米尔地区、尼泊尔、印度和不丹也有分布。生于海拔2900~4300m山坡石上。其他调查。

具有抗寒冷、抗缺氧、抗疲劳、抗微波辐射、抗衰老、抗肿瘤、抗毒、强心、增强免疫力等生理和药理作用。

国家二级重点保护野生植物。

(201)甘南红景天 *Rhodiola gannanica* K. T. Fu

分布:则岔、尕海。甘肃省内甘南地区临潭、夏河、碌曲等地。生于海拔2900~4000m岩石斜坡、高山山顶、林缘灌丛、高山草地。中国特有植物。其他调查。

具有治疗肾虚腰痛、肺炎发烧、抗缺氧、抗衰老、抗微波辐射、调节内分泌系统等功效。

IUCN 2017濒危物种红色名录 ver 3.1——濒危(EN)。

(202)洮河红景天 *Rhodiola himalensis* subsp. *taohoensis*(S. H. Fu)H. Ohba

异名:*Rhodiola taohoensis*、*Sedum himalense* subsp. *taohoense*。

分布:则岔。甘肃省内临潭、卓尼。生于海拔2900~3300m山坡阴处。模式标本采自甘肃临潭至卓罗巴村途中。中国特有植物。一期科考。

IUCN 2017濒危物种红色名录 ver 3.1——濒危(EN),国家二级重点保护野生植物。

(203)狭叶红景天 *Rhodiola kirilowii*(Regel)Maxim.

分布:则岔、尕海。甘肃省内甘南地区、祁连山区及临夏。我国河北、山西、陕西、青海、新疆、四川、云南、西藏。缅甸。生于海拔2900~4000m高山石缝中、石坡上。一期科考。

根茎药用,可止血、止痛、破坚、消积、止泻。主治风湿腰痛,跌打损伤。孕妇禁用。

(204)大果红景天 *Rhodiola macrocarpa*(Praeger)S. H. Fu

分布:则岔、尕海。甘肃省内甘南地区。我国云南西北部及西藏东南部。缅甸北部。模式标本采自缅甸北部。生于海拔2900~4000m高山石缝中、石坡上。一期科考。

(205)四裂红景天 *Rhodiola quadrifida*(Pall.)Fisch. et. Mey.

分布:则岔、尕海、西倾山。甘肃省内甘南、祁连山等地区。我国西藏、四川、新疆、青海。巴基斯坦、印度、尼泊尔、俄罗斯、蒙古。生于海拔2900~4100m山坡石隙中、沟边。一期科考。

根、花:涩,寒。清热退烧,利肺。

国家二级重点保护野生植物。

(206)唐古红景天 *Rhodiola tangutica*(Maximowicz)S. H. Fu

分布:则岔、尕海。甘肃省内甘南地区。我国四川、青海、宁夏。生于海拔2900~4200m高山石缝中、近水边。中国特有植物。一期科考。

根、茎、花:涩,寒。退烧,利肺。用于肺热咳喘,神经麻痹症。

IUCN 2017濒危物种红色名录 ver 3.1——易危(VU),国家二级重点保护野生植物。

(207)云南红景天*Rhodiola yunnanensis*(Franchet)S. H. Fu

分布:则岔。甘肃省内甘南地区。我国西藏、云南、贵州、四川、新疆、青海、陕西、山西、河北。印度阿萨姆和缅甸也有分布。生长在海拔2900~4000m林下、林缘或草坡,多见于岩石缝隙或石坡上。其他调查。

全草药用,有消炎、消肿、接筋骨之功效。

国家二级重点保护野生植物。

(208)隐匿景天*Sedum celatum* Frod.

分布:尕海、则岔。甘肃省内甘南地区夏河、卓尼、临夏等地。我国青海东部泽库、兴海、同仁等地。生于海拔2900~4000m山坡、石缝中。中国特有植物。一期科考。

(209)甘南景天*Sedum ulricae* Frod.

分布:则岔、尕海、西倾山。甘肃省内榆中(兴隆山)、岷县及甘南地区。我国青海南部、西藏东部。生于海拔3000~4200m草甸、杜鹃灌丛草甸、冷杉林下、林中、山谷湿润灌丛、山坡沙质地、石缝。中国特有植物。一期科考。

3.1.4.1.13 虎耳草科Saxifragaceae

(210)长梗金腰*Chrysosplenium axillare* Maxim.

分布:则岔。甘肃省内甘南地区及临夏。我国陕西、新疆及青海东南部和新疆。中亚地区。生于海拔2900~4200m山坡林下、灌丛间或石隙、阴湿地、石崖下阴湿处。一期科考。

全草入药:苦,寒。用治胆病引起之发烧、头痛、急性黄疸型肝炎,急性肝坏死等,亦可催吐胆汁。

(211)柔毛金腰*Chrysosplenium pilosum* Maxim.var. *valdepilosum* Ohwi

分布:则岔、尕海。甘肃南部。我国黑龙江、吉林、辽宁、河北、山西、陕西、青海(循化、孟达)、浙江(天台山)、湖北、四川东部。朝鲜。生于林下阴湿处。生于海拔2900~3500m林下阴湿处或山谷石隙。综合调查。

(212)细叉梅花草*Parnassia oreophila* Hance

分布:则岔。甘肃省内天水、临夏及陇南、甘南地区。我国河北、山西、陕西、宁夏、青海、四川等地。生于海拔2900~3200m高山草地、山腰林缘和阴坡潮湿处以及路旁等处。一期科考。

清热退烧。主治高热。

(213)三脉梅花草*Parnassia trinervis* Drude

分布:则岔。甘肃省内甘南地区、祁连山区及临夏。我国西藏、云南、四川、陕西、青海。生于海拔3000~4300m山坡草地、沼泽化草甸。中国特有植物。一期科考。

全草:苦,凉。清热解毒,止咳化痰。

(214)绿花梅花草*Parnassia viridiflora* Batalin

别名:绿花苍耳七。

分布:则岔。甘肃省内夏河、临夏。我国云南、四川、陕西。生于海拔3400~4100m高山草甸、灌丛草甸或山坡等处。中国特有植物。一期科考。

(215)大刺茶藨子*Ribes alpestre* var. *giganteum* Janczewski

异名:*Ribes alpestre* var. *gigantem* Janczewski。

分布:则岔。甘肃省内甘南地区及临夏、岷县、榆中、兰州。我国山西、宁夏、青海、四川、云南、西藏。生于海拔2900~3700m山坡阴处阔叶林或针叶林下及林缘。综合调查。

（216）刺茶藨子 *Ribes alpestre* Wall. ex Decne.

别名：长刺茶藨子、高山醋栗。

分布：则岔。甘肃省内祁连山区、甘南地区及临夏、岷县、榆中、兰州。我国云南、四川、青海、西藏、陕西、湖北。阿富汗、尼泊尔、不丹及克什米尔地区、印度西北部。生于海拔2900~3900m阳坡疏林下、灌丛中、林缘、河谷草地或河岸边。一期科考。

（217）糖茶藨子 *Ribes himalense* Royle ex Decne.

分布：则岔、石林。甘肃省内甘南地区。我国湖北、四川、云南、西藏、山西、陕西。克什米尔地区、尼泊尔、印度和不丹。生于海拔2900~4000m山谷、河边灌丛及针叶林下和林缘。综合调查。

（218）裂叶茶藨子 *Ribes laciniatum* J. D. Hooder et Thomson

别名：狭萼茶藨子。

分布：则岔、尕海。甘肃省内甘南地区。我国云南、西藏等地。缅甸北部、不丹、尼泊尔、印度北部也有分布。生于海拔2900~4300m山坡针叶林及阔叶林下、灌丛中、林间草地、溪边或山谷。模式标本采自喜马拉雅山东部。二期科考。

（219）腺毛茶藨子 *Ribes longiracemosum* Franch. var. *davidii* Jancz.

分布：则岔、尕海。甘肃省内南部地区。我国湖北、四川、云南。生于海拔2900~3800m山坡灌丛、山谷林下或沟边杂木林下。二期科考。

（220）门源茶藨 *Ribes menyuanense* J. T. Pan

分布：尕海。甘肃省内甘南。我国青海。生于海拔3300~3800m山坡灌丛、山谷林下或沟边杂木林下。青藏高原特有。二期科考。

（221）五裂茶藨子 *Ribes meyeri* Maxim.

别名：天山茶藨子。

分布：则岔。甘肃省内甘南地区及临夏。我国青海，新疆，云南西北部、北部，西藏东南部、南部。缅甸北部、不丹、尼泊尔、印度北部。生于海拔2900~3600m山坡林下、灌丛中或溪流两岸。一期科考。

（222）穆坪茶藨子 *Ribes moupinense* Franch.

别名：宝兴茶藨子。

分布：则岔。甘肃省内平凉、天水、岷县、临潭等地。我国安徽、湖北、陕西、四川、贵州、云南等地。生于海拔2900~3300m山坡路边杂木林下、岩石坡地及山谷林下。模式标本采自四川宝兴。二期科考。

（223）美丽茶藨子 *Ribes pulchellum* Turcz.

甘肃省内东部、西南部。我国华北、陕西、宁夏、青海等地。蒙古、西伯利亚也有分布。生于海拔3300m以下多石砾山坡、沟谷或阳坡灌丛中。模式标本采自中国和蒙古交界处。二期科考。

（224）狭果茶藨子 *Ribes stenocarpum* Maxim.

别名：长果茶藨子、长果醋栗。

分布：则岔。甘肃省内祁连山、兰州及岷县、临洮、漳县、卓尼、夏河等地。我国陕西、青海、四川。生于海拔2900~3500m山坡灌丛、云杉林、杂木林或山沟中。中国特有植物。一期科考。

具有解表、降血压、降血脂、软化血管、治动脉硬化等作用，对心血管疾病具有良好的保健治疗作用。

（225）细枝茶藨子 *Ribes tenue* Jancz.

分布：则岔、石林。甘肃省榆中、舟曲。我国陕西、河南、湖北、湖南、四川、云南及喜马拉雅山区。

生于海拔2900~4000m山坡和山谷灌丛或沟旁路边。二期科考。

清虚热、调经止痛。用于阴虚发热所致骨蒸劳瘵、日晡潮热、手足心热等证,月经不调、痛经等。

(226)黑虎耳草 *Saxifraga atrata* Engl.

分布:则岔、尕海。甘肃省内榆中、肃南及甘南地区。我国四川松潘、马尔康、石渠、色达及青海东北部。生于海拔3000~3810m高山草甸或石隙。模式标本采自青海湟源。二期科考。

清肺止咳。主治肺热喘咳,肺炎。

(227)叉枝虎耳草 *Saxifraga divaricata* Engl. et Irmsch.

分布:尕海。甘肃省甘南地区。我国青海东南部和四川西部。生于海拔3400~4100m灌丛草甸或沼泽化草甸。模式标本采自四川西部。二期科考。

清热利肺,平肝潜阳,清热利尿。用于肺热咳嗽。用治热咳、热嗽、热喘为宜。

(228)优越虎耳草 *Saxifraga egregia* Engl.

分布:则岔。甘肃省内甘南地区、祁连山区。我国青海东部和南部、四川西部、云南西北部和西藏东部。生于海拔3100~4300m林缘、林下、灌丛下、高山草甸。中国特有植物。一期科考。

(229)道孚虎耳草 *Saxifraga lumpuensis* Engl.

分布:则岔。甘肃省内甘南地区。我国四川西部。生于海拔2900~4100m山坡、水边、针叶林下。中国特有植物。一期科考。

(230)黑蕊虎耳草 *Saxifraga melanocentra* Franch.

分布:则岔、西倾山。甘肃省内甘南地区、祁连山区。我国陕西、青海、四川西部、云南西北部。尼泊尔、印度。生于海拔3000~4300m高山灌丛、高山草甸和高山碎石间。一期科考。

甘、温,无毒;补血,散瘀。治眼病。

(231)山地虎耳草 *Saxifraga montana* H. Smith

分布:则岔。甘肃省内祁连山区、榆中、岷县及甘南地区。我国陕西、青海、四川西部、云南西北部、西藏东部和南部。不丹至克什米尔地区。生于海拔2900~4300m灌丛、高山草甸、高山沼泽化草甸和高山碎石隙。一期科考。

治肝胆湿热、脾胃湿热、痈肿疮毒,用于肝阳上亢所致的头痛。镇痛,用于神经痛。

(232)青藏虎耳草 *Saxifraga przewalskii* Engl.

分布:则岔、西倾山。甘肃省内甘南地区、祁连山区。我国青海、西藏。生于海拔3500~4200m草甸、林下、高山碎石隙。中国特有植物。一期科考。

清利肝胆,健胃。常用于肝炎,胆囊炎,感冒,消化不良。

(233)狭瓣虎耳草 *Saxifraga pseudohirculus* Engl.

甘肃省内临夏、甘南地区。我国陕西秦岭山地、青海东部和南部、四川西部及西藏东部和南部。生于海拔3100~4300m林下、灌丛中、高山草甸和高山碎石隙。模式标本采自西藏和四川。二期科考。

(234)唐古特虎耳草 *Saxifraga tangutica* Engl.

别名:甘青虎耳草。

分布:则岔、尕海、西倾山。甘肃省内甘南地区。我国青海、四川北部和西部及西藏。不丹至克什米尔地区。生于海拔2900~4200m林下、灌丛、草甸、高山碎石隙。一期科考。

全草入药;微苦、辛;清热退烧。治食欲不振、肝病及胆病等。

(235)爪瓣虎耳草 *Saxifraga unguiculata* Engl.

别名:虎爪虎耳草。

分布:则岔、尕海、西倾山。甘肃省内甘南地区。我国青海、四川西部、云南西北部和西藏。生于海拔3200~4300m林下、高山草甸和高山碎石隙。中国特有植物。一期科考。

全草入药:苦,寒;清肝胆之热,排脓敛疮。

3.1.4.1.14　蔷薇科 Rosaceae

(236)龙芽草 *Agrimonia pilosa* Ldb.

分布:则岔、尕海。甘肃大部分地区。我国南北均有。欧洲、俄罗斯、蒙古、朝鲜、日本、越南。生于海拔2900~3800m溪边、路旁、草地、灌丛、林缘及疏林下。一期科考。

主治吐血、咯血、衄血、尿血、功能性子宫出血,痢疾,胃肠炎,阴道滴虫,劳伤无力,闪挫腰痛;外用治痈疔疮。

(237)刺毛樱桃 *Cerasus setulosa*(Batal.)Yu et Li.

分布:则岔、石林。甘肃省内陇南、甘南地区。我国陕西、四川、贵州等地。生于海拔2900~3200m山坡、山谷林中、灌丛中。中国特有植物。一期科考。

(238)无尾果 *Coluria longifolia* Maxim.

分布:则岔、西倾山。甘肃省内甘南地区、祁连山区。我国青海、四川、云南、西藏。生于海拔2900~4100m高山草原。中国特有植物。一期科考。

主治高血压,头痛发热,肝炎,子宫出血,月经不调。

(239)尖叶栒子 *Cotoneaster acuminatus* Lindl.

分布:则岔。甘肃省内广泛分布。我国四川、云南、西藏。尼泊尔、不丹、印度北部。生于海拔2900~3200m杂木林内。综合调查。

(240)灰栒子 *Cotoneaster acutifolius* Turcz.

分布:则岔。甘肃省内广泛分布。我国华北、西北及河南、湖北、西藏。蒙古。生于海拔2900~3700m山坡、山沟、林中。一期科考。

凉血,止血。治鼻衄,牙龈出血,月经过多。

(241)匍匐栒子 *Cotoneaster adpressus* Bois

分布:则岔。甘肃省内陇南、甘南地区。我国陕西、青海、湖北、四川、贵州、云南、西藏。印度、缅甸、尼泊尔。生于海拔2900~4000m山坡林缘或岩石山坡。一期科考。

(242)散生栒子 *Cotoneaster divaricatus* Rehd. et Wils.

分布:则岔。甘肃省内卓尼、临潭。我国陕西、西藏、江西、四川、云南、湖北等地。生于海拔2900~3900m石砾山坡、山沟灌木丛中。中国特有植物。一期科考。

(243)麻核栒子 *Cotoneaster foveolatus* Rehd. et Wils.

分布:则岔。甘肃省内岷县、夏河。我国陕西、湖北、湖南及西南各地。生于海拔2900~3500m潮湿地灌木丛中、密林内、水边及荒野。中国特有植物。一期科考。

(244)西北栒子 *Cotoneaster zabelii* Schneid.

分布:则岔。甘肃省内兰州、定西、天水、临夏及陇南、甘南等地区。我国河北、山西、山东、河南、陕西、宁夏、青海、湖北、湖南。生于海拔2900~3200m沟谷边、山坡阴处、石灰岩山地及灌木丛中。中国特有植物。一期科考。

(245)东方草莓*Fragaria orientalis* Losinsk

分布:则岔。甘肃省内兰州、定西、天水、临夏及陇南、甘南等地。我国东北、华北、西北。朝鲜、蒙古、俄罗斯。生于海拔2900~4000m山坡草地或林下。综合调查。

(246)野草莓*Fragaria vesca* L.

分布:则岔。甘肃省内甘南地区。我国吉林、陕西、新疆及西南各地。广布北温带及欧洲、北美。生于海拔2900~3200m山坡、草地、林下。一期科考。

(247)路边青*Geum aleppicum* Jacq.

别名:水杨梅。

分布:则岔。甘肃省内广布。我国东北、华北、西北、西南及河南、湖北、西藏。广布北半球温带及暖温带。生于海拔2900~3500m地边、山坡草地、林间隙地、河滩、沟边及林缘。一期科考。

(248)华西臭樱*Maddenia wilsonii* Koehne

分布:则岔、石林。甘肃省内广布。我国湖北、四川。生于海拔2900~3560m山坡、灌丛中或河边向阳处。综合调查。

(249)鹅绒委陵菜*Potentilla anserina* L.

别名:蕨麻、人参果。

分布:则岔、尕海、西倾山。甘肃省内定西、临夏及陇南、甘南地区和祁连山区。我国东北、华北、西北及四川、云南、西藏。北半球温带、拉丁美洲、大洋洲等地。生于海拔2900~4100m河岸、路边、山坡草地及草甸。一期科考。

(250)二裂叶委陵菜*Potentilla bifurca* L.

分布:则岔、尕海。甘肃省内天水、临夏、兰州、陇东、河西、甘南等地。我国黑龙江、四川、西藏及华北、西北。欧洲、蒙古、朝鲜、西伯利亚。生于海拔2900~3600m山坡草地、半干旱荒漠草原及疏林下。一期科考。

用于功能性子宫出血,产后出血过多,痢疾。

(251)矮生二裂委陵菜*Potentilla bifurca* L. var. *humilior* Rupr.

分布:则岔、尕海。甘肃省内天水、临夏、兰州、陇东、河西、甘南等地。我国内蒙古、河北、山西、陕西、青海、宁夏、新疆、四川、西藏。苏联、蒙古。生于海拔2900~4000m山坡草地、河滩沙地及干旱草原。二期科考。

(252)委陵菜*Potentilla chinensis* Ser.

分布:则岔。甘肃省内天水、临夏、兰州、陇东、河西、甘南等地。我国山东、辽宁、安徽、河北、河南、内蒙古、湖北、江苏、广西、福建等地。俄罗斯远东地区、日本、朝鲜。生于海拔2900~3200m山坡草地、沟谷、林缘、灌丛或疏林下。综合调查。

清热解毒,凉血止痢。用于赤痢腹痛,久痢不止,痔疮出血,痈肿疮毒。

(253)金露梅*Potentilla fruticosa* L.

分布:则岔、尕海。甘肃省内甘南地区、祁连山区及临夏。我国东北、华北、陕西、新疆、四川、西藏。北温带。生于海拔2900~4000m山坡草地、砾石坡、高山灌丛、草甸及林缘等。一期科考。

花、叶入药,有健脾、化湿、调经之效。

(254)垫状金露梅*Potentilla fruticosa* L. var. *pumila* Hook. f.

分布:则岔、尕海。甘肃省内甘南地区。我国西藏等地。生于海拔3600~4300m高山草甸、灌丛中及砾石坡上。二期科考。

（255）伏毛金露梅*Potentilla fruticosa* Linn. var. *arbuscula*（D. Don）Maxim.

分布：则岔、尕海。甘肃省内甘南地区。我国四川、云南、西藏等地。生于海拔2900~4300m山坡草地、灌丛或林中岩石上。二期科考。

（256）银露梅*Potentilla glabra* Lodd.

分布：则岔。甘肃省内陇南、甘南、祁连山及临夏。我国内蒙古、河北、山西、陕西、青海、安徽、湖北、四川、云南。朝鲜、俄罗斯、蒙古。生于海拔2900~3700m山坡草地、河谷岩石缝中、灌丛及林中。一期科考。

花、叶入药，有健脾、化湿、调经之效。

（257）柔毛委陵菜*Potentilla griffithii* Hook. f.

分布：则岔。甘肃省内甘南地区。我国四川、贵州、云南、西藏。不丹、印度。生于海拔2900~3600m荒地、山坡草地、林缘及林下。一期科考。

（258）多茎委陵菜*Potentilla multicaulis* Bge.

分布：则岔。甘肃省内除酒泉地区外，各地均产。我国西北、辽宁、内蒙古、河北、河南、山西、四川。海拔2900~3800m沟谷、向阳砾石山坡、草地及疏林下。中国特有植物。一期科考。

地上全草入药，可止血、杀虫。

（259）多裂委陵菜*Potentilla multifida* L.

分布：则岔。甘肃省内各地。我国东北、西北及内蒙古、河北、陕西、四川、云南。西北半球及欧、亚、美三洲。生于海拔2900~4300m山坡草地、沟谷、林缘。一期科考。

（260）掌叶多裂委陵菜*Potentilla multifida* Linn. var. *ornithopoda*（Tausch）Wolf

分布：则岔。甘肃省内各地。我国黑龙江、内蒙古、河北、山西、陕西、青海、新疆、西藏。蒙古、俄罗斯。生于海拔2900~4300m山坡草地、河滩、沟边、草甸及林缘。二期科考。

（261）小叶金露梅*Potentilla parvifolia* Fisch. ex Lehm.

异名：*Pentaphylloides parvifolia*（Fisch ex Lehm）Sojak。

分布：则岔、尕海。甘肃省内各地。我国黑龙江、内蒙古、青海、四川和西藏。俄罗斯、蒙古。生于海拔2900~4000m干燥山坡、岩石缝中、林缘及林中。一期科考。

（262）铺地小叶金露梅*Potentilla parvifolia* var. *armenioides*（Hook. f.）Yu et Li

分布：则岔、尕海。甘肃省内甘南地区。甘肃新记录。我国西藏。印度。生于海拔3400~4300m山坡草原、流石滩。一期科考。

新鲜草药捣烂外敷能止痒消毒，花叶捣烂敷用治寒湿脚气；草药服用对乳腺炎有显著改善作用，还有利尿消肿的功效。

（263）羽毛委陵菜 *Potentilla plumosa* Yü et Li

分布：则岔。甘肃省内甘南地区。我国青海、四川、西藏。生于海拔2900~4000m高山草坡、草地、河谷阶地或林间开阔地。中国特有植物。二期科考。

（264）华西委陵菜*Potentilla potaninii* Wolf

分布：则岔。甘肃省内张掖以东各地。我国青海、四川、云南、西藏。生于海拔2900~3200m山坡草地、林缘、沼泽地或林下。中国特有植物。一期科考。

(265)裂叶华西委陵菜*Potentilla potaninii* Wolf var. *compsophylla*(Hand.-Mazz)Yu et Li

分布:则岔、尕海。甘肃省甘南地区。我国四川、西藏阿里。生于海拔3300~4300m山坡草地。中国特有植物。二期科考。

(266)钉柱委陵菜*Potentilla saundersiana* Royle

分布:则岔、尕海。甘肃省甘南地区。我国西北、山西、四川、西藏、云南、青海等地。不丹、尼泊尔、印度。生于海拔2900~4100m多石山顶、高山灌丛、山坡草地和草甸。二期科考。

(267)齿裂西山委陵菜*Potentilla sischanensis* Bge. ex Lehm. var. *peterae*(Hand.-Mazz.)Yü et Li

分布:则岔。甘肃省内武都、天水、定西、兰州、武威及甘南地区。我国内蒙古、宁夏、山西、陕西、四川。生于海拔2900~3300m荒地、沟谷、山坡草地。中国特有植物。一期科考。

(268)菊叶委陵菜*Potentilla tanacetifolia* Willd.

分布:则岔。甘肃省内大部分地区。我国东北、华北、陕西。俄罗斯、蒙古。生于海拔3300m以下山坡草地、低洼地、草原、林缘。其他调查。

(269)美蔷薇*Rosa bella* Rehd. et Wils

分布:则岔(栽培)。我国华北、东北、西北及河南等地。日本、朝鲜半岛。野生种类生于灌丛中、山脚下或河沟旁等处。二期科考。

花果均入药,花能理气、活血、调经、健胃;果能养血活血,治疗脉管炎、高血压、头晕等症。

(270)细梗蔷薇*Rosa graciliflora* Rehd. et Wils.

分布:则岔。甘肃分布新记录。我国四川、云南、西藏。生于海拔3400~4300m云杉林下或林缘灌丛中。中国特有植物。一期科考。

(271)峨眉蔷薇*Rosa omeiensis* Rolfe

分布:则岔。甘肃省内陇南地区、甘南地区、祁连山区及临夏。我国云南、四川、湖北、陕西、宁夏、青海、西藏。生于海拔2950~4000m山坡、山脚下或灌丛中。中国特有植物。一期科考。

(272)刺梗蔷薇*Rosa setipoda* Hemsl. & E. H. Wilson

分布:则岔。甘肃省内大部分地区。我国湖北、四川。生于海拔2900~3200m山坡或灌丛中。二期科考。

(273)扁刺蔷薇*Rosa sweginzowii* Koehne

分布:则岔。甘肃省内陇南和甘南地区、祁连山区及临夏。我国湖北、四川、云南、陕西、青海、西藏。生于海拔2900~3800m山坡路旁、灌丛中。中国特有植物。一期科考。

(274)小叶蔷薇*Rosa willmottiae* Hemsl.

分布:则岔。甘肃省内甘南和陇南地区、祁连山区及临夏。我国四川、陕西、青海、西藏。生于海拔2900~3300m山坡、沟边、灌丛中。中国特有植物。一期科考。

(275)黄刺玫*Rosa xanthina* Lindl

分布:则岔(栽培)。甘肃省内大部分地区。原产我国东北、华北至西北地区。二期科考。

花、果药用,能理气活血、调经健脾。

(276)华西蔷薇*Rosa moyesii* Hemsl.

分布:则岔。甘肃省内甘南地区。我国云南、四川、陕西。生于海拔2900~3800m山坡或灌丛中。模式标本采自四川康定。二期科考。

(277)紫色悬钩子 *Rubus irritans* Focke

分布:则岔。甘肃省内甘南地区。我国四川、青海、西藏。印度、巴基斯坦、阿富汗、伊朗及克什米尔地区。生于海拔2900~4300m山坡林缘及灌丛中。一期科考。

(278)毛果悬钩子 *Rubus ptilocarpus* Yü et Lu

分布:则岔。甘肃省内南部地区。我国四川西部、云南东北部。生于海拔2900~4100m山地阴坡沟谷、林内或草丛中。二期科考。

(279)库页悬钩子 *Rubus sachalinensis* Lévl.

分布:则岔。甘肃省内大部分地区。我国黑龙江、吉林、内蒙古、河北、青海、新疆。生于海拔2900~3200m山坡潮湿地密林下、稀疏杂木林内、林缘、林间草地或干沟石缝、谷底石堆中。日本、朝鲜、俄罗斯及欧洲。二期科考。

清肺止血,解毒止痢。常用于吐血,衄血,痢疾,泄泻。

(280)矮地榆 *Sanguisorba filiformis*(Hook. f.)Hand.-Mazz.

分布:则岔。甘肃省内定西、临夏及甘南地区、祁连山区。我国四川、云南、西藏。印度。生山坡草地及沼泽,海拔2900~4000m。一期科考。

根:辛,温。补血调经,止血,止痛。用于月经不调,不孕症。

(281)地榆 *Sanguisorba officinalis* L.

分布:则岔。甘肃省内定西、临夏及甘南地区、祁连山区。我国东北、华北、西北、西南及湖南、湖北、广西、西藏。欧洲、亚洲北温带。生于海拔2930~3200m山坡草地、草甸、灌丛中、疏林下。一期科考。

有凉血止血、清热解毒、消肿敛疮等功效。

(282)隐瓣山莓草 *Sibbaldia procumbens* L. var. *aphanopetala*(Hand.-Mazz.)Yü et Li

分布:则岔。甘肃省内陇南及甘南地区。我国陕西、青海、四川、云南、西藏。生于海拔2900~4000m山坡草地、岩石缝及林下。中国特有植物。一期科考。

全草入药。止咳,调经,祛瘀消肿。

(283)窄叶鲜卑花 *Sibiraea angustata*(Rehd.)Hand.-Mazz.

分布:则岔、西倾山。甘肃省内甘南地区、祁连山区及临夏。我国青海、云南、四川、西藏。生于海拔2900~4300m山坡灌丛中、山谷、沙石滩地。中国特有植物。一期科考。

(284)鲜卑花 *Sibiraea laevigata*(Linn.)Maxim.

分布:则岔、尕海。甘肃岷县、西固等地。青海、西藏等地。俄罗斯。生于海拔2900~4000m高山、溪边或草甸灌丛中。综合调查。

味甘、微苦,性温。消食化积,理气止痛。

(285)湖北花楸 *Sorbus hupehensis* C. K. Schneid.

分布:则岔。甘肃省内大部分地区。我国湖北、江西、安徽、山东、四川、贵州、陕西、青海。生于海拔2900~3500m高山阴坡或山沟密林内。中国特有植物。综合调查。

(286)陕甘花楸 *Sorbus koehneana* Schneid.

分布:则岔。甘肃省内陇东、陇南和甘南地区、祁连山区。我国山西、河南、陕西、湖北、四川、青海。生于海拔2900~4000m山区杂木林内。中国特有植物。一期科考。

(287)太白花楸 *Sorbus tapashana* C. K. Schneid.

分布:则岔。甘肃省内天水、临夏和甘南地区、祁连山区。我国陕西、新疆。生于海拔2900~3500m云杉、冷杉、杜鹃林中。中国特有植物。一期科考。

(288)天山花楸 *Sorbus tianschanica* Rupr.

分布:则岔。甘肃省内天水、临夏和甘南地区、祁连山区。我国新疆、青海。土耳其和阿富汗。生于海拔2900~3200m高山溪谷中或云杉林边缘。二期科考。

主治肺痨,哮喘,咳嗽,胃痛,维生素缺乏症。

(289)高山绣线菊 *Spiraea alpina* Pall.

分布:则岔。甘肃省内甘南地区、祁连山区及临夏。我国陕西、四川、青海、西藏。蒙古、西伯利亚。生于海拔3500~4100m高山石砾地、谷地或河岸阶地的杂木林内、灌丛中或沟谷草甸。一期科考。

(290)蒙古绣线菊 *Spiraea mongolica* Maxim.

分布:则岔。甘肃省内甘南地区、祁连山区。我国内蒙古、河北、河南、山西、陕西、青海、四川、西藏。生于海拔2900~3600m山坡灌丛中或山顶及山谷多石砾地。综合调查。

(291)细枝绣线菊 *Spiraea myrtilloides* Rehd.

分布:则岔。甘肃省内甘南地区、祁连山区。我国湖北、四川、云南。生于海拔2900~3200m山坡、山谷或杂木林边。中国特有植物。一期科考。

根:消肿解毒,祛腐生新。

(292)南川绣线菊 *Spiraea rosthornii* Pritz.

分布:则岔。甘肃省内天水、临夏及陇南和甘南地区。我国河南、安徽、云南、四川、陕西、青海。生于海拔2900~3500m山溪沟边或山坡杂木林内。中国特有植物。一期科考。

(293)西藏绣线菊 *Spiraea xizangensis* L. T. Lu

异名:*Spiraea tibetica* Yu et Lu。

分布:则岔。甘肃省内甘南地区。我国西藏林周、墨竹工卡、南木林及青海果洛、称多等地。生于海拔3500~4300m山坡、河岸的灌木丛。中国特有植物。其他调查。

3.1.4.1.15 豆科 Leguminosae

(294)金翼黄耆 *Astragalus chrysopterus* Bunge

分布:则岔。甘肃省内陇南和甘南地区、祁连山区。我国河北、山东、山西、陕西、宁夏、青海、四川。生于海拔2900~3700m山坡、灌丛、林下、沟谷中。中国特有植物。一期科考。

(295)多花黄耆 *Astragalus floridus* Bunge

分布:则岔。甘肃省内甘南地区、祁连山区及临夏。我国青海、四川、西藏。印度。生于海拔2900~4300m高山草坡、灌丛下。一期科考。

(296)青海黄耆 *Astragalus kukunoricus* N. Ulziykhutag

分布:则岔、尕海。甘肃省内肃北、祁连山及甘南地区。我国青海、新疆。生于海拔2900~3700m山地。模式标本采自青海天峻。二期科考

(297)甘肃黄耆 *Astragalus licentianus* Hand. -Mazz.

分布:则岔、尕海。甘肃省内兰州、定西及南部地区。我国青海等地。生于海拔3000~4300m高山沼泽草地。中国特有植物。其他调查。

藏药(塞盎):全草治溃疡,胃痉挛,水肿,诸疮;外用熬膏治创伤。

(298)岩生黄耆*Astragalus lithophilus* Kar. et Kir.

分布:则岔。甘肃省内甘南地区。我国新疆伊犁地区和乌恰。中亚也有分布。生于海拔2900~3200m沙砾质河漫滩上或山坡草地。其他调查。

(299)淡黄花黄耆*Astragalus luteolus* Tsai et Yu

别名:黄花黄耆。

分布:则岔。甘肃省内岷县、卓尼。我国四川西北部及青海。生于海拔2900~3800m高山草坡、草甸。中国特有植物。一期科考。

(300)单体蕊黄耆*Astragalus monadelphus* Bunge

别名:单体黄耆。

分布:则岔。甘肃省内兰州、榆中及甘南地区、祁连山区。我国青海、四川和西藏等地。生于海拔2900~4000m山顶灌丛、山谷、山坡草地。中国特有植物。一期科考。

用于气虚乏力,食少便溏,中气下陷,久泻脱肛,便血崩漏,表虚自汗,气虚水肿,痈疽难溃,久溃不敛,血虚萎黄,内热消渴;慢性肾炎蛋白尿,糖尿病。

(301)蒙古黄耆*Astragalus mongholicus* Bunge

异名:*Astragalus membranaceus*(Fisch.)Bunge var. *mongholicus*(Bunge)P. K. Hsiao。

分布:则岔。甘肃省内大部分地区。我国黑龙江、内蒙古、河北、山西。生于向阳草地及山坡上。模式标本采自内蒙古乌拉山。一期科考。

其根入药,有补气固表、利尿托毒、排脓和敛疮生肌之功效。在保护心肌、调节血压、提高人体免疫力等方面具有很好的疗效。

(302)多枝黄耆*Astragalus polycladus* Bur. et Franch.

分布:则岔、尕海。甘肃省内陇东、陇南和甘南地区、祁连山区及临夏。我国四川、云南、西藏、青海和新疆西部。生于海拔2900~3400m山坡、路旁。中国特有植物。一期科考。

(303)肾形子黄耆*Astragalus skythropos* Bunge ex Maxim.

分布:则岔、西倾山。甘肃省内甘南地区。我国四川、云南、青海、新疆。生于海拔3200~3800m高山草地、草甸上。中国特有植物。一期科考。

藏药(塞盎):用于水肿,诸疮。同甘肃黄耆。

(304)东俄洛黄耆*Astragalus tongolensis* Ulbr.

分布:则岔、尕海。甘肃省内甘南地区。我国四川(西部)。生于海拔2900m以上山坡。中国特有植物。一期科考。

藏药(大牙甘):全草治关节痛;外用消肿止痒。根治脓胸,胸腔黄水病,头部骨伤,骨折;外用治痈肿疔毒,皮肤瘙痒。

(305)云南黄耆*Astragalus yunnanensis* Franch.

分布:则岔、尕海、西倾山。甘肃省内甘南地区。我国四川西部、云南西北部及西藏昌都地区。生于海拔3000~4300m山坡或草原上。模式标本采自云南丽江。中国特有植物。一期科考。

主治体弱乏力,食少纳差,久痢久泻,自汗盗汗,贫血,水肿,子宫脱垂,脱肛,慢性溃疡。

(306)小果黄耆*Astragalus zacharensis* Bunge

异名:*Astragalus tataricus* Franch.。

别名:密花黄耆、鞑靼黄耆、皱黄耆。

分布：则岔。甘肃省内大部分地区。我国华北、东北西部，黄土高原。生于海拔2900~3200m山坡地。中国特有植物。其他调查。

(307)祁连山黄耆*Astragalus chilienshanensis* Y. C. Ho

分布：尕海。甘肃省内甘南地区。我国青海东部。生于海拔3500m左右山坡沼泽地。模式标本采自青海祁连县。二期科考。

(308)长萼裂黄耆*Astragalus longilobus* Pet.-Stib.

分布：则岔、尕海。甘肃省内东南部通渭、舟曲、迭部等地。我国四川、西藏、陕西等地。生于海拔2900~4300m山坡及溪旁草地。模式标本采自甘肃迭部。二期科考。

(309)马衔山黄耆*Astragalus mahoschanicus* Hand.-Mazz.

分布：则岔、尕海。甘肃省内永登、榆中、清水、天祝、张掖、肃南、山丹、酒泉、玉门、夏河等地。我国四川西北部、内蒙古、宁夏、青海、新疆、西藏。生于海拔2900~4300m山顶和沟边。模式标本采自甘肃马衔山。二期科考。

(310)无毛叶黄耆*Astragalus smithianus* Pet.-Stib.

分布：西倾山。甘肃省内甘南地区。我国四川(康定)、青海(扎多)。生于海拔3400~4300m山坡砾石地。模式标本采自四川康定。二期科考。

(311)短叶锦鸡儿*Caragana brevifolia* Kom.

分布：则岔。甘肃省内甘南及河西。我国四川西部、西藏东部、青海南部。生于海拔2900~3300m河岸、山谷、山坡疏林间。中国特有植物。一期科考。

清热解毒，消肿止痛。常用于高血压病，痈疽，疮疖肿痛。

(312)密叶锦鸡儿*Caragana densa* Kom.

分布：则岔。甘肃省内岷县、卓尼、临潭、夏河。我国四川北部、青海东部、新疆的天山东端。生于海拔2900~3400m山坡林中、干山坡。中国特有植物。一期科考。

(313)川西锦鸡儿*Caraganaerinacea* Kom.

分布：则岔。甘肃省内南部地区。青海东部、四川西部、西藏、云南。生于海拔2900~3200m山坡草地、林缘、灌丛、河岸。综合调查。

(314)弯耳鬼箭*Caragana jubata*(Pall.)Poir. var. *recurva* Liou f.(Leguminosae)

分布：则岔。甘肃省内榆中马衔山及甘南地区。我国宁夏贺兰山、四川。生于海拔2900~3300m山坡灌丛中。中国特有植物。一期科考。

(315)鬼箭锦鸡儿*Caragana jubata*(Pall.)Poir.

分布：则岔、尕海。甘肃省内南部地区。我国辽宁、内蒙古、河北、山西、青海、四川、新疆、西藏等地。生于海拔2900~4000m山坡或山顶灌木中。综合调查。

具有清热解毒之功效。常用于乳痈，疮疖肿痛，高血压病。

(316)青海锦鸡儿*Caragana chinghaiensis* Liou f.

分布：则岔、尕海。甘肃省内南部夏河、碌曲等地。我国四川、青海兴海等地。生于海拔2950~3500m台地、阳坡灌丛。中国特有植物。二期科考。

(317)红花山竹子*Corethrodendron multijugum*(Maxim.)B. H. Choi & H. Ohashi

异名：*Hedysarum multijugum* Maxim.。

别名：红花岩黄耆。

分布：则岔、尕海。甘肃省内大部分地区。我国西北、四川、西藏、山西、内蒙古、河南和湖北。生于荒漠地区的砾石质洪积扇、河滩，草原地区的砾石质山坡以及某些落叶阔叶林地区的干燥山坡和砾石河滩。综合调查。

根及根状茎可药用，有强心、利尿、消肿之功效。用于气虚气促，小便淋痛，浮肿。

(318)块茎岩黄耆 *Hedysarum algidum* L. Z. Shue

分布：则岔。甘肃省内甘南地区及临夏。我国青藏高原东北边缘的青海、四川西北部等高寒地区。生于亚高山草甸、林缘和森林阳坡的草甸草原。中国特有植物。一期科考。

(319)锡金岩黄耆 *Hedysarum sikkimense* Benth. ex Baker var. *sikkimense*

分布：则岔。甘肃省内甘南地区。我国横断山的四川西部、西藏东部和东喜马拉雅山地。不丹、印度及尼泊尔东部。生于海拔3000~3900m高山草甸和灌木林下。一期科考。

(320)唐古特岩黄耆 *Hedysarum tanguticum* B. Fedtsch

别名：洮河岩黄耆。

分布：则岔。甘肃南部的白龙江流域和甘南草原区。我国四川西北部的松潘和西部的甘孜地区、云南西北部的德钦及其沧江和怒江的高山带、西藏东部的昌都地区和山南地区等。生于高山潮湿的阴坡草甸或灌丛草甸、沙质或沙砾质河滩。其他调查。

(321)牧地香豌豆 *Lathyrus pratensis* Linn.

别名：牧地山黧豆。

分布：则岔。甘肃省内大部分地区。我国黑龙江、陕西、青海、新疆、四川、云南及贵州。欧洲、亚洲。生于海拔2900~3200m山坡草地、疏林下、路旁。其他调查。

祛痰止咳。用于肺气壅实、咳嗽痰多、胸满喘急之证。

(322)矩镰荚苜蓿 *Medicago archiducis-nicolai* G. Sirjaev

分布：则岔、尕海。甘肃省内南部地区。我国四川西北部、青海、新疆等地。生于海拔2900~3900m山坡、平坝和沙土草地。该种是高原地带有驯化价值的豆科牧草之一。综合调查。

清热消炎，强心利尿。治肺炎咳嗽；外擦治疗创伤。

(323)天蓝苜蓿 *Medicago lupulina* L.

分布：则岔、尕海。甘肃省内大部分地区。我国东北、华北、西北、华中及西南等地。俄罗斯、蒙古、日本、朝鲜、东南亚及欧洲各国。生于海拔2900~3500m湿草地及稍湿草地，常见于河岸及路旁。综合调查。

清热利湿，凉血止血，舒筋活络。用于黄疸型肝炎，便血，痔疮出血，白血病，坐骨神经痛，风湿骨痛，腰肌劳损。外用治蛇咬伤。

(324)花苜蓿 *Medicago ruthenica*(L.)Trautv.

分布：则岔。甘肃省内大部分地区。我国东北、华北各地及山东、四川。朝鲜、蒙古、苏联。生于草原、河岸及沙砾质土壤的山坡。综合调查。

退烧，消炎，止血。内服治肺热咳嗽，赤痢；外用消炎，止血。

(325)草木犀 *Melilotus officinalis*(L.)Pall.

分布：则岔。甘肃省内大部分地区。我国东北、华南、西南各地。欧洲地中海东岸、中东、中亚、东亚。生于山坡、河岸、路旁、沙质草地及林缘。二期科考。

(326)镰荚棘豆 *Oxytropis falcata* Bge.

分布:则岔、尕海。甘肃省内河西走廊及夏河、卓尼、玛曲。我国青海、新疆、四川、西藏。蒙古。生于海2900~4300m山坡、河谷、山间宽谷、河漫滩草甸、高山草甸和阴坡云杉林下。综合调查。

清热解毒,生肌愈疮,抗炎镇痛,涩脉止血。

(327)华西棘豆 *Oxytropis giraldii* Ulbr.

分布:则岔。甘肃省内中部、西部和南部卓尼、夏河。我国陕西秦岭、青海东部、四川松潘。生于海拔2900~3600m荒地、沟谷林中、云杉林间空地及山坡草地。中国特有植物。一期科考。

(328)米口袋状棘豆 *Oxytropis gueldenstaedtioides* Ulbr.

分布:则岔。甘肃省内甘南地区。我国宁夏、陕西。生于海拔2900~3700m高山草地或草甸。中国特有植物。一期科考。

(329)甘肃棘豆 *Oxytropis kansuensis* Bunge

异名:*Oxytropis longipedunculata* C. W. Chang。

别名:长梗棘豆。

分布:则岔、尕海。甘肃省内甘南地区、祁连山区及临夏。我国陕西、宁夏、青海、西藏、四川、云南。尼泊尔。生于海拔2900~4300m路旁、草甸、草原、沼泽地、森林、灌丛、林间砾石地。一期科考。

具有止血、利尿、解毒疗疮之功效。用于各种内出血,水肿,疮疡。

(330)黑萼棘豆 *Oxytropis melanocalyx* Bge.

分布:则岔。甘肃省内南部卓尼等地。我国陕西、青海、四川、云南、西藏等省区。生于海拔3100~4100m山坡草地或灌丛下。中国特有植物。甘肃特有。其他调查。

治腹水,风疹,丹毒;退烧,镇痛,催吐,利尿;治溃疡病,胃痉挛,水肿;外用熬膏治创伤。

(331)黄花棘豆 *Oxytropis ochrocephala* Bunge.

别名:马绊肠。

分布:则岔、尕海。甘肃省内甘南地区、祁连山区及临夏。我国四川、青海、西藏。生于海拔2900~4200m林下、草地、沼泽地、河漫滩、干河谷阶地、山坡砾石草地及圆柏林下。一期科考。

(332)青海棘豆 *Oxytropis qinghaiensis* Y. H. Wu

分布:则岔、尕海。甘肃省内玛曲等地。我国四川、西藏、青海等省区。生于海拔3000~3600m高山草甸、沟谷林源、山坡灌丛草地。二期科考。

(333)泽库棘豆 *Oxytropis zekogensis* Y. H. Wu

分布:则岔、尕海。甘肃省内甘南地区。我国四川、西藏、青海等省区。

生于海拔2900~3500m河滩草甸、山坡草地。模式标本采自青海泽库。二期科考。

(334)地角儿苗 *Oxytropis bicolor* Bunge

分布:则岔。甘肃省内大部分地区。我国内蒙古、河北、山西、陕西、宁夏、青海及河南等省区。蒙古东部也有分布。生于海拔3300m以下山坡、沙地、路旁及荒地上。模式标本采自北京市郊区。二期科考。

(335)兴隆山棘豆 *Oxytropis xinglongshanica* C. W. Chang

分布:则岔。甘肃省内兴隆山和马衔山一带。我国青海大通、循化、同仁等地。生于海拔2900~3300m山坡。模式标本采自甘肃榆中县兴隆山。二期科考。

(336)长小苞蔓黄耆 *Phyllolobium balfourianum*(N. D. Simpson)M. L. Zhang & Podlech

分布:则岔。甘肃省内陇东和甘南地区、祁连山区及临夏、玛曲。我国四川西部及西南部甘孜、木里,云南西北部中甸、丽江、鹤庆。生于海拔2900~4000m开阔草地、林下、林缘。中国特有植物。一期科考。

(337)蒺藜叶蔓黄耆 *Phyllolobium tribulifolium*(Benth. ex Bunge)M. L. Zhang et Podlech

分布:尕海。甘肃省内甘南地区。我国四川西北部、云南。尼泊尔、印度、巴基斯坦也有分布。生于海拔3500~4300m山坡沙砾地或山坡草地。一期科考。

(338)紫花豌豆 *Pisum sativum* Linn.

别名:荷兰豆、荷莲豆、金豆。

分布:则岔。甘肃省内大部分地区都有栽培,是世界第四大豆类作物。我国中部、东北部等地。亚洲西部、地中海地区和埃塞俄比亚、小亚细亚西部等地区。综合调查。

(339)披针叶黄华 *Thermopsis lanceolata* R. Br.

异名:*Thermopsis lanceolata* var. *glabra*(Czefr.)Yakovl.。

别名:披针叶野决明。

分布:则岔。甘肃省内定西、临夏及祁连山区和甘南地区。我国东北、华北、西北、四川、山西、内蒙古及西藏。尼泊尔、西伯利亚及中亚。生于海拔2900~3200m沙质地或向阳山坡。一期科考。

全草药用,能祛痰、止咳,有兴奋呼吸、升高血压的功效。主治祛痰止咳。

(340)高山豆 *Tibetia himalaica*(Baker)H. P. Tsui

别名:异叶米口袋。

分布:则岔。甘肃省内甘南地区、祁连山区及临夏。我国四川、青海。印度、不丹、尼泊尔及巴基斯坦。生于海拔2900~4000m高山草甸岩石山坡。一期科考。

(341)广布野豌豆 *Vicia cracca* L.

分布:则岔(栽培)。甘肃省内大部分地区。我国南北各地均有栽培。欧洲、亚洲、美洲。生于海拔2900~3100m草甸、林缘、山坡、河滩草地及灌丛。综合调查。

(342)多茎野豌豆 *Vicia multicaulis* Ledeb

分布:则岔。甘肃省内甘南地区。我国黑龙江、吉林、辽宁、陕西、青海、西藏。蒙古、日本。生于海拔2900~3300m牧区林缘、草原、河滩灌丛中。一期科考。

具有祛风除湿、活血止痛之功效。常用于风湿痹痛,筋脉拘挛,黄疸型肝炎,白带,鼻衄,热疟,阴囊湿疹。

(343)窄叶野豌豆 *Vicia sativa* Linn. subsp. *nigra* Ehrhart

分布:则岔。甘肃省内甘南地区、祁连山区及临夏。我国西北、华东、华中、华南及西南各地。欧洲、北非、亚洲。生于滨海至海拔3300m河滩、山沟、谷地、草丛。已广为栽培。其他调查。

(344)野碗豆 *Vicia sepium* Linn

异名:*Vicia sativa* L.。

分布:则岔(栽培)。甘肃省内大部分地区。我国西北、西南各省区。俄罗斯、朝鲜、日本。野生种类生于海拔2900~3200m山坡、林缘草丛。综合调查。

用于肾虚腰痛,遗精,月经不调,咳嗽痰多;外用治疗疮。

(345)歪头菜*Viciau nijuga* A. Br.

分布:则岔。甘肃省内定西、天水及陇南和甘南地区。全国除华南外广布。蒙古、远东、朝鲜、俄罗斯、日本。生于海拔2900~3300m山地、林缘、草地、沟边和灌丛。一期科考。

全草具有补虚调肝、理气止痛、清热利尿的功效。主治头晕目眩,体虚浮肿,气滞胃痛等病症。外用可治疗疖肿毒。

3.1.4.1.16 牻牛儿苗科Geraniaceae

(346)尼泊尔老鹳草*Geranium nepalense* Sweet

分布:则岔、尕海。甘肃省内大部分地区。我国秦岭以南的陕西、湖北西部、四川、贵州、云南和西藏东部。俄罗斯远东、朝鲜和日本、中南半岛、孟加拉国、尼泊尔。生于海拔2900~3600m山地阔叶林林缘、灌丛、草坡。综合调查。

清热利湿,祛风,止咳,止血,生肌,收敛。用于风寒湿痹,肌肉酸痛,跌仆伤痛,咳嗽气喘,泄泻。

(347)熏倒牛*Biebersteinia heterostemon* Maxim.

分布:则岔。甘肃省内大部分地区。我国宁夏六盘山西坡和中卫、青海东部和南部、四川西北部。生于海拔2900~3200m河滩地和杂草坡地。其他调查。

清热镇痉,祛风解毒。用于预防感冒,小儿高热惊厥,腹胀,腹痛。

(348)牻牛儿苗*Erodium stephanianum* Willd.

分布:则岔。甘肃省内大部分地区。我国长江中下游以北的华北、东北、西北、四川西北和西藏。俄罗斯、中亚各国、日本、蒙古、阿富汗和克什米尔地区。生于干山坡、沙质河滩地和草原凹地等。综合调查。

祛风湿,活血通络,清热解毒。调经,活血,明目,退翳。

(349)粗根老鹳草*Geranium dahuricum* DC.

别名:块根老鹳草。

分布:则岔。甘肃省内大部分地区。我国东北、华北、西北、四川、西藏等地。俄罗斯、蒙古。生于海拔2900~3500m山地草甸或高山草甸。其他调查。

祛风燥湿,活血通络。主治风湿痹痛,肢体麻木,筋骨酸楚,跌打伤损,泄泻痢疾,痈疮肿毒,风疹疥癞。

(350)草地老鹳草*Geranium pratense* L.

分布:则岔。甘肃省内甘南地区、祁连山区及临夏。我国东北、华北、西北、西南各地。欧洲、亚洲西部、中亚、喜马拉雅山区。生于海拔2900~4000m山坡草地、灌丛中。一期科考。

舒筋活络,止泻。用于痹证,肠炎,痢疾,泄泻。

(351)甘青老鹳草*Geranium pylzowianum* Maxim.

分布:则岔、尕海、西倾山。甘肃省内甘南地区、祁连山区及临夏。我国陕西、云南、四川、青海、西藏。尼泊尔。生于海拔2900~3600m山地针叶林缘草地、高山草甸、山谷湿润地带。一期科考。

祛风湿,通经络,止泻利。主治风湿痹痛,麻木拘挛,筋骨酸痛,泄泻痢疾。

(352)鼠掌老鹳草*Geranium sibiricum* L.

分布:则岔、尕海、西倾山。甘肃省内大部分地区。我国大部分地区。欧洲、中亚、俄罗斯、蒙古、朝鲜和日本。生于林缘、疏灌丛、河谷草甸或为杂草。二期科考。

可治疗疱疹性角膜炎。

(353)老鹳草*Geranium wilfordii* Maxim.

分布:则岔。甘肃省内天水、合水、文县、康县等地。我国东北、华北、华东、华中、陕西和四川。俄罗斯远东、朝鲜和日本有分布。生于海拔3300m以下山坡林下、草甸。药用植物。二期科考。

用于风湿痹痛,肌肤麻木,筋骨酸楚,跌打损伤,泄泻,痢疾,疮毒。

3.1.4.1.17 亚麻科Linaceae

(354)宿根亚麻*Linum perenne* L.

异名:*Linum perenne* L. var. *sibiricum* Planch.。

分布:则岔、尕海。甘肃省内陇东和甘南地区以及天水、定西。我国内蒙古、河北、山西、陕西、青海、新疆、西藏及西南各地。欧洲至西伯利亚。生于海拔2900~4100m河岸及山坡、沙砾质干河滩、干旱草地和阳坡疏灌丛。一期科考。

具有通经活血之功效。常用于血瘀经闭。

3.1.4.1.18 远志科Polygalaceae

(355)西伯利亚远志*Polygala sibirica* L.

别名:卵叶远志。

分布:则岔。甘肃省内甘南地区、临夏、兰州及黄土高原一带。我国各地均有分布。印度、日本、朝鲜、蒙古、西伯利亚。生于海拔2900~4300m沙质土、石砾和石灰岩山地灌丛、林缘或草地。一期科考。

根入药,主治心肾不交,失眠多梦,健忘惊悸,神志恍惚,咳痰不爽,疮疡肿,乳房疼痛等症。

国家三级重点保护野生药用植物。

3.1.4.1.19 大戟科Euphorbiaceae

(356)青藏大戟*Euphorbia altotibetica* O. Pauls.

分布:则岔、尕海。甘肃高台、酒泉及甘南地区。我国宁夏、青海和西藏。生于海拔2900~3900m山坡、草丛及湖边。中国特有植物。综合调查。

大戟科植物提取物有抗肿瘤、抗炎、抗病毒和抑制微生物生长等常见药理活性,还具有抗蛇毒、促进伤口愈合的特有活性。

CITES-2019附录Ⅱ保护植物。

(357)泽漆*Euphorbia helioscopia* L.

分布:则岔。甘肃省内各地区常见。我国除西藏、新疆外,各地广布。朝鲜、日本、印度及中亚和欧洲。生于海拔2900~3300m沟谷、荒地中。一期科考。

行水消肿,化痰止咳,解毒杀虫。主治水气肿满,痰饮喘咳,疟疾,菌痢,瘰疬,结核性瘘管,骨髓炎。

CITES-2019附录Ⅱ保护植物。

(358)高山大戟*Euphorbia stracheyi* Boiss.

分布:则岔、尕海。甘肃省内南部地区。我国云南、西藏、四川、青海等地。尼泊尔、印度。生于海拔2900~4000m灌丛、高山草甸、林缘以及杂木林下。一期科考。

具有祛湿、止痒、生肌之功效。用于癣疾,黄水疮。

CITES-2019附录Ⅱ保护植物。

(359)乳浆大戟*Euphorbia esula* L.

分布:则岔。甘肃省内大部分地区。我国除海南、贵州、云南和西藏外广泛分布。广布于欧亚大陆及北美。生于路旁、杂草丛、山坡、林下、河沟边及草地。二期科考。

有祛寒、镇咳、平喘、拔毒止痒、利尿消肿之功。用来治疗肝硬化腹水,百日咳,急性胰腺炎,尿毒症及肾病综合征等;外用于淋巴结结核,皮癣等。

CITES-2019附录Ⅱ保护植物。

(360)甘青大戟 *Euphorbia micractina* Boiss.

分布:则岔。甘肃省内兰州、白银、武威、平凉、定西、陇南、临夏及甘南。我国河南、四川、山西、陕西、宁夏、青海、新疆和西藏。克什米尔、巴基斯坦和喜马拉雅。生于海拔2900~3200m山坡、草甸、林缘及沙石砾地区。模式标本采自喜马拉雅。二期科考。

可用作通便、利尿。治疗水肿,结核,牛皮癣,疥疮和无名肿毒。

CITES-2019附录Ⅱ保护植物。

3.1.4.1.20 水马齿科 Callitrichaceae

(361)沼生水马齿 *Callitriche palustris* L.

分布:尕海。甘肃省内岷县及甘南地区。我国东北、华东至西南各地。朝鲜、日本、土耳其及欧洲和中亚。生于海拔3300~3800m浅水以及沼泽地。一期科考。

清热解毒,利尿消肿。主治目赤肿痛,水肿,湿热淋痛。

3.1.4.1.21 卫矛科 Celastraceae

(362)小卫矛 *Euonymus nanoides* Loes

分布:则岔。甘肃省内平凉、庆阳及甘南地区。我国河北、山西、陕西、四川、云南、西藏。生于海拔2900~3700m森林及峭壁。中国特有植物。一期科考。

(363)矮卫矛 *Euonymus nanus* Bieb.

分布:则岔。甘肃省大部分地区。我国内蒙古、山西、陕西、宁夏、青海、西藏。中亚和俄罗斯。生于海拔2900~3200m草原、荒漠草原、落叶阔叶林缘、山坡灌丛。二期科考。

祛风散寒,除湿通络。主治风寒湿痹,关节肿痛,肢体麻木。

(364)栓翅卫矛 *Euonymus phellomanus* Loes.

分布:则岔。甘肃省内大部分地区。我国陕西、河南、宁夏、四川北部和湖北等省区。生于海拔2900m以上地带。中国特有植物。一期科考。

有助于血液流通,具有消肿之功能。用于止血散瘀,杀虫,妇女产后瘀血等。

(365)中亚卫矛 *Euonymus przewalskii* Maxim.

异名:*Euonymus semenovii* Regel et Herd.。

别名:八宝茶。

分布:则岔。甘肃省内岷县、舟曲等地。我国河北、山西、新疆、四川、云南、西藏。生于海拔3200m以下山地灌丛、森林、路边、山谷。二期科考。

3.1.4.1.22 藤黄科 Guttiferae

(366)突脉金丝桃 *Hypericum przewalskii* Maxim.

分布:则岔。甘肃省内陇南和甘南地区。我国陕西、青海、四川、湖北、河南。生于海拔2940~3400m山坡及河边灌丛。中国特有植物。一期科考。

3.1.4.1.23 柽柳科 Tamaricaceae

(367)三春水柏枝 *Myricaria paniculata* P. Y. Zhang et Y. J. Zhang

分布:则岔。甘肃省内中部及东南部临潭等地。我国河南西部、山西、陕西、宁夏东南部、四川、云南西北部、西藏东部。生于海拔2900~3200m山地河谷砾石质河滩、河漫滩及河山坡。二期科考。

嫩枝:疏风,解表,透疹,止咳,清热解毒,祛风止痒。主治麻疹不透,风湿痹痛,癣症。

(368)具鳞水柏枝 *Myricaria squamosa* Desv.

分布:则岔、尕海。甘肃省内甘南地区及临夏。我国云南、四川、青海、西藏。阿富汗以及中亚至阿尔泰、达乌里。生于海拔2900~4100m河滩及水边沙地。一期科考。

为传统藏药和蒙药,具有确切的抗炎抗菌、抗风湿等疗效。

3.1.4.1.24 堇菜科 Violaceae

(369)双花堇菜 *Viola biflora* L.

分布:则岔。甘肃省内甘南地区。我国东北、华北、西北及河南、台湾、四川、云南、西藏。朝鲜、日本、印度、马来西亚及中亚、欧洲、北美洲。生于海拔2900~4000m高山及亚高山地带草甸、灌丛或林缘、岩石缝隙间。一期科考。

具有活血散瘀、止血之功效。用于跌打损伤,吐血,急性肺炎,肺出血。

(370)鳞茎堇菜 *Viola bulbosa* Maxim.

分布:则岔、尕海。甘肃省内甘南地区、祁连山区。我国四川、青海、西藏。生于海拔2900~3800m山谷、山坡草地、土壤较疏松处。中国特有植物。一期科考。

3.1.4.1.25 瑞香科 Thymelaeaceae

(371)黄瑞香 *Daphne giraldii* Nitsche

分布:则岔。甘肃省内大部分地区。我国黑龙江、辽宁、陕西、青海、新疆、四川等省区。生于海拔3200m以下山地林缘或疏林中。二期科考。

根皮和茎皮即中药祖师麻,具有祛风除湿、止痛散瘀的功效。主治风湿痹痛,四肢麻木,头痛和跌打损伤等症。

(372)甘青瑞香 *Daphne tangutica* Maxim.

别名:唐古特瑞香。

分布:则岔。甘肃省内甘南地区、祁连山区及临夏。我国云南、四川、湖北、陕西、青海、西藏。生于海拔2930~3900m山坡灌丛中、岩石缝中。中国特有植物。一期科考。

祛风除湿,止痛散瘀。用于风湿疼痛,关节炎,风湿关节痛;果、皮熬膏可驱虫,治梅毒性鼻炎及下疳;花用于治疗肺脓肿;根皮治骨痛,关节炎。

(373)狼毒 *Stellera chamaejasme* Linn.

分布:则岔、尕海、西倾山。甘肃省内兰州、定西、临夏及陇南和甘南地区、祁连山区。我国东北、西北至西南。俄罗斯(西伯利亚)。生于海拔2900~4200m干燥而向阳的高山草坡、草坪或河滩台地。一期科考。

毒性较大,可以杀虫;根入药,有祛痰、消积、止痛之功能,外敷可治疥癣。

3.1.4.1.26 胡颓子科 Elaeagnaceae

(374)中国沙棘 *Hippophae rhamnoides* subsp. *sinensis* Rousi.

分布:全保护区。甘肃省内定西、临夏及陇南和甘南地区、祁连山区。我国华北、西北及四川、云南、西藏。生于海拔2900~3500m阳坡或半阳坡、山梁沟边、山脊、谷地、干涸河床地、多砾石或沙质土壤上。中国特有植物。一期科考。

健脾消食,止咳祛痰,活血散瘀。用于脾虚食少,食积腹痛,咳嗽痰多,胸痹心痛,瘀血经闭,跌打瘀肿。

(375)西藏沙棘 *Hippophae thibetana* Schlechtend

分布:全保护区。甘肃省内甘南地区、祁连山区。我国四川、青海、西藏。生于海拔3300~4200m高山草地、河漫滩或岸边。中国特有植物。一期科考。

增强免疫力,降低胆固醇,抗辐射,美容养颜。

3.1.4.1.27 柳叶菜科 Onagraceae

(376)柳兰 *Chamerion angustifolium*(Linnaeus)Holub

异名:*Chamaenerion angustifolium*(L.)Scop.。

分布:则岔、尕海。甘肃省内各地区常见。我国东北、华北、西北、西南及西藏。北温带广布。生于海拔3100~4200m山坡林缘、河谷湿地。一期科考。

(377)高山露珠草 *Circaea alpina* L.

分布:则岔、西倾山。甘肃省内甘南地区及临夏。我国东北、华北、华中、华东、西南及西藏。北温带广布。生于海拔3500m以下潮湿处和苔藓覆盖的岩石及木头上。一期科考。

(378)柳叶菜 *Epelobium hirsutum* L.

分布:则岔、尕海。甘肃省内各地区常见。全国各地均有分布。亚洲及欧洲、北非。生于海拔3500m以下河谷、沙地、石砾地,也生于灌丛、荒坡、路旁,常成片生长。综合调查。

用于湿热泻痢,食积,脘腹胀痛,牙痛,月经不调,经闭,带下,跌打骨折,疮肿,烫火伤,疥疮。

(379)光滑柳叶菜 *Epilobium amurense* Hausskn. subsp. *cephalostigma*(Hausskn.)C. J. Chen

异名:*Epilobium amurense* Hausskn.。

别名:毛脉柳叶菜、岩山柳叶菜。

分布:则岔。甘肃天水、文县、康县、徽县及甘南地区。我国东北、华北、华中、华东、西南及台湾、西藏等地。日本、朝鲜与俄罗斯远东地区。生于海拔3300m以下河谷与溪沟边、林缘、草坡湿润处。二期科考。

(380)沼生柳叶菜 *Epilobium palustre* L.

分布:则岔、尕海。甘肃省内大部分地区。我国东北、华北、西北、四川、云南及西藏。北半球温带与寒带地区湿地、欧洲与北美。生于海拔2900~4000m湖塘、沼泽、河谷、溪沟旁、亚高山与高山草甸湿润处。一期科考。

清热,疏风,镇咳,止泻。主治风热咳嗽,声嘶,咽喉肿痛,支气管炎,高热下泻。

(381)长籽柳叶菜 *Epilobium pyrricholophum* Franch. et Savat.

分布:则岔。甘肃省内大部分地区。我国山东东部、河南、安徽南部、江苏南部、浙江、江西、福建、广东、广西北部、湖南、湖北西部、四川东部与贵州。日本、俄罗斯。生于海拔2900~3200m山区河谷、溪沟旁等潮湿处。综合调查。

(382)光籽柳叶菜 *Epilobium tibetanum* Hausskn.

异名:*Epilobium leiospermum* Hausskn.。

分布:则岔。甘肃甘南地区。我国四川西部、云南西北部及西藏东南至西南部。不丹、尼泊尔、印度北部、巴基斯坦、克什米尔地区、阿富汗北部。生于海拔2950~4200m山坡河谷、溪沟边等潮湿处。一期科考。

3.1.4.1.28　小二仙草科 Haloragidaceae

(383)穗状狐尾藻 *Myriophyllum spicatum* L.

别名:穗花狐尾藻。

分布:尕海。甘肃省内大部分地区。我国南北各地均有分布。世界广布种。生于河沟、沼泽等淡水水域。其他调查。

全草入药,清凉,解毒。治慢性下痢。

(384)狐尾藻 *Myriophyllum verticillatum* L.

别名:轮叶狐尾藻。

分布:尕海。甘肃省内大部分地区。我国各地均有。印度、朝鲜、日本、俄罗斯、非洲(北部)、西亚、北美洲。多生长在湖泊、河流中。一期科考。

3.1.4.1.29　杉叶藻科 Hippuridaceae

(385)杉叶藻 *Hippuris vulgaris* L.

分布:尕海。甘肃省内甘南地区。我国东北、华北北部、西北、西南等地。全世界有分布。多群生在海拔4000m以下池沼、湖泊、溪流、江河两岸等浅水处。一期科考。

3.1.4.1.30　五加科 Araliaceae

(386)红毛五加 *Eleutherococcus giraldii*(Harms)Nakai

异名:*Acanthopanax giraldii* Harms。

分布:则岔。甘肃省内兴隆山、洮河流域、甘南地区。我国湖北、河南、陕西、宁夏、青海、四川、云南西北部。生于海拔2900~3500m灌木林中。二期科考。

用于风寒湿痹,拘挛疼痛,筋骨痿软,足膝无力,心腹疼痛,疝气,跌打损伤,骨折,体虚浮肿。

(387)毛狭叶五加 *Eleutherococcus wilsonii* var. *pilosulus*(Rehder)P. S. Hsu & S. L. Pan

异名:*Acanthopanax giraldii* Harms var. *pilosulus* Rehd。

别名:毛叶红毛五加。

分布:则岔。甘肃省内天祝、永登、榆中、天水及陇南、甘南地区。我国青海、宁夏、四川、陕西、湖北和河南。生于海拔2900~3300m山坡、沟的谷灌丛中。中国特有植物。一期科考。

祛风湿,通关节,强筋骨。治痿痹,拘挛疼痛,风寒湿痹,足膝无力,皮肤风湿及阴痿囊湿。

3.1.4.1.31　锦葵科 Malvaceae

(388)中华野葵 *Malva verticillata* L. var. *rafiqii* Abedin

异名:*Malva verticillata* Linn. var. *chinensis*(Miller)S. Y. Hu。

分布:则岔(栽培)。甘肃省内大部分地区。我国河北、山西、山东、陕西、新疆、四川、贵州、云南等省区。朝鲜。生于海拔3200m以下山坡、林缘、草地、路旁。二期科考。

种子、根和叶利水滑窍,润便利尿,下乳汁,去死胎;鲜茎叶和根可拔毒排脓,疔疖疮疖痈。

(389)冬葵 *Malva verticillata* Linn.

别名:野葵。

分布:则岔。甘肃省内大部分地区。我国各省区均有分布,北自吉林、内蒙古,南达云南、西藏,东起沿海,西至新疆、青海。印度、缅甸、朝鲜和欧洲、东非。生于海拔3200m以下山坡、林缘、草地、路旁。二期科考。

种子、根和叶利水滑窍,润便利尿,下乳汁,去死胎;鲜茎叶和根可拔毒排脓,疗疔疮疖痈。

3.1.4.1.32 伞形科 Umbelliferae

(390)尖瓣芹 *Acronema chinense* Wolff

分布:尕海、则岔。甘肃省甘南地区。我国四川、青海。生于海拔3200~4100m谷地灌丛中。中国特有植物。一期科考。

(391)青海当归(独活)*Angelica nitida* Shan

异名:*Angelica chinghaiensis* Shan。

分布:则岔、尕海。甘肃省内甘南地区。我国青海东南部、四川北部。生于海拔2900~4000m高山灌丛、草甸、山谷及山坡草地。中国特有植物。一期科考。

用于血虚萎黄,眩晕心悸,月经不调,经闭痛经,虚寒腹痛,肠燥便秘,风湿痹痛,跌仆损伤,痈疽疮疡。

(392)峨参 *Anthriscus sylvestris*(Linn.)Hoffm

分布:则岔。甘肃省内天水、平凉及陇南、甘南地区。我国辽宁、河北、内蒙古、山西、河南、江苏、安徽、浙江、江西、湖北、四川、云南、陕西、新疆。欧洲及北美。生于林下、路旁以及山谷溪边石缝中。一期科考。

用于脾虚腹胀,乏力食少,肺虚咳嗽,体虚自汗,老人夜尿频数,气虚水肿,劳伤腰痛,头痛,痛经,跌打瘀肿。

(393)黑柴胡 *Bupleurum smithii* Wolff

别名:小五台柴胡。

分布:尕海、则岔。甘肃省内甘南地区、祁连山区及临夏。我国河北、山西、陕西、河南、青海、内蒙古。生于海拔2900~3400m山坡草地、山谷、山顶阴处。中国特有植物。一期科考。

根药用,味苦,微寒。有解表、疏肝、镇痛之功效。用于感冒发热。

(394)小叶黑柴胡 *Bupleurum smithii* Wolff var. *parvifolium* Shan et Y. Li

分布:则岔、尕海。甘肃省内甘南地区、祁连山区。我国内蒙古、宁夏、青海等地。生于海拔2900~3700m山坡草地或林下。中国特有植物。一期科考。

性苦,微寒。具有抗炎、解热、抗氧化、保肝、免疫调节及抗癌的作用。

(395)田葛缕子 *Carum buriaticum* Turcz.

分布:则岔、尕海。甘肃省大部分地区。我国华北、西北、西藏、东北、四川。蒙古、俄罗斯。生于海拔3900m以下林地、路旁、河岸和草丛中。综合调查。

(396)葛缕子 *Carum carvi* L.

分布:则岔、尕海。甘肃省内广布。我国东北、华北、西北及四川西部、西藏。欧洲、北美、亚洲。生于海拔2900~3300m草丛、林缘、林下、高山草甸、河滩、沼泽草甸。一期科考。

(397)松潘矮泽芹 *Chamaesium thalictrifolium* Wolff

分布:则岔、尕海。甘肃省内岷县、卓尼、临潭、夏河。我国云南、四川、青海、西藏。生于海拔3400~4000m山坡路旁、高山灌丛、草地、草甸。中国特有植物。一期科考。

(398)短毛独活 *Heracleum moellendorffii* Hance

分布:则岔。甘肃省兰州、平凉、天水、陇南及甘南临潭、卓尼、舟曲等地。我国东北、河北、山东、陕西、湖北、安徽、江苏、浙江、江西、湖南、云南等省区。生于阴坡山沟旁、林缘或草甸子。模式标本采自河北百花山。二期科考。

(399)裂叶独活 *Heraeleum millefolium* Diels

分布:则岔、尕海。甘肃省内甘南地区及临夏及岷县。我国西藏、青海、四川、云南。印度。生于海拔3800~4200m山坡草地、山顶或沙砾沟谷草甸。一期科考。

(400)长茎藁本 *Ligusticum longicaule*(Wolff)Shan

异名:*Ligusticum thomsonii* C. B. Clarke。

分布:则岔。甘肃省内甘南地区。我国青海、西藏。印度、巴基斯坦。生于海拔2900~4200m林缘、灌丛及草地。一期科考。

(401)藁本 *Ligusticum sinense* Oliv.

分布:则岔。甘肃省内大部分地区。我国湖北、四川、陕西、河南、湖南、江西、浙江等省。生于海拔2900~3200m林下、沟边草丛中。综合调查。

祛风散寒,除湿止痛。用于风寒表证,巅顶疼痛,风湿痹痛。

(402)宽叶羌活 *Notopterygium franchetii* H. Boissieu

异名:*Notopterygium forbesii* Boiss.。

分布:则岔、尕海。甘肃省内大部分地区。我国内蒙古、山西、湖北、四川、陕西、青海等省区。生于海拔2900~4000m林缘及灌丛、山沟溪边或疏林下。中国特有植物。综合调查。

根茎祛风散寒,除湿止痛。用于风寒感冒头痛,风湿痹痛,肩背酸痛。

国家三级重点保护野生药用植物。

(403)羌活 *Notopterygium incisum* Ting ex H. T. Chang

分布:则岔。甘肃省内甘南地区、祁连山区及临夏。我国陕西、四川、青海、西藏。生于海拔2900~4000m山坡草地、林缘。陕西、四川、青海、西藏。中国特有植物。一期科考。

解表散寒,祛寒湿。用于外感风寒,头痛无汗,寒湿痹,上肢风湿疼痛。

国家三级重点保护野生药用植物。

(404)松潘棱子芹 *Pleurospermum franchetianum* Hemsl.

分布:则岔。甘肃省内甘南地区及临夏、岷县。我国湖北、陕西、青海、四川。生于海拔2900~4000m高山草地、山梁草地上。中国特有植物。一期科考。

(405)西藏棱子芹 *Pleurospermum hookeri* C. B. Clarke var. *thomsonii* C. B. Clarke

分布:则岔。甘肃省内甘南地区。我国西藏、云南西北部、四川西北部、青海南部。生于海拔3500~4300m山梁草坡上。中国特有植物。其他调查。

治气滞腹痛,肝气郁滞,两乳胀痛,妇人痛经、月经不调、瘀滞腹痛,外伤后瘀血作痛等症。

(406)青藏棱子芹 *Pleurospermum pulszkyi* Kanitz.

分布:则岔、尕海。甘肃省内甘南地区及临夏。我国青海、西藏。生于海拔3600~4300m山坡草地、草甸以及石隙中。中国特有植物。二期科考。

(407)青海棱子芹 *Pleurospermum szechenyii* Kanitz

异名:*Pleurospermum pulszkyi* Kanitz。

分布:尕海。甘肃省内甘南地区。我国青海东部。生于海拔3500~4200m高山草甸。中国特有植物。一期科考。

(408)迷果芹 *Sphallerocarpus gracilis*(Bess.)K.-Pol.

分布:则岔。甘肃省内兰州、榆中、会宁、天祝、肃南、陇西、漳县、岷县、临潭、卓尼、玛曲、夏河。我国黑龙江、吉林、辽宁、河北、山西、内蒙古、新疆、青海等地。蒙古和俄罗斯西伯利亚东部、远东地区。生于海拔3200m以下山坡路旁、村庄附近及荒草地。二期科考。

可治肾腰疼痛,尿频,腹胀,不消化症,月经不调、产后腰酸背痛,淋病,关节痛,睾丸炎等;寒性黄水病,关节肿胀,病后体弱。

(409)大东俄芹 *Tongoloa elata* Wolff

分布:则岔、尕海。甘肃省内临夏、临潭、夏河。我国福建、云南、陕西、四川、青海等省。生于海拔2900~4000m山沟或河边草地。模式标本采自四川松潘。二期科考。

(410)纤细东俄芹 *Tongoloa gracilis* Wolff

分布:则岔、尕海。甘肃省内甘南地区。我国四川、云南、西藏、青海。生于海拔2900~3900m山坡路旁、林缘草地和草原地带。模式标本采自四川东俄洛。二期科考。

3.1.4.1.33 杜鹃花科 Ericaceae

(411)北极果 *Arctous alpinus*(L.)Niedenzu

分布:则岔。甘肃省内山丹及甘南地区。我国内蒙古、吉林、黑龙江、陕西、青海、新疆和四川西北部。广布于欧、亚、美洲的环北极地区。生于海拔2900~3200m山坡上。二期科考。

(412)红北极果 *Arctous ruber*(Rehd. et Wils.)Nakai

分布:则岔、尕海。甘肃省内甘南地区。我国吉林、内蒙古、宁夏、四川北部。朝鲜、俄罗斯及北美。生于海拔2900~3800m高山山坡上、灌丛中。一期科考。

(413)烈香杜鹃 *Rhododendron anthopogonoides* Maxim.

分布:则岔、西倾山。甘肃省内榆中、岷县及甘南地区、祁连山区。我国四川北部、云南及青海。生于海拔2900~4200m林缘或林间间隙地或混交林中。中国特有植物。一期科考。

(414)头花杜鹃 *Rhododendron capitatum* Maxim.

分布:则岔、西倾山。甘肃省内岷县、文县及甘南地区、祁连山区。我国云南、四川、陕西、青海。生于海拔2900~4300m高山草原、草甸、湿草地,常成灌丛,构成优势群落。中国特有植物。一期科考。

(415)樱草杜鹃 *Rhododendron primuliflorum* Bur. et Franch.

分布:则岔、尕海。甘肃南部地区。我国云南西北部、西藏南部及东南部、四川西部。生于海拔2900~3900m山坡灌丛、高山草甸或沼泽草甸。二期科考。

(416)陇蜀杜鹃 *Rhododendron przewalskii* Maxim.

分布:则岔、尕海。甘肃南部地区。我国陕西、青海及四川。生于海拔3300~4300m高山林地。二期科考。

叶辛、苦,平。清肺泻火,止咳化痰。用于咳嗽,痰喘。

(417)黄毛杜鹃 *Rhododendron rufum* Batalin

分布:则岔。甘肃省内榆中、漳县、岷县、临夏及甘南地区、祁连山东段。我国陕西太白山、青海东部和南部、四川西部和西北部。生于海拔2900~3800m山地阴坡林下。中国特有植物。一期科考。

(418)千里香杜鹃 *Rhododendron thymifolium* Maxim.

异名:*Rhododendron polifolium* Franch.。

别名:百里香杜鹃。

分布:则岔。甘肃省内甘南地区、祁连山区及临夏。我国青海。生于海拔2900~3800m湿润山坡,形成灌丛。中国特有植物。一期科考。

3.1.4.1.34 报春花科 Primulaceae

(419)西藏点地梅*Androsace mariae* Kanitz

异名:*Androsace mariae* Kanitz var. *tibetica*(Maxim.)Hand.。

分布:则岔、尕海、西倾山。甘肃省内甘南地区、祁连山区。我国西藏南部、陕西南部、青海南部、四川西部。生于海拔2900~4000m山坡草地、灌丛、林缘、沙石地上。中国特有植物。一期科考。

用于咽喉肿痛,口舌生疮,目赤肿痛,牙痛。蒙药:治浮肿,水肿,肾热,骨蒸痨热,关节疼痛。

(420)大苞点地梅*Androsace maxima* L.

分布:则岔、尕海。甘肃省内甘南地区。我国内蒙古、山西、宁夏、陕西、新疆北部、西藏、青海等省区。北非、欧洲、中亚至西伯利亚。散生于海拔2900~4000m山谷草地、山坡砾石地及丘间低地。二期科考。

(421)垫状点地梅*Androsace tapete* Maxim.

分布:则岔、西倾山。甘肃省内甘南地区、祁连山区及临夏。我国云南、四川、青海、新疆、西藏。生于海拔3500~4000m高山岩石或石崖上、山坡河谷阶地。中国特有植物。一期科考。

(422)雅江点地梅*Androsace yargongensis* Petitm.

分布:尕海。甘肃省内甘南地区。我国青海和四川西部。生于海拔3600~4200m高山石砾地、草甸和湿润的河滩上。模式标本采自四川巴塘附近。二期科考。

(423)海乳草*Glaux maritima* L.

分布:则岔、西倾山。甘肃省内大部分地区。我国东北、华北、西北、山东、河南、西藏。北温带广布。生于海拔3500~4200m高山岩石或石崖上、山坡河谷阶地。二期科考。

根有散气止痛功效,皮可退热,叶能祛风、明目、消肿、止痛。

(424)羽叶点地梅*Pomatosace filicula* Maxim.

分布:则岔、尕海。甘肃省内甘南地区、祁连山区及榆中。我国青海、四川、西藏。生于海拔3000~4300m高山草甸和河滩沙地。中国特有植物。一期科考。

国家二级重点保护野生植物。

(425)散布报春*Primula conspersa* Balf. F. et Purdom

分布:则岔、尕海、西倾山。甘肃省内岷县及甘南地区。我国青海、陕西、山西和河南。生于海拔2900~3800m湿草地和林缘。中国特有植物。一期科考。

(426)黄花圆叶报春*Primula elongata* Watt var. *barnardoana* Chen et C. M. Hu

异名:*Primula barnardoana* W. W. Sm. et Kingdon-Ward。

分布:西倾山。甘肃省内甘南地区。我国西藏。生于海拔3400~4200m冷杉矮林和高山杜鹃林下。中国特有植物。甘肃分布新记录。一期科考。

(427)束花粉报春*Primula fasciculata* Balf. f. et Ward

分布:则岔、尕海、西倾山。甘肃省甘南地区。我国青海、四川西部、云南西北部和西藏东部。生于海拔2900~4300m沼泽草甸和水边、池边草地。二期科考。

(428)黄花粉叶报春*Primula flava* Maxim.

分布:则岔、尕海、西倾山。甘肃省内洮河流域及甘南地区。我国青海东部和四川北部。生于海拔3000~4000m湿润岩石上。二期科考。

(429)苞芽粉报春 *Primula gemmifera* Batal.

分布:则岔、尕海、西倾山。甘肃省内南部及甘南地区。我国四川西部和西藏东北部。生于海拔2900~4300m湿草地、溪边和林缘。二期科考。

(430)胭脂花 *Primula maximowiczii* Regel.

分布:西倾山。甘肃省内天水及甘南地区。我国华北及吉林、陕西、青海。生于海拔3900m以下林下和林缘湿润处。中国特有植物。一期科考。

祛风定痫,止痛。常用于癫痫,头痛。

(431)天山报春 *Primula nutans* Georgi

分布:则岔、尕海。甘肃省内大部分地区。我国内蒙古、新疆、青海和四川北部。北欧经西伯利亚至北美。生于海拔2900~3800m湿草地和草甸中。综合调查。

(432)心愿报春 *Primula optata* Farrer ex Balf. f.

分布:则岔、尕海。甘肃省内榆中及舟曲等南部地区。我国西藏、青海和四川西北部。生于海拔3200~4300m高山湿草地、林缘和石缝中。模式标本采自甘肃舟曲。二期科考。

(433)圆瓣黄花报春 *Primula orbicularis* Hemsl.

分布:则岔、尕海。甘肃南部洮河盆地和迭部等地。我国四川西部、青海东部。生于海拔3100~4200m高山草地、草甸和溪边。模式标本为自四川康定附近采得的种子繁殖所得到的开花植株。二期科考。

(434)偏花报春 *Primula secundiflora* Franch.

分布:则岔、尕海。甘肃省内甘南地区。我国云南、四川、西藏。生于海拔3200~4300m水沟边、河滩地、高山沼泽和湿草地。中国特有植物。一期科考。

(435)车前叶报春 *Primula sinoplantaginea* Balf. f.

分布:则岔、尕海。甘肃省内甘南地区。我国云南西北部和四川西部。生于海拔3600~4300m高山草地和草甸。二期科考。

(436)狭萼报春 *Primula stenocalyx* Maxim.

别名:窄萼报春。

分布:则岔。甘肃省内甘南地区、祁连山区及临夏。我国青海东部、四川西部和西藏东部。生于海拔3200~4200m阳坡草地、林下、沟边和河漫滩石缝中。中国特有植物。一期科考。

(437)甘青报春 *Primula tangutica* Duthie

分布:则岔、西倾山。甘肃省内甘南地区。我国陕西、青海、四川及西藏东部。生于海拔3300~4100m。中国特有植物。一期科考。

(438)岷山报春 *Primula woodwardii* Balf. f.

分布:则岔。甘肃省内西固及南部漳县、岷县、舟曲等地。我国四川、青海东部和陕西南部。生于海拔2900~3200m湿草地和山沟中。模式标本为采自甘肃南部用种子培育所得的植株。二期科考。

3.1.4.1.35 白花丹科 Piumbaginaceae

(439)鸡娃草 *Plumbagella micrantha*(Lebeb.)Spach

别名:小蓝雪花。

分布:则岔、尕海。甘肃省内祁连山区、岷县、临夏及甘南地区。我国四川西北部及青海、新疆、西藏。

蒙古、俄罗斯。生于海拔2900~3500m山谷和山坡下部、路边和山坡草地不遮阴的地方。一期科考。

根有毒。通经活络,祛风湿。用于风湿麻木,跌打损伤。

藏药(兴居茹玛):根用于风湿麻木,脉管炎,跌打损伤,腮腺炎。

3.1.4.1.36 龙胆科 Gentianaceae

(440)镰萼喉毛花 *Comastoma falcatum*(Turcz. ex Kar. et Kir.)Toyokuni

分布:则岔、尕海。甘肃省内甘南地区、祁连山区。我国华北及青海、新疆、四川、西藏。克什米尔地区及印度、尼泊尔、蒙古、俄罗斯。生于海拔2900~4300m河滩、山坡草地、林下、灌丛、高山草甸。一期科考。

利胆,退黄,清热,健胃,治伤。主治黄疸,肝热,胃热,金伤。

(441)长梗喉毛花 *Comastoma pedunculatum*(Royle ex D. Don)Holub

分布:则岔、尕海。甘肃省内肃南、夏河等地。我国西藏、云南、四川、青海、新疆。克什米尔地区(模式标本产地)至不丹也有分布。生于海拔3200~4300m河滩、高山草甸。二期科考。

(442)喉毛花 *Comastoma pulmonarium*(Turcz.)Toyokuni

分布:则岔。甘肃省内甘南地区、祁连山区。我国山西、陕西、青海、四川、云南、西藏。日本、俄罗斯。生于海拔3000~4300m河滩、山坡草地、林下、灌丛及高山草甸。一期科考。

(443)阿坝龙胆 *Gentiana abaensis* T. N. Ho

分布:则岔。甘肃省内甘南地区。我国四川。生于海拔3000~3500m阴坡灌丛、山坡。中国特有植物。其他调查。

(444)高山龙胆 *Gentiana algida* Pall.

分布:则岔、尕海。甘肃省内祁连山区及甘南地区。我国新疆、吉林长白山。俄罗斯、日本。生于海拔2900~4300m山坡草地、河滩草地、灌丛中、林下、高山冻原。二期科考。

具有泻火解毒、镇咳、利湿之功效。用于感冒发热,肺热咳嗽,咽痛,目赤,小便淋痛,阴囊湿疹。

(445)开张龙胆 *Gentiana aperta* Maxim.

分布:则岔、尕海。甘肃省内南部地区。我国青海等地。生于海拔2900~4000m山麓草地、山坡草地、灌丛中及河滩。中国特有植物。其他调查。

(446)刺芒龙胆 *Gentiana aristata* Maxim.

别名:尖叶龙胆。

分布:则岔、西倾山。甘肃省内陇南及甘南地区、祁连山区。我国云南、四川、青海、西藏。模式标本采自青海大通河流域。生于海拔2900~4200m草甸草原、林间草地、河滩灌丛、山谷、阳坡砾石地、灌丛草甸、河滩草地及山顶。中国特有植物。一期科考。

(447)反折花龙胆 *Gentiana choanantha* Marq.

分布:则岔、西倾山。甘肃省内甘南地区。我国四川西部。生于海拔2900~4300m高山草甸、山坡灌丛草地、沼泽地、河滩及水沟边。中国特有植物。其他调查。

(448)粗茎龙胆 *Gentiana crassicaulis* Duthie ex Burk.

别名:粗茎秦艽。

分布:则岔。甘肃省内甘南地区。我国西南及青海东南部、西藏东南部。生于海拔2900~4300m山坡草地、山坡路旁、高山草甸、撂荒地、灌丛中、林下及林缘。中国特有植物。一期科考。

根有祛风除湿、和血舒筋、清热、利尿的功效。用于关节炎,小儿疳热,小便不利等。

国家三级重点保护野生药用植物。

(449)肾叶龙胆 *Gentiana crassuloides* Bureau & Franch.

分布:则岔、尕海。甘肃省内甘南地区。我国云南、四川、湖北、陕西、青海、西藏。印度、尼泊尔。生于海拔2900~4200m山坡草地、沼泽草地、灌丛、林下、河边。一期科考。

(450)达乌里秦艽 *Gentiana dahurica* Fisch.

别名:小秦艽。

分布:则岔、尕海。甘肃省内大部分地区。我国于四川北部及西北部、西北、华北、东北等地区。俄罗斯、蒙古。生于海拔2900~4300m路旁、河滩、湖边、水沟边、向阳山坡及干旱草原等地。其他调查。

根具有清热、解毒、止咳、祛痰的功效。主治肺热咳嗽,咽喉热,咽喉肿痛,毒热,瘟热等症。

国家三级重点保护野生药用植物。

(451)青藏龙胆 *Gentiana futtereri* Diels et Gilg

分布:则岔、尕海。甘肃省内南部地区。我国西藏东南部、云南西北部、四川西部及青海。缅甸东北部。生于海拔2900~4400m山坡草地、河滩草地、高山草甸、灌丛中及林下。其他调查。

(452)南山龙胆 *Gentiana grumii* Kusnez.

分布:则岔、尕海。甘肃省内甘南地区。我国青海等地。生于海拔3000~3300m沼泽化草甸及湿草地。中国特有植物。甘肃分布新记录。其他调查。

(453)线叶龙胆 *Gentiana lawrencei* Burkill var. *farreri*(I. B. Balfour)T. N. Ho

分布:则岔、尕海。甘肃省内南部地区。我国四川、西藏、青海。生于海拔2910~4300m灌丛中、高山草甸以及滩地。中国特有植物。二期科考。

(454)蓝白龙胆 *Gentiana leucomelaena* Maxim.

分布:则岔、尕海。甘肃省内陇南和甘南地区、祁连山区及临夏。我国四川、青海、新疆、西藏。印度、尼泊尔、俄罗斯、蒙古。生于海拔2940~4000m沼泽化草甸、沼泽地、湿草地、河滩草地、山坡草地、山坡灌丛中及高山草甸。一期科考。

(455)秦艽 *Gentiana macrophylla* Pall.

分布:则岔、尕海。甘肃省内大部分地区。我国东北、内蒙古、河北、山西、宁夏、陕西、新疆等地。蒙古、俄罗斯。生于海拔2900~3100m河滩、路旁、水沟边、山坡草地、草甸、林下及林缘。其他调查。

根具有祛风除湿、活血舒筋、清热利尿的功效。用于治疗风湿痹痛,筋脉拘挛,骨蒸潮热,湿热黄疸等。

国家三级重点保护野生药用植物。

(456)大花秦艽 *Gentiana macrophylla* Pall. var. *fetissowii*(Regel et Winkl.)Ma et K. C. Hsia

分布:则岔、西倾山。甘肃省内甘南地区、祁连山区及天水、定西、兰州。我国山西、河北、河南、陕西、宁夏、新疆、四川。中亚。生于海拔2950~3700m山坡草地、路边、河滩。一期科考。

(457)云雾龙胆 *Gentiana nubigena* Edgew.

分布:则岔、尕海。甘肃省内甘南地区。我国四川西部及青海、西藏。克什米尔地区。生于海拔3000~4300m沼泽草甸、高山灌丛草原、高山草甸、高山流石滩。一期科考。

以花入药,主治胃炎、气管炎、尿道炎、阴道炎,阴囊及阴道湿疹,天花及痘疹。

(458)黄管秦艽 *Gentiana officinalis* H. Smith

分布:则岔、尕海。甘肃省内甘南地区及临夏。我国四川北部、青海南部。模式标本采自四川松潘。生于海拔2900~4200m高山草甸、灌丛中、山坡草地、河滩。中国特有植物。一期科考。

(459)假水生龙胆 *Gentiana pseudoaquatica* Kusnez.

分布:则岔、尕海。甘肃省内甘南地区、祁连山区。我国东北、华北及河南、新疆、四川、西藏。印度、蒙古、朝鲜、西伯利亚。生于海拔2900~4300m河滩、水沟边、山坡草地、山谷潮湿地、沼泽草甸、林间空地及林下、灌丛草甸。一期科考。

(460)岷县龙胆 *Gentiana purdomii* Marq.

分布:则岔。甘肃省内甘南地区及临夏。我国四川西部、青海南部、西藏。生于海拔2900~4300m高山草甸、山顶流石滩。中国特有植物。一期科考。

藏药(邦见察保):花用于治疗天花,气管炎,咳嗽。藏药(榜间嘎保):花用于治疗脑膜炎,肝炎,胃炎,喉部疾病,尿痛,阴痒,阴囊湿疹。

(461)类华丽龙胆 *Gentiana sino-ornata* Balf. f.

别名:华丽龙胆。

分布:则岔、尕海、西倾山。甘肃省内甘南地区、祁连山区及临夏。我国云南、四川、西藏。生于海拔2900~4300m山坡草地。一期科考。

(462)管花秦艽 *Gentiana siphonantha* Maxim. ex Kusnez.

分布:则岔、尕海。甘肃省内天祝、肃南、酒泉、肃北、玉门及甘南地区。我国湖北、西藏、四川西北部、青海及宁夏西南部。生于海拔2900~4300m干旱草原、草甸、灌丛及河滩等地。模式标本采自青海祁连山。二期科考。

(463)匙叶龙胆 *Gentiana spathulifolia* Maxim. ex Kusnez.

分布:则岔。甘肃省内临洮、岷县及甘南地区。我国青海、四川。生于海拔2900~3800m山坡草地、河滩。中国特有植物。一期科考。

具有解毒、利咽之功效。用于咽喉肿痛。

(464)鳞叶龙胆 *Gentiana squarrosa* Ledeb.

分布:则岔、尕海。甘肃省内兰州、天水、武威、张掖、合水、定西、武都、舟曲、碌曲、夏河等地。我国西南(除西藏)、西北、华北及东北等地区。生于海拔2900~4200m山坡、山谷、山顶、干旱草原、河滩、荒地、路边、灌丛中及高山草甸。印度、俄罗斯、蒙古、朝鲜、日本也有分布。二期科考。

(465)麻花艽 *Gentiana straminea* Maxim.

别名:麻花秦艽。

分布:则岔、西倾山。甘肃省内岷县及甘南地区、祁连山区。我国西藏、四川、青海、宁夏及湖北西部。生于海拔2900~4300m高山草甸、灌丛、林下、林间空地、山沟、多石干山坡及河滩地。一期科考。

全草有祛风除湿、活血舒筋、清热利尿、消炎、止痛、抗菌之效。用于治关节痛,肺病发烧,黄疸及二便不通等。

国家三级重点保护野生药用植物。

(466)条纹龙胆 *Gentiana striata* Maxim.

分布:则岔、尕海。甘肃省内临夏及甘南地区、祁连山区。我国四川、青海、宁夏。生于海拔2900~3900m山坡草地及灌丛中。中国特有植物。一期科考。

(467)紫花龙胆 *Gentiana syringea* T. N. Ho

分布:则岔、尕海。甘肃省内南部地区。我国四川、青海等地。生于海拔2900~3900m河滩、草坡和高山草甸。中国特有植物。其他调查。

(468)大花龙胆 *Gentiana szechenyii* Kanitz

分布:则岔、尕海。甘肃省内甘南地区。我国西藏东南部、云南西北部、四川西部、青海南部。生于海拔3000~4300m山坡草地。综合调查。

(469)三歧龙胆 *Gentiana trichotoma* Kusnez.

分布:则岔、尕海。甘肃省内甘南地区及天祝、张掖。我国云南、青海、四川西部。生于海拔3000~4300m高山草甸、高山灌丛草甸及林下。模式标本采自四川康定。二期科考。

(470)短茎三歧龙胆 *Gentiana trichotoma* var. *chingii*(C. Marquand)T. N. Ho

别名:仁昌龙胆。

分布:则岔、尕海。甘肃省内西固、夏河等地。我国青海及云南西北部、四川西南部。生于海拔2900~4300m草坡。模式标本采自云南德钦。二期科考。

(471)三色龙胆 *Gentiana tricolor* Diels et Gilg

分布:则岔、尕海。甘肃省内河西走廊、甘南等地。我国青海。生于海拔2900~3400m湖边漫滩草地、河滩草地、沼泽化草甸、林下及路边。模式标本采自青海湖。二期科考。

(472)蓝玉簪龙胆 *Gentiana veitchiorum* Hemsl.

分布:则岔、尕海。甘肃省内甘南地区及临夏、张掖、武威。我国西藏、云南西北部、四川、青海。尼泊尔。生于海拔2900~4300m山坡草地、河滩、高山草甸、灌丛及林下。一期科考。

具有清热解毒之功效。常用于高热神昏,黄疸肝炎,咽喉肿痛,目赤,淋浊。

(473)泽库秦艽 *Gentiana zekuensis* T. N. Ho et S. W. Liu

分布:尕海。甘肃省内甘南地区。我国青海等地。生于海拔3400~3900m灌丛中。中国特有植物。二期科考。

(474)细萼扁蕾 *Gentianopsis barbata*(Froel.)Ma var. *stenocalyx* H. W. Li ex T. N. Ho

分布:则岔、尕海。甘肃省内甘南地区。我国西藏西部至东北部、四川西北部、青海。生于海拔3300~4400m河滩、水边、半阴坡、林缘。其他调查。

(475)回旋扁蕾 *Gentianopsis contorta*(Royle)Ma

分布:则岔、尕海。甘肃省内甘南地区。我国西藏、云南、贵州、四川、青海(循化)、辽宁。尼泊尔、日本。生于海拔2920~3500m山坡、林下。一期科考。

(476)湿生扁蕾 *Gentianopsis paludosa*(Hook. f.)Ma

分布:则岔、尕海、西倾山。甘肃省内陇南、甘南地区及祁连山区、临夏。我国华北、西北及四川、云南、西藏等地。生于海拔2900~4100m河滩、山坡草地、林下。一期科考。

具有清热利湿、解毒之功效。用于感冒发热,肝炎,胆囊炎,肾盂肾炎,目赤肿痛,小儿腹泻,疮疖肿毒。

(477)花锚 *Halenia corniculata*(L.)Cornaz

分布:则岔、尕海。甘肃省内大部分地区。我国东北、山西、河北、陕西、内蒙古。俄罗斯、蒙古、朝鲜、日本、加拿大。生长在海拔3200m以下山坡草地、林下及林缘。其他调查。

清热解毒,凉血止血。治肝炎,脉管炎,外伤感染发烧,外伤出血。

(478)椭圆叶花锚 *Halenia elliptica* D. Don

分布:则岔、尕海。甘肃省内榆中、岷县、陇南、临夏、甘南地区及祁连山区。我国西藏、云南、四川、贵州、青海、新疆、陕西、山西、内蒙古、辽宁、湖南、湖北。尼泊尔、不丹、印度、苏联。生于海拔2900~4100m林下及林缘、山坡草地、灌丛中、山谷水沟边。一期科考。

全草入药，清热利湿。藏药(甲地然果)：用于急性黄疸型肝炎，胆囊炎，头晕头痛，牙痛。

(479)肋柱花*Lomatogonium carinthiacum*(Wulf.)Reichb.

分布：则岔、尕海、西倾山。甘肃省内甘南地区及祁连山区。我国西藏、云南西北部、四川、青海、新疆、山西、河北。欧洲、亚洲、北美洲的温带以及大洋洲也有分布。生于海拔2900~4200m山坡草地、灌丛草甸、河滩草地、高山草甸。一期科考。

清热利湿，解毒。主治黄疸型肝炎，外感头痛发热。

(480)辐状肋柱花*Lomatogonium rotatum*(L.)Fries ex Nym

分布：则岔、西倾山。甘肃省内岷县、甘南地区及祁连山区。我国西南、西北、华北、东北等地区。俄罗斯、日本。生于海拔2900~4200m阴湿山坡、林下、草地等。一期科考。

清热利湿，解毒。主治黄疸型肝炎，外感头痛发热。

(481)歧伞獐牙菜*Swertia dichotoma* L.

分布：则岔。甘肃省内甘南地区。我国东北、四川北部、青海、新疆、陕西、宁夏、内蒙古、山西、河北、河南、湖北。苏联、蒙古、日本。生于海拔2950~3300m河边、山坡、林缘。一期科考。

全草清热，健胃，利湿。用于消化不良，胃脘痛胀，黄疸，目赤，牙痛，口疮。

(482)红直獐牙菜*Swertia erythrosticta* Maxim.

分布：则岔。甘肃省内临夏及甘南地区、祁连山区。我国山西、河北、青海、四川、湖北等地。生于海拔2900~3200m林缘、水边、山坡。中国特有植物。一期科考。

具有清热解毒、健胃杀虫之功效。常用于咽喉肿痛，风热咳嗽，黄疸，梅毒，疮肿，疥癣等。

(483)华北獐牙菜*Swertia wolfangiana* Grun.

分布：则岔、西倾山。甘肃省内甘南地区、祁连山区。我国西藏东部、四川、青海、山西、湖北西部。模式标本采自山西五台山。生于海拔2900~4260m高山草甸、沼泽草甸、灌丛中及潮湿地。中国特有植物。一期科考。

(484)四数獐牙菜*Swertia tetraptera* Maxim.

分布：则岔、西倾山。甘肃省内甘南地区、祁连山区。我国西藏、四川、青海等地，模式标本采自青海祁连山。生于潮湿山坡、河滩、灌丛中、疏林下，海拔2900~4000m。中国特有植物。一期科考。

为抗肝炎植物。

3.1.4.1.37 花荵科 Polemoniaceae

(485)中华花荵*Polemonium chinense*(Brand)Brand

异名：*Polemonium coeruleum* Linn. var. *chinense* Brand。

别名：丝花花荵。

分布：则岔。甘肃省内甘南地区、陇南地区及临夏。我国湖北、四川、山西、陕西、青海、新疆。俄罗斯西伯利亚、远东地区，蒙古。生于海拔2900~3600m潮湿草丛、河边、沟边林下、山谷密林或山坡路旁杂草间。一期科考。

有祛痰、止血、镇静之功效。治急、慢性支气管炎，胃溃疡出血等。

3.1.4.1.38 紫草科 Boraginaceae

(486)锚刺果*Actinocarya tibetica* Benth.

分布:则岔、尕海。甘肃省内西南部。我国青海东南部、西藏。克什米尔地区、印度西北部、不丹。生于海拔3100~4200m草甸、河滩草地、灌丛草甸、山坡。单种属。二期科考。

(487)糙草*Asperugo procumbens* Linn.

分布:则岔。甘肃省大部分地区。我国山西、内蒙古、陕西、青海、新疆、西藏、四川等地。非洲、欧洲、亚洲。生于海拔2900m以上林缘、草甸、沟谷以及路旁。单种属。综合调查。

(488)倒提壶*Cynoglossum amabile* Stapf et Drumm.

分布:则岔、尕海。甘肃省内南部地区。我国云南、贵州西部、西藏西南部至东南部、四川西部。生于海拔2900~4000m山坡草地、山地灌丛、干旱路边及针叶林缘。综合调查。

清热利湿,散瘀止血,止咳。用于疟疾,肝炎,痢疾,尿痛,白带,肺结核咳嗽;外用治创伤出血,骨折,关节脱臼。

(489)大果琉璃草*Cynoglossum divaricatum* Steph.

分布:则岔。甘肃省内天水、甘南、临夏、河西。我国东北、华北及陕西、新疆。蒙古及西伯利亚地区。生于海拔2900~3200m山坡、草地、河滩。一期科考。

根入药,性寒,具有清热解毒的作用。主治扁桃体炎,疮疖痈肿。

(490)甘青微孔草*Microula pseudotrichocarpa* W. T. Wang

分布:则岔。甘肃省内夏河、天祝、山丹。我国四川西北部、青海东部、西藏东部。生于海拔2900~4200m草地、灌丛、林缘、山谷、山坡草丛。中国特有植物。一期科考。

(491)柔毛微孔草*Microula rockii* I. M. Johnst.

分布:则岔。甘肃省内夏河等地。我国青海东部。生于海拔3400~4000m山坡草甸、滩地。中国特有植物。一期科考。

传统藏药,全草可治疗眼疾、痘疹等病。

(492)微孔草*Microula sikkimensis* Hemsl.

别名:锡金微孔草。

分布:则岔。甘肃省内各地。我国陕西南部、四川西部、云南西北部、西藏东部和南部及青海。生于海拔2900~3600m山坡草地、灌丛下、林边、河边多石草地。中国特有植物。一期科考。

传统藏药,全草可治疗眼疾、痘疹等病。

(493)附地菜*Trigonotis peduncularis*(Trev.)Benth. ex Baker et Moore

别名:地胡椒。

分布:则岔、尕海。甘肃省各地。我国东北及内蒙古、西藏、云南、广西、江西、福建。欧洲东部、亚洲温带地区。生于海拔4300m以下草地、林缘或荒地。一期科考。

温中健胃,消肿止痛,止血。用于胃痛,吐酸水,吐血;外用治跌打损伤,骨折。

3.1.4.1.39 唇形科 Lamiaceae

(494)白苞筋骨草*Ajuga lupulina* Maxim.

分布:则岔、西倾山。甘肃省内甘南地区、祁连山区及临夏。我国河北、山西、青海、西藏东部、四川西部及西北部。生于海拔2900~3500m草地、河滩、陡坡石缝中。中国特有植物。一期科考。

解热消炎,活血消肿。主治劳伤咳嗽,吐血,跌打瘀肿,面神经麻痹,梅毒炭疽。

(495)矮小白苞筋骨草*Ajuga lupulina* Maxim. var. *lupulina* f. *humilis* Sun ex C. H. Hu

分布:则岔、尕海、西倾山。甘肃省内甘南地区、祁连山区。我国西藏、四川、青海。生于海拔2900~3600m河滩沙地、高山草地或陡坡石缝中。中国特有植物。一期科考。

(496)美花筋骨草*Ajuga ovalifolia* Bur. var. *calantha*(Diels)C. Y. Wu

别名:美花圆叶筋骨草。

分布:则岔、尕海、西倾山。甘肃省内甘南地区。我国四川西北部、青海、西藏。生于海拔3000~4300m沙质草坡或瘠薄的山坡上。中国特有植物。一期科考。

(497)白花枝子花*Dracocephalum heterophyllum* Benth.

别名:异叶青兰。

分布:则岔。甘肃省内天水、定西、临夏、河西及甘南地区。我国山西、内蒙古、四川、西藏及西北各地。蒙古、俄罗斯。生于海拔2900~3800m草原及干燥多石地区。一期科考。

全草可入药,可治疗高血压、淋巴结核、气管炎等。

(498)岷山毛建草*Dracocephalum purdomii* W. W. Smith

分布:则岔。甘肃省内榆中、永登、岷县、临夏及甘南地区。我国四川、宁夏、陕西、青海。生于海拔2900~3300m谷地多石处。中国特有植物。一期科考。

(499)甘青青兰*Dracocephalum tanguticum* Maxim.

分布:则岔。甘肃省内岷县及甘南地区、祁连山区。我国四川、青海、西藏。生于海拔2900~3300m干燥河谷、山野路旁或高山草地及林缘。中国特有植物。一期科考。

止咳化痰,和胃疏肝,清热利水。用于咳嗽痰多,气管炎,黄疸型肝炎,慢性胃炎,溃疡病,肝肿大,腹水,浮肿。

(500)小头花香薷*Elsholtzia cephalantha* Hand.-Mazz.

分布:则岔。甘肃省内甘南地区、祁连山区。我国四川西部。生于海拔3200~4100m溪河两岸及高山草地上。中国特有植物。二期科考。

(501)密花香薷*Elsholtzia densa* Benth.

别名:咳嗽草、野紫苏。

分布:则岔、尕海、石林。甘肃省内甘南地区、祁连山区及临夏。我国河北、山西、陕西、青海、四川、云南、西藏及新疆。阿富汗、巴基斯坦、尼泊尔、印度、俄罗斯。生于海拔2900~4100m林缘、高山草甸、林下、河边及山坡荒地。一期科考。

有发汗解暑、利水消肿之功能。用于伤暑感冒,水肿;外用于脓疮及皮肤病。

(502)高原香薷*Elsholtzia feddei* Lévl.

分布:则岔。甘肃省甘南地区。我国四川、云南及西藏。生于海拔2900~3200m路边、草坡及林下。二期科考。

全草有发汗解表、祛暑化湿的效果。可用于治疗中暑感冒,发热头痛,腹痛,泄泻,水肿。当年生枝叶和花序主治肛门虫病,胎虫病,皮肤虫病,胃肠虫病。

(503)鼬瓣花*Galeopsis bifida* Boenn.

分布:则岔、尕海。甘肃省内大部分地区。我国东北、山西、陕西、青海、湖北西部、四川西部、贵州西北部、云南西北部及东北部、西藏等地。纳维亚半岛南部、中欧各国、俄罗斯、蒙古、朝鲜、日本及北美。生于海拔2900~3400m林缘、路旁、灌丛、草地等空旷处。综合调查。

具有清热解毒、明目退翳之功效。常用于目赤肿痛,翳障,梅毒,疮疡。

(504)独一味 *Lamiophlomis rotata*(Benth.)Kudo

分布:则岔、尕海、西倾山。甘肃省内甘南地区。我国青海、四川、云南、西藏。生于海拔3400~4200m石质高山草甸、河滩地或强度风化的碎石滩上。中国特有植物。一期科考。

青藏高原特有的一种重要药用植物。全草入药,有较好的止血效果。治跌打损伤,筋骨疼痛,气滞腰痛,浮肿后流黄水,关节积黄水,骨松质发炎。

(505)宝盖草 *Lamium amplexicaule* L.

分布:则岔。甘肃省内各地常见。我国西北、华东、华中、西南。欧洲、亚洲各国。生于海拔2900~4000m林缘、路边。一期科考。

清热利湿,活血祛风,消肿解毒。用于黄疸型肝炎,淋巴结结核,高血压,面神经麻痹,半身不遂;外用治跌打伤痛,骨折,黄水疮。

(506)野芝麻 *Lamium barbatum* Sieb. et Zucc.

异名:*Lamium barbatum* Sieb. et Zucc. var. *hirsutum* C. Y. Wu et Hsuan。

别名:硬毛野芝麻。

分布:则岔。甘肃省内甘南地区。我国东北及陕西、四川。俄罗斯远东地区、朝鲜、日本。生于海拔2900~3200m林缘、路旁。一期科考。

(507)薄荷 *Mentha haplocalyx* Briq.

分布:则岔。甘肃省内大部分地区。我国各地均有分布,各地多有栽培。俄罗斯远东地区、朝鲜、日本、北美洲。生于海拔2900~3500m山野湿地河旁。二期科考。

发汗解热药。治流行性感冒,头疼,目赤,身体发热,咽喉、牙床肿痛等症。

(508)蓝花荆芥 *Nepeta coerulescens* Maxim.

分布:则岔。甘肃省内甘南地区。我国甘肃西部、青海东部、四川西部及西藏南部。生于海拔3300~4400m山坡上或石缝中。二期科考。

藏药(辛木头勤):地上部分和种子主治血热症、血热上行引起的目赤肿痛,翳障,虫病。

(509)康藏荆芥 *Nepeta prattii* Lévl.

分布:则岔、尕海。甘肃省内天水、陇南和甘南地区、临夏及祁连山区。我国西藏东部、四川西部、青海西部、陕西南部、山西及河北北部。生于海拔2900~4400m山坡草地、湿润处。中国特有植物。一期科考。

全草疏风,解表,利湿,止血,止痛。

(510)大花荆芥 *Nepeta sibirica* L.

分布:则岔。甘肃省内大部分地区。我国内蒙古西部、宁夏及青海。生于海拔2900~3200m山坡上。综合调查。

(511)甘西鼠尾草 *Salvia przewalskii* Maxim.

分布:则岔、尕海。甘肃省内陇南、甘南、临夏、定西等地区。我国四川西部、云南西北部、西藏。生于海拔2900~4000m林缘、路旁、沟边、灌丛下。中国特有植物。一期科考。

根入药,活血祛瘀、安神。

(512)粘毛鼠尾草 *Salvia roborowskii* Maxim.

别名:野芝麻、黄花鼠尾草、吉子嘎保。

分布：则岔、尕海、西倾山。甘肃省内甘南、陇南地区、祁连山区及定西。我国四川、青海、云南、西藏。尼泊尔、不丹。生于海拔2900~3900m山坡草地、沟边遮阴处、林缘、河滩地或山脚、山腰。一期科考。

清肝，明目，止痛。主治目赤肿痛，翳膜遮睛。

（513）黄芩 *Scutellaria baicalensis* Georgi

分布：则岔。甘肃省内大部分地区。我国黑龙江、辽宁、内蒙古、河北、河南、陕西、山西、山东、四川等地，北方多数省区都可种植。俄罗斯东西伯利亚、蒙古、朝鲜、日本。生于海拔3100m左右山顶、山坡、林缘、路旁及向阳草坡地上。综合调查。

主治温热病、上呼吸道感染、肺热咳嗽、湿热黄疸、肺炎、痢疾、目赤、胎动不安、高血压、痈肿疖疮等症。抗菌性比黄连好，无抗药性。

国家三级重点保护野生药用植物。

（514）连翘叶黄芩 *Scutellaria hypericifolia* Lévl.

分布：则岔、郎木寺。甘肃省内甘南地区。我国四川西部。模式标本采自四川康定。生于海拔2900~4000m山地草坡、林缘。中国特有植物。甘肃分布新记录。综合调查。

根清热止咳，利湿解毒。用于风热咳嗽，湿热黄疸，高热头痛，目赤肿痛，泻痢腹痛，小便淋痛，胎动不安，痈疖疔疮。

（515）甘肃黄芩 *Scutellaria rehderiana* Diels

异名：*Scutellaria kansuensis* Handel-Mazzetti。

分布：郎木寺。甘肃省内大部分地区。我国陕西、山西。生于海拔3100~3400m山地向阳草坡。综合调查。

根有清热解毒之效。治感冒，咽喉肿痛。

（516）甘露子 *Stachys sieboldii* Miq.

别名：草石蚕。

分布：则岔、尕海。甘肃省各地。我国西北、西南、华南、华北各地。生于海拔2950~3500m湿润地及积水处。中国特有植物。一期科考。

祛风利湿，活血散瘀。用于黄疸，尿路感染，风热感冒，肺结核；外用治疮毒肿痛，蛇虫咬伤。

3.1.4.1.40 茄科 Solanaceae

（517）山莨菪 *Anisodus tanguticus*（Maxim.）Pascher

异名：*Scopolia tangutica* Maxim.。

别名：唐古特莨菪。

分布：则岔、尕海。甘肃省内甘南地区。我国云南、四川、青海、西藏。生于海拔2900~4200m山坡、草坡向阳处。一期科考。

具有镇痛解痉、活血去瘀、止血生肌之功效。主治溃疡病，急、慢性胃肠炎，胃肠神经官能症，胆道蛔虫症，胆石症，跌打损伤，骨折，外伤出血。

CITES-2019附录Ⅱ保护植物。

（518）天仙子 *Hyoscyamus niger* L.

分布：西仓（栽培）。甘肃省内大部分地区。我国东北、华北、西北及西南，华东有栽培或逸为野生。蒙古、俄罗斯、欧洲、印度。常生于山坡、路旁、村旁。综合调查。

叶、根、花、种子入药，具镇痛解痉之功效。主治胃肠痉挛，胃腹作痛，神经痛，咳嗽，哮喘，癫狂；外用治痈肿疔疮，龋齿作痛。

（519）马尿泡 *Przewalskia tangutica* Maxim.

分布：则岔、尕海。甘肃省内甘南地区。我国四川、青海、西藏。多生于海拔3200~4000m高山沙砾地及干旱草原。中国特有植物。一期科考。

有小毒。可以解毒消肿；外用治无名肿毒。根药用，有镇痛、镇痉及消肿功效。

3.1.4.1.41 玄参科 Scrophulariaceae

（520）小米草 *Euphrasia pectinata* Tenore

分布：则岔、尕海。甘肃省内西南部。我国新疆、宁夏、内蒙古、山西太古以北、河北北部。欧洲至蒙古、俄罗斯西伯利亚。生于阴坡草地及灌丛中。综合调查。

全草清热解毒，利尿。主治热病口渴，头痛，肺热咳嗽，咽喉肿痛，热淋，小便不利，口疮，痈肿。

（521）短腺小米草 *Euphrasia regelii* Wettst.

分布：则岔、尕海。甘肃省内各地常见。我国内蒙古、河北、山西、宁夏、新疆等地。生于海拔2900~3500m间阴坡草地、灌丛、草甸、林下。一期科考。

具有清热解毒、利尿之功效。常用于热病口渴，头痛，咽喉肿痛，肺热咳嗽，口疮，小便不利，热淋，痈肿。

（522）短穗兔耳草 *Lagotis brachystachya* Maxim.

分布：则岔、尕海。甘肃省内甘南地区、祁连山区。我国四川西北部及青海、西藏。生于海拔3200~4300m高山草原、河滩、湖边。中国特有植物。一期科考。

具有清肺止咳、降压、调经之功效。常用于肺热咳嗽，高血压，月经不调。

（523）短筒兔耳草 *Lagotis brevituba* Maxim.

分布：尕海。甘肃省内甘南地区及临夏。我国青海东部及西藏。生于海拔3200~4300m高山草地、湖边、多石砾山坡上。中国特有植物。一期科考。

主治急慢性肝炎，肾炎，肺脓肿，肺痨咳嗽，高血压，乳腺癌，月经不调，全身发热，湿热泻痢，动脉粥样硬化症，霍乱，伤寒，黄疸，目赤，综合性毒物中毒。

（524）肉果草 *Lanceatibetica* Hook. f. et Thoms.

别名：兰石草、哇亚巴。

分布：则岔。甘肃省内甘南地区及临夏、祁连山区。我国云南、四川、青海、西藏。印度。生于海拔2900~4300m草地、沟谷边、疏林下。一期科考。

肉果草是藏药，具有清肺化痰的功效。治疗肺炎，肺脓肿，高血压，心脏病，哮喘，咳嗽，风寒湿痹，脉管炎，痈疖溃烂，疮疡久溃不愈。

（525）水茫草 *Limosella aquatica* L.

分布：则岔、尕海。甘肃省内岷县及甘南地区。我国东北及青海、西藏、云南、四川。南北两半球温带广布。生于海拔2900~4000m河岸、沼泽地。甘肃新记录。一期科考。

马先蒿属 *Pedicularis* Linn. 为双子叶植物属中的大属之一，分布于北半球，尤以北极和近北极地区最多，多数种类生于寒带及高山上。约2/3的种类产于我国，主要分布于西南部。从该属植物中分离出了生物碱、环烯醚萜苷、黄酮等多种生物活性物质，其中环烯醚萜苷具有抗凝血、抗氧化、抗肿瘤、抑制DNA突变、延缓骨骼肌疲劳等作用。

(526)阿拉善马先蒿*Pedicularis alaschanica* Maxim.

分布:则岔、尕海。甘肃省内岷县及甘南地区。我国青海、内蒙古、宁夏等地。生于海拔2900~4200m河谷多石砾、向阳山坡及湖边平川地。中国特有植物。其他调查。

(527)鸭首马先蒿*Pedicularis anas* Maxim.

分布:则岔、尕海。甘肃省内甘南地区。我国四川北部与西部。生于海拔3000~4300m高山草地中。中国特有植物。其他调查。

(528)黄花鸭首马先蒿*Pedicularis anas* Maxim. var. *xanthantha*(Li)Tsoong

异名:*Pedicularis anas* Maxim.。

分布:则岔、尕海、西倾山。甘肃省内甘南地区。我国四川北部与西部。生于海拔2900~4000m高山草地。中国特有植物。一期科考。

(529)刺齿马先蒿*Pedicularis armata* Maxim.

分布:则岔、尕海。甘肃省内甘南地区及临夏。我国四川西北部。生于海拔3700~4300m高山草地。中国特有植物。一期科考。

(530)碎米蕨叶马先蒿*Pedicularis cheilanthifolia* Schren

分布:则岔、尕海。甘肃省内甘南地区及临夏、祁连山区。我国青海、新疆、西藏。中亚。生于海拔2900~4100m阴坡桦木林、水沟等水分充足处、河滩和草坡中。一期科考。

(531)等唇碎米蕨叶马先蒿*Pedicularis cheilanthifolia* Schrenk var. *isochila* Maxim.

分布:则岔、尕海、西倾山。甘肃省内甘南地区及临夏、祁连山区。我国新疆、青海东北部。生于海拔2900~3800m潮湿山坡、草丛、河滩上。中国特有植物。一期科考。

(532)中国马先蒿*Pedicularis chinensis* Maxim.

分布:则岔、尕海。甘肃省内甘南地区、祁连山区。我国山西、河北、青海。生于海拔2900~3600m高山草地、水沟边、溪边。中国特有植物。一期科考。

(533)凸额马先蒿*Pedicularis cranolopha* Maxim.

分布:则岔。甘肃省内甘南地区、祁连山区。我国四川北部、青海东北部。生于海拔3200~3800m高山草甸、河边。中国特有植物。一期科考。

具有清热解毒之功效。主治发热,尿路感染,肺炎,肝炎,外伤肿痛。

(534)弯管马先蒿*Pedicularis curvituba* Maxim.

分布:则岔、尕海。甘肃省内岷县及甘南地区。生于海拔2900~3600m高山草甸、河滩、路边、亚高山草甸、阳坡。中国特有植物。甘肃特有植物。一期科考。

(535)美观马先蒿*Pedicularis decora* Franch.

分布:则岔。甘肃省内甘南地区、祁连山区。湖北西部、四川东北部、陕西南部及宁夏、青海。生于海拔2900~3200m草坡、疏林中。中国特有植物。一期科考。

(536)硕大马先蒿*Pedicularis ingens* Maxim.

分布:则岔。甘肃省内甘南地区、祁连山区。我国四川北部、青海东部。 生于海拔3300~4000m高山草坡、多碎石处。中国特有植物。一期科考。

(537)甘肃马先蒿*Pedicularis kansuensis* Maxim.

分布:尕海。甘肃省内甘南地区、祁连山区及临夏。我国四川、青海、西藏。生于海拔2900~3700m草坡、草甸、流石滩。中国特有植物。一期科考。

(538)白花甘肃马先蒿 *Pedicularis kansuensis* Maxim. subsp. *kansuensis* f. *albiflora* Li

异名:*Pedicularis albiflora* Li.。

别名:甘肃马先蒿白花变型。

分布:尕海。甘肃省内甘南地区。我国四川西部。生于海拔3100~4000m潮湿山坡草甸。中国特有植物。一期科考。

(539)绒舌马先蒿 *Pedicularis lachnoglossa* Hook. f.

分布:尕海。甘肃省内甘南地区。我国四川西部、云南东北部至东喜马拉雅、西藏昌都及亚东。生于海拔2900~4300m高山草原与云杉疏林中多石之处。中国特有植物。甘肃新记录。其他调查。

(540)毛颏马先蒿 *Pedicularis lasiophrys* Maxim.

分布:尕海。甘肃省内甘南地区。我国青海。生于海拔3500~4000m高山草甸中,亦生于灌木林及云杉林中的多水处。中国特有植物。其他调查。

(541)毛背毛颏马先蒿 *Pedicularis lasiophrys* Maxim.var. *sinica* Maxim.

分布:则岔、西倾山。甘肃省内甘南地区。我国四川北部。生于海拔2900~3800m草甸中。中国特有植物。一期科考。

(542)长花马先蒿 *Pedicularis longiflora* Rudolph

分布:则岔、西倾山。甘肃省内甘南地区、祁连山区。我国河北、青海。蒙古及贝加尔湖一带。生于海拔3000~3500m高山湿草地及溪流旁。一期科考。

(543)斑唇马先蒿 *Pedicularis longiflora* Rudolph. var. *tubiformis*(Klotz.)Tsoong

分布:则岔、西倾山。甘肃省内甘南地区、祁连山区及临夏、榆中、岷县。我国云南、四川、西藏。克什米尔地区及尼泊尔、不丹。生于海拔2900~4300m高山草甸、河谷、林缘。一期科考。

健脾开胃,消食化积,利水涩精。主治小儿疳积,食积不化,腹胀满,水肿,遗精,耳鸣。

(544)琴盔马先蒿 *Pedicularis lyrata* Prain

分布:则岔、尕海。甘肃省内林区广布。我国青海、四川、西藏等地。生于海拔2900~4200m草甸、低地、高山草甸、高山灌丛、河滩、冷杉林下、山坡草甸、圆柏林中。中国特有植物。甘肃新记录。其他调查。

(545)藓生马先蒿 *Pedicularis muscicola* Maxim.

分布:则岔。甘肃省内林区广布。我国山西、湖北、陕西、青海。生于海拔2900~3200m杂木林、冷杉林的苔藓层中,也见于其他阴湿处。中国特有植物。一期科考。

具有补气固表、安神之功效。用于气血不足,体虚多汗,心悸乏力。

(546)华马先蒿 *Pedicularis oederi* Vahl var. *sinensis*(Maxim.)Hurus.

分布:则岔、西倾山。甘肃省内榆中、岷县、临夏及甘南地区、祁连山区。我国河北、山西、陕西、青海、四川、云南。生于海拔3200~3800m高山阴湿林下、高山草甸、岩壁上。中国特有植物。一期科考。

以根入药,祛风利湿,杀虫。用于风湿性关节炎,尿路结石,小便不利。

(547)等裂马先蒿 *Pedicularis paiana* H. L. Li

别名:白氏马先蒿。

分布:西倾山。甘肃省内甘南地区。我国四川西部。生于海拔2900~3800m山坡草地、林下。中国特有植物。一期科考。

(548)返顾马先蒿 *Pedicularis resupinata* Linn.

分布:则岔。甘肃省内大部分地区。我国东北、华北、安徽、陕西、四川、贵州。欧洲、俄罗斯、蒙古、朝鲜、日本。生于海拔2900~3200m湿润草地及林缘。其他调查。

祛风湿,利尿,风湿性关节炎,关节疼痛,尿路结石,小便不畅;疥疮外用,煎汤清洗。

(549)大唇马先蒿 *Pedicularis rhinanthoides* Schrenk subsp. *labellata*(Jacq.)Tsoong

异名:*Pedicularis megalochila* Li var. *megalochila* f. *rho*。

别名:红花大唇马先蒿。

分布:尕海、西倾山。甘肃省内甘南地区。我国河北、山西、青海、四川、云南、西藏等地。生于海拔3300~3800m山谷潮湿处和高山草甸中。其他调查。

清热,解毒,利湿。主治痢疾、腹泻、肝炎尿路感染。

(550)粗野马先蒿 *Pedicularis rudis* Maxim.

分布:则岔、尕海。甘肃省内甘南地区及临夏。我国四川北部、内蒙古阿拉善及青海、西藏。生于海拔2900~3800m高山草甸、荒草坡、灌丛中,亦见于云杉与桦木林中。中国特有植物。一期科考。

藏药(巴朱):根主治肾寒,肾虚,浮肿,腰及下肢痹症。藏药(太白参、煤参):治疗身体虚弱,肾虚,骨蒸劳热,关节疼痛,不思饮食。

(551)半扭卷马先蒿 *Pedicularis semitorta* Maxim.

分布:则岔、尕海。甘肃省内岷县、临夏及甘南地区、祁连山区。我国四川北部、青海东部。生于海拔2900~3900m高山草地。中国特有植物。一期科考。

(552)穗花马先蒿 *Pedicularis spicata* Pall

分布:则岔、尕海。甘肃省内甘南地区、祁连山区及临夏。我国东北、华北及陕西、宁夏、青海、湖北、四川。蒙古及西伯利亚地区。生于海拔2900~3400m草地、溪流旁及灌丛中。一期科考。

(553)红纹马先蒿 *Pedicularis striata* Pall.

分布:则岔。甘肃省内兰州、武山、平凉、渭源、岷县、礼县等地。我国华北、东北、河南、陕西、青海、宁夏。俄罗斯西伯利亚、蒙古。生于海拔2900~3300m高山草原中及疏林中。二期科考。

(554)四川马先蒿 *Pedicularis szetschuanica* Maxim.

分布:尕海。甘肃省内西南部玛曲、碌曲等地。我国贵州、青海东南部、四川西部及北部、西藏昌都地区东部。生于海拔3380~4200m高山草地、云杉林、水流旁及溪流岩石上。中国特有植物。二期科考。

(555)扭旋马先蒿 *Pedicularis torta* Maxim.

分布:则岔、尕海。甘肃省内甘南地区。我国四川、湖北。生于海拔2900~4000m草坡上。中国特有植物。一期科考。

(556)阴郁马先蒿 *Pedicularis tristis* Linn.

分布:则岔。甘肃省内甘南地区。我国山西。西伯利亚地区及蒙古。生于海拔2900~4000m山地灌丛、草原中。一期科考。

治风湿关节疼痛,小便不利,尿路结石,妇女白带,疥疮。

(557)轮叶马先蒿 *Pedicularis verticillata* Linn.

分布:则岔。甘肃省内榆中、岷县、临夏及甘南地区、祁连山区。我国东北和华北地区及青海、四川。广布于北温带。生于海拔2900~3300m湿润处。一期科考。

具有益气生津、养心安神的功效。主治气血不足,体虚多汗,心悸怔忡。

(558)唐古特轮叶马先蒿 *Pedicularis verticillata* Linn. subsp. *tangutica*(Bonati)Tsoong

异名:*Pedicularis bonatiana*、*Pedicularis tangutica*。

别名:唐古特马先蒿。

分布:则岔、尕海。甘肃省内甘南地区。我国东北、内蒙古与河北等处,向西至四川北部及西部。俄罗斯远东、蒙古、日本。生于海拔2900~4000m草坡上。其他调查。

(559)西倾山马先蒿 *Pedicularis xiqingshanensis* H. Y. Feng et J. Z. Sun

异名:*Pedicularis xiqingshanensis* H. Y. Feng & G. L. Zhang et J. Z. Sun sp. nov.。

西倾山马先蒿与毛颏马先蒿 *P. lasiophrys* Maxim.、毛背毛颏马先蒿 *P.lasiophrys* Maxim. var. *sinica* Maxim. 近缘。但花冠盔部紫红色,余为黄色,盔的额及颏部无毛,萼齿不及萼筒长一半而易于区别。1996年7月20日,孙继周和张国梁在开展保护区科学考察时,采集于尕海镇海拔3800m高山草甸,标本号96488号。新种定名的审核专家为向春雷和彭华。

分布:尕海、西倾山。中国特有植物。一期科考。

(560)细穗玄参 *Scrofella chinensis* Maxim.

分布:则岔、尕海。甘肃省内甘南地区舟曲、临潭、夏河及临夏。我国四川、青海。生于海拔2900~3900m草甸。中国特有植物。一期科考。

(561)甘肃玄参 *Scrophularia kansuensis* Batal.

分布:则岔、尕海。甘肃省内甘南地区。我国四川北部。生于海拔2900~4300m山坡草地。中国特有植物。一期科考。

(562)北水苦荬 *Veronica anagallis-aquatica* L.

分布:则岔。我国各省区广布。亚洲温带、欧洲。生于海拔4000m以下水边湿地及浅水沟中。一期科考。

具有止血、止痛、活血消肿、清热利尿、降血压等功效。

(563)毛果婆婆纳 *Veronica eriogyne* H. Winki

分布:则岔、尕海。甘肃省内甘南地区及岷县、天水、天祝。我国四川、青海、西藏。生于海拔2900~4300m高山草地、阴坡湿地。中国特有植物。一期科考。

清热解毒,生肌止血。用于热性病,疮疖等;外伤出血,疮疡。

(564)阿拉伯婆婆纳 *Veronica persica* Poir.

分布:则岔。甘肃省内大部分地区。我国华东、华中及贵州、云南、西藏东部及新疆。为归化的路边及荒野杂草,原产于亚洲西部及欧洲。药用植物。二期科考。

(565)光果婆婆纳 *Veronica rockii* Li

分布:则岔。甘肃省内甘南地区及临夏、临洮、岷县、榆中、山丹。我国河北、山西、陕西、青海、河南、湖北、四川、云南等地。生于海拔2900~3600m山坡。中国特有植物。一期科考。

止血,治伤,生肌,止痛,清热。主治伤热,各种出血,疥,痈。

(566)小婆婆纳 *Veronica serpyllifolia* L.

分布:则岔。甘肃省内大部分地区。我国东北、西北、西南及湖南和湖北。北半球温带和亚热带高山广布。生于中山至高山湿草甸。综合调查。

活血散瘀,止血,解毒。主治月经不调,跌打内伤;外用治外伤出血,烧烫伤,蛇咬伤。

(567)水苦荬 *Veronica undulata* Wall.

别名:水菠菜。

分布:则岔。甘肃省内大部分地区。我国除西藏、青海、宁夏、内蒙古未见标本,各省区均有分布。朝鲜、日本、尼泊尔、印度、巴基斯坦。生于水边及沼泽地。综合调查。

清热解毒,活血止血。用于感冒,咽痛,劳伤咯血,痢疾,血淋,月经不调,疮肿,跌打损伤。

(568)唐古拉婆婆纳 *Veronica vandellioides* Maxim.

分布:则岔、尕海。甘肃省内兰州、天水、岷县、文县、宕昌、舟曲、迭部、夏河。我国西藏、青海、陕西及四川。生于海拔2900~4300m林下及高草丛中。药用植物。二期科考。

3.1.4.1.42 紫葳科 Bignoniaceae

(569)四川波罗花 *Incarvillea berezovskii* Batalin

分布:则岔、尕海。甘肃省内甘南地区。我国四川西北部、西藏等地。生于海拔2900~4200m高山。模式标本采自四川松潘。中国特有植物。二期科考。

(570)密生波罗花 *Incarvillea compacta* Maxim.

别名:全缘角蒿、密生角蒿。

分布:则岔、尕海、西倾山。甘肃省内甘南地区、祁连山区。我国云南、四川、青海、西藏。生于海拔2900~4100m空旷石砾山坡及草灌丛中。中国特有植物。一期科考。

清热燥湿,祛风止痛,健胃。用于胃病,黄疸,消化不良,耳炎,耳聋,月经不调,高血压,肺出血。藏药(乌曲玛保):用于虚弱,头晕胸闷,腹胀,咳嗽,月经不调。

3.1.4.1.43 列当科 Orobanchaceae

(571)丁座草 *Boschniakia himalaica* Hook. f. et Thoms

分布:则岔、尕海。甘肃省内甘南地区。我国青海、陕西、湖北、四川、云南和西藏。印度北部。生于海拔2900~4000m林下或灌丛中,常寄生于杜鹃花属植物根上。综合调查。

主治肾虚腰膝酸痛,风湿痹痛,脘腹胀痛,疝气,跌打损伤,月经不调,劳伤咳嗽,血吸虫病,疮痈溃疡,咽喉肿痛,腮腺炎。

(572)矮生豆列当 *Mannagettaea hummelii* H. Smith

分布:尕海、则岔。甘肃省内甘南地区。我国青海。生于海拔3200~3700m山坡灌丛中和林下,常寄生于锦鸡儿属、柳属或其他植物的根上。综合调查。

(573)列当 *Orobanche coerulescens* Steph.

别名:草苁蓉。

分布:则岔。甘肃省广布。我国东北、华北、西北及四川。欧洲及朝鲜、日本。生于海拔2900~4000m山坡及沟边草地上。一期科考。

补肾,强筋。治肾虚腰膝冷痛,阳痿,遗精;治小儿肠炎、腹泻。

3.1.4.1.44 狸藻科 Lentibulariaceae

(574)捕虫堇 *Pinguicula alpina* L.

别名:高山捕虫堇。

分布:则岔、尕海。甘肃省内甘南地区。我国四川、云南、青海、西藏。欧洲及西伯利亚地区。生于海拔2900~4300m林下或岩石上。一期科考。

(575)弯距狸藻(狸藻)*Utricularia vulgaris* L. subsp. *macrorhiza*(Le Conte)R. T. Clausen

异名:*Utricularia vulgaris* L.。

别名:狸藻。

分布:尕海、郭茂滩。我国东北、内蒙古、河北、山西、陕西、青海、新疆、山东、河南和四川西北部。全世界各温带地区均有。生于海拔3500m以下湖泊、沼泽中。一期科考。

3.1.4.1.45 车前科 Plantaginaceae

(576)车前 *Plantago asiatica* L.

分布:则岔。甘肃省内大部分地区。我国多地。朝鲜、俄罗斯远东、日本、尼泊尔、马来西亚、印度尼西亚。生于海拔3200m以下草地、沟边、河岸湿地、路旁或村边空旷处。综合调查。

全草可药用,具有利尿、清热、明目、祛痰的功效。

(577)平车前 *Plantago depressa* Willd.

分布:则岔。甘肃省内常见。遍布全国。俄罗斯、蒙古、日本、印度。生于海拔4500m以下河滩、沟边、草地及路旁。一期科考。

具有利尿、清热、明目、祛痰的功效。

(578)大车前 *Plantago major* L.

别名:条叶车前、细叶车前。

分布:则岔。甘肃省内大部分地区。我国南北各地。欧洲和亚洲的温带、热带及亚热带。生于海拔3000m以下草地、河滩、沟边、沼泽地、路旁或荒地。一期科考。

全草和种子用于水肿,尿少,热淋涩痛,暑湿泻痢,痰热咳嗽,吐血,痈肿疮毒。车前子用于水肿胀痛,热淋涩痛,暑湿泄泻,目赤肿痛,痰热咳嗽等症。

(579)小车前 *Plantago minuta* Pall.

分布:则岔。甘肃省内大部分地区。我国西北、内蒙古、山西、西藏。俄罗斯、哈萨克斯坦、蒙古。生于海拔2900~4300m沟谷、河滩、沼泽地。其他调查。

3.1.4.1.46 茜草科 Rubiaceae

(580)北方拉拉藤 *Galium boreale* L.

别名:砧草。

分布:则岔、尕海。甘肃省内大部分地区。我国西北、东北、山西、河北、四川西部、西藏。生于海拔2900~3900m山坡、沟旁、草地的草丛、灌丛或林下。药用植物。综合调查。

止咳祛痰,祛湿止痛。用治湿热内蕴之风湿疼痛、癌症。

(581)硬毛砧草 *Galium boreale* L. var. *ciliatum* Nakai

别名:硬毛拉拉藤(变种)。

分布:则岔、石林、尕海。甘肃省内大部分地区。我国东北、华北、西北、四川、云南、西藏。日本、俄罗斯、芬兰、罗马尼亚、北美。生于海拔4400m以下山坡、河滩、沟边、开阔的田野、草地。二期科考。

(582)狭叶砧草 *Galium boreale* var. *angustifolium*(Freyn)Cuf.

别名:砧草。

分布:则岔。甘肃省内大部分地区。我国河北、山西、河南、新疆。生于海拔3100m以下山坡草地的草丛。药用植物。二期科考。

(583)四叶葎 *Galium bungei* Steud.

分布:则岔。广布我国各地。朝鲜、日本。生于海拔2900~3600m森林、灌丛或草地等潮湿地。一期科考。

清热解毒,利尿,止血,消食。用于痢疾,尿路感染,小儿疳积,白带;外用治蛇头疔。

(584)显脉拉拉藤 *Galium kinuta* Nakai et Hara

分布:则岔。甘肃省内天水及甘南地区。我国西北、辽宁、山西、河南、湖北、湖南、四川等地。日本、朝鲜。生于海拔2900~3500m山坡林下、空旷草地、水边岩石上。一期科考。

(585)拉拉藤 *Galium spurium* L.

别名:猪殃殃。

分布:则岔、尕海。甘肃省内大部分地区。我国华南、华中、辽宁、河北、山西、陕西、青海、新疆、四川、云南、西藏。日本、朝鲜、巴基斯坦等地均有分布。生于海拔4200m以下山坡、沟边、湖边、河滩、林缘、草地。一期科考。

清热解毒,消肿止痛,利尿,散瘀。治淋浊、尿血,跌打损伤,肠痈,疖肿,中耳炎等。

(586)蓬子菜 *Galium verum* L.

分布:则岔。全省各地。我国东北、华北、西北及长江流域。亚洲温带及其他地区、欧洲、北美。生于海拔4000m以下草地、灌丛、河滩、沟边或林下。一期科考。

常用于肝炎,腹水,咽喉肿痛,疮疖肿毒,跌打损伤,妇女经闭、带下,毒蛇咬伤,荨麻疹,皮炎。

(587)毛蓬子菜 *Galium verum* L. var. *tomentosum*(Nakai)Nakai

分布:则岔。全省各地。我国东北、华北、西北、四川。日本。生于海拔3200m以草地、林下、沟边。二期科考。

(588)茜草 *Rubia cordifolia* L.

分布:则岔。甘肃省内常见。我国东北、华北、西北、华东、中南、西南。亚洲热带、澳大利亚。生于海拔2900~3300m灌丛中。一期科考。

用于吐血、衄血、崩漏下血、外伤出血,经闭瘀阻,关节痹痛,跌仆肿痛。本品止血而不留瘀,多用于热证出血,经闭腹痛,跌打损伤。

3.1.4.1.47　五福花科 Adoxaceae

(589)五福花 *Adoxa moschatellina* L.

分布:则岔、尕海。甘肃省内大部分地区。我国黑龙江、辽宁、河北、山西、新疆、青海、四川、云南。日本、朝鲜、北美和欧洲也有分布。生于海拔4000m以下的林下、林缘或草地。单种属。综合调查。

为药用植物,全草有镇静作用,其提取物经腹腔注射对小鼠中枢抑制作用迅速,效果比缬草和山楂强。

3.1.4.1.48　忍冬科 Caprifoliaceae

(590)蓝靛果忍冬 *Lonicera caerulea* L.

异名:*Lonicera caerulea* L. var. *edulis* Turcz. ex Herd.。

别名:蓝靛果。

分布:则岔。甘肃省内南部地区。我国东北、内蒙古、河北、山西、宁夏、青海、四川北部及云南西北部。朝鲜、日本、俄罗斯远东地区。生于海拔2900~3500m林下或林缘灌丛中。综合调查。

清热解毒、抗炎、抗病毒。能防止毛细血管破裂、降低血压、改善肝脏的解毒功能,且具有抗肿瘤功效,可缓解放疗后的不适症状,可减缓化疗后白细胞数量降低的作用。

(591)金花忍冬 *Lonicera chrysantha* Turcz.

分布:则岔。甘肃省内东南部。我国东北、华北及陕西、青海、山东、浙江、湖北、江西、四川等地。朝鲜及西伯利亚地区。生于海拔2900~3200m沟谷、林下或林缘灌丛中。一期科考。

花蕾、嫩枝、叶可药用,有清热解毒之功效。

(592)葱皮忍冬 *Lonicera ferdinandii* Franch.

分布:则岔。甘肃省内东南部。我国辽宁长白山、河北南部、山西西部、河南、陕西秦岭以北、宁夏南部、青海东部及四川北部。生于海拔2900~3200m向阳山坡林中或林缘灌丛中。其他调查。

叶和花蕾具有清热解毒、散风消肿之功效。治疗伤风感冒诸症。

(593)刚毛忍冬 *Lonicera hispida* Pall. ex Roem. et Schult.

分布:则岔。甘肃省内东南部。我国河北、山西、陕西、云南、西藏。蒙古、俄罗斯、印度。生于海拔2900~4200m山坡林中、林缘、高山草地。一期科考。

(594)红花岩生忍冬 *Lonicera rupicola* Hook. f. et Thoms. var. *syringantha*(Maxim.)Zabel

分布:则岔、石林。甘肃省内平凉、定西、榆中及甘南地区。我国宁夏南部、青海东部、四川西南部至西北部、云南西北部及西藏。生于海拔2900~4300m山坡灌丛中、林缘、河漫滩。中国特有植物。一期科考。

花蕾名金银花,带叶的茎称为忍冬藤,均供药用。主治温病发热,热毒血痢,痈肿疔疮,喉痹及多种感染性疾病。

(595)岩生忍冬 *Lonicera rupicola* Hook. f. & Thomson

分布:则岔、西倾山。甘肃省内榆中、临潭、岷县及甘南地区。我国宁夏南部、青海东南部、四川西部、云南西北部及西藏东部至西南部。生于海拔2900~4300m高山灌丛草甸、流石滩边缘、林缘河滩草地或山坡灌丛中。中国特有植物。一期科考。

(596)矮生忍冬 *Lonicera rupicola* var. *minuta*(Batalin)Q. E. Yang

异名:*Lonicera minuta* Batal。

分布:尕海、则岔。甘肃省内甘南地区。我国青海东部至东北部。生于海拔3200~3800m干旱草坡、山麓石隙中。综合调查。

(597)唐古特忍冬 *Lonicera tangutica* Maxim.

别名:陇塞忍冬。

分布:则岔。甘肃省内庆阳、天水、定西及甘南地区、祁连山区。我国湖北、陕西、宁夏、青海、西藏、云南、四川。生于海拔2900~3900m云杉、落叶松等林下、山坡草地、溪边灌丛中。中国特有植物。一期科考。

果实可入药,补血调经。主治月经不调、经行腹冷痛、经闭、痛经、崩漏等症。

(598)毛花忍冬 *Lonicera trichosantha* Bur. et Franch.

分布:则岔、石林。甘肃省内南部地区。我国陕西南部、四川西部、云南西北部和西藏东部。生于海拔2900~4100m林下、林缘、河边或灌丛中。其他调查。

(599)长叶毛花忍冬 *Lonicera trichosantha* Bureau & Franch. var. *xerocalyx*(Diels)P. S. Hsu & H. J. Wang

分布:则岔。甘肃省内南部舟曲。我国四川西部和云南西北部。生于海拔2900~4400m阳坡草地、河谷水旁、林下、林缘灌丛中。中国特有植物。一期科考。

(600)华西忍冬*Lonicera webbiana* Wall. ex DC.

分布:则岔。甘肃省内甘南地区。我国山西、江西、湖北西部、陕西南部、宁夏南部、青海东部、四川东北和西部、云南西北部及西藏。欧洲东南部、克什米尔至不丹及阿富汗。生于海拔2900~4000m山坡灌丛中、林中。一期科考。

(601)甘肃忍冬*Lonicera kansuensis*(Batal. ex Rehd.)Pojark.

分布:则岔。甘肃省内西固、天水、平凉、舟曲等地。我国陕西太白山、四川北部。生于海拔2900~3100m山坡或山脊疏林中。二期科考。

(602)红脉忍冬*Lonicera nervosa* Maxim.

分布:则岔、尕海。甘肃中部至南部地区。我国山西、陕西、宁夏、青海东部、河南西部、四川、云南。生于海拔2900~4000m山麓林下灌丛中或山坡草地上。二期科考。

(603)短萼忍冬*Lonicera ruprechtiana* Regel

别名:长白忍冬。

分布:则岔。甘肃省内甘南地区。产东北三省的东部、内蒙古满洲里、北京海淀、陕西商南。朝鲜北部和俄罗斯西伯利亚东部及远东地区也有分布。生于海拔3300m以下阔叶林下或林缘。二期科考。

(604)莛子藨*Triosteum pinnatifidum* Maxim.

别名:羽裂莛子藨。

分布:则岔。甘肃省内甘南和陇南地区。我国河北、山西、河南、湖北、宁夏、青海、四川。日本。生于海拔2900~3500m阴坡暗针叶林下和沟边向阳处。中国特有植物。一期科考。

3.1.4.1.49　败酱科 Valerianaceae

(605)匙叶甘松*Nardostachys jatamansi*(D. Don)DC.

异名:*Nardostachys grandiflora* DC.。

别名:大花甘松。

分布:则岔、尕海。甘肃省内甘南地区的玛曲、碌曲等地。我国四川、云南、西藏、青海。印度、尼泊尔、不丹也有分布。生于海拔2900~4000m高山灌丛、草地。二期科考。

根茎及根有行气止痛、开郁醒脾之功效。用于思虑伤脾或寒郁气滞引起的胸闷腹胀、不思饮食及胃脘疼痛等证。

CITES-2019附录Ⅱ保护植物,中国二级保护藏药,国家二级重点保护野生植物。

(606)缬草*Valeriana officinalis* L.

分布:则岔。甘肃省内除河西地区外,大部地区常见。我国东北至西南地区广布。欧洲、亚洲西部。生于海拔2900~4000m山坡草地、林下、沟边。一期科考。

安神镇静,生肌止血,止痛。治克山病,心脏病(心肌炎、产后心脏病、风湿性心脏病合并心力衰竭),腰腿痛,胃肠痉挛,关节炎,跌打损伤,外伤出血。

3.1.4.1.50　川续断科 Dipsacaceae

(607)白花刺续断*Acanthocalyx alba*(Hand.-Mazz.)M. Connon

异名:*Morina nepalensis* D. Don var. *alba*(Hand.-Mazz.)Y. C. Tang。

别名:白花刺参。

分布:则岔、尕海、西倾山。甘肃省内甘南地区。我国云南、四川、青海、西藏。生于海拔3000~

4000m山坡草甸或林下。中国特有植物。一期科考。

藏药(江才嘎保):用于治疗关节痛,小便失禁,腰痛,眩晕和口眼歪斜;外用治疮疖,化脓性创伤,肿瘤,培根病。

(608)圆萼刺参*Morina chinensis*(Bat.)Diels

异名:*Morina chinensis*(Botal ex Dicls)Pai.。

分布:则岔。甘肃省内甘南地区。我国内蒙古、青海、云南、四川。生于海拔2900~4000m高山草地、灌丛中。中国特有植物。一期科考。

具有祛风湿、补肝肾、消痈肿之功效。用于风湿痹痛,腰膝酸痛,眩晕,小便频数,疮痈肿痛。

(609)青海刺参*Morina kokonorica* Hao

分布:则岔、尕海。甘肃省内南部地区。我国青海、四川西北部、西藏东部及中部。生于海拔3000~4300m砂石质山坡、山谷草地和河滩上。一期科考。

藏药(部江才嘎保):用于关节痛,小便失禁,腰痛,眩晕及口眼歪斜;外用治疮疖,化脓性创伤,肿瘤。藏药(江采尔嘎保):全草治不消化症,培根病。

(610)匙叶翼首花*Pterocephalus hookeri*(C. B. Clarke)Hock.

分布:则岔、尕海。甘肃省内甘南地区。我国云南、四川、西藏东部和青海南部。不丹、印度。生于海拔2900~4400m山野草地、高山草甸。综合调查。

能清热解毒、祛风湿、止痛。主治感冒发烧及各种传染病所引起的热症、血热等。

3.1.4.1.51 桔梗科 Campanulaceae

(611)细叶沙参*Adenophora paniculata* Nannf.

分布:则岔。甘肃省内陇南和甘南地区及天水。我国华北及山东、陕西、河南。生于海拔2900~3200m山坡草地。中国特有植物。一期科考。

益气健脾,止咳祛痰,止血。主治虚损劳伤,自汗,盗汗,小儿疳积,妇女白带,感冒,咳嗽,衄血,疟疾,瘰疬。

(612)喜马拉雅沙参*Adenophora himalayana* Feer

分布:尕海。甘肃省内甘南地区。我国西北、四川、西藏。中亚地区。生于海拔2900~4400m灌丛下、林缘、山沟草地、林下、北坡及石缝中。一期科考。

养阴清热,润肺化痰,益胃生津。主治阴虚久咳,燥咳痰少,虚热喉痹,津伤口渴。

(613)川藏沙参*Adenophora liliifolioides* Pax et Hoffm.

分布:则岔、尕海、西倾山。甘肃省内东南部夏河、临洮。我国西藏东北部、四川西部、陕西秦岭、青海。生于海拔2900~4300m草地、灌丛和乱石中。中国特有植物。一期科考。

根有清热养阴、润肺止咳之功效。主治气管炎,百日咳,肺热咳嗽,咯痰黄稠。

(614)长柱沙参*Adenophora stenanthina*(Ledeb.)Kitagawa.

分布:则岔。甘肃省内大部分地区。我国内蒙古、河北、山西、陕西、宁夏。蒙古、俄罗斯东西伯利亚及远东地区。生于山地、草甸、草原。综合调查。

养阴清热,润肺化痰,益胃生津。主治阴虚久咳,燥咳痰少,虚热喉痹,津伤口渴。

(615)林沙参*Adenophora stenanthina*(Ledeb.)Kitagawa subsp. *sylvatica* Hong

分布:则岔。甘肃省内甘南地区。我国青海。生于海拔2900~4000m山地针叶林下、灌丛中,也见于草丛中。中国特有植物。一期科考。

养阴清热，润肺化痰，益胃生津。主治阴虚久咳，燥咳痰少，虚热喉痹，津伤口渴。

(616)钻裂风铃草 *Campanula aristata* Wall.

分布：则岔、尕海。甘肃省内甘南地区。我国西藏、云南西北部德钦、四川西部和西北部、青海南部和陕西太白山。克什米尔地区。生于海拔3500~4000m草丛及灌丛中。一期科考。

(617)灰毛党参 *Codonopsis canescens* Nannf.

分布：尕海、则岔。甘肃省内甘南地区。我国四川西部、西藏东部江达、贡觉及青海省南部。生于海拔3000~4200m山地草坡、河滩多石或向阳干旱地方。综合调查。

主治脾胃虚弱，食少便溏，四肢乏力，肺虚喘咳，气短自汗，气血两亏，内热消渴。

(618)脉花党参 *Codonopsis nervosa*(Chipp)Nannf.

分布：则岔、石林。甘肃省内甘南地区。我国青海、重庆、四川、云南、西藏。生于海拔2900~4000m草甸灌丛、灌木林缘、森林、林缘草甸、山地阴坡。综合调查。

(619)党参 *Codonopsis pilosula*(Franch.)Nannf.

分布：则岔。甘肃省内各地常见。我国东北、华北及陕西、宁夏、青海、河南、四川、云南、西藏等地。朝鲜、蒙古、俄罗斯。生于海拔2900~3600m山地林边及灌丛中。一期科考。

补中益气，和胃生津，祛痰止咳。用于脾虚食少便溏，四肢无力，心悸，气短，口干，自汗，脱肛，子宫脱垂。藏药(芦堆多吉)：根治风湿痹症，麻风病，皮肤病，脚气，湿疹，疮疖痈肿。

(620)绿花党参 *Codonopsis viridiflora* Maxim.

分布：则岔。甘肃省内甘南地区。我国青海、宁夏、陕西及四川。生于海拔3000~4000m高山草甸及林缘。中国特有植物。一期科考。

根有补中益气、生津止渴、活血化瘀等功效。主治脾胃虚弱，中气不足，肺气亏虚，热病伤津，气短口渴，血虚萎黄和头晕心慌等。

(621)蓝钟花 *Cyananthus hookeri* C. B. Cl.

分布：尕海、则岔。甘肃省内甘南地区。我国云南、四川、青海、西藏等地。印度。生于海拔2900~4300m路旁、山坡草地或沟边。综合调查。

3.1.4.1.52 菊科 Asteraceae

(622)云南蓍 *Achillea wilsoniana* Heimerl ex Hand.-Mazz.

分布：则岔。甘肃省内陇南和甘南地区。我国山西、陕西、河南、湖北、湖南、广西、重庆、四川、贵州、云南。生于海拔2900~3400m山坡草地或灌丛中。中国特有植物。一期科考。

有解毒利湿、活血止痛之功效。用于乳蛾咽痛，泄泻痢疾，肠痈腹痛，热淋涩痛，湿热带下，蛇虫咬伤。

(623)细裂亚菊 *Ajania przewalskii* Poljak.

分布：则岔。甘肃省内陇南、定西和甘南地区。我国宁夏、四川、青海。生于海拔2900~4300m山坡草地或灌丛中。中国特有植物。一期科考。

(624)柳叶亚菊 *Ajania salicifolia*(Mattf.)Poljak.

分布：则岔。甘肃省内甘南、祁连山、榆中、临潭、岷县、临夏。我国陕西、宁夏、四川、青海。生于海拔2900~4000m山坡。中国特有植物。一期科考。

清肺止咳。用于肺热咳嗽，肺痈痰多。

(625)细叶亚菊*Ajania tenuifolia*(Jacq.)Tzvel.

分布:尕海。甘肃省内甘南地区。我国四川、西藏。印度西北部。生于海拔2900~4000m山坡草地。一期科考。

藏药(坎巴嘎保):茎枝治痈疖,肾病,肺病。藏药(普芒嘎布):地上部分治虫病,咽喉病,溃疡病,炭疽病。

(626)黄腺香青*Anaphalis aureopunctata* Lingelsh et Borza.

分布:则岔。甘肃省内甘南、陇南、临夏。我国湖南、湖北、山西、河南、广西、广东、陕西、四川、青海以及云南。生于海拔3000~4200m林下、草坡及石砾地。中国特有植物。一期科考。

(627)二色香青*Anaphalis bicolor*(Franch.)Diels

分布:则岔、尕海。甘肃省内西南部。我国四川西部及西南部、云南西部及北部、青海。生于海拔2900~3500m草地、荒地、灌丛及针叶林下。二期科考。

(628)同色二色香青*Anaphalis bicolor*(Franch.)Diels var. *subconcolor* Hand.-Mazz.

分布:则岔。甘肃省内甘南地区。我国青海、四川西部及西南部、云南西部及北部。生于海拔2900~4100m草地、荒地、灌丛及针叶林下。中国特有植物。一期科考。

(629)淡黄香青*Anaphalis flavescens* Hand.-Mazz.

分布:则岔。甘肃省内甘南、祁连山和临夏。我国陕西、青海、四川、西藏。生于海拔2900~3800m高山、亚高山草地、林下。中国特有植物。一期科考。

清热燥湿。用于疮癣。

(630)淡红淡黄香青*Anaphalis flavescens* Hand.-Mazz. f. *rosea* Y. Ling

异名:*Anaphalis flavescens* Hand.-Mazz.var. *flavescens* f. *rosea* Ling。

分布:则岔。甘肃省内岷县及甘南地区。我国陕西、青海、四川西部、西藏东部和南部。生于海拔2900~3200m山坡草地。中国特有植物。一期科考。

(631)铃铃香青*Anaphalis hancockii* Maxim.

分布:则岔。甘肃省内榆中、岷县、临夏及甘南地区、祁连山区。我国河北、山西、宁夏、陕西、青海、四川、西藏。生于海拔2900~3700m亚高山山顶及山坡草地。中国特有植物。一期科考。

(632)乳白香青*Anaphalis lactea* Maxim.

分布:则岔。甘肃省内陇南、定西、甘南地区、祁连山区及临夏。我国宁夏、青海、四川。生于海拔2900~3400m山坡草地及灌木丛、草地、针叶林下。中国特有植物。一期科考。

具有清热止咳、散瘀止血之功效。常用于感冒头痛,肺热咳嗽,外伤出血。

(633)红花乳白香青*Anaphalis lactea* Maxim. f. *rosea* Ling

别名:粉苞乳白香青。

分布:则岔、尕海、西倾山。甘肃省内甘南地区、祁连山区及临夏。我国宁夏、四川西北部松潘及青海东部大通、祁连、门源。生于海拔2900~3500m山坡草地、草甸及针叶林下。中国特有植物。一期科考。

(634)尼泊尔香青*Anaphalis nepalensis*(Spreng.)Hand.-Mazz.

分布:则岔、尕海。甘肃省内肃南、武都、文县、宕昌、临夏及甘南地区。我国西藏、四川、云南、陕西、青海、新疆。尼泊尔、不丹、印度。生于海拔2900~3600m山坡草地、草甸。二期科考。

清热平肝,止咳定喘。主治感冒咳嗽,急慢性气管炎,支气和哮喘,高血压病。藏药(扎瓦):全株治感冒，咳嗽，气管炎，风湿疼痛。

（635）香青 *Anaphalis sinica* Hance

异名：*Anaphalis pterocaula*（Franch. et Sav.）Maxim.。

分布：则岔。甘肃省内榆中、会宁、天水、天祝、平凉、漳县、武都及临潭、卓尼、舟曲等地。我国北部、中部、东部及南部。朝鲜、日本也有分布。生于海拔3200m以下灌丛、草地、山坡和溪岸。二期科考。

解表祛风，消炎止痛，镇咳平喘。治疗感冒头痛，咳嗽慢性气管炎，急性胃肠炎，痢疾。

（636）牛蒡 *Arctium lappa* L.

分布：则岔。甘肃省内大部分地区。我国东北、西北、中南、西南及河北、山西、山东、江苏、安徽、浙江、江西、广西等地。欧亚大陆、南美洲。生于海拔3500m以下山野路旁、山谷、沟边、荒地、林缘、林中、灌木丛、河边潮湿地和村镇附近。二期科考。

果实常用于风热感冒，头痛，咽喉肿痛，流行性腮腺炎，疹出不透，痈疖疮疡；根常用于风热感冒，咳嗽，咽喉肿痛，疮疖肿毒，脚癣，湿疹。

（637）沙蒿 *Artemisia desertorum* Spreng.

分布：则岔、尕海。甘肃省内甘南、河西地区。我国东北、华北、西北、西南。朝鲜、日本、印度、巴基斯坦及西伯利亚东部。生于海拔2900~4000m干河谷、河岸边、森林草原、路旁等、高山草原、草甸、砾质坡地、林缘。一期科考。

嫩枝叶有止咳、祛痰、平喘的功能，可治疗慢性气管炎、哮喘、感冒、风湿性关节炎等病症。

（638）东俄洛沙蒿 *Artemisia desertorum* Spreng. var. *tongolensis* Pamp.

分布：则岔。甘肃省内甘南地区。我国四川西部及西藏。生于海拔3500~4300m高山或亚高山草原、草甸与砾质坡地。中国特有植物。一期科考。

清热消肿、宣肺止咳。用于喉部热症、肺热咳嗽有痰者。

（639）甘肃南牡蒿 *Artemisia eriopoda* var. *gansuensis* Ling et Y. R. Ling

分布：则岔。甘肃省内陇南和甘南地区。我国内蒙古。生于海拔2900~3800m山坡、沟谷、路边。模式标本采自甘肃康县。中国特有植物。甘肃特有种。一期科考。

（640）冷蒿 *Artemisia frigida* Willd.

分布：则岔、尕海、西倾山。甘肃省内甘南地区、祁连山区及兰州、榆中、岷县、临夏。我国宁夏、青海及新疆。生于海拔2900~3200m沙质、沙砾质或砾石质土壤上，是草原小半灌木的主要组成部分，为生态幅度很广的旱生植物。其他调查。

全草入药，有止痛、消炎、镇咳作用，还作茵陈的代用品。

（641）密毛白莲蒿 *Artemisia gmelinii* var. *messerschmidiana*（Besser）Poljakov

异名：*Artemisia sacrorum* Ledeb. var. *messerschmidtiana*（Bess.）Y. R. Ling。

分布：则岔。甘肃省内大部分地区。我国东北、内蒙古、河北、陕西等地。朝鲜、日本、蒙古、阿富汗、俄罗斯。生于山坡、路旁等。其他调查。

民间入药，有清热、解毒、祛风、利湿之效，可作“茵陈”代用品，又作止血药。

（642）臭蒿 *Artemisia hedinii* Ostenf. et Pauls.

分布：则岔、尕海、西倾山。甘肃省内甘南地区、祁连山区及兰州、榆中、岷县、临夏。我国内蒙古西南部及青海、新疆、四川、云南、西藏。印度、巴基斯坦、尼泊尔及克什米尔地区。生于海拔2900~4000m湖边草地、河滩、砾质坡地、路旁、林缘。一期科考。

治疗暑邪发热、阴虚发热、夜热早凉、骨蒸劳热、疟疾寒热和湿热黄疸等;外用治蚊虫咬伤、疮肿和烫伤等。其生物活性成分有抗疟疾、抗炎、抗菌、抗肿瘤和抗氧化等作用以及较强的免疫活性。

(643)粘毛蒿 *Artemisia mattfeldii* Pamp.

分布:则岔。甘肃省内西南部及南部。我国湖北西部及西南部、西藏东部及东南部、云南西北部、贵州西北部、青海东部及南部、四川西部。生于海拔2900~4100m林缘、草地、荒坡、路旁等。综合调查。

(644)蒙古蒿 *Artemisia mongolica*(Fisch. ex Bess.)Nakai

分布:则岔。甘肃省内各地区常见。我国东北、华北、西北、华中、华东及广东、四川、贵州。蒙古、朝鲜及西伯利亚地区。生于海拔2900~3300m森林、山坡草地、干河谷。一期科考。

全草入药,可作艾的代用品,有温经、止血、散寒、祛湿等作用。

(645)小球花蒿 *Artemisia moorcroftiana* Wall. ex DC.

分布:尕海。甘肃省内甘南地区。我国宁夏、青海、四川、云南、西藏。克什米尔地区及巴基斯坦。生于海拔2950~4400m山坡、台地、干河谷、砾质坡地、亚高山或高山草原和草甸等地区。一期科考。

全草有止血、消炎、祛风、杀虫作用。藏药(坎巴玛保):地上部分用于痈疖,寒性肿瘤。

(646)猪毛蒿 *Artemisia scoparia* Waldst. et Kit.

分布:则岔。甘肃省内常见。我国东北、华北、西北及西南各地。日本、朝鲜、蒙古、印度、巴基斯坦、土耳其、阿富汗、伊朗及欧洲、西伯利亚地区。生于海拔2900~3800m半干旱或半温润地区的山坡、林缘、路旁、草原。一期科考。

清热利湿,利胆退黄。用于黄疸型肝炎,尿少,色黄,胆囊炎,湿温初期。

(647)大籽蒿 *Artemisia sieversiana* Ehrhart ex Willd.

分布:则岔。甘肃省内大部分地区。我国东北、华东、华北、西北至西南。广布于温带或亚热带高山地区的朝鲜、日本、蒙古、阿富汗、巴基斯坦、印度、克什米尔地区及俄罗斯。生于海拔2900~4200m路旁、荒地、河漫滩、草原、森林草原、干山坡或林缘等。综合调查。

花蕾入药,有消炎止痛之效。水煎服治疗痈肿疔毒;水煎洗患处治疗黄水疮、皮肤湿疹、宫颈糜烂等。

(648)白莲蒿 *Artemisia stechmanniana* Bess.

分布:则岔。甘肃省内大部分地区。我国除高寒地区外几乎遍布全中国。日本、朝鲜、蒙古、阿富汗、印度、巴基斯坦、尼泊尔、克什米尔地区及俄罗斯。生于山坡、路旁、灌丛地及森林草原地区。综合调查。

有清热、解毒、祛风、利湿之效,可作茵陈代用品,又作止血药。

(649)甘青蒿 *Artemisia tangutica* Pamp.

分布:则岔。甘肃省内定西和甘南地区。我国四川、青海、西藏。生于海拔3000~3800m林间草地、灌木、草丛、草地、村边、路旁、山坡及河边沙地。中国特有植物。一期科考。

(650)黄花蒿 *Artemisia annua* L.

分布:则岔。甘肃省内兰州、白银、武威、庆阳、定西、陇南、临夏及甘南地区。我国遍及东半部省区、西北及西南省区。广布于欧洲、亚洲的温带、寒温带及亚热带地区。生于海拔2900~3700m地区的路旁、荒地、山坡、林缘等处。二期科考。

(651)阿尔泰狗娃花*Aster altaicus* Willd.

异名:*Heteropappus altaicus*(Willd.)Novopokr.。

别名:阿尔泰紫菀、阿尔泰狗哇花。

分布:则岔、尕海。甘肃省内西北和西南部。我国东北、华北、内蒙古、陕西、湖北、四川、青海、新疆、西藏。蒙古、西伯利亚地区。生于海拔3500m以下荒漠草原、干旱草原和草甸草原地带。综合调查。

(652)青藏狗哇花*Aster boweri* Hemsl.

异名:*Heteropappus bowerii*(Hemsl.)Griers。

分布:则岔。甘肃省内西南部。我国西藏南部至西北部、青海、四川、云南。生于海拔3000~4200m高山砾石沙地。中国特有植物。其他调查。

花序用于治疗感冒咳嗽,咽痛,蛇咬伤。

(653)圆齿狗娃花*Aster crenatifolius* Hand.-Mazz.

异名:*Heteropappus crenatifolius*(Hand.-Mazz.)Griers.。

分布:则岔。甘肃省内榆中、西固、文县、岷县、临洮、岷县及甘南夏河等地。我国宁夏、青海、四川、云南、西藏。尼泊尔。生于海拔2900~3900m山坡、田野、路旁。一期科考。

全草解毒消炎,止咳。用于感冒,咳嗽,咽喉痛,蛇咬伤。

(654)重冠紫菀*Aster diplostephioides*(DC.)C. B. Clarke.

分布:则岔、尕海、西倾山。甘肃省内甘南地区、祁连山区及临夏。我国青海、四川、云南、西藏。不丹、尼泊尔、印度、巴基斯坦。生于海拔2900~4100m高山及亚高山草地及灌丛中。一期科考。

根(土紫菀)暖胃,止咳,化痰;花序清热解毒。

(655)狭苞紫菀*Aster farreri* W. W. Sm. et J. F. Jeffr.

分布:则岔、尕海、西倾山。甘肃省内甘南、榆中、靖远、临潭、西固。我国青海东部、山西、河北北部、四川西部。生于海拔2900~3400m山坡灌丛中、山顶草原。中国特有植物。一期科考。

(656)萎软紫菀*Asterflaccidus* Bunge.

别名:柔软紫菀、太白菊。

分布:则岔、尕海。甘肃省内大部分地区。我国河北、山西、陕西、青海、新疆、四川、云南、西藏。蒙古、印度、尼泊尔及西伯利亚地区。生于海拔2900~3600m高山草甸、山谷灌丛中。一期科考。

全草(太白菊)清热解毒,止咳。用于肺痈,肺痨,风热咳喘,顿咳,目疾。

(657)狗娃花*Aster hispidus* Thunb.

异名:*Heteropappus hispidus*(Thunb.)Less.。

分布:则岔。甘肃省内大部分地区。我国东北、华北及西北等地,亦见于安徽、浙江、江西、台湾、湖北及四川等地。生于海拔2900~3200m荒地、路旁、林缘及草地。综合调查。

有解毒消肿的功能。用于疮肿,蛇咬伤。

(658)缘毛紫菀*Aster souliei* Franch.

分布:则岔、尕海。甘肃省内甘南地区及临夏。我国四川、云南、西藏。不丹、缅甸。生于海拔2900~4000m高山针叶林外缘、灌丛及山坡草地。一期科考。

藏药(阿恣):根茎及根用于消炎,止咳,平喘。

(659)东俄洛紫菀*Aster tongolensis* Franch.

分布:则岔。甘肃省内岷县及甘南地区。我国四川、云南。生于海拔2900~4000m高山及亚高山草甸、林下、水边和草地。中国特有植物。一期科考。

用于治疗湿热黄疸、疫毒黄疸、疮疡痈肿及痰多喘咳、新久咳嗽。藏药(麦多漏莫):花用于治疗癣症,清瘟病时疫热,解痉挛。

(660)云南紫菀*Aster yunnanensis* Franch.

异名:*Aster yunnanensis* Franch. var. *angnstior* Hand.-Mazz.。

分布:则岔、尕海。甘肃省内岷县及甘南地区。我国青海、四川、云南及西藏东部和南部。生于海拔2900~4300m高山及亚高山草甸、林下、水边和草地。中国特有植物。综合调查。

花序清热解毒,降血压。藏药(麦多漏莫):花用于治疗癣症,清瘟病时疫热,解痉挛,流行性感冒,发烧,食物中毒,疮疖。

(661)翠菊*Callistephus chinensis*(L.)Nees

别名:格桑花。

分布:则岔。甘肃省内岷县及甘南地区。我国吉林、辽宁、河北、山西、山东、云南、四川等省。日本、朝鲜。生于海拔3200m以下山坡撂荒地、山坡草丛、水边或疏林。综合调查。

(662)节毛飞廉*Carduus acanthoides* Linn.

分布:则岔、尕海。甘肃省内大部分地区。分布几遍全国。欧洲、俄罗斯西伯利亚、中亚及东北亚。生于海拔3500m以下山坡、草地、林缘、灌丛或山谷、山沟、水边。二期科考。

(663)丝毛飞廉*Carduus crispus* L.

分布:则岔。甘肃省内大部分地区。几乎遍及我国南北各地。欧洲、北美、俄罗斯、蒙古、朝鲜、日本、伊朗。生于海拔2900~3600m山坡草地、林下、荒地、河旁、路边。一期科考。

藏药(江才尔那布):地上部分治消化不良,培根病,疮疖,痈疽等症。种子及根用于催吐;治感冒,尿路感染,跌打瘀肿,疔疮,烫伤。

(664)烟管头草*Carpesium cernuum* L.

分布:则岔。甘肃省内大部分地区。我国东北、华北、华中、华东、华南、西南各省及陕西等地。欧洲至朝鲜和日本。生于海拔3300m以下路边、荒地、山坡、沟边等处。综合调查。

清热解毒,消肿止痛。主治感冒发热,高热惊风,咽喉肿痛,痄腮,牙痛,尿路感染,淋巴结核,疮疡疖肿,乳腺炎等。

(665)高原天名精*Carpesium lipskyi* Winkl

分布:则岔。甘肃省内甘南地区、祁连山区。我国陕西、青海东部、四川西部、云南西北部。生于海拔2900~3500m山坡林缘、河谷草地。中国特有植物。一期科考。

全草(挖耳子草)清热解毒,祛痰,截疟。用于牙痛,疟疾,咽喉痛,疮肿,胃痛,虫蛇咬伤。果实:苦、辛、平。消积杀虫。

(666)刺儿菜*Cirsium arvense* var. *integrifolium* C. Wimm. et Grabowski

异名:*Cirsium setosum*(Willd.)MB.。

别名:小蓟。

分布:则岔。我国除西藏、云南、广东、广西外,分布几遍全国。欧洲东部、中部、俄罗斯、蒙古、朝鲜、日本。生于海拔3500m以下路边、村庄附近。综合调查。

凉血止血,祛瘀消肿。用于衄血,吐血,尿血,便血,崩漏下血,外伤出血,痈肿疮毒。

(667)魁蓟 *Cirsium leo* Nakai et Kitag.

分布:则岔。甘肃省内天水、临夏、陇南、甘南地区。我国河北、山西、山东、河南、陕西、宁夏、四川。生于海拔2900~3200m山坡草地、沟谷、滩地。中国特有植物。一期科考。

(668)葵花大蓟 *Cirsium souliei*(Franch.)Mattf.

别名:聚头蓟。

分布:则岔、尕海。甘肃省内甘南地区、祁连山区。我国宁夏、四川、青海、西藏。生于海拔3000~3500m山坡、荒地、河滩地。中国特有植物。一期科考。

具有凉血止血、散瘀消肿之功效。常用于治疗吐血,衄血,尿血,崩漏,痈肿疮毒。

(669)褐毛垂头菊 *Cremanthodium brunneo-pilosum* S. W. Liu

分布:则岔、尕海。甘肃省内甘南地区。我国四川西北部、青海南部及西藏。生于海拔3000~4300m高山草甸。中国特有植物。一期科考。

(670)喜马拉雅垂头菊 *Cremanthodium decaisnei* C. B. Clarke.

分布:则岔、尕海。甘肃省内甘南地区。我国西藏、云南西北部、四川西南部至西北部、青海西南部。不丹、尼泊尔、印度及克什米尔地区。生于海拔3500~4300m草地、高山草甸、高山流石滩、山坡林下、水边、灌丛中。一期科考。

全草健胃、止咳。治痈疖肿毒,疮疖溃疡,创伤感染化脓,烧烫伤,中风,偏瘫。藏药(哦嘎):花序治麻疹黑痘内陷,炭疽病。

(671)车前状垂头菊 *Cremanthodium ellisii*(Hook. f.)Kitam.

异名:*Cremanthodium plantagineum* Maxim. f. *ellisii*(Hook. f.)Good.。

别名:车前叶点头菊。

分布:尕海。甘肃省内西部及西南部。我国西藏、四川、青海、云南西北部。克什米尔地区。生于海拔3400~4300m高山流石滩、沼泽草地、河滩。综合调查。

全草祛痰止咳,宽胸利气。主治痰喘咳嗽,劳伤及老年虚弱头痛。

(672)条叶垂头菊 *Cremanthodium lineare* Maxim.

分布:则岔、尕海、西倾山。甘肃省内甘南地区。我国四川、青海、西藏。生于海拔2900~3800m沼泽草地、水边、高山草地和灌丛中。中国特有植物。一期科考。

具有清热消肿、健胃止呕之功效。主治高热惊风,咽喉肿痛,脘腹胀痛,呕吐。

(673)阿尔泰多榔菊 *Doronicum altaicum* Pall.

分布:则岔。甘肃省内甘南地区、祁连山区。我国内蒙古、陕西、新疆、青海、四川、云南、西藏。蒙古及西伯利亚和中亚地区。生于海拔3300~3800m山坡草地或云杉林下。一期科考。

化痰,止咳,平喘。用于治疗咳嗽气逆、咯痰不爽、肺虚久咳、痰中带血等多种类型的咳嗽。

(674)狭舌多榔菊 *Doronicum stenoglossum* Maxim.

分布:则岔、尕海。甘肃省内永登及甘南地区。我国四川、云南、西藏、陕西、青海。生于海拔2900~3900m亚高山和高山草坡、林缘或次生灌丛中,或云杉林下。模式标本采自甘肃西部。二期科考。

(675)飞蓬 *Erigeron acris* L.

分布:则岔、尕海。甘肃省内永登、榆中、舟曲等地。我国东北、华北、西北、湖北、四川、西藏。蒙古、日本、欧洲、北美洲也有分布。生于海拔2900~3500m山坡草地及林缘。二期科考。

(676)长茎飞蓬*Erigeron acris* subsp. *politus*(Fries)H. Lindberg

分布:则岔。甘肃省大部分地区。我国新疆、内蒙古、河北、山西、四川、西藏等省区。中亚、西伯利亚地区以及欧洲中部至北部、蒙古、朝鲜也有分布。生于海拔2900~3200m开旷山坡草地、沟边及林缘。二期科考。

(677)多色苦荬*Ixeris chinensis* subsp. *versicolor*(Fisch. ex Link)Kitam.

分布:则岔、尕海。甘肃省内兰州、定西、岷县、永昌。我国东北、华北、陕西、青海、新疆、四川、贵州、云南、西藏。朝鲜、蒙古、俄罗斯西伯利亚及远东地区。生于海拔4000m以下山坡草地、林缘、林下、河边、沟边。二期科考。

(678)麻花头*Klasea centauroides*(L.)Cass.

异名:*Serratula centauroides* L.。

分布:则岔。甘肃省内大部分地区。我国东北、华北、陕西等地。生于海拔2900~3200m山坡林缘、草原、草甸、路旁。俄罗斯西伯利亚、蒙古。其他调查。

(679)缢苞麻花头*Klasea centauroides* subsp. *strangulata*(Iljin)L. Martins

异名:*Serratula strangulata* Iljin。

别名:蕴苞麻花头。

分布:则岔。甘肃省内定西和甘南地区、祁连山区。我国河北、山西、陕西、宁夏、青海、四川。生于海拔2900~3500m山坡、草地、路旁、河滩及干燥河谷。中国特有植物。一期科考。

根味道微苦,凉。清热解毒。

(680)美头火绒草*Leontopodium calocephalum*(Franch.)Beauv.

分布:则岔、西倾山。甘肃省内西部、西南部、榆中、靖远、岷县、夏河。我国青海东部、云南西北、四川西部及西北部。生于海拔2900~4200m沼泽地、针叶林下、灌丛、石砾坡地、亚高山草甸、高山、湖岸或林缘。中国特有植物。一期科考。

有疏风解表、清热解毒、凉血止血、益肾利水、消炎利尿等诸多的功效,用于急慢性肾炎、尿道炎、蛋白尿、血尿、风热感冒以及创伤出血等治疗。

(681)戟叶火绒草*Leontopodium dedekensii*(Bur. et Franch.)Beauv.

分布:则岔、尕海。甘肃省内天水、张掖、文县、夏河等地。我国青海,贵州,陕西南部,四川北部、西部及西南部,西藏东部,云南北部、西北部、西部和南部,湖南西部。缅甸北部。生于海拔2900~3500m高山和亚高山的针叶林、干燥灌丛、干燥草地和草地。二期科考。

(682)坚杆火绒草*Leontopodium franchetii* Beauv.

分布:则岔、西倾山。甘肃省内甘南地区。我国四川、云南。生于海拔3000~4200m高山干燥草地、石砾坡地和河滩湿地。中国特有植物。一期科考。

(683)香芸火绒草*Leontopodium haplophylloides* Hand.-Mazz.

分布:则岔、尕海。甘肃省内甘南地区及临夏。我国四川西部和北部、青海东部。生于海拔2900~4000m高山草地、石砾地、灌丛或针叶林外缘。中国特有植物。一期科考。

(684)长叶火绒草*Leontopodium junpeianum* Kitam.

异名:*Leontopodium longifolium* Ling.。

分布:则岔。甘肃省内甘南地区、祁连山区及临夏。我国河北、山西、陕西、宁夏、青海、四川、西藏。印度、巴基斯坦。生于海拔2900~4100m高山和亚高山的湿润草地、洼地、灌丛或岩石上。一期科考。

(685)火绒草*Leontopodium leontopodioides*(Willd.)Beauv.

分布:则岔。甘肃省内大部分地区。我国内蒙古。朝鲜、日本、俄罗斯。生于海拔3500m以下干旱草原、石砾地、山区草地。其他调查。

清热凉血,利尿。用于急性肾炎,对消除蛋白尿和血尿有一定作用。

(686)矮火绒草*Leontopodium nanum*(Hook. f. et Thoms.)Hand.-Mazz.

分布:则岔、尕海、西倾山。甘肃省内榆中、岷县、临夏及甘南地区、祁连山区。我国陕西、四川、青海、新疆、西藏。印度及克什米尔地区。生于海拔2900~3800m湿润草地、泥炭地和石砾坡地。一期科考。

(687)银叶火绒草*Leontopodium souliei* Beauv.

分布:则岔、尕海。甘肃省内临夏、甘南等地。山西,西藏,新疆,四川西部、西北部及南部,云南西北部,青海东部。生于海拔3100~4000m高山、亚高山林地,灌丛,湿润草地和沼泽地。中国特有植物。一期科考。

(688)总状橐吾*Ligularia botryodes*(C. Winkl.)Hand.-Mazz.

分布:则岔。甘肃省内岷县及甘南地区。我国四川西北部和北部。生于海拔3120~4000m沟边、林中、山坡草甸。中国特有植物。一期科考。

(689)莲叶橐吾*Ligularia nelumbifolia*(Bur. et Franch.)Hand.-Mazz.

分布:则岔、尕海。甘肃省内甘南地区。我国湖北、云南等地。生于海拔2900~3900m山坡、林下及高山草地。中国特有植物。其他调查。

根止咳化痰。主治肺结核,风寒咳嗽。

(690)掌叶橐吾*Ligularia przewalskii*(Maxim.)Diels

分布:则岔。甘肃省内天水、平凉、陇南、临夏、甘南地区、祁连山区。我国内蒙古、山西、陕西、宁夏、青海、四川、江苏。生于海拔2900~3700m溪岸、河滩、山麓、林缘、林下及灌丛。中国特有植物。一期科考。

主治麻疹不透,痈肿。根润肺,止咳,化痰;幼叶催吐;花序清热利湿,利胆退黄。

(691)箭叶橐吾*Ligularia sagitta*(Maxim.)Maettf

分布:则岔。甘肃省内陇南和甘南地区、祁连山区及临夏。我国华北及陕西、宁夏、青海、四川、西藏。生于海拔2900~4000m水边、草坡、林缘、林下及灌丛。中国特有植物。一期科考。

根及根茎入药,有清热解毒、消肿、止咳化痰、活血化瘀、催吐、利尿、利胆退黄等功效。

(692)黄帚橐吾*Ligularia virgaurea*(Maxim.)Mattf

分布:则岔、尕海。甘肃省内甘南地区及临夏。我国西藏东北部、云南西北部、四川、青海。生于海拔2900~3700m河滩、沼泽草甸、阴坡湿地及灌丛中。中国特有植物。一期科考。

清热解毒,健脾和胃。主治发热,肝胆之热,呕吐,胃脘痛。

(693)同花母菊*Matricaria matricarioides*(Less.)Porter ex Britton

分布:则岔。甘肃省内甘南地区。我国吉林西部、辽宁东部及内蒙古东北部等地。朝鲜半岛、日本、亚洲北部及西部、欧洲、北美。生于海拔3400m以下草地、路边、宅旁。罗巧玲、陈学林等《甘肃省被子植物新资料》发表。

(694)刺疙瘩*Olgaea tangutica* Iljin

分布:则岔。甘肃定西、合水及甘南地区。我国陕西、河北、内蒙古。生于海拔2900~3300m山谷灌丛或草坡、河滩地及荒地中。综合调查。

全草清热解毒,消肿,止血。

(695)三角叶蟹甲草*Parasenecio deltophyllus*(Maxim.)Y. L. Chen

分布:则岔、石林。甘肃省内临洮及甘南地区拉卜楞、卓尼、临潭等地。我国青海、四川北部。生于海拔3100~4000m山坡林下或山谷灌丛中阴湿处。综合调查。

(696)蛛毛蟹甲草*Parasenecio roborowskii*(Maxim.)Y. L. Chen

分布:则岔。甘肃省内兰州、榆中、夏河及洮河流域。我国陕西、四川、青海。生于海拔2900~3400m山坡林下、林缘、灌丛和草地。中国特有植物。综合调查。

(697)毛裂蜂斗菜*Petasites tricholobus* Franch.

别名:冬花、蜂斗菜。

分布:则岔。甘肃省内岷县及甘南地区。我国山西、陕西、青海、云南、四川、贵州、西藏。尼泊尔、印度、越南。生于海拔2900~4200m山谷路旁或水旁。综合调查。

花蕾止咳化痰。用于咳嗽、咳痰,寒证、热证皆可。

(698)毛连菜*Picris hieracioides* L.

分布:则岔。甘肃省内夏河、天水等地。我国吉林、河北、山西、山东、河南、湖北、湖南、陕西、青海、四川、云南、贵州、西藏。欧洲、地中海、伊朗、俄罗斯、哈萨克斯坦。生于海拔2900~3400m沟边、山坡草地、撂荒地、林下。一期科考。

具有理肺止咳、化痰平喘、宽胸之功效。主治咳嗽痰多,咳喘,嗳气,胸腹闷胀,风热感冒,无名肿毒,疮痈疖肿,跌打损伤。

(699)日本毛连菜*Picris japonica* Thunb.

分布:则岔。甘肃省内岷县、甘南地区。我国东北、河北、山西、山东、安徽、河南、陕西、青海、新疆、四川、贵州、云南、西藏。日本及俄罗斯东西伯利亚、远东地区。生于海拔2900~3700m山坡草地、林缘、灌丛中。二期科考。

全草具有清热、消肿及止痛作用,主治流感、乳痈。

(700)草地风毛菊*Saussurea amara*(L.)DC.

分布:则岔、石林。甘肃省内大部分地区。我国东北、华北、陕西、新疆、青海等地。欧洲、俄罗斯、哈萨克斯坦、乌兹别克斯坦、塔吉克斯坦及蒙古。生于海拔2900~3200m森林、草地、湖边、荒地、路边及水边。综合调查。

(701)云状雪兔子*Saussurea aster* Hemsl.

分布:尕海。甘肃省内甘南地区。我国青海、西藏。生于海拔3500~4200m高山流石滩。模式标本采自西藏。二期科考。

(702)异色风毛菊*Saussurea brunneopilosa* Hand.-Mazz.

异名:*Saussurea eopygmaea*、*Saussurea brunneopilosa* var. *eopygmaea*。

别名:褐毛风毛菊。

分布:则岔、尕海。甘肃省康乐、夏河。我国四川、青海、西藏昌都。生于海拔2900~4300m山坡阴处及山坡路旁。中国特有植物。二期科考。

(703)川西风毛菊*Saussurea dzeurensis* Franch.

分布:尕海。甘肃省内甘南地区。我国四川、青海。生于海拔3500~4000m山坡草地。中国特有植物。一期科考。

(704)柳叶菜风毛菊*Saussurea epilobioides* Maxim.

分布:则岔。甘肃省内甘南地区、祁连山区及临夏。我国青海、四川、宁夏。生于海拔2900~4000m灌丛中、荒漠草甸、林中、山坡草丛中、山坡草甸、山坡林中。中国特有植物。一期科考。

镇痛,止血,解毒,愈疮。用于刀伤,产后流血不止。

(705)红柄雪莲*Saussurea erubescens* Lipsch

别名:尖苞瑞苓草。

分布:尕海、西倾山。甘肃省内甘南地区。我国四川,青海玉树、称多、兴海、共和,西藏丁青、定日等地。生于海拔3100~4300m河边、山顶、沼泽草地、山谷以及草甸、风化带和雪线上的石隙、砾石及沙质湿地中。中国特有植物。一期科考。

具有散寒除湿、活血、清热解毒、通经活络、强筋壮阳、抗炎镇痛、补血暖宫之功效。用于治疗风湿性关节炎,肺寒咳嗽,宫寒腹痛,闭经,胎衣不下,阳痿和麻疹不透等。

(706)球花雪莲*Saussurea globosa* Chen

异名:*Saussurea pulchella* Fisch. ex DC.。

别名:球花风毛菊。

分布:则岔。甘肃省内甘南地区。我国四川、青海。生于海拔3100~4300m山坡、灌丛、林缘、林下、沟边、路旁。中国特有植物。一期科考。

具有散寒除湿、活血、清热解毒、通经活络、强筋壮阳、抗炎镇痛、补血暖宫之功效。用于治疗风湿性关节炎,肺寒咳嗽,宫寒腹痛,闭经,胎衣不下,阳痿和麻疹不透等。

(707)鼠曲雪兔子*Saussurea gnaphalodes*(Royle)Sch.-Bip.

分布:则岔、尕海。甘肃省内天祝、玉门及甘南地区。我国青海、新疆、四川、西藏。印度西北部、尼泊尔、哈萨克斯坦也有分布。生于海拔2900~4200m山坡流石滩。二期科考。

(708)禾叶风毛菊*Saussurea graminea* Dunn.

分布:则岔。甘肃省内甘南地区。我国四川、云南、西藏等地。生于海拔3000~4200m高山草地和草坡。其他调查。

清热凉血。主治肝胆发炎,胃肠炎,内脏出血。

(709)长毛风毛菊*Saussurea hieracioides* Hook. f.

分布:则岔、西倾山。甘肃省内甘南地区、祁连山区。我国湖北、四川、云南、青海、西藏。印度。生于海拔3100~4300m高山碎石土坡、高山草坡。一期科考。

具有泻水逐饮之功效。主治水肿,腹水,胸腔积液。

(710)紫苞雪莲*Saussurea iodostegia* Hance

异名:*Saussurea iodostegia* var. *ferruginipes*、*Saussurea iodostegia* var. *glandulifera*。

别名:紫苞风毛菊。

分布:则岔、西倾山。甘肃省内兰州、定西、陇南、甘南、临夏、祁连山地区。我国东北、华北和内蒙古、陕西、宁夏、四川等省区。生于海拔2900~4200m山顶及山顶草坡、高山草甸、山坡灌丛、山坡草甸、林缘、石地、石缝。中国特有植物。一期科考。

(711)风毛菊*Saussurea japonica*(Thunb.)DC.

分布:则岔。甘肃省内天水及陇南和甘南地区、祁连山区。我国东北、华北、西北、华南、华东。朝鲜、日本。生于海拔2900~3200m山坡草地、路旁。一期科考。

祛风活络,散瘀止痛。用于风湿关节痛,腰腿痛,跌打损伤。

(712)甘肃风毛菊 *Saussurea kansuensis* Hand.-Mazz.

分布:则岔、尕海。甘肃省内西固、岷县及甘南地区。我国青海泽库、共和、玉树。生于海拔2900~3700m草坡及沙坡。其他调查。

(713)重齿叶缘风毛菊 *Saussurea katochaete* Maxim.

分布:则岔。甘肃省内甘南地区。我国四川西部及青海、西藏。生于海拔3300~4300m高山草甸、溪边草甸、河谷沼泽地、高山流石滩、河滩、林缘。中国特有植物。一期科考。

(714)狮牙草状风毛菊 *Saussurea leontodontoides*(DC.)Hand. -Mazz.

别名:狮牙状风毛菊。

分布:西倾山、则岔。甘肃省内文县及甘南地区。我国云南、四川、西藏。克什米尔地区。生于海拔3300~4300m高山草甸、山坡砾石地、林间砾石地、草地、林缘、灌丛边缘。一期科考。

(715)大耳叶风毛菊 *Saussurea macrota* Franch.

异名:*Saussurea hemsleyana* Hand.-Mazz.。

分布:则岔。甘肃省内陇南和甘南地区。我国陕西、宁夏、湖北、四川。生于海拔2900~3300m山坡草甸、林下。中国特有植物。一期科考。

(716)尖头风毛菊 *Saussurea malitiosa* Maxim.

分布:尕海。甘肃省内西部地区、甘南地区。我国内蒙古、青海湟中。生于海拔3400m以上山坡。综合调查。

(717)水母雪莲 *Saussurea medusa* Maxim.

别名:雪莲花、水母雪兔子。

分布:则岔、西倾山。甘肃省内甘南地区、祁连山区。我国云南、四川、青海、西藏。克什米尔地区。生于海拔3700~4400m高山砾石山坡和流石滩。一期科考。

除寒祛湿,壮阳,调经,止血。治腰膝软弱,妇女崩带,月经不调,风湿性关节炎,外伤出血。

(718)钝苞雪莲 *Saussurea nigrescens* Maxim.

分布:则岔。甘肃省内甘南地区、祁连山区。我国陕西、青海等地。生于海拔3200~4000m高山草甸。中国特有植物。其他调查。

具有散寒除湿、活血、清热解毒、通经活络、强筋壮阳、抗炎镇痛、补血暖宫之功效。用于治疗风湿性关节炎,肺寒咳嗽,宫寒腹痛,闭经,胎衣不下,阳痿和麻疹不透等。

(719)苞叶雪莲 *Saussurea obvallata*(DC.)Edgew.

分布:则岔、尕海。甘肃省内天水及甘南地区。我国青海、四川、云南、西藏。克什米尔、尼泊尔及印度西北部地区也有分布。生于海拔3200~4300m高山草地、山坡多石处、溪边石隙处、流石滩。药用植物。二期科考。

具有散寒除湿、活血、清热解毒、通经活络、强筋壮阳、抗炎镇痛、补血暖宫之功效。主治风湿性关节炎,肺寒咳嗽,宫寒腹痛,闭经,胎衣不下,阳痿和麻疹不透等。

(720)卵叶风毛菊 *Saussurea ovatifolia* Y. L. Chen et S. Y. Liang

分布:西倾山。甘肃省内天水及甘南地区。我国青海及西藏改则、吉隆、聂拉木。模式采自西藏改则。生于海拔4000~4300m山坡草地、水沟边。中国特有植物。二期科考。

(721)小花风毛菊*Saussurea parviflora*(Poir.)DC.

分布:则岔、尕海。甘肃榆中、六盘山及甘南地区夏河等地。我国河北、山西、宁夏、青海、新疆、内蒙古、四川等地。俄罗斯、蒙古。生于海拔2900~3500m山坡阴湿处、山谷灌丛中、林下或石缝中。综合调查。

(722)羽裂风毛菊*Saussurea pinnatidentata* Lipsch.

分布:则岔。甘肃省内会宁、靖远、榆中及甘南地区。我国内蒙古、青海。生于海拔2900~3200m荒坡草地。其他调查。

(723)弯齿风毛菊*Saussurea przewalskii* Maxim.

分布:则岔、西倾山。甘肃省内甘南地区。我国陕西、青海、四川、云南、西藏等地。生于海拔3000~4300m高山草甸、山坡灌丛草地、流石滩、云杉林缘。中国特有植物。一期科考。

(724)美花风毛菊*Saussurea pulchella*(Fisch.)Fisch.

分布:则岔。甘肃省内大部分地区。我国东北、华北。朝鲜、日本、蒙古、俄罗斯。生于海拔3500m以下草原、林缘、灌丛、沟谷草甸处。其他调查。

全草具有祛风、清热、除湿、止痛等功效。主治感冒发热,风湿性关节炎,湿热泄泻等。

(725)柳叶风毛菊*Saussurea salicifolia*(L.)DC.

分布:尕海、西倾山。甘肃省内榆中、天祝及甘南地区。我国东北、河北、内蒙古、新疆、青海、四川。蒙古、俄罗斯西伯利亚有分布。生于海拔2900~3800m高山灌丛、草甸、山沟阴湿处。二期科考。

(726)星状风毛菊*Saussurea stella* Maxim.

别名:星状雪兔子、星状风毛菊。

分布:则岔。甘肃省内甘南地区、祁连山区及榆中、岷县。我国云南、四川、青海、西藏。生于海拔3000~3500m高山草甸。中国特有植物。一期科考。

全草除湿通络。主治风湿筋骨疼痛。

(727)尖苞风毛菊*Saussurea subulisquama* Hand.-Mazz.

异名:*Saussurea acutisquama* Raab-Straube。

分布:则岔。甘肃省内甘南等地。我国青海、四川、云南等地。生于海拔2900~3500m山坡草地上。中国特有植物。二期科考。

(728)横断山风毛菊*Saussurea superba* Anth.

异名:*Saussurea superba* Anthony f. *pygmaea* Anthony。

别名:华丽风毛菊、美丽风毛菊。

分布:则岔。甘肃省内甘南地区、祁连山区。我国云南、青海、西藏。生于海拔3300~4000m山坡草地、草原、路边、山脚。中国特有植物。一期科考。

具有清热解毒、解表安神等功效。主治流行性感冒,咽喉肿痛,麻疹,风疹等。

(729)林生风毛菊*Saussurea sylvatica* Maxim.

分布:尕海、则岔。甘肃省内夏河、拉卜楞。我国山西、青海。生于海拔2900~4300m山坡草地。模式标本采自甘肃。中国特有植物。二期科考。

(730)打箭风毛菊*Saussurea tatsienensis* Franch.

分布:尕海、则岔。甘肃省内甘南地区。我国四川康定、云南洱源、西藏类乌齐及青海同德、达日、玉树。生于海拔3000~3500m山坡草地。中国特有植物。甘肃分布新记录。其他调查。

(731)西藏风毛菊*Saussurea tibetica* C. Winkl.

异名:*Saussurea pygmaea* Dunn、*Saussurea pygmaea* Spreng、*Saussurea eopygmaea* Hand.-Mazz.。

别名:矮丛风毛菊。

分布:尕海、西倾山。甘肃省内甘南地区。我国青海、西藏。模式标本采自西藏北部。海拔3300~4300m草甸、高山草甸、灌丛、山坡及沼泽地。药用植物。二期科考。

(732)牛耳风毛菊*Saussurea woodiana* Hemsl

分布:则岔、尕海。甘肃省内甘南地区。我国四川木里、康定、理县、汶川、金川、茂汶、松潘、黑水等地。生于海拔3000~4100m山坡草地及山顶。中国特有植物。甘肃分布新记录。其他调查。

(733)鸦葱*Scorzonera austriaca* Willd.

分布:则岔。甘肃省内合水及甘南地区。我国东北、华北、陕西、宁夏、山东、安徽、河南。欧洲中部、地中海沿岸地区、俄罗斯西伯利亚、哈萨克斯坦及蒙古有分布。模式标本采自奥地利。生于海拔3100m以下山坡及河滩地。二期科考。

(734)额河千里光*Senecio argunensis* Turcz.

分布:则岔。甘肃省内天水及陇南和甘南地区、祁连山区。我国东北、华北及陕西、宁夏、青海。东西伯利亚地区及朝鲜、日本、蒙古。生于海拔2900~3300m山坡、山沟、草地、林缘及灌丛中。一期科考。

清热解毒。用于毒蛇咬伤,蝎、蜂蜇伤,疮疖肿毒,湿疹,皮炎,急性结膜炎,咽炎。

(735)异羽千里光*Senecio diversipinnus* Ling

别名:高原千里光。

分布:则岔。甘肃省内兰州、西固、榆中、文县、岷县及甘南地区临潭、夏河等地。我国四川、青海、西藏、新疆。生于海拔2900~3500m山谷、开旷草坡和岩石山坡。中国特有植物。一期科考。

(736)北千里光*Senecio dubitabilis* C. Jeffrey et Y. L. Chen

分布:则岔、尕海。甘肃省内临夏及甘南地区。我国新疆、青海、西藏、河北、陕西北部。俄罗斯西伯利亚、哈萨克斯坦、蒙古、巴基斯坦及印度西北部。生于海拔2900~4300m草地、沙石处。综合调查。

(737)苦苣菜*Sonchus oleraceus* L.

别名:苦荬菜。

分布:则岔。甘肃省内天水、文县、榆中及甘南地区。我国华北、华东、华中、华南、辽宁、陕西、青海、新疆、四川、云南、贵州、西藏。分布几遍全球。生于海拔3200m以下山坡或山谷林缘、林下、空旷处或近水处。综合调查。

清热解毒,凉血止血。主治肠炎,痢疾,黄疸,淋症,咽喉肿痛,痈疮肿毒,乳腺炎,痔瘘,吐血,衄血,咯血,尿血,便血,崩漏。

(738)短裂苦苣菜*Sonchus uliginosus* M. B.

分布:则岔。甘肃省内岷县及甘南地区。我国四川、云南。生于海拔2900~4000m高山及亚高山草甸、林下、水边和草。其他调查。

全草清热解毒,活血祛瘀,消肿排脓。用于痈肿疮疡。

(739)苣荬菜*Sonchus wightianus* DC.

异名:*Sonchus arvensis* L.。

分布:则岔。甘肃省内大部分地区。我国福建、湖北、湖南、广西、陕西、宁夏、新疆、四川、云南、贵州、西藏。生于海拔3300m以下山坡草地、林间草地、潮湿地或近水旁、村边或河边砾石滩。综合调查。

清热解毒,补虚止咳。治菌痢,喉炎,虚弱咳嗽,内痔脱出,白带及产后瘀血腹痛,阑尾炎。

(740)空桶参 *Soroseris erysimoides*(Hand.-Mazz.)Shih

分布:西倾山。甘肃省内西固、肃南、榆中及甘南地区。我国陕西、青海、四川、云南、西藏。尼泊尔至不丹也有分布。生于海拔3300~4400m高山灌丛、草甸或流石滩或碎石带。模式标本采自四川松潘。二期科考。

具有清热解毒、润肺止咳、调经止血、下乳之功效。常用于外感咳嗽,支气管炎,乳汁不下,乳腺炎,月经不调,红崩、白带、衄血,疮疖痈肿。

(741)柱序绢毛苣 *Soroseris teres* Shih

分布:西倾山。甘肃省内甘南地区。我国西藏亚东、聂拉木、察隅及四川康定。生于海拔3900~4200m高山草甸、灌丛中。模式标本采自西藏亚东。二期科考。

(742)盘状合头菊 *Syncalathium disciforme*(Mattf.)Ling.

分布:则岔、尕海。甘肃省内西南部岷县及甘南地区。我国青海东部循化、四川北部和西北部。生于海拔2900~4300m高山草地、砾石地、高山及亚高山草甸、林下、水边。综合调查。

(743)川西小黄菊 *Tanacetum tatsienense*(Bureau & Franchet)K. Bremer & Humphries

分布:西倾山。甘肃省内甘南地区。我国青海西南部、四川西南部及西北部、云南西北部及西藏东部。生于海拔3500~4200m高山草甸、灌丛或杜鹃灌丛或山坡砾石地。中国特有植物。一期科考。

藏药(色尔君木美多):全草活血、祛湿、消炎、止痛。主治跌打损伤,湿热。

(744)白花蒲公英 *Taraxacum albiflos* Kirschner & Štepanek

异名:*Taraxacum pseudo-albidum* Kitag.、*Taraxacum leucanthum*(Ledeb.)Ledeb.。

分布:则岔、尕海。甘肃省内西部阿克塞及甘南地区。我国青海、新疆、西藏。印度、巴基斯坦、中亚和西伯利亚。生于海拔3200~3400m河滩、草甸。一期科考。

清热解毒,利尿通淋。用于乳痈,瘰疬痰核,疔毒疮肿,热淋,小便短赤,淋漓涩痛。

(745)短喙蒲公英 *Taraxacum brevirostre* Hand.-Mazz.

分布:则岔、尕海、西倾山。甘肃省内西部阿克塞及甘南地区。我国青海、西藏等省区。阿富汗、巴基斯坦、伊拉克、伊朗、土耳其也有分布。生于海拔2900~4000m山坡草地处。二期科考。

全草治培根病,瘟病时疫,血病,赤巴病。

(746)大头蒲公英 *Taraxacum calanthodium* Dahlst.

分布:则岔、西倾山。甘肃省内祁连山区、榆中、岷县、临夏、陇南及甘南地区临潭、夏河等地。我国陕西西南部、青海、四川西北部及西藏东部。生于海拔2900~4300m高山草地。中国特有植物。一期科考。

(747)川甘蒲公英 *Taraxacum lugubre* Dahlst.

分布:则岔、尕海。甘肃省内甘南地区。我国青海东南部、四川西北部及西藏东部。生于海拔2900~4200m高山草地。综合调查。

(748)蒲公英 *Taraxacum mongolicum* Hand.-Mazz.

分布:则岔、尕海。甘肃省内常见。我国东北、西北、西南地区。朝鲜、蒙古及中亚地区。生于海拔2900~3800m山坡草地、路边。一期科考。

治急性乳腺炎，淋巴腺炎，瘰疬，疔毒疮肿，急性结膜炎，感冒发热，急性扁桃体炎，急性支气管炎，胃炎，肝炎，胆囊炎，尿路感染。

（749）白缘蒲公英 *Taraxacum platypecidum* Diels

分布：则岔、石林。甘肃省内大部分地区。我国东北、山西、河北、河南、湖北、陕西、四川等地。朝鲜、俄罗斯、日本。生于海拔2900~3400m山坡草地以及路旁。综合调查。

（750）深裂蒲公英 *Taraxacum stenolobum* Stschegl.

异名：*Taraxacum scariosum*（Tausch）Kirschner & Štepanek。

别名：亚洲蒲公英。

分布：则岔。甘肃省大部分地区。我国东北、华北、陕西、青海、湖北、四川等地。俄罗斯、蒙古也有分布。生于草甸、河滩或林地边缘。二期科考。

（751）锡金蒲公英 *Taraxacum sikkimense* Hand.-Mazz.

分布：则岔、尕海。甘肃省甘南地区。我国青海，新疆且末，四川理县、康定，云南丽江、中甸及西藏拉萨、江达、乃东、南木林、吉隆、聂拉木。印度、尼泊尔、巴基斯坦也有分布。生于海拔2900~4300m山坡草地或路旁。二期科考。

（752）狗舌草 *Tephroseris kirilowii*（Turcz. ex DC.）Holub

分布：则岔。甘肃省大部分地区。我国东北、华北、华中、山东、陕西、四川、贵州等地。模式标本采自河北。俄罗斯远东地区、朝鲜、日本也有分布。生于海拔3000m左右山坡草地或山顶向阳处。二期科考。

（753）橙舌狗舌草 *Tephroseris rufa*（Hand.-Mazz.）B. Nord.

别名：红舌狗舌草。

分布：则岔。甘肃省内定西、甘南地区、祁连山区及临夏。我国河北、山西、宁夏、陕西、四川、青海。生于海拔2900~3200m山坡草地。中国特有植物。一期科考。

（754）黄缨菊 *Xanthopappus subacaulis* C. Winkl.

分布：则岔、尕海。甘肃省内南部地区。我国云南西北部、四川北部与西部、青海东部与南部。生于海拔2900~4000m草甸、草原及干燥山坡。中国特有植物。综合调查。

止血，催吐。主治吐血，子宫出血，食物中毒。

（755）无茎黄鹌菜 *Youngia simulatrix*（Babcock）Babcock et Stebbins.

分布：则岔。甘肃省内甘南地区。我国青海、四川、西藏。生于海拔2900~4000m山坡草地、河滩砾石地、河谷。中国特有植物。一期科考。

3.1.4.2　单子叶植物纲 Monocotyledons

3.1.4.2.1　眼子菜科 Potamogetonaceae

（1）穿叶眼子菜 *Potamogeton perfoliatus* L.

分布：则岔、尕海。甘肃省内甘南地区。我国东北、华北、西北各省区及山东、河南、湖南、云南等省。欧洲、亚洲、北美、南美、非洲和大洋洲。生于海拔3500m以下湖泊、河流等水体，水体多为微酸至中性。其他调查。

（2）小眼子菜 *Potamogeton pusillus* L.

异名：*Potamogeton panormitanus* Biv.。

别名：小叶眼子菜、线叶眼子菜。

分布:尕海。甘肃省内甘南和陇南地区。我国南北各省,以北方更为多见。除大洋洲外,遍及各大洲,尤以北半球温带水域常见。生于湖泊、沼泽等静水或缓流之中。一期科考。

全草可入药。清热消肿。治火眼,利水通淋,消气膨胀,疗黄疸,瘰疬,痔疮,调月经,红崩白带,避孕,小儿腹痛。

(3)篦齿眼子菜 *Stuckenia pectinata*(L.)Borner

异名:*Potamogeton pectinatus* L.。

分布:则岔、尕海。甘肃省内甘南地区。我国东北、华北、西北及湖南、河南、四川、云南、西藏。广布两半球温带。生于海拔4000m以下湖泊、河沟等各类水体。一期科考。

(4)角果藻 *Zannichellia palustris* L.

分布:尕海。甘肃省内甘南和陇南地区。我国南北各省。除大洋洲外,遍及各大洲。生于淡水或咸水中,亦见于海滨或内陆盐碱湖泊。综合调查。

3.1.4.2.2 水麦冬科 Juncaginaceae

(5)海韭菜 *Triglochin maritimum* L.

分布:则岔、尕海。甘肃省内甘南和河西地区。我国东北、华北、西北、西南各省区。北半球和南美洲。生于海拔3500m以下湿沙地或山坡湿草地。一期科考。

(6)水麦冬 *Triglochin palustre* L.

分布:尕海。甘肃省内大部分地区。我国黑龙江、吉林、华北、西北、西南。亚洲、欧洲和北美洲。生于海拔3500m以下湿地、沼泽地湿草地。综合调查。

3.1.4.2.3 禾本科 Gramineae

(7)细叶芨芨草 *Achnatherum chingii*(Hitchc.)Keng ex P. C. Kuo

别名:秦氏芨芨草。

分布:则岔。甘肃省内大部分地区。我国西藏、青海、陕西、山西、四川、云南。生于海拔2900~4000m山坡林缘、林下、草地。其他调查。

(8)醉马草 *Achnatherum inebrians*(Hance)Keng

分布:则岔。甘肃省内兰州、榆中、岷县、临夏及甘南、河西地区。我国内蒙古、四川、宁夏、青海、新疆、西藏。生于海拔2900~3500m山坡草地、河滩。中国特有植物。一期科考。

具有止痛镇静之功效。常用于关节疼痛,牙痛,神经衰弱,皮肤瘙痒。

(9)芨芨草 *Achnatherum splendens*(Trin.)Nevski

分布:则岔、尕海。甘肃省大部分地区。我国西北、东北各省及内蒙古、山西、河北。蒙古、俄罗斯。生于海拔2900~4200m微碱性草地及沙土山坡上。综合调查。

治尿路感染,尿闭。茎:利尿清热。花:止血。

(10)华北剪股颖 *Agrostis clavata* Trin.

分布:则岔。甘肃省内兰州、榆中、天水、庆阳、武都、文县、康县、舟曲。我国东北、华北、西南、山东、陕西等地。欧洲东北部、亚洲北部。生于海拔4000m以下河滩草地、草甸、潮湿地及林缘草地。二期科考。

(11)巨序剪股颖 *Agrostis gigantea* Roth

分布:则岔、尕海。甘肃省内甘南地区、祁连山区。我国东北、华北、西北、山东、江苏、江西、安徽、西藏、云南。俄罗斯、日本和喜马拉雅山。生于海拔2900~3500m潮湿处、山坡、山谷和草地上。其他调查。

(12)疏花剪股颖*Agrostis hookeriana* Clarke ex Hook. f.

异名:*Agrostis perlaxa* Pilge、*Agrostis hugoniana* Rendle var. *aristata* Keng ex Y. C. Yang。

别名:广序剪股颖。

分布:则岔、尕海、西倾山。甘肃省内陇南、甘南地区、祁连山区。我国云南、四川西部、青海东南部以及西藏部分地区。生于海拔2900~4000m山坡草地、林灌下、水沟边湿润处。中国特有植物。一期科考。

(13)甘青剪股颖*Agrostis hugoniana* Rendle

分布:尕海。甘肃省内甘南地区、祁连山区。我国四川西北部、西藏部分地区、陕西西部、四川西北部及青海。生于海拔2900~4200m高山草地、高山草甸、沼泽地。中国特有植物。一期科考。

(14)小花剪股颖*Agrostis micrantha* Steud.

分布:则岔。甘肃省内甘南地区。我国陕西、四川、云南、西藏。缅甸、印度。生于海拔2900~3500m山坡草地、河边、灌丛下、林缘处和山坡林下。一期科考。

(15)岩生剪股颖*Agrostis sinorupestris* L. Liu ex S. M. Phillips & S. L. Lu

别名:川西剪股颖。

分布:尕海。甘肃省内甘南地区。我国四川、云南和西藏等省区。生于海拔3500~4000m山坡和谷地。中国特有植物。一期科考。

(16)三刺草*Aristida triseta* Keng

分布:则岔、尕海。甘肃省内南部地区。我国西藏、四川、青海。生于海拔2900~4200m干燥草原、山坡草地及灌木林下。中国特有植物。其他调查。

(17)野燕麦*Avena fatua* L.

分布:则岔、尕海。甘肃省内大部分地区。我国南北各地均有分布。欧、亚、非三洲的温寒带地区,并且北美也有分布。生于山坡荒地、人工种植牧草地、荒芜田野。综合调查。

(18)䓘草*Beckmannia syzigachne*(Steud.)Fern.

分布:则岔、尕海。甘肃省内大部分地区。我国东北、华北、西北、华东、西南。俄罗斯、蒙古、日本、朝鲜、北美。生于海拔2900~3700m水边湿地、水沟边及浅的流水中。一期科考。

(19)短柄草*Brachypodium sylvaticum*(Huds)Beauv

分布:则岔、尕海。甘肃省内大部分地区。我国陕西、青海、新疆、四川、贵州、云南、西藏及江苏等省区。欧洲、亚洲温带和热带山区、中亚、俄罗斯西伯利亚、日本、印度、伊朗、巴基斯坦、伊拉克。生于海拔2900~3600m林下、林缘、灌丛中、山地草甸、田野与路旁。综合调查。

(20)无芒雀麦*Bromus inermis* Leyss.

分布:则岔、尕海。甘肃省内大部分地区。我国东北、华北、山东、江苏、陕西、青海、新疆、西藏、云南、四川、贵州。欧亚大陆温带地区。生于海拔3500m以下林缘草甸、山坡、谷地、河边路旁。其他调查。

(21)雀麦*Bromus japonicus* Thunb. ex Murr.

分布:则岔。甘肃省内除祁连山区外,各地均有。我国东北、华北、华东、华中、陕西、青海、新疆、四川等地。朝鲜、日本。生于海拔3500m以下山坡林缘、荒野路旁、河漫滩湿地及山坡、路边。一期科考。

全草药用，有止汗、催产之功效。主治汗出不止，难产。

（22）大雀麦 *Bromus magnus* Keng

分布：则岔。甘肃省内甘南地区。生于海拔2900~3700m山坡草地。中国特有植物。甘肃特有种。一期科考。

（23）多节雀麦 *Bromus plurinodis* Keng

分布：则岔。甘肃省内南部地区。我国西藏东南部、四川、云南、宁夏、青海。生于海拔2900~3200m山坡、路边。其他调查。

（24）耐酸草 *Bromus pumpellianus* Scribn.

分布：则岔。甘肃省内大部分地区。我国黑龙江、内蒙古、山西。遍布于欧亚大陆温带、北美。生于海拔2900~3100m中山带草甸、河谷灌丛草地上。二期科考。

（25）华雀麦 *Bromus sinensis* Keng.

分布：则岔、尕海。甘肃省内甘南地区。我国四川西北部、云南、西藏、青海。生于海拔2900~4200m阳坡草地或裸露石隙边。中国特有植物。其他调查。

CITES-2019附录Ⅱ保护植物。

（26）旱雀麦 *Bromus tectorum* L.

分布：则岔、尕海。甘肃省内甘南地区。我国新疆、青海、宁夏、陕西、四川、云南、西藏。欧洲、亚洲、非洲北部以及北美洲。生于海拔3000~4000m天然草地中，也是农地中的杂草，特别是青稞地中较多。综合调查。

（27）假苇拂子茅 *Calamagrostis pseudophragmites*（Hall. F.）Koel.

分布：则岔。甘肃省内大部分地区。我国东北、华北、西北、四川、云南、贵州、湖北等地。欧亚大陆温带区域都有分布。生于海拔3300m以下山坡草地或河岸阴湿之处。二期科考。

（28）沿沟草 *Catabrosa aquatica*（L.）Beauv.

分布：则岔、尕海。甘肃省内大部分地区。我国内蒙古、青海、新疆、四川、云南、西藏等地。欧洲、亚洲温带地区各国及北美。生于海拔3500m以下河旁、池沼及溪水边。综合调查。

藏药（冬布嘎拉）：全草治肺炎，肝炎。

（29）发草 *Deschampsia caespitosa*（Linn.）Beauv.

分布：则岔、尕海、西倾山。甘肃省内甘南地区、祁连山区。我国东北、华北、西北、西南等地。北温带至极地。生于海拔2900~4200m林缘草地、灌丛中、草甸草原、河滩地。一期科考。

（30）短枝发草 *Deschampsia cespitosa* subsp. *ivanovae*（Tzvelev）S. M. Phillips & Z. L. Wu

异名：*Deschampsia littoralis*（Gaud.）Reuter。

别名：滨发草。

分布：则岔。甘肃省内甘南地区、祁连山区。我国云南、四川、河北、陕西、青海、西藏。欧亚大陆的温寒带。生于海拔3000~4300m高山草甸草原及林缘草丛中。一期科考。

（31）穗发草 *Deschampsia koelerioides* Regel

分布：尕海、西倾山。甘肃省内临夏及甘南地区。我国内蒙古、四川、新疆、西藏、陕西、青海等省区。亚洲中部、俄罗斯西西伯利亚、喜马拉雅西北部和土耳其。生于海拔3500~4300m高山河漫滩上或灌丛下及潮湿处。二期科考。

(32)黄花野青茅 *Deyeuxia flavens* Keng

异名:*Deyeuxia longiflora* Keng。

别名:长花野青茅。

分布:则岔、石林、尕海。甘肃省内甘南地区。我国云南等地。生于海拔3400m左右云冷杉林下。中国特有植物。其他调查。

(33)野青茅 *Deyeuxia pyramidalis*(Host)Veldkamp

异名:*Deyeuxia arundinacea*(L.)Beauv.。

分布:则岔、尕海。甘肃省内大部分地区。我国东北、华北、华中及陕西、四川、云南、贵州。欧亚大陆的温带地区。生于海拔4200m以下山坡草地、林缘、灌丛山谷溪旁。其他调查。

(34)糙野青茅 *Deyeuxia scabrescens*(Griseb.)Munro ex Duthie.

分布:则岔、尕海。甘肃省内南部地区。我国西藏、青海、陕西秦岭、四川、云南及湖北神农架、巴东、兴山。印度。生于海拔2900~4200m高山草地或林下。其他调查。

(35)短芒披碱草 *Elymus breviaristatus*(Keng)Keng f.

分布:则岔、尕海。甘肃省内甘南地区。我国宁夏、新疆、四川和青海等省区。生于海拔2900~4200m山坡上,适应性很强。中国特有植物。其他调查。

(36)短颖披碱草 *Elymus burchan-buddae*(Nevski)Tzvelev

异名:*Roegneria nutans*(Keng)Keng。

别名:垂穗鹅观草。

分布:则岔、尕海。甘肃省内岷县、临夏及甘南地区、祁连山区。我国山西、云南、四川、青海、新疆、西藏。生于海拔3000~3800m山坡草地、草甸。中国特有植物。一期科考。

(37)披碱草 *Elymus dahuricus* Turcz.

分布:尕海、石林。甘肃省内甘南地区。我国东北、内蒙古、河北、河南、山西、陕西、青海、四川、新疆、西藏。俄罗斯、朝鲜、日本、印度西北部、土耳其东部。生于海拔3600m以下山坡草地。综合调查。

(38)垂穗披碱草 *Elymus nutans* Griseb.

分布:则岔、尕海、西倾山。甘肃省内榆中、岷县、文县、临夏及甘南地区、祁连山区。我国内蒙古、河北、陕西、青海、新疆、四川、西藏等地。俄罗斯、土耳其、蒙古和印度、喜马拉雅、中亚及朝鲜、日本。生于海拔2900~3500m高山草甸、林缘、灌丛中。一期科考。

(39)紫芒披碱草 *Elymus purpuraristatus* C. P. Wang et H. L. Yang

分布:尕海、则岔。甘肃省内甘南地区。我国内蒙古、宁夏等地。生于山沟、山坡草地。中国特有植物。综合调查。

国家二级重点保护野生植物。

(40)秋披碱草 *Elymus serotinus*(Keng)A. Love ex B. Rong Lu

异名:*Roegneria serotina* Keng ex Keng et S. L. Chen。

别名:秋鹅观草。

分布:则岔。甘肃省内甘南地区。我国陕西、青海等省。生于海拔2900~3100m生石灰岩土上或潮湿有水向阳地带。模式标本采自陕西太白山。药用植物。二期科考。

(41)老芒麦 *Elymus sibiricus* Linn.

分布:则岔。甘肃省内岷县、漳县及甘南地区、祁连山区。我国东北、西北、华北及四川、西藏。西伯利亚地区及朝鲜、日本。生于海拔2900~3300m山坡草地、路边。一期科考。

(42)远东羊茅 *Festuca extremiorientalis* Ohwi

分布:则岔。甘肃省内甘南地区。我国东北、华北、陕西、青海、四川西部。俄罗斯、中亚、朝鲜、日本。生于海拔3300m以下山坡草地或林下。一期科考。

(43)羊茅 *Festuca ovina* L.

别名:酥油草。

分布:则岔、尕海。甘肃省内榆中、岷县、文县、临夏及甘南地区、祁连山区。我国西北、西南各地。欧、亚、美洲的温带。生于海拔2900~3800m山坡草地、草甸。一期科考。

(44)紫羊茅 *Festuca rubra* L.

分布:则岔、尕海。甘肃省内甘南地区、祁连山区及岷县、临夏。我国东北、西北、华北、西南及西藏。北半球温带。生于海拔2900~4100m山坡草地、高山草甸、河滩、路旁、灌丛、林下等处。一期科考。

CITES-2019附录Ⅱ保护植物。

(45)中华羊茅 *Festuca sinensis* Keng ex S. L. Lu

分布:则岔、尕海。甘肃省内甘南地区。我国青海、四川。生于海拔2900~4000m高山草甸、山坡草地、灌丛、林下。中国特有植物。综合调查。

(46)藏滇羊茅 *Festuca vierhapperi* Hand.-Mazz.

别名:云南羊茅。

分布:则岔。甘肃省内甘南地区及临夏。我国四川、云南西北部及西藏。生于海拔3000~4100m山坡草地、林缘、林下。中国特有植物。一期科考。

(47)高异燕麦 *Helictotrichon altius*(Hitchc.)Ohwi

分布:则岔。甘肃省内甘南地区及临夏。我国黑龙江北部及青海、四川。生于海拔2900~3900m湿润草坡、云杉林下、灌丛中。中国特有植物。一期科考。

(48)异燕麦 *Helictotrichon schellianum*(Hack.)Kitag.

分布:则岔。甘肃省内甘南地区。我国东北、华北及青海、新疆、四川、云南。西伯利亚、中亚及蒙古、朝鲜。生于海拔3000~3400m山坡草地、林缘及高山较潮湿草地。一期科考。

(49)藏异燕麦 *Helictotrichon tibeticum*(Roshev.)Holub

分布:则岔、西倾山。甘肃省内甘南地区、祁连山区及临夏。我国四川、青海、新疆、西藏。生于海拔2900~3800m高山草地、林下及湿润草地。中国特有植物。一期科考。

(50)青稞 *Hordeum vulgare* Linn. var. *nudum* Hook. f.

别名:裸大麦。

分布:则岔。甘肃省内甘南地区。我国西藏、青海、四川甘孜州和阿坝州、云南迪庆。生于海拔3000~3200m青藏高原高寒地区。栽培于我国西北、西南高原清凉气候,青藏高原是世界上最早栽培青稞的地区,是西藏四宝之首——糌粑的主要原料。综合调查。

(51)青海以礼草 *Kengyilia kokonorica*(Keng)J. L. Yang et al.

异名:*Roegneria kokonorica* Keng。

别名:青海仲彬草、青海鹅观草。

分布:则岔、尕海。甘肃省内甘南地区、祁连山区。我国青海、西藏、宁夏有栽培。生于海拔2900~4200m高寒草原、干燥草原、砾石坡地。综合调查。

国家二级重点保护野生植物。

(52)芒落草 *Koeleria litvinowii* Dom.

异名:*Koeleria litvinowii* var. *tafelii*。

别名:矮落草。

分布:则岔、尕海、西倾山。甘肃省内甘南地区、祁连山区及临夏。我国青海、新疆、四川、云南、西藏。土耳其。生于海拔3000~4300m山坡草原。一期科考。

(53)银落草 *Koeleria litvinowii* subsp. *argentea*(Grisebach)S. M. Phillips & Z. L. Wu

异名:*Koeleria argentea* Grisebach。

分布:则岔、尕海、西倾山。甘肃省内甘南地区、祁连山区及临夏。我国山西、四川、青海、西藏、新疆。中亚。生于海拔2900~4000m湿地、草甸。一期科考。

(54)落草 *Koeleria macrantha*(Ledebour)Schultes

异名:*Koeleria cristata*(L.)Pers.。

分布:则岔、尕海。甘肃省内甘南地区。我国北部草原区,从东北、西北、内蒙古及华北地区的山地。欧洲温带部分、美国、加拿大。生于海拔3500mm以下山坡、草地或路旁。综合调查。

(55)羊草 *Leymus chinensis*(Trin.)Tzvel.

分布:则岔。甘肃省内兰州、榆中、景泰、民勤、天祝、山丹、静宁、敦煌、庆阳、合水、临夏及甘南。我国东北、内蒙古、河北、山西、陕西、新疆等省区。俄罗斯、日本、朝鲜也有分布。生于平原绿洲地带。模式标本采自北京。二期科考。

(56)赖草 *Leymus secalinus*(Georgi)Tzvel.

分布:则岔、尕海。甘肃省内大部分地区。我国东北、内蒙古、河北、山西、新疆、青海、陕西、四川。俄罗斯、朝鲜、日本也有分布。生境范围较广,可见于平原绿洲、山地草原带及沙地。综合调查。

清热利湿,止血。主治淋病,赤白带下,哮喘,痰中带血。

(57)黑麦草 *Lolium perenne* L.

分布:则岔。我国各地普遍引种栽培的优良牧草。克什米尔地区、巴基斯坦、欧洲、亚洲暖温带、非洲北部。生于草甸草场,路旁湿地常见。二期科考。

(58)白草 *Pennisetum flaccidum* Grisebach

异名:*Pennisetum centrasiaticum* Tzvel.。

分布:则岔、尕海。甘肃省内广布。我国东北、西北、华北及四川、云南、西藏。日本及中亚。生于海拔2900~4200m山坡草地、河岸、路旁及较干燥之处。一期科考。

清热利尿,凉血止血。主治热淋,尿血,肺热咳嗽,鼻衄,胃热口渴。

(59)高山梯牧草 *Phleum alpinum* Linn.

分布:则岔、尕海。甘肃省内西固、文县、迭部等地。我国东北、陕西、台湾、四川、云南、西藏等地。欧亚大陆之北部和美洲也有分布。生于海拔2900~3900m高山草地、灌丛、水边。二期科考。

(60)芦苇 *Phragmites australis*(Cav.)Trin. ex Steu

分布:则岔。甘肃省内大部分地区。全国各地均有分布。全球广布种。生于海拔3000m以下江河浅水及沼泽湿地。综合调查。

清热,生津,除烦,止呕,解鱼蟹毒,解表。主治热病烦渴,胃热呕吐,噎膈,反胃,肺痿,肺痈,表热证。

(61)藏落芒草 *Piptatherum tibeticum* Roshevitz

异名:*Oryzopsis tibetica*(Roshev.)P. C. Kuo。

分布:则岔、尕海、西倾山。甘肃省内大部分地区。我国西藏、青海、陕西、四川等省区。生于海拔2900~3900m路旁、山坡草地及林缘。其他调查。

(62)阿拉套早熟禾 *Poa alberti* Regel.

分布:尕海。甘肃省内天祝、肃南、山丹、阿克塞、敦煌、夏河。我国新疆、内蒙古、四川、云南、西藏、陕西、青海。生于海拔3800~4200m高寒草原。二期科考。

(63)波伐早熟禾 *Poa albertii* subsp. *poophagorum*(Bor)Olonova & G. Zhu

异名:*Poa poophagorum* Bor。

分布:则岔、尕海。甘肃省内甘南地区。我国西藏南部、青海及新疆塔城、叶城。尼泊尔、印度、喜马拉雅山脉。生于海拔3000~4200m高原草地。综合调查。

(64)早熟禾 *Poa annua* L.

分布:则岔、尕海。全国广布。欧洲、亚洲及北美。生于海拔3500m以下山坡草地、沟边、林下、路旁草地、田野水沟或荒坡湿地。一期科考。

(65)堇色早熟禾 *Poa araratica* subsp. *ianthina*(Keng ex Shan Chen)Olonova & G. Zhu

异名:*Poa sinoglauca* Ohwi。

别名:华灰早熟禾。

分布:则岔。甘肃省内大部分地区。我国辽宁、吉林、山西、河北、内蒙古、四川。生于海拔2900~3300m山坡草地、河谷滩地。综合调查。

(66)阿洼早熟禾 *Poa araratica* Trautv.

异名:*Poa crymophila* Keng。

别名:冷地早熟禾。

分布:则岔、尕海。甘肃省内南部地区。我国西藏东南部、四川西部、青海、新疆和云南。生于海拔2900~4300m山坡草甸、灌丛草地或疏林河滩湿地。中国特有植物。一期科考。

(67)糙叶早熟禾 *Poa asperifolia* Bor

异名:*Poa megalothyrsa* Keng。

别名:大锥早熟禾。

分布:则岔、尕海。甘肃省内甘南地区。我国四川、青海、西藏。生于海拔3200~4300m山坡草地及灌木林缘。中国特有植物。一期科考。

(68)渐尖早熟禾 *Poa attenuata* Trin.

分布:则岔。甘肃省内甘南地区及临夏。我国华北、东北、西藏、青海及新疆天山、阿尔泰山、塔尔巴哈台山、博尔、温泉。印度西北部、俄罗斯西伯利亚、中亚、蒙古、巴基斯坦。生于海拔2900~4300m高山草甸、干旱草原。一期科考。

(69)草地早熟禾 *Poa pratensis* L.

分布:则岔、尕海。甘肃省内甘南地区、祁连山区。我国东北、华北及陕西、山东、江西、四川。欧洲。生于海拔2900~4000m山坡草地、湿润草甸、沙地、河边、路旁。一期科考。

降血糖。主治糖尿病。

(70)高原早熟禾*Poa pratensis* subsp. *alpigena*(Lindm.)Hiitonen

异名:*Poa alpigena* Lindm.。

分布:则岔、尕海。甘肃省内大部分地区。我国华北、西藏、云南、四川西部、青海、新疆。印度、不丹、喜马拉雅地区、伊朗、中亚、欧亚大陆温带。生于海拔2900~3500m山地草甸、高寒草原、河边沙地。综合调查。

(71)粉绿早熟禾*Poa pratensis* subsp. *pruinosa*(Korotky)Dickore

异名:*Poa pachyantha* Keng ex Shan Chen。

别名:密花早熟禾。

分布:则岔、尕海。甘肃省内甘南地区。我国四川西北部、青海。生于海拔3500m左右山坡草地。综合调查。

(72)矮早熟禾*Poa pumila* Host.

分布:则岔、石林。甘肃省内甘南地区。我国新疆乌鲁木齐。欧洲。生长在海拔3300m以下高山草甸、山坡草地、河谷滩地。其他调查。

(73)锡金早熟禾*Poa sikkimensis*(Stapf)Bor

异名:*Poa tunicata* Keng。

别名:套鞘早熟禾。

分布:尕海。甘肃省内甘南地区、祁连山区及临夏。我国东北、华北及陕西、青海、新疆。中亚及亚洲北部。生长在海拔3600m左右高山草甸、山坡草地。一期科考。

(74)胎生早熟禾*Poa sinattenuata* Keng var. *vivipara* Rendle

异名:*Poaattenuate* Trin.var. *vivipara* Rendle。

分布:西倾山。甘肃省内甘南地区、祁连山区。我国四川、陕西、青海、新疆、西藏。生于海拔3800m山坡草地。中国特有植物。一期科考。

(75)散穗早熟禾*Poa subfastigiata* Trin.

分布:则岔。甘肃省内天祝及甘南地区。我国东北、河北、山西、内蒙古、青海等地。俄罗斯西伯利亚和远东、蒙古。生于湖盆地带、河滩湿草地、沙地和草甸。二期科考。

(76)垂枝早熟禾*Poa szechuensis* var. *debilior*(Hitchcock)Soreng & G. Zhu

异名:*Poa declinata* Keng ex L. Liu。

分布:则岔、尕海。甘肃省内碌曲、夏河。我国四川西北部、陕西。生于海拔3100~3500m亚高山草甸与山坡草地。中国特有植物。一期科考。

(77)西藏早熟禾*Poa tibetica* Munro ex Stapf

分布:则岔。甘肃省内大部分地区。我国西藏西南部、青海、新疆。中亚、伊朗、巴基斯坦、印度西北部、蒙古和西伯利亚。生于海拔3400m以下沼泽草甸、河谷湖边草地、水沟旁盐化草甸及盐土湿地。其他调查。

(78)多变早熟禾*Poa versicolor* subsp. *varia*(Keng ex L. Liu)Olonova & G. Zhu

异名:*Poa versicolor* Boss。

别名:变色早熟禾。

分布:西倾山。甘肃省内甘南地区。我国青海及四川色达、邓柯。印度、克什米尔地区、伊朗、巴基斯坦、土耳其、俄罗斯、欧洲。生于海拔3000~4200m山坡林缘草甸。其他调查。

(79)细柄茅 *Ptilagrostis mongholica*(Turcz. ex Trin.)Griseb.

分布:则岔、尕海。甘肃省内大部分地区。我国东北、山西、内蒙古、新疆、青海、陕西、四川。中亚及亚洲北部。生于海拔3000~4100m高山草原。其他调查。

(80)异针茅 *Stipa aliena* Keng

分布:尕海。甘肃省内甘南地区。我国山西、四川、青海、西藏。生于海拔2900~4300m阳坡灌丛、山坡草甸、冲积扇或河谷阶地上。中国特有植物。一期科考。

(81)丝颖针茅 *Stipa capillacea* Keng

别名:本氏针茅。

分布:尕海。甘肃省内甘南地区。我国四川西北部及西藏高原部分地区。生于海拔3500m以下山地阳坡和小阳坡的中下部半干旱草地中。其他调查。

(82)疏花针茅 *Stipa penicillata* Hand.-Mazz.

分布:则岔、尕海。甘肃省内皋兰、天祝、肃南、山丹、肃北、夏河等地。我国新疆、西藏、青海、陕西、山西、四川。常生于海拔2900~4200m林缘、阳坡或河谷阶地上。模式标本采自山西。二期科考。

(83)甘青针茅 *Stipa przewalskyi* Roshev.

分布:则岔、尕海。甘肃省内西固、靖远、天水、天祝、肃南、庄浪、西峰、岷县、临潭、夏河等地。我国河北、山西、内蒙古、四川、西藏、陕西、青海、宁夏等省区。生于海拔2900~3600m林缘、山坡草地或路旁。模式标本采自甘肃。二期科考。

(84)紫花针茅 *Stipa purpurea* Griseb.

别名:大紫花针茅。

分布:则岔、尕海、西倾山。甘肃省内祁连山,甘南碌曲、夏河等地。我国青海、新疆、四川、西藏。帕米尔东部及中亚地区也有分布。多生于海拔3600m左右山坡草甸、山前洪积扇或河谷阶地上。综合调查。

(85)狭穗针茅 *Stipa regeliana* Hack.

异名:*Stipa purpurascens* Hitchc.。

别名:紫花芨芨草。

分布:则岔、尕海、西倾山。甘肃省内祁连山及甘南地区玛曲、夏河、碌曲等地。我国新疆、西藏、青海、四川。帕米尔东部和喜马拉雅也有分布。多生于海拔3800m左右高山草甸、山谷冲积平原或滩地上。一期科考。

(86)西北针茅 *Stipa sareptana* var. *krylovii*(Roshev.)P. C. Kuo et Y. H. Sun

异名:*Stipa krylovii* Roshev.。

别名:克氏针茅。

分布:则岔、尕海。甘肃省内大部分地区。我国东北辽河平原区、内蒙古、华北北部黄土高原区、宁夏、青藏高原、新疆等地。生于海拔4300m以下山坡草地、山前洪积扇、平滩地或河谷阶地上。其他调查。

(87)三毛草 *Trisetum bifidum*(Thunb.)Ohwi

分布:则岔。甘肃省内大部分地区。我国华南、华东、华中、西南及陕西等地。朝鲜及日本。生于海拔3300m以下山坡路旁、林荫处及沟边湿草地。其他调查。

(88)西伯利亚三毛草 *Trisetum sibiricum* Rupr.

分布:则岔、尕海。甘肃省内甘南地区、祁连山区。我国东北、华北、西北及湖北、四川、西藏。欧亚大陆的温带地区。生于海拔2900~4200m草地或灌木丛。一期科考。

(89)穗三毛 *Trisetum spicatum*(L.)Richt.

分布:则岔。甘肃省内甘南地区、祁连山区。我国东北、西北、华北及湖北、云南、四川、西藏。北半球极地和高山广布。生于海拔2900m以上山坡草地和高山草原或高山草甸。一期科考。

(90)菰 *Zizania latifolia*(Griseb.)Stapf

分布:则岔。甘肃省内成县及甘南地区。我国东北、内蒙古、河北、陕西、四川、湖北、湖南、江西、福建、广东。亚洲温带、日本、俄罗斯及欧洲有分布。水生或沼生,常见栽培。二期科考。

3.1.4.2.4 莎草科

(91)扁穗草 *Blysmus compressus*(Linn.)Panz.

分布:则岔、尕海。甘肃省内大部分地区。我国新疆等地。欧洲、中亚。生于海拔2000~3500m河滩湿地。其他调查。

(92)华扁穗草 *Blysmus sinocompressus* Tang et Wang

分布:则岔、尕海。甘肃省内甘南地区。我国华北及陕西、青海、四川、云南、西藏。生于海拔2900~4000m河滩、沼泽地、水沟、山坡上。中国特有植物。一期科考。

(93)黑褐穗薹草 *Carex atrofusca* Schkuhr subsp. *minor*(Boott)T. Koyama

分布:尕海。甘肃省内榆中、天祝、肃南、山丹、岷县及甘南地区。我国青海、新疆、四川西部、云南西北部、西藏。中亚地区、克什米尔地区、尼泊尔、不丹。生于海拔2900~4200m高山灌丛草甸及流石滩下部和杂木林下。二期科考。

(94)丝秆薹草 *Carex capillaris* Linn.

别名:纤弱薹草、丝柄薹草、细秆薹草。

分布:则岔、尕海。甘肃省内南部地区。我国东北及四川、西藏、青海。朝鲜、日本、俄罗斯、欧洲及北美洲。生于海拔2900~3500m山坡或山顶草地、河滩、草甸或水沟边。其他调查。

(95)藏东薹草 *Carex cardiolepis* Nees

分布:则岔。甘肃省内甘南地区及临夏。我国云南西北部、四川西部和西南部、青海南部、西藏东部和南部。尼泊尔、阿富汗、克什米尔地区、印度北部。生于海拔3000~4300m高山灌丛草甸以及林下。一期科考。

(96)密生薹草 *Carex crebra* V. Krecz.

分布:则岔、尕海。甘肃省内大部分地区。我国西藏东部和南部、云南西北部、四川西部和西南部、青海南部。生于海拔2900~3900m高山灌丛草甸。中国特有植物。综合调查。

(97)狭囊薹草 *Carex cruenta* Nees

分布:则岔、尕海。甘肃省内甘南地区。我国四川、青海、西藏。印度、尼泊尔、巴基斯坦及克什米尔地区。生于海拔3700m左右高山灌丛草甸、山坡草丛、山坡草甸及云杉林中。一期科考。

(98)无脉薹草 *Carex enervis* C. A. Mey.

分布:则岔、尕海。甘肃省内甘南地区、祁连山区。我国东北及山西、内蒙古、云南、西藏、四川、青海、新疆。俄罗斯、蒙古及中亚。生于海拔3000~3800m高山草甸、沼泽草甸、沼泽湿地、河滩、林缘灌丛。一期科考。

(99)箭叶薹草 *Carex ensifolia* Turcz.

分布:则岔、尕海。甘肃省内肃北、漳县、临夏、碌曲、夏河等地。我国四川、陕西、青海、宁夏、新疆。俄罗斯、蒙古。生于海拔2980~3500m山坡草地及潮湿处。二期科考。

(100)点叶薹草 *Carex hancockiana* Maxim.

分布:则岔。甘肃省内兰州、榆中、天水、天祝、舟曲。我国华北、吉林、四川、云南、陕西、青海、宁夏、新疆。俄罗斯西伯利亚、蒙古、朝鲜。生于海拔2900~3200m林中草地、水旁湿处和高山草甸。模式标本采自河北小五台山。二期科考。

(101)甘肃薹草 *Carex kansuensis* Nelmes

分布:则岔、西倾山。甘肃省内甘南地区、祁连山区。我国内蒙古、云南、四川、西藏、陕西、青海。生于海拔2900~3700m山坡灌丛或草甸中。中国特有植物。一期科考。

(102)膨囊薹草 *Carex lehmanii* Drejer

分布:则岔。甘肃省内甘南地区及天水。我国西藏东南部、青海、陕西、云南西北部、四川西部等地。朝鲜、日本、尼泊尔、印度。生于海拔2900~4100m山坡草地、沟边潮湿地、林下和溪边。一期科考。

(103)尖苞薹草 *Carex microglochin* Wahl.

别名:小钩毛薹草。

分布:尕海。甘肃省内甘南地区。我国四川、西藏、青海、新疆。北美洲北部、欧洲北部、蒙古和俄罗斯中亚、西伯利亚。生于海拔3400~4100m湖边、河滩湿草地、高山草甸。综合调查。

(104)青藏薹草 *Carex moorcroftii* Falc. ex Boott

分布:西倾山。甘肃省内甘南地区。我国四川、青海、新疆、西藏。中亚、克什米尔地区、印度东北部。生于海拔3500~4300m草甸、山坡草地、河边、沟边阶地、洪积扇、河漫滩、湖滨平坦草地、高山草甸、沼泽草甸草地等。一期科考。

(105)木里薹草 *Carex muliensis* Hand. -Mazz.

分布:尕海。甘肃省内甘南地区。我国四川西部、云南西北部、青海。生于海拔3400~4100m高山草甸和沼泽草甸。其他调查。

(106)喜马拉雅薹草 *Carex nivalis* Boott

异名:*Carex melanocephala* Turcz. ex Bess.。

别名:黑穗薹草。

分布:则岔、西倾山。甘肃省内甘南地区。我国新疆。俄罗斯西伯利亚地区、蒙古、中亚。生于海拔2900~3500m草原、高山草甸、林缘、亚高山阴坡草甸。一期科考。

(107)帕米尔薹草 *Carex pamirensis* C. B. Clarke ex B. Fedtsch

分布:则岔。甘肃省内祁连山区、甘南地区。我国新疆等地。中亚、俄罗斯西伯利亚。生于海拔2900~3200m高山河边、高山沼泽地、湖边、浅水中、湿草甸、水边。综合调查。

(108)糙喙薹草 *Carex scabrirostris* Kükenth.

分布:则岔。甘肃省内甘南地区、祁连山区及临夏。我国四川、陕西、青海、西藏。生于海拔3000~4200m山地潮湿处、杜鹃灌丛、沼泽化湿地、高山草甸以及云杉林下。中国特有植物。一期科考。

(109)粗根薹草 *Carex setosa* Boott

异名 *Carex pachyrrhiza* Franch.。

别名:刺毛薹草。

分布：则岔。甘肃省内甘南地区。我国青海、云南、四川、贵州、西藏。生于海拔2900~3700m亚高山灌丛草甸、山坡针叶林或灌丛下。中国特有植物。一期科考。

（110）沼泽荸荠 *Eleocharis palustris* Bunge

异名：*Heleocharis eupalustris* Lindl. f.。

别名：针沼蔺。

分布：则岔。甘肃省内大部分地区。我国新疆、山西、内蒙古、黑龙江、云南等地。欧洲北部和中部、亚洲北部和北美洲、蒙古西部和北部、大西洋沿岸。生于海拔3200m以下谷底水边。综合调查。

（111）具刚毛荸荠 *Eleocharis valleculosa* var. *setosa* Ohwi

异名：*Heleocharis valleculosa* Ohwi f. *setosa*（Owhi）Kitag.。

别名：刚毛槽秆荸荠、槽秆荸荠、刚毛荸荠、针蔺、刚毛针蔺、刚毛槽秆针蔺、槽秆针蔺、沼针蔺。

分布：尕海。甘肃省内大部分地区。我国各地均有分布。朝鲜、日本。生于海拔3300~3500m水边、浅水沼泽、湿润草地。一期科考。

（112）牛毛毡 *Eleocharis yokoscensis*（Franch. et Sav.）Tang et Wang

分布：则岔。甘肃省内大部分地区。我国几乎遍布。俄罗斯远东地区、朝鲜、日本、印度、缅甸和越南。生于海拔3200m以下潮湿黏土地。其他调查。

具有散寒止咳的功效。主治外感风寒，身痛，咳嗽，痰喘等病证。

（113）细莞 *Isolepis setacea*（Linnaeus）R. Brown

异名：*Scirpus setaceus* L.、*Schoenoplectus setaceus* L.。

别名：丝秆嵩草。

分布：则岔、尕海。甘肃省内兰州、天水、临夏及甘南地区的临潭、舟曲、夏河、碌曲等地。我国陕西、宁夏、青海、新疆、江西、四川、云南、西藏等地。亚洲、欧洲、非洲、澳洲。生长于海拔3000~3500m岩上、河漫滩、潮湿的山坡草地上。一期科考。

（114）线叶嵩草 *Kobresia capillifolia*（Decne.）C. B. Clarke

分布：则岔、尕海。甘肃省内甘南地区、祁连山区。我国四川西部、云南西北部、青海、新疆、西藏。中亚、蒙古西部、阿富汗、克什米尔地区、巴基斯坦、印度、尼泊尔。生于海拔2900~3800m山坡灌丛中、河漫滩、谷地、草甸及高寒草原草场中。一期科考。

（115）丝叶嵩草 *Kobresia filifolia*（Turcz.）C. B. Clarke

别名：丝秆嵩草。

分布：则岔。甘肃省内大部分地区。我国内蒙古、河北、山西。俄罗斯西伯利亚。生于海拔2900~3200m山坡草地。其他调查。

（116）禾叶嵩草 *Kobresia graminifolia* C. B. Clarke

分布：则岔。甘肃省内甘南地区。我国陕西、青海、西藏。生于海拔3100~3800m山顶、岩缝中、山坡草地上或林间草地。中国特有植物。一期科考。

（117）矮生嵩草 *Kobresia humilis*（C. A. Mey. ex Trauvt.）Sergievskaya

分布：则岔、尕海。甘肃省内甘南地区、祁连山区及临夏。我国河北、四川、青海、新疆、西藏。中亚。生于海拔2900~4000m山坡、湖边、河漫滩、阶地、草甸。一期科考。

（118）甘肃嵩草 *Kobresia kansuensis* Kukenth.

异名：*Kobresia pseuduncinoides* Noltie、*Carex pseuduncinoides*（Noltie）O. Yano & S. R. Zhang。

分布：则岔、尕海。甘肃省内甘南地区、祁连山区。我国青海南部、四川西部和西南部、云南西北部、西藏东部。生于海拔2900~4300m高山灌丛中、河漫滩、潮湿草地、草甸、山坡阴处和林边草地。中国特有植物。一期科考。

(119)康藏嵩草*Kobresia littledalei* C. B. Clarke

别名：藏北嵩草。

分布：则岔。甘肃省内甘南地区。我国新疆、西藏及青海西北部。生于海拔3500~4300m高山草甸。中国特有植物。一期科考。

(120)大花嵩草*Kobresia macrantha* Bocklr.

别名：裸果扁穗薹草。

分布：则岔、尕海。甘肃省内甘南地区。我国青海、新疆、四川、西藏。尼泊尔。生于海拔3000~4200m高山草甸、湖边及沟边草地。其他调查。

(121)嵩草*Kobresia myosuroides*(Villars)Foiri

异名：*Kobresia bellardii*(Allioni)Degland。

分布：则岔、西倾山。甘肃省内甘南地区。我国东北、华北、青海、新疆、四川、云南、西藏。欧洲、北美洲、中亚及蒙古、朝鲜、日本。生于海拔2900~4000m山地草坡、河漫滩、湿润草地、林下、沼泽草甸和灌丛草甸。一期科考。

(122)高山嵩草*Kobresia pygmaea* C. B. Clarke

别名：小嵩草。

分布：则岔、尕海。甘肃省内祁连山区、甘南地区。我国华北及云南、四川、西藏、青海、新疆。尼泊尔、印度、不丹及克什米尔地区。生于海拔3200~4400m高山灌丛草甸、高山草甸、山坡草地、河滩、沟谷、阶地的草甸、灌丛中。一期科考。

(123)岷山嵩草*Kobresia royleana* subsp. *minshanica*(F. T. Wang & T. Tang ex Y. C. Yang)S. R. Zhang

异名：*Kobresia minshanica* Tang et Wang ex Y. C. Yang.。

分布：则岔。甘肃省内岷县及甘南地区。我国四川。生于海拔2900~3800m山坡草地、高山灌丛草甸。中国特有植物。一期科考。

(124)喜马拉雅嵩草*Kobresia royleana*(Nees)Bocklr.

分布：尕海。甘肃省内榆中、天祝、肃南、民乐、玛曲等地。我国新疆、陕西、青海、四川、云南、西藏。尼泊尔、印度北部、阿富汗、塔吉克斯坦帕米尔、哈萨克斯坦。生于海拔3700~4300m高山草甸、高山灌丛草甸、沼泽草甸、河漫滩等。二期科考。

(125)赤箭嵩草*Kobresia schoenoides*(C. A. Meyer)Steud.

分布：则岔、尕海。甘肃省内榆中、天祝、玉门、玛曲等地。我国河北、四川西部、云南西北部、西藏东部、青海、宁夏、新疆阿尔泰山。不丹、尼泊尔、克什米尔地区、哈萨克斯坦、俄罗斯西伯利亚。生于海拔2900~3500m山坡草地。二期科考。

(126)四川嵩草*Kobresia setschwanensis* Hand.-Mazz.

分布：则岔、尕海。甘肃省内甘南地区。我国青海、西藏东部、四川西部和北部、云南西北部。生于海拔3200~4300m亚高山草甸、林间和林边草地、湿润草地、山坡、路边草丛。中国特有植物。一期科考。

(127)西藏嵩草 *Kobresia tibetica* Maxim.

分布:则岔、尕海。甘肃省内甘南地区。我国青海、四川西部、西藏东部。生于海拔3000~4400m河滩地、湿润草地、高山灌丛草甸。二期科考。

(128)短轴嵩草 *Kobresia vidua*(Boott ex C. B. Clarke)Kükenth.

异名:*Kobresia prattii* C. B. Clarke。

分布:则岔、尕海。甘肃省内东南部。我国青海西南部、四川西部和西南部、云南西北部、西藏东部和南部。尼泊尔。生于海拔3000~4100m湿润草地、沼泽草甸及高山灌丛草甸。综合调查。

(129)三棱水葱 *Schoenoplectus triqueter*(Linnaeus)Palla

异名:*Scirpus triqueter* L.。

别名:藨草。

分布:则岔、尕海。甘肃省内大部分地区。我国除广东、海南外,各地区均有分布。俄罗斯、欧洲和印度、朝鲜、日本。生于海拔3500m以下沟边塘边、山谷溪畔或沼泽地。其他调查。

开胃消食,清热利湿。主治饮食积滞,胃纳不佳,呃逆饱胀,热淋,小便不利。孕妇及体虚无积滞者慎服。

(130)矮针蔺 *Trichophorum pumilum*(Vahl)Schinz & Thellung

异名:*Scirpus pumilus* Vahl。

别名:矮藨草。

分布:则岔。甘肃省内大部分地区。我国河北西北部、内蒙古、新疆、西藏西部。伊朗、中亚、俄罗斯西伯利亚以及欧洲。生于海拔2900~3300m水沟边草地、湿润处。其他调查。

3.1.4.2.5 灯心草科 Juncaceae

(131)葱状灯心草 *Juncus allioides* Franch.

分布:则岔。甘肃省内甘南地区、武都及祁连山、马衔山一带。我国宁夏、陕西、青海、云南、四川、西藏。生于海拔2900~4400m山坡近水潮湿处。中国特有植物。一期科考。

(132)小灯心草 *Juncus bufonius* Linn.

分布:则岔、尕海。我国东北、华北、西北、华东及西南地区。朝鲜、日本、俄罗斯西伯利亚、中亚、欧洲和北美。生于海拔3000~3500m湿草地、湖岸、河边、沼泽地、潮湿处。一期科考。

全草主治热淋,小便涩痛,水肿,尿血等。

(133)栗花灯心草 *Juncus castaneus* Smith

异名:*Juncus triceps* Rostk.。

别名:三头灯心草。

分布:则岔、尕海。甘肃省内甘南地区及祁连山东段。我国云南、四川、陕西、青海等地。欧洲。生于海拔2900~4000m高山草甸。一期科考。

清热,利尿。主治热病烦渴,小儿烦躁、夜啼,咽喉肿痛,目赤,目昏,小便不利。

(134)喜马灯心草 *Juncus himalensis* Klotzsch

异名:*Juncus himalensis* var. *schlagintweitii* Buchenau。

别名:无耳灯心草。

分布:则岔、尕海。甘肃省内甘南、武都两地区。我国青海、四川、云南、西藏等地。印度、巴基斯坦、尼泊尔、不丹。生于海拔2900~3900m高山草甸、山坡、草地、河谷水湿处。一期科考。

(135)分枝灯心草 *Juncus luzuliformis* Franchet

异名:*Juncus luzuliformis* var. *modestus* Buchen.、*Juncus modestus* Buchen.。

分布:则岔。甘肃省内甘南地区及宕昌。我国陕西、湖北、四川、贵州等地。生于海拔2900~3000m阴湿岩石上或林下潮湿处。中国特有植物。一期科考。

(136)多花灯心草 *Juncus modicus* N. E. Brown

分布:则岔。甘肃省内甘南、武都两地区。我国湖北、陕西、四川、贵州、西藏。生于海拔2900~3300m高山阴湿石缝、山谷、山坡中林下湿地。中国特有植物。一期科考。

(137)单枝丝灯心草 *Juncus potaninii* Buchen.

异名:*Juncus luzuliformis* var. *potaninii* Buchen.。

分布:则岔、尕海。甘肃省内甘南、武都两地区。我国湖北、陕西、宁夏、四川、贵州、西藏。生于海拔3200~3900m林下阴湿地或岩石裂缝中。中国特有植物。一期科考。

(138)枯灯心草 *Juncus sphacelatus* Decne.

分布:则岔、尕海。甘肃省内甘南地区。我国四川、云南、西藏。印度、尼泊尔、阿富汗以及克什米尔地区。生于海拔3000~4300m山坡、沟旁或河边湿地。综合调查。

(139)展苞灯心草 *Juncus thomsonii* Buchen.

分布:则岔。甘肃省内甘南高原和祁连山、马衔山。我国云南、四川、陕西、青海、西藏。蒙古及中亚、喜马拉雅山区。生于海拔2900~4300m高山草甸、沟谷湿地、河滩地、沼泽地及林下潮湿处。一期科考。

3.1.4.2.6 鸢尾科 Iridaceae

(140)玉蝉花 *Iris ensata* Thunb.

分布:则岔。甘肃省内大部分地区。我国东北、山东、浙江、新疆、青海。生于沼泽地或河岸的水湿地。朝鲜、日本及俄罗斯。生于海拔3200m以下沼泽地或河岸的水湿地。综合调查。

消积理气,活血利水,清热解毒。主治咽喉肿痛,食积饱胀,湿热痢疾,经闭腹胀,水肿。

(141)锐果鸢尾 *Iris goniocarpa* Baker

分布:则岔。甘肃省内陇南、甘南地区及临夏。我国四川、云南、陕西、青海、西藏。印度、尼泊尔、不丹。生于海拔3000~4000m高山草地、向阳山坡的草丛中以及林缘、疏林下。一期科考。

(142)马蔺 *Iris lactea* Pall. var. *chinensis*(Fisch.)Koidz.

别名:马莲、马兰、马兰花。

分布:则岔。甘肃省内各地常见。我国东北、华北、西北及山东、河南、安徽、江苏、浙江、湖北、湖南、四川、西藏。朝鲜、俄罗斯西伯利亚、中亚、印度、喜马拉雅山区。生于海拔3200m以下山坡草地、荒地、路旁、河漫滩。一期科考。

具有清热解毒、利尿通淋、活血消肿的功效。主治喉痹,淋浊,关节痛,痈疽恶疮,金疮等病症。

(143)卷鞘鸢尾 *Iris potaninii* Maxim.

分布:则岔。甘肃省内甘南地区。我国青海、西藏。俄罗斯、蒙古、印度。生于海拔3200m以上石质山坡或干山坡。综合调查。

种子退热,解毒,驱虫。用于肠痈,蛔虫病,蛲虫病。

(144)准噶尔鸢尾 *Iris songarica* Schrenk ex Fisch. et C. A. Mey.

分布:则岔、尕海。甘肃省内兰州、西固、皋兰、榆中、天祝、山丹、岷县、宕昌、卓尼、玛曲、夏河。我国陕西、宁夏、青海、新疆、四川。俄罗斯、伊朗、土耳其、阿富汗、巴基斯坦。生于海拔2900~4000m向阳的髙山草地、坡地及石质山坡。模式标本采自我国新疆准噶尔盆地。二期科考。

3.1.4.2.7 百合科liliaceae

(145)腺毛粉条儿菜*Aletris glandulifera* Bur. et Franch.

别名:腺毛肺筋草。

分布:则岔。甘肃省内甘南和陇南地区。我国陕西、四川。生于海拔3000~4000m山坡草丛中或林下。四川、陕西(太白山)。中国特有植物。一期科考。

(146)折被韭*Allium chrysocephalum* Regel

别名:黄头韭。

分布:则岔。甘肃省内甘南地区及临夏。我国青海。生于海拔3500~4200m草甸、阴湿山坡。中国特有植物。一期科考。

(147)黄花韭*Allium chysanthum* Regel

别名:野葱。

分布:则岔。甘肃省内甘南地区、祁连山地区及临夏。我国湖北、陕西、青海、四川、西藏、云南。生于海拔2900~4100m山坡、草地上。中国特有植物。一期科考。

(148)天蓝韭*Allium cyaneum* Regel

分布:则岔。甘肃省内甘南地区、祁连山区及临夏。我国陕西、宁夏、青海、西藏、四川和湖北。生于海拔3000~4100m山坡、草地、林下或林缘。中国特有植物。一期科考。

散寒解表,温中益胃,散瘀止痛。用于风寒感冒,恶寒重,发热轻,无汗,头痛,身痛,口渴;脾胃虚寒,胃痛隐隐,喜温喜按,空腹痛甚,得食痛减,泛吐清水,神疲乏力;瘀血肿胀,跌打损伤,扭伤肿痛,闪挫伤等症。

(149)川甘韭*Allium cyathophorum* var. *farreri* Stearn

分布:则岔。甘肃省内甘南地区。我国四川西北部。生于海拔2900~3600m山坡草地。中国特有植物。一期科考。

(150)金头韭*Allium herderianum* Regel

分布:则岔、尕海。甘肃省内临潭、舟曲、夏河等地。我国青海。生于海拔2900~3900m向阳山坡或干旱草原上。中国特有植物。二期科考。

种子和叶具有健胃、提神、止汗固涩、补肾助阳、固精等功效。

(151)大花韭*Allium macranthum* Baker

分布:则岔、尕海。甘肃省西南部。我国陕西南部、四川西南部、云南西北部和西藏东南部。印度也有分布。生于海拔2900~4200m草坡、河滩或草甸上。二期科考。

(152)青甘韭*Allium przewalskianum* Regel

分布:则岔。甘肃省内甘南地区、祁连山区及临夏。我国云南、四川、陕西、宁夏、青海、新疆、西藏。印度、尼泊尔。生于海拔2900~4000m干旱山坡、石质山脊上、草坡、灌丛下。一期科考。

(153)高山韭*Allium sikkimense* Baker

分布:则岔、西倾山。甘肃省内甘南地区及临夏。我国云南、四川、陕西、宁夏、青海、西藏。印度、尼泊尔、不丹。生于海拔2900~4000m山坡、草地、林下和林缘。一期科考。

补中焦、调补脾胃、补肾、消炎、清热和促进消化。

（154）唐古韭*Allium tanguticum* Regel

分布：则岔。甘肃省内甘南地区、祁连山区。我国青海、西藏。生于海拔2900~3500m干旱山坡。中国特有植物。一期科考。

（155）齿被韭*Allium yuanum* Wang et Tang

分布：则岔、尕海。甘肃省内甘南地区。我国青海、四川西北部。生于海拔2900~3500m草坡、林缘或林间草地。中国特有植物。二期科考。

（156）长花天门冬*Asparagus longiflorus* Franch.

分布：则岔。甘肃省内甘南地区。我国河北、山西、陕西、青海、河南、山东。生于海拔2900~3300m山坡、林下或灌丛中。中国特有植物。一期科考。

（157）石刁柏*Asparagus officinalis* L.

分布：则岔。甘肃省内兰州、皋兰、会宁及甘南地区。我国新疆西北部塔城有野生的，其他地区多为栽培，少数也有变为野生的。中国特有植物。二期科考。

（158）甘肃贝母*Fritillaria przewalskii* Maxim. ex Batal.

分布：则岔、尕海、西倾山。甘肃省内漳县、岷县、临夏及甘南地区。我国四川西部、青海东部。生于海拔2900~4400m灌丛中、草地上。中国特有植物。一期科考。

为药材川贝主要来源之一。清热润肺，止咳化痰。

国家二级重点保护野生植物。国家三级重点保护野生药用植物。

（159）玉簪*Hosta plantaginea*（Lam.）Aschers.

分布：则岔（栽培）。甘肃省内大部分地区。我国四川、湖北、湖南、江苏、安徽、浙江、福建及广东等地。日本。综合调查。

具有清热解毒、散结消肿之功效。常用于乳痈，痈肿疮疡，瘰疬，毒蛇咬伤。

（160）山丹*Lilium pumilum* DC.

分布：则岔。甘肃省内大部分地区。我国东北、华北、山东、河南、陕西、宁夏、青海等北方大部分地区。俄罗斯、朝鲜、蒙古、日本也有分布。生于海拔3200m以下向阳山坡草地、林缘或疏林。综合调查。

清热涤暑，润肠通燥。治虚劳咳嗽，痰中带血，吐血，心悸，失眠，浮肿，虚烦惊悸，失眠多梦，精神恍惚，疮肿，崩漏。

（161）洼瓣花*Lloydia serotina*（L.）Rchb.

分布：则岔、尕海。甘肃省内大部分地区。我国西藏、新疆和西南、西北、华北、东北各地。广布于欧洲、亚洲和北美洲。生于海拔2900~4000m山坡、灌丛中或草地上。二期科考。

（162）西藏洼瓣花*Lloydia tibetica* Baker ex Oliv.

分布：则岔、尕海。甘肃省内文县、宕昌及甘南地区。我国山西、湖北、陕西、重庆、四川、西藏。尼泊尔。生于海拔2900~4100m山坡或草地上。二期科考。

鳞茎供药用。内服祛痰止咳；外用治痈肿疮毒及外伤出血。

（163）卷叶黄精*Polygonatum cirrhifolium*（Wall.）Royle

分布：则岔。甘肃省内天水、平凉、临夏及陇南、甘南地区。我国云南、四川、陕西、宁夏、青海、西藏。尼泊尔、印度。生于海拔2900~4000m山坡、林下、草地上。一期科考。

根状茎也作黄精用。补中益气，补精髓，滋润心肺，生津养胃。用于精髓内亏，衰弱无力，心烦，咽干口渴，虚劳咳嗽等。

（164）玉竹*Polygonatum odoratum*（Mill.）Druce

分布：则岔。甘肃省内大部分地区。我国东北、华北、华中、山东、青海等地。广布欧亚大陆温带地区。生于海拔3100m以下林下或山野阴坡。综合调查。

具有养阴润燥，生津止渴之功效。常用于肺胃阴伤，燥热咳嗽，咽干口渴，内热消渴。

（165）轮叶黄精*Polygonatum verticillatum*（L.）All.

分布：则岔、西倾山。甘肃省内陇南和甘南地区、祁连山区及临夏。我国云南、四川、陕西、山西、青海、西藏。欧洲经西南亚至尼泊尔及不丹。生于海拔2900~4000m山坡林下。一期科考。

轮叶黄精根状茎也作黄精用。平肝熄风，补肾，润肺。主治病后虚弱，肝阳上亢，头晕眼花，咳嗽，咯血，肝风内动，癫痫抽风。

3.1.4.2.8 兰科 Orchidaceae

（166）掌裂兰*Dactylorhiza hatagirea*（D. Don）Soó

异名：*Orchis hatagirea* D. Don。

分布：则岔、尕海。甘肃省内天祝、肃南、漳县、康乐、合作、玛曲、夏河。我国内蒙古、黑龙江、四川、西藏、青海、新疆。生于海拔4100m以下山坡、沟边灌丛下或草地中。二期科考。

清热解毒，滋阴清肺，开胃健脾，活血通络，壮阳补肾，益气生津，理气宽中，利湿消炎，安神益智。

CITES-2019附录Ⅱ保护植物。

（167）凹舌掌裂兰*Dactylorhiza viridis*（Linnaeus）R. M. Bateman，Pridgeon & M. W. Chase

异名：*Coeloglossum viride*（L.）。

别名：凹舌兰。

分布：则岔、尕海。甘肃省内陇南和甘南地区、祁连山区。我国吉林、黑龙江、河北、山西、河南、湖北、陕西、新疆、西藏、四川、云南。朝鲜、日本、尼泊尔、不丹及西伯利亚、中亚、克什米尔地区、欧洲、北美。生于海拔2900~4300m山坡林下、灌丛下、山谷林缘湿地。一期科考。

清热解毒，滋阴清肺，开胃健脾，活血通络，壮阳补肾，益气生津，理气宽中，利湿消炎，安神益智。

CITES-2019附录Ⅱ保护植物。

（168）小斑叶兰*Goodyera repens*（L.）R. Br.

分布：则岔。甘肃省内甘南地区。我国东北、华北及河南、湖南、湖北、台湾、陕西、青海、新疆、西藏、四川、云南。缅甸、印度、不丹、尼泊尔、朝鲜、日本及克什米尔地区、欧洲、北美。生于海拔2900~3800m针叶林下、岩石缝中、草甸灌丛中。一期科考。

补肺益肾，散肿止痛。用于肺痨咳嗽，瘰疬，肺肾虚弱，喘咳，头晕，目眩，遗精，阳痿，肾虚腰膝疼痛；外用于痈肿疮毒，虫蛇咬伤。

CITES-2019附录Ⅱ保护植物。

（169）手参*Gymnadenia conopsea*（L.）R. Br.

分布：尕海、西倾山。甘肃省内陇南和甘南地区及临夏。我国东北及河北、山西、陕西、四川、西藏。朝鲜、日本及中亚和欧洲。生于海拔2900~4200m草甸灌丛、山坡砾石滩草地、山野阴坡、草甸、林间草地。一期科考。

补肾益气，生津润肺。用于肺病，肺虚咳喘，肉食中毒，遗精阳痿。

IUCN 濒危物种红色名录ver 3.1——濒危（EN），CITES-2019附录Ⅱ保护植物，国家二级重点保护野生植物。

（170）西藏玉凤花 *Habenaria tibetica* Schltr. ex Limpricht

分布：则岔。甘肃省内甘南地区。我国青海东北部、四川西部、云南西北部、西藏东南部。生于海拔2900~4300m林下、灌丛下、河谷草地。中国特有植物。一期科考。

块茎补肾壮阳，调和气血。用于阳痿，遗精。

IUCN 2017濒危物种红色名录ver 3.1——近危（NT），CITES-2019附录Ⅱ保护植物。

（171）裂瓣角盘兰 *Herminium alaschanicum* Maxim.

分布：则岔、尕海。甘肃省内甘南地区。我国内蒙古、河北、山西、陕西、宁夏、青海、四川西部、云南西北部、西藏东南部。生于海拔2900~4300m山坡草地、林下或山谷灌丛草地。中国特有植物。综合调查。

块茎补肾壮阳。用于肾虚，遗尿。

IUCN 2017濒危物种红色名录ver 3.1——近危（NT）。CITES-2019附录Ⅱ保护植物。

（172）角盘兰 *Herminium monorchis*（L.）R. Br.

分布：则岔。甘肃省内天水、临夏、定西、甘南地区。我国东北、华北及陕西、青海、四川、云南、西藏。朝鲜、日本、尼泊尔、印度、不丹、西伯利亚和中亚、克什米尔地区、欧洲。生于海拔2900~4300m山坡草地、林下、林缘灌丛中、河漫滩草地上。一期科考。

滋阴补肾，养胃，调经。用于神经衰弱，头晕失眠，烦躁，口渴，食欲不振，须发早白，月经不调。

IUCN 2017濒危物种红色名录ver 3.1——近危（NT）。CITES-2019附录Ⅱ保护植物。

（173）羊耳蒜 *Liparis campylostalix* H. G. Reichenbach

分布：则岔。甘肃省内甘南地区。我国四川、云南西部和西藏东南部。印度也有分布。生于海拔2950~3400m林下岩石积土上或松林下草地上。二期科考。

具有活血止血、消肿止痛之功效。常用于崩漏，产后腹痛，白带过多，扁桃体炎，跌打损伤，烧伤。

CITES-2019附录Ⅱ保护植物。

（174）尖唇鸟巢兰 *Neottia acuminata* Schltr.

分布：则岔。甘肃省内陇南和甘南地区。我国河北、山西、陕西、青海、湖北、四川、云南、西藏。印度、日本及远东地区。生于海拔2900~3600m山坡云杉林和冷杉林下。一期科考。

CITES-2019附录Ⅱ保护植物。

（175）广布小红门兰 *Ponerorchis chusua*（D. Don）Soó

异名：*Orchis chusua* D. Don。

别名：广布红门兰。

分布：则岔。甘肃省内岷县、临夏及甘南地区。我国东北及内蒙古、陕西、湖北、四川、云南、西藏地区。日本、不丹、尼泊尔、印度、缅甸及西伯利亚地区。生于海拔4500m以下山坡草地、林下、高山草甸中。一期科考。

块茎：清热解毒，补肾益气，安神。用于白浊，肾虚，阳痿，遗精。

CITES-2019附录Ⅱ保护植物。

（176）绶草 *Spiranthes sinensis*（Pers.）Ames

分布：则岔。甘肃省内兰州、天水、平凉、陇南、舟曲、迭部。我国各省区均有分布。生于海拔3400m以下山坡林下、灌丛下、草地或河滩沼泽草甸中。东南半岛、印度、俄罗斯西伯利亚、蒙古、朝鲜半岛。模式标本采自我国广东。二期科考。

用于病后气血两虚，少气无力，气虚白带，遗精，失眠，燥咳，咽喉肿痛，缠腰火丹，肾虚，肺痨咯血，消渴，小儿暑热症；外用于毒蛇咬伤，疮肿。

CITES-2019附录Ⅱ保护植物。

3.2 高等植物区系

3.2.1 植物区系历史

现代植物区系的形成和特点，是在一定的自然历史条件综合作用下和植物本身发展演化的结果。因此，要了解本区植物区系的性质和特点，就必须借助古植物、古地理等方面的研究，以初探其发展。

保护区地层构造总的为西秦岭古生代褶皱带的一部分，北半部即洮河沿岸为半生代三叠纪地层；南半部即尕海高原以南，属西秦岭的南支——南秦岭加里东海西褶皱带，由于第三纪喜马拉雅造山运动影响，特别是新第三纪中新世，喜马拉雅造山运动进入高潮时期。组成古南大陆的南亚大陆板块迅速向北移动，并俯冲于欧亚板块之下，使古地中海海槽逐步消失，地壳发生强烈褶皱隆起与断裂，使喜马拉雅山脉地区构成了许多高达8000m以上的高峰。由于喜马拉雅山造山运动的影响，过去的老构造重新复活，特别是第四纪以来的新构造运动表现尤为明显，进入冰期时代后，全球气温普遍下降。在第四纪冰期以后，全球气候逐渐转暖，以温带森林和草甸草原为主的地带性植被逐渐形成，二者呈复合分布，共同组成森林草原带，奠定了和现今大致相似的面貌，山地分布有由云杉属和冷杉属等树种组成的寒温性针叶林和以寒温性中生植物为主的草甸植物类型。人类在地球上的出现以及生产力的逐渐发展，人为因素也成为影响植物区系和植被的主要因素之一。人类长期的干扰和破坏，致使山地寒温性针叶林面积逐步缩小，许多植物种类及数量也会发生明显变化，在自然因素和人类活动的综合影响和作用下，形成了现今植物区系的特征。

3.2.2 植物区系的种类组成特征

3.2.2.1 高等植物分类统计

根据对各期科考和调查资料的统计，组成本区植物区系的高等植物共计8纲41目82科314属978种(887种27亚种60变种4变型)，植物区系组成中以被子植物占绝对优势。苔藓植物2纲5目9科10属11种，内苔纲2目5科5属6种、藓纲3目4科5属5种；蕨类植物2纲2目10科12属23种(含1亚种)，内木贼纲1目1科1属6种(含1亚种)、蕨纲1目9科11属17种；种子植物有4纲34目63科292属944种(含26亚种60变种4变型)。

在种子植物中，裸子植物有2纲2目3科5属13种(含1变型)，内松杉纲1目2科4属11种(含1变型)、买麻藤纲1目1科1属2种；被子植物有2纲32目60科287属931种(含26亚种60变种3变型)，双子叶植物纲27目52科229属755种(含17亚种54变种3变型)、单子叶植物纲5目8科58属176种(含9亚种6变种)。高等植物分类统计见表3-1。

表3-1 保护区高等植物分类统计表

门	纲	目	科	属	种	亚种	变种	变型
苔藓植物	苔纲	2	5	5	6			
	藓纲	3	4	5	5			
	小计	5	9	10	11			

续表

门	纲		目	科	属	种	亚种	变种	变型
蕨类植物	木贼纲		1	1	1	5	1		
	蕨纲		1	9	11	17			
	小计		2	10	12	22	1		
种子植物	裸子植物	松杉纲	1	2	4	10			1
		买麻藤纲	1	1	1	2			
		计	2	3	5	12			1
	被子植物	双子叶植物纲	27	52	229	681	17	54	3
		单子叶植物纲	5	8	58	161	9	6	
		计	32	60	287	842	26	60	3
	小计		34	63	292	854	26	60	4
高等植物合计			41	82	314	887	27	60	4

3.2.2.2　高等植物科属特征

就科而言，含种数在51个以上的科只有5个，即：菊科33属134种、禾本科28属84种、蔷薇科15属58种、毛茛科17属56种、豆科13属52种，包含106个属384个种，分别占总属数、总种数的33.8%和39.3%；含种数在31个以上的科8个，即：菊科33属134种、禾本科28属84种、蔷薇科15属58种、毛茛科17属56种、豆科13属52种、玄参科8属49种、龙胆科6属45种、莎草科7属40种，8个科共包含127属518种高等植物，占保护区314个属的40.4%、978种的53.0%；含种数在11个以上的科23个，包含228个属803个种，分别占总属数、总种数的72.6%和82.1%；含种数在5个以上的科35个，包含253个属888个种，分别占总属数、总种数的80.6%和90.8%；含4个及4个以下种的科在组成上所占比重较大，共有47个，包含61个属90个种，分别占总属数、总种数的19.4%和9.2%。说明优势科在保护区高等植物区系组成中具有主要作用(表3-2)。

表3-2　保护区高等植物科的大小排序

种数排列	科名	属数	种数	占总种数(%)	种数排列	科名	属数	种数	占总种数(%)
50种以上	菊科 Compositae	33	134	13.7	2~4种	桦木科 Betulaceae	1	3	0.31
	禾本科 Gramineae	28	84	8.59		荨麻科 Urticaceae	1	3	0.31
	蔷薇科 Rosaceae	15	58	5.93		瑞香科 Thymelacaceae	2	3	0.31
	毛茛科 Ranunculaceae	17	56	5.73		茄科 Solanaceae	3	3	0.31
	豆科 Leguminosae	13	52	5.32		列当科 Orobanchaceae	3	3	0.31
31~50种	玄参科 Scrophulariaceae	8	49	5.01		蛇苔科 Conocephalaceae	1	2	0.2
	龙胆科 Gentianaceae	6	45	4.6		羽藓科 Thuidiaceae	2	2	0.2
	莎草科 Cyperaceae	7	40	4.09		蹄盖蕨科 Athyriaceae	1	2	0.2

续表

种数排列	科名	属数	种数	占总种数（%）	种数排列	科名	属数	种数	占总种数（%）
11~30种	十字花科 Cruciferae	19	26	2.66	2~4种	鳞毛蕨科 Dryopteridaceae	2	2	0.2
	虎耳草科 Saxifragaceae	4	26	2.66		球子蕨科 Onocleaceae	2	2	0.2
	蓼科 Polygonaceae	6	25	2.56		岩蕨科 Woodsiaceae	1	2	0.2
	唇形科 Labiatae	10	23	2.35		麻黄科 Ephedraceae	1	2	0.2
	罂粟科 Papaveraceae	5	22	2.25		柽柳科 Tamaricaceae	1	2	0.2
	伞形科 Umbeiliferae	12	21	2.15		堇菜科 Violaceae	1	2	0.2
	百合科 Liliaceae	8	21	2.15		胡颓子科 Elaeagnaceae	1	2	0.2
	石竹科 Caryophyllaceae	7	20	2.04		小二仙草科 Haloragaceae	1	2	0.2
	报春花科 Primulaceae	4	20	2.04		五加科 Araliaceae	1	2	0.2
	杨柳科 Salicaceae	2	18	1.84		锦葵科 Malvaceae	1	2	0.2
	忍冬科 Caprifoliaceae	2	15	1.53		紫葳科 Bignoniaceae	1	2	0.2
	景天科 Crassulaceae	4	14	1.43		狸藻科 Lentibulariaceae	2	2	0.2
	藜科 Chenopodiaceae	5	12	1.23		败酱科 Valerianaceae	2	2	0.2
	桔梗科 Campanulaceae	4	11	1.12		水麦冬科 Juncaginaceae	1	2	0.2
	兰科 Orchidaceae	9	11	1.12	1种	青藓科 Brachytheciaceae	1	1	0.1
5~10种	小檗科 Berberidaceae	2	9	0.92		水藓科 Fontinalaceae	1	1	0.1
	茜草科 Rubiaceae	2	9	0.92		羽苔科 Plagiochilaceae	1	1	0.1
	灯心草科 Juncaceae	1	9	0.92		石地钱科 Rebouliaceae	1	1	0.1
	牻牛儿苗科 Geraniaceae	3	8	0.82		地钱科 Marchantiaceae	1	1	0.1
	紫草科 Boraginaceae	5	8	0.82		齿萼苔科 Geocalycaceae	1	1	0.1
	杜鹃花科 Ericaceae	2	8	0.82		丛藓科 Pottiaceae	1	1	0.1
	柳叶菜科 Onagraceae	3	7	0.72		中国蕨科 Sinopteridaceae	1	1	0.1
	木贼科 Equisetaceae	1	6	0.61		铁角蕨科 Aspleniaceae	1	1	0.1
	柏科 Cupressaceae	1	6	0.61		槲蕨科 Drynariaceae	1	1	0.1
	松科 Pinaceae	3	5	0.51		桑科 Moraceae	1	1	0.1
	大戟科 Euphorbiaceae	1	5	0.51		亚麻科 Linaceae	1	1	0.1
	鸢尾科 Iridaceae	1	5	0.51		远志科 Polygalaceae	1	1	0.1
2~4种	卫矛科 Celastraceae	1	4	0.41		水马齿科 Callitrichaceae	1	1	0.1
	车前科 Plantaginaceae	1	4	0.41		藤黄科 Gultiferae	1	1	0.1
	川续断科 Dipsacaceae	3	4	0.41		杉叶藻科 Hippuridaceae	1	1	0.1
	眼子菜科 Potamogetonaceae	3	4	0.41		白花丹科 Piumbaginaceae	1	1	0.1
	水龙骨科 Polypodiaceae	1	3	0.31		花荵科 Polemoniaceae	1	1	0.1
	铁线蕨科 Adiantaceae	1	3	0.31		五福花科 Adoxaceae	1	1	0.1

在314个高等植物属中，含10个以上种的属22个，共有植物352种，分别占高等植物属、种总数的7.0%和36.0%。即马先蒿属34种、风毛菊属33种、龙胆属31种、委陵菜属20种、柳属17种、黄耆属17种、早熟禾属17种、薹草属17种、嵩草属15种、蓼属14种、紫堇属14种、报春花属14种、忍冬属14种、蒿属14种、茶藨子属11种、翠雀属10种、红景天属10种、虎耳草属10种、棘豆属10种、香青属10种、紫菀属10种、葱属10种；含5~9个种的属34个，共有植物213种，分别占高等植物属、种总数的10.8%和21.8%；不足5个种的属有258个，共有植物413种，分别占高等植物属、种总数的82.2%和42.2%，含5个种以上高等植物的主要属排序见表3-3。

表3-3 保护区高等植物主要属（含5个种以上）排序

序号	科名	属名	种数	分布区类型
1	玄参科 Scrophulariaceae	马先蒿属 *Pedicularis*	34	北温带分布
2	菊科 Compositae	风毛菊属 *Saussurea*	33	北温带分布
3	龙胆科 Gentianaceae	龙胆属 *Gentiana*	31	世界分布
4	蔷薇科 Rosaceae	委陵菜属 *Potentilla*	20	北温带分布
5	杨柳科 Salicaceae	柳属 *Salix*	17	北温带分布
6	豆科 Leguminosae	黄耆属 *Astragalus*	17	世界分布
7	禾本科 Gramineae	早熟禾属 *Poa*	17	世界分布
8	莎草科 Cyperaceae	薹草属 *Carex*	17	世界分布
9	莎草科 Cyperaceae	嵩草属 *Kobresia*	15	北温带分布
10	蓼科 Polygonaceae	蓼属 *Polygonum*	14	世界分布
11	罂粟科 Papaveraceae	紫堇属 *Corydalis*	14	北温带分布
12	报春花科 Primulaceae	报春花属 *Primula*	14	北温带分布
13	忍冬科 Caprifoliaceae	忍冬属 *Lonicera*	14	北温带分布
14	菊科 Compositae	蒿属 *Artemisia*	14	北温带分布
15	虎耳草科 Saxifragaceae	茶藨子属 *Ribes*	11	北温带分布
16	毛茛科 Ranunculaceae	翠雀属 *Delphinium*	10	北温带分布
17	景天科 Crassulaceae	红景天属 *Rhodiola*	10	北温带分布
18	虎耳草科 Saxifragaceae	虎耳草属 *Saxifraga*	10	北温带分布
19	豆科 Leguminosae	棘豆属 *Oxytropis*	10	北温带分布
20	菊科 Compositae	香青属 *Anaphalis*	10	北温带分布
21	菊科 Compositae	紫菀属 *Aster*	10	温带亚洲分布
22	百合科 Liliaceae	葱属 *Allium*	10	北温带分布
23	毛茛科 Ranunculaceae	乌头属 *Aconitum*	9	北温带分布
24	灯心草科 Juncaceae	灯心草属 *Juncus*	9	世界分布
25	小檗科 Berberidaceae	小檗属 *Berberis*	8	北温带分布
26	蔷薇科 Rosaceae	蔷薇属 *Rosa*	8	北温带分布
27	茜草科 Rubiaceae	拉拉藤属 *Galium*	8	世界分布
28	菊科 Compositae	火绒草属 *Leontopodium*	8	北温带分布
29	菊科 Compositae	蒲公英属 *Taraxacum*	8	北温带分布
30	毛茛科 Ranunculaceae	银莲花属 *Anemone*	7	世界分布
31	毛茛科 Ranunculaceae	毛茛属 *Ranunculus*	7	北温带分布
32	玄参科 Scrophulariaceae	婆婆纳属 *Veronica*	7	北温带分布
33	禾本科 Gramineae	雀麦属 *Bromus*	7	北温带分布

续表

序号	科名	属名	种数	分布区类型
34	禾本科 Gramineae	披碱草属 *Elymus*	7	北温带分布
35	禾本科 Gramineae	针茅属 *Stipa*	7	北温带分布
36	木贼科 Equisetaceae	木贼属 *Equisetum*	6	世界分布
37	柏科 Cupressaceae	圆柏属 *Sabina*	6	北温带分布
38	藜科 Chenopodiaceae	藜属 *Chenopodium*	6	世界分布
39	蔷薇科 Rosaceae	栒子属 *Cotoneaster*	6	北温带分布
40	豆科 Leguminosae	锦鸡儿属 *Caragana*	6	北温带分布
41	牻牛儿苗科 Geraniaceae	老鹳草属 *Geranium*	6	世界分布
42	杜鹃花科 Ericaceae	杜鹃花属 *Rhododendron*	6	北温带分布
43	禾本科 Gramineae	剪股颖属 *Agrostis*	6	北温带分布
44	蓼科 Polygonaceae	酸模属 *Rumex*	5	北温带分布
45	石竹科 Caryophyllaceae	蝇子草属 *Silene*	5	世界分布
46	毛茛科 Ranunculaceae	唐松草属 *Thalictrum*	5	北温带分布
47	罂粟科 Papaveraceae	绿绒蒿属 *Meconopsis*	5	东亚分布
48	十字花科 Cruciferae	葶苈属 *Draba*	5	北温带分布
49	蔷薇科 Rosaceae	绣线菊属 *Spiraea*	5	北温带分布
50	豆科 Leguminosae	野豌豆属 *Vicia*	5	北温带分布
51	大戟科 Euphorbiaceae	大戟属 *Euphorbia*	5	世界分布
52	柳叶菜科 Onagraceae	柳叶菜属 *Epilobium*	5	北温带分布
53	桔梗科 Campanulaceae	沙参属 *Adenophora*	5	温带亚洲
54	菊科 Compositae	橐吾属 *Ligularia*	5	温带亚洲
55	禾本科 Gramineae	羊茅属 *Festuca*	5	北温带分布
56	鸢尾科 Iridaceae	鸢尾属 *Iris*	5	北温带分布

3.2.2.3 木本植物特征

在保护区978种(亚种、变种、变型)高等植物总数中,有141种木本植物,占高等植物总数14.4%;而草本植物总共有837种,占总种数的85.6%。由此可见,在保护区高等植物区系组成中,木本植物所占比例较小,而占绝对优势的是草本植物(表3-4)。

表3-4 保护区高等植物木本科属种排序表

科名	属数	种数	备注	科名	属数	种数	备注
蔷薇科 Rosaceae	9	36	未统计草本	卫矛科 Celastraceae	1	4	
杨柳科 Salicaceae	2	18		桦木科 Betulaceae	1	3	
忍冬科 Caprifoliaceae	1	14	未统计草本	麻黄科 Ephedraceae	1	2	
虎耳草科 Saxifragaceae	1	11	未统计草本	柽柳科 Tamaricaceae	1	2	
景天科 Crassulaceae	1	10	未统计草本	瑞香科 Thymelacaceae	1	2	未统计草本
小檗科 Berberidaceae	1	8	未统计草本	胡颓子科 Elaeagnaceae	1	2	
杜鹃花科 Ericaceae	2	8		五加科 Araliaceae	1	2	未统计草本
松科 Pinaceae	3	6		毛茛科 Ranunculaceae	1	1	未统计草本
柏科 Cupressaceae	1	6					
豆科 Leguminosae	1	6	未统计草本	合计	31	141	

3.2.3　植物区系地理成分的特征

为了使所有的高等植物属、种都进行区系地理成分分析，将无法归类的“北半球温带亚热带”“北半球温带热带”两个分布型归入北温带分布进行了统计和分析。同时，将中国特有植物属、种从其他地理分布型中分离出来进行了分析。

按属的分布型来看，本地区有世界广布属39个，占本地区总属数的12.4%，含植物种数110种，占本地区总种数的11.25%；有泛热带（热带广布）属8个，占本地区总属数的2.55%，含植物种数13种，占本地区总种数的1.33%；有热带亚洲属1个，占本地区总属数的0.32%，含植物种数1种，占本地区总种数的0.10%；有北半球温带属190个，占本地区总属数的60.51%，含植物种数732种，占本地区总种数的74.85%；有东亚-北美间断属9个，占本地区总属数的2.87%，含植物种数11种，占本地区总种数的1.12%；有旧世界温带属6个，占本地区总属数的1.91%，含植物种数17种，占本地区总种数的1.74%；有温带亚洲属14个，占本地区总属数的4.46%，含植物种数20种，占本地区总种数的2.04%；有地中海、西亚至中亚属12个，占本地区总属数的3.83%，含植物种数14种，占本地区总种数的1.43%；有中亚分布属4个，占本地区总属数的1.27%，含植物种数6种，占本地区总种数的0.61%；有东亚分布属31个，占本地区总属数的9.87%，含植物种数54种，占本地区总种数的5.52%。保护区分布中国特有植物属7个，即黄缨菊属、羽叶点地梅属、马尿泡属、翠菊属、细穗玄参属等5个单种属及羌活属和矮泽芹属2个非单种属，分布中国特有植物338种。这些特有植物属、种基本上属于东亚、中亚及温带亚洲分布型（表3-5）。

表3-5　保护区高等植物主要分布型一览表

代号	分布型	属数	占总属数(%)	种数	占总种数(%)
1	世界广布	39	12.42	110	11.25
2	泛热带(热带广布)	8	2.55	13	1.33
7	热带亚洲	1	0.32	1	0.1
8	北温带	159	50.64	676	69.12
8.2	北极、亚北极及欧、亚高山地区	1	0.32	1	0.1
8.4	北温带和南温带间断分布	13	4.14	30	3.07
8.5	欧亚和南美洲温带间断	3	0.96	4	0.41
8.6	欧洲、北亚、北美、墨西哥和智利	1	0.32	1	0.1
8.8	北半球温带亚热带	2	0.64	3	0.31
8.9	北半球温带热带	11	3.5	17	1.74
8	北温带分布合计	190	60.51	732	74.85
9	东亚-北美间断	9	2.87	11	1.12
10	旧世界温带	6	1.91	17	1.74
11	温带亚洲	14	4.46	20	2.04
12	地中海、西亚至中亚	12	3.82	14	1.43
13	中亚分布	4	1.27	6	0.61
14.1	中国-喜马拉雅	24	7.64	43	4.4
14.2	中国-日本	7	2.23	11	1.12
14	东亚分布合计	31	9.87	54	5.52
15	中国特有	7		338	
合计		314	100	978	100

说明：中国特有植物主要分布于东亚、中亚及温带亚洲。

对保护区植物区系成分的统计与分析，其基本特征有以下几点：

(1)植物区系基本上属于温带性质，其他成分很少。保护区植物区系以温带成分，尤其是北温带成分占优势，具有典型的温带性质，其他成分的属较少，从本地区生长的优势科来看，菊科、毛茛科、禾本科、蔷薇科、玄参科、豆科、莎草科等都是世界性大科，又是以北温带分布型为主的，从属的分布型来看，温带分布型植物占总属数的绝大比例。

(2)保护区植物区系和横断山脉地区植物区系有密切联系。从植物区系成分、特别是中国特有种区系成分来分析，本地区和横断山地区(四川西北部、青海东南部、西藏东南部、滇西北部)的植物区系成分相似性很大。

(3)特有种类比较丰富。除西倾山马先蒿为保护区特有种外，还有黄花鸭首马先蒿、甘肃南牡蒿、大雀麦、垂枝早熟禾、洮河红景天、弯管马先蒿、狭果茶藨子等甘肃及洮河流域特有种。

3.2.4 国家特有植物分布型分析

保护区分布中国特有种338种，占高等植物总种数的34.6%，其中保护区特有种1种即西倾山马先蒿、与全国其他地区共有种337种。在保护区所产的中国特有种和附近地区相比较，与唐古特地区共有22种；与四川(西北、西南部)共有29种；和横断山地区的藏东南、滇西北、川西及西北、青海东南部共有196种，其中和川西北、青海东南部共有58种，和藏东南、滇西北、川西北共有138种；和西北的陕、甘、宁、青、新五省区共有种10种；和西北-华北共有种9种；和西北-华中共有4种；和西北-西南-华中共有22种；和西北-华北-华中共有3种；和西北-华北-西南共有29种；和西北-华北-华东-华南-西南共有5种；和西北-华北-东北共有4种；和西北-华北-东北-华东-江南-西南共有4种。保护区植物区系组成以横断山成分最多，联系最为紧密，另外，和唐古特地区有较密切的联系(表3-6)。

表3-6 保护区二期科考中国特有植物的分布亚型

亚型名称	种数	占本类型种数(%)
15-1.保护区特有	1	0.3
15-2.保护区与其他地区共有	337	99.7
a.唐古特地区(青海)	22	6.51
b.四川(西北部、西南部)	29	8.58
c.陕西(秦岭)	—	—
d.甘西南、青东南、川西北	58	17.16
e.甘(西南)青东南、川西北、藏东南、滇西北	138	40.83
f.西北(陕、甘、青、宁、新)	10	2.96
g.西北-西南	—	—
h.西北-华北	9	2.66
i.西北-华中	4	1.18
j.西北-西南-华中	22	6.51
k.西北-华北-华中	3	0.89
l.西北-华北-西南	29	8.58
m.西北-华北-华东-华南-西南	5	1.48
n.西北-东北	—	—
o.西北-华北-东北	4	1.18
p.西北-华北-东北-华东-江南-西南	4	1.18
总计	338	100

3.2.5 与相邻植物区系的关系

保护区植物区系和横断山地区有共同的区系性质，其中主要优势植物种区系成分和四川西北部、青海东南部地区连成一片，有较大的相似性。而与唐古特地区、秦岭地区和黄土高原地区的植物区系关系较远，因此，按照李锡丈等人的观点，将这一地区作为横断山地区植物区系的一部分，划为川西北、甘南和青海东南小区。

3.3 植被类型及其变化

保护区地处青藏高原东部边缘，地理上与横断山地区（四川西部和西北部、藏东南部、滇西北部）和唐古特地区（青海东南部）紧密相连，而与陇中、陇东黄土高原区和陇南西秦岭地区相距较远，因此其自然植被与青藏高原的高寒植被关系更为密切，有许多共同之处，形成了以高寒草甸和高寒灌丛为主的植被类型。分为7个植被型组，9个植被型，15个群系组，24个群系。

保护区自然植被属于高山森林草原植物带，这一植物带自西南山地的高山区沿青藏高原东缘山地到祁连山，为我国特有的森林草原植被。主要有5个植被型，即荒漠、草甸、灌丛、森林和草甸草原。

荒漠属于高寒砾石荒漠，分布于海拔3500~4400m。因雨水侵蚀和风化作用，形成高山砾石荒漠。植物以矮的垫状植物为优势，有红景天*Rhodiola* spp.、点地梅*Androsace* spp.、麻黄*Ephedra* spp.为主，着生在岩缝和砾石间，构成红景天–甘肃雪灵芝–麻黄群丛。

草甸是保护区面积较大的植被类型，分为高山草甸和沼泽草甸两类。高山草甸分布于海拔3300~4200m。以嵩草*Kobresia* spp.、圆穗蓼*Polygonum capitatum*为主，形成高山嵩草–矮嵩草–嵩草群丛。沼泽草甸分布于海拔3800m以下的河谷滩地和湖沼。以藏嵩草*Kobresia tibetica*、华扁穗草*Blysmus sinocompressus*为主，形成华扁穗草–藏嵩草植物群丛。

灌丛分布海拔高度不等，有高山灌丛和河谷灌丛。高山灌丛有常绿革叶灌丛，以杜鹃属为建群植物，形成杜鹃群丛；落叶阔叶灌丛以柳*Salix* spp.、沙棘*Hippophae* spp.、高山绣线菊*Spiraea alpina*和窄叶鲜卑花*Sibiraea angustata*为主。构成山柳群丛、沙棘–高山绣线菊群丛和鲜卑花群丛。河谷灌丛沿河和溪谷分布，以金露梅*Potentilla fruticosa*、银露梅*Potentilla glabra*和多种柳*Salix* spp.为主。形成金露梅群丛、银露梅群丛、柳灌丛等群丛。

森林分布海拔3000~3500m高山峡谷。有寒温性针叶林，分布阴坡和半阴坡，以云杉*Picea asperata*、冷杉*Abies* spp.为建群树种，林木高大挺拔；温性针叶林分布阳坡和半阳坡，主要是祁连山圆柏*Sabina przewalskii*林；夏绿阔叶–针阔混交林分布海拔较低，在海拔3100m以下，面积不大，以桦树*Betula* spp.和云杉为主。

草原属于草甸草原，多分布于山的阳坡、半阳坡和林间空地，海拔3000~4000m。以针茅*Stipa* spp.、嵩草*Kobresia* spp.为主，形成异针茅–高山嵩草–线叶嵩草群丛，都是优良的牧场。保护区植被垂直分布（图3–1）。

3.3.1 植被类型

3.3.1.1 主要植被类型及组成

保护区属于高寒湿润气候，全年没有夏季，冬季漫长，无霜期短，气候多变，因此形成了以寒温性中生植物为主组成的植被类型。分布7个植被型组：针叶林、阔叶林、灌丛、草原、高山稀疏植被、草甸、沼泽；9个植被型：寒温性针叶林、落叶阔叶林、常绿革叶灌丛、落叶阔叶灌丛、草原、高山垫状植被、

额日宰海拔4483m

北坡　　　　　　　　　　　　　　　　　　　　　　南坡

裸岩　　　　　　　　　　砾石荒漠

4400m

高山流石滩植被(红景天等)

高山垫状植被(雪灵芝、点地梅等)

4200m

高山草甸草原(矮嵩草、黑褐薹草等)

高山杜鹃灌丛　　　　　　金露梅、锦鸡儿灌丛

4000m

高山杜鹃灌丛　　　　　　金露梅、锦鸡儿灌丛

高山草甸草原(禾本科、莎草科、杂类草)

高山灌丛(山生柳、绣线菊等)　高山草原(针茅、嵩草等)

3500m

沼泽草甸(藏嵩草、华扁穗草、高原毛茛等)

洼地沼泽植被(杉叶藻、眼子菜、矮金莲花等)

阳坡禾草草原　滩阶地禾草草原　沟坡莎草杂类草原

暗针叶林(云冷杉)　柏木林、灌木林(鲜卑花、金露梅等)

3200m

暗针叶林(云杉)、针阔混交林(云桦)　阔叶林(杨桦)、灌木林(小檗等)

河谷灌木林(柳、沙棘等)

土房则岔洮河边2960m

图3-1　保护区植被垂直分布图

高山流石滩植被、草甸、沼泽;15个群系组成植被亚型:云(杉)冷杉林、圆柏林、桦木林、杜鹃灌丛、高寒落叶阔叶灌丛、温性落叶阔叶灌丛、草甸草原、密实垫状植被、亚冰雪带稀疏植被、嵩草高寒草甸、薹草高寒草甸、杂类草高寒草甸、嵩草沼泽草甸、扁穗草沼泽草甸、杂类草沼泽;24个群系:岷江冷杉林,紫果云杉林,云杉林,祁连圆柏林,白桦、云杉混交林,头花杜鹃、百里香杜鹃灌丛,黄毛杜鹃、烈香杜鹃灌丛,山生柳灌丛,窄叶鲜卑花灌丛,金露梅灌丛,高山绣线菊灌丛,中国沙棘灌丛,柳属为主组成的河谷灌丛,异针茅草原,甘肃雪灵芝垫状植被,垫状点地梅垫状植被,水母雪莲、红景天属植物组成的稀疏植被,以高山嵩草、矮嵩草为主的嵩草草甸,以黑褐薹草、密生薹草为主的薹草草甸,以珠芽蓼为主的杂类草草甸,以圆穗蓼为主的杂类草草甸,藏嵩草沼泽草甸,华扁穗草沼泽草甸,杉叶藻、眼子菜沼泽。主要植被类型详见附录1《尕海则岔保护区植被类型名录》。各植被型的组成和特点:

寒温性针叶林:保护区东部一带,海拔2900~3500m高山峡谷区有针叶林沿洮河及其支流的山地阴坡呈树枝状分布延伸,形成了寒温性针叶林植被。常与阳坡或半阳坡的草甸、灌丛交互镶嵌,形成森林-灌丛-草原相结合的复合体。

岷江冷杉林:岷江冷杉在则岔林区有小面积的纯林或与紫果云杉的混交林,且分布较高,一般在海拔3300~3500m。

紫果云杉林:紫果云杉是世界上稀有的冰期寒温带树种,生长在海拔3000~3300m,常组成大面积纯林,或与云杉组成混交林,该树种从四川北部、青海东南部一直分布到甘肃白龙江上游及洮河流域,在保护区形成纯林,呈原始状态,林相完整,树体高大,是本地区生长最好的优势树种。

紫果云杉为中国特有的珍稀树种,为高大针叶乔木,喜阴湿、耐寒,幼林耐阴性强。产于四川北

部、甘肃、青海等地，其分布范围小，成片分布极为罕见，在涵养水源、防止水土流失中起着重要的作用。作为亚高山区域重要的优势树种和建群种，紫果云杉与云杉、岷江冷杉等种群在稳定区域生态系统、遏制草地扩展及生态退化方面起着重要的屏障作用。紫果云杉材质优良，树干通直饱满，木材淡红褐色，材质轻而坚韧，纹理细密，是建筑、乐器、造纸及家具制造的优良品种材料，可作海拔2900~3600m地带的造林树种。1956年林业部《关于天然森林禁伐区（自然保护区）划定草案》曾将洮河上游的紫果云杉划为禁伐林，但未能付诸实施。1982年甘肃省建立了郭扎沟紫果云杉保护区。

云杉林：云杉在保护区常组成纯林或混交林，有时还可与白桦组成针阔叶混交林。

青海云杉林：数量较少，在则岔林区常与云杉和紫果云杉组成小面积混交林。

祁连圆柏林：在保护区生于海拔3000~3200m，常在阳坡形成小面积稀疏纯林，或成片的密林。

阔叶林：阔叶林分布于保护区东部，以阔叶落叶树白桦为主，散生一些云杉，共同构成混交林。分布海拔3000~3200m。

灌丛（灌木林）：灌丛（灌木林，下同）植被的面积在保护区植被型组中仅次于草甸植被，是最重要的植被类型之一。

常绿革叶灌丛分布于保护区针叶林林线以上，林缘和较大山体的阴坡，一般在海拔3500m以上宽阔的山谷阴坡，由杜鹃属植物形成茂密的常绿革叶灌丛，在保护区内分布面积较广。

头花杜鹃、百里香杜鹃灌丛：在杜鹃灌丛中，又以小型叶的头花杜鹃和百里香杜鹃为主要优势种，灌木层盖度很大，草本层除了一些苔藓植物外，几乎没有别的草本植物生长。

黄毛杜鹃、烈香杜鹃灌丛：在杜鹃灌丛中，还有中型叶的黄毛杜鹃，常与烈香杜鹃组成密灌。

落叶阔叶灌丛又分为高寒落叶阔叶灌丛和温性落叶阔叶灌丛。高寒落叶阔叶灌丛分布于林线以上山体阴坡和林缘。落叶阔叶灌丛与杜鹃灌丛相间排列或分布稍低，有下列类型：①山生柳灌丛比杜鹃灌丛稀疏一些，生长在较高的位置；②窄叶鲜卑花灌丛高度较其他类型灌丛较高，也略为稀疏；③金露梅灌丛常分布于较开阔的山谷或草滩，生长幅度较大，在河谷也有分布；④高山绣线菊灌丛分布面积较小，灌丛密度也不如其他几种落叶阔叶灌丛。

温性落叶阔叶灌丛（河谷落叶阔叶灌丛）主要有下列类型：①中国沙棘灌丛为有刺灌丛，常生长在河谷两侧开阔地上，分布面积较广；②以柳属植物为优势种的灌丛常生长在河谷两侧开阔地上，沿河流两侧分布，形成独特景观，一般生长的海拔高度不如其他类型的灌丛高。

草原：保护区的草原属于草甸草原，分布于海拔3500~4000m山地阳坡，多为半干旱的山地。以禾本科丛生禾草异针茅为主要建群种，以高山嵩草、线叶嵩草为优势种组成的异针茅草原，主要分布于尕海、西倾山一带。

高山稀疏植被：主要有高山垫状植被、高山流石滩植被两种。

高山垫状植被分布于海拔3600~4200m高山顶部，高寒气候的严酷环境下，生长着稀疏而低的高山垫状植被，而且都以密实垫状植物种类为主。甘肃雪灵芝（甘肃蚤缀）垫状植被分布于高山裸露岩石表面的薄土层上，其中以甘肃雪灵芝为主要优势种，以垫状点地梅为优势种的垫状植被和甘肃雪灵芝垫状植被相间排列。

高山流石滩垫状植被分布于海拔4200~4400m山顶，在气候条件更为严酷的情况下，仅生长着水母雪莲-红景天高山流石滩垫状植被，这些植物常常着生在风化岩石的表面或石缝中，有些着生在滚动的土块上。

草甸：草甸植被是保护区植被型组和植被型中面积最大的植被类型，它和高山灌丛共同组成了保护区高寒灌丛、草甸植被的主体。草甸植被型又分为高寒草甸亚型和沼泽草甸亚型两个亚型，高寒草甸亚型是主要类型，占据面积最大。

高寒草甸：高寒草甸占据面积最大，主要有3种类型：嵩草高寒草甸以高山嵩草和矮嵩草为优势种和建群种，其他草类为次要成分，共同组成了高山嵩草-矮嵩草高寒草甸。占据第二位的是薹草高寒草甸，以黑褐薹草、密生薹草为建群种和优势种，共同组成黑褐薹草-密生薹草高寒草甸。占据第三位的是杂类草高寒草甸，这类草甸有两类，一类以珠芽蓼为优势种，以绿绒蒿属、马先蒿属、虎耳草属、龙胆属、报春属、绢毛菊属、垂头菊属和风毛菊属植物为主组成的珠芽蓼-杂类草高寒草甸，分布于海拔较低的湿润地带；另一类以圆穗蓼为优势种，伴有小大黄、肾形子黄耆、甘松、苞序葶苈、蕨麻和狼毒等杂类草组成的圆穗蓼-杂类草高寒草甸，通常分布海拔比较高，或较为干旱的山坡。

沼泽草甸：该类植被类型分布比较零散，属于隐域植被，在山间河谷两旁和湖边，有季节性积水的低洼地及沼泽草滩都有分布，有两种类型。藏嵩草沼泽草甸以藏嵩草为建群种，伴生种有许多湿生、湿中生植物，如海韭菜、高原毛茛、花亭驴蹄草、矮金莲花、三裂碱毛茛等，尕海湖区为其主要分布区；华扁穗草沼泽草甸以华扁穗草为建群种的，其伴生植物和藏嵩草沼泽草甸的伴生种相似。

沼泽植被：分布于土壤过度潮湿、积水或有浅薄水层并常有泥炭积累的生境中，由沼生植物所组成，着生于泥中，在保护区尕海湖区为其集中分布区。

尕海湖中以杉叶藻和眼子菜（篦齿眼子菜和小眼子菜）为优势种，伴生有水毛茛、梅花藻、狐尾藻、沼生水马齿等水生植物，共同组成杉叶藻-眼子菜沼泽。沼泽植被类型也散见于沿河的集水区和流动缓慢的泉水区。

3.3.1.2 植被分布规律

保护区属于中国植被区划中青藏高原东部高寒灌丛、草甸亚区域的川西、藏东高原高寒灌丛、草甸区。地势由西南部西倾山、尕海地区，逐渐向东北部的则岔地区降低。从决定植被水平分布的两大因素——纬度和经度的变化来看，尕海、西倾山地区和则岔地区变化不大，基本上在同一纬度和经度范围内。而从决定植被垂直分布的主要因素，海拔高度的变化来分析，尕海湖区的地势最低处为3470m，则岔地区的地势最低处为2960m，相对高差510m，随地势的逐渐降低，地貌类型显著不同，气候也发生了很大变化，尕海湖区和西倾山一带的生态环境更为恶劣，表现为更寒冷、多风、温差大和光照强烈，其植被类型也表现出相应的变化。在尕海、西倾山地区植被类型更简单，由高向低分布着高山流石滩植被-高山垫状植被-高寒草甸-高寒灌丛（常绿革叶灌丛、落叶阔叶灌丛）-沼泽草甸-草甸草原，基本没有森林植被，而在则岔地区的山体由高向低除了分布着上面的植被外，还有寒温性针叶林-落叶阔叶林分布，因此植被垂直分布的变化在保护区植被分布规律上占有主导地位。

植被分布的另一个特点是阴阳坡差异明显。在亚高山针叶林带，阴坡主要是云、冷杉林，但相对应的阳坡则是圆柏林，在高山灌丛草甸带，阴坡分布的是高寒灌丛，阳坡则主要是高寒草甸或草甸草原，而随着海拔的升高，如在海拔4000m以上，阴阳坡的差异就越来越小。如岷江冷杉林、紫果云杉林、云杉林等寒温性针叶林及高寒灌丛中的头花杜鹃、百里香杜鹃灌丛等常绿革叶灌丛常以纯林和混交方式分布于山地阴坡或半阴坡。而祁连圆柏林、白桦林或白桦云杉混交林及金露梅灌丛等常分布在山地阳坡或半阳坡。另外由于尕海湖区位于西倾山东麓，洮河的源头，有丰富的水源，加上水流不畅，形成了典型的沼泽草甸和丘状沼泽，呈现出尕海湖区特有的景观和植被。而在则岔地区，地处高山峡谷的石灰岩地貌，形成了特有的石林景观和针叶林，这种差异是由于水平分布地形地貌的差异而引起的。

3.3.1.3　植被的生态学特征

保护区绝大部分地区地处海拔3000m以上的山地，气候为高寒半湿润气候。由于地势高寒，气温悬殊，雷暴、冰雹、旱涝和倒春寒等灾害性天气多。在这样的生态条件下，首先是寒冷，热量不足，降水以固体降水为主，空气绝对湿度低，土壤冻结，积雪厚而持续时间长；加上强大而频繁的风对植物的“强迫蒸腾”与风蚀作用，所以，寒冷、水分的固态与风的干燥作用所造成的高寒干旱，往往比低温对高山植物的生长、发育与分布造成更大的限制，也是高山植物具有旱生植物生理与形态结构的主要原因。

在适应高山特殊生态条件的长期演化过程中，高山植物形成了多方面的适应性，其中最本质的是在生理上的抗寒性和抗旱性。在形态外貌方面，高山植物最显著的特征是矮生性。

在高寒生态环境下，导致植物的生态型以寒温性中生植物为主，它们的主要代表为高寒草甸，在9种植被型中面积最大，其次为寒温性高山灌丛，其中以常绿革叶灌丛为主。由于生境条件十分恶劣，低温、风大，高山灌丛和草都以低矮或匍匐的植株贴近地表，形态以垫状体、莲座叶为主。植株以浓密的茸毛，表皮角质化、革质化，肉质性，小叶型，叶席卷与残余叶和叶鞘为保护等。这是对低温，尤其是对低温、强风和强烈辐射线综合作用所造成的干旱的适应方式。如：头花杜鹃、山生柳、鬼箭锦鸡儿灌丛都呈丛生状态；高寒草甸中的矮嵩草、黑褐薹草等生长很低矮而且稠密。高山垫状植被中的甘肃雪灵芝、垫状点地梅及红景天属一些植物等。

在沼泽草甸和沼泽植被类型中，由于水分充足，排水不畅，尤其在海拔3400m以上地区的尕海，由于气温低，有机体不能分解，泥炭积累逐渐高出地面，形成丘状沼泽。丘间积水时间长，土壤类型为泥炭沼泽土，造成土壤的嫌气条件和呈酸性反应。在这样的生态环境下，只有水生植物、沼生植物、湿生和湿中生植物可以生长，主要以莎草科嵩草属、薹草属和眼子菜科、小二仙草科、毛茛科的一些植物可以生长。

3.3.2　植被分布影响因子

影响植物区系和植被分布的因素不外乎地形、地貌、气候、生物、土壤和人类经济活动。生物、土壤和人类经济活动深刻影响着植物区系和植被分布。

3.3.2.1　气候因子

主要表现在20世纪90年代的气候旱化，主要表现为降水量减少而蒸发量增大，导致江河径流锐减。据有关资料，碌曲县境内有96条小溪和泉水干涸，许多大沟支流也出现了断流现象，而且持续时间逐年延长。气候旱化对草地植被特别是湿地植被的分布和生长造成了一定的不良影响。

与此同时，水土流失面积增大、程度加深。据有关资料，2000年前后保护区所在的碌曲县水土流失面积$12.2\times10^4hm^2$，占总土地面积的28.59%，每年输入洮河的泥沙大约457.23×10^4t，对流域水利工程造成很大的不良影响。保护区内的沼泽等湿地面积逐年减小，郎木寺镇尕儿娘村、贡巴村、波海村等地的湿地大面积萎缩。被称为“高原明珠”的尕海湖，在1995、1997、2000年3次干涸，对湿地植物的分布和生长造成了很大影响。

2000年以来，气候变化朝着降水量和气温同步增加的趋势，对植被恢复有利。

3.3.2.2　土壤因子

在山地环境和高山生态因子的作用下，保护区土壤类型带有明显的山地特征，随着海拔的升高和气候条件的差异，土壤类型呈现出规律的垂直分布，在不同的土壤类型上，生长着不同的植被，这也是形成植被垂直分布特征的原因之一。

高山寒漠土仅分布于海拔4300m以上山峰，是成土年龄最短的一类土壤，多生长壳状地衣和苔藓类植物；高山草甸土分布于海拔4000m左右高山地带，这里的植被主要为高寒草甸和高寒灌丛；亚高山草甸土分布于海拔3800m左右中高山地带，主要植被为亚高山草甸和亚高山灌丛；灰褐土分布于2960~3600m中高山地带，土壤较湿润而肥沃，碳酸盐含量丰富，它们是云冷杉林或白桦、云杉混交林下的主要土壤类型；沼泽土和泥炭土分布3500m左右河流上游、湖边、水流不畅的低洼地和终年积水的沼泽中，这里的植被主要为沼泽草甸和沼泽植被，主要分布于尕海湖区和河谷、水边和潮湿草滩上。

3.3.2.3 生物因子

动物与植物的关系是多方面的，又十分复杂。植物为动物提供了繁衍生息的栖息地和食物资源。保护区的许多植物依赖蜂、蝶等昆虫以及柳莺、戴菊、凤头雀莺等小型鸟类帮助传花授粉。还有一些植物种子的传播扩散需要动物来帮助，如蔷薇科、忍冬科、茶藨子属、悬钩子属、沙棘属，这些灌木和半灌木的果实经过鸟类的消化道后果肉被消化，种子随鸟的粪便排出体外，散布到不同的地区生根发芽，长出新的植物丛，这类以浆果为食的鸟类有灰喜鹊、赤颈鸫、斑尾榛鸡、蓝马鸡、红尾鸲等。高寒草甸的岩羊、西藏盘羊的食草作用，在自然情况下能促进增加牧草的生产量，加强群落的稳定性。

动物也会给植物带来不利影响，如草甸草原上的鼠兔、兔、旱獭、鼢鼠等啮齿类动物，啮食植物，到处打洞，不仅促进了草原沙化和水土流失，更促使草原植被朝着不利放牧的方向演替。在它们打洞留下的土堆上，演替为乌头群落、香薷群落或委陵菜群落，导致草原退化。

保护区有许多有害昆虫，危害林木和草原。没有发生大规模林业有害生物，是因为长期进化过程中，森林生态系统一直保持生态平衡，一旦受到外来大的干扰，潜在的病虫害随时都可能发生。草原蝗虫对草甸草原危害相当严重，大量发生的年份使牧草大量减产。

植物之间也有着密切的关系，它们互相影响，互相作用，其最主要的代表植物为寄生、共生植物。如有些真菌（伞菌和层孔菌）寄生在木本植物的树干上，列当常寄生在蒿属植物的根部。寒温性针叶林中，如云杉和紫果云杉林为林下植物藓生马先蒿和尖唇鸟巢兰的生长发育提供了荫蔽、湿润的生境条件，如果没有云、冷杉林的分布，其林下的植物也无法生存。

3.3.2.4 经济活动

草地：保护区地广人稀，草场辽阔，水草丰美，一直是碌曲县乃至甘南州的优良牧场，生活在这里的各族群众，世代以从事畜牧业为主。据有关资料记载，清朝中前期这里的生态环境保护相当完好。20世纪50年代以后特别是80年代以后，随着人口的不断增加和经济的发展，人们对草地资源重取轻予、超载过牧，使高山草甸和灌丛植被受到很大破坏，肥美的草场逐渐退化，牧草盖度降低，导致可食性草类如嵩草和薹草及禾本科牧草被过量利用而减少，导致有毒草类如露蕊乌头、黄帚橐吾、蒿属植物大量生长。

草场退化又加剧了鼠害泛滥，破坏了大面积草场植被和土壤结构，使草场沙化加剧。以一只鼠兔、一只鼢鼠一天吃50g青草计算，1hm^{2}草地一天要被吃掉6.4kg牧草，相当于一只羊的饲草量，再加上打洞破坏草场，损失量相当惊人。植被盖度下降和鼠害打洞翻土，使地表裸露，草原荒漠化、沙化、盐渍化甚至出现裸地，造成水土流失加剧、蒸发量增大、河水流量剧减等一系列的生态环境问题，加速了草甸植被向荒漠植被的演替，这是人类活动对植被最大的影响和为害。

保护区建立后特别是保护区管理机构成立后，先后实施了天然林保护工程、国家公益林建设、退化湿地恢复、草原奖补，森林植被和草地植被保护已经取得明显成效。同时采取了一系列措施，对退化草地进行了恢复，取得了一定成效。应及时调整载畜量和畜群结构，做到以草定畜，合理放牧，同时加强鼠虫害防控等有效措施。

森林：人类对植被影响的另一个因素就是对森林的破坏和森林火灾。随着城市建设、新农(牧)村建设、牧民定居也需要利用木材，如果不加以保护会受到乱砍滥伐的威胁，而森林植被一旦被破坏就很难恢复，不仅丧失森林涵养水源、调节气候的功能，森林中的珍稀野生动植物也将减少，其损失是不可估量和无法弥补的。

保护区成立以来，先后实施了天然林资源保护工程和国家公益林建设工程，遏止了对森林的乱砍滥伐和破坏，森林资源呈现明显的增长趋势。

3.3.3 尕海湿地植物群落

3.3.3.1 植物群落物种组成与特征

依据不同海拔梯度上物种的相对多度大小，将尕海湿地植物群落依次分为早熟禾-银莲花群落等7个植物群落。

早熟禾-银莲花群落：海拔3485m，人类活动干扰较弱，物种数29种，主要物种及相对多度：早熟禾0.318、黄帚橐吾0.066、钝裂银莲花0.144、甘青大戟0.050、委陵菜0.101。

早熟禾-菭草群落：海拔3530m，人类活动干扰较弱，物种数25种，主要物种及相对多度：早熟禾0.512、垂穗披碱草0.104、菭草0.164。

早熟禾-嵩草群落：海拔3577m，人类活动干扰较弱，物种数23种，主要物种及相对多度：早熟禾0.345、乳白香青0.104、嵩草0.168、甘青蒿0.073、唐松草0.134。

嵩草-薹草群落：海拔3650m，人类活动干扰较强，物种数14种，主要物种及相对多度：嵩草0.362、苦荬菜0.077、薹草0.223、金露梅0.053、黄帚橐吾0.093。

羽毛委陵菜-平车前群落：海拔3499m，人类活动干扰较强，物种数12种，主要物种及相对多度：羽毛委陵菜0.504、垂穗披碱草0.103、平车前0.175、早熟禾0.066。

紫花针茅群落：海拔3515m，人类活动干扰较强，物种数18种，主要物种及相对多度：紫花针茅0.584、委陵菜0.052、长柄唐松草0.050。

在人类活动较弱的4个海拔样地，随着海拔的升高，早熟禾高寒草原群落逐渐被嵩草高寒草甸所替代。早熟禾-银莲花群落主要草本植物有早熟禾、钝裂银莲花、委陵菜、黄帚橐吾和甘青大戟。早熟禾-菭群落主要草本植物为早熟禾、菭和垂穗披碱草。早熟禾-嵩草群落主要草本植物有早熟禾、嵩草、唐松草、乳白香青和甘青蒿。嵩草-薹草群落主要草本植物为嵩草、薹草、黄帚橐吾、苦荬菜，并出现了木本植物金露梅。

在人类活动较强的2个海拔样地，由于人类活动的强度干扰，植物群落类型从早熟禾为主的高寒草原转变为羽毛委陵菜-平车前群落和紫花针茅群落。羽毛委陵菜-平车前群落主要草本植物有羽毛委陵菜、平车前、垂穗披碱草和早熟禾。紫花针茅群落主要草本植物为紫花针茅、委陵菜和长柄唐松草，但后2种植物相对多度较低。

3.3.3.2 尕海湿地植物生活型与功能型变化

植物物种生活型的组成反映了群落环境变化中物种多样性变化的响应过程。较强的人类活动显著影响着草地群落的物种组成和特征。为了避免这种影响，只选择了人类活动较弱的4个天然草地群落作为植物生活型、功能型和物种丰富度、物种密度分析。尕海湿地草地群落多年生植物占绝对优势，比例都在70%以上甚至达到95%(3530m)。随着海拔的升高，多年生植物比例先升高后降低，在中间海拔(约3550m)区域多年生植物比例最高。而尕海坡地多年生植物明显多于一年生植物，一年生植物坡顶分布略多于坡地中间，这与尕海湿地气候条件、区域湿地环境密切相关。对于固氮植物与非固氮植物，尕海西侧坡地固氮植物随着海拔的升高逐渐降低，在海拔3650m处没有发现豆科固氮植物。

3.3.4 沼泽植物群落类型与组成特征

沼泽植被的形成与发展主要受气候、水文、地貌和地质等自然条件的制约。由于尕海高原属于青藏高原寒温和寒冷湿润区，与青藏高原特别是川西北若尔盖地区的沼泽在成因、类型划分、植物组成上相似，属于草本低位沼泽。土壤多为沼泽土或泥炭沼泽土。植物群落类型较少，植物群系组成多为世界广布科广布属中的某些广布种，如主产于较寒冷地区和山区的莎草科荸荠属的具刚毛荸荠、牛毛毡和我国青藏高原特有的大花嵩草、木里薹草、西藏嵩草等。

尕海高原沼泽是青藏高原高寒草丛沼泽区的一部分，沼泽植物群落类型分为莎草沼泽和杂类草沼泽2大类5个群系。

3.3.4.1 莎草沼泽

大花嵩草群系Form. *Kobresia macrantha*：主要见于尕海湖泊外缘等海拔3480m左右地区的地势较为平坦，流水不畅，地面有冻胀丘的季节性积水凹地。建群种植物大花嵩草是我国青藏高原东北部独有的耐寒中生-湿中生多年生具根状茎的丛生莎草科植物，株高9~14cm。植物群落以大花嵩草为建群种，沿沟草、甘肃嵩草为亚建群种，伴生有沼泽荸荠、水麦冬、海韭菜、菭草、碱毛茛(水葫芦苗)、三裂叶毛茛等，组成大花嵩草+甘肃嵩草-沿沟草群丛。群落总盖度70%~90%。

黑褐穗薹草群系Form. *Carex atrofusca* Schkuhr subsp. *minor*：主要见于海拔3400~3800m河流、曲流两侧洼地、宽谷底部及排水不良的滩地浅水积水地段，以及山坡和河漫滩潮湿草甸。建群种黑褐穗薹草系中国-喜马拉雅-中亚高山成分之耐寒湿中生多年生具根状茎丛生莎草科植物，株高10~20cm。植物群落以黑褐穗薹草为建群种，华扁穗草为亚建群种，伴生种有沼泽荸荠、花葶驴蹄草、三脉梅花草、矮地榆、条叶垂头菊、车前状垂头菊、水麦冬等，组成黑褐穗薹草+华扁穗草群丛。群落总盖度70%~80%。

具刚毛荸荠群系Form. *Eleocharis valleculosa* var. *setosa*：主要分布于尕海湖泊外围有冻胀丘的丘间洼地，水深5~10cm积水地段。建群种植物为具刚毛荸荠，系温带亚洲-青藏高原分布的沼生多年生具匍匐状根茎莎草科植物，株高25~38cm。植物群落组成有甘肃薹草、华扁穗草的丘间积水5~10cm深的潴水地段，则以具槽秆荸荠为建群种，甘肃薹草为亚建群种，伴生有薹草、黄花野青茅、发草、碱毛茛等，组成具槽秆荸荠+甘肃薹草群丛。群落总盖度70%~90%。伸向湖泊一侧随积水深度增加，植物群落逐渐被以篦齿眼子菜、穗状狐尾藻、弯距狸藻、梅花藻等所组成的水生植物群落所代替。

木里薹草群系Form. *Carex muliensis*：主要分布于尕海湖边常年积水洼地，积水深度为20~30cm。是甘南高原和川西北高原特有的沼泽植物群落。建群种植物木里薹草系我国青藏高原东部边缘、川西和川西北高原特有的耐寒湿中生丛生莎草科植物，株高30~35cm。植物群落组成，木里薹草为优势建群种，伴生有挺水植物沼泽荸荠和水木贼。沉水层有水生植物，以小眼子菜为亚优势建群种，伴生有穿叶眼子菜和梅花藻，组成木里薹草+小眼子菜群丛。主要在湖边缘呈带状分布，群落总盖度65%左右，朝向湖滩一侧逐渐向藏嵩草-木里薹草群落过渡。

3.3.4.2 杂类草沼泽

两栖蓼群系Form. *Polygonum amphibium*：主要分布于尕海湖泊边缘距岸边2m以内，以及水深不超40cm浅水地段。建群种植物两栖蓼系北温带成分之湿-水生多年生蓼科植物，株高15cm左右。植物群落组成：两栖蓼为建群种，梅花藻为亚建群种，伴生有菭草、大花嵩草、碱毛茛等，组成两栖蓼-梅花藻群丛。群落总盖度40%。其外侧多为以大花嵩草为建群种的单优群丛，内侧伸向湖中10~15m系藻类植物群落。

3.4　植物资源保护

一期科考以来，植物分类学有了新的进展，一些植物归并了，一些植物更名了，为了防止混乱，以下仍按保护区原有植物资料和相关参考文献的顺序进行介绍。

3.4.1　重点保护植物

3.4.1.1　列入世界自然保护联盟濒危物种红色名录（即IUCN濒危物种红色名录）的野生植物

IUCN濒危物种红色名录物种保护级别分为9类，根据数目下降速度、物种总数、地理分布、群族分散程度等准则分类，最高级别是灭绝（EX），其次是野外灭绝（EW），“极危”（CR）、“濒危”（EN）和“易危”（VU）3个级别统称“受威胁”，其他顺次是近危（NT）、无危（LC）、数据缺乏（DD）、未评估（NE）。

到2018年底，保护区列入IUCN濒危物种红色名录ver 3.1——濒危（EN）的有中麻黄、手参、大花红景天、甘南红景天、洮河红景天等5种；易危（VU）的有唐古红景天、冬虫夏草真菌（简称“冬草”）等2种；近危（NT）的有西藏玉凤花、裂瓣角盘兰、角盘兰等3种；除少数数据缺乏（DD）或未评估（NE）物种外，其余均为列入IUCN濒危物种红色名录ver 3.1——无危或低危（LC）的植物，主要有地钱、红花绿绒蒿、羽叶点地梅、山莨菪、桃儿七、三刺草、小斑叶兰、尖唇鸟巢兰、广布小红门兰、绶草、紫芒披碱草、短芒披碱草、中华羊茅、小丛红景天、长鞭红景天、狭叶红景天、大果红景天、四裂红景天、云南红景天、蒺藜叶蔓黄耆、长小苞蔓黄耆等。

3.4.1.2　列入濒危野生动植物种国际贸易公约的野生植物

濒危野生动植物种国际贸易公约即CITES，亦称华盛顿公约。管制的物种归类成3项附录：附录Ⅰ的物种为若明确规定禁止其国际性的交易，只有在特殊情况下才允许买卖这些物种的标本；附录Ⅱ的物种为必须对其贸易加以控制，以避免与其生存不符的利用；附录Ⅲ是各国视其国内需要，区域性管制国际贸易的物种。

列入该目录的种类根据情况，每2年变动1次。到2019年底，保护区列入濒危野生动植物公约附录Ⅱ的野生植物有21种。即：桃儿七（鬼臼）*Sinopodophyllum hexandrum*、山莨菪 *Anisodus tanguticus*、华雀麦 *Bromus sinensis*、中华羊茅 *Festuca sinensis*、掌裂兰 *Dactylorhiza hatagirea*、凹舌掌裂兰 *Dactylorhiza viridis*、小斑叶兰 *Goodyera repens*、手参（佛手参）*Gymnadenia conopsea*、西藏玉凤花 *Habenaria tibetica*、裂瓣角盘兰 *Herminium alaschanicum*、角盘兰 *Herminium monorchis*、齿唇羊耳蒜 *Liparis campylostalix*、尖唇鸟巢兰 *Neottia acuminata*、广布红门兰 *Ponerorchis chusua*、绶草 *Spiranthes sinensis*、青藏大戟 *Euphorbia altotibetica*、泽漆 *Euphorbia helioscopia*、高山大戟 *Euphorbia stracheyi*、乳浆大戟 *Euphorbia esula*、甘青大戟 *Euphorbia micractina*、匙叶甘松 *Nardostachys jatamansi*（异名：*Nardostachys grandiflora*，别名：大花甘松）。

3.4.1.3　国家重点保护野生植物

按照1999年版《国家重点保护野生植物名录》（即第一批），保护区内国家二级重点保护野生植物共5种：即红花绿绒蒿、羽叶点地梅、山莨菪、短芒披碱草、冬虫夏草。

按照2021年版《国家重点保护野生植物名录》，保护区内国家二级重点保护野生植物共16种：匙叶甘松 *Nardostachys jatamansi*（D. Don）DC.、手参 *Gymnadenia conopsea*（L.）R. Br.、甘肃贝母 *Fritillaria przewalskii* Maxim. ex Batal.、紫芒披碱草 *Elymus purpuraristatus* C. P. Wang et H. L. Yang、青海以礼草(青海仲彬草、青海鹅观草)*Kengyilia kokonorica*(Keng)J. L. Yang et al.、红花绿绒蒿 *Meconopsis punicea* Maxim.、桃儿七(鬼臼)*Sinopodophyllum hexandrum*(Royle)Ying、羽叶点地梅 *Pomatosace filicula* Maxim.、川赤芍 *Paeonia anomala* subsp. *veitchii*(Lynch)D. Y. Hong & K. Y. Pan、大花红景天(宽瓣红景天)*Rhodiola crenulata*(Hk. f. et Thoms.)H. Ohba、长鞭红景天 *Rhodiola fastigiata*(Hk. f. et Thoms.)S. H. Fu、洮河红景天 *Rhodiola himalensis* subsp. *taohoensis*(S. H. Fu)H. Ohba、四裂红景天 *Rhodiola quadrifida*(Pall.) Fisch. et Mey.、唐古红景天 *Rhodiola tangutica*(Maximowicz)S. H. Fu、云南红景天(菱叶红景天)*Rhodiola yunnanensis*(Franchet)S. H. Fu、冬虫夏草 *Cordyceps sinensis*(Berk.)Sacc.。

3.4.1.4 中国植物红皮书保护植物

为了加强植物保护工作,1982年7月,国家有关部门组织成立中国植物红皮书编辑组。1992年,《中国植物红皮书(第一册)》正式出版。全书共列388种植物,名录里植物保护等级为Ⅰ级和Ⅱ级,濒危现状分为灭绝、野外灭绝、极危、濒危、易危、近危和无危7个等级。涉及保护区的植物有2种,即星叶草和蒙古黄耆。

星叶草:易危。星叶草星散分布于中国西北部至西南部,为单种属植物,属国家重点保护野生植物,对进一步研究被子植物系统演化问题具有一定的科学价值。由于森林砍伐破坏了星叶草适宜生长的生态环境,使分布范围日趋缩小。

应该对星叶草分布地生态环境进行评估,并确定适宜星叶草的生态环境;通过保护星叶草生态环境的具体措施,以促进自然繁殖;在星叶草分布的区域坚决杜绝人为活动,逐渐恢复适合星叶草生长的栖息环境;开展宣传工作,提高林区群众的保护意识。

蒙古黄耆:易危。蒙古黄耆与黄耆均作药用,以根入药,为名贵中药材。由于长期大量采挖,野生资源急剧减少。建议在生长集中的地区,建立自然保护点,严禁采挖;其他地区也应合理采挖,控制收购,特别要注意保护幼苗,适当保留母株,以利繁殖和持续利用。

3.4.1.5 珍稀濒危药用植物

根据国家公布的《野生药材资源保护管理条例》,保护区分布国家三级重点保护野生药用植物9种:百合科甘肃贝母(中药名"川贝母",下同),唇形科黄芩(黄芩),远志科西伯利亚远志(远志),龙胆科秦艽(秦艽)、麻花秦艽(秦艽)、粗茎秦艽(秦艽)、达乌里秦艽(秦艽),伞形科羌活(羌活)、宽叶羌活(羌活)。

3.4.1.6 中国特有属

保护区分布中国特有属7个:

黄缨菊属 *Xanthopappus* C. Winkl. 黄缨菊 *Xanthopappus subacaulis* C. Winkl.:分布于云南西北部、四川北部与西部、青海西部和甘肃东南部,模式标本采自甘肃。中国特产,单种属。

羽叶点地梅属 *Pomatosace* Maxim. 羽叶点地梅 *Pomatosace filicula* Maxim.:分布于甘肃和青藏高原。我国特产,单种属。

马尿泡属 *Przewalskia* Maxim. 马尿泡 *Przewalskia tangutica* Maxim.:分布于中国西部(甘肃、青海、四川和西藏)。中国特产,单种属。

翠菊属 *Callistephus* Cass. 翠菊(格桑花)*Callistephus chinensis*(L.)Nees:中国特产,单种属。

细穗玄参属 *Scrofella* Maxim. 细穗玄参 *Scrofella chinensis* Maxim.:中国特产,单种属。

羌活属 *Notopterygium* H. Boissieu:该属共有2种1变种(变种在保护区无分布),羌活 *Notopterygium incisum* Ting ex H. T. Chang、宽叶羌活 *Notopterygium franchetii* H. Boissieu：分布于西藏、青海、四川、甘肃、陕西等地，均为中国特产，2个种在保护区全有分布。

矮泽芹属 *Chamaesium* H. Wolff：本属共5种及1变种，即模式种矮泽芹 *Chamaesium paradoxum* Wolff、鹤庆矮泽芹 *Chamaesium delavayi*、大苞矮泽芹 *Chamaesium spatuliferum*、小矮泽芹(新变种)、绿花矮泽芹 *Chamaesium viridiflorum* 和松潘矮泽芹 *Chamaesium thalictrifolium*，均分布于我国西南部，均为中国特产，保护区仅分布松潘矮泽芹1个种。

3.4.1.7 单种属

保护区共分布单种属14种，其中中国特有属5个：

星叶草属 *Circaeaster* Maxim. 星叶草 *Circaeaster agrestis* Maxim.：分布于中国青藏高原一带和喜马拉雅山区。

海乳草属 *Glaux* L. 海乳草 *Glaux maritima* L.：广布于北半球温带。

独一味属 *Lamiophlomis* Kudo 独一味 *Lamiophlomis rotata*(Benth.)Kudo：分布于西藏、青海、甘肃、四川西部及云南西北部；国外尼泊尔、印度、不丹也有分布，模式标本采自锡金。

五福花属 *Adoxa* Linn. 五福花 *Adoxa moschatellina* L.：分布于北温带。

桃儿七属 *Sinopodophyllum* Ying 桃儿七(鬼臼)*Sinopodophyllum hexandrum*(Royle)Ying：分布于我国西南和西北部，国外尼泊尔、印度北部、巴基斯坦和阿富汗等地也有分布。

角果藻属 *Zannichellia* L. 角果藻 *Zannichellia palustris* L.：广布于全球。

锚刺果属 *Actinocarya* Benth. 锚刺果 *Actinocarya tibetica* Benth.：分布于克什米尔地区、印度西北部及中国西南部。

糙草 *Asperugo* L. 糙草 *Asperugo procumbens* L.：分布于欧洲及亚洲。

大麻属 *Cannabis* L. 大麻 *Cannabis sativa* L.：原产不丹、印度和中亚细亚，我国南北各地均有栽培，新疆常见野生。

另外，在中国特有属中，尚有黄缨菊属、羽叶点地梅属、马尿泡属、翠菊属、细穗玄参属等5个单种属。

3.4.1.8 古树名木

古树是指树龄在100年以上的树木，名木是指国内外稀有的、具有历史价值和纪念意义及重要科研价值的树木。凡是树龄在300年以上，或者特别珍贵稀有，具有重要历史价值和纪念意义，重要科研价值的古树名木，为一级古树名木；其余为二级古树名木。保护区境内的古树、古树群、名木：

则岔沟口紫果云杉古树1：生长在则岔保护站则岔沟口路边，树龄约360年，树高21m，胸围280cm，冠幅约10m。

则岔沟口紫果云杉古树2：生长在则岔保护站则岔沟口路边，树龄370年，树高22m，胸围285cm，冠幅12m。

则岔沟口大果圆柏古树群：生长在则岔保护站则岔沟口山坡，平均树龄约330年，平均树高约15m，平均胸围约180cm，平均冠幅约7m。

则岔沟口大果圆柏古树1：生长在则岔保护站则岔沟口山坡，树龄350年，树高20m，胸围220cm，冠幅11m。

则岔沟口大果圆柏古树2：生长在则岔保护站则岔沟口山坡，树龄480年，树高15m，胸围290cm，冠幅12m。

郎木寺寺院紫果云杉古树群：生长在白龙江源管护点的郎木寺寺院大殿前，有大果圆柏、紫果云杉等树种，紫果云杉为主，该古树群约有150株，树龄260年，树高25m，胸围180cm，冠幅8m。

古树名木是自然界和前人留下来的珍贵遗产。保护古树名木，是传承中华文明、保护历史见证的需要，是保护生物多样性和优良基因的需要，是建设生态文明和实施乡村振兴战略的需要，也是满足人民群众美好生活的需要。

3.4.1.9 云杉母树林

为了搞好林木良种化建设，为育苗基地提供优良的种子，原大夏河林业总场技术人员于1983~1984年在双岔林场开展了云杉优良林分选择工作。当时在双岔林场范围调查了十多块候选林分，最后按照优中选优的原则，在贡去乎确定了一块云杉优良林分。这块优良林分通过清除杂灌和非目的树种、疏伐改建后，成为双岔林场生产云杉种子的采种母树林，这就是贡去乎附近的母树林，是珍贵的云杉良种基地，应保护好这块珍贵的云杉良种基地。

母树林位于则岔保护站17林班，由相邻8、16两个小班组成，都是北坡，坡度25°，平均海拔3100m，天然林，树种组成10云杉，郁闭度0.4，4龄级。8小班848.1亩，经纬度102°42′9.338″E、34°29′57.349″N，地理坐标18288983.9793、3821440.1506；16小班面积927.6亩，经纬度102°41′34.557″E、34°29′55.929″N，地理坐标18288095.4141、3821416.6073。

3.4.1.10 云杉优树

为了落实“种子生产基地化、采种专业化、种子质量标准化、造林用种良种化”的方针，加快林木良种化进程，培育速生、优质、丰产的云杉人工林，双岔林场于1988年开展了云杉优树选择工作。

根据甘肃省《云杉选优技术标准》绝对指标法共初选优树54株；再用自定绝对指标法又从54株中初选优树40株；最后用相对指标法在40株初选优树中复选正式优树22株，其中Ⅰ级优树2株、Ⅱ级优树5株、Ⅲ级优树12株、Ⅳ级优树3株。这些云杉优树中的一部分就位于则岔保护站附近，是建立云杉种子园的重要材料，应加强保护。

3.4.2 特有植物

3.4.2.1 国家特有植物

保护区分布国家特有植物338种：松科岷江冷杉、华北落叶松、云杉、青海云杉、紫果云杉，柏科祁连圆柏、垂枝祁连圆柏、方枝柏、大果圆柏，杨柳科奇花柳、密齿柳、乌柳、高山柳（杯腺柳）、川柳、山生柳、小叶青海柳、川滇柳、匙叶柳、洮河柳，荨麻科宽叶荨麻（齿叶荨麻）、毛果荨麻，蓼科掌叶大黄、小大黄，藜科华北驼绒藜，石竹科黑蕊无心菜、福禄草、长梗蝇子草、内曲繁缕（内弯繁缕），毛茛科褐紫乌头、伏毛铁棒锤、露蕊乌头、高乌头、松潘乌头、甘青乌头、毛果甘青乌头、蓝侧金盏花、小花草玉梅、条叶银莲花、疏齿银莲花、水毛茛、甘川铁线莲、白蓝翠雀花、弯距翠雀花、单花翠雀花、腺毛翠雀、三果大通翠雀花、川甘翠雀花、疏花翠雀花、毛翠雀花、川赤芍、长柄唐松草、矮金莲花、毛茛状金莲花，小檗科近似小檗、秦岭小檗、直穗小檗、延安小檗、匙叶小檗，罂粟科曲花紫堇、迭裂黄堇、条裂黄堇、暗绿紫堇、扁柄黄堇（黄花紫堇、尖突黄堇）、蛇果黄堇、粗糙黄堇、草黄堇（草黄花黄堇）、天祝黄堇（宝库黄堇）、糙果紫堇、苣叶秃疮花、红花绿绒蒿、五脉绿绒蒿、总状绿绒蒿，十字花科唐古碎米荠（紫花碎米荠）、苞序葶苈、双果荠、宽果丛菔[短柄丛菔（变种）]，景天科小丛红景天、甘南红景天、洮河红景天、大果红景天、唐古红景天、云南红景天、隐匿景天、甘南景天，虎耳草科三脉梅花草、绿花梅花草（绿花苍耳七）、门源茶藨、狭果茶藨子（长果茶藨子、长果醋栗）、优越虎耳草、道孚虎耳草、青藏虎耳草、爪瓣虎耳草（虎爪虎耳草），蔷薇科刺毛樱桃、无尾果、散生栒子、麻核栒子、西北栒子、多茎委陵菜、羽毛委陵菜、华西委陵菜、裂叶华西委陵菜、齿裂西山委陵菜、细梗蔷薇、峨眉蔷薇、扁刺蔷薇、小叶蔷薇、隐瓣山莓草、窄叶鲜卑花、湖北花楸、陕甘花楸、太白花楸、细枝绣线菊、南川绣线菊，豆科金翼黄耆、甘肃黄耆、淡黄花黄耆、单体蕊黄耆、多枝黄耆、肾形子黄耆、东俄洛黄耆、云南黄耆、小果黄耆、短叶锦鸡儿、密叶锦鸡儿、弯耳鬼箭、块茎岩黄耆、华西棘豆、米口袋状棘豆、黑萼棘豆、长小苞蔓黄耆，大戟科青藏大戟，卫矛科小卫矛、栓翅卫矛，藤黄科突脉金丝桃，堇菜科鳞茎堇菜，瑞香科甘青瑞香(唐古特瑞香)，胡颓子科中国沙棘、西藏沙棘，五加科毛狭叶五加(毛叶红毛五加)，伞形科尖瓣芹、青海当归、黑柴胡(小五台柴胡)、小叶黑柴胡、松潘矮泽芹、宽叶羌活、羌活、松潘棱子芹、西藏棱子芹、青藏棱子芹、青海棱子芹，杜鹃科烈香杜鹃、头花杜鹃、黄毛杜鹃、百里香杜鹃，报春花科羽叶点地梅、西藏点地梅、垫状点地梅、散布报春、黄花圆叶报春、胭脂花、偏花报春、狭萼报春(窄萼报春)、甘青报春，龙胆科阿坝龙胆、开张龙胆、刺芒龙胆(尖叶龙胆)、反折花龙胆、粗茎龙胆、南山龙胆、线叶龙胆、黄管秦艽、岷县龙胆、管花秦艽、匙叶龙胆、条纹龙胆、紫花龙胆、红直獐牙菜、华北獐牙菜、四数獐牙菜，紫草科甘青微孔草、柔毛微孔草、微孔草(锡金微孔草)，唇形科白苞筋骨草、矮白苞筋骨草、美花筋骨草(美花圆叶筋骨草)、岷山毛建草、甘青青兰、小头花香薷、密花香薷、独一味、康藏荆芥、甘西鼠尾草、连翘叶黄芩、甘露子(草食蚕)，茄科山莨菪(甘青赛莨菪)、马尿泡，玄参科西倾山马先蒿、短穗兔耳草、短筒兔耳草、阿拉善马先蒿、鸭首马先蒿、黄花鸭首马先蒿、刺齿马先蒿、等唇碎米蕨叶马先蒿、中国马先蒿、凸额马先蒿、弯管马先蒿、美观马先蒿、硕大马先蒿、甘肃马先蒿、白花甘肃马先蒿、绒舌马先蒿、毛颏马先蒿、毛背毛颏马先蒿、琴盔马先蒿、藓生马先蒿、华马先蒿、等裂马先蒿、粗野马先蒿、半扭卷马先蒿、四川马先蒿、扭旋马先蒿、唐古特轮叶马先蒿、细穗玄参、甘肃玄参、毛果婆婆纳、光果婆婆纳，紫葳科四川波罗花、密生波罗花(全缘角蒿、密花角蒿、野萝卜)，忍冬科红花岩生忍冬、岩生忍冬、唐古特忍冬(陇塞忍冬)、长叶毛花忍冬、莛子藨(羽裂叶莛子藨)，川续断科白花刺续断(白花刺参)、圆萼刺参，桔梗科细叶沙参、川藏沙参、林沙参、绿花党参，菊科云南蓍、细裂亚菊、柳叶亚菊、黄腺香青、同色二色香青、淡黄香青、淡红淡黄香青、铃铃香青、乳白香青、红花乳白香青(粉苞乳白香青)、东俄洛沙蒿、甘肃南牡蒿、甘青蒿、狭苞紫菀、东俄洛紫菀、云南紫菀、高原天名精、魁蓟、葵花大蓟(聚头蓟)、褐毛垂头菊、条叶垂头菊、缢苞麻花头、美头火绒草、坚杆火绒草、香芸火绒草、银叶火绒草、总状橐吾、莲叶橐吾、掌叶橐吾、箭叶橐吾、黄帚橐吾、蛛毛蟹甲草、异色风毛菊(褐毛风毛菊)、川西风毛菊、柳叶菜风毛菊、红柄雪莲、球花雪莲(球花风毛菊)、紫苞雪莲(紫苞风毛菊)、重齿叶缘风毛菊、大耳叶风毛菊(大耳风毛菊)、钝苞雪莲、卵叶风毛菊、弯齿风毛菊、尖苞风毛菊、横断山风毛菊(华丽风毛菊)、林生风毛菊、打箭风毛菊、牛耳风毛菊、异羽千里光(高原千里光)、川西小黄菊、大头蒲公英、橙舌狗舌草、黄缨菊、无茎黄鹌菜，禾本科醉马草、疏花剪股颖(广序剪股颖)、甘青剪股颖、岩生剪股颖(川西剪股颖)、三刺草、大雀麦、华雀麦、黄花野青茅(长花野青茅)、短颖披碱草(垂穗鹅观草)、短芒披碱草、紫芒披碱草、中华羊茅、藏滇羊茅(云南羊茅)、高异燕麦、藏异燕麦、阿洼早熟禾(冷地早熟禾)、糙叶早熟禾(大锥早熟禾)、胎生早熟禾、垂枝早熟禾、异针茅，莎草科华扁穗草、密生薹草、甘肃薹草、糙喙薹草、粗根薹草、禾叶嵩草、甘肃嵩草、康藏嵩草(藏北嵩草)、岷山嵩草、四川嵩草，灯心草科葱状灯心草、分枝灯心草、多花灯心草、单枝丝灯心草，百合科腺毛粉条儿菜(腺毛肺筋草)、折被韭(黄头韭)、黄花韭(野葱)、天蓝韭、川甘韭、金头韭、唐古韭、齿被韭、长花天门冬、石刁柏、甘肃贝母，兰科西藏玉凤花、裂瓣角盘兰。

3.4.2.2 地方特有植物

保护区特有植物：1种，即西倾山马先蒿。

甘肃及洮河流域特有植物：8种，即黄花鸭首马先蒿、弯管马先蒿、甘肃南牡蒿、大雀麦、垂枝早熟禾、洮河红景天、狭果茶藨子、西倾山马先蒿。

3.5 重要经济植物

3.5.1 主要造林绿化和用材树种

主要绿化树种及用材树种13种：柏科垂枝祁连圆柏、祁连圆柏、方枝柏、大果圆柏，松科岷江冷杉、云杉、青海云杉、紫果云杉、华北落叶松，桦木科白桦、糙皮桦，杨柳科青杨、小叶青海柳（表3-7）。

表3-7 保护区内主要造林绿化和用材树种

植物名称	适宜生长海拔（m）	利用部位	主要用途
岷江冷杉	3400~3800	茎、种子	建筑用材及造林绿化
云杉	3000~3600	茎	建筑用材及造林绿化、家具
青海云杉	3000~3800	茎	建筑用材及造林绿化、家具
紫果云杉	3200~3800	茎	建筑用材及造林绿化、家具
华北落叶松	3000~3000	茎	建筑用材及造林绿化、家具
垂枝祁连圆柏	3000~3500	茎、枝叶	民用材及造林绿化、香料
祁连圆柏	3000~3500	茎、枝叶	民用材及造林绿化、香料
方枝柏	3200~4300	茎、枝叶	香料
大果圆柏	3000~3000	茎、枝叶	民用材及造林绿化、香料
白桦	3000~3100	茎	建筑用材及造林绿化、人造纤维
糙皮桦	3000~3300	茎	建筑用材及造林绿化、制栲胶
青杨	3000~3100	茎	造林绿化、人造纤维
小叶青海柳	3000~3100	茎	造林绿化、人造纤维

3.5.2 野果野菜植物

果蔬植物22种：胡颓子科中国沙棘、西藏沙棘，虎耳草科大刺茶藨子、刺茶藨子（长刺茶藨子）、糖茶藨子、五裂茶藨子、狭果茶藨子（长果茶藨子、长果醋栗），十字花科大叶碎米荠、唐古碎米荠（紫花碎米荠）、荠菜，蔷薇科东方草莓、野草莓、鹅绒委陵菜（蕨麻、人参果），蓼科圆穗蓼（大叶蓼）、珠芽蓼，藜科藜（灰藜、灰菜、灰条、白藜），百合科黄花韭（野葱）、天蓝韭、唐古韭、黄头韭、青甘韭、高山韭（表3-8）。

表3-8 保护区内野果野菜植物

植物名称	利用部位	主要用途	植物名称	利用部位	主要用途
中国沙棘	果实	制作饮料	西藏沙棘	果实	制作饮料
刺茶藨子	果实	制果酱及饮料	狭果茶藨子	果实	制果酱及饮料
五裂茶藨子	果实	制果酱及饮料	糖茶藨子	果实	制果酱及饮料
大刺茶藨子	果实	制果酱及饮料	蕨麻（人参果）	块根	食用
野草莓	花托	食用	东方草莓	花托	食用
圆穗蓼	根状茎、果实	酿酒、食用	珠芽蓼	根状茎、果实	酿酒、食用
紫花碎米荠	嫩茎及叶	食用	大叶碎米荠	嫩茎及叶	食用
荠菜	嫩茎及叶	食用	藜（灰条）	嫩茎及叶	食用
黄头韭	茎叶、花序、鳞茎	食用	黄花韭（野葱）	茎叶及花序	食用
青甘韭	叶	食用	天蓝韭	茎叶及花序	食用
高山韭	茎叶及花序	食用	唐古韭	茎叶及花序	食用

3.5.3　药用植物资源

二期科考调查的药用植物共444种：石地钱科石地钱，地钱科地钱，蛇苔科蛇苔、小蛇苔，丛藓科小石藓，羽藓科细叶小羽藓，木贼科问荆、溪木贼（水木贼、水问荆）、木贼、犬问荆、节节草、笔管草，水龙骨科天山瓦韦、扭瓦韦（一匹草）、瓦韦，鳞毛蕨科华北鳞毛蕨，中国蕨科银粉背蕨（还阳草、通经草），铁角蕨科北京铁角蕨，球子蕨科荚果蕨、中华荚果蕨，槲蕨科秦岭槲蕨，铁线蕨科铁线蕨、长盖铁线蕨、掌叶铁线蕨，柏科高山柏、大果圆柏、叉子圆柏（双子柏、爬地柏），麻黄科中麻黄、单子麻黄，杨柳科皂柳，桑科大麻（单种属），荨麻科宽叶荨麻（齿叶荨麻），蓼科卷茎蓼、冰岛蓼、山蓼（肾叶山蓼）、两栖蓼（湖蓼）、萹蓄、头花蓼、水蓼、西伯利亚蓼、掌叶大黄、小大黄、酸模、齿果酸模、巴天酸模，藜科刺藜，石竹科黑蕊无心菜、福禄草、蚤缀（无心菜、西北蚤缀）、瞿麦、喜马拉雅女娄菜、鹅肠菜（牛繁缕、鹅肠草、鹅儿肠）、女娄菜、细蝇子草、山蚂蚱草、禾叶繁缕，毛茛科褐紫乌头、伏毛铁棒锤、露蕊乌头、瓜叶乌头、铁棒锤、高乌头、松潘乌头、甘青乌头、蓝侧金盏花、迭裂银莲花、钝裂银莲花、草玉梅（虎掌草）、小花草玉梅、条叶银莲花、疏齿银莲花、驴蹄草（沼泽金盏花）、花葶驴蹄草（花亭驴蹄草）、升麻、甘川铁线莲、甘青铁线莲、白蓝翠雀花、蓝翠雀花、单花翠雀花、密花翠雀花、三果大通翠雀花、川甘翠雀花、毛翠雀花、碱毛茛（水葫芦苗）、三裂碱毛茛、鸦跖花、川赤芍、拟耧斗菜、高原毛茛、贝加尔唐松草、瓣蕊唐松草、芸香叶唐松草、毛茛状金莲花，小檗科堆花小檗（锥花小檗）、秦岭小檗、直穗小檗、鲜黄小檗（黄花刺、三颗针、黄檗）、甘肃小檗、延安小檗、匙叶小檗、桃儿七（鬼臼），罂粟科斑花黄堇、曲花紫堇、迭裂黄堇、赛北紫堇、条裂黄堇、暗绿紫堇、扁柄黄堇（黄花紫堇、尖突黄堇）、蛇果黄堇、粗糙黄堇、草黄堇（草黄花黄堇）、糙果紫堇、苣叶秃疮花、细果角茴香（节裂角茴香）、多刺绿绒蒿、全缘叶绿绒蒿、红花绿绒蒿、五脉绿绒蒿、总状绿绒蒿、野罂粟（山罂粟、野大烟），十字花科垂果南芥、芥菜（野油菜）、荠菜、大叶碎米荠、唐古碎米荠（紫花碎米荠）、播娘蒿、毛葶苈、葶苈、喜山葶苈、独行菜（毛萼独行菜、腺茎独行菜）、蚓果芥（念珠芥属）、垂果大蒜芥（弯果蒜芥）、宽果丛菔（短柄丛菔变种）、菥蓂（遏蓝菜），景天科瓦松、费菜（土三七、景天三七）、大花红景天（宽瓣红景天）、小丛红景天、长鞭红景天、甘南红景天、狭叶红景天、四裂红景天、唐古红景天、云南红景天（菱叶红景天），虎耳草科长梗金腰、细叉梅花草、三脉梅花草、狭果茶藨子（长果茶藨子、长果醋栗）、细枝茶藨子、黑虎耳草、叉枝虎耳草、黑蕊虎耳草、山地虎耳草、青藏虎耳草、唐古特虎耳草、爪瓣虎耳草（虎爪虎耳草），蔷薇科龙芽草、无尾果、灰栒子、二裂叶委陵菜、委陵菜、金露梅、银露梅、多茎委陵菜、铺地小叶金露梅、美蔷薇（栽培）、黄刺玫、库页悬钩子、矮地榆、地榆、隐瓣山莓草、鲜卑花、天山花楸、细枝绣线菊，豆科甘肃黄耆、单体蕊黄耆、蒙古黄耆、肾形子黄耆、东俄洛黄耆、云南黄耆、短叶锦鸡儿、鬼箭锦鸡儿、红花山竹子（红花岩黄耆）、牧地香豌豆（牧地山黧豆）、矩镰荚苜蓿、天蓝苜蓿、花苜蓿、镰荚棘豆、甘肃棘豆、黑萼棘豆、披针叶黄华（披针叶野决明）、多茎野豌豆、野豌豆、歪头菜，牻牛儿苗科熏倒牛、牻牛儿苗、粗根老鹳草、尼泊尔老鹳草、草地老鹳草、甘青老鹳草、鼠掌老鹳草，亚麻科宿根亚麻，远志科西伯利亚远志，大戟科青藏大戟、泽漆、高山大戟，水马齿科沼生水马齿，卫矛科矮卫矛、栓翅卫矛，柽柳科三春水柏枝、具鳞水柏枝，堇菜科双花堇菜，瑞香科黄瑞香、甘青瑞香（唐古特瑞香）、狼毒，胡颓子科中国沙棘、西藏沙棘，柳叶菜科柳叶菜、沼生柳叶菜，小二仙草科穗状狐尾藻，五加科红毛五加、毛狭叶五加（毛叶红毛五加），锦葵科中华野葵、冬葵（野葵），伞形科青海当归、峨参、黑柴胡（小五台柴胡）、小叶黑柴胡、藁本、宽叶羌活、羌活、西藏棱子芹、迷果芹，杜鹃花科烈香杜鹃、陇蜀杜鹃，报春花科西藏点地梅、海乳草、胭脂花，白花丹科鸡娃草（小蓝雪花），龙胆科镰萼喉毛花、高山龙胆、刺芒龙胆（尖叶龙胆）、粗茎龙胆、达乌里秦艽、秦艽、云雾龙胆、岷县龙胆、类华丽龙胆（华丽龙胆）、匙叶龙胆、麻花艽、条纹龙胆、大花龙胆、蓝玉簪龙胆、湿生扁蕾、花锚、椭圆叶花锚、肋柱花、辐状肋柱花、岐伞獐牙菜、红直獐牙菜、四数獐牙菜,花荵科中华花荵,紫草科倒提壶、大果琉璃草、柔毛微孔草、附地菜(地胡椒),唇形科白苞筋骨草、白花枝子花(异叶青兰)、甘青青兰、密花香薷、高原香薷、鼬瓣花、独一味、宝盖草、薄荷、蓝花荆芥、康藏荆芥、甘西鼠尾草、粘毛鼠尾草、黄芩、连翘叶黄芩、甘肃黄芩、甘露子(草食蚕),茄科山莨菪(甘青赛莨菪)、天仙子、马尿泡,玄参科小米草、短腺小米草、短穗兔耳草、短筒兔耳草、肉果草(兰石草)、凸额马先蒿、斑唇马先蒿、藓生马先蒿、华马先蒿、返顾马先蒿、大唇马先蒿、粗野马先蒿、阴郁马先蒿、轮叶马先蒿、北水苦荬、毛果婆婆纳、光果婆婆纳、小婆婆纳、水苦荬(水菠菜),紫葳科四川波罗花、密生波罗花(全缘角蒿、密花角蒿、野萝卜),列当科丁座草、列当,车前科车前、平车前、大车前,茜草科北方拉拉藤、四叶葎、拉拉藤(猪殃殃)、蓬子菜、茜草,五福花科五福花,忍冬科蓝靛果忍冬、金花忍冬、葱皮忍冬、红花岩生忍冬、唐古特忍冬(陇塞忍冬),败酱科匙叶甘松、缬草,川续断科白花刺续断(白花刺参)、圆萼刺参、青海刺参、匙叶翼首花,桔梗科细叶沙参、喜马拉雅沙参、川藏沙参、长柱沙参、林沙参、灰毛党参、脉花党参、党参、绿花党参,菊科云南蓍、柳叶亚菊、细叶亚菊、淡黄香青、乳白香青、尼泊尔香青、香青、牛蒡、沙蒿、东俄洛沙蒿、冷蒿、密毛白莲蒿、臭蒿、蒙古蒿、小球花蒿、猪毛蒿、大籽蒿、白莲蒿(铁杆蒿)、青藏狗哇花、圆齿狗哇花、重冠紫菀、萎软紫菀(柔软紫菀)、狗哇花、缘毛紫菀、东俄洛紫菀、云南紫菀、丝毛飞廉、烟管头草、高原天名精、刺儿菜(小蓟)、葵花大蓟(聚头蓟)、喜马拉雅垂头菊、车前状垂头菊(车前叶点头菊)、条叶垂头菊、阿尔泰多榔菊、缢苞麻花头、美头火绒草、长叶火绒草、火绒草、莲叶橐吾、掌叶橐吾、箭叶橐吾、黄帚橐吾、刺疙瘩、毛裂蜂斗菜(冬花、蜂斗菜)、毛连菜(毛莲菜)、日本毛连菜、柳叶菜风毛菊、红柄雪莲、球花雪莲(球花风毛菊)、禾叶风毛菊、长毛风毛菊、风毛菊、水母雪莲(水母雪兔子)、钝苞雪莲、苞叶雪莲、美花风毛菊、星状风毛菊(星状雪兔子、星状风毛菊)、横断山风毛菊(华丽风毛菊)、额河千里光、苦苣菜(苦荬菜)、短裂苦苣菜、苣荬菜、空桶参、川西小黄菊、白花蒲公英、蒲公英、黄缨菊,眼子菜科小眼子菜(线叶眼子菜),水麦冬科海韭菜、水麦冬,禾本科醉马草、芨芨草、雀麦、沿沟草、赖草、白草、芦苇、早熟禾、草地早熟禾,莎草科牛毛毡、三棱水葱(藨草),灯心草科小灯心草、栗花灯心草,鸢尾科玉蝉花、马蔺、卷鞘鸢尾,百合科天蓝韭、金头韭、高山韭、玉簪、山丹、西藏洼瓣花、卷叶黄精、玉竹、轮叶黄精、掌裂兰、凹舌掌裂兰(凹舌兰)、小斑叶兰、手参、西藏玉凤花、裂瓣角盘兰、角盘兰、羊耳蒜、广布小红门兰、绶草。

3.5.4 主要牧草植物

据碌曲县草原管理部门的资料,全县天然牧草植物有67科253属630种,其中可食牧草568种,占90.2%。在保护区调查的119种主要牧草中,优质牧草57种、良好牧草32种、中等牧草30种(表3-9)。

表3-9 保护区草原主要牧草植物

植物名	利用部位	适口性	植物名	利用部位	适口性
头花蓼	茎叶、花序、果实	中	萹蓄	茎、叶	良
圆穗蓼	叶、花序、果实	良	珠芽蓼	叶、花序、果实	优
禾叶繁缕	茎、叶	良	无瓣女娄菜	叶、花序	中
垂果南芥	茎、叶	中	花葶驴蹄草	茎、叶	中
荠菜	全草	良	大叶碎米荠	花序、嫩茎及叶	中
毛葶苈	全草	中	紫花碎米荠	花序、嫩茎及叶	中
苞序葶苈	全草	中	葶苈	全草	中
头花独行菜	全草	中	沼生蔊菜	全草	中

续表

植物名	利用部位	适口性	植物名	利用部位	适口性
无尾果	全草	中	蕨麻	块根、茎、叶	良
银露梅	嫩枝、叶	良	金露梅	嫩枝、叶	良
小叶金露梅	嫩枝、叶	良	二裂委陵菜	嫩枝、叶	中
高山绣线菊	嫩枝、叶	中	南川绣线菊	嫩枝、叶	中
红花岩黄耆	嫩枝、叶、花序	优	块茎岩黄耆	嫩枝、叶、花序	优
锡金岩黄耆	嫩枝、叶、花序	优	唐古特岩黄耆	嫩枝、叶、花序	优
金翼黄耆	嫩枝、叶、花序	良	西北黄耆	嫩枝、叶、花序	良
多花黄耆	嫩枝、叶、花序	良	多枝黄耆	嫩枝、叶、花序	良
东俄洛黄耆	嫩枝、叶、花序	优	窄叶野豌豆	全草	优
短叶锦鸡儿	嫩枝、叶、花序	良	扁蓿豆	全草	优
阴山扁蓿豆	全草	优	多茎野豌豆	全草	优
花苜蓿	全草	优	矩镰荚苜蓿	全草	优
歪头菜	全草	优	葛缕子	茎叶、花序	优
双花堇菜	全草	中	鳞茎堇菜	全草	中
平车前	嫩叶	中	大车前	嫩叶	中
大头蒲公英	叶、花序	中	喜马拉雅沙参	嫩茎、叶	中
甘青剪股颖	全草	优	白花蒲公英	叶、花序	中
疏花剪股颖	全草、果实	优	川西剪股颖	全草、果实	优
雀麦	全草、果实	优	菵草	全草、果实	良
多节雀麦	全草、果实	优	大雀麦	全草、果实	优
发草	全草、果实	良	无芒雀麦	全草、果实	优
垂穗披碱草	全草、果实	优	滨发草	全草、果实	良
赖草	全草、果实	优	远东羊茅	全草、果实	优
老芒麦	全草、果实	优	羊茅	全草、果实	优
紫羊茅	全草、果实	优	云南羊茅	全草、果实	优
垂穗鹅观草	全草、果实	优	高异燕麦	全草、果实	良
异燕麦	全草、果实	良	藏异燕麦	全草、果实	良
银落草	全草、花序	良	白草	全草	良
早熟禾	全草	优	中华早熟禾	全草	优
胎生早熟禾	全草	优	冷地早熟禾	全草	良
草地早熟禾	全草	优	大锥早熟禾	全草	良
套鞘早熟禾	全草	良	本氏针茅	全草、果实	优
狭穗针茅	全草	优	异针茅	全草	优
穗三毛	全草、花序	良	西伯利亚三毛草	全草、花序	良
黑褐薹草	全草	优	华扁穗草	花序、茎叶	良
狭囊薹草	全草	优	藏东薹草	全草	优
甘肃薹草	全草	中	无脉薹草	全草	优

续表

植物名	利用部位	适口性	植物名	利用部位	适口性
青藏薹草	茎叶、果实	良	膨囊薹草	茎叶、果实	优
粗根薹草	茎叶、果实	良	黑穗薹草	茎叶、果实	良
密生薹草	茎叶、果实	优	糙喙薹草	茎叶、果实	良
线叶嵩草	全草	优	刚毛槽杆荸荠	花序、秆	中
矮生嵩草	全草	优	嵩草	全草	优
藏北嵩草	全草	优	禾叶嵩草	全草	优
高山嵩草	全草	优	甘肃嵩草	全草	良
细杆藨草	花序、秆	中	岷山嵩草	全草	优
小灯心草	秆、花序	中	四川嵩草	全草	优
栗花灯心草	秆、花序	中	葱状灯心草	秆、花序	中
黄花韭	叶、花序	优	喜马灯心草	秆、花序	中
天蓝韭	叶、花序	优	腺毛肺筋草	全草	中
青甘韭	叶、花序	优	黄头韭	叶、花序	优
唐古韭	叶、花序	优	川甘韭	叶、花序	优
高山韭	叶、花序	优			

3.6 藻类植物

在保护区藻类植物中，硅藻门硅藻纲32属75个种9个变种、轮藻门轮藻纲轮藻目轮藻科轮藻属8个种，接合藻纲双星藻目双星藻科水绵属4个种。

3.6.1 轮藻植物

(1)布氏轮藻 *Chara braunii* Gmel

分布：则岔。甘肃省内大部分地区。我国山东、山西、海南、湖南、湖北、四川、贵州、云南、青海、宁夏。广布于世界各地。生长于水稻田及水坑中。

(2)丛刺轮藻 *Chara evoluta* T. F. Allen

分布：则岔。甘肃省内大部分地区。我国山西、内蒙古、宁夏。亚洲西南、阿尔泰山和美国。生长于小湖泊和小河中。

(3)灰色轮藻 *Chara canescens* Loiseleur

分布：则岔。甘肃省内大部分地区。我国内蒙古、山西、青海。印度、阿富汗、蒙古、俄罗斯、美国、加拿大、阿尔及利亚、埃及。

(4)对枝轮藻 *Chara contraria* Braun ex Kuetzing

分布：则岔。甘肃省内大部分地区。我国贵州、云南、江西、福建。广布于世界各地。生长于水沟中。

(5)对枝轮藻拟丽藻型变种 *Chara contraria* var. *nitelloides* Braun

分布：则岔。甘肃省内大部分地区。我国山西、内蒙古、青海。玻利维亚。

(6)普生轮藻 *Chara vulgaris* Linn.

分布：则岔。甘肃省内大部分地区。我国浙江、江苏、安徽、宁夏。广布于世界各地。

(7)绒毛轮藻 *Chara tomentosa* Linn.

分布:则岔。甘肃省内大部分地区。我国新疆、内蒙古、青海。欧洲中南部、亚洲西北部、北美及南美等地。

(8)现生轮藻(斯里兰卡轮藻) *Chara zeylanica* Willdenow

分布:则岔。甘肃省内大部分地区。我国台湾及湖北、宁夏。南非、大洋洲、夏威夷群岛、中美及南美。

(9)青枝鸟巢藻 *Tolypella prolifera* Leonh

分布:则岔。甘肃省内大部分地区。我国四川、云南、湖北、山西。俄罗斯、英国、法国、比利时、荷兰、澳大利亚、意大利、北美、拉丁美洲、非洲。常见于水坑中。

3.6.2 硅藻植物

尕海的硅藻植物共84个分类单位,包括32属75种9变种:扭曲小环藻 *Cyclotella comta*(Ehr.) Kütz.、布列毕松异极藻 *Gomphonema brebissonii* Kütz.、梅尼小环藻 *Cyclotella meneghiniana* Kütz.、尖异极藻 *Gomphonema capitatum* Ehr.、羽状窄十字脆杆藻 *Staurosirella pinnata*(Ehr.)D. M. Williams & Round、宽颈异极藻 *Gomphonema laticollum* E. Reichardt、寄生假十字脆杆藻近缢缩变种 *Pseudostaurosira parasitica* var. *subconstricta* Kram.、小异极藻 *Gomphonema minutum*(C. Agardh) C. Agardh、小型等片藻 *Diatoma mesodon*(Ehr.)Kütz.、小型异极藻 *Gomphonema parvulum*(Kütz.)Kütz.、念珠状等片藻 *Diatoma moniliformis* Kütz.、小型异极藻细小变种 *Gomphonema parvulum* var. *micropus*(Kütz.)Cleve、二头针杆藻 *Synedra biceps* W. Smith、假弱小异极藻 *Gomphonema pseudopusillum* E. Reichardt、尖肘形藻 *Ulnaria acus*(Kütz.)M. Aboal、平顶异极藻 *Gomphonema truncatum* Ehr.、二头肘形藻 *Ulnaria biceps*(Kütz.)P. Compère、微型曲壳藻 *Achnanthidium minutissimum*(Kütz.) Czarnecki、头状肘形藻 *Ulnaria capitata*(Ehr.) P. Compère、扁圆卵形藻 *Cocconeis placentula* Ehr.、窗格平板藻 *Tabellaria fenestrata*(Lyngbye)Kütz.、柄卵形藻 *Cocconeis pediculus* Ehr.、矛盾短缝藻 *Eunotia ambivalens* Lange-Bert. & Tagliaventi、偏肿泥生藻 *Luticola ventricosa*(Kütz.)D. G. Mann、拱形短缝藻 *Eunotia arcubus* M. Nrpel & Lange-Bert.、宽幅长蓖藻 *Neidium ampliatum* cf. *ampliatum*(Ehr.)Krammer、缺刻短缝藻 *Eunotia incise* W. Smith ex W. Gregory、肯特长篦藻 *Neidium* cf. *khentiiense* D. Metzeltin、新箱形桥弯藻新月变种 *Cymbella neocistula* var. *lunata* Kram.、杆状鞍型藻 *Sellaphora bacillum*(Ehr.)D. G. Mann、近缘形桥弯藻 *Cymbella affiniformis* Kram.、布莱克福德鞍型藻 *Sellaphora blackfordensis* D. G. Mann & S. Droop、多西诺桥弯藻 *Cymbella dorsenotata* Strup、瞳孔鞍型藻 *Sellaphora pupula*(Kütz.)Mereschkovsky、汉茨桥弯藻 *Cymbella hantzschiana* Kram.、极细羽纹藻 *Pinnularia perspicua* K. Kram.、新箱形桥弯藻 *Cymbella neocistula* Kram.、布列毕松羽纹藻 *Pinnularia brebissonii*(Kütz.)Rabenhorst、多西诺桥弯藻 *Cymbella proxima* Reimer、近弯羽纹藻 *Pinnularia subgibba* Kram.、近细长桥弯藻 *Cymbella subleptoceros* Kram.、近弯羽纹藻近线性变种 *Pinnularia subgibba* var. *sublinearis* K. Kram.、宽形弯肋藻 *Cymbopleura lata*(Grun.)Kram.、淡绿型羽纹藻 *Pinnularia viridiformis* K. Kram.、长圆弯肋藻 *Cymbopleura oblongata* K. Kram.、微绿羽纹藻 *Pinnularia viridis*(Nitzsch)Ehr.、西里西亚内丝藻 *Encyonema silesiacum*(Bleisch)D. G. Mann、短角美壁藻 *Caloneis silicula*(Ehr.)Cleve、细小尖月藻 *Encyonopsis minuta* Kram. & E. Reichardt、短角美壁藻截形变种 *Caloneis silicula* var. *truncatula* Grun.、尖异极藻 *Gomphonema acuminatum* Ehr.、极长圆舟形藻 *Navicula peroblonga* D. Metzeltin, H. Lange-Bert. & S. Nergui、西比舟形藻 *Navicula seibigiana* Lange-Bert.、密集菱板藻 *Hantzschia compacta*(Hust.)Lange-Bert.、狭长舟形藻 *Navicula phylleptosoma* Lange-Bert.、渐窄盘杆藻 *Tryblionella angustata* W. Smith、安氏

舟形藻 *Navicula antonii* Lange-Bert.、莱维迪盘杆藻 *Tryblionella levidensis* W. Smith、荔波舟形藻 *Navicula libonensis* Schoeman、细菱形藻 *Nitzschia acicularis*(Kütz.)W. Smith、放射舟形藻 *Navicula radiosa* Kütz.、双头菱形藻 *Nitzschia amphibian* Grun.、琐细舟形藻 *Navicula trivialis* Lange-Bert.、多变菱形藻 *Nitzschia commutate* Grun.、尖布纹藻 *Gyrosigma acuminatum*(Kütz.)Rabh.、谷皮菱形藻 *Nitzschia palea*(Kütz.)W. Smith、瑞卡德辐节藻 *Stauroneis reichardtii* Lange-Bert.、弯曲菱形藻德洛变种 *Nitzschia sinuate* var. *delognei*(Grun.)Lange-Bert.、紫心辐节藻 *Stauroneis phoenicenteron*(Nitzsch)Ehr.、近线形菱形藻 *Nitzschia sublinearis* Hustedt、模糊杯状藻 *Craticula ambigua*(Ehr.)D. G. Mann、脐形菱形藻 *Nitzschia umbonata*(Ehr.)Lange-Bert.、尖头杯状藻 *Craticula cuspidata*(Kütz.)D. G. Mann、侧生窗纹藻 *Epithemia adnata*(Kütz.)Brébisson、结合双眉藻 *Amphora copulata*(Kütz.)Schoeman & Archibald、鼠形窗纹藻 *Epithemia sorex* Kütz.、吉斯菱板藻 *Hantzschia giessiana* Lange-Bert. & Rumrich、膨大窗纹藻颗粒变种 *Epithemia turgida* var. *granulata*(Ehr.)Brun、丰富菱板藻 *Hantzschia abundans* Lange-Bert.、弯棒杆藻 *Rhopalodia gibba*(Ehr.)O. F. Müller、双尖菱板藻小头变种 *Hantzschia amphioxys* var. *capitata* O. F. Müller、窄双菱藻 *Surirella angusta* Kütz.、双尖菱板藻极大变种 *Hantzschia amphioxys* var. *major* Grun.、草鞋形波缘藻 *Cymatopleura solea*(Brébisson)W. Smith。

其中:宽颈异极藻、安氏舟形藻、西比舟形藻、瑞卡德辐节藻为中国新记录。

3.6.3 结合藻植物

(1)普通水绵 *Spirogyra communis*(Hass.)Kütz(双星藻科)

别名:水青苔。

藻体为不分枝丝状体,手触摸黏滑。我国北京、天津、江苏、安徽、云南、青海、海南。遍布世界各地。喜生于含有机质丰富的静止小水体,如沟渠、小水坑,为水田和鱼池中常见杂草。

(2)光洁水绵 *Spirogyra nitida*(Dillw.)Link(双星藻科)

我国北京、宁夏、江苏、湖北、湖南、广东、四川、重庆和云南。生于水池、水沟和藕塘中。

(3)扭曲水绵 *Spirogyra intorta* Jao(双星藻科)

我国重庆、湖北。生于稻田和灌溉水渠中。

(4)异形水绵 *Spirogyra varians*(Hassall)Kütz.(双星藻科)

甘肃兰州。我国华北、宁夏、青海、山东、江苏、江西、福建、湖北、广东、广西、重庆、云南、西藏。生于水沟、池塘等静止水体。

3.7 大型真菌

因气候、地形、地貌、热量条件的差异,不同地区、不同高度分布着不同天然植被类型。特点是地带性强,多以耐寒、耐阴的中生、湿生的森林植物、亚高山草原草甸植物为主。在草原植被良好、森林植物繁多、枯枝落叶层厚、土壤肥沃、有机质丰富的地方,生长和分布着许多腐生或寄生等不同生态习性的大型真菌,孕育着极其丰富的种类和资源。保护区大型真菌有9目24科44属70种(含1变型),其中食用菌44种、食用兼药用菌27种、纯药用菌18种、毒菌3种。详见附录3《尕海则岔保护区大型真菌名录》。

3.7.1 大型真菌种类及分布

3.7.1.1 冠囊菌目 Coronophorales

3.7.1.1.1 麦角科 Clavicipitaceae

(1)蛹虫草 *Cordyceps militaris*(L. ex Fr.)Link.

别名:蛹草、北冬虫夏草、北虫草。为蛹草菌和鳞翅目昆虫的复合体。

分布:洮河沿岸及其支流高山草丛。药用菌。

垂直分布:海拔3000m以下地带。

药用价值:既能补肺阴,又能补肾阳。主治肾虚,阳痿遗精,腰膝酸痛,病后虚弱,久咳虚弱,自汗盗汗等。

(2)冬虫夏草 *Cordyceps sinensis*(Berk.)Sacc.

别名:虫草、雅杂滚布(藏语)。为冬虫夏草菌和蝙蝠蛾科幼虫的复合体。

分布:则岔、尕海。高山草地上,药用菌。

垂直分布:海拔3500~4400m。

药用价值:具有补肾益肺、止血化痰功效。主治阳痿遗精,腰膝酸痛,久咳虚喘。用于肺结核和亚性肿瘤等多种疾病。

IUCN 2020濒危物种红色名录——易危(VU)。列入《国家野生植物保护条例》保护名录的药用植物。国家二级重点保护野生植物。

3.7.1.1.2 炭棒科 Xylariaceae

(3)鹿角炭角菌 *Xylaria hypoxylon*(L.)Grev.

别名:鹿角菌。生于倒腐木或树桩上,群生或近丛生。

分布:则岔。紫果云杉、冷杉林地的青藓丛中。食用菌。

垂直分布:海拔3200~3600m。

3.7.1.2 盘菌目 Pezizales

3.7.1.2.1 盘菌科 Pezizaceae

(4)兔耳侧盘菌 *Otidea leporina*(Batsh.:Fr.)Fuckel

别名:地耳。夏秋季在针叶林或阔叶林地上群生或近丛生。

分布:则岔、贡去乎。云杉疏林地青藓层上。可食。

垂直分布:海拔3000~3500m。

(5)褐侧盘菌 *Otidea umbrina*(Pers. ex Fr.)Bres.

别名:褐地耳。秋季生于林中腐枝落叶层上,群生或近丛生。

分布:则岔东沟。疏林地或林缘草地上。可食用,但需注意。

垂直分布:海拔2900~3400m。

(6)疣孢褐盘菌 *Peziza badia* Pers.

分布:则岔。针阔混交林地的腐根上。可食用,但需注意。

垂直分布:海拔3000~3500m。

3.7.1.2.2 马鞍菌科 Helvellaceae

(7)尖顶羊肚菌 *Morchella conica* Fr.

分布:则岔林区。生于混交林地的潮湿处或腐叶层,单生或群生。食用、药用菌。

别名:圆锥形羊肚菌、锥羊肚菌、羊肚菜、羊肚蘑。

垂直分布:海拔2900~3500m。

药用价值:益肠胃,化痰理气。治消化不良,痰多气短。

食用价值:味道鲜美,属重要野生食用菌。

(8)粗柄羊肚菌 *Morchella crassipes*(Vent.)Pers.

别名:粗腿羊肚菌、皱柄羊肚菌。

分布:则岔林区,春夏之交生于云杉林、灌丛及混交林地。食用、药用菌。

垂直分布:海拔3300m以下。

药用价值:益肠胃、化痰理气。治消化不良。

食用价值:味道鲜美,属重要野生食用菌。

(9)羊肚菌 *Morchella esculenta*(L.)Pers.

别名:羊肚菜。

分布:则岔林区,混交林地及灌丛地上。食用、药用菌。

垂直分布:海拔2900~3600m。

药用价值:具补肾、壮阳、补脑、提神等功效。益肠胃,化痰理气,对肌瘤细胞有抑制作用。

食用价值:其香味独特、营养丰富、功能齐全,富含多种人体需要的氨基酸和有机锗,是世界上珍贵的稀有食用菌之一。

3.7.1.2.3 蜡钉菌科 Helotiaceae

(10)小孢绿盘菌 *Chlorosplenium aeruginascens*(Nyl.)Karst.

分布:则岔林区均有分布,丛生于伐桩及倒枯木上。

垂直分布:海拔2900~3500m。

(11)长黄蜡钉菌 *Helotium buccinum*(Pers.)Fr.

分布:则岔林区均有分布,丛生于伐桩或枯木上。

垂直分布:海拔2900~3500m。

3.7.1.2.4 地舌菌科 Geoglossaceae

(12)黄地锤 *Cudonia lutea*(Pk.)Sacc.

分布:则岔林区。夏秋季生云杉、冷杉等针叶林地苔藓间或腐木上,往往群生。有认为可食用,但又有怀疑。

垂直分布:海拔2900~3500m。

3.7.1.3 木耳目 Auriculariales

3.7.1.3.1 木耳科 Auriculariaceae

(13)木耳 *Auricularia auricula*(L. ex Hook.)Underwood

别名:光木耳、树耳、黑菜、云耳。

分布:则岔林区。生于云杉林地枯木上或伐桩上。食用、药用菌。

垂直分布:海拔2900~3600m。

药用价值:具有益气强身、活血止血效能,还可防治缺铁性贫血、延缓衰老。用于治风湿性腰痛、便血等症。

食用价值：质地柔软、口感细嫩、味道鲜美、风味特殊，而且富含蛋白质、脂肪、糖类及多种维生素和矿物质，有很高的营养价值，现代营养学家盛赞其为“素中之荤”。

(14)毡盖木耳*Auricularia mesentrica*(Dicks.)Pers.

别名：牛皮木耳、糵木耳、肠膜状木耳。

分布：则岔林区。生于云杉枯木及伐桩上。药用菌。

垂直分布：海拔3000~3500m。

药用价值：子实体水提取物对肉瘤-180及艾氏癌的抑制率为42.66%。具有抗肿瘤之功效，主治恶性肿瘤。

3.7.1.4 银耳目Thernellales

3.7.1.4.1 银耳科Tremellaceae

(15)金耳*Tremella aurantialba* Bandoni et Zang

别名：黄木耳、茂若色尔布(藏语)、金黄银耳、黄耳。

分布：则岔东沟，紫果云杉枯木皮上。食用、药用菌。

垂直分布：海拔3200~3500m。

药用价值：能化痰止咳、定喘、调气、平肝阳、气管炎和高血压等症。

食用价值：金耳含有丰富脂肪、蛋白质和磷、硫、锰、铁、镁、钙、钾等元素，滋补营养价值优于银耳、黑木耳等胶质菌类，是一种理想的高级佳肴和保健品。

3.7.1.5 多孔菌目Polyporales

3.7.1.5.1 多孔菌科Polyporaceae

(16)单色云芝*Coriolus unicolor*(L.：Fr.)Pat.

别名：齿毛芝、单色云芝、单色革盖菌。

分布：则岔。生于桦树伐桩上。药用菌。

垂直分布：海拔2900~3500m。

药用价值：子实体含有抗瘤物质，对艾氏癌有抑制作用。

(17)灰白云芝*Coriolus versicolor*(L. ex Fr.)Quél.

别名：彩绒革盖菌、云芝、杂色云芝、彩云芝。

分布：则岔。生于桦树林地伐桩、枯枝上。药用菌。

垂直分布：海拔2900~3500m。

药用价值：该菌去湿、化痰、疗肺疾，菌丝体提取的多糖具有强烈的抑癌性，可作为肝癌免疫治疗的药物。还用于治疗慢性肝炎。

(18)大孔菌*Favolus alveolaris*(DC.：Fr.)Quél.

别名：棱孔菌、蜂窝菌。

分布：则岔、石林，单生或丛生于桦树腐桩上。药用菌。

垂直分布：海拔3200~3500m。

药用价值：子实体的乙醇提取物对小白鼠肉瘤-180的抵抗作用达71.9%。另记载对小白鼠肉瘤-180的抑制率为70%，对艾氏癌抑制率为60%。

导致杨、柳、椴、栎等多种阔叶树倒木的木质部形成白色杂斑腐朽。

(19)漏斗大孔菌 *Favolus arcularius*(Batsch : Fr.)Ames.

别名:漏斗棱孔菌。

分布:则岔二道门,丛生或单生于桦树枯枝上。药用菌。

垂直分布:海拔3000~3600m。

药用价值:对小白鼠肉瘤-180抑制率为90%,对艾氏癌的抑制率为100%。

(20)硬壳层孔菌 *Fomes hornodermus* Mont

别名:梓菌。

分布:则岔河边,群生于柳树伐桩向阳处。药用菌。

垂直分布:海拔2900~3300m。

药用价值:具有镇惊、止血、祛风止痒的功效,主治小儿急慢惊风、咯血、皮肤瘙痒。

(21)篱边黏褶菌 *Gloeophyllum sepiarium*(Wulf. ex Fr.)Finl

异名:*Gleophyllum saepiarium*(Wulf: Fr.)Karst.。

别名:褐褶孔菌。

分布:则岔林区,群生于云杉伐桩。药用菌。

垂直分布:海拔2900~3500m。

药用价值:有抑癌作用,菌液对小白鼠肉瘤-180和艾氏癌抑制率为60%。

(22)乌茸菌 *Polyozellus multiplex*(Underw.)Murr.

别名:乌鸡油。

分布:则岔多拉沟,常常在云杉和冷杉林地上形成大型子实体群。药用、食用菌。

垂直分布:海拔3000~3500m。

药用价值:含有生物活性化合物polyzellin,具有很多生理特性,包括抑制胃癌。还能抑制脯氨酰肽链内切酶(PEP),在老年痴呆症中扮演着处理淀粉样前体蛋白的角色。

食用价值:气味淡或芳香。

(23)黑盖拟多孔菌 *Polyporellus melanopus*(Sw.)Pilát.

别名:黑柄仙盏、黑柄多孔菌。

分布:西仓、贡去乎、则岔二道门,柳枯木上。群生或散生。

垂直分布:海拔2900~3500m。

(24)灰树花 *Polyporus frondosus*(Dicks.)Fr.

别名:贝叶多孔菌、莲花菌、千佛菌。

分布:则岔多拉沟,柳树伐桩上丛生。药用、食用菌。

垂直分布:海拔2900~3300m。

药用价值:益气健脾,补虚扶正。主治脾虚气弱,体倦乏力,神疲懒言,饮食减少,食后腹胀,肿瘤患者放疗或化疗后有以上症状者。

食用价值:气味清香四溢,沁人心脾;肉质脆嫩爽口、百吃不厌,营养具有好的保健作用。风行日本、新加坡等市场。

(25)多孔菌 *Polyporus varius* pers.:Fr.

别名:多变拟多孔菌、黑柄多孔菌。

分布：碌曲林区均有分布，生于桦树枯枝上。群生或散生。为引起木质腐朽的有害真菌。

垂直分布：海拔2900~3500m。

(26)香栓菌 *Trametes suaveolens*(L.)Fr.

别名：杨柳白腐菌。

分布：则岔河岸，柳树伐桩基部。

垂直分布：海拔2900~3500m。

3.7.1.5.2　裂褶菌科 Schizophyllaceae

(27)裂褶菌 *Schizophyllum commune* Franch.

别名：白参、树花、白花、鸡毛菌。

分布：则岔林区，群生或丛生于针叶树枯木上。药用、食用菌。

垂直分布：海拔2900~3500m。

药用价值：性平，具有滋补强壮、镇静作用。提取的多糖(SPG)对慢性细菌感染有显著的防御效能，对动物肿瘤有抑制作用。

食用价值：质嫩味美，具有特殊浓郁香味，其食用价值高，为高档食药用菌。

3.7.1.5.3　齿菌科 Hydnaceae

(28)白齿菌 *Hydnum repandum* L. : Fr. var. *album*(Quél.)Rea.

别名：齿菌白色变种、卷边齿菌、齿菌。

分布：则岔。夏秋季散生或单生于桦树林地上。食用菌。

垂直分布：海拔3000~3400m。

食用价值：可食用且味道好。

(29)翘鳞肉齿菌 *Sarcodon imbricatus*(L.:Fr.)Karst.

别名：獐子菌、獐头菌。

分布：则岔林区，散生或单生于混交林内地上。食用药用菌。

垂直分布：海拔3000~3400m。

药用价值：子实体有降低胆固醇的作用，并含有较丰富的多糖类物质。

食用价值：新鲜时味道很好。

3.7.1.5.4　珊瑚菌科 Clavariaceae

(30)棒瑚菌 *Clavariadelphus pistillaris*(L.)Donk

别名：棒槌菌。

分布：则岔林区，单生或散生于云杉林下苔藓层上。食用菌。

垂直分布：海拔2900~3300m。

食用价值：此菌微带苦味，可以食用。但也有人曾反映有中毒发生。

(31)烟色珊瑚菌 *Clavaria fumosa* Fr.

分布：则岔林区，夏秋季丛生于阔叶林、云杉林或草地的腐枝落叶层。食用、药用菌。

垂直分布：海拔2900~3300m。

药用价值：对肉瘤和艾氏癌抑制率在60%~70%。

食用价值：据记载可食用。

(32)杵棒 *Clavaria pistillaria* L. ex Fr.

分布:则岔。单生或散生于云杉林地。食用菌。

垂直分布:海拔2900~3300m。

(33)灰色锁瑚菌 *Clavulina cinerea*(Bull. : Fr.)Schrot.

别名:灰仙树菌。

分布:则岔、贡去乎,丛生于疏林地上。食用菌。

垂直分布:海拔2900~3300m。

(34)冠锁瑚菌 *Clavulina cristata*(Holmsk. : Fr.)Schroet.

别名:仙树菌。

分布:则岔多拉,群生或丛生于阔叶或云杉疏林地。食用菌。

垂直分布:海拔2900~3500m。

(35)棕黄枝瑚菌 *Ramaria flavobrunnescens*(Atk.)Corner

别名:小孢丛枝菌。

分布:则岔多拉沟,夏秋季生于混交林下青藓层上,散生或群生。药用、食用菌。

垂直分布:海拔2900~3300m。

药用价值:有抗结核菌作用。

食用价值:可食用。往往野生量大,便于收集加工。

(36)金色枝瑚菌 *Ramaria subaurantiaca* Corner

别名:向来洗疏(藏语)。

分布:则岔林区,夏秋季在云杉等混交林地上群生或丛生。食用、药用菌。

垂直分布:海拔2900~3300m。

药用价值:对小白鼠肉瘤-180及艾氏癌抑制率在90%。

3.7.1.5.5 喇叭菌科 Cantharessaceae

(37)黄肉喇叭菌 *Cantharellus carneoflavus* Comer

分布:则岔。针叶林地均有分布,单生或散生。食用菌。

垂直分布:海拔3000~3500m。

3.7.1.6 伞菌目 Agaricales

3.7.1.6.1 牛肝菌科 Boletaceae

(38)黄褐牛肝菌 *Boletus subsplendidus* W. F. Chiu

分布:则岔、石林。单生或散生于紫果云杉树下落叶上。食用、药用菌。

垂直分布:海拔2900~3400m。

药用价值:子实体有抗癌作用。

3.7.1.6.2 侧耳科 Pleurotaceae

(39)腐木侧耳 *Pleurotus lignatilis* Gill.

分布:则岔东沟,丛生于桦树腐木上。食用菌。

垂直分布:海拔2900~3500m。

3.7.1.6.3　口蘑科(白蘑科)Tricholomataceae

(40)肉色杯伞 *Clitocybe geotropa*(Fr.)Quél.

分布:则岔。针叶林地均有分布,单生。食用菌。

垂直分布:海拔2900~3400m。

(41)华美杯伞 *Clitocybe splendens*(Pers. : Fr.)Gill.

别名:黄杯伞。

分布:则岔。夏秋季散生或单生于针叶林地上。食用菌。

垂直分布:海拔2900~3500m。

(42)群生金线菌 *Collybia confluens*(Pers. ex Fr.)Quél.

别名:毛柄小皮伞。

分布:则岔。群生或丛生于云杉林下枯枝落叶层上。食用菌。

垂直分布:海拔2900~3500m。

(43)白香蘑 *Lepista caespitosa*(Bres.)Sing.

分布:尕海。夏秋季在山坡草丛中及草原上丛生或群生,成蘑菇带或蘑菇圈。食用菌。

垂直分布:海拔2900~3500m。

食用价值:气味浓香,鲜美可口,与口蘑相媲美,是一种优良食菌。

(44)紫丁香蘑 *Lepista nuda*(Bull.)Cooke

别名:裸口蘑、紫晶蘑、花脸蘑。

分布:则岔。生于云杉幼林地、苗圃地,形成蘑菇圈。食用、药用菌。

垂直分布:海拔2900~3300m。

药用价值:拮抗革兰阳性、阴性菌。此菌试验抗癌,对小白鼠肉瘤-180的抑制为90%,对艾氏癌的抑制率为100%。含有维生素B_1,有预防脚气病的作用。

食用价值:肉厚,具香气,味鲜美,是优良食菌,在腐殖质上栽培效果好。

(45)荷叶离褶伞 *Lyophyllum decastes*(Fr. : Fr.)Sing.

别名:北风菌、一窝蜂。

分布:则岔。单生或散生于针叶林地。食用菌。

垂直分布:海拔2900~3400m。

食用价值:味道鲜美,属优良食用菌。

(46)苦白口蘑 *Tricholoma album*(Schaeff. : Fr.)Kummer

别名:白口蘑。

分布:则岔东沟,丛生或散生于混交林地。食用、药用菌。

垂直分布:海拔2900~3300m。

药用价值:该菌试验抗癌,对小白鼠肉瘤-180的抑制率为80%,对肉瘤和艾氏癌的抑制率在70%~90%。

3.7.1.6.4　蘑菇科 Agaricaceae

(47)野蘑菇 *Agaricus arvensis* Schaeff. ex Fr.

别名:田蘑菇、杂蘑。

分布:分布于尕海草原,能形成大型蘑菇圈。食用菌。

垂直分布:海拔2900~3500m。

(48)白鳞蘑菇*Agaricus bernardii*(Quél.)Sacc.

别名:白鲜菇。

分布:则岔、尕海。散生于草地上,形成蘑菇圈。

垂直分布:海拔2900~3500m。

食用价值:产地群众经常采食,还可见于市场。有资料提到可能有毒。

(49)蘑菇*Agaricus bisporus*(J. E. Lange)Pilát

异名:*Agaricus campestris* L. ex Fr.。

别名:双孢蘑菇、白蘑菇、洋蘑菇。

分布:则岔、尕海。生于草原地上,形成大型蘑菇圈。食用、药用菌。

垂直分布:海拔2900~3500m。

药用价值:对革兰阳性、阴性菌有效,对肉瘤-180和艾氏癌抑制率60%。蘑菇能诱发干扰素的产生,对水泡性口炎病毒、脑炎病毒等有较好的疗效。鲜蘑菇浸膏片可治疗迁延性或慢性肝炎。

食用价值:蘑菇含有非特异植物凝集素、酯氨酸酶等物质,能增强抗病力、增加血色素、提高智力,还具有降低血液胆固醇、降血压的作用。

(50)白林地蘑菇*Agaricus silvicola*(Vitt.)Sacc.

别名:林生伞菌。

分布:则岔林区,夏秋季散生于云杉疏林地。食用菌。

垂直分布:海拔2900~3300m。

3.7.1.6.5　鬼伞科 Coprinaceae

(51)墨汁鬼伞*Coprinus atramentarius*(Bull.)Fr.

异名:*Coprinopsis atramentaria* Vilgalys & Moncalvo。

别名:柳树钻、鬼伞、鬼屋。

分布:则岔河边,丛生于柳树林地或伐桩基部。药用菌。

垂直分布:海拔3000m以下。

药用价值:对小白鼠肉瘤-180和艾氏癌抑制率达100%。

(52)粪鬼伞*Coprinus sterqulinus* Fr.

别名:粪生鬼伞、堆肥鬼伞、鬼盖。

分布:尕海湖边草地粪堆上、李恰如种畜场,单生或散生。药用、食用菌。

垂直分布:海拔2900~3600m。

药用价值:益肠胃、化痰理气、解毒、消肿,经常食用可以助消化、祛痰。煮熟后烘干,研成细末和醋调成糊状敷用治无名肿毒和其他疮痈。对肉瘤-180和艾氏癌抑制率为100%和90%。

食用价值:幼嫩时可食用。

3.7.1.6.6　铆钉菇科 Gomphidiaceae

(53)血红铆钉菇*Chroogomphus rutilus*(Schaeff.)O. K. Mill.

异名*Chroogomphidius viscidus*(Schaeff.)O. K. Mill.。

别名:松树伞、松蘑。

分布:则岔林区,单生于云杉、柳树混交林地。药用、食用菌。

垂直分布:海拔2900~3400m。

药用价值:治神经性皮炎。

食用价值:肉厚,食用味道较好,是重要的野生食用菌之一。

3.7.1.6.7　丝膜菌科 Cortinariaceae

(54)蓝丝膜菌 *Cortinarius caerulescens*(Schaeff.)Fr.

分布:则岔。夏秋季于阔叶林地上群生至丛生。食用菌,味较好。属外生菌根菌,可与其他树木形成菌根。

垂直分布:海拔2900~3200m。

(55)黄棕丝膜菌 *Cortinarius cinnamomeus*(L. : Fr.)Fr.

分布:则岔。单生或散生于云杉林地。食用、药用菌。

垂直分布:海拔2900~3300m。

药用价值:此菌试验抗癌,对小白鼠肉瘤-180的抑制率为80%,对艾氏癌的抑制率为90%。

(56)弯丝膜菌 *Cortinarius infractus*(Pers.)Fr.

分布:则岔。单生于云杉林地。食用菌。

垂直分布:海拔2900~3500m。

3.7.1.6.8　红菇科 Russulaceae

(57)松乳菇 *Lactarius deliciosus*(L.:Fr.)Gray

别名:美味松乳菇、松菌。

分布:则岔林区,散生于云杉林地青藓层上。食用菌。

垂直分布:海拔2900~3600m。

(58)红汁乳菇 *Lactarius hatsudake* Tanaka

分布:则岔。散生于针叶林地青藓层上。食用、药用菌。

垂直分布:海拔2900~3500m。

药用价值:有抗癌作用,对肉瘤-180和艾氏癌抑制率为100%、90%。

食用价值:是世界著名的美味野生食用菌,除鲜食外,还可加工成菌油,市场前景好。

(59)细质乳菇 *Lactarius mitissimus* Fr.

别名:甘味乳菇。

分布:则岔林区,单生或散生于针阔混交林地青藓层上。食用、药用菌。

垂直分布:海拔2900~3500m。

药用价值:对肉瘤-180及艾氏癌抑制率分别为80%和90%。

(60)窝柄黄乳菇 *Lactarius scrobiculatus*(Scop ex Fr.)Fr.

别名:黄乳菇。

地理分布;则岔林区,单生于云杉林下苔藓层上。毒菌。

垂直分布:海拔2900~3400m。

(61)黑菇 *Russula adusta*(Pers.)Fr.

别名:烟色红菇。

分布:则岔。单生于云杉林地。食用、药用菌。

垂直分布:海拔2900~3500m。

药用价值:对肉瘤-180和艾氏癌抑制率80%。

(62)大红菇*Russula alutacea*(Pers.)Fr.

别名:革质红菇。

分布:则岔。单生于针阔混交林地。食用、药用菌。

垂直分布:海拔2900~3500m。

药用价值:制成"舒筋散"治腰腿疼痛、手足麻木、筋骨不适、四肢抽搐等症。

(63)大白菇*Russula delica* Fr.

别名:美味菇。

分布:则岔。单生于云杉林地或针阔混交林地。药用、食用菌。

垂直分布:海拔2900~3500m。

药用价值:对小白鼠肉瘤及艾氏癌抑制率80%。

食用价值:其味较好。

3.7.1.7 马勃目 Lycopordales

3.7.1.7.1 马勃科 Lycoperdaceae

(64)白秃马勃*Calvatia candida*(Rostk.)Hollos

别名:白马勃。

分布:则岔、尕海。单生于草地或高山草坡上。药用菌。

垂直分布:海拔2900~3900m。

药用价值:子实体有消炎、解热、利喉、止血作用。

(65)大秃马勃*Calvatia gigantea*(Batsch ex Pers.)Lloyd.

别名:巨马勃、马粪包。

分布:则岔、尕海。单生于高原草地。药用菌。

垂直分布:海拔2900~3900m。

药用价值:有止血、消肿、解毒作用,可治扁桃体炎、喉炎。

(66)小马勃*Lycoperdon pusillus* Batsch et Pers.

别名:小灰包。

分布:则岔。丛生或单生于林缘草地、尕海草地。药用菌。

垂直分布:海拔2900~3600m。

药用价值:子实体能止血、消肿、解毒、清肺、利喉作用,可治疗慢性扁桃腺炎、喉炎、声音嘶哑、感冒咳嗽及各种出血。

(67)梨形马勃*Lycoperdon pyriforme* Schaeff.:Pers.

别名:灰包、马蹄包、马粪包、马屁泡、牛屎燕、牛屎菌、灰菌等。

分布:则岔、尕海。单生或散生于草地草坡上。药用菌。

垂直分布:海拔2900~3900m。

药用价值:有抗癌作用,对肉瘤-180及艾氏癌抑制率为100%。

3.7.1.8　硬皮马勃目 Sclerodermatales

3.7.1.8.1　硬皮地星科 Astraeaceae

(68)硬皮地星 *Astraeus hygrometricus*(Pers.)Morgan

别名:地星。

分布:则岔、尕海。单生于高原草地。药用菌。

垂直分布:夏季生长在海拔2900~3500m林内沙土地上。

药用价值:孢子体有止血功效,可将孢子粉敷于伤口处,治外伤出血、冻疮流水。

3.7.1.9　鸟巢菌目 Nidulariales

3.7.1.9.1　鸟巢菌科 Nidularaceae

(69)白蛋巢菌 *Crucibulum vulgare* Tul.

别名:普通白蛋巢菌、白蛋巢。

分布:则岔东沟,群生于紫果云杉枯枝上。药用菌。

垂直分布:海拔2900~3300m。

药用价值:孢子粉治胃痛。

(70)壶黑蛋巢 *Cyathus olla*(Batsch)Pers.

别名:埃氏黑蛋巢。

分布:则岔东沟,群生于桦树枯枝上。药用菌。

垂直分布:海拔2900~3200m。

药用价值:主治胃部疼痛。

3.7.2　真菌分布地理特征

保护区复杂多样的地理、自然因素,为真菌的生长发育创造了有利的环境条件,汇集了多种大型真菌资源。在海拔2900~3500m暗针叶林下真菌资源丰富,其代表种类主要是蓝丝膜菌 *Cortinarius caerulescens* 等,生长于7~9月,产量高;在海拔3200~3500m紫果云杉林地倒木上生长的金耳 *Tremella aurantialba* 以及在青海云杉和粗枝云杉林地与林木有共生关系的外生菌根真菌;在6~9月常见的有红菇 *Russula*、乳菇属 *Lactarius*、丝膜菌属 *Cortinarius* 和铆钉菇属 *Chroogomphidius* 等珍品,除在本区相当丰富外,还有与西南分布区的高山地带所共有的种类,如金黄枝瑚菌 *Ramaria subaurantiaca* 等多种枝瑚菌、锁瑚菌。本区真菌种类分布特征还与东喜马拉雅横断山区的真菌种类有较大的共性,在海拔3500~4400m高山地带广为分布的有珠芽蓼和蝙蝠蛾 *Hepialus armoricanus* 以及多种蝠蛾类的区域,是生长冬虫夏草 *Cordyceps sinensis* 等多种虫草的自然分布区。在海拔2900~3500m的林地和草原上生长的红菇属 *Russula*、乳菇属 *Lactarius*、蘑菇属 *Agaricus*、侧耳属 *Pleurotus*,均属华北地区的北温带种和海拔2900~3500m地带生长的羊肚菌属 Morchella 的羊肚菌 *Morchlla esculenea*,按区域划分应属新疆、西北地区的特有种。但还有部分种类与内蒙古草原地带所共有,例如夏秋季在尕海草原生长的蘑菇属 *Agaricus* 白鳞菇 *Agaricus bernardii* 和蘑菇 *Agaricus bisporus* 等形成的大型蘑菇圈。秃马勃属 *Calvatia* 的大秃马勃 *Calvatia gigantea*、白马勃 *Calvatia candida* 等种类,在海拔2900~3900m灌丛草地及草原、草坡、夏秋雨季到处可见,是草原的景观之一。

3.7.3　真菌植物属种排序

保护区70种真菌分属冠囊菌目、盘菌目、木耳目、银耳目、多孔菌目、伞菌目、马勃目、硬皮马勃目、鸟巢菌目等9个目,麦角科、炭棒科、盘菌科、马鞍菌科、蜡钉菌科、地舌菌科、木耳科、银耳科、多孔菌科、裂褶菌科、齿菌科、珊瑚菌科、喇叭菌科、牛肝菌科、侧耳科、口蘑科、蘑菇科、鬼伞科、丝膜菌科、铆钉菇科、红菇科、马勃科、硬皮地星科、鸟巢菌科等24个科44个属。详见表3-10、11。

表3-10 保护区真菌植物目、科、属种统计表

目	科	属	种
冠囊菌目	2	2	3
盘菌目	4	6	9
木耳目	1	1	2
银耳目	1	1	1
多孔菌目	5	16	22
伞菌目	8	13	26
马勃目	1	2	4
鸟巢菌目	1	1	1
鸟巢菌目	1	2	2
小计	24	44	70

表3-11 保护区真菌植物目、科、属种数排序表

目	科	属	种	变种
多孔菌目	多孔菌科 Polyporaceae	灰树花属 *Polyporus*	4	
伞菌目	蘑菇科 Agaricaceae	蘑菇属 *Agaricus*	4	
伞菌目	红菇科 Russulaceae	红汁乳菇属 *Lactarius*	4	
盘菌目	马鞍菌科 Helvellaceae	羊肚菌属 *Morchlla*	3	
伞菌目	丝膜菌科 Cortinariaceae	丝膜菌属 *Cortinarius*	3	
伞菌目	红菇科 Russulaceae	大白菇属 *Russula*	3	
冠囊菌目	麦角科 Clavicipitaceae	虫草属 *Cordyceps*	2	
盘菌目	盘菌科 Pezizaceae	侧盘菌属 *Otidea*	2	
木耳目	木耳科 Auriculariaceae	木耳属 *Auricularia*	2	
多孔菌目	多孔菌科 Polyporaceae	灰白云芝属 *Coriolus*	2	
多孔菌目	多孔菌科 Polyporaceae	大孔菌属 *Favolus*	2	
多孔菌目	珊瑚菌科 Clavariaceae	珊瑚菌属 *Clavaria*	2	
多孔菌目	珊瑚菌科 Clavariaceae	枝瑚菌属 *Ramaria*	2	
多孔菌目	珊瑚菌科 Clavariaceae	冠锁瑚菌属 *Clavulina*	2	
伞菌目	口蘑科 Tricholomataceae	杯伞属 *Clitocybe*	2	
伞菌目	口蘑科 Tricholomataceae	香蘑属 *Lepista nuda*	2	
马勃目	马勃科 Lycoperdaceae	马勃属 *Lycoperdon*	2	
马勃目	马勃科 Lycoperdaceae	秃马勃属 *Calvatia*	2	
冠囊菌目	炭棒科 Xylariaceae	炭角菌属 *Xylaria*	1	
盘菌目	盘菌科 Pezizaceae	褐盘菌属 *Peziza*	1	
盘菌目	蜡钉菌科 Helotiaceae	绿盘菌属 *Chlorosplenium*	1	
盘菌目	蜡钉菌科 Helotiaceae	蜡钉菌属 *Holotium*	1	

续表

目	科	属	种	变种
盘菌目	地舌菌科 Geoglossaceae	黄地锤属 *Cudonia*	1	
银耳目	银耳科 Tremellaceae	金耳属 *Tremella*	1	
多孔菌目	多孔菌科 Polyporaceae	篱边黏褶菌属 *Gleophyllum*	1	
多孔菌目	多孔菌科 Polyporaceae	硬壳层孔菌属 *Fomes*	1	
多孔菌目	多孔菌科 Polyporaceae	香栓菌属 *Trametes*	1	
多孔菌目	裂褶菌科 Schizophyllaceae	裂褶菌属 *Schizophyllum*	1	
多孔菌目	齿菌科 Hydnaceae	翘鳞肉齿菌属 *Saarcodon*	1	
多孔菌目	齿菌科 Hydnaceae	白齿菌属 *Hydnum*	1	1
多孔菌目	珊瑚菌科 Clavariaceae	棒瑚菌属 *Clavaria*	1	
多孔菌目	喇叭菌科 Cantharessaceae	喇叭菌属 *Cantharellus*	1	
伞菌目	牛肝菌科 Boletaceae	牛肝菌属 *Boletus*	1	
伞菌目	侧耳科 Pleurotaceae	侧耳属 *Pleurotus*	1	
伞菌目	口蘑科 Tricholomataceae	金线菌属 *Collybia*	1	
伞菌目	口蘑科 Tricholomataceae	离褶伞属 *Lyophyllum*	1	
伞菌目	口蘑科 Tricholomataceae	白口蘑属 *Tricholoma*	1	
伞菌目	鬼伞科 Coprinaceae	粪鬼伞属 *Coprinus*	1	
伞菌目	鬼伞科 Coprinaceae	墨汁鬼伞属 *Coprinopsis*	1	
伞菌目	铆钉菇科 Gomphidiaceae	铆钉菇属 *Chroogomphidius*	1	
硬皮马勃目	硬皮地星科 Astraeaceae	硬皮地星属 *Astraeus*	1	
鸟巢菌目	鸟巢菌科 Nidularaceae	壶黑蛋巢属 *Cyathus*	1	
鸟巢菌目	鸟巢菌科 Nidularaceae	白蛋巢菌属 *Crucibulum*	1	
小计9	24	44	70	1

3.8 地衣

保护区地衣共3科3属5个种，即鹿角菜科鹿角菜属1个种、松萝科松萝属2个种、霜降衣科雪茶属2个种。

3.8.1 鹿角菜科 Fucaceae 鹿角菜属 *Pelvetia*

(1)鹿角菜 *Pelvetia siliquosa* Tsenget C. F. Chang

异名：*Pelvetia minor* Noda。

分布：则岔。甘肃省大部分地区。我国辽宁、山东、青海等地。生于海拔3000m以上原始森林的苔藓中。综合调查。

能改善人体消化功能，对肠胃道疾病、糖尿病有一定的食疗作用。

3.8.2 松萝科 Usneaceae 松萝属 *Usnea*

(2)破茎松萝 *Usnea diffracta* Vain.

别名：节松萝。

分布:则岔。甘肃省大部分地区。我国大部分省区。生长于深山老林树干上或岩壁上。其他调查。

有止咳平喘、活血通络、清热解毒等功效。

(3)长松萝 *Usnea longissima* Ach.

别名:老君须。

分布:则岔。甘肃省大部分地区。我国大部分省区。生长于深山老林树干上或岩壁上。其他调查。

有止咳平喘、活血通络、清热解毒等功效。

3.8.3 霜降衣科 Icmadophilaceae 雪茶属 *Thamnolia*

(4)雪茶 *Thamnolia vermicularis*(Sw.)Ach. ex Schaer.

别名:地茶、太白茶、地雪茶、夏软(藏语)。

分布:则岔。甘肃省大部分地区。我国黑龙江、吉林、内蒙古、安徽、湖北、陕西、新疆、四川、云南、西藏等地。生于高寒山地。其他调查。

有清热生津、醒脑安神、降血压、降血脂等功效。

(5)雪地茶 *Thamnolia subuliformis*(Ehrh.)W. Culb.Thmnolia

别名:地茶、太白茶、地雪茶、夏软(藏语)。

分布:则岔。甘肃省大部分地区。我国东北及内蒙古、湖北、湖南、陕西、新疆、四川、云南、西藏等地。生于高寒山地草丛中或石上。其他调查。

有清热生津、醒脑安神功效。

第4章 昆虫及其他无脊椎动物种类及其演变

4.1 昆虫种类及分布

在一期科考资料的基础上，通过对二期科考资料的内业鉴定整理，并广泛收集大专院校、科研院所学者在保护区开展的昆虫资源调查研究成果，保护区的昆虫资源有10目61科202属340种。详见附录5《尕海则岔保护区昆虫名录》。

4.1.1 蜻蜓目 ODONATA

4.1.1.1 蜻科 Libellulidae

(1)褐带赤卒 *Sympetrum pedemontanum* Auioni

寄主：小昆虫。

分布：则岔、尕海湖。

垂直分布：海拔2900~3400m。

4.1.1.2 蜓科 Aeschnidae

(2)褐蜓 *Anax nigrofasciatus* Oguma

寄主：小昆虫。

分布：则岔村旁河边、尕海湖。

垂直分布：海拔2900~3500m。

4.1.2 直翅目 ORTHOPTERA

4.1.2.1 螽斯科 Tettigoniidae

(3)螽斯 *Gampsocleis* sp.

寄主：杂草。

分布：则岔。

垂直分布：海拔3100m以下。

4.1.2.2 丝角蝗科 Oedipodidae

(4)小稻蝗 *Oxya hyla intricata*(Stal.)

寄主：杂草。

分布：则岔、贡去乎。

垂直分布：海拔2900~3000m。

(5)西藏板胸蝗 *Spathosternum prasiniferum xizangense* Yin

寄主:杂草。

分布:则岔、尕海、李恰如。

垂直分布:海拔2900~3500m。

4.1.2.3 斑腿蝗科 Catantopidae

(6)短角外斑腿蝗 *Xenocatantops humilis brachycerus*(Will.)

寄主:牧草。

分布:则岔、尕海、郎木寺。

垂直分布:海拔2900~3400m。

4.1.2.4 蝗科 Acrididae

(7)红翅皱膝蝗 *Angaracris rhodopa*(Fischer et Walheim)

寄主:杂草。

分布:尕海、贡巴、郎木寺。

垂直分布:海拔3000~3500m。

(8)轮纹异痂蝗 *Bryodemella tuberculatum dilutum* Stoll

寄主:牧草。

分布:则岔、贡去乎。

垂直分布:海拔2900~3300m。

(9)短星翅蝗 *Calliptamus abbreviatus* Ikonn.

寄主:牧草。

分布:则岔、尕海、西仓。

垂直分布:海拔2900~3400m。

(10)红腹牧草蝗 *Omocestus haemorrhoidalis* Charpentier

寄主:牧草。

分布:则岔、尕海、贡巴、郎木寺。

垂直分布:海拔2900~3600m。

(11)黄腹牧草蝗 *Omocestus* sp.

寄主:牧草。

分布:尕海、则岔。

垂直分布:海拔2900~3600m。

(12)达氏凹背蝗 *Ptygonotus tarbinskii* Uvarov

寄主:牧草。

分布:尕海、郎木寺。

垂直分布:海拔3000~3500m。

(13)石栖蝗 *Saxetophilus petulans* Umnov

寄主:杂草。

分布:则岔、西仓、贡去乎。

垂直分布:海拔2900~3100m。

(14)甘肃鳞翅蝗 *Squamopenna gansuensis*(Lian et Zheng)
寄主:杂草。
分布:则岔、尕海、郎木寺。
垂直分布:海拔2900~3400m。
4.1.2.5 槌角蝗科 Gomphoceridae
(15)李氏大足蝗 *Aeropus licenti* Chang
寄主:杂草。
分布:尕海、郎木寺。
垂直分布:海拔3300~3600m。
4.1.2.6 网翅蝗科 Arcypteridae
(16)白纹雏蝗 *Chorthippus albonemus* Cheng et Tu
异名:*Glyptobothrus albonemus* Cheng et Tu。
寄主:牧草。
分布:则岔、西仓、尕海。
垂直分布:海拔2900~3300m。
(17)华北雏蝗 *Chorthippus brunneus huabeiensis* Xia et Jin
寄主:牧草。
分布:尕海。
垂直分布:海拔3000~3400m。
(18)中华雏蝗 *Chorthippus chinensis* Tarbinsky
寄主:杂草。
分布:尕海、贡巴、李恰如种畜场。
垂直分布:海拔2900~3500m。
(19)狭翅雏蝗 *Chorthippus dubius*(Zub.)
寄主:杂草。
分布:尕海、贡巴、郎木寺。
垂直分布:海拔2900~3400m。
(20)小翅雏蝗 *Chorthippus fallax*(Zub.)
寄主:牧草。
分布:尕海、贡巴。
垂直分布:海拔3000~3400m。
(21)东方雏蝗 *Chorthippus intermedius* Bei-Bienko
寄主:牧草。
分布:则岔、尕海、贡巴。
垂直分布:海拔3000~3500m。
(22)楼观雏蝗 *Chorthippus louguanensis* Cheng et Tu
寄主:牧草。
分布:西仓、尕海。

垂直分布:海拔2900~3600m。

(23)小雏蝗 *Chorthippus mollis*(Charp.)

寄主:牧草。

分布:尕海、郎木寺。

垂直分布:海拔3300~3500m。

(24)邱氏异爪蝗 *Euchorthippus cheui* Hsia

寄主:牧草。

分布:尕海、郎木寺。

垂直分布:海拔3300~3600m。

4.1.2.7 蜢科 Eumastacidae

(25)黑马河凹顶蜢 *Ptygomastax heimahoensis* Cheng et Hang

寄主:杂草。

分布:则岔、贡去乎。

垂直分布:海拔2900~3000m。

4.1.3 同翅目 HOMOPTERA

4.1.3.1 沫蝉科 Cercoptidae

(26)松沫蝉 *Aphrophora flavipes* Uhler.

寄主:树枝。

分布:则岔、贡去乎。

垂直分布:海拔2900~3200m。

(27)柳沫蝉 *Aphrophora intermedia* Uhler

寄主:柳树嫩枝、嫩叶。

分布:则岔、贡去乎。

垂直分布:海拔3000m以下。

4.1.3.2 叶蝉科 Cicadellidae

(28)大青叶蝉 *Cicadella viridis* Linne.

寄主:杨树叶片和嫩枝。

分布:西仓、贡去乎、则岔。

垂直分布:海拔3000m以下。

4.1.3.3 瘿绵蚜科 Pemphigidae

(29)三堡瘿绵蚜 *Epipemphigus sanpupopuli* Zhang et Zhang

寄主:杨树叶、芽。

分布:贡去乎。

垂直分布:海拔3000m以下。

(30)杨柄叶瘿绵蚜 *Pemphigus matsumurai* Monzen

寄主:杨树叶、芽。

分布:则岔、贡去乎。

垂直分布:海拔3100m以下。

(31)白杨瘿绵蚜 *Pemphigus napaeus* Buckton
别名:杨瘿绵蚜、头瘿绵蚜。
寄主:杨树叶、芽。
分布:则岔、贡去乎。
垂直分布:海拔3000m以下。

4.1.3.4 大蚜科 Lachnidae

(32)黑松大蚜 *Cinara atratipinivora* Zhang
寄主:云杉叶和芽。
分布:贡去乎、则岔。
垂直分布:海拔2900~3400m。

(33)黑云杉蚜 *Cinara piceae* Panzer
别名:云杉长足大蚜。
寄主:云杉树枝。
分布:贡去乎、则岔。
垂直分布:海拔2900~3400m。

(34)松蚜 *Cinara pinea* Mordwiko
寄主:云杉幼嫩枝。
分布:贡去乎、则岔。
垂直分布:海拔2900~3400m。

(35)松大蚜 *Cinara pinitabulaeformis* Zhang et Zhang
别名:油松大蚜。
寄主:云杉嫩枝。
分布:贡去乎、则岔。
垂直分布:海拔2900~3200m。

4.1.3.5 球蚜科 Adelgidae

(36)落叶松球蚜 *Adelges laricis* Vallot.
别名:腻虫。
寄主:云杉、落叶松幼梢
分布:则岔、贡去乎。
垂直分布:海拔3200m以下。
为林业危险性有害生物。

(37)蜀云杉松球蚜 *Pineus sichuananus* Zhang
寄主:云杉梢部。
分布:西仓、贡去乎、则岔。
垂直分布:海拔2900~3500m。

(38)云杉梢球蚜 *Pineus* sp.
寄主:云杉梢部。
分布:西仓、贡去乎、则岔。

垂直分布:海拔2900~3500m。

(39)落叶松红瘿球蚜 *Sacchiphantes roseigallis* Li et Tsai

别名:红瘿球蚜。

寄主:云杉树梢、嫩芽。

分布:西仓、贡去乎、则岔。

垂直分布:海拔3300m以下。

4.1.3.6 蚜科 Aphididae

(40)樱桃卷叶蚜 *Tuberocephalus liaoningensis* Chang et Zhong

寄主:叶。

分布:西仓、贡去乎、则岔。

垂直分布:海拔3900m以下。

4.1.3.7 盾蚧科 Diaspididae

(41)杨牡蛎蚧 *Lepidosaphes salicina* Borchsonius

别名:柳蛎盾蚧。

寄主:杨树枝梢、叶片。

分布:西仓、贡去乎、则岔。

垂直分布:海拔2900~3500m。

为林业危险性有害生物。

4.1.3.8 粉虱科 Aleyrodidae

(42)白粉虱 *Trialeurodes vaporariorum* Westwood

寄主:叶。

分布:西仓、则岔。

垂直分布:海拔3000m以下。

4.1.4 半翅目 HEMIPTERA

4.1.4.1 蝽科 Pentatomidae

(43)横纹菜蝽 *Eurydema gebleri* Kolenati

寄主:杨、桦、柳、云杉。

分布:则岔、贡去乎。

垂直分布:海拔3000m以下。

(44)蓝蝽 *Zicrona caerula* Linnaeus

寄主:杂灌。

分布:则岔、贡去乎。

垂直分布:海拔3000m以下。

4.1.4.2 长蝽科 Lygaexidae

(45)红脊长蝽 *Tropidothorax elegans* Distant

寄主:杂灌。

分布:则岔、贡去乎。

垂直分布：海拔3000m以下。

4.1.4.3　盲蝽科 Miridae

(46)四斑苜蓿盲蝽 *Adelphocoris guadripunctatus* Annuluornis

寄主：牧草。

分布：西仓、贡去乎、则岔。

垂直分布：海拔2900~3300m。

(47)苜蓿盲蝽 *Adelphocoris linedatus* Goeze

寄主：柳、豆科植物。

分布：尕海、则岔。

垂直分布：海拔2900~3500m。

(48)牧草盲蝽 *Lygus pratensis* Linnaeus

寄主：牧草。

分布：尕海、贡巴、则岔。

垂直分布：海拔2900~3500m。

(49)二点叶盲蝽 *Lygus* sp.

寄主：柳、绣线菊。

分布：尕海、则岔。

垂直分布：海拔3500m以下。

4.1.4.4　黾蝽科 Gerridae

(50)大水黾 *Aguarium elongatas* Uhl.

寄主：水生小昆虫。

分布：尕海湖。

垂直分布：海拔3500m以下。

(51)小水黾 *Gerris lacustris* L.

寄主：飞虱、叶蝉等。

分布：尕海湖水域。

垂直分布：海拔3500m以下。

4.1.5　鞘翅目 COLEOPTERA

4.1.5.1　虎甲科 Cicindelidae

(52)紫铜虎甲 *Cicindela genmata* Falermann

寄主：捕食小型昆虫。

分布：尕海、贡巴。

垂直分布：海拔2900~3400m。

(53)多型虎甲铜翅亚种 *Cicindela hybrida transbaicalica* Motschulsky

寄主：包括蝗虫在内的各种昆虫。

分布：贡巴、尕海、西倾山。

垂直分布：海拔2900~3600m。

4.1.5.2 步甲科 Carabidae

(54)大星步甲 *Calosoma maximoviczi* Morawitz

寄主:多种昆虫。

分布:则岔、贡去乎。

垂直分布:海拔 2900~3200m。

(55)黄缘青步甲 *Chlaenius spoliatus* Rossi

寄主:多种昆虫。

分布:则岔、贡去乎。

垂直分布:海拔 2900~3000m。

(56)大头婪步甲 *Harpalus capito* Morawitz

寄主:小昆虫。

分布:贡去乎。

垂直分布:海拔 2900~3200m。

(57)单齿婪步甲 *Harpalus simplicidens* Schauberger

寄主:多种小昆虫。

分布:西仓、则岔。

垂直分布:海拔 2900~3200m。

(58)刘氏三角步甲 *Trgonotoma lewisii* Bates.

寄主:小昆虫。

分布:则岔。

垂直分布:海拔 2900~3100m。

4.1.5.3 龙虱科 Dytiscidae

(59)江龙虱 *Potamocldytes airumrus* Kolenatr.

寄主:水生昆虫。

分布:则岔东沟水域。

垂直分布:海拔 2900~3300m。

4.1.5.4 埋葬甲科 Silphidae

(60)大红斑葬甲 *Nicrophorus japonicus* Harold.

寄主:腐食。

分布:尕海、贡巴、则岔。

垂直分布:海拔 2900~3600m。

(61)红斑葬甲 *Nicrophorus vespillozdes* Herbst.

寄主:动物腐尸。

分布:则岔、尕海、贡巴、郎木寺。

垂直分布:海拔 2900~3600m。

(62)双斑葬甲 *Plomascopus Plagiatus* Menetries.

寄主:动物腐尸。

分布:则岔、尕海、贡巴。

垂直分布：海拔2900~3600m。

4.1.5.5　芫菁科 Meloidae

(63)中国豆芫菁 *Epicauta chinensis* Laporte.

寄主：蝗虫卵。

分布：则岔、贡去乎。

垂直分布：海拔3100m以下。

(64)西北豆芫菁 *Epicauta sibirica* Pallas

寄主：蝗虫卵。

分布：贡去乎、则岔。

垂直分布：海拔3100m以下。

(65)眼斑芫菁 *Mylabris cichorii* Linnaeus

寄主：蝗虫卵。

分布：则岔。

垂直分布：海拔3100m以下。

(66)小斑芫菁 *Mylabris splendidula* Pallas.

寄主：蝗虫卵。

分布：则岔。

垂直分布：海拔3100m以下。

4.1.5.6　瓢甲科 Coccinellidae

(67)二星瓢虫 *Adalia bipunctata* Linnaeus

寄主：蚜虫。

分布：西仓、则岔、贡去乎。

垂直分布：海拔3100m以下。

(68)多异瓢虫 *Adonia variegata* Goeze

寄主：蚜虫。

分布：则岔。

垂直分布：海拔3100m以下。

(69)奇变瓢虫 *Aiolocaria mirabilis* Motschnlsky

寄主：蚜虫。

分布：则岔、贡去乎。

垂直分布：海拔3100m以下。

(70)黑缘红瓢虫 *Chilocorus rubidus* Hope

寄主：蚜虫。

分布：则岔、贡去乎。

垂直分布：海拔3100m以下。

(71)横带瓢虫 *Coccinella gaminopunctata* Liu

寄主：蚜、蚧。

分布：则岔、贡去乎。

垂直分布:海拔3100m以下。

(72)纵条瓢虫 *Coccinella longifasciata* Liu

寄主:蚜、蚧。

分布:则岔、贡去乎。

垂直分布:海拔3100m以下。

(73)七星瓢虫 *Coccinella septempunctata* Linnaeus

寄主:蚜、蚧、螨。

分布:则岔、尕海、郎木寺。

垂直分布:海拔3500m以下。

(74)横斑瓢虫 *Coccinella transversoguttata* Faldermann

寄主:蚜、蚧。

分布:西仓、则岔、贡去乎。

垂直分布:海拔3200m以下。

(75)黄斑盘瓢虫 *Coeloptoro saucaia* Mulsant

寄主:蚜虫,蚧类害虫。

分布:贡去乎。

垂直分布:海拔3100m以下。

(76)九斑食植瓢虫 *Epilachna freyana* Beilawski

寄主:马铃薯。

分布:贡去乎。

垂直分布:海拔3100m以下。

(77)茄二十八星瓢虫 *Epilachna vigintioctopunctata* Fabricius

寄主:马铃薯。

分布:贡去乎。

垂直分布:海拔3100m以下。

(78)环艳瓢虫 *Jauravia* sp.

寄主:蚜虫。

分布:贡去乎。

垂直分布:海拔3100m以下。

(79)龟纹瓢虫锚斑变型 *Propylaea lenylaea* Ancora

寄主:蚜虫。

分布:则岔。

垂直分布:海拔3100m以下。

(80)小艳瓢虫 *Sticholotis* sp.

寄主:蚜虫。

分布:则岔。

垂直分布:海拔3100m以下。

4.1.5.7 蜣螂科 Scarabaeidae

(81)臭蜣螂 *Copris ochus* Motschulsky

寄主:粪食性。

分布:则岔。

垂直分布:海拔 2900~3200m。

(82)黑蜣螂 *Passaeidae* sp.

寄主:粪食性。

分布:则岔、尕海、贡巴。

垂直分布:海拔 2900~3500m。

(83)蜣螂 *Scrabaells sacer* Linn.

寄主:粪食性。

分布:郎木寺。

垂直分布:海拔 3500m 以下。

4.1.5.8 粪蜣科(粪金龟科)Geotrupidae

(84)粪堆粪金龟 *Geotrupes stercorarills* Linnaeus

寄主:粪食性。

分布:尕海、贡巴、则岔。

垂直分布:海拔 2900~3600m。

4.1.5.9 鳃金龟科 Melolonthidae

(85)黑棕鳃金龟 *Apogonia cupreoviridis* Kolbe

寄主:小檗。

分布:则岔。

垂直分布:海拔 2900~3100m。

(86)东北大黑鳃金龟 *Holotrichia diomphalia* Bates

寄主:落叶松、杨、柳幼苗根系。

分布:则岔。

垂直分布:海拔 2900~3000m。

(87)棕色鳃金龟 *Holotrichia titanis* Reitter

寄主:落叶松、杨、柳树叶,牧草。

分布:尕海、郎木寺、则岔。

垂直分布:海拔 2900~3500m。

(88)黄毛鳃金龟 *Holotrichia trichophora* Farim

寄主:冷杉。

分布:则岔。

垂直分布:海拔 3300~3500m。

(89)紫绒金龟 *Maladera japanica* Motschulsky

寄主:杨、柳叶和根。

分布:则岔。

垂直分布:海拔2900~3100m。

(90)大云斑鳃金龟*Polyphylla laticollis* Lewis

寄主:落叶松等多种苗根。

分布:贡去乎。

垂直分布:海拔3100m以下。

(91)黑绒鳃金龟*Serica orientalis* Metsch.

寄主:多种苗根。

分布:贡去乎。

垂直分布:海拔3100m以下。

4.1.5.10 花金龟科 Cetoniidae

(92)黑绒金龟*Maladera orienealis* Motschulsky

寄主:杂灌。

分布:贡去乎。

垂直分布:海拔3100m以下。

(93)绿星花潜*Potosia nitidiscntellata*

异名:*Protaetia nitidiscntellata*。

别名:绿星花金龟。

寄主:各种花。

分布:贡去乎。

垂直分布:海拔3100m以下。

4.1.5.11 丽金龟科 Rutalidae

(94)多色丽金龟*Anomala smaragdina* Ohaus

寄主:落叶松幼苗根系。

分布:贡去乎。

垂直分布:海拔3100m以下。

4.1.5.12 蜉金龟科 Aphodiidae

(95)蜉金龟*Aphodius coobopterus*

寄主:牧草。

分布:则岔、尕海。

垂直分布:海拔2900~3500m。

(96)两星牧场金龟*Aphodius elegans* Allibert

别名:雅蜉金龟。

寄主:牧草。

分布:则岔、尕海。

垂直分布:海拔2900~3400m。

(97)直蜉金龟*Aphodius rectus* Motschulsky

异名:*Phaeaphodius rectus* Motschulsky。

寄主:牧草。

分布:则岔、尕海、郎木寺。
垂直分布:海拔2900~3500m。
4.1.5.13 天牛科 Cerambycidae
(98)幽天牛 *Asemum* sp.
寄主:粗枝云杉。
分布:则岔、贡去乎。
垂直分布:海拔2900~3300m。
(99)密条草天牛 *Endorcadion virgatum* Motschulsky
寄主:草本植物。
分布:则岔。
垂直分布:海拔3100m以下。
4.1.5.14 小蠹科 Soclytidae
(100)冷杉梢小蠹 *Cryphalus sinoabietis* Tsai et Li
寄主:冷杉。
分布:则岔、西仓。
垂直分布:海拔2900~3500m。
(101)云杉大毛小蠹 *Dryocoetes rugicollis* Egg
寄主:云杉。
分布:则岔。
垂直分布:海拔3300m以下。
(102)重齿小蠹 *Ips duplicatus* Sahlb.
寄主:云杉、冷杉。
分布:则岔。
垂直分布:海拔2900~3300m。
(103)云杉重齿小蠹 *Ips hauseri* Reitt
寄主:冷杉。
分布:则岔。
垂直分布:海拔3300~3500m。
(104)曼氏重齿小蠹 *Ips mansfeldi* Wachtl
别名:中重齿小蠹。
寄主:冷杉。
分布:则岔。
垂直分布:海拔3300~3500m。
(105)落叶松八齿小蠹 *Ips subelongatus* Motsch.
寄主:落叶松树冠、基干或全株。
分布:则岔。
垂直分布:海拔3100m以下。
为林业危险性有害生物。

(106)云杉四眼小蠹 *Polygraphus polygraphus* L.

寄主:云杉、冷杉。

分布:则岔、贡去乎。

垂直分布:海拔3500m以下。

(107)多鳞四眼小蠹 *Polygraphus squameus* Yin et Huang

寄主:云杉

分布:则岔、贡去乎。

垂直分布:海拔3500m以下。

4.1.5.15 象甲科 Curculionidae

(108)山杨卷叶象 *Byctiscus betulae* Linn.

别名:梨卷叶象甲、杨狗子。

寄主:杨、山杨。

分布:则岔。

垂直分布:海拔3200m以下。

(109)苹果卷叶象 *Byctiscus princeps* Solsky

异名:*Byctiscus betulae* Linn.。

别名:苹果金象。

寄主:杨、山杨叶片。

分布:则岔。

垂直分布:海拔3100m以下。

(110)遮眼象 *Callirhopalus* sp.

寄主:柳、落叶松。

分布:则岔。

垂直分布:海拔3100m以下。

(111)隆脊绿象 *Chlorophanus lineolus* Motschulsky

寄主:柳、落叶松。

分布:则岔、贡去乎。

垂直分布:海拔3100m以下。

(112)西伯利亚绿象 *Chlorophanus sibiricus* Gyllenhl

寄主:柳、落叶松。

分布:贡去乎。

垂直分布:海拔3100m以下。

(113)松树皮象 *Hylobius haroldi* Faust

寄主:云杉。

分布:贡去乎。

垂直分布:海拔3200m以下。

(114)绿鳞象甲 *Hypomeces squamosus* Herbst

寄主:落叶松针叶。

分布:贡去乎。

垂直分布:海拔3200m以下。

(115)大灰象甲 *Sympiezomias velatus* Chevrolat

寄主:云杉、落叶松针叶。

分布:则岔。

垂直分布:海拔3000m以下。

4.1.5.16 叶甲科(金花虫科)Chrysomelidae

(116)红斑隐盾叶甲 *Adiscus anulatus* Pic

寄主:柳树叶片。

分布:贡去乎。

垂直分布:海拔3100m以下。

(117)守瓜 *Aulacophora* sp.

寄主:柳、云杉叶。

分布:贡去乎。

垂直分布:海拔3100m以下。

(118)白杨叶甲 *Chrysomela populi* Linn.

寄主:杨树、柳树叶片。

分布:贡去乎。

垂直分布:海拔2900m。

(119)毛角沟臀叶甲 *Colaspoides pilicornis* Lefèvre

寄主:杂灌。

分布:贡去乎。

垂直分布:海拔3100m以下。

(120)柳隐头叶甲 *Cryptocephalus hieracii* Weise

寄主:柳树叶片。

分布:则岔。

垂直分布:海拔3100m以下。

(121)蓝负泥虫 *Lema concinnipennis* Baly

寄主:杨树、柳树叶片。

分布:贡去乎。

垂直分布:海拔3000m以下。

(122)跗萤叶甲 *Monolepta olichroa* Harold

寄主:云杉、柳树叶片。

分布:则岔。

垂直分布:海拔2900~3200m。

(123)黄曲条跳甲 *Phyllotreta vittata* Fab

寄主:十字花科植物。

分布:则岔、尕海。

垂直分布:海拔2900~3400m。

(124)柳兰叶甲 *Plagiodera versicolora* Laichart

寄主:柳树叶片。

分布:则岔、尕海。

垂直分布:海拔2900~3200m。

(125)杉针黄叶甲 *Xanthonia collaris* Chen

寄主:云杉。

分布:则岔。

垂直分布:海拔3500m以下。

4.1.6 脉翅目 NEUROPTETA

4.1.6.1 草蛉科 Chrysopibae

(126)中华草蛉 *Chrysopibae formosa* Brauer.

寄主:蚜虫。

分布:则岔。

垂直分布:海拔3100m以下。

(127)小四星草蛉 *Ohysopa cognuaeua*

寄主:蚜虫。

分布:则岔。

垂直分布:海拔3000m以下。

4.1.7 毛翅目 TRICHOPTERA

4.1.7.1 石蛾科 Phryganeidae

(128)石蛾 *Phryganeaus* sp.

寄主:不详。

分布:则岔、石林。水域。

垂直分布:海拔3400m以下。

4.1.8 鳞翅目 LEPIDPTERA

4.1.8.1 凤蝶科 Papilionidae

(129)碧凤蝶 *Papilio bianor* Cramer

异名:*Achillides bianor* Cramer。

寄主:牧草植物。

分布:尕海、西倾山。

垂直分布:海拔3300~4000m。

(130)黄凤蝶西藏亚种 *Papilio machaon asiaticus* Ménétriès

寄主:伞形科植物。

分布:尕海、西倾山、郎木寺、则岔。

垂直分布:海拔3200~3900m。

(131)金凤蝶(黄凤蝶)*Papilio machaon* Linnaeus

寄主:伞形科植物。

分布:则岔、尕海、西倾山。

垂直分布:海拔3300~4100m。

(132)柑橘凤蝶 *Papilio xuthus* Linnaeus

寄主:森林植物。

分布:尕海、则岔。

垂直分布:海拔3000~3500m。

4.1.8.2 绢蝶科 Parnassiidae

(133)周氏绢蝶(新种)*Panassius choui* Huang et Shi

寄主:景天科植物。

分布:西倾山。

垂直分布:海拔3500~4200m。

列入《国家保护的有重要生态、科学、社会价值的陆生野生动物名录》(以下简称"国家保护的'三有'陆生野生动物")。

(134)君主绢蝶 *Panassius imperator* Oberthur

寄主:不详。

分布:尕海、西倾山。

垂直分布;海拔3400~3700m。

国家二级重点保护野生动物。

(135)君主绢蝶大通山亚种 *Panassius impevator rex* Bang-Haas

寄主:不详。

分布:尕海、贡巴、西倾山。

垂直分布:海拔3000~4200m。

国家二级重点保护野生动物。

(136)四川绢蝶指名亚种 *Panassius szechenyii szechenyii*

寄主:不详。

分布:则岔、贡去乎。

垂直分布:海拔3100m以下。

国家保护的"三有"陆生野生动物。

(137)安度绢蝶 *Parnassius andreji* Eisner

寄主:高寒牧草植物。

分布:尕海、西倾山。

垂直分布:海拔3500~4200m。

国家保护的"三有"陆生野生动物。

(138)红珠绢蝶 *Parnassius bremeri graeseri* Horn

寄主:景天科植物、杨树叶片。

分布:尕海、则岔、西倾山。

垂直分布:海拔3000~4100m。

国家保护的"三有"陆生野生动物。

(139)元首绢蝶*Parnassius cephalus* Grum-Grshimailo

寄主:高寒牧草植物。

分布:尕海、西倾山。

垂直分布:海拔3500~4200m。

为十分珍稀的蝶类,国家保护的“三有”陆生野生动物。

(140)冰清绢蝶*Parnassius citrinarius* Motschulsky

异名:*Parnassius glacialis* Butler。

寄主:高寒牧草植物。

分布:尕海、西倾山、郎木寺、则岔。

垂直分布:海拔3200~3900m。

除了在昆虫学研究中有特殊价值,它还具有独特的外观形态,有较高的观赏价值。国家保护的“三有”陆生野生动物。

(141)依帕绢蝶*Parnassius epaphus* Oberthür

寄主:不详。

分布:则岔。

垂直分布:海拔2900~3600m。

国家保护的“三有”陆生野生动物。

(142)依帕绢蝶青海亚种*Parnassius epaphus* ssp.

寄主:不详

分布:则岔。

垂直分布:海拔2900~3600m。

国家保护的“三有”陆生野生动物。

(143)夏梦绢蝶*Parnassius jacquemontii* Boisduval

寄主:景天科红景天属植物。

分布:尕海、西倾山。

垂直分布:海拔3400~4100m。

国家保护的“三有”陆生野生动物。

(144)黄毛白绢蝶*Parnassius lalialis* Btlr

寄主:紫堇等。

分布:则岔、尕海。

垂直分布:海拔2900~3500m。

国家保护的“三有”陆生野生动物。

(145)小红珠绢蝶甘南亚种*Parnassius nomion theagenes* Fruhtorfer

寄主:景天科植物。

分布:则岔。

垂直分布:海拔3200m以下。

国家保护的“三有”陆生野生动物。

(146)小红珠绢蝶秦岭亚种*Parnassius nomion tsinlingensis* Bryke et Eisner
寄主:不详。
分布:则岔。
垂直分布:海拔3100m以下。
国家保护的“三有”陆生野生动物。
(147)珍珠绢蝶*parnassius orleans* Oberthur
寄主:高寒牧草植物。
分布:尕海、西倾山。
垂直分布:海拔3500~4200m。
中国特有、稀有种。国家保护的“三有”陆生野生动物。
(148)小红珠绢蝶*Parnassius orleanus* Oberthur
寄主:景天科植物等。
分布:则岔、尕海、西倾山。
垂直分布:海拔3200~4000m。
国家保护的“三有”陆生野生动物。
(149)西猴绢蝶*Parnassius simo* Gray
寄主:高寒牧草植物。
分布:尕海、西倾山。
垂直分布:海拔3500~4200m。
国家保护的“三有”陆生野生动物。
(150)白绢蝶*Parnassius stubbendorfii* Menetries
寄主:紫堇等。
分布:尕海、则岔。
垂直分布:海拔2900~3600m。
国家保护的“三有”陆生野生动物。

4.1.8.3　蛱蝶科 Nymphalidae

(151)孔雀蛱蝶 *Aglais io* Linnaeus
异名:*Inachus io* Linnaeus。
寄主:忍冬、绣线菊。
分布:西仓、则岔。
垂直分布:海拔3000m以下。
(152)荨麻蛱蝶*Aglais urticae* Linnaeus
寄主:荨麻。
分布:则岔、西仓。
垂直分布:海拔2900~3100m。
(153)柳紫闪蛱蝶*Apatura ilia*(Denis et Schiffermüller)
寄主:柳树叶片。
分布:贡去乎。

垂直分布：海拔3200m以下。

(154)紫闪蛱蝶*Apatura iris* L.

寄主：杨、柳树叶片。

分布：贡去乎。

垂直分布：海拔3100m以下。

(155)闪蛱蝶属一种*Apatura* sp.

寄主：杨、柳。

分布：贡去乎。

垂直分布：海拔3200m以下。

(156)斐豹蛱蝶*Argynnis hyperbius* Linn.

寄主：柳树、杂草。

分布：尕海、则岔。

垂直分布：海拔2900~3500m。

(157)老豹蛱蝶*Argyronome laodice* Pall

寄主：堇菜科植物。

分布：尕海、则岔、西倾山。

垂直分布：海拔2900~3600m。

(158)龙女宝蛱蝶*Boloria pales*(Denis et Schiffermuller)

别名：直缘小豹蛱蝶。

寄主：杂灌。

分布：则岔、尕海。

垂直分布：海拔3000~3500m。

(159)龙女宝蛱蝶康定亚种*Bolorla pales palina* Fruhst

别名：直缘小豹蛱蝶康定亚种。

寄主：杂灌。

分布：则岔、尕海。

垂直分布：海拔2900~3500m。

(160)小豹蛱蝶*Brenthis daphne ochroleuca* Fruhostorfer

寄主：堇菜科植物。

分布：尕海、则岔、西倾山。

垂直分布：海拔2900~3600m。

(161)黑基小豹蛱蝶盐源亚种*Clossiana evagong* Oberth

寄主：杂灌。

分布：则岔、西仓。

垂直分布：海拔3100m以下。

(162)珍珠蛱蝶*Clossiana gong* Oberhür

异名：*Clossiana genia* Fruhstorfer。

寄主：杜鹃叶片。

分布：则岔、石林。

垂直分布：海拔3000~3500m。

(163)灰珠蛱蝶 *Clossiana poles pwlina* Fruhstofer

寄主：杂灌。

分布：则岔、尕海。

垂直分布：海拔3000~3400m。

(164)珍蛱蝶属一种 *Clossiana* sp.

寄主：杂灌。

分布：则岔、尕海。

垂直分布：海拔3000~3400m。

(165)捷豹蛱蝶 *Fabriciana abipps vorax* Butler

寄主：堇菜科植物。

分布：则岔、尕海、西倾山。

垂直分布：海拔3000~3700m。

(166)灿福蛱蝶 *Fabriciana adippe* Linnaeus

别名：灿豹蛱蝶。

寄主：堇菜科植物。

分布：尕海、西倾山。

垂直分布：海拔3300~3600m。

(167)蟾福蛱蝶 *Fabriciana nerippe* Felder

别名：蟾豹蛱蝶。

寄生：堇菜科植物。

分布：尕海、西倾山、则岔。

垂直分布：海拔3300~3600m。

(168)孔雀蛱蝶属一种 *Inachis* sp.

寄主：忍冬、绣线菊。

分布：西仓、则岔。

垂直分布：海拔3000m以下。

(169)琉璃蛱蝶 *Kaniska canace*(Linnaeus)

寄主：牧草。

分布：则岔、尕海。

垂直分布：海拔3000~3500m。

(170)细线蛱蝶 *Limenitis cleophas*

寄生：杂草。

分布：尕海、则岔。

垂直分布：海拔3300~3500m。

(171)横眉线蛱蝶 *Limenitis moltrechti* Kardakoff

寄生：杂草。

分布：尕海、则岔。

垂直分布：海拔3300~3500m。

(172)折线蛱蝶 *Limenitis sydyi* Lederer

寄生：杂草。

分布：尕海、则岔。

垂直分布：海拔3300~3500m。

(173)缕蛱蝶 *Litinga cottina*

寄主：杂草。

分布：则岔、尕海。

垂直分布：海拔3000~3500m。

(174)曲斑珠蛱蝶 *Lssoria eugenia* Eversmann

寄主：杂灌。

分布：尕海、则岔。

垂直分布：海拔2900~3500m。

(175)黑网蛱蝶 *Melitaea amada*

寄主：杂草。

分布：尕海、则岔。

垂直分布：海拔2900~3400m。

(176)帝网蛱蝶 *Melitaea diamina*

寄主：牧草。

分布：则岔、尕海。

垂直分布：海拔2900~3500m。

(177)罗网蛱蝶 *Melitaea romanovi*

寄主：牧草、杂灌。

分布：则岔、尕海。

垂直分布：海拔2900~3500m。

(178)大网蛱蝶 *Melitaea scotosia*

寄主：牧草。

分布：则岔、尕海。

垂直分布：海拔2900~3500m。

(179)福豹蛱蝶 *Mesoacidalia charlotta fortura* Janson

寄主：堇菜科植物。

分布：尕海、西倾山、则岔。

垂直分布：海拔2900~3600m。

(180)银丝豹蛱蝶 *Mesoacidalia clara* Blanch

寄主：杂灌。

分布：尕海、则岔。

垂直分布：海拔2900~3400m。

(181)重环蛱蝶 *Neptis alwina dejeani* Oberthur

寄主:苜蓿。

分布:贡去乎。

垂直分布:海拔3100m以下。

(182)小环蛱蝶 *Neptis hylas emodes* Moore

寄主:苜蓿。

分布:则岔。

垂直分布:海拔3100m以下。

(183)单环蛱蝶 *Neptis rivularis* Scopoli

寄主:绣线菊。

分布:贡去乎。

垂直分布:海拔3200m以下。

(184)黄缘蛱蝶 *Nymphalis antiopa* Linnaeus

寄主:杨叶片。

分布:则岔。

垂直分布:海拔3000~3300m。

(185)朱蛱蝶 *Nymphalis xanthomelas* Denis et Schiffermüller

寄主:柳树叶。

分布:则岔、贡去乎。

垂直分布:海拔3100m以下。

(186)线蛱蝶 *Patathyma elmanni* Subsp

寄主:杂灌。

分布:则岔。

垂直分布:海拔2900~3300m。

(187)中华黄葩蛱蝶 *Patsuia sinensium* Oberthür

异名:*Patsuia sinensis* Oberthür、*Limenitis sinensium* Oberthür。

别名:中华葩蛱蝶。

寄主:不明。

分布:则岔。

垂直分布:海拔3400m以下。

中华黄葩蛱蝶模式种,从蛱蝶科线蛱蝶族Limenitini分出,是葩蛱蝶属 *Patsuia* 中唯一一种,仅分布于中国。

(188)白钩蛱蝶 *Polygonia calbum hemigera* Butler

寄主:忍冬。

分布:则岔。

垂直分布:海拔3100m以下。

(189)大紫蛱蝶 *Sasakia charonda*

寄主:牧草。

分布：尕海。

垂直分布：海拔3300~3600m。

(190)银斑豹蛱蝶 *Speyeria aglaja*

寄主：牧草。

分布：尕海。

垂直分布：海拔3400~3600m。

(191)小红蛱蝶 *Vanessa cardui* Linnaeus

寄主：杨树叶片、豆科植物。

分布：则岔。

垂直分布：海拔2900~3300m。

(192)大红蛱蝶 *Vanessa indica* Herbst

寄主：杨、柳、杂灌叶片。

分布：则岔。

垂直分布：海拔2900~3100m。

(193)印度赤蛱蝶 *Vanessa indica* Herbst

寄主：不详。

分布：则岔、贡去乎。

垂直分布：海拔3100m以下。

4.1.8.4　粉蝶科 Pieridae

(194)皮氏尖襟粉蝶 *Anthocharis bieti* Pieridae

异名：*Anthocharis bieti* Oberth。

别名：皮氏襟粉蝶。

寄主：杂灌。

分布：则岔。

垂直分布：海拔3100m以下。

(195)红襟粉蝶 *Anthocharis cardamines* Linnaeus

寄主：杂灌。

分布：则岔、贡去乎。

垂直分布：海拔3100m以下。

(196)红襟粉蝶太白亚种 *Anthocharis cardamines taipaichana* Verity

别名：橙斑襟粉蝶太白亚种。

寄主：杂灌。

分布：则岔、尕海。

垂直分布：海拔2900~3500m。

(197)黄尖襟粉蝶 *Anthocharis scolymus* Butler

寄主：杂灌。

分布：则岔、尕海。

垂直分布：海拔2900~3500m。

(198)暗色绢粉蝶*Aporia bieti* Oberthür
寄主:杂草。
分布:则岔、尕海。
垂直分布:海拔3500m以下。
(199)绢粉蝶*Aporia crataegi* Linnaeus
寄主:杂草。
分布:则岔、尕海。
垂直分布:海拔2900~3500m。
(200)酪色苹粉蝶*Aporia hippa* Bremer
寄主:小檗属*Berberis* Linn植物,杨、柳、桦树叶。
分布:则岔、西仓、尕海。
垂直分布:海拔3500m以下。
(201)小檗绢粉蝶*Aporia hippia*(Bremer)。
寄主:牧草。
分布:尕海。
垂直分布:海拔3500m左右。
(202)大翅绢粉蝶*Aporia largeteaui* Oberthür
寄主:牧草、杂灌。
分布:尕海、则岔。
垂直分布:海拔2900~3600m。
(203)酪色绢粉蝶*Aporia potanini* Alpheraky
寄主:牧草。
分布:尕海。
垂直分布:海拔3500m左右。
(204)箭纹绢粉蝶*Aporia procris* Leech
寄主:牧草。
分布:尕海。
垂直分布:海拔3500m左右。
(205)红黑豆粉蝶*Colias arida* Alpheraky
寄主:豆科植物。
分布:则岔。
垂直分布:海拔3300m以下。
(206)斑缘豆粉蝶*Colias erate* Esper
寄主:豆科植物。
分布:则岔。
垂直分布:海拔3300m以下。
(207)黄粉蝶*Colias erate* Esper
寄主:豆科植物。

分布:则岔、尕海。

垂直分布:海拔3500m以下。

(208)橙黄豆粉蝶 *Colias fieldii* Menetries

寄主:落叶松、豆科植物。

分布:则岔、尕海。

垂直分布:海拔2900~3500m。

(209)黎明豆粉蝶 *Colias heos* Herbst

寄主:豆科植物。

分布:则岔、尕海。

垂直分布:海拔2900~3500m。

(210)豆粉蝶 *Colias hyale* Linnaeus

寄主:豆科植物。

分布:则岔、尕海。

垂直分布:海拔2900~3500m。

(211)山豆粉蝶 *Colias montium* Oberhür

寄主:不详。

分布:则岔、尕海、贡巴。

垂直分布:海拔3000~3600m。

(212)西番豆粉蝶 *Colias sifanica* Grum-Grschimailo

寄主:豆科植物。

分布:则岔、尕海。

垂直分布:海拔2900~3500m。

(213)锐角翅粉蝶 *Gonepteryx aspasia* Linnaeus

寄主:鼠李、杂草。

分布:贡去乎。

垂直分布:海拔3100m以下。

(214)尖钩粉蝶 *Gonepteryx mahaguru* Gistel

寄主:杂草。

分布:则岔、尕海。

垂直分布:海拔3500m以下。

(215)角翅粉蝶 *Gonepteryx thamni* Linnaeus

别名:钩粉蝶。

寄主:鼠李、杂草。

分布:则岔。

垂直分布:海拔3100m以下。

(216)钩粉蝶属一种 *Gonepteryx* sp.

寄主:鼠李、杂草。

分布:则岔。

垂直分布：海拔3100m以下。

(217)突角小粉蝶 *Leptidea amurensis* Menetries

寄主：杂灌。

分布：则岔。

垂直分布：海拔3100m以下。

(218)圆翅小粉蝶 *Leptidea gigantea* Leech

寄主：牧草。

分布：则岔、尕海。

垂直分布：海拔2900~3500m。

(219)莫氏小粉蝶 *Leptidea morsei* Fenton

寄主：牧草。

分布：则岔、尕海。

垂直分布：海拔2900~3500m。

(220)锯纹小粉蝶 *Leptidea serrata* Lee

寄主：牧草。

分布：则岔、尕海。

垂直分布：海拔2900~3500m。

(221)小粉蝶 *Leptidea sinapisis* Linnaeus

寄主：杂灌。

分布：则岔、贡去乎。

垂直分布：海拔3100m以下。

(222)妹粉蝶 *Mesapia peloria* Hewitson

寄主：牧草。

分布：则岔、尕海。

垂直分布：海拔3500m以下。

(223)黑斑苹粉蝶 *Metaporia melania* Oberthür

寄主：十字花科植物。

分布：则岔。

垂直分布：海拔3100m以下。

(224)欧洲粉蝶 *Pieris brassicae* Linnaeus

寄主：十字花科植物。

分布：则岔、贡去乎。

垂直分布：海拔3100m以下。

(225)东方粉蝶 *Pieris canidia* Sparrman

别名：东方菜粉蝶。

寄主：杂灌。

分布：则岔。

垂直分布：海拔3100m以下。

(226)大卫粉蝶 *Pieris davidis* Oberthür
寄主:十字花科植物。
分布:则岔、尕海。
垂直分布:海拔3500m以下。
(227)黑脉粉蝶 *Pieris melele* Menetries
别名:黑纹粉蝶。
寄主:十字花科植物。
分布:西仓、则岔。
垂直分布:海拔3100m以下。
(228)暗脉菜粉蝶 *Pieris napi* L.
寄主:十字花科植物。
分布:尕海、则岔。
垂直分布:海拔3600m以下。
(229)菜粉蝶 *Pieris rapae* Linnaeus
寄主:十字花科植物。
分布:则岔。
垂直分布:海拔3200m以下。
(230)箭纹云粉蝶 *Pontia callidice* Hübner
寄主:十字花科植物。
分布:则岔、尕海。
垂直分布:海拔3500m以下。
(231)绿云粉蝶 *Pontia chloridice* Hübner
寄主:十字花科植物。
分布:则岔、尕海。
垂直分布:海拔3600m以下。
(232)云粉蝶 *Pontia daplidice* Linnaeus
别名:云斑粉蝶。
寄主:十字花科植物。
分布:则岔、尕海、西倾山。
垂直分布:海拔4200m以下。

4.1.8.5 眼蝶科 Satyridae

(233)大斑草眼蝶 *Aphantopus aruensis* Compana
寄主:不详。
分布:尕海、则岔。
垂直分布:海拔2900~3400m。
(234)阿芬眼蝶 *Aphantopus hyperantus* L.
别名:小斑草眼蝶。
寄主:杂草。

分布:则岔、尕海。
垂直分布:海拔3000~3500m。
(235)小型林眼蝶*Aulocera sybillina* Oberth
寄主:杂灌。
分布:则岔、贡去乎。
垂直分布:海拔2900~3200m。
(236)花岩眼蝶*Chazara anthe* Hoffmansegg
寄主:牧草。
分布:尕海。
垂直分布:海拔3400~3700m。
(237)珍眼蝶*Coenonympha amaryllis* Cramer
别名:牧女珍眼蝶。
寄主:莎草科植物。
地理分布:则岔、尕海。
垂直分布:海拔2900~3500m。
(238)西门珍眼蝶*Coenonympha semenovi* Alph
别名:西氏沙眼蝶。
寄主:杂草。
分布:则岔、尕海。
垂直分布:海拔2900~3500m。
(239)褐眉沙眼蝶*Epinephele lycaoe* Bott
寄主:杂灌。
分布:尕海湖。
垂直分布:海拔3400~3500m。
(240)红眼蝶*Erebia alemena* Gr-Grsh.
别名:红眶眼蝶。
寄主:禾本科植物。
分布:则岔、尕海、西倾山。
垂直分布:海拔2900~3700m。
(241)仁眼蝶*Eumenis autonoe* Esper
寄主:莎草类植物
分布:则岔、尕海。
垂直分布:海拔2900~3600m。
(242)多眼蝶*Kirinia epaminondes* Staudinger
寄主:杂灌、禾本科植物。
分布:则岔。
垂直分布:海拔2900~3300m。

(243)星斗眼蝶 *Lasiommata cetana* Leech
寄主:杂灌。
分布:则岔。
垂直分布:海拔2900~3200m。
(244)斗毛眼蝶 *Lasiommata deidamia* Eversman
别名:斗眼蝶。
寄主:禾本科植物。
分布:则岔。
垂直分布:海拔2900~3200m。
(245)黄环链眼蝶 *Lopinga achine* Scopoli
寄主:杂草。
分布:则岔、尕海。
垂直分布:海拔2900~3600m。
(246)亚洲白眼蝶 *Melanargia asiatica* Oberthür et Houlbet
寄主:禾本科植物。
分布:则岔、尕海。
垂直分布:海拔2900~3600m。
(247)甘藏白眼蝶 *Melanargia ganymedes* Ruhl-Heyne
寄主:杂草。
分布:则岔、尕海。
垂直分布:海拔2900~3500m。
(248)白眼蝶 *Melanargia halimede* Ménétriès
异名:*Arge halimede* Ménétriès。
寄主:杨、桦树叶片,杂草。
分布:则岔。
垂直分布:海拔2900~3300m。
(249)蛇眼蝶 *Minois dryas* Linnaeus
寄主:禾本科植物。
分布:则岔。
垂直分布:海拔2900~3600m。
(250)蒙链荫眼蝶 *Neope muirheadi* Falder
别名:蒙链眼蝶。
寄主:杂灌。
分布:则岔。
垂直分布:海拔2900~3600m。
(251)山眼蝶 *Paralasa batanga* Goltz
寄主:杂草。
分布:则岔、尕海。

垂直分布:海拔2900~3600m。

(252)耳环山眼蝶 *Paralasa herse* Grum-Grshima

寄主:杂草。

分布:则岔、尕海。

垂直分布:海拔2900~3600m。

(253)西藏带眼蝶 *Pararge thibetana* Oberthür

寄主:蔷薇。

分布:则岔、尕海。

垂直分布:海拔2900~3600m。

(254)矍眼蝶 *Ypthima balda* Fabricius

异名:*Ypthima motschulskyi*(Bremer et Gray)。

寄主:禾本科植物。

分布:则岔、尕海。

垂直分布:海拔2900~3600m。

(255)乱云矍眼蝶 *Ypthima megalomma* Butler

寄主:禾本科植物。

分布:则岔、尕海。

垂直分布:海拔2900~3600m。

4.1.8.6　灰蝶科 Lycaenidae

(256)婀灰蝶 *Albulina orbitula* Prunner

寄主:不详。

分布:尕海、则岔。

垂直分布:海拔2900~3500m。

(257)白斑蓝灰蝶 *Albulina pherettes* Hbn

寄主:不详。

分布:尕海、则岔。

垂直分布:海拔2900~3500m。

(258)中华爱灰蝶 *Aricia mandschurica* Staudinger

寄主:不详。

分布:尕海。

垂直分布:海拔3300~3500m。

(259)琉璃灰蝶 *Celastrina argiolus* Linnaeus

寄主:杂灌。

分布:则岔。

垂直分布:海拔2900~3200m。

(260)后斑琉璃灰蝶 *Celastrina postimacula*

寄主:杂灌。

分布:尕海。

垂直分布：海拔3600m以下。

(261)金灰蝶 *Chrysozephyrus smaragdinus* Bremer

寄主：不详。

分布：尕海。

垂直分布：海拔3500m以下。

(262)尖角银灰蝶 *Claucopsyche* sp.

寄主：不详。

分布：尕海湖草地。

垂直分布：海拔3400~3500m。

(263)枯灰蝶 *Cupide minimus* Füessly

寄主：不详。

分布：尕海。

垂直分布：海拔3300~3600m。

(264)尖翅银灰蝶 *Curetis acuta* Moore

寄主：牧草。

分布：则岔、尕海。

垂直分布：海拔2900~3600m。

(265)蓝灰蝶 *Everes argiades* Pallas

寄主：豆科植物。

分布：则岔、尕海。

垂直分布：海拔2900~3600m。

(266)艳灰蝶 *Favonius orientalis* Murray

别名：东方艳灰蝶。

寄主：不详。

分布：则岔。

垂直分布：海拔3100m以下。

(267)银灰蝶 *Graucopsyche lycormas* Butler

寄主：豆科植物。

分布：尕海、则岔。

垂直分布：海拔2900~3500m。

(268)彩灰蝶 *Hysudra selira* Moore

寄主：杂草。

分布：则岔。

垂直分布：海拔3100m以下。

(269)黄灰蝶 *Japonica lutea* Hewitson

寄主：杂草。

分布：则岔、尕海。

垂直分布：海拔2900~3600m。

(270)红珠灰蝶 *Lycaeides argyrognomon* Bergstrasser

寄主：不详。

分布：则岔、尕海。

垂直分布：海拔2900~3600m。

(271)茄纹红珠灰蝶 *Lycaeides cleobis* Bremer

寄主：杂草。

分布：则岔、尕海。

垂直分布：海拔2900~3600m。

(272)橙灰蝶 *Lycaena dispar* Hauorth

寄主：酸模属植物为主。

分布：则岔、尕海。

垂直分布：海拔2900~3600m。

(273)红灰蝶 *Lycaena phlaeas* Linnaeus

寄主：酸模属植物为主。

分布：则岔、尕海。

垂直分布：海拔2900~3600m。

(274)霾灰蝶 *Maculinea arion* Linnaeus

别名：黑星琉璃小灰蝶。

寄主：杂草。

分布：尕海。

垂直分布：海拔3300~3600m。

(275)大斑霾灰蝶 *Maculinea arionides* Staudinger

寄主：杂草。

分布：则岔、尕海。

垂直分布：海拔2900~3600m。

国家二级重点保护野生动物。

(276)胡麻霾灰蝶 *Maculinea teleia* Bergstrasser

寄主：杂草。

分布：则岔、尕海。

垂直分布：海拔2900~3600m。

(277)黑灰蝶 *Niphanda fusca* Bremer et Grey

寄主：牧草。

分布：尕海、则岔。

垂直分布：海拔2900~3600m。

(278)豆灰蝶 *Plebejus argus* Linnaeus

寄主：豆科植物。

分布：尕海、则岔。

垂直分布：海拔2900~3500m。

(279)维纳斯眼灰蝶 *Polyommatus venus* Staudinger
寄主:不详。
分布:尕海、则岔。
垂直分布:海拔2900~3500m。
(280)彩燕灰蝶 *Rapala selira* Moore
寄主:牧草。
分布:尕海、则岔。
垂直分布:海拔2900~3500m。
(281)优秀洒灰蝶 *Satyrium eximium* Fixsen
寄主:杂草。
分布:尕海、则岔。
垂直分布:海拔2900~3500m。
(282)大洒灰蝶 *Satyrium grande* Felder et Felder
寄主:杂草。
分布:尕海、则岔。
垂直分布:海拔2900~3600m。
(283)珞灰蝶 *Scolitantides orion* Pallas
寄主:杂草。
分布:尕海、则岔。
垂直分布:海拔2900~3600m。
(284)乌灰蝶 *Strymonidia walbum* Knoch
寄主:杨。
分布:则岔。
垂直分布:海拔3200m以下。
(285)线灰蝶 *Thecla betulae* Linnaeus
寄主:杂草。
分布:尕海、则岔。
垂直分布:海拔2900~3500m。
(286)玄灰蝶 *Tongeia fischeri* Eversmann
寄主:杂灌。
分布:则岔。
垂直分布:海拔3100m。

4.1.8.7 弄蝶科 Hesperiidae

(287)黑弄蝶 *Daimio tethys* Ménétriés
寄主:杂草。
分布:尕海、则岔。
垂直分布:海拔2900~3500m。

(288)弄蝶 *Hesperia comma* Linnaeus
寄主:杂草。
分布:尕海、则岔。
垂直分布:海拔2900~3500m。
(289)稀点弄蝶 *Muschampia staudingeri* Speyer
异名:*Syrichtus staudingeri* Speyer。
寄主:杂草。
分布:尕海、则岔。
垂直分布:海拔2900~3500m。
(290)小赭弄蝶 *Ochlodes venata*(Bremer et Grey)
寄主:杂草。
分布:尕海、则岔。
垂直分布:海拔2900~3500m。
(291)曲纹黄室弄蝶 *Potanthus flavus* Murray
寄主:杂草。
分布:尕海、则岔。
垂直分布:海拔2900~3500m。
(292)花弄蝶 *Pyrgus maculatus* Bremer et Grey
寄主:绣线菊等。
分布:尕海、则岔。
垂直分布:海拔2900~3500m。
(293)星点弄蝶 *Syrichtus tessellum* Hùbnerr
异名:*Muschampia tessellum* Hünbe。
别名:大灰星点弄蝶。
寄主:杂草。
分布:尕海、则岔。
垂直分布:海拔2900~3500m。
(294)黑豹弄蝶 *Thhymericus syevaticus* Bremer
寄主:莎草科等牧草。
分布:尕海、则岔。
垂直分布:海拔2900~3600m。
(295)豹弄蝶 *Thymelicus leoninus* Butler
寄主:鹅观草等牧草。
分布:尕海、则岔。
垂直分布:海拔2900~3600m。
4.1.8.8 蚬蝶科 Riodinidae
(296)露娅小蚬蝶 *Polycaena lua* Grum-Grshimailo
寄主:点地梅属等杂草。

分布：尕海。

垂直分布：海拔3300~3500m。

(297)第一小蚬蝶 *Polycaena princeps* Oberthür

寄主：莎草科、点地梅属等杂草。

分布：则岔、尕海。

垂直分布：海拔2900~3500m。

(298)小蚬蝶 *Polycaena tamerlana* Staudinger

寄主：杂灌。

分布：尕海。

垂直分布：海拔3500m以下。

(299)豹蚬蝶 *Takashia nana* Leech

寄主：菊科等杂草。

分布：尕海、西倾山。

垂直分布：海拔2900~3600m。

4.1.8.9 巢蛾科 Yponomeutidae

(300)巢蛾 *Yponomeuta malinella* Zeller

寄主：蔷薇科植物。

分布：则岔。

垂直分布：海拔3100m以下。

4.1.8.10 卷蛾科 Tortricidae

(301)冷杉芽小卷蛾 *Cymolomis hartigiana* Saxesen

寄主：冷杉。

分布：则岔、贡去乎。

垂直分布：海拔2900~3500m。

(302)云杉球果小卷蛾 *Pseudotomoides strobilellus* L.

寄主：云杉。

分布：则岔。

垂直分布：海拔2900~3400m。

4.1.8.11 蝙蝠蛾科 Hepialidae

(303)虫草蝠蛾 *Hepialus armoricanus* Oberthür

异名：*Thitarodes armorzcanus* Oberthür。

寄主：蓼科植物。

分布：尕海、郎木寺、西倾山。

垂直分布：海拔3500~4400m。

(304)碌曲蝠蛾 *Hepialus luquensis*(Yang et Yang)

寄主：莎草科植物、珠芽蓼、圆穗蓼、蕨麻等。

分布：尕海、西倾山。

垂直分布：海拔3500~4200m。

(305)门源蝠蛾 *Hepialus menyuanicus* Chu et Wang

别名:蒙原蝠蛾。

寄主:珠芽蓼。

分布:尕海、西倾山。

垂直分布:海拔3500~4200m。

(306)玉树蝠蛾 *Hepialus yushuensis* Chu et Wang

寄主:珠芽蓼。

分布:则岔、尕海、郎木寺、西倾山。

垂直分布:海拔3500~4200m。

冬虫夏草是鳞翅目蝠蛾科蝠蛾属*Hepialus*资源昆虫的幼虫,被麦角菌科植物中华虫草菌*Cordyceps sinensis*(Berk)Sacc.寄生感病后形成的虫、菌结合体,是中国特有的名贵药材——冬虫夏草,仅分布于青藏高原范围内的西藏、青海、云南、四川、甘肃等省区和周边地区的高寒草甸的局部区域。中国已经报道蝠蛾属昆虫49种,其中证实是中华虫草菌寄主的44种。我国的蝠蛾属主要分布于青藏高原内的西藏、青海、云南、四川、甘肃等省区的高寒自然环境中,最适幼虫生长发育的地温7~10℃,土壤含水量为40%~46%,pH值为6.0~6.3。生活土壤为亚高山草甸土,初孵幼虫取食莎草科植物须根及就近植物嫩根,2龄以后取食珠芽蓼、圆穗蓼、蕨麻等块根。3~4年完成1个世代,正常发育,幼虫共6龄,特殊环境可高达7~8龄;在全人工室内控制下,可在1~2.2年内完成1个世代。由于人为采挖和整个环境的变化,虫草蝠蛾和冬虫夏草资源日趋减少,有6~8种虫草蝠蛾种类多年来已经在青藏高原分布环境中绝迹,所以加快研究和合理利用与保护该资源,已经到了刻不容缓的地步。

4.1.8.12　毒蛾科 Lymantriidae

(307)黄斑草毒蛾 *Gynaephora alpherakii*(Grum-Grschimailo)

别名:草原毛虫、红头黑毛虫。

寄主:禾本科、莎草科等多种牧草。

分布:尕海、尕尔娘。

垂直分布:海拔3300~3600m。

黄斑草毒蛾分布于内蒙古、青海、甘肃、宁夏、四川、新疆、西藏。在青藏高原和内蒙古草原为害牧草,使草原植被成分改变,牧场质量降低,影响牲畜的发展。幼虫对牲畜危害很大,家畜误食了带有此虫的牧草后,口部红肿流涎,严重的在舌、牙床、胃部等部位有明显的中毒症状,甚至因中毒而死亡。幼虫为害沙枣、骆驼蓬、蔗草、细叶薹、牛毛毡、青稞、冰草、早熟禾、细柄茅、三毛草、鹅冠草、委陵菜、黄耆、棘豆等。特殊年份在保护区的尕海、尕尔娘等部分区域形成危害。

(308)金黄草原毛虫 *Gynaephora aureate* Zhou

寄主:禾本科、莎草科等多种牧草。

分布:尕海。

垂直分布:海拔3300~3600m。

金黄草原毛虫主要分布于青海、甘肃、西藏、四川等地。成虫雌雄异型。雄蛾体长7~9mm,体黑色,背部黄色细毛;雌蛾不能行走和飞行,在茧中不外出,一般在地面上见不到。

(309)小草原毛虫 *Gynaephora minora* Zhou

寄主:禾本科、莎草科等多种牧草。

分布：尕海、尕尔娘。

垂直分布：海拔3300~3600m。

(310)青海草原毛虫 *Gynaephora qinghaiensis* Zhou

寄主：禾本科、莎草科等多种牧草。

分布：尕海。

垂直分布：海拔3400~3600m。

特殊年份在保护区部分区域形成危害。

(311)若尔盖草原毛虫 *Gynaephora ruoergensis* Zhou

寄主：禾本科、莎草科等多种牧草。

分布：尕海。

垂直分布：海拔3300~3600m。

(312)杨雪毒蛾 *Stilpnotia candida* Staudinger

寄主：杨树等叶片。

分布：则岔。

垂直分布：海拔3000~3300m。

4.1.9 双翅目 DIPTERA

4.1.9.1 蜂虻科 Bombyliidae

(313)白尻蜂虻 *Anthrax distigma* Wiedemann

寄主：多种昆虫。

分布：则岔。

垂直分布：海拔2900~3100m。

(314)乌蜂虻 *Anthrax putealis* Matsumura

寄主：多种昆虫。

分布：则岔。

垂直分布：海拔3200m以下。

4.1.9.2 食虫虻科 Asilidae

(315)中华盗虻 *Cophinopocla chinensis* Fabr.

寄主：小昆虫。

分布：则岔。

垂直分布：海拔3100m以下。

(316)盾盗虻 *Mdcbimus scuteuavis* Coquillett

寄主：小昆虫。

分布：则岔。

垂直分布：海拔3100m以下。

4.1.9.3 虻科 Tabanidae

(317)短瘤虻 *Hybomitra brevis* Loew

寄主：吸人畜血。

分布：则岔、尕海。

垂直分布:海拔2900~3600m。
(318)黑灰虻 *Tabanus grandis* Szilady
寄主:吸人畜血。
分布:尕海、则岔。
垂直分布:海拔2900~3600m。
(319)牧村虻 *Tabanus ichiokai* Ouchi
寄主:吸人畜血。
分布:则岔。
垂直分布:海拔3100m以下。
4.1.9.4 食蚜蝇科 Syrphidae
(320)黑带食蚜蝇 *Epistrophe balteata* De Geer
寄主:蚜虫。
分布:贡去乎。
垂直分布:海拔3100m以下。
(321)鼠尾管食蚜蝇 *Eristalis campestris* Meig
寄主:蚜虫。
分布:则岔。
垂直分布:海拔3100m以下。
(322)灰被管食蚜蝇 *Eristalis cerealis* Fabricius
寄主:蚜虫。
分布:则岔。
垂直分布:海拔3100m以下。
(323)斜斑鼓额食蚜蝇 *Lasiopticus pyrastri* Linnaeus
寄主:蚜虫。
分布:则岔。
垂直分布:海拔3200m以下。
(324)梯斑黑食蚜蝇 *Melanostoma scalare* Fabricius
寄主:蚜虫。
分布:则岔、尕海。
垂直分布:海拔3400m以下。
(325)宽带后食蚜蝇 *Metasyrphus confrater* Wiedemann
异名:*Metasyrphus latifasciatus*。
寄主:蚜虫。
分布:则岔。
垂直分布:海拔3200m以下。
(326)印度细腹食蚜蝇 *Sphaerophoria indiana* Bigot
寄主:蚜虫。
分布:则岔。

垂直分布:海拔3000m以下。

(327)短翅细腹食蚜蝇*Sphaerophoria scripta* Linnaeus

寄主:蚜虫。

分布:尕海、则岔。

垂直分布:海拔3600m以下。

(328)大灰食蚜蝇*Syrphus corollae* Fabricius

寄主:蚜虫。

分布:尕海、则岔。

垂直分布:海拔3400m以下。

(329)凹带食蚜蝇*Syrphus niteus* Zetterstedt

寄主:蚜虫。

分布:则岔。

垂直分布:海拔3100m以下。

4.1.9.5 大蚊科 Tipulidae

(330)斑大蚊*Tipula coguiuetti* Enderlein

寄主:不详。

分布:则岔。

垂直分布:海拔3100m以下。

(331)大蚊*Tipula praepotns* Wiedmann

寄主。蚜虫等。

分布:则岔。

垂直分布:海拔3400m以下。

4.1.10 膜翅目 HYMENOPTERA

4.1.10.1 熊蜂科 Bombidae

(332)两色大熊蜂*Bombus bicoloratus* Smith

寄主:花粉。

分布:则岔、尕海。

垂直分布:海拔3000~3400m。

4.1.10.2 蜜蜂科 Apidae

(333)中国蜜蜂*Apis cerana* Fabr

寄主:花粉、蜜。

分布:全保护区均有分布。

垂直分布:海拔3500m以下。

(334)意大利蜜蜂*Apis mellifera* Linnaeus

寄主:花粉蜜。

分布:引进蜂种。

垂直分布:海拔3500m以下。

4.1.10.3 叶蜂科 Tenthredinidae

(335)松扁叶蜂*Acantholyda pinivora* Enslin

寄主:叶。

分布:则岔。

垂直分布:海拔2900~3000m。

(336)落叶松红腹叶蜂*Pristiphora erichsonii* Hartig

寄主:落叶松针叶。

分布:则岔。

垂直分布:海拔3100m以下。

4.1.10.4 树蜂科 Sericidae

(337)云杉大树蜂*Sirex gigas* L.

寄主:云杉树梢。

分布:则岔。

垂直分布:海拔2900~3300m。

4.1.10.5 蚁科 Formicidae

(338)黑大蚁*Camponotus herculeanus japonicus* Mayr

寄主:多种昆虫。

分布:则岔。

垂直分布:海拔3200m以下。

(339)黑山蚁*Formica fusca* Lats

寄主:多种昆虫及植物种子。

分布:则岔。

垂直分布:海拔3000m以下。

(340)暗褐蚁*Lusius niger* L.

寄主:多种小昆虫。

分布:尕海、则岔。

垂直分布:海拔3400m以下。

4.1.11 其他节肢动物

4.1.11.1 第二次湿地资源调查的昆虫

由于缺乏具体种名,单列供参考。

蜉蝣目 Ephemeroptera:蜉蝣科 Ephemeridae(蜉蝣的幼虫),四节蜉科 Baetidae。

蜻蜓目 Odonata:色蟌科 Agriidae,溪蟌科 Epallagidae,蟌科 Coenagrionidae,山蟌科 Megapodagrionidae。

毛翅目 Trichoptera:长角石蛾科 Leptoceridae(长角石蛾幼虫),沼石蛾科 Limnophilidae。

双翅目 Diptera:毛蠓科 Psychodidae(库蚊幼虫),蠓科 Ceratopogonidae,摇蚊科 Chironomidae(摇蚊幼虫),毛蚊科 Bibionidae,水虻科 Stratiomyidae(水虻幼虫),食虫虻科 Asilidae,蚊科 Culicidae 伊蚊属 *Aedes* sp.(伊蚊幼虫)、按蚊属 *Anopheles* sp(按蚊幼虫)。

鞘翅目 Coleopter:隐翅虫科 Staphylinidae(隐翅虫幼虫),阎甲科 Histeridae,沼甲科 Helodidae。

直翅目 Orthoptera:蝼蛄科 Gryllotalpidae 蝼蛄属 *Gryllotalpa* sp.。

同翅目 Cicadidae:蝉科 Cicadidae 蚱蝉属 *Cryptotympana* sp.、草蝉属 *Mogannia* sp.。

半翅目 Hemiptera 水栖亚目 Hydrocorisae:蝎蝽科 Nepidae,仰蝽科 Notonectidae。

4.1.11.2 其他节肢动物简介

唇足纲 Chilopoda:蜈蚣科 *Scolopendridae* 蜈蚣属 *Scolopendra* sp.、地蜈蚣属 *Geophilus* sp.、穴石蜈蚣属 *Bothropolys* sp.、石蜈蚣属 *Lithobius* sp.。

倍足纲 Diplopoda:山蛩科 *Spirobolidie* 山蛩属 *Spirobolus* sp.、陇马陆属 *Kronoplites* sp.、酸马陆属 *Oxidus* sp.。

软甲纲 Malacostraca:潮虫科 *Oniscidie* 山潮虫属 *Oroniscus* sp.、潮虫属 *Exalloniscus* sp.、鼠妇属 *Porcellio* sp.、腊鼠妇属 *Porcellionides* sp.。

甲壳纲 Crustacea:钩虾科 Gammaridae,跳钩虾科 Orchestiidae。

桡足纲 Copepoda:猛水蚤科 Harpacticidae 异足猛水蚤属 *Canthocamptus* sp.,溪蟹科 Potamidae。

原尾纲 Protura:蚖科 Acerentomidae 夕蚖属 *Hesperentomon* sp.、阿蚖属 *Alaskaentomon* sp.、古蚖属 *Eosentomon* sp.。

弹尾纲 Collembola:长角跳科 Entomobryidae,圆跳虫科 Sminthuridae 长角圆跳属 *Temeritas* sp.。

双尾纲 Diplura:副铗叭科 Parajapygidae,铗叭科 Japygidae。

4.2 种类组成及其演变

二期科考共整理昆虫10目61科202属340种,比一期科考的10目59科164属238种多出2科38属102种,科、属、种分别多出3.4%、23.8%和42.9%。

经统计,各目昆虫包含科、属、种的数量为:蜻蜓目2科2属2种,其中蜻科1属1种、蜓科1属1种;直翅目7科15属23种,其中螽斯科1属1种、丝角蝗科2属2种、斑腿蝗科1属1种、蝗科7属8种、槌角蝗科1属1种、网翅蝗科2属9种、蜢科1属1种;同翅目8科11属17种,其中沫蝉科1属2种、叶蝉科1属1种、瘿绵蚜科2属3种、大蚜科1属4种、球蚜科3属4种、蚜科1属1种、盾蚧科1属1种、粉虱科1属1种;半翅目4科7属9种,其中蝽科2属2种、长蝽科1属1种、盲蝽科2属4种、龟蝽科2属2种;鞘翅目16科51属74种,其中虎甲科1属2种、步甲科3属5种、龙虱科1属1种、埋葬甲科2属3种、芫菁科2属4种、瓢甲科9属14种、蜣螂科3属3种、粪蜣科1属1种、鳃金龟科5属7种、花金龟科2属2种、丽金龟科1属1种、蜉金龟科1属3种、天牛科2属2种、小蠹科4属8种、象甲科5属8种、叶甲科9属10种;脉翅目仅1科即草蛉科,2属2种;毛翅目仅1科即石蛾科,1属1种;鳞翅目12科92属185种,其中凤蝶科1属4种、绢蝶科1属18种、蛱蝶科25属43种、粉蝶科9属39种、眼蝶科15属23种、灰蝶科24属31种、弄蝶科9属9种、蚬蝶科2属4种、巢蛾科1属1种、卷蛾科2属2种、蝙蝠蛾科1属4种、毒蛾科2属6种;双翅目5科13属19种,其中蜂虻科1属2种、食虫虻科2属2种、虻科2属3种、食蚜蝇科7属10种、大蚊科1属2种;膜翅目5科8属9种,其中熊蜂科1属1种、蜜蜂科1属2种、叶蜂科2属2种、树蜂科1属1种、蚁科3属3种。

按各昆虫科所含物种多少排序,蛱蝶科最大,共包含43个种,其次为粉蝶科,共包含39个种,灰蝶科第三,共包含31个种,眼蝶科共包含23个种,绢蝶科共包含18个种,瓢甲科共包含14个种,叶甲科共包含10个种,食蚜蝇科共包含10个种,网翅蝗科和弄蝶科2个科各包含9个种,蝗科、小蠹科和象甲科等3科各包含8个种，鳃金龟科共包含7个种，毒蛾科共包含6个种，步甲科共包含5个种，大蚜科、球蚜科、盲蝽科、芫菁科、凤蝶科、蚬蝶科和蝙蝠蛾科等7科各包含4个种，瘿绵蚜科、埋葬甲科、蜣螂科、蜉金龟科、虻科和蚁科等6科各包含3个种，丝角蝗科、沫蝉科、蝽科、龟蝽科、虎甲科、花金龟科、天牛科、草蛉科、卷蛾科、蜂虻科、食虫虻科、大蚊科、蜜蜂科和叶蜂科等14科每科仅包含2个种，蜻科、蜓科、螽斯科、斑腿蝗科、槌角蝗科、蜢科、叶蝉科、蚜科、盾蚧科、粉虱科、长蝽科、龙虱科、粪蜣科、丽金龟科、石蛾科、巢蛾科、熊蜂科和树蜂科等18科每科只有1个种。

包含物种最多的7个属分别是绢蝶科的绢蝶属18个种，网翅蝗科的雏蝗属8个种，粉蝶科的绢粉蝶属7个种，粉蝶科的豆粉蝶属8个种，粉蝶科的粉蝶属6个种，毒蛾科的草毒蛾属5个种，粉蝶科的小粉蝶属5个种，以上7个大属包含的物种达57种，占昆虫种数的16.8%。其他包含4个种的属有9个，包含3个种的属有13个，包含2个种的属有36个，其余139个属仅包含1个种。

在保护区分布的绢蝶科绢蝶属18种昆虫被列入国家保护的有益或者有重要经济、科学研究价值的陆生野生动物名录；灰蝶科灰蝶属的橙灰蝶和霾灰蝶属的霾灰蝶、大斑霾灰蝶3种被列入世界濒危物种红色名录。根据2021年版《国家重点保护野生动物名录》，君主绢蝶、君主绢蝶大通山亚种和大斑霾灰蝶被列入国家二级重点保护野生动物。

4.3　区系特征

在保护区广袤的草原和湿地中，大量分布鳞翅目灰蝶属 *Lycaena*、粉蝶科 Pieridae、凤蝶科 Papilionidae、蛱蝶科 Nymphalidae、弄蝶科 Hesperiidae、毒蛾科 Lymantriidae 以及直翅目昆虫类，大多为青藏、西南、蒙新区共有种，但在华北区的太行山区也常见。还有部分种类属中国喜马拉雅区的东方种，亦有较多中亚细亚成分的青藏区特有种。

4.3.1　洮河、白龙江峡谷区森林草坡地带

该区域海拔2960~3400m，属寒带向温带的过渡地带。主要包括西仓、贡去乎、则岔、郎木寺的暗针叶云、冷杉林区。昆虫种类很明显地呈现寒带和温带相互渗透，也有部分种为西南热带区的种类，在此带分布的昆虫种类主要有：同翅目球蚜科 Adelgidae、蚜科 Aphididae，双翅目食蚜蝇科 Syrphidae，鞘翅目小蠹科 Soclytidae 和鳞翅目眼蝶科 Satyridae 线蛱蝶属 *Limenitis*，蛱蝶科 Nymphalidae 及粉蝶科 Pieridae 的部分种类；在河谷和林缘为鳞翅目灰蝶属 *Lycaena*、豹蛱蝶属 *Argynnis* 和带眼蝶属 *Chonala* 的部分种类。

4.3.2　西倾山高原草原地带

该区域海拔3400~4400m，属高寒湿润区。主要包括加仓、贡巴、郎木寺、野马滩、郭茂滩、布俄藏滩、西倾山、额日宰、龙石达。植被类型主要为亚高山草甸、亚高山灌丛草甸、亚高山草原草甸、沼泽草甸和草甸等。在本区分布的蝙蝠蛾科 Hipialidae 有3种；绢蝶属 *Parnassius* 有18种，其中5亚种1新种，绢蝶属昆虫主要分布于古北区和东洋区温带的高山地区。

4.4　部分蝶类生态分析

4.4.1　蝶类群落特征

在8科74属136种蝶类中，凤蝶科1属3种、绢蝶科1属13种、粉蝶科8属32种、眼蝶科14属19

种、蛱蝶科21属32种、蚬蝶科2属3种、灰蝶科20属25种、弄蝶科7属9种，分别占总属数的1.35%、1.35%、10.81%、18.92%、28.38%、2.70%、27.03%、9.46%，总种数的2.21%、9.56%、23.53%、13.96%、23.53%、2.21%、18.38%、6.62%，粉蝶科和蛱蝶科为优势种群，灰蝶科和眼蝶科为次优势种群，绢蝶科和弄蝶科为常见种群，凤蝶科和蚬蝶科为罕见种群。凤蝶科和蚬蝶科在保护区的分布较少，这与该海拔高、自然环境恶劣、植物资源分布不均衡等有关。结合文献资料（2013年），甘肃省共记录蝶类12科210属614种，而保护区分布的蝶类就占甘肃省蝶类科、属、种的66.66%、35.24%和22.15%。

4.4.2 蝶类属、种比值系数分析

在保护区调查分布的74属136种（亚种）蝶类中，有46个单种属，占总属数的62.16%，单种属所包含的种类占总种数33.82%；有28个多种属，占总属的37.84%，包含种（亚种）90种，占总种数的66.18%；属种比值系数为0.544。结果表明，本保护区的蝶类分布以单种属为主，这主要与该地区海拔高、自然环境恶劣、植物资源分布不均衡等有关。

4.4.3 蝶类区系分析

调查分布的136种蝶类中，属于广布种的有碧凤蝶、柑橘凤蝶、金凤蝶、冰清绢蝶、君主绢蝶、斑缘豆粉蝶、橙黄豆粉蝶、尖钩粉蝶、钩粉蝶、小檗绢粉蝶、菜粉蝶、东方菜粉蝶、暗脉菜粉蝶、黑纹粉蝶、斗毛眼蝶、多眼蝶、蛇眼蝶、矍眼蝶、柳紫闪蛱蝶、大紫蛱蝶、中华黄葩灰蝶、单环蛱蝶、小红蛱蝶、琉璃蛱蝶、白钩蛱蝶、朱蛱蝶、金灰蝶、彩燕灰蝶、优秀洒灰蝶、大洒灰蝶、黑灰蝶、蓝灰蝶、玄灰蝶、琉璃灰蝶、弄蝶、小赭弄蝶等36种，占总种数的26.47%，东洋界的仅有四川绢蝶、蒙链荫眼蝶、乱云矍眼蝶、尖翅银灰蝶、曲纹黄室弄蝶等5种，占3.68%；其余95种均为古北界的，占69.85%；显然，古北界分布的种类占绝对优势。而保护区位于青藏高原东部边缘，根据世界动物地理区系及我国动物地理区系划分来看，这一地区绝大部分属于世界六大动物地理区系中的古北区（界）和我国7个动物地理区划中的青藏区，也反映出了这一地区的蝶类分布以古北种为主。

4.4.4 与甘肃省其他地区蝶类群落结构的比较

保护区与相邻地域分布的蝶类群落结构特征进行比较：白水江分布的蝶类有11科119属238种，崆峒山有10科126属230种，兴隆山有8科70属103种，莲花山有8科67属97种，天祝三峡有8科54属77种，祁连山有8科65属115种。可见，保护区分布的蝶类物种多样性相对比较丰富，群落结构较复杂，仅有白水江和崆峒山保护区分布的蝶类物种多样性多于本保护区，而兴隆山、莲花山、天祝三峡和祁连山保护区分布的蝶类物种多样性皆少于本保护区。根据甘肃省地理区划来看，由东南向西北蝶类物种多样性逐步降低，这种物种分布现象与自然环境、经纬度和气候的变化趋势与动物地理区划相一致。

4.5 主要天敌、资源昆虫及其演变

4.5.1 重要天敌及利用价值

4.5.1.1 天敌昆虫

保护区天敌昆虫类群为6目18科56种，主要是：瓢甲科12种，虎甲科2种，步甲科5种，芫菁科、龙虱科各1种，食蚜蝇科10种，食虫虻科2种，蜂虻科2种，胡蜂科1种，草蛉科2种及蜻科等捕食性种类。

捕食性天敌对害虫控制作用较强。在保护区林地中，云杉和落叶松的主要害虫是同翅目球蚜科、蚜科的枝梢害虫，而捕食蚜虫的天敌昆虫多达30余种，对降低林木害虫虫口密度起到了较好的作用，

维持了平衡，未出现大的发生。

由此可见，保护区天敌昆虫资源丰富，其控制害虫的作用较强。加强保护天敌昆虫资源，保持生物多样性，更好地发挥平衡昆虫生态的效能，是有效地利用天敌资源的主要途径之一。

4.5.1.2　鸟类及有益动物

鸟类及有益动物在保护区的分布种类多，一些常见种类的数量较大，尤其在林分结构相对完整的天然林分及灌木林内栖息的鸟类数量更大。经初步观察，对蛀干害虫小蠹虫和根叶部害虫大灰象甲、金龟甲、叶甲等昆虫的成虫、幼虫、蛹有较大抑制作用的鸟类天敌为啄木鸟和其他小型鸟类，对干部和皮下害虫的控制占主导地位；而小型留鸟和部分候鸟对林木枝干和地表活动的害虫有较好的控制作用。还有一些捕食鼠兔害的有益动物，均需要进一步调查研究，加强保护和利用。

因此，通过自然调节食物链维持生态平衡来控制森林有害生物应作为今后防治工作的主攻方向。

4.5.2　资源昆虫

保护区自然条件特殊，西部为青藏区，东南部为华北区，西南部为康滇区，适应多种昆虫的生存和繁衍，昆虫种类较多，区系复杂。在本区分布的资源昆虫主要是鳞翅目蝶类和部分蝙蝠蛾类。据初步统计、整理、鉴定，蝶类资源昆虫为8科44属97种9亚种1新种，蛾类1科2属3种，为保护区一大生物资源。

蝶类体态窈窕，艳丽多姿，在飞舞、采集花蜜的过程中，既帮助植物传花授粉，又以其自身斑斓的色彩图案，点缀了大自然，使自然界更加绚丽多彩，也维持了自然界的生态平衡。但其幼虫不少种类为森林和草原害虫，给林牧业生产造成灾害，鉴别和研究蝴蝶，对保护和利用蝶类资源、防治有害虫态、维护生态平衡、美化环境、艺术欣赏以及成虫的色彩图案在工艺上的运用方面都具有重要的意义。保护区分布的蝴蝶珍稀及特产种类有：黄凤蝶、黄凤蝶西藏亚种、角翅粉蝶、锐角翅粉蝶、锯纹小粉蝶、红襟粉蝶、福豹蛱蝶、老豹蛱蝶、斐豹蛱蝶、孔雀蛱蝶、大红蛱蝶、紫闪蛱蝶、黄缘蛱蝶、小红珠绢蝶、小红珠绢蝶甘南亚种、小红珠绢蝶秦岭亚种、红珠绢蝶、白绢蝶、黄毛白绢蝶、君主绢蝶、君主绢蝶大通山亚种、依帕绢蝶、依帕绢蝶青海亚种、四川绢蝶指名亚种、周氏绢蝶（新种）、白眼蝶、蛇眼蝶等。有观赏价值的种类达60余种，其中以蛱蝶科最为丰富，其次为粉蝶科、眼蝶科、灰蝶科，绢蝶科和凤蝶科占的比例较小。

第5章　脊椎动物种类、区系及其演变

保护区有脊椎动物354种，其中鱼类17种、两栖类7种、爬行类3种、鸟类255种、兽类72种。详见附录4《尕海则岔保护区野生动物名录》。

5.1　水生脊椎动物(鱼类)种类及分布

保护区水生脊椎动物17种，隶属1纲2目3科10属，分类如下。

5.1.1　鱼纲PISCES

5.1.1.1　鲤形目CYPRINIFORMES

5.1.1.1.1　鲤科 Cyprinidae

(1)黄河裸裂尻鱼 *Schizopygopsis pylzovi* Kessler

分布：尕海、则岔各河流。栖息于(以下简称"栖于")海拔2900~3600m砾石河床河流，活动于水体澄清和水温较低的干支流和湖泊水系。甘肃洮河、大夏河、黄河、渭河。主要分布于兰州以上黄河水系的干支流、柴达木盆地柴达木河水系。中国特有。

头钝锥形，吻钝圆，吻皮稍厚，口弧形，下位，下颌前缘具角质利锋，唇狭窄，唇后沟中断，口须缺如，体裸露无鳞。以摄食植物性食物为主，兼食部分藻类、水生维管束植物叶片和水生昆虫。7~8月产卵。甘肃南部重要经济鱼种。

甘肃省重点保护野生动物。

(2)花斑裸鲤 *Gymnocypris eckloni* Herzenstein

分布：尕海。栖于尕海外流的河中，洮河支流周曲，海拔3460m左右宽谷河道水流较浅处。甘肃疏勒河、黑河、石洋河、黄河干流、玛曲黄河及支流。主要分布于黄河上游和柴达木盆地的奈齐河水系，四川、青海与黄河邻近水系有分布。中国特有。

头中等大，吻钝圆，口亚下位或端位，口裂较大，下唇狭窄，分左、右两唇叶，唇后沟中断，无须。杂食性，食水生维管植物叶、嫩枝、碎屑，也吃底栖无脊椎动物和掉入水中的陆栖昆虫。平时多集群觅食，生殖期大群离开大河干流，到支流上游产卵，5~7月产卵。为黄河上游重要鱼类资源。

甘肃省重点保护野生动物。

(3)厚唇裸重唇鱼 *Gymnodiptychus pachycheilus* Herzenstein

别名：石花鱼。

分布：则岔河、热乌库合、阿尼库曲。栖于海拔2900~3200m河道较宽、水流较缓的河段，河床多砾石。甘肃玛曲、刘家峡、大夏河、卓尼、岷县、洮河、渭河。主要分布于黄河上游各水系中，长江流域的岷江、嘉陵江、汉水等水系及黑龙江流域各水系中。中国特有。

头锥形，吻突出；口下位，马蹄形，唇很发达，唇后沟连续；口角须1对，较粗短。以水生昆虫、虾类、浮游动物为食，也吃少量植物碎屑。2龄开始性成熟，4~6月产卵。冷水性鱼，生长相当缓慢。

野外种群已经列入国家二级重点保护野生动物名录。

(4)骨唇黄河鱼 *Chuanchia labiosa* Herzenstein

别名：黄河鱼。

分布：尕尔娘黑河。栖于海拔3000~4300m宽谷河段和湖泊中。喜在河流干支流清冷水域的缓流区的上层水体中活动，也能进入附属水体静水环境中生活。常见于缓静清凉淡水水域的上层，冬季在深水处越冬。集中分布于青海省龙羊峡以上的黄河上游及其支流白河和黑河。中国特有。

体几乎完全裸露无鳞；稍侧扁，头锥形，吻突出，口下位，横裂，下唇完整，肉质，表面光滑，唇后沟连续，但两侧深、中部浅，无须，背鳍最后不分支鳍条强硬，后缘每边有20余枚深刻锯齿；尾鳍叉形。

主要以硅藻和昆虫为食。每年5月产卵，体长200mm左右成熟雌鱼怀卵2700粒左右，卵黄色，黏性。

中国濒危动物红皮书(1998)——易危，中国物种红色名录——易危，国家二级重点保护野生动物。

(5)极边扁咽齿鱼 *Platypharodon extremus* Herzenstein

分布：则岔河、热乌库合、阿尼库曲。栖于海拔2900~3400m河道较宽、水流较缓的宽谷河流，生活于水底多砾石、水质清澈的缓流或静水水体，常喜在草甸下穴居。甘肃分布区狭窄，仅分布于洮河上游和白龙江上游河流。国内星宿海、扎陵湖、鄂陵湖，是黄河上游宽谷河段的独有鱼种。中国特有。

体长，侧扁，体背隆起，腹部平坦；头锥形，吻钝圆，口下位，横裂；下颌具锐利发达的角质前缘；上唇宽厚，下唇细狭；唇后沟止于口角；无须；体裸露无鳞，仅具臀鳞；肩带处鳞片消失或仅留痕迹。以下颌刮食水底附着藻类等为食。生殖期为5~6月开冻之后，产卵场在水深1m以内的缓流处。

甘肃省重点保护野生动物，野外种群已经列入国家二级重点保护野生动物名录。

(6)麦穗鱼 *Pseudorasbora parva* Temminck et Schlegel

体长约100mm，稍侧扁。无须。唇薄，简单。臀鳍无硬刺，分支鳍条6根。背鳍无硬刺。下咽齿1行。侧线鳞35~38。体侧鳞片的后缘常具新月形黑斑。

以枝角类、桡足类等为食。5~6月繁殖，产黏性卵。雄鱼有护卵行为，个体小。为异地放生的外来物种。

(7)鲫 *Carassius auratus* Linnaeus

别名：鲫鱼、刀子鱼。

体侧扁而高，体型较小，背部暗淡，嘴上无须，鱼鳞较小。

是以植物为食的杂食性鱼，喜群集而行，择食而居。还是一种重要的观赏性鱼类，美丽多姿的金鱼就是由鲫鱼演变而来。我国养殖历史悠久。为异地放生的外来物种。

5.1.1.1.2 鳅科 Cobitidae

(8)黄河高原鳅 *Triplophysa pappenheimi*(P. W. Fang)

分布：尕尔娘黑河。栖于激流河段干支流石砾缝隙中，为分布于海拔较高的高原河流鱼类，在附属湖泊上游的河口地区数量较多，主要分布于甘肃靖远到青海贵德一带的黄河上游干支流及附属湖泊。中国特有。

头及前躯较平扁，尾柄低而长；口裂大，唇狭窄，唇面光滑或具浅皱褶，须3对，吻须达眼前；体无鳞，腹部银白色；头大扁平，口大、下位、弧形；尾鳍凹陷。常潜伏于底层，以小型无脊椎动物或鱼类为主要食物，7~8月逆水上溯产卵繁殖。

甘肃省重点保护野生动物。

(9)拟鲇高原鳅 *Triplophysa siluroides* Herzenstein

别名：拟鲶高原鳅。

分布：尕尔娘黑河。栖于海拔3400m上下甘肃到青海贵德一带的黄河上游干支流及附属湖泊，喜潜伏于水体，营底栖生活。中国特有。

体粗壮，前端宽阔，稍平扁，后端近圆形，尾柄细圆；头大，平扁，背面观呈三角形；口大，下位，弧形；须3对，吻须2对较短，口角须1对；体无鳞，体表皮肤散布有短条状和乳突状的皮质突起。仅在人烟较稀少的高原地区保持一定数量，属于极度濒危鱼种！由于西北高原相对寒冷，7~8月产卵。为鳅科鱼类中最大的种，常见个体体长150~480mm，最大个体体长482mm，重1.5kg。

野外种群已经列入国家二级重点保护野生动物名录。

(10)达里湖高原鳅 *Triplophysa dalaica* Kessler

分布：尕海。栖于海拔3400m上下开阔河流的缓流河段、山溪石滩浅水处和静水的湖泊中，底栖性。甘肃洮河、渭河。主要分布于黄河自兰州以下的干支流和内蒙古的黄旗海、岱海、达里湖以及达尔罕茂明安联合旗、克什克腾旗和西乌珠穆沁旗等地的自流水体。中国特有。

头部稍平扁，头宽大于头高；吻长等于或稍大于眼后头长；口下位，唇厚，上唇边缘有流苏状的短乳头状突起，下唇多短乳头状突起和深皱褶。主要以底栖无脊椎动物桡足类、硅藻类和植物碎屑等为食。

(11)东方高原鳅 *Triplophysa orientalis* Herzenstein

分布：则岔。栖于海拔3300m左右江河湖泊溪流、浅水、多沙砾及水草处、缓流或静水水体，底栖性。甘肃的长江、黄河干流及其洮河、白龙江上游等附属水体，岷县北石门。四川西部、西藏拉萨河、怒江上游，青海柴达木、黄河、通天河，久治麻尔柯河上游，大通河，诺木洪河。中国特有。

口下位，较宽，唇厚，上唇具皱褶，下唇具乳突和深皱褶，下颌匙状，腹鳍末端后伸达或超过肛门，尾柄较高，体表光滑无鳞。以动物性食物为食。个体较大，数量多。

(12)拟硬刺高原鳅 *Triplophysa pseudoscleroptera* Zhu et Wu

别名：拟硬鳍高原鳅、小狗鱼。

分布：尕海、贡巴。栖于海拔3500m上下浅水湖湾和缓流河段，活动在流水中，常在砾石间穿行。主要分布于甘肃、青海、四川西部及云南的黄河、长江上游干流及其附属水体，柴达木河、格尔木河和扎陵湖、鄂陵湖。中国特有。

形态特征与硬鳍高原鳅相似，较硬鳍高原鳅稍小，腹鳍基部起点约与背鳍第2分支鳍条之基部相对，鳔后室呈长椭圆形。小型鱼类，数量不多。

(13)短尾高原鳅 *Triplophysa brevicauda* Herzenstein

分布：尕海。栖于海拔3400m左右河流湖泊以及小河、溪流中。广泛分布于青藏高原及与其毗连的新疆、四川西北部、柴达木盆地溪流中。中国特有。

头楔形，口下位，深弧形，下颌末端突出于下唇前，边缘圆，不锐利，无角质覆盖物。唇较厚，具皱褶，下唇中部缺刻较深，须3对，稍长。杂食性，主食藻类。

(14)黑体高原鳅 *Triplophysa obscura* Wang

分布：尕海。栖于海拔3400~3500m江河支流、小溪多水草浅滩处，喜群居。甘肃省内黄河上游及白龙江上游。国内青海、四川等黄河上游及嘉陵江上游地区。中国特有。

口略呈马蹄形，唇肥厚，上、下唇均具发达乳突，下唇中央间断，须较长，体无鳞，皮肤表面具许多细小棘突。以摇蚊幼虫、钩虾、蜘蛛和昆虫幼虫为食。平均繁殖力为每尾3652粒。

（15）硬鳍高原鳅 *Triplophysa scleroptera* Herzenstein

别名：硬刺高原鳅。

分布：则岔河。栖于海拔3160m左右近岸的浅水河湾和河流的缓流河段，在多水草的水域较多，底栖性。甘肃玛曲、岷县。国内青海湖、黄河上流扎陵湖、鄂陵湖等地。中国特有。

头锥形，前后鼻孔紧邻，前鼻孔瓣状，须短，颌须后伸在眼中心和眼后缘之间的下方。以水生小昆虫和小型底栖蠕虫类为食。每年河流融冰时即开始上溯至河道产卵，产卵场常在水深0.5~1.5m有洄流的沙底河段。

（16）泥鳅 *Misgurnus anguillicaudatus* Cantor

体背部及两侧灰黑色，全体有许多小的黑斑点，背鳍和尾鳍膜上的斑点排列成行，尾柄基部有一明显的黑斑，其他各鳍灰白色。国内南方分布较多，北方不常见。国外日本、朝鲜、俄罗斯及印度等地。为异地放生的外来物种。

5.1.1.2　鲑形目 Salmoniformes

5.1.1.2.1　鲑科 Salmonidae

（17）虹鳟 *Oncorhynchus mykiss* Walbaum

别名：瀑布鱼、七色鱼。

体长形，吻圆，鳞小而圆。背部和头顶部苍青色、蓝绿色、黄绿色或棕色。体侧沿侧线中部有一条宽而鲜艳的紫红色彩虹带，延伸至尾鳍基部。其雌雄鱼的鉴别，外观主要依据鱼的头部，头大吻端尖者为雄鱼，吻钝而圆者为雌鱼。生长迅速、适应性强。为异地放生的外来物种。

5.2　陆栖脊椎动物种类及分布

保护区陆栖脊椎动物337种，隶属4纲27目78科194属，其中两栖纲2目5科6属7种、爬行纲1目3科3属3种、鸟纲18目52科138属255种、哺乳纲6目18科47属72种。

5.2.1　两栖纲 AMPHILIA

5.2.1.1　有尾目 URODELA

5.2.1.1.1　小鲵科 Hynobiidae

（1）西藏山溪鲵 *Batrachuperus tibetanus* Schmidt

别名：北方山溪鲵、娃娃鱼。

分布：则岔。栖于海拔2900m以上山溪中。省内武山、甘谷、徽县、康县、武都、文县、卓尼、临夏、康乐。国内分布于四川东南部、西藏东部、陕西、青海等地。中国特有。

头部略扁平，唇褶甚发达，成体颈侧无鳃孔；躯干浑圆或略扁平，尾粗壮，圆柱形，向后逐渐侧扁。白天隐藏在山地溪流较缓、靠近岸边或河心滩岸边较大的石块下或空隙间，夜晚爬到岸边觅食。肉食性，包括虾类、昆虫、甲壳类和寡毛类。繁殖期为5~7月，雌鲵产卵于1对半透明的胶质鞘袋，固着在石块或倒木底面，袋内有卵16~25粒。

因为有药用价值，过度利用和栖息地的生态环境质量下降，其种群数量减少。

IUCN 2021年濒危物种红色名录——易危(VU),国家二级重点保护野生动物。

5.2.1.2 无尾目 ANURA

5.2.1.2.1 角蟾科 Megophryidae

(2)西藏齿突蟾 *Scutiger boulengeri*(Bedriaga)

异名:*Megalophrys boulengeri*、*Scutiger alticolus*、*Scutiger tainingensis*。

分布:则岔。成体栖于海拔2900~3700m高山或高原的小山溪、泉水石滩地潮湿的树根下、洞中、石块下,昼伏夜出。甘肃卓尼、榆中。国内四川、西藏、青海等地。中国特有。

体较小而扁,背面有大小疣,雄蟾胸部有2块黑褐色细密的刺团,腹部亦有刺疣,第1~3指上有细密黑刺。以蜘蛛、昆虫为食。5~6月繁殖,产卵于浅水溪流的石块下,卵粒直径3mm左右,动物极浅灰色,植物极乳白色,呈团状或环状,每群一般有300~600粒卵。蝌蚪在水中经历4个冬天才变态上陆。

国家保护的"三有"陆生野生动物。

5.2.1.2.2 蟾蜍科 Bufonidae

(3)中华蟾蜍 *Bufo gargarizans* Cantor

异名:*Bufo bufo gargarizans* Cantor。

别名:中华蟾蜍指名亚种、中华大蟾蜍、癞肚子。

分布:全保护区。在不同海拔的各种生境中都有,活动于阴湿的草丛中、土洞里以及砖石下等处,冬季多在水底中或烂草中冬眠。甘肃各地都有分布。国内几乎分布于华南以外的我国各地。国外俄罗斯、朝鲜。

全身布满大小不等的圆形瘰疣,头宽大,口阔,吻端圆,吻棱显著,近吻端有小形鼻孔1对,眼大而突出,眼后方有圆形鼓膜,头顶部两侧有大而长的耳后腺1个。产卵季节因地而异,卵在管状胶质的卵带内交错排成4行。卵带缠绕在水草上,每只产卵2000~8000粒。其蝌蚪喜成群朝同一方向游动。成蟾白昼潜伏,晚上或雨天外出活动。黄昏爬出捕食,以捕获蜗牛、蛞蝓、蚂蚁、甲虫与蛾类等动物为食。为农作物、牧草、森林害虫的天敌。

国家保护的"三有"陆生野生动物,国家二级重点保护野生药用动物。

(4)岷山蟾蜍 *Bufo minshanicus* Stejneger

异名:*Bufo gargarizans minshanicus* Stejneger。

别名:中华蟾蜍岷山亚种、岷山大蟾蜍、癞蛤蟆。

分布:则岔。栖于海拔2900~3400m地带溪流沼泽、草甸和较潮湿的灌丛、草地。甘肃岷县、卓尼及岷山山系地区。国内宁夏、青海、四川。中国特有。

上眼睑内侧有3~4个球状疣与吻棱上长疣相连,此外头背上有许多小疣及少数大疣,眼睑上密布小疣。皮肤粗糙,背部有不同形状及数量之瘰粒,耳后腺大。以昆虫、软体动物为食。5~6月繁殖,产卵于静水区,卵在长长的卵带中有规则地成行排列,卵数1000~10 000粒;蝌蚪尾鳍黑色,末端钝圆;7月上旬岸上已有具四肢的幼体,而水中仍有蝌蚪。

耳后腺分泌物干制品蟾酥为名贵中药。吞食多种有害昆虫,有益于人类。

国家保护的"三有"陆生野生动物,甘肃省重点保护野生动物。

5.2.1.2.3 蛙科 Ranidae

(5)中国林蛙 *Rana chensinensis* David

分布:则岔、尕海。成体栖于海拔2900~3500m水边草地或阴湿的山坡树丛,9月底至次年3月营水栖生活，冬季成群聚集在河水深处的大石块下进行冬眠。甘肃各地。国内东北、西北、内蒙古、河北、山西、山东、江苏、四川、西藏、河南、湖北等地。国外朝鲜、老挝、蒙古和俄罗斯。

吻端钝圆，略突出于下颌，吻棱较明显；鼻孔位于吻眼之间，鼻间距大于眼间距，背侧褶在鼓膜上方呈曲折状，有一对咽侧下内声囊。昼伏夜出，以昆虫、软体动物为食。5~6月繁殖，产卵于静水中，卵数1000~2000粒。7月上旬有岸上活动的幼体，水中亦有蝌蚪。

列入国家保护的"三有"陆生野生动物，国家二级重点保护野生药用动物。

(6)黑斑侧褶蛙 *Pelophylax nigromaculatus* Hallowell

别名：黑斑蛙。

分布：则岔、尕海。栖于海拔2900~3200m水沟等静水或流水缓慢的河流附近。除新疆、西藏、青海、台湾、海南外，广布于全国各省(区、市)。国外俄罗斯、日本、朝鲜半岛。

头长大于头宽，吻部略尖，吻端钝圆，吻棱不明显，体色变异大，有的个体背脊中央有浅绿色脊线或体背及体侧有黑斑点。白天隐蔽于草丛和泥窝内，黄昏和夜间活动；跳跃力强，一次跳跃可达1m以上。捕食昆虫纲、腹足纲、蛛形纲等小动物。成蛙在10~11月进入松软的土中或枯枝落叶下冬眠，翌年3~5月出蛰。繁殖季节在3月下旬至4月，黎明前后产卵于池塘等浅水处，卵群团状，每团3000~5500粒，卵径1.5~2 mm。

IUCN 2004年濒危物种红色名录ver 3.1——近危(NT)。

国家保护的"三有"陆生野生动物。

5.2.1.2.4　叉舌蛙科 Dicroglossidae

(7)倭蛙 *Nanorana pleskei* Günther

分布：尕海。成体栖于海拔3000~4400m沼泽地带的水坑以及水沟、小溪及其附近，多底栖。分布于四川、甘肃、青海、西藏等地。中国特有。

体形较小，吻尖圆，无声囊，鼓膜小或鼓环清晰，指、趾关节下瘤不显，背面有镶浅色边缘的深棕色或黑褐色椭圆形大斑，舌椭圆形，后端游离有缺刻。产卵主要在4~6月，卵群含卵几粒至数十粒，有的呈单粒状。

IUCN 2018濒危物种红色名录ver 3.1——近危(NT)。

国家保护的"三有"陆生野生动物。

5.2.2　爬行纲 REPTILIA

5.2.2.1　有鳞目 SQUAMATA

5.2.2.1.1　石龙子科 Scincidae

(1)康定滑蜥 *Scincella potanini* Günther

分布：则岔。栖于海拔2900~3000m草地、路边石堆下。甘肃岷山山系北坡。国内四川等地。中国特有。

背侧黑纵纹间背鳞显著大于侧鳞，前后肢贴体相向时指趾绝不相遇。生活于高寒地带。白天活动觅食，以甲虫、蝶类、蜘蛛等为食。6月繁殖，卵胎生，每胎1~3只。

食有害昆虫。

国家保护的"三有"陆生野生动物。

5.2.2.1.2 鬣蜥科 Agamidae

(2)青海沙蜥 *Phrynocephalus vlangalii* Strauch

别名：沙蜥、沙虎子。

分布：全保护区。栖于海拔3000~4000m植被稀疏的干燥沙砾地带。甘肃甘南等地。国内新疆、四川、青海。中国特有。

白昼活动。一般于4月上旬出蛰，10月中旬始入冬眠。在砾石间、草丛、灌丛下觅食，以小形鳞翅目昆虫及其幼虫为食，其中又以鞘翅目的小型昆虫为主。卵胎生，5月开始怀卵，胚胎数1~4个，7月下旬少数雌蜥开始产仔蜥，8月中旬以后可见到大量当年的幼蜥。能大量捕食危害牧草的昆虫，有益于牧业生产。

国家保护的“三有”陆生野生动物。

5.2.2.1.3 蝰科 Viperidae

(3)高原蝮 *Gloydius strauchi* Bedriaga

别名：雪山蝮、麻蛇。

分布：全保护区。栖于海拔3000~4000m溪旁或无杂草的乱石堆中。甘肃东南部。国内四川、云南、西藏、陕西、青海、宁夏等地。中国特有。

有毒，全长50cm左右，雌性稍长于雄性。背面棕褐色，自颈部至尾部有米黄色或灰绿色不规则斑块，头背部有深色纵纹；腹面呈土红色，密布黑色斑点。有颊窝，有管牙。多于夜晚活动，食林蛙、小型鼠类、蜥蜴等。卵胎生，9~11月产仔，每次产仔蛇5~9条。

IUCN 2018濒危物种红色名录ver 3.1——近危(NT)。

国家保护的“三有”陆生野生动物。

5.2.3 鸟纲 AVES

5.2.3.1 鸡形目 GALLIFORMES

5.2.3.1.1 松鸡科 Tetraonidae

(1)斑尾榛鸡指名亚种 *Tetrastes sewerzowi sewerzowi* Przevalski

异名：*Bonasa sewerzowi sewerzowi*(Przewalskii)。

别名：花尾飞龙、羊角鸡。

分布：则岔。留鸟。栖于海拔2900~3500m山地森林草原、杜鹃灌丛、云杉林及林缘地带。甘肃肃南、天祝、永登、临夏、康乐、临潭、卓尼、碌曲。国内青海、四川、云南、西藏。中国特有。分布区狭窄，加上人为和天敌的破坏，数量日渐减少，处于濒危状态。

上体栗色，具显著的黑色横斑；颏、喉黑色，周边围有白边；胸栗色，向后近白色；各羽均具黑色横斑，外侧尾羽黑褐色，具若干白色横斑和端斑。以杨树、桦树、柳树的叶芽和花序、植物浆果、嫩草为食，亦捕食小毛虫等昆虫。繁殖期5~7月，一窝卵5~8枚，孵卵期25~28d，雏鸟早成性，孵出不久即能随亲鸟活动和觅食。

IUCN 2012年濒危物种红色名录ver 3.1——近危(NT)，中国濒危动物红皮书(1998)——濒危，国家一级重点保护野生动物。

5.2.3.1.2 雉科 Phasianidae

(2)雪鹑甘南亚种 *Lerwa lerwacallipygian* Stegmann

分布：尕海西山地。留鸟。栖于海拔3600m左右灌丛、草原，活动多接近裸岩带。国内青海南部、四川西北部、西藏西南部。国外喜马拉雅山麓、阿富汗东部、印度阿萨姆邦和尼泊尔。

体羽黑色与白色或者黑色与棕色相杂的横斑；飞羽黑褐色；胸、腹栗色，羽缘具有白斑；尾部有宽度几乎相等的黑白相间的横斑。喜集群，以植物花、叶、根、果实为食，也吃少量昆虫。繁殖期4~6月，一窝卵2~5枚，孵卵由雌鸟承担。

国家保护的"三有"陆生野生动物，甘肃省重点保护野生动物。

(3)红喉雉鹑 *Tetraophasis obscurus* Verreaux

别名：雉鹑、四川雉鹑。

分布：则岔。留鸟。栖于海拔2900m以上针叶林、灌丛及裸岩地带。以植物茎、叶及果实为食。甘肃肃南、天祝、永登、临夏、康乐、甘南、文县。国内青海东部、西藏东部、四川和云南西北部。中国特有。

头顶与枕羽中央有黑褐色纵纹，飞羽暗褐色，羽缘具白色和棕色端斑，颏、喉、前颈至尾下覆羽红栗色，胸腹褐灰色，胸羽具黑褐色纵纹，腹羽杂以淡黄和棕色。繁殖期5~7月，一窝卵3~7枚，雏鸟出壳后不久就能随亲鸟离巢觅食。

国家一级重点保护野生动物。

(4)藏雪鸡青海亚种 *Tetraogallus tibetanus przewalskii* Bianchi

别名：淡腹雪鸡、雪鸡。

分布：尕海西山地。留鸟。栖于海拔3900m左右裸岩、草甸及流石滩，有季节性垂直迁徙现象，喜爱结群。甘肃祁连山、甘南山地。国内青海、四川、云南、西藏、喜马拉雅山西部、帕米尔高原。国外不丹、印度、尼泊尔和塔吉克斯坦。

体形与家鸡相似，头、胸及枕部灰，喉白，眉苍白，白色耳羽有时染皮黄色，胸两侧具白色圆形斑块，眼周裸露皮肤橘黄，两翼具灰色及白色细纹，尾灰且羽缘赤褐。啄食植物的球茎、块根、草叶和昆虫等小动物。繁殖期4~5月，一窝卵4~7枚，最高可达13枚，孵化期22~27d，出壳后3d就能随雌鸟觅食，2周后就可以飞行了。

濒危野生动植物种国际贸易公约（2019年）附录Ⅰ保护动物（以下简称"CITES-2019附录Ⅰ保护动物"，国家二级重点保护野生动物。

(5)高原山鹑四川亚种 *Perdix hodgsoniae sifanica* Przewalskii

分布：尕海。留鸟。栖于海拔3400m左右山地灌丛、草原、草甸、裸岩，有季节性垂直迁徙现象。甘肃祁连山，经兰州到甘南。国内青海、四川、西藏。国外印度、尼泊尔。

有醒目的白色眉纹和特有的栗色颈圈，脸侧有黑色斑点；上体黑色横纹密布，外侧尾羽棕褐色；下体显黄白，胸部具很宽的黑色鳞状斑纹并至体侧。主要以高山植物和灌木的叶、芽、茎、浆果、种子、草籽、苔藓等为食，也吃昆虫等动物性食物。繁殖期5~7月，一窝卵6~12枚。

国家保护的"三有"陆生野生动物。

(6)血雉甘肃亚种 *Ithaginis cruentus berezowskii* Bianchi

分布：则岔。留鸟。栖于海拔2900m以上云杉林，常呈几只至几十只的群体活动。甘肃肃南、天祝、临夏、康乐、卓尼、临潭、舟曲、迭部、碌曲、文县。国内陕西、青海、四川、云南、西藏、西部和西南部。国外尼泊尔、印度。

雄鸟大覆羽、尾下覆羽、尾上覆羽、脚、头侧、蜡膜为红色，因其胸侧和翅上覆羽沾绿，羽毛形似柳叶，在甘肃又称为"柳鸡"；食松（杉）叶、种子和苔藓，繁殖期4~7月，一窝卵4~8枚，孵化期28~33d，雏鸟早成性，出壳后第二天即跟随亲鸟活动和觅食。

中国濒危动物红皮书(1998)——易危,CITES-2019附录Ⅱ保护动物,国家二级重点保护野生动物。

(7)蓝马鸡*Crossoptilon auritum*(Pallas)

分布:则岔。留鸟。栖于海拔2900m以上森林和灌丛。甘肃肃南、天祝、永登、临夏、康乐、漳县、岷县、卓尼、临潭、碌曲、迭部、舟曲、武都、文县。国内宁夏、青海、四川。中国特有。

珍稀名贵的禽类,羽毛美丽,头侧绯红,耳羽簇白色、突出于颈部顶上,通体蓝灰色,中央尾羽特长而翘起,尾羽披散下垂如马尾。善于在灌丛中奔跑,也善于藏匿,可短距离飞行。以植物根、茎、叶、花、果为食,也吃昆虫。

繁殖期4~7月,一窝卵5~12枚,孵化期26~28d。

国家二级重点保护野生动物。

(8)环颈雉甘肃亚种*Phasianus colchicus strauchi* Przevalski

别名:雉鸡、野鸡、山鸡、七彩山鸡。

分布:全保护区。留鸟。栖于海拔3500m以下山地灌丛、林缘灌丛、高草草地,善于奔跑,特别是在灌丛中奔走极快,也善于藏匿。甘肃各地。国内陕西中部、四川东北部。国外欧洲、中亚、蒙古、俄罗斯、哈萨克斯坦、朝鲜半岛、越南、缅甸、印度。

较家鸡略小,尾巴却长得多,雄鸟羽色华丽,多具金属反光,头顶两侧各具有一束能耸立起而羽端呈方形的耳羽簇,下背和腰的羽毛边缘披散如发状;翅稍短圆,尾羽18枚。以植物根、茎、叶、芽、果实、种子为食,兼食昆虫。繁殖期4~7月,营巢灌丛下、草丛内,一窝卵11~17枚,卵光滑无斑。

国家保护的"三有"陆生野生动物。

5.2.3.2 雁形目ANSERIFORMES

5.2.3.2.1 鸭科Anatidae

(9)豆雁*Anser fabalis* Latham

分布:尕海。夏候鸟,4月初迁来。栖于海拔3400~3500m开阔草地、沼泽、江河、湖泊。分布于中国、西伯利亚、冰岛和格陵兰岛东部。越冬在西欧、伊朗、朝鲜、日本。

有扁平的喙,边缘锯齿状,有助于过滤食物,上体灰褐色或棕褐色,下体污白色,嘴黑褐色、具橘黄色带斑。主要吃苔藓、地衣、植物嫩芽、嫩叶、果实与种子和少量动物性食物。为一夫一妻制,繁殖期5~7月,一窝卵3~8枚,雌鸟单独孵卵,孵化期25~29d,雏鸟早成性。

国家保护的"三有"陆生野生动物。

(10)灰雁*Anser anser*(Linnaeus)

分布:尕海。夏候鸟,3月下旬迁来。栖于海拔3400~3500m水草茂盛的沼泽草地、河湾、河滩。甘肃卓尼、碌曲、玛曲、天祝、武威、张掖、酒泉、瓜州。国内繁殖在新疆、青海、内蒙古、黑龙江,迁徙经河北、河南、山东、山西、四川,在长江以南越冬。国外西伯利亚、北欧、东欧、英国、地中海、北非、印度。

嘴、脚肉色,有扁平的喙,边缘锯齿状,有助于过滤食物,上体灰褐色,下体污白色,飞行时成有序的队列,有"一"字形、"人"字形等。食物为各种水生和陆生植物的叶、根、茎、嫩芽、果实和种子等植物性食物,有时也吃螺、虾、昆虫等动物食物。为一夫一妻制,繁殖期4~6月,一窝卵4~8枚,孵化期27~29d,雏鸟早成性。

国家保护的"三有"陆生野生动物,甘肃省重点保护野生动物。

（11）斑头雁*Anser indicus*（Latham）

分布：尕海。夏候鸟，3月底迁来。栖于海拔3400~3500m尕海湖泊、沼泽。甘肃卓尼、碌曲、玛曲、瓜州。国内东北西北部、青海、西藏、新疆，迁徙见于陕西、湖南、四川、云南。国外中亚、克什米尔，中亚和蒙古，越冬在印度、巴基斯坦、缅甸。

通体大都灰褐色，头和颈侧白色，头顶有两道黑色带斑。繁殖期、越冬期和迁徙季节均成群活动。主要以禾本科和莎草科植物的叶、茎、青草和豆科植物种子等植物为食，也吃贝类、软体动物和其他小型无脊椎动物。繁殖期3~5月，通常一窝卵4~6枚，孵化期28~30d，雏鸟早成性，孵出后不久即能活动。

国家保护的"三有"陆生野生动物，甘肃省重点保护野生动物。

（12）大天鹅*Cygnus cygnus*（Linnaeus）

分布：尕海。冬候鸟，当年10月至翌年3月。栖于海拔3430m的天鹅湖、河岔、沼泽草地；也有旅鸟在春、秋两季迁徙经过（以下简称"迁经"）尕海，还有大天鹅在尕海繁殖的个别案例。甘肃兰州、定西、天水、庆阳、敦煌、张掖、靖远、碌曲、玛曲、武都。国内冬季分布于长江、黄河流域及附近湖泊，春季迁经华北、新疆、内蒙古而到黑龙江等地繁殖。国外繁殖在欧亚大陆北部，在南欧、日本和朝鲜半岛越冬。

体长120~160cm，翼展218~243cm，嘴黑，嘴基有大片黄色，黄色延至上喙侧缘成尖。以水生植物茎、叶和种子为食，兼食少量软体动物。迁徙时以小家族为单位，是世界上飞得最高的鸟类之一，最高飞行高度可达9000m以上。除繁殖期外成群生活，昼夜均有活动，性机警、胆怯，善游泳。繁殖期5~6月，一窝卵4~7枚，孵卵由雌鸟单独承担，孵化期31~40d，雏鸟早成性。

中国濒危动物红皮书（1998）——渐危，国家二级重点保护野生动物。

（13）赤麻鸭*Tadorna ferruginea*（Pallas）

别名：黄鸭。

分布：尕海。夏候鸟，3月初迁来，也有大量的赤麻鸭已经成为留鸟。栖于海拔3400m左右湖泊、沼泽草地、河岔。甘肃各地。国内繁殖在内蒙古、新疆、青海、西藏、四川、云南，迁经东北、华北。国外主要繁殖于欧洲东南部、非洲西北部、亚洲中部和东部，越冬在日本、朝鲜半岛、中南半岛、印度和非洲尼罗河流域等地。

全身赤黄褐色，翅上有明显的白色翅斑和铜绿色翼镜；嘴、脚、尾黑色；雄鸟有一黑色颈环。飞翔时黑色的飞羽、尾、嘴和脚、黄褐色的体羽和白色的翼上与翼下覆羽形成鲜明的对照。以各种谷物、昆虫、甲壳动物、蛙、虾、小鱼、水生植物为食。繁殖期4~6月，一窝卵6~15枚，孵化期27~30d，雏鸟早成性。

国家保护的"三有"陆生野生动物，甘肃省重点保护野生动物。

（14）赤膀鸭*Anas strepera*（Linnaeus）

异名：*Mareca strepera* Linnaeus。

分布：尕海。旅鸟，春、秋两季迁经保护区。栖于海拔3400~3500m湖泊及其周边沼泽地。国内主要繁殖于新疆天山和东北北部，越冬在长江中下游和东南沿海，迁徙时经过青海、内蒙古和华北一带。分布于欧亚大陆、北非、北美南部和太平洋。

雄鸟嘴黑色，雌鸟嘴橙黄色，嘴峰黑色。食水生植物和青草、草籽、浆果和谷粒。繁殖期5~7月，一窝卵8~12枚，孵化期26d，雏鸟早成性。

国家保护的“三有”陆生野生动物。

(15)罗纹鸭*Anas falcata*(Georgi)

异名:*Mareca falcata* Georgi。

分布:尕海。夏候鸟,每年4月中旬迁来。栖于海拔3400m左右河流、湖泊及其沼泽地带。在内蒙古、黑龙江、吉林繁殖,黄河下游、长江以南、海南岛。国外在西伯利亚东部、远东繁殖,在朝鲜、日本、中南半岛、缅甸、印度北部越冬。

雄鸟繁殖期头顶暗栗色,头和颈的两侧以及后颈冠羽铜绿色,雌鸟上体黑褐色,头、颈两侧黑褐色。主要以水藻、水生植物嫩叶、种子、草籽、草叶等植物性食物为食。繁殖期5~7月,一窝卵6~10枚,孵化期24~29d,雏鸟早成性。

IUCN 2012年濒危物种红色名录ver 3.1——近危(NT)。国家保护的“三有”陆生野生动物。

(16)赤颈鸭*Anas penelope*(Linnaeus)

异名:*Mareca penelope* Linnaeus。

分布:尕海。夏候鸟,每年4月上旬迁来。栖于海拔3400~3500m湖泊及其周边沼泽地。繁殖于黑龙江和吉林,越冬在西南各省区、长江中下游。迁徙时经过新疆、内蒙古、东北南部和华北一带。繁殖于欧亚大陆北部,越冬在欧洲南部、非洲东北部和西北部、中南半岛。

雄鸟头和颈棕红色,额至头顶有一乳黄色纵带,翼镜翠绿色,翅上覆羽纯白色,雌鸟上体大都黑褐色,翼镜暗灰褐色。常成群在水草丛中或沼泽地上觅食眼子菜、藻类和其他水生植物。繁殖期5~7月,一窝卵7~11枚,孵化期22~25d,雏鸟早成性。

国家保护的“三有”陆生野生动物。

(17)绿头鸭*Anas platyrhynchos* Linnaeus

分布:尕海。夏候鸟,每年4月上旬迁来。栖于海拔3400m左右湖泊、河流、沼泽草地。甘肃各地。国内繁殖在东北、新疆、青海、内蒙古、河北,在黄河以南越冬。分布于欧亚大陆北部和美洲北部温带水域,越冬在欧亚大陆南部、北非和中美洲一带。

体长47~62cm,雄鸭嘴黄绿色,脚橙黄色,头和颈辉绿色,颈部有一明显的白色领环。雌鸭嘴黑褐色,脚橙黄色,紫蓝色翼镜。以水生藻类的茎叶、草籽、蠕虫、软体动物为食。繁殖期4~6月,一窝卵7~11枚,孵化期24~27d,雏鸟早成性。

国家保护的“三有”陆生野生动物。

(18)斑嘴鸭*Anas zonorhyncha* Forster

异名:*Anas poecilorhyncha* Forster。

别名:中华斑嘴鸭、中国斑嘴鸭、东方斑嘴鸭。

分布:尕海。夏候鸟,每年4月上旬迁来。栖于海拔3400~3500m湖泊、河流、沼泽。繁殖于中国东北、华北、西北(甘肃、宁夏、青海),一直到四川,越冬在长江以南、西藏南部,部分终年留居长江中下游、华东和华南一带。国外日本、朝鲜、韩国、蒙古、俄罗斯和不丹。

雌雄羽色相似,上嘴黑色,先端黄色,脚橙黄色,脸至上颈侧、眼先、眉纹、颏和喉均为淡黄白色,翼镜绿色,具金属光泽。以植物为主食,也吃无脊椎动物和甲壳动物。繁殖期5~7月,一窝卵8~14枚,孵化期24d,雏鸟早成性。

国家保护的“三有”陆生野生动物。

(19)针尾鸭*Anas acuta*(Linnaeus)

分布:尕海。夏候鸟,3月中旬迁来。栖于海拔3400~3500m湖泊、河流、沼泽草地。广布于欧亚大陆北部、北美西部。越冬在东南亚、印度、北非、中美洲,少数终年留居南印度洋的岛屿上。

体型较小,上体大都黑褐色,杂以黄白色斑纹,无翼镜,尾较雄鸟短,但较其他鸭尖长,飞行迅速。主要以草籽和其他水生植物嫩芽和种子等为食,繁殖期4~7月,一窝卵6~11枚,孵化期21~23d,雏鸟早成性。

国家保护的"三有"陆生野生动物。

(20)绿翅鸭*Anas crecca* Linnaeus

分布:尕海。夏候鸟,3月下旬迁来。栖于海拔3400m左右湖泊、河流、沼泽草地。甘肃各地。国内繁殖在东北、新疆,自河北南部至海南、台湾越冬。繁殖在北美、欧亚大陆北部,在中美洲、热带非洲、南亚越冬。

体长37cm,嘴脚均为黑色。雄鸟头至颈部深栗色,飞翔时雌雄鸭翅上具有金属光泽的翠绿色翼镜和翼镜前后缘的白边,非常醒目。以水草、杂草种子、螺、甲壳类、软体动物、水生昆虫和其他小型无脊椎动物为食。繁殖期5~7月,一窝卵8~11枚,雌鸟孵卵,孵化期21~23d。雏鸟早成性。

国家保护的"三有"陆生野生动物,甘肃省重点保护野生动物。

(21)琵嘴鸭*Anas clypeata*(Linnaeus)

异名:*Spatula clypeata* Linnaeus。

分布:尕海。夏候鸟,3月中旬迁来。栖于海拔2900~3400m河流、湖泊水面、岸边草地。繁殖在新疆西部及东北部以及黑龙江和吉林,越冬在西藏南部、云南、贵州、四川、长江中下游和东南沿海各省及台湾,迁徙时经过辽宁、内蒙古、华北等地。广泛分布于整个北半球,繁殖在亚欧大陆、北美洲,越冬在欧洲南部、亚洲南部、非洲北部。

雄鸟头至上颈暗绿色而具光泽,背黑色,脚橙红色,嘴黑色,大而扁平,先端扩大成铲状,形态极为特别;雌鸟也有大而呈铲状的嘴。以水生植物、无脊椎动物和甲壳动物为食。繁殖期4~6月,一窝卵7~13枚,孵化期22~28d,雏鸟早成性。

国家保护的"三有"陆生野生动物。

(22)白眉鸭*Anas querquedula*(Linnaeus)

异名:*Spatula querquedula* Linnaeus。

分布:尕海。夏候鸟,4月中旬迁来。栖于海拔3400m左右湖泊、河流、沼泽草地。繁殖于中国东北、西北,冬季南迁至35°N以南大部分地区。国外繁殖于英国、法国、意大利、土耳其、西伯利亚,在欧洲南部、西非、伊拉克、伊朗、印度、东南亚越冬。

雄鸟嘴黑色,头和颈淡栗色,眉纹白色,宽而长,一直延伸到头后,极为醒目;雌鸟上体黑褐色,下体白而带棕色;眉纹白色,但不及雄鸭显著。以水生植物的叶、茎、种子为食。繁殖期5~7月,一窝卵8~12枚,孵化期21~24d,雏鸟早成性。

国家保护的"三有"陆生野生动物。

(23)赤嘴潜鸭*Netta rufina*(Pallas)

分布:尕海。旅鸟,春、秋两季迁经保护区。栖于海拔3400m左右湖泊及其周边沼泽。繁殖在内蒙古乌梁素海、新疆塔里木河流域、青海柴达木盆地等,越冬在西藏南部、云南、四川、贵州等地。分布于欧洲中部、亚洲中部。

雄鸟头浓栗色，具淡棕黄色羽冠，嘴赤红色，下体黑色，两胁白色。雌鸟通体褐色，飞翔时翼上和翼下大型白斑极为醒目。食物主要为水藻、眼子菜和其他水生植物的嫩芽、茎和种子。繁殖期4~6月，一窝卵6~12枚，孵化期26~28d，雏鸟早成性。

国家保护的"三有"陆生野生动物，甘肃省重点保护野生动物。

(24)红头潜鸭*Aythya ferina*(Linnaeus)

分布：旅鸟，春、秋两季迁经保护区。栖于海拔3400m左右湖泊、河流、沼泽。主要繁殖在新疆天山、内蒙古东北部、黑龙江西北部、吉林省西部，越冬在云南、贵州、四川、长江中下游，迁徙经过山西、甘肃、青海等地。繁殖于英国、西伯利亚南部和蒙古，越冬在欧洲南部、非洲北部、亚洲。

雄鸟头顶呈红褐色，圆形，胸部和肩部黑色，其他部分大都为淡棕色，翼镜大部呈白色；雌鸟大都呈淡棕色，翼灰色，腹部灰白。以水生植物、软体动物、甲壳类、水生昆虫、小鱼和虾等为食。繁殖期4~6月，一窝卵6~9枚，孵化期24~26d，雏鸟晚成性。

国家保护的"三有"陆生野生动物。

(25)白眼潜鸭*Aythya nyroca*(Güldentdt)

分布：尕海。旅鸟，春、秋两季迁经保护区，部分为夏候鸟，栖于海拔3400m左右湖泊及其周边沼泽。甘肃文县、甘南、平凉、庆阳、兰州、河西。国内繁殖在内蒙古、新疆、西藏，迁徙经中部地区。国外繁殖在中亚、南欧、北非，在中东和中非越冬。

雄鸟头、颈、胸暗栗色，颈基部有一不明显的黑褐色领环，雌鸟与雄鸟基本相似，但色较暗些。以小鱼、蛙、软体动物和水生植物为食。繁殖期4~6月，一窝卵通常7~11枚，孵化期25~28d，雏鸟早成性。

IUCN 2012年濒危物种红色名录ver 3.1——近危(NT)。国家保护的"三有"陆生野生动物。

(26)凤头潜鸭*Aythya fuligula*(Linnaeus)

分布：尕海。旅鸟，春、秋两季迁经保护区。栖于海拔2900~3400m河流、湖泊水面、岸边草地。甘肃各地。国内繁殖在东北北部，迁徙全国，长江以南越冬。繁殖于欧亚大陆北部，在南欧、中非越冬。

头带特长羽冠，雄鸟亮黑色，腹部及体侧白；雌鸟深褐，两胁褐而羽冠短。潜水觅食，以水生植物和鱼虾贝壳类为食。繁殖期5~7月，一窝卵6~13枚，孵化期23~25d，雏鸟早成性。

国家保护的"三有"陆生野生动物。

(27)鹊鸭*Bucephala clangula* Linnaeus

分布：尕海。冬候鸟，当年10月至翌年3月。栖于海拔3400m左右湖泊、河流、沼泽。繁殖于东北大兴安岭地区，越冬于华北沿海、东南沿海和长江中下游，迁徙时经过东北、华北、甘肃、青海和新疆。分布于北美北部、西伯利亚、欧洲中部和北部、亚洲等地。

雄鸟两颊近嘴基处有大型白色圆斑，雌鸟嘴黑色，先端橙色。食物为昆虫、蠕虫、甲壳类、软体动物、小鱼、蛙以及蝌蚪等。繁殖期5~7月，一窝卵8~12枚，孵化期30d，雏鸭早成性。

国家保护的"三有"陆生野生动物。

(28)斑头秋沙鸭*Mergellus albellus* Linnaeus

别名：白秋沙鸭、小秋沙鸭、川秋沙鸭。

分布：尕海。冬候鸟，当年10月至翌年3月。栖于海拔3470m左右尕海湖及其周边草地。繁殖于呼伦贝尔市、大兴安岭，越冬在东北、河北和东北部沿海、黄河流域、长江中下游以及东南沿海。国外欧洲和俄罗斯北部、西伯利亚东部、土耳其。

雄鸟体羽以黑白色为主，两翅灰黑色；雌鸟上体黑褐色，下体白色。食物为小鱼、软体动物、甲壳类、石蚕等水生无脊椎动物和植物。繁殖期5~7月，一窝卵6~10枚，孵化期28d，雏鸭早成性。

国家二级重点保护野生动物。

(29)普通秋沙鸭 *Mergus merganser* Linnaeus

分布：全保护区。夏候鸟，4月中旬迁来。栖于海拔2900~3500m洮河、湖泊、沼泽草地。在东北、新疆、青海东北部和南部、西藏南部繁殖。越冬于西南、广西、福建。国外繁殖于欧洲北部、西伯利亚、北美北部，越冬在繁殖地以南，几乎遍及整个北半球。

雄鸟头和上颈黑褐色而具绿色金属光泽，枕部有短的黑褐色冠羽，雌鸟头和上颈棕褐色，上体灰色，下体白色，冠羽短，棕褐色，喉白色，具白色翼镜。以小鱼、软体动物、甲壳类、石蚕等水生无脊椎动物和植物为食。繁殖期5~7月，一窝卵8~13枚，孵化期32~35d，雏鸟早成性。

中国特有，国家保护的“三有”陆生野生动物。

5.2.3.3　䴙䴘目 PODICIPEDIFORMES

5.2.3.3.1　䴙䴘科 Podiclpedidae

(30)小䴙䴘普通亚种 *Tachybaptus ruficollis poggei* Reichenow

异名：*Podiceps ruficollis poggei* Reichenow。

分布：尕海。夏候鸟，3月下旬迁来。栖于海拔3470m左右尕海湖及其周边沼泽。甘肃各地。国内东北中部、广东、海南、台湾、新疆、四川、云南、西藏。分布于欧亚大陆、非洲、印度、斯里兰卡、缅甸、日本等。

枕部具黑褐色羽冠；成鸟上颈部具黑褐色杂棕色的皱领；上体黑褐，下体白色。常潜水取食，以水生昆虫及其幼虫、鱼、虾、水草等为食。繁殖期5~7月，在沼泽、湖泊中丛生的芦苇、灯心草、香蒲等处营巢，一窝卵6~7枚，卵污白色无斑，钝圆，雌雄轮流孵卵。

国家保护的“三有”陆生野生动物。

(31)凤头䴙䴘 *Podiceps cristatus*(Linnaeus)

别名：冠䴙䴘。

分布：尕海。夏候鸟，4月上旬迁来。栖于海拔3400m左右湖泊、河流、沼泽草地。东北至青藏高原，为夏候鸟，在长江以南大部分地区越冬。国外欧洲、亚洲、非洲和大洋洲。

颈修长，有显著的黑色羽冠。下体近乎白色而具光泽，上体灰褐色。潜水能力强，以软体动物、鱼、虾、水生昆虫、甲壳类和水生植物等为食。繁殖期5~7月，一窝卵4~5枚，卵长圆形，灰白色。

国家保护的“三有”陆生野生动物。

(32)黑颈䴙䴘 *Podiceps nigricollis*(Brehm)

分布：尕海。旅鸟，春、秋季节迁经保护区。栖于海拔3470m左右的尕海湖。夏季时分布于新疆、内蒙古、甘肃等地，冬季分散至30°N以南地区。繁殖于天山西部、内蒙古及中国东北。分布于美洲地区和欧亚大陆及非洲北部。

嘴黑色，细而尖，微向上翘，眼红色。夏羽头、颈和上体黑色，两胁红褐色，下体白色，眼后有呈扇形散开的金黄色饰羽。主要通过潜水觅食，食物为水生无脊椎动物和水生植物。繁殖期5~8月，一窝卵4~6枚，孵化期21d，雏鸟早成性，孵出第二天即能下水游泳，亲鸟有时会将雏鸟放到背部。

国家二级重点保护野生动物。

5.2.3.4　鸽形目 COLUMBIFORMES

5.2.3.4.1　鸠鸽科 Columbidae

(33)原鸽 *Columba livia* Gmelin

分布:全保护区。留鸟。栖于海拔2900m以上山地,喜集群,活动在山地草原、岩石裸出地带。国内普遍分布。遍布亚洲中部以至南部自印度、斯里兰卡,东抵缅甸和泰国、欧洲中部和南部、非洲北部。

翼上横斑及尾端横斑黑色,头及胸部具紫绿色闪光,头、颈、胸、上背等均暗石板灰色,下颈及上胸有些金属绿色和紫色闪光,背面余部淡灰色,尾具宽阔的黑端。以各种植物种子和农作物为食。繁殖期4~8月,一年繁殖2次,一窝卵2枚,孵化期17~18d,雏鸟晚成性,育雏期30d。

国家保护的“三有”陆生野生动物。

(34)岩鸽 *Columba rupestris* Pallas

分布:全保护区。留鸟。栖于海拔2900m以上山地岩石和悬崖峭壁处,喜集群在山地草原、岩石裸出地带活动。国内普遍分布。国外西伯利亚南部、朝鲜、中亚、阿富汗、尼泊尔、印度。

嘴基部柔软,被以蜡膜,嘴端膨大而具角质;颈和脚均较短,胫全被羽。结成小群到田野上觅食,以植物种子、果实、球茎、块根等为食。繁殖期4~7月,一窝卵2枚,孵化期18d,雏鸟晚成性。

国家保护的“三有”陆生野生动物。

(35)雪鸽华西亚种 *Columba leuconota gradaris* Hartert

分布:全保护区。留鸟。栖于海拔2900m以上山地,喜集群,活动在山地草原、岩石裸出地带。甘肃祁连山、岷山山系、甘南高原。国内青海、四川、云南、西藏东南部沿喜马拉雅山向西。

头深灰;领、下背及下体白色;上背褐灰,腰黑色;尾黑,中间部位具白色宽带;翼灰,具两道黑色横纹;脚和趾亮红色,爪黑色。主要以草籽、野生豆科植物种子和浆果等植物性食物为食。繁殖期4~7月,一窝卵1~3枚,孵化期17~19d。

中国特有。国家保护的“三有”陆生野生动物,甘肃省重点保护野生动物。

(36)山斑鸠指名亚种 *Streptopelia orientalis orientalis* Latham

分布:则岔。留鸟。栖于海拔2900m以上森林,多活动在林缘。甘肃各地。国内东北,南至西藏、云南、海南。国外西伯利亚、喜马拉雅山脉各国、印度、孟加拉、缅甸、中南半岛。

前额和头顶前部蓝灰色,头顶后部至后颈转为沾栗的棕灰色,颈基两侧各有一块羽缘蓝灰色的黑羽,形成显著黑灰色颈斑。脚洋红色,爪角褐色。以植物种子、芽、果实为食。繁殖期4~7月,一般年产2窝,孵卵期18~19d,雏鸟晚成性,育雏期18~20d。

国家保护的“三有”陆生野生动物。

(37)灰斑鸠指名亚种 *Streptopelia decaocto decaocto* Frivaldszky

分布:全保护区。留鸟。栖于海拔2900m以上森林,多活动在林缘。国内除新疆北部、东北北部、台湾等地外几乎均有分布。分布于欧洲南部、亚洲的温带和亚热带地区及非洲北部。

全身灰褐色,翅膀上有蓝灰色斑块,尾羽尖端为白色,颈后有黑色颈环,环外有白色羽毛围绕,嘴近黑色,脚和趾暗粉红色。以植物果实与种子、农作物谷粒和昆虫为食。繁殖期4~8月,一年繁殖2窝,孵化期14~18d,雏鸟晚成性,育雏期15~17d。

国家保护的“三有”陆生野生动物。

(38)火斑鸠 *Streptopelia tranquebarica* Hermann

分布:全保护区。留鸟。栖于海拔2900m以上森林,多活动在林缘。国内辽宁、河北以南的广大地区，西至甘肃、青海、西南，东至东部沿海，南至香港、台湾和海南。国外印度、尼泊尔、不丹、孟加拉、中南半岛、菲律宾。

雄鸟额、头顶至后颈蓝灰色，后颈有一黑色领环横跨在后颈基部，并延伸至颈两侧；雌鸟额和头顶淡褐而沾灰，后颈基处黑色领环较细窄。食植物浆果、种子和农作物种子，也吃白蚁、蛹和昆虫等动物性食物。繁殖期5~7月，一窝卵2枚，卵为卵圆形，白色。

国家保护的“三有”陆生野生动物。

(39)珠颈斑鸠 *Streptopelia chinensis* Scopoli

分布：则岔。留鸟。栖于海拔2900m以上山地，多活动在林缘，常成小群活动。国内华东、华中、华南、西南、台湾等地。国外印度、斯里兰卡、孟加拉国、缅甸、中南半岛和印度尼西亚等地。

通体褐色，颈部至腹部略沾淡粉红色，后颈部两侧有宽阔的黑色上满布白色细小斑点形成的领斑，像“珍珠”一样醒目；尾甚长，外侧尾羽黑褐色，末端白色，飞翔时极明显。食作物种子，也吃蝇蛆、蜗牛、昆虫等动物。繁殖期4~11月，一年繁殖2~3次，一窝卵2~4枚，孵化期为15~18d。

国家保护的“三有”陆生野生动物。

5.2.3.5　夜鹰目 CAPRIMULGIFORMES

5.2.3.5.1　雨燕科 Apodidae

(40)白腰雨燕指名亚种 *Apus pacificus pacificus* Latham

分布：全保护区。夏候鸟，每年4月初迁来。栖于海拔3400m左右山地。甘肃祁连山、甘南山地、崆峒山。国内除新疆、西藏北部、海南外，均有分布。国外西伯利亚、朝鲜半岛、日本、印度、缅甸、马来群岛、澳大利亚。

污褐色，尾长而尾叉深，颏偏白，腰上有白斑，白天快速飞行在空中捕食，边飞边叫。夜宿岩洞、岩缝中，以昆虫为食。繁殖期5~7月，一窝卵2~4枚，孵化期为20~23d，雏鸟晚成性，育雏期33d。有益于林、牧业。

国家保护的“三有”陆生野生动物。

5.2.3.6　鹃形目 CUCULIFORMES

5.2.3.6.1　杜鹃科 Cuculidae

(41)大鹰鹃指名亚种 *Hierococcyx sparverioides* Vigors

异名：*Cuculus sparverioides sparverioides* Vigors。

别名：鹰鹃、鹰头杜鹃。

分布：则岔。夏候鸟，5月上旬迁来。栖于海拔2900~3000m林缘、草地围栏的铁丝上。国内台湾、辽宁、河北、山东、河南，经秦岭至四川、西藏、云南、海南等地。国外印度、东南亚、印度尼西亚。

嘴强，嘴峰稍向下曲；翅具10枚初级飞羽，尾长阔，呈凸尾状，有8~10尾羽；脚短弱，具4趾，第1、4趾向后，趾不相并。以鳞翅目幼虫、蝗虫和鞘翅目昆虫为食。繁殖期4~7月，一窝卵2枚，属巢寄生鸟，由寄主鸟代孵代育。

国家保护的“三有”陆生野生动物。

(42)四声杜鹃 *Cuculus micropterus* Gould

分布：则岔。夏候鸟，5月中旬迁来。栖于海拔2900~3000m林缘、草地围栏上。广泛分布于东南亚，远达俄罗斯远东，东到日本，南达印度、中南半岛和印度尼西亚。

头顶和后颈暗灰色，头侧浅灰，眼先、颏、喉和上胸等色更浅，上体余部和两翅表面深褐色，尾近端处具一道宽黑斑；下体自下胸以后均白，杂以黑色横斑；翅形尖长，尾具宽阔的近端黑斑。叫声洪亮，四声一度。食松毛虫、金龟甲等昆虫和植物种子。繁殖期5~7月，属巢寄生鸟，由寄主鸟代孵代育。食虫鸟，有益于林、牧业。

国家保护的“三有”陆生野生动物。

(43)大杜鹃指名亚种 *Cuculus canorus canorus* Linnaeus

分布：则岔。夏候鸟，5月上旬迁来。栖于海拔2900~3000m林缘、草地围栏的铁丝上，活动于近水的地方。甘肃各地。国内新疆、甘肃、宁夏、陕西、东北至河北及以南各省。分布于欧洲、非洲东部、亚洲东部、东南亚、印度、尼泊尔和阿拉伯半岛。

上体灰色，尾偏黑色，腹部近白而具黑色横斑，雌鸟为棕色，背部具黑色横斑。飞行似隼，快速敏捷，取食鳞翅目幼虫、甲虫、蜘蛛、螺类等。繁殖期5~7月，属巢寄生鸟，由寄主鸟代孵代育。食虫鸟，有益于林、牧业。

国家保护的“三有”陆生野生动物。

5.2.3.7 鹤形目 GRUIFORMES

5.2.3.7.1 秧鸡科 Rallidae

(44)普通秧鸡 *Rallus indicus* Blyth

异名：普通秧鸡东北亚种 *Rallus aquaticus indicus* Blyth。

分布：尕海。夏候鸟，4月上旬迁来。栖于海拔3400m左右湖泊、河流、沼泽地、水边植被茂密处。甘肃兰州、天水、武都等地。全国各地。国外西伯利亚、蒙古、韩国和日本。

中型涉禽，暗深色，上体多纵纹，头顶褐色，脸灰，眉纹浅灰而眼线深灰，颏白，颈及胸灰色，两胁具黑白色横斑，嘴长直而侧扁稍弯曲，翅短，向后不超过尾长，第二枚初级飞羽最长，尾羽短而圆。能在茂密的草丛中快速奔跑，也善游泳和潜水，食小鱼、甲壳类动物、蚯蚓、蚂蟥、软体动物、虾、蜘蛛、昆虫及植物嫩枝、根、种子、浆果和果实。繁殖期为5~7月，一窝卵6~9枚，孵化期19~20d。

国家保护的“三有”陆生野生动物。

(45)白胸苦恶鸟指名亚种 *Amaurornis phoenicurus phoenicurus* Pennant

分布：全保护区。夏候鸟，4月上旬迁来。栖于海拔2900m以上河谷、沼泽，多单独活动。甘肃天水、武都、甘南。国内黄河以南。国外中南半岛、印度尼西亚、太平洋诸岛屿、华莱士区、印度和斯里兰卡。

嘴基稍隆起，但不形成额甲，嘴峰比趾骨短；跗骨较中趾为短；翅短圆，不善长距离飞行，在芦苇或水草丛中潜行，亦稍能游泳，偶做短距离飞翔。以昆虫、小型水生动物以及植物种子嫩叶为食。繁殖期4~7月，一窝卵4~10枚，孵化期16~20d，雏鸟黑色，常由亲鸟带领活动。

国家保护的“三有”陆生野生动物。

(46)白骨顶 *Fulica atra* Linnaeus

别名：骨顶鸡。

分布：尕海。夏候鸟，4月上旬迁来。栖于海拔3400~3500m湖泊和沼泽地。遍布全国各地，北部为夏候鸟，长江以南为冬候鸟。分布于欧亚大陆、非洲、印度尼西亚、澳大利亚和新西兰。

头具额甲，白色，端部钝圆；翅短圆，第一枚初级飞羽较第二枚为短；跗跖短于中趾，趾均具宽而分离的瓣蹼；体羽全黑或暗灰黑色，两性相似。善游泳，能潜水捕食小鱼和水草，游泳时尾部下垂，头前后摆动。食水生植物的嫩芽、叶、根、茎及昆虫、蠕虫、软体动物等。繁殖期5~7月，一窝卵7~12枚，孵化期24d,雏鸟早成性,出壳后当天即能游泳。

国家保护的“三有”陆生野生动物。

5.2.3.7.2 鹤科 Gruidae

(47)灰鹤普通亚种 *Grus grus lilfordi* Sharpe

分布:尕海。旅鸟,春、秋两季迁经保护区。栖于海拔3400~3500m沼泽地和草地。甘肃各地。国内繁殖在新疆,迁徙经大部地区,在长江流域越冬。繁殖在欧亚大陆北部;越冬在阿拉伯半岛、非洲西北部和东北部、巴基斯坦、印度。

颈、脚甚长,全身羽毛大都灰色,头顶裸出皮肤鲜红色,眼后至颈侧有一灰白色纵带,脚黑色。主要以植物嫩芽、叶、茎、块茎、草籽及环节动物、软体动物、甲虫、蝗虫、小鱼、林蛙等为食。繁殖期4~7月,一窝卵2枚,孵化期30d左右,3日龄可啄食和饮水,3月龄可以飞翔。

CITES-2019附录Ⅱ保护动物,国家二级重点保护野生动物。

(48)黑颈鹤 *Grus nigricollis* Przevalski

分布:尕海、尕尔娘。夏候鸟,3月下旬迁来,9~10月迁离。栖于海拔3400~3500m湖泊及其周边沼泽草地、尕尔娘沼泽草地。甘肃碌曲、玛曲、肃北。国内繁殖在青海、新疆、西藏、四川西北部,在西藏、贵州、云南越冬。国外少量繁殖在克什米尔,印度北部越冬。是世界上唯一生活在高原的鹤类。尕海湿地是国内黑颈鹤繁殖地密度最高的地区。

颈、脚甚至长,通体羽毛灰白色,头部、前颈及飞羽黑色,眼先和头顶前方裸露的皮肤呈暗红色,尾羽褐黑色;头顶、三级飞羽的羽片分散,当翅闭合时超过初级飞羽,嘴肉红色,腿和脚灰褐色。除繁殖期常成对、单只或家族群活动外,其他季节多成群活动,特别是冬季在越冬地常集成数十只的大群。主要以鳅类、蛙类、昆虫及植物叶、根茎、块茎、水藻为食。

繁殖期5~7月,营巢于沼泽草墩上,一窝卵2枚,孵卵期30~33d,雏鸟早成性,孵出后的当日即能行走。

IUCN 2017年濒危物种红色名录ver 3.1——易危(VU),中国濒危动物红皮书(1998)——濒危,CITES-2019附录Ⅰ保护动物,国家一级重点保护野生动物。

5.2.3.8 鸻形目 CHARADRIIFORMES

5.2.3.8.1 鹮嘴鹬科 Ibidorhynchidae

(49)鹮嘴鹬 *Ibidorhyncha struthersii* Vigors

分布:尕海。旅鸟,春、秋两季迁经保护区。栖于海拔3400~3500m的湖周沼泽地、小溪。甘肃省内大部分地区。国内从东部近海平面到西部4500m左右高山地区,包括西北、西南、河北、河南等地。分布于中亚、喜马拉雅山地区至印度阿萨姆。

体长40cm,腿及嘴红色,嘴长而相当向下弯曲,呈弧形,颜色在繁殖期为亮红色,其他季节为暗红色。一道黑白色的横带将灰色的上胸与其白色的下部隔开。翼下白色,翼上中心具大片白色斑。脚在繁殖期为亮红色,其他季节多为灰粉红色。

常单独或成3~5只的小群出入于河流两岸的砾石滩上活动和觅食,主食蠕虫、蜈蚣以及蜉蝣目、毛翅目等昆虫和昆虫幼虫,兼食小鱼、虾、软体动物及昆虫和昆虫幼虫。繁殖期为5~7月,一窝卵3~4枚,雌雄轮流孵卵。

国家二级重点保护野生动物。

5.2.3.8.2 反嘴鹬科 Recurvirostridae

(50)黑翅长脚鹬指名亚种 *Himantopus himantopus himantopus* Linnaeus

分布:尕海。夏候鸟,4~10月。栖于海拔3400~3500m湖周沼泽地。国内繁殖于东北、新疆、青海、甘肃等地,迁徙期间经过河北、山东、河南、山西等地。国外繁殖于欧洲东南部、塔吉克斯坦和中亚地区,越冬于非洲和东南亚。

细长的嘴黑色,两翼黑,长长的腿红色,体羽白;颈背具黑色斑块;幼鸟褐色较浓,头顶及颈背沾灰。以软体动物、虾、甲壳类、环节动物、昆虫、昆虫幼虫以及小鱼和蝌蚪等动物性食物为食。繁殖期5~7月,一窝卵4枚。

国家保护的"三有"陆生野生动物。

5.2.3.8.3 鸻科 Charadriidae

(51)凤头麦鸡 *Vanellus vanellus* Linnaeus

分布:尕海。旅鸟,春、秋两季迁经保护区。栖于海拔3400m左右湖泊、小溪、沼泽地、草地。中国北部为夏候鸟,南方为冬候鸟。广泛分布欧亚大陆。

头顶具细长而稍向前弯的黑色冠羽,像突出于头顶的角,翅形圆,跗跖修长,中趾最长,翅形尖长,三级飞羽特长,尾形短圆,尾羽12枚。食蝗虫、蛙类、虾、蜗牛、螺、蚯蚓等小型无脊椎及植物嫩叶和种子等。繁殖期5~7月,一窝卵3~5枚,孵化期25~28d,雏鸟早成性,出壳第二天即能离巢行走。

国家保护的"三有"陆生野生动物。

(52)灰头麦鸡 *Vanellus cinereus* Blyth

分布:尕海。夏候鸟,3月下旬迁来。栖于海拔3400m左右湖泊及其周边沼泽地、小溪、草地。国内繁殖于东北地区以及江苏、福建一带,越冬于广东和云南等地。分布于欧亚大陆及非洲北部、中南半岛、太平洋诸岛屿。

头、颈、胸灰色,下胸具黑色横带,其余下体白色,背茶褐色,尾上覆羽和尾白色,尾具黑色端斑;嘴黄色,先端黑色;脚较细长,亦为黄色。飞行速度较慢。食甲虫、蝗虫、蚱蜢、水蛭、螺、蚯蚓、软体动物和植物叶及种子。繁殖期5~7月,一窝卵4枚,孵化期27~30d,雏鸟早成性,孵出第二天即能行走。

国家保护的"三有"陆生野生动物。

(53)金眶鸻普通亚种 *Charadrius dubius curonicus* Gmelin

分布:尕海、则岔。夏候鸟,4月下旬迁来。栖于3200~3500m河滩、多砾石的滩地、水边。甘肃繁殖在河西、武都等地区。国内繁殖在东北、华北、西北、四川、云南、西藏,在江南沿海越冬。在非洲越冬,欧洲和亚洲西部繁殖。

上体沙褐色,下体白色,有明显的白色领圈,其下有明显的黑色领圈,眼后白斑向后延伸至头顶相连;跗跖修长,中趾最长;翅形尖长,第一枚初级飞羽退化,第二枚初级飞羽较第三枚长或者等长。三级飞羽特长;尾形短圆,尾羽12枚。行动敏捷,飞行快速。以昆虫、蠕虫、螺类为主食,兼食植物种子等。繁殖期5~7月,一窝卵3~5枚,孵化期24~26d,雏鸟早成性,出壳不久即能行走,不到1个月即能随亲鸟飞行。

国家保护的"三有"陆生野生动物。

(54)环颈鸻指名亚种 *Charadrius alexandrinus alexandrinus* Linnaeus

分布:尕海。夏候鸟,4月上旬迁来。栖于海拔3400~3500m湖周沼泽地、小溪、草地。在山东、河北繁殖种群,在台湾和海南有留鸟。分布于欧洲、亚洲、非洲和美洲。

羽毛的颜色随季节和年龄而变化；跗跖修长，中趾最长；翅形尖长，第一枚初级飞羽退化，第二枚初级飞羽较第三枚长或者等长，三级飞羽特长；尾形短圆，尾羽12枚。迁徙性鸟类，具有极强的飞行能力。食小型甲壳类、软体动物、昆虫、蠕虫、植物种子和叶。繁殖期4~7月为，一窝卵2~4枚，孵化期22~27d，雏鸟为早成鸟。

国家保护的“三有”陆生野生动物。

（55）蒙古沙鸻青海亚种 *Charadrius mongolus schaferi* Schauensee

异名：*Charadrius schaferi* Schauensee。

分布：全保护区。夏候鸟，4月下旬迁来。栖于海拔3200~3500m河滩、浅水岸和湖泊边沼泽。甘肃兰州、河西、甘南。国内新疆、青海南部、西藏。繁殖在西伯利亚、帕米尔、克什米尔。

上体灰褐色；下体包括颏、喉、前颈、腹部白色；跗跖修长，中趾最长；翅形尖长，第一枚初级飞羽退化，第二枚初级飞羽较第三枚长或者等长，三级飞羽特长；尾形短圆，尾羽12枚。是迁徙性鸟类，具有极强的飞行能力。以软体动物、昆虫、蠕虫等为食。繁殖期5~8月，巢多置于高山苔原地上和水域岸边，窝卵数多为3枚，孵化期22~24d，雏鸟早成性，出壳不久即能行走。

国家保护的“三有”陆生野生动物。

5.2.3.8.4 鹬科 Scolopacidae

（56）孤沙锥指名亚种 *Gallinago solitaria solitaria* Hodgson

分布：尕海。旅鸟，春、秋两季迁经保护区。栖于3200~3500m湖泊沼泽、小溪。国内新疆、青海、四川、云南、西藏等地。

头顶黑褐色具白色冠纹，头侧和颈侧白色具暗褐色斑点。从嘴基到眼有一条黑褐色纵纹；眉纹白色，后颈栗色具黑色和白色斑点，翕（鸟类躯部背面和两翼表面的总称）黑褐色具白色斑点。常单独活动，不与其他鹬类和其他沙锥为伍。繁殖期5~7月，一窝卵通常为4~5枚。

国家保护的“三有”陆生野生动物。

（57）针尾沙锥 *Gallinago stenura* Bonaparte

分布：尕海。旅鸟，春、秋两季迁经保护区。栖于3400~3500m湖泊、沼泽、小溪。国内部分为夏候鸟，部分冬候鸟，多数地区为旅鸟。国外在俄罗斯北部繁殖并迁徙到南亚大部分地区。

眉较暗色，贯眼纹宽；头顶中央冠纹和眉纹白色或棕白色；上体杂有红棕色、绒黑色和白色纵纹和斑纹；下体污白色具黑色纵纹和横斑；嘴细长而直，尖端稍微弯曲。常结成小群于泥中摄取食物，主要以昆虫、昆虫幼虫、甲壳类和软体动物等小型无脊椎动物为食。繁殖期5~7月，一窝卵4枚，孵化期19~20d，雏鸟早成性。

国家保护的“三有”陆生野生动物。

（58）扇尾沙锥 *Gallinago gallinago* Linnaeus

分布：全保护区。旅鸟，春、秋两季迁经保护区。栖于3200~3500m河滩、湖泊沼泽、河流水边。繁殖于新疆西部、黑龙江、吉林等地；越冬于西藏南部、云贵川和长江以南地区；迁徙经过辽宁、河北、内蒙古、甘肃、青海等地。分布于欧亚大陆、北美、非洲、印度尼西亚、中南半岛等地。

嘴粗长而直，上体黑褐色，头顶具乳黄色或黄白色中央冠纹；侧冠纹黑褐色，眉纹乳黄白色，贯眼纹黑褐色；次级飞羽具宽的白色端缘，在翅上形成明显的白色翅后缘，翅下覆羽亦较白。以蚂蚁、金针虫、小甲虫等昆虫、蠕虫、蜘蛛、蚯蚓、小鱼、软体动物和杂草种子为食。繁殖期为5~7月，一窝卵3~5枚，孵化期19~20d，雏鸟早成性，孵出不久即可行走。

国家保护的"三有"陆生野生动物。

(59)鹤鹬 *Tringa erythropus* Pallas

分布:尕海。夏候鸟,4月上旬迁来。栖于3400~3500m湖泊、沼泽、小溪。国内仅繁殖于新疆。国外繁殖于欧洲北部冻原带,从挪威横跨西伯利亚北部,越冬于地中海、非洲、波斯湾、印度和中南半岛等地。

夏季通体黑色,白色眼圈极为醒目;上体呈黑白斑驳状,两胁具白色鳞状斑;嘴细长,直而尖;脚亦细长,暗红色;冬季背灰褐色,腹白色,胸侧和两胁具灰褐色横斑。单独或成分散的小群活动,以甲壳类、软体、蠕形动物及水生昆虫为食物。繁殖期5~8月,一窝卵4枚,雌雄轮流孵卵,但以雄鸟为主。

国家保护的"三有"陆生野生动物。

(60)红脚鹬指名亚种 *Tringa totanus totanus* Linnaeus

分布:尕海。夏候鸟,4月下旬迁来。栖于海拔3400~3500m湖泊、河岔、沼泽地。甘肃河西各地、兰州、甘南,在庆阳、平凉、天水、武都为旅鸟。国内繁殖在东北地区、新疆、西藏、青海、内蒙古、四川,在江南越冬。国外繁殖在蒙古、俄罗斯、中亚、欧洲,在南欧、非洲和南亚越冬。

上体褐灰,下体白色,胸具褐色纵纹;飞行时腰部白色明显,次级飞羽具明显白色外缘;尾上具黑白色细斑;嘴长直而尖,基部橙红色,尖端黑褐色;脚较细长,亮橙红色,繁殖期变为暗红色。以昆虫、蠕虫、软体动物、小鱼和植物根、叶、种子为食。繁殖期5~7月,一窝卵3~5枚,孵化期23~25d,7月中旬幼鸟已离巢。

国家保护的"三有"陆生野生动物。

(61)青脚鹬 *Tringa nebularia* Gunnerus

分布:尕海。旅鸟,春、秋两季迁经保护区。栖于3400~3500m湖泊、沼泽、草地。国内主要为旅鸟和冬候鸟,9~10月迁来,4~5月迁离,越冬于东南沿海、长江流域、西藏南部,迁经东北、青海、新疆等地。国外繁殖于欧洲北部、俄罗斯和爱沙尼亚,越冬于地中海、波斯湾、非洲、澳大利亚、新西兰、菲律宾和中南半岛。

上体灰黑色,有黑色轴斑和白色羽缘;下体白色,前颈和胸部有黑色纵斑;嘴微上翘;腿长,近绿色,飞行时脚伸出尾端甚长。以虾、蟹、小鱼、螺、水生昆虫和昆虫幼虫为食,在浅水处涉水觅食。繁殖期5~7月,一窝卵3~5枚,孵化期24~25d,雏鸟早成性,出壳后不久即能行走和奔跑,30d左右即能飞行。

国家保护的"三有"陆生野生动物。

(62)白腰草鹬 *Tringa ochropus* Linnaeus

分布:尕海。夏候鸟,4月中旬迁来。栖于3200~3500m湖泊、沼泽、小溪水边。国内东北和新疆西部为夏候鸟,西藏南部、云南、贵州、四川和长江流域以南为冬候鸟,迁经河北、宁夏、青海、甘肃等地。国外欧洲、中亚、贝加尔湖、蒙古、地中海、非洲、波斯湾、日本和菲律宾。

夏季上体黑褐色具白色斑点,腰和尾白色,尾具黑色横斑;下体白色,胸具黑褐色纵纹;冬季颜色较灰,胸部淡褐色;飞翔时翅上翅下均为黑色,腰和腹白色。以蠕虫、虾、蜘蛛、小蚌、田螺、昆虫、昆虫幼虫等小型无脊椎动物为食。繁殖期5~7月,一窝卵3~4枚,孵化期20~23d。

国家保护的"三有"陆生野生动物。

(63)林鹬 *Tringa glareola* Linnaeus

分布:尕海。旅鸟,春、秋两季迁经保护区。栖于3400~3500m湖泊、沼泽、小溪水边。在中国主要为旅鸟。国内东北和新疆为夏候鸟，广东、海南和台湾为冬候鸟，3~4月迁来，9月末至10月初往南迁徙，迁经辽宁、河北、内蒙古、西北、西南和长江流域。繁殖于欧亚大陆，越冬于非洲、菲律宾、印度尼西亚、新几内亚和澳大利亚。

体型纤细，褐灰色，腹部及臀偏白，腰白，上体灰褐色而极具斑点；飞行时尾部的横斑、白色的腰部及翼上无横纹为其特征，脚远伸于尾后。以直翅目和鳞翅目昆虫、昆虫幼虫、蠕虫、虾、蜘蛛、软体动物和甲壳类等小型无脊椎动物为食。繁殖期5~7月，一窝卵3~4枚，雌雄轮流孵卵。

国家保护的"三有"陆生野生动物。

(64)矶鹬 *Actitis hypoleucos* Linnaeus

分布：尕海。夏候鸟，4月上旬迁来。栖于3200~3500m湖泊、沼泽、小溪水边。国内繁殖于西北及东北，冬季在南部沿海、河流及湿地越冬，迁徙时大部地区可见。繁殖于欧亚大陆，越冬于欧洲南部。

嘴、脚均较短，嘴暗褐色，脚淡黄褐色具白色眉纹和黑色过眼纹；上体黑褐色，下体白色，并沿胸侧向背部延伸，翅折叠时在翼角前方形成显著的白斑。以鞘翅目、直翅目、夜蛾、蝼蛄、螺、蠕虫、小鱼等为食。繁殖期5~7月，一窝卵4~5枚，孵化期21d，在巢停留一昼夜后，即离巢跟随亲鸟活动，约30d即能飞翔和独立生活。

国家保护的"三有"陆生野生动物。

(65)青脚滨鹬 *Calidris temminckii* Leisler

别名：乌脚滨鹬。

分布：尕海。旅鸟，春、秋两季迁经保护区。活动在海拔3400m左右河流、湖泊岸边。甘肃各地。国内在云南、华南地区越冬，迁徙经过东北、河北、内蒙古、甘肃、青海、新疆等地。繁殖于英国北部，欧亚大陆北部、越冬于地中海、东非，往东到印度、印度尼西亚、菲律宾。

嘴黑色，脚黄绿色；夏羽上体灰黄褐色，头顶至后颈有黑褐色纵纹；眉纹白色，颊至胸黄褐色具黑褐色纵纹，其余下体白色，外侧尾羽纯白色；飞翔时翼上有明显的白带，受惊时能垂直起飞升空。主要以昆虫、昆虫幼虫、蠕虫、甲壳类和环节动物为食。常在沼泽湿地、浅水处边走边觅食。繁殖期5~7月，一窝卵3~4枚，孵化期21d。

国家保护的"三有"陆生野生动物。

5.2.3.8.5　鸥科 Laridae

(66)棕头鸥 *Larus brunnicephalus* Jerdon

分布：尕海。夏候鸟，4月底至5月初迁来，栖于海拔3000~3500m湖泊、河流和沼泽地带，性喜集群。甘肃玛曲、河西黑河。国内繁殖在新疆、青海、西藏。繁殖在帕米尔高原，在印度次大陆和东南亚各国越冬。

嘴、脚深红色；夏羽头淡褐色，在靠颈部具黑色羽缘，形成黑色领圈；肩、背淡灰色，腰、尾和下体白色；外侧两枚初级飞羽黑色，末端具显著的白色翼镜斑；其余初级飞羽基部白色，具黑色端斑，飞翔时极明显；冬羽头、颈白色，眼后具一暗色斑，其余和夏羽相似。以鱼、虾、蛙类、软体动物、甲壳类和水生昆虫为食。繁殖期5~6月，一窝卵3~4枚，孵化期25d，幼鸟飞羽长齐随亲鸟离去。

国家保护的"三有"陆生野生动物。

(67)红嘴鸥 *Larus ridibundus* Linnaeus

分布：尕海。夏候鸟，4月上旬迁来。栖于海拔3300~3500m湖泊、河流等水域，活动在周围河流上空。国内繁殖于天山西部地区及东北黑龙江湿地，在32°N以南湖泊、河流及沿海地带越冬，3~4月迁来,9~10月往南迁徙。国外繁殖于格陵兰岛和整个冰岛一直到欧洲和中亚的大部分地区。

嘴和脚皆呈红色,身体大部分的羽毛是白色,尾羽黑色;脚和趾赤红色,冬季转为橙黄色,爪黑色。主食是鱼、虾、昆虫、水生植物和人类丢弃的食物残渣。繁殖期为4~6月,一窝卵2~6枚,孵化期20~26d。

国家保护的"三有"陆生野生动物。

(68)渔鸥 *Ichthyaetus ichthyaetus* Pallas

异名:*Larus ichthyaetus* Pallas。

分布:尕海。夏候鸟,4月上旬迁来。栖于海拔3400~3500m湖泊、河流,频繁活动在周围河流上空。国内繁殖于青海东部的青海湖和扎陵湖及内蒙古西部的乌梁素海,迁徙经过新疆西部、四川、甘肃、云南、西藏及珠江两岸港汉。国外繁殖地从黑海至蒙古,越冬在地中海东部、红海至缅甸沿海及泰国西部。

头黑而嘴近黄,上下眼睑白色;冬羽头白,眼周具暗斑,头顶有深色纵纹;飞行时翼下全白,仅翼尖有小块黑色并具翼镜。以鱼为食,也吃鸟卵、雏鸟、蜥蜴、昆虫、甲壳类。繁殖期4~6月,一窝卵1~5枚,孵化期28~30d,雏鸟早成性,出壳7d后卵齿脱落,可啄食地上食物。

国家保护的"三有"陆生野生动物,甘肃省重点保护野生动物。

(69)普通燕鸥西藏亚种 *Sterna hirundo tibetana* Saunders

分布:尕海。夏候鸟,4月下旬至5月初迁来。栖于海拔3400m左右湖泊、河流和沼泽地带,频繁飞翔于水域和沼泽上空。甘肃兰州、河西、甘南。国内繁殖于东北、华北、新疆、青海等地。繁殖于欧亚大陆、北美,越冬于非洲、印度、马来西亚、新几内亚。

头顶部黑色,背、肩和翅上覆羽鼠灰色或蓝灰色;颈、腰、尾上覆羽和尾白色;外侧尾羽延长,外侧黑色;下体白色,胸、腹沾葡萄灰褐色;初级飞羽暗灰色,外侧羽缘沾银灰黑色。尾呈深叉状。以小鱼、虾等小型动物为食。繁殖期为5~6月,一窝卵2~5枚,孵化期20~24d,雏鸟早成性,孵出后当天即能行走和离巢。

国家保护的"三有"陆生野生动物。

(70)灰翅浮鸥 *Chlidonias hybrid* Pallas

别名:须浮鸥。

分布:尕海。夏候鸟,3~11月。栖于海拔3400~3500m湖泊、河流和沼泽地带,活动周围河流上空。国内为旅鸟。国外繁殖于欧洲南部、北非、中亚、西西伯利亚南部,往东一直到俄罗斯远东;越冬于非洲南部、中南半岛、印度尼西亚和澳大利亚。

夏季腹部深色,尾浅开叉;繁殖期额黑,胸腹灰色;非繁殖期额白,头顶具细纹,顶后及颈背黑色;下体白,翼、颈背、背及尾上覆羽灰色。以小鱼、虾、水生昆虫等水生脊椎和无脊椎动物为食,也吃部分水生植物。繁殖期5~7月,一窝卵通常2~5枚,雌雄轮流孵卵。

国家保护的"三有"陆生野生动物。

5.2.3.9 鹳形目 CICONIIFORMES

5.2.3.9.1 鹳科 Ciconiidae

(71)黑鹳 *Ciconia nigra*(Linnaeus)

分布:全保护区。旅鸟,春、秋两季迁经尕海、洮河等地。栖于2900~3500m河漫滩、湖边沼泽。甘肃河西各地区。国内黑龙江、内蒙古、新疆,其他地区为旅鸟。国外欧洲、南亚、非洲,东到日本。

体长为1~1.2m,嘴长而粗壮,头、颈、脚甚长,嘴和脚红色。身上的羽毛除胸腹部为纯白色外,其余都是黑色。以鱼为主食，也捕食蛙、水生昆虫、蠕虫、鼠类等其他小动物。繁殖期4~7月，营巢于偏僻和人类干扰小的地方，一窝卵2~6枚，孵化期31d，雏鸟晚成性，留巢期70~100d，黑鹳大多数是迁徙鸟类，迁徙中成小群。是白俄罗斯的国鸟。

CITES-2019附录Ⅱ保护动物，国家一级重点保护野生动物。

5.2.3.10　鲣鸟目 SULIFORMES

5.2.3.10.1　鸬鹚科 Phalacrocoracidae

(72)普通鸬鹚中国亚种 *Phalacrocorax carbo sinensis*(Blumenbach)

分布：尕海。夏候鸟，5月初迁来。栖于3000~3500m河流、湖泊、沼泽地带。甘肃兰州、河西、碌曲、玛曲。国内繁殖于内蒙古、黑龙江、吉林、辽宁、内蒙古、青海、新疆、西藏等地，迁徙经华北以至长江以南地区、台湾、海南等地，在长江以南越冬。国外欧洲南部和印度。

羽色黑色带有紫色金属光泽，生殖季节雄鸟头部和颈部会长出许多白色的丝状羽，嘴强而长，锥状，先端具锐钩，下喉有小囊，具全蹼。主要通过潜水捕鱼，潜水一般不超过4m，能在水下追捕鱼类达40s，捕到鱼后上到水面吞食。繁殖期4~6月，一窝卵3~5枚，孵化期28~30d，雏鸟晚成性，雌雄亲鸟共同育雏。

国家保护的"三有"陆生野生动物。

5.2.3.11　鹈形目 PELECANIFORMES

5.2.3.11.1　鹮科 Threskiorothidae

(73)白琵鹭 *Platalea leucorodia*(Linnaeus)

分布：尕海。夏候鸟，4月上旬迁来。栖于海拔3400~3500m湖泊及其周边沼泽。国内繁殖于东北、河北、山西、新疆、甘肃、西藏，越冬于长江下游、江西、广东、福建等东南沿海及其邻近岛屿。繁殖于欧亚大陆和非洲西南部的部分地区，在非洲、印度半岛和东南亚越冬。

全身羽毛白色，眼先、眼周、颏、上喉裸皮黄色；嘴长直、扁阔似琵琶；胸及头部冠羽黄色(冬羽纯白)；颈长，腿长，腿下部裸露呈黑色。涉水啄食小型动物和水生植物。一窝卵3~4枚，孵卵25d，雏鸟晚成性，育雏期20d。

CITES-2019附录Ⅱ保护动物，中国濒危动物红皮书(1998)——易危，国家二级重点保护野生动物。

5.2.3.11.2　鹭科 Ardeidae

(74)黄斑苇鳽 *Ixobrychus sinensis*(Gmelin)

别名：黄苇鳽。

分布：尕海。迷鸟。栖于海拔3400~3500m湖泊及其周边沼泽中。在中国东北、华北、陕西、华东、甘肃、宁夏、河南、江西、湖北、四川为夏候鸟，广东、广西、海南、香港、台湾为留鸟。分布于亚洲、美国、澳大利亚、也门。

雄鸟额、头顶、枕部和冠羽铅黑色，微杂以灰白色纵纹，头侧、后颈和颈侧棕黄白色；雌鸟似雄鸟，但头顶为栗褐色，具黑色纵纹。主要以小鱼、虾、蛙、水生昆虫等动物性食物为食。繁殖期为5~7月，一窝卵5~7枚，孵化期为20d，雏鸟晚成性，育雏期14~15d。4~5月迁到北方繁殖地，9月末至10月初迁离繁殖地。

国家保护的"三有"陆生野生动物。

(75)栗头鳽 *Gorsachius goisagi*(Temminck)

别名:栗头虎斑鳽、栗鳽。

分布:则岔。迷鸟。栖于海拔3200m左右森林中的沼泽、河谷或溪流。中国仅见于上海、福建、香港和台湾,是稀有冬候鸟和旅鸟。国外繁殖于日本本州、九州和伊豆群岛,越冬于琉球群岛、菲律宾和印度尼西亚的西里伯斯等地。是一种分布区域狭窄、数量稀少的濒危鸟类。

体型矮扁,褐色,嘴及头顶冠形小,颈背灰褐色至栗色而非黑色,翼尖非白色。翼上具特征性黑白色肩斑,飞行时灰色的飞羽与褐色覆羽成对比。早晚在多草地区取食。繁殖期5~7月,一窝卵4~5枚。

IUCN 2016年濒危物种红色名录ver3.1——濒危(EN),国家二级重点保护野生动物。

(76)夜鹭 *Nycticorax nycticorax* Linnaeus

分布:尕海。夏候鸟,3月下旬迁来。栖于海拔3470m左右的尕海湖及其周边沼泽。广泛分布于全国多地。国外欧洲大陆、非洲、马达加斯加,往东经小亚细亚、印度、印度尼西亚、亚洲中部、南部,一直到俄罗斯远东滨海边疆区、朝鲜和日本。

嘴尖细,微向下曲,黑色;头顶至背黑绿色而具金属光泽,枕部披有2~3枚长带状白色饰羽,下垂至背上,极为醒目。主要以鱼、蛙、虾、水生昆虫等动物性食物为食。繁殖期4~7月,一窝卵3~5枚,孵化期21~22d,雏鸟晚成性,育雏期30多天。通常于3月中下旬即陆续迁到北部繁殖地,秋季于9月末10月初迁离繁殖地。

国家保护的“三有”陆生野生动物。

(77)池鹭 *Ardeola bacchus* Bonaparte

分布:尕海。夏候鸟,3月下旬迁来。栖于海拔3470m左右的尕海湖及其周边沼泽。中国东北、华北、华中、西北为夏候鸟,越冬于长江以南广东、福建、海南。国外孟加拉国及东南亚。越冬至中南半岛及大巽他群岛。

典型涉禽类,翼白色,身体具褐色纵纹。繁殖期头及颈深栗色,胸紫酱色。喜单只或3~5只结小群在水田或沼泽地中觅食,食性以鱼类、蛙、昆虫为主。繁殖期3~7月,一窝卵2~5枚,雏鸟晚成性,成鸟以鱼类、蛙、昆虫哺育幼雏。春季通常在4月迁至北方繁殖地,秋季多于9月末至10月初开始往南迁徙。

国家保护的“三有”陆生野生动物。

(78)牛背鹭普通亚种 *Bubulcus ibis coromandus* Linnaeus

分布:尕海。夏候鸟,3月下旬迁来。栖于海拔3400~3500m湖泊及其周边沼泽。中国长江以南繁殖的种群多数为留鸟;夏候鸟4月初到4月中旬迁到北方繁殖地,9月末至10月初迁离繁殖地,到南方越冬地。分布于全球温带地区,是博茨瓦纳的国鸟。

喙和颈短粗,头和颈橙黄色,前颈基部和背中央具羽枝分散成发状的橙黄色长形饰羽,前颈饰羽长达胸部,背部饰羽向后长达尾部,其余体羽白色。是唯一不食鱼而以昆虫为主食的鹭类,也捕食蜘蛛、黄鳝、蚂蟥和蛙等其他小动物。常跟随家畜捕食水草中被惊飞的昆虫,也常在牛背上歇息,故名。繁殖期4~7月,一窝卵4~9枚,孵化期21~24d,雏鸟晚成性。

国家保护的“三有”陆生野生动物。

(79)苍鹭普通亚种 *Ardea cinerea jouyi* Clark

别名:灰鹭。

分布:尕海、洮河。夏候鸟,5月初迁来。栖于海拔2900~3500m河漫滩、沼泽草地。甘肃各地。国内几乎遍及全国各地,在最南部沿海、海南、台湾越冬。分布于非洲、欧亚大陆,东到日本。

是鹭属的模式种,头、颈、脚和嘴甚长,因而身体显得细瘦。上体自背至尾上覆羽苍灰色;尾羽暗灰色。以泥鳅、高原鳅、水生昆虫、蛙类为食。繁殖期4~6月,一窝卵3~6枚,孵化期25d,雏鸟晚成性,育雏期40d。

国家保护的"三有"陆生野生动物。

(80)草鹭普通亚种*Ardea purpurea manilensis* Linnaeus

分布:尕海。夏候鸟,4月中旬迁来。栖于海拔3400~3500m湖泊及其周边沼泽。在中国遍布东部及东南部,东北、华北、陕西、甘肃等地为夏候鸟。国外印度、伊朗、欧洲南部、非洲及马达加斯加岛等地。

额和头顶蓝黑色,枕部有两枚灰黑色长形羽毛形成的冠羽,悬垂于头后,状如辫子,胸前有饰羽,喙长、颈长、腿长,飞行时头颈弯曲。主要以小鱼、蛙、甲壳类、蜥蜴、蝗虫等动物性食物为食。繁殖期5~7月,一窝卵3~5枚,孵化期27~28d,雏鸟晚成性,育雏期42d。

国家保护的"三有"陆生野生动物。

(81)大白鹭指名亚种*Ardea alba alba* Linnaeus

异名:*Egretta alba alba*(Linnaeus)。

分布:尕海。旅鸟,春、秋两季迁经保护区。栖于海拔3500m左右浅水沼泽草地。甘肃天水、平凉、庆阳、武威、张掖。国内东北、新疆、青海、西藏、陕西;在长江以南,南到海南、台湾越冬。国外欧洲东南部、亚洲北部、非洲北部。

大型涉禽,体羽全白;虹膜黄色;嘴、眼先和眼周皮肤繁殖期为黑色,非繁殖期为黄色;跗跖及趾、爪黑色。性喜集群,以小鱼、蛙类、水生昆虫为食,有时吃鼠类。繁殖期5~7月,一窝卵3~6枚,孵化期25~26d,雏鸟晚成性,育雏期30d。

国家保护的"三有"陆生野生动物,甘肃省重点保护野生动物。

(82)中白鹭指名亚种*Ardea intermedia intermedia* Wagle

异名:*Egretta intermedia intermedia* Wagle。

分布:尕海。夏候鸟,4月上旬迁来。栖于海拔3500m左右浅水沼泽草地。国内甘肃、山东、河南、江苏、上海、浙江、江西、湖北、四川、贵州、福建为夏候鸟;云南为留鸟;广东、海南、台湾为冬候鸟。分布于热带和亚热带水域,从亚洲东南部一直到澳大利亚和非洲撒哈拉沙漠以南的广大地区。

全身白色,眼先黄色,脚和趾黑色。夏羽背和前颈下部有长的披针形饰羽,嘴黑色;冬羽背和前颈无饰羽,嘴黄色,先端黑色。主要以鱼、虾、蛙、蝗虫、蝼蛄等水生和陆生昆虫及昆虫幼虫以及其他小型无脊椎动物为食。繁殖期4~6月,每巢产卵3~6枚,雌雄共同孵卵,雏鸟晚成性。

国家保护的"三有"陆生野生动物。

5.2.3.12　鹰形目 ACCIPITRIFORMES

5.2.3.12.1　鹰科 Accipitridae

(83)胡兀鹫北方亚种*Gypaetus barbatus aureus* Hablizl

异名:*Gypaetus barbatus hemachalanus*(Hutton)。

别名:胡秃鹫。

分布:全保护区。留鸟。栖于海拔3500m以上高山裸岩、草原带、悬崖之中。甘肃祁连山、甘南高原。国内新疆西部、青海、西藏、四川、内蒙古西部。分布于欧亚大陆、非洲西北部到南非。

全身羽色大致为黑褐色,因嘴下黑色胡须而得名,头灰白色,有黑色贯眼纹,后头、颈、胸和上腹红褐色,雌鸟比雄鸟稍大。喜集群,常在空中长时间滑翔和盘旋,取食腐尸上其他食腐动物不能消化的部分,会把骨头从高空抛向岩石打碎,又称“骨喳鹰”。繁殖期2~5月,每年产1~2窝,一窝卵2枚,孵化期55~60d,雏鸟晚成性,4个月后离巢,仍是由雌鸟喂食2个月。清除动物尸骨,清洁草原。

IUCN 2013年濒危物种红色名录 ver 3.1——近危(NT),CITES-2019附录Ⅱ保护动物,国家一级重点保护野生动物。

(84)高山兀鹫 *Gyps himalayensis*(Hume)

分布:全保护区。留鸟。栖于海拔3400m以上草原及河谷地区,常结群活动,翱翔在天空。甘肃甘南。国内繁殖于西藏、云南、四川、青海。国外中亚南部、阿富汗、印度、尼泊尔、不丹。

大型猛禽,头和颈裸露,稀疏的被有少数污黄色或白色像头发一样的绒羽,颈基部长的羽簇呈披针形,淡皮黄色或黄褐色。能飞越珠穆朗玛峰,是世界上飞得最高的鸟类之一,捕食病弱的大型动物、旱獭、啮齿类或家畜等。繁殖期2~5月,每窝通常产卵1~2枚。清除动物尸体,有清洁草原作用。

IUCN 2013年濒危物种红色名录 ver 3.1——近危(NT),CITES-2019附录Ⅱ保护动物,中国濒危动物红皮书(1998)——稀有,国家二级重点保护野生动物。

(85)秃鹫 *Aegypius monachus*(Linnaeus)

分布:全保护区。留鸟。栖于海拔3200m以上草地、山谷溪流和林缘地带。甘肃平凉、兰州、河西各地、甘南各县。国内繁殖在内蒙古、宁夏、青海、新疆、四川,迁徙经东北南部、华北,在山西南部、浙江、云南、福建、广东越冬。国外欧洲、中东、蒙古、北非、印度、缅甸、泰国。

大型猛禽,通体黑褐色,头裸出,仅被有短的黑褐色绒羽,后颈完全裸出无羽,颈基部被有长的黑色或淡褐白色羽簇形成的皱翎。多在山地上空翱翔,以大型动物的尸体为食,也捕食活的鼠兔、野兔、两栖类、爬行类和鸟类,有时还袭击家畜。繁殖期3~5月,每窝通常产卵1~2枚,孵化期52~55d,雏鸟晚成性,育雏期90~150d。清除动物死尸,有清洁草原作用。

IUCN 2013年濒危物种红色名录 ver 3.1——近危(NT),CITES-2019附录Ⅱ保护动物,国家一级重点保护野生动物。

(86)草原雕指名亚种 *Aquila nipalensis nipalensis* Hodgson

异名:*Aquila rapax nipalensis* Hodgson。

分布:全保护区。夏候鸟,3月下旬迁来。栖于海拔3400m左右草原,常活动于地面、高树顶端、电杆上。甘肃文县、天水、武山、兰州、甘南、河西各地。国内繁殖在东北西北部、内蒙古、河北、青海、新疆,在江苏、湖南、福建、四川、云南、海南越冬。国外俄罗斯、中亚各国。

大型猛禽。体色变化较大,从淡灰褐色、褐色、棕褐色、土褐色到暗褐色都有。以鼠兔、旱獭、野兔、跳鼠、沙土鼠、貂类、沙蜥、草蜥、蛇和鸟类等小型脊椎动物为食,也吃动物尸体和腐肉。繁殖期4~6月,一窝卵1~3枚,孵化期45d,雏鸟晚成性,育雏期55~60d。

IUCN 2018濒危物种红色名录 ver 3.1——濒危(EN),CITES-2019附录Ⅱ保护动物,国家一级重点保护野生动物。

(87)金雕中亚亚种 *Aquila chrysaetos daphanea* Menzbier

分布:全保护区。留鸟。栖于海拔3200m以上高山草原、林缘,常在空中做直线或弧形翱翔。甘肃各地。国内繁殖在东北西北部、河北、山西、陕西、湖北、贵州、四川、云南、新疆、青海,在黑龙江、吉林、辽宁东部越冬。分布于北半球温带、亚寒带、寒带地区。

金雕以其突出的外观和敏捷有力地飞行而著名，成鸟翼展超过2m，体长则可达1m，其腿爪上全部都有羽毛覆盖着。常停息在高大的树顶或其他高耸物上，性情凶猛，以雉类、野鸭、野兔、旱獭等为食。繁殖期3~6月，一窝卵1~3枚，孵化期45d，雏鸟晚成性，育雏期80d。

CITES-2019附录Ⅱ保护动物，中国濒危动物红皮书（1998）——易危，国家一级重点保护野生动物。

（88）松雀鹰南方亚种 *Accipiter virgatus affinis* Hodgson

分布：全保护区。留鸟。活动在海拔2900~3600m林区，常单独或成对在林缘等较为空旷处活动。甘肃各地。国内东北、内蒙古、陕西以及西藏、四川、云南等省区。国外东南亚、孟加拉、不丹、印度、尼泊尔、巴基斯坦、斯里兰卡。

雄鸟上体黑灰色，喉白色，尾具4道暗色横斑，雌鸟个体较大，上体暗褐色，下体白色具暗褐色或赤棕褐色横斑。以各种小鸟为食，也吃蜥蜴、蝗虫、蚱蜢、甲虫以及其他昆虫和小型鼠类。繁殖期4~6月，一窝卵2~5枚。

CITES-2019附录Ⅱ保护动物，国家二级重点保护野生动物。

（89）雀鹰亚洲亚种 *Accipiter nisus nisosomilis*（Tickell）

分布：则岔。留鸟。活动在海拔2900~3600m针叶林、混交林、阔叶林等山地森林和林缘地带。甘肃各地。国内繁殖在东北、内蒙古、山西、新疆，在黄河以南越冬。分布于欧亚大陆和非洲西北部，在地中海、阿拉伯、印度及东南亚越冬。

雄鸟上体暗灰色，具细密的红褐色横斑，雌鸟灰褐色，头后杂有少许白色；尾具4~5道黑褐色横斑。以雀形目和鸡形目小鸟、鼠类、野兔等为食。繁殖期5~7月，营巢于森林中的树上，一窝卵通常2~7枚，孵化期32~35d，雏鸟晚成性，育雏期24~30d。

CITES-2019附录Ⅱ保护动物，国家二级重点保护野生动物。

（90）苍鹰普通亚种 *Accipiter gentilis schvedowi*（Bianchi）

分布：则岔。夏候鸟，4月下旬迁来。活动在海拔2900m以上针叶林、混交林和阔叶林等森林地带。甘肃各地。国内繁殖在东北北部、新疆、四川、云南、西藏，迁经全国各地，在长江以南越冬。国外欧洲、亚洲西南部、美洲。

头顶、枕和头侧黑褐色，枕部有白羽尖，背部棕黑色，尾方形灰褐，有4条宽阔黑色横斑，雌鸟显著大于雄鸟。以森林鼠类、野兔、雉类和其他小型鸟类为食。繁殖期5~6月，一窝卵3~4枚，孵化期32d，雏鸟晚成性，育雏期35~37d。

CITES-2019附录Ⅱ保护动物，国家二级重点保护野生动物。

（91）白尾鹞指名亚种 *Circus cyaneus cyaneus* Linnaeus

分布：全保护区。夏候鸟，5月上旬迁来。活动在海拔3000m以上森林、草原和湿地。国内东北、内蒙古东北部和新疆西部等地为夏候鸟，长江中下游、东南沿海、西藏南部、云南、贵州等地为冬候鸟。繁殖于欧亚大陆、北美，往南至墨西哥；越冬于欧洲南部和西部、北非、伊朗、印度、中南半岛和日本。

雄鸟上体蓝灰色、头和胸较暗，翅尖黑色，尾上覆羽白色，腹、两胁和翅下覆羽白色；雌鸟上体暗褐色，尾上覆羽白色，下体皮黄白色或棕黄褐色。以小型鸟类、鼠类、蛙、蜥蜴和大型昆虫等为食。繁殖期4~7月，一窝卵4~5枚，孵卵期29~31d，雏鸟晚成性，育雏期35~42d。

CITES-2019附录Ⅱ保护动物，国家二级重点保护野生动物。

(92)草原鹞 *Circus macrourus*(S. G. Gmelin)

分布:全保护区。夏候鸟,5月上旬迁来。活动在海拔3000m以上森林、草原地带。国内四川、新疆、内蒙古、西藏、广西、河北、天津、重庆、江西、海南和江苏。分布于亚洲和欧洲大陆,在东欧和中亚的南部繁殖,在印度和东南亚越冬。

雄鸟眼先、额和颊侧白色,嘴须黑,头顶、背和覆羽石板灰色、褐色;尾羽有明显的灰白色横斑;雌成鸟较雄鸟稍大。食物为草原鼠类、鸟类、蛙、蜥蜴和昆虫等。繁殖期4~6月,一窝卵3~5枚,孵化期30d,雏鸟晚成性,育雏期35~45d。

IUCN 2018濒危物种红色名录ver3.1——近危(NT),CITES-2019附录Ⅱ保护动物,国家二级重点保护野生动物。

(93)黑鸢 *Milvus migrans lineatus* Gray

别名:鸢、黑耳鸢。

分布:全保护区。留鸟。栖于海拔3000m以上的村庄、草原和湖泊上空。甘肃各地。中国最常见的猛禽,分布于台湾、海南及青藏高原。分布于欧亚大陆、非洲和澳洲。

深褐色猛禽,虹膜褐色,耳羽黑色,嘴灰色,尾略显分叉,腿爪灰白色有黑爪尖,飞行时初级飞羽基部具明显的浅色斑纹。翱翔于空中,窥视地面猎物,以小鸟、鼠类、蛇、蛙、野兔、鱼、蜥蜴和昆虫等动物性食物为食,也吃家禽和腐尸,是大自然中的清道夫。繁殖期4~7月,一窝卵1~5枚,孵化期38d,雏鸟晚成性,育雏期42d。消灭啮齿类,有益于林、牧业。

CITES-2019附录Ⅱ保护动物,国家二级重点保护野生动物。

(94)玉带海雕 *Haliaeetus leucoryphus* Pallas

分布:尕海。夏候鸟,4月上旬迁来。栖于海拔3200~4400m河谷、草原的开阔地带。国内黑龙江、吉林、内蒙古、青海、新疆、甘肃、四川等地。国外里海和黄海中间的广大地区。

大型猛禽,全身呈棕色,嘴稍细,头细长,颈也较长,空中展开双翅达2m长,张着一双凶狠发光的眼睛,雌鸟体型稍大。常在水面捕捉各种水禽,如大雁、天鹅幼雏和其他鸟类,捕鱼主要在浅水处,也吃死鱼和其他动物的尸体。3月间开始营巢,一窝卵2~4枚,孵化期30~40d,雏鸟晚成性,育雏期70~105d。

IUCN 2018濒危物种红色名录ver 3.1——濒危(EN),CITES-2019附录Ⅱ保护动物,中国濒危动物红皮书(1998)——稀有,国家一级保护动物。

(95)白尾海雕指名亚种 *Haliaeetus albicilla albicilla*(Linnaeus)

分布:尕海。旅鸟,春、秋两季迁经保护区。栖于海拔3500m左右河流、湖泊及其附近沼泽地带,营巢于大树上、悬崖峭壁的平台上,单独活动。甘肃天水、武山、兰州、武威、天祝、合水、碌曲、玛曲。国内繁殖于东北北部和长江下游,迁徙经华北,在长江以南越冬。繁殖于欧亚大陆北部,在日本、印度、北非越冬。为波兰的国鸟。

大型猛禽,暗褐色,后颈和胸部羽毛为披针形,较长;头、颈羽色较淡,沙褐色或淡黄褐色;嘴、脚黄色,尾羽呈楔形,为纯白色。以鱼为食,也吃野鸭、大雁、天鹅、雉鸡、鼠类、野兔、鼠兔、狍子等和动物尸体。繁殖期4~6月,一窝卵1~3枚,孵化期35~45d,雏鸟晚成性,育雏期70d。

CITES-2019附录Ⅰ保护动物,国家一级重点保护野生动物。

(96)毛脚鵟堪察加亚种 *Buteo lagopus kamtschatkensis* Dementiev

分布:尕海。旅鸟,春、秋两季迁经保护区。栖于海拔3100~4000m林缘地带、稀疏的针阔混交林和草地等开阔地带。国内东北、西北、西南及山东、江苏、福建等省区。主要繁殖于欧亚大陆北部和北美，越冬在日本、土耳其、苏联南部和美国东部。

因丰厚的羽毛覆盖脚趾而得名，是罕见的冬候鸟及候鸟，上体呈暗褐色，下背和肩部点缀近白色的不规则横带，尾部覆羽常有白色横斑，圆而不分叉。以小型啮齿类动物、野兔、雉鸡、石鸡和小型鸟类为食。繁殖期5月末至8月初，一窝卵3~4枚，孵化期为28~31d，雏鸟为晚成性，育雏期35d。

CITES-2019附录Ⅱ保护动物，国家二级重点保护野生动物。

（97）大鵟 *Buteo hemilasius* Temminck & Schlegel

分布：则岔。夏候鸟，4月上旬迁来。栖于海拔3100~3500m山地和草原，喜栖于高树、山顶或其他突出物上，常做环形翱翔。甘肃各地。国内繁殖在东北、内蒙古、宁夏、青海、四川、西藏，迁徙经新疆、华北，在黄河、长江之间越冬。分布于东亚和南亚。

头顶和后颈白色，各羽贯以褐色纵纹，头侧白色，有褐色髭纹，上体淡褐色，有3~9条暗色横斑，羽干白色。主要以啮齿动物、蛙、蜥蜴、野兔、雉鸡、石鸡、昆虫等动物性食物为食。繁殖期5~7月，一窝卵2~5枚，孵化期30d，雏鸟晚成性，育雏期45d。

CITES-2019附录Ⅱ保护动物，国家二级重点保护野生动物。

（98）普通鵟指名亚种 *Buteojaponicas japonicas* Temminck & Schlegel

分布：全保护区。夏候鸟，4月下旬迁来。栖于海拔3100~4000m、草原、森林和林缘地带，常在上空盘旋翱翔。分布于欧亚大陆，往东到远东、朝鲜和日本；越冬在繁殖地南部，最南可到南非和中南半岛。

体色变化较大，有淡色、棕色和暗色3种，翱翔时两翅微向上举成浅“V”字形。以森林鼠类为食。繁殖期5~7月，一窝卵2~3枚，孵化期28d，雏鸟晚成性，育雏期40~45d。

CITES-2019附录Ⅱ保护动物，国家二级重点保护野生动物。

（99）喜山鵟*Buteo refectus* Portenko

别名：喜马拉雅鵟。

分布：全保护区。旅鸟，春、秋两季迁经保护区。栖于海拔3000~4000m草原、森林和林缘地带，多单独活动或2~4只在天空盘旋。国内主要分布于西藏喜马拉雅山脉一带。国外不丹、印度、尼泊尔和巴基斯坦等地。

体长45~53cm，上体主要为暗褐色，下体暗褐色或淡褐色，具深棕色横斑或纵纹，尾淡灰褐色，具多道暗色横斑。翱翔时两翅微向上举成浅“V”字形。以森林鼠类为食，除啮齿类外，也吃蛙、蜥蜴、蛇、野兔、小鸟和大型昆虫等动物性食物，有时亦到村庄捕食鸡等家禽。

CITES-2019附录Ⅱ保护动物，国家二级重点保护野生动物。

（100）棕尾鵟指名亚种 *Buteo rufinusrufinus* Cretzschmar

分布：全保护区。旅鸟，春、秋两季迁经保护区。栖于海拔3100~4000m草原、森林地带。国内新疆等西部地区。国外希腊、伊拉克、伊朗、巴基斯坦、阿富汗、土耳其、蒙古和印度等地，繁殖于欧洲东南部至古北界中部、印度西北部、喜马拉雅山脉东部，越冬南迁。

头、颈棕褐色，上体褐色，第2~5枚初级飞羽外翈具横斑，下体棕白色；尾部棕褐色，飞行时翅上举呈“V”字形，翼尖黑色。常在岩石、土丘上站立等待寻找地上猎物，以野兔、啮齿动物、蛙、蜥蜴、蛇、雉鸡和其他鸟类与鸟卵等为食。繁殖期4~7月，一窝卵3~5枚，孵化期28~31d，雏鸟晚成性，育雏期40~45d。

CITES-2019附录Ⅱ保护动物，中国濒危动物红皮书(1998)——稀有，国家二级重点保护野生动物。

5.2.3.13 鸮形目STRIGIFORMES

5.2.3.13.1 鸱鸮科Strgidae

(101)雕鸮西藏亚种*Bubo bubo tibetanus* Bianchi

分布：则岔。留鸟。栖于海拔3000m以上森林、草地以及裸露的高山和峭壁。甘肃各地。国内各地。分布于欧亚大陆66°N以南、阿拉伯地区、北非。

夜行猛禽；耳羽长而显著，通体黄褐色，具黑色斑点和纵纹；喙坚强而钩曲，脚强健有力，常全部被羽，爪大而锐。昼伏夜出，以鼠类、野兔、鸟、两栖类为食。繁殖期4~6月，一窝卵3~5枚，孵化期35d。消灭啮齿类，有益于林、牧业。

CITES-2019附录Ⅱ保护动物，中国濒危动物红皮书(1998)——稀有，国家二级重点保护野生动物。

(102)四川林鸮*Strix david* Sharpe

异名：*Strixuralensis david* Sharpe。

别名：长尾林鸮四川亚种。

分布：则岔。留鸟。栖于海拔3000~4200m针叶林、针阔叶混交林和阔叶林中。为中国唯一一种特有分布的鸮形目稀有鸟类。分布区极为狭窄。甘肃南部首次记录。国内青海东南部和四川北部、中部及西部。中国特有。

喙坚强而钩曲，第5枚次级飞羽缺，尾短圆，脚强健有力，常全部被羽，第4趾能向后反转，以利攀缘，爪大而锐，耳孔周缘具耳羽。以田鼠、棕背鼠、黑线姬鼠、昆虫、蛙、鸟、兔为食。繁殖期4~6月，一窝卵2~6枚，孵化期27~28d，雏鸟晚成性，育雏期30~35d。消灭啮齿类，有益于林、牧业。

CITES-2019附录Ⅱ保护动物，中国濒危动物红皮书(1998)——稀有，国家一级重点保护野生动物。

(103)斑头鸺鹠*Glaucidium cuculoides* Vigors

分布：则岔。留鸟。栖于海拔3000m以上阔叶林、混交林、次生林和林缘灌丛。国内西南、甘肃南部、陕西、河南、安徽、广西、广东、海南。国外印度、尼泊尔、不丹、中南半岛、印度尼西亚。

面盘不明显，无耳羽簇；体羽褐色，头和上下体羽均具细的白色横斑；腹白色，下腹和肛周具宽阔的褐色纵纹，喉具一显著的白色斑。以各种昆虫和幼虫、鼠类、小鸟、蚯蚓、蛙、蜥蜴等动物为食。繁殖期3~6月，一窝卵3~5枚，孵化期28~29d。

CITES-2019附录Ⅱ保护动物，国家二级重点保护野生动物。

(104)纵纹腹小鸮青海亚种*Athene noctua impasta* Bangs et Peters

分布：全保护区。留鸟。栖于海拔2900m以上山地林缘、裸岩、房屋、电杆上。甘肃各地。国内甘肃、青海、四川等地。国外欧洲、中亚、地中海，南到中东、印度、北非，东到蒙古、朝鲜半岛。

上体褐色，具白纵纹及点斑，下体白色，具褐色杂斑及纵纹，肩上有2道白色或皮黄色横斑；无耳羽簇，头顶平，眼亮黄而长时间凝视不动；浅色平眉及白色宽髭纹使其形狰狞。全昼活动，以鼠类、昆虫等为食。繁殖期5~7月，一窝卵2~8枚，孵化期28~29d，雏鸟为晚成性，孵出后45~50d才能飞翔。以鼠类为食，有益于林、牧业。

CITES-2019附录Ⅱ保护动物，国家二级重点保护野生动物。

(105)长耳鸮指名亚种 *Asio otus otus* Linnaeus

分布:则岔。留鸟。栖于海拔3000m以上针叶林、针阔混交林和阔叶林等各种类型的森林中。国内在黑龙江、辽宁、内蒙古、青海等地繁殖,越冬地遍布全国。国外苏联欧洲部分到乌拉尔及西伯利亚中部滨海区、萨哈林岛、蒙古北部、日本北海道、外里海地区、土耳其等地。

上体棕黄色及黑褐色斑纹相杂显得十分斑驳;下体棕黄色,杂以黑褐色的有横枝的纵纹,头顶有两簇具黑色及皮黄色斑纹的长羽,竖立呈耳状;面盘发达,趾披密羽。以小鼠、鸟、鱼、蛙和昆虫为食。繁殖期4~6月,一窝卵3~8枚,孵化期27~29d,雏鸟晚成性,育雏期45~50d。对于控制鼠兔害有积极作用。

CITES-2019附录Ⅱ保护动物,国家二级重点保护野生动物。

5.2.3.14 犀鸟目 BUCEROTIFORMES

5.2.3.14.1 戴胜科 Upupidae

(106)戴胜普通亚种 *Upupa epops saturate* Lonnberg

分布:尕海。则岔。夏候鸟,3月下旬迁来。栖于海拔3000~3600m森林、林缘、河谷、路边、草地等开阔地方。甘肃各地。国内东北、华北、华中、长江以南、新疆、西藏、陕西、宁夏、青海。分布于欧亚大陆中部、南部、非洲东海岸,在阿拉伯半岛越冬。

头顶具凤冠状羽冠,嘴形细长。以昆虫、蠕虫等为食,在树上的洞内垒窝。繁殖期5~6月,一窝卵5~9枚,孵化期15~17d,育雏时,巢中常散发出难闻的臭气。食虫鸟,有益于林、牧业。

国家保护的"三有"陆生野生动物。

5.2.3.15 佛法僧目 CORACIIFORMES

5.2.3.15.1 翠鸟科 Alcedinidae

(107)蓝翡翠 *Halcyon pileata* Boddaert

分布:尕海、则岔。夏候鸟,3月下旬迁来。栖于海拔2900~3500m林中溪流和沼泽地带。国内在华东、华中及华南从辽宁至甘肃的大部分地区以及东南部繁殖。国外孟加拉国、中南半岛、印度、日本、朝鲜。

以头黑为特征,翼上覆羽黑色,上体其余为亮丽华贵的蓝紫色,两胁及臀沾棕色,飞行时白色翼斑显见;嘴粗长似凿,基部较宽,嘴峰直,峰脊圆,两侧无鼻沟;翼圆,尾圆形。以鱼为食,也吃虾、螃蟹和各种昆虫。繁殖期5~7月,一窝卵4~6枚,孵化期19~21d,雏鸟晚成性,育雏期23~30d。

国家保护的"三有"陆生野生动物。

(108)冠鱼狗普通亚种 *Megaceryle lugubris guttulata* Stejneger

异名:*Ceryle lugubris guttulata* Stejneger。

分布:尕海、则岔。留鸟。栖于海拔2900~3400m灌丛或疏林中水清澈而缓流的小河、溪涧、湖泊等水域。国内河北、山西、陕西、四川、云南、广西、福建、广东、海南等地。国外阿富汗、孟加拉国、不丹、印度、日本、韩国、缅甸、尼泊尔、越南等地。

冠羽发达,蓬起的冠羽和上体青黑、具白色横斑和点斑,大块的白斑由颊区延至颈侧,下有黑色髭纹;下体白色,具黑色的胸部斑纹,两胁具皮黄色横斑;雄鸟翼线白色,雌鸟黄棕色。食物以小鱼、甲壳类和多种水生昆虫及其幼虫为主,也啄食小型蛙类和少量水生植物。繁殖期5~6月,每年1~2窝,一窝卵4~6枚,孵化期21d。

国家保护的"三有"陆生野生动物。

5.2.3.16 啄木鸟目 PICIFORMES

5.2.3.16.1 啄木鸟科 Picidae

(109)大斑啄木鸟西北亚种 *Dendrocopos major beicki* Stresemann

异名:*Picoides major beicki* Stresemann。

分布:则岔。留鸟。栖于海拔2900m以上混交林、阔叶林、林缘次生林、疏林及灌丛地带。甘肃省中部、张掖、甘南等地。国内青海东部、陕西南部。

上体主要为黑色,额、颊和耳羽白色,肩和翅上各有一块大的白斑;尾黑色,外侧尾羽具黑白相间横斑;下体污白色无斑,下腹和尾下覆羽鲜红色。雄鸟枕部红色。主要以鳞翅目、鞘翅目、蝗虫、蚁、蚊、胡蜂等各种昆虫为食。繁殖期4~5月,营巢于树洞中,一窝卵3~8枚,孵化期13~16d,雏鸟晚成性,育雏期20~23d。中国特有。喜食很多林业害虫,因此被誉为"森林医生"。

国家保护的"三有"陆生野生动物。

(110)三趾啄木鸟西南亚种 *Picoides tridactylus funebris* Verreaux

分布:则岔。留鸟。栖于海拔2900m以上森林,活动于老云杉树及桦树林。甘肃祁连山、甘南、文县。国内青海、四川、云南、新疆、西藏等地。国外北美洲经西伯利亚到东亚。

体色黑白,头顶前部黄色(雌鸟白色),仅具三趾;体羽无红色,上背中央部位白色,腰褐色,下体褐色较浓。在树干上觅食,有时也在地面觅食,昆虫幼虫为主食。繁殖期5~7月,营巢于树洞中,一窝卵3~6枚,孵化期14d,雏鸟晚成性。食虫鸟,有益于林业。喜食很多林业害虫,因此被誉为"森林医生"。

国家二级重点保护野生动物。

(111)黑啄木鸟西南亚种 *Dryocopus martius khamensis* Buturlin

分布:则岔。留鸟。栖于海拔2900~3400m针叶林、针阔叶混交林、阔叶林和林缘次生林。以昆虫幼虫为食,除在树干上觅食外,也在地上觅食。甘肃天祝、卓尼、碌曲。国内青海、甘肃、四川、西藏、云南等地。分布于中欧向东横贯西伯利亚到萨哈林和日本。

雄鸟额、头顶至枕后面朱红色,羽冠亦为朱红色,头及颈部带绿光,耳羽、上背黑色,微沾辉绿色,下背、腰、尾上覆羽、翅上覆羽和飞羽辉黑褐色;尾羽羽轴具金属光彩,颏、喉、颊暗褐色;雌鸟后顶红色。繁殖期4~6月,营巢于树洞中,一窝卵3~9枚,孵化期12~14d,雏鸟晚成性,育雏期24~28d正是它们大量消灭害虫的时候。喜食很多林业害虫,因此被誉为"森林医生"。

国家二级重点保护野生动物。

(112)灰头啄木鸟青海亚种 *Picus canus kogo* Bianchi

别名:黑枕绿啄木鸟。

分布:则岔。留鸟。栖于海拔2900~3300m阔叶林、混交林、次生林和林缘地带。甘肃各地。国内东北、华北、华南、台湾、新疆、西藏、四川、青海、陕西、宁夏。国外朝鲜半岛、俄罗斯、远东、中南半岛。

嘴黑色,雄鸟额基灰色,头顶朱红色,雌鸟头顶黑色,眼先和颚纹黑色,后顶和枕灰色;背灰绿色至橄榄绿色,飞羽黑色,具白色横斑,下体暗橄榄绿色至灰绿色。觅食时常由树干基部螺旋上攀,以鳞翅目、鞘翅目、膜翅目等昆虫幼虫、蚂蚁为食,冬季则吃植物果实。繁殖期4~6月,营巢于树洞中,一窝卵4~5枚,卵白色无斑。喜食很多林业害虫,因此被誉为"森林医生"。

国家保护的"三有"陆生野生动物。

5.2.3.17 隼形目 FALCONIFORMES

5.2.3.17.1 隼科 Falconidea

(113)红隼普通亚种 *Falco tinnunculus interstinctus* McClelland

分布:尕海西部山地。留鸟。栖于海拔2900~3500m草原、森林、灌丛草地,常活动于树梢。甘肃各地。国内除干旱沙漠外遍及各地,留鸟及季候鸟。分布于欧、亚、非洲,越冬于东南亚。是比利时的国鸟。

小型猛禽,翅狭长而尖,尾亦较长,雄鸟头蓝灰色,背和翅上覆羽砖红色,具三角形黑斑,腰、尾上覆羽和尾羽蓝灰色,雄鸟的颜色更鲜艳。飞行快速敏捷,以猎食时有翱翔习性而著名,食大型昆虫、鼠兔、小鸟等。繁殖期4~7月,一窝卵4~6枚,孵化期28~30d,雏鸟晚成性,育雏期30d左右。

CITES-2019附录Ⅱ保护动物,国家二级重点保护野生动物。

(114)灰背隼 *Falco columbarius* Linnaeus

分布:尕海、则岔。旅鸟,春、秋两季迁经保护区。栖于海拔2900~3500m草原和森林,常活动于树梢,营巢于树上或悬崖岩石上。甘肃大部分地区。国内华北、东北、华东、华南、四川、陕西、青海、新疆和西藏等地。国外广泛分布。

小型猛禽,尾羽上具有宽阔的黑色亚端斑和较窄的白色端斑,后颈为蓝灰色,有一个棕褐色的领圈,成年雄性背部呈现蓝色,并杂有黑斑,是其独有的特点。以昆虫和鼠类等小型动物为食。繁殖期5~7月,一窝卵3~6枚,孵化期28~32d,雏鸟为晚成性,育雏期25~30d。

CITES-2019附录Ⅱ保护动物,国家二级重点保护野生动物。

(115)燕隼指名亚种 *Falco subbuteo subbuteo* Linnaeus

分布:尕海西山地。夏候鸟,4月上旬迁来。栖于海拔3400m左右接近林地的开阔草地。甘肃各地。国内遍及各地,在西藏南部越冬。分布于欧亚大陆,繁殖于欧洲、非洲西北部、俄罗斯等地,越冬于日本、印度、缅甸等地。

小型猛禽,上体深蓝褐色,下体白色,具暗色条纹,腿羽淡红色。飞行快速,敏捷,以小鸟、昆虫为食。繁殖期5~7月,占乌鸦、喜鹊的旧巢为巢,一窝卵2~4枚,孵化期28d,雏鸟晚成性,育雏期28~32d。

CITES-2019附录Ⅱ保护动物,国家二级重点保护野生动物。

(116)猎隼北方亚种 *Falco cherrug milvipes* Jerdon

分布:全保护区。夏候鸟,4月上旬迁来。栖于海拔2900m以上草原、森林。甘肃兰州、河西祁连山、甘南。国内繁殖在新疆、青海、四川、西藏、内蒙古。国外俄罗斯、蒙古、巴基斯坦、印度、中欧、北非。

大型猛禽,颈背偏白,头顶浅褐,头部对比色少,眼下方具不明显黑色线条,眉纹白,尾具狭窄的白色羽端。飞行快速、敏捷,在飞行中捕食猎物,主要以鸟类和野兔、鼠兔等小型动物为食。繁殖期4~6月,一窝卵3~6枚,孵化期28~30d,雏鸟晚成性,育雏期40~50d。消灭啮齿类,有益于牧业。

IUCN 2018濒危物种红色名录ver 3.1——濒危(EN),CITES-2019附录Ⅱ保护动物,国家一级重点保护野生动物。

(117)游隼 *Falco peregrinus* Tunstall

分布:尕海。夏候鸟,4月上旬迁来。栖于海拔2900m以上草原、沼泽与湖泊周边。分布甚广,几乎遍布于世界各地。亚种约18种,分布于中国的游隼有南方亚种、东方亚种(指名亚种)、普通亚种(北方游隼),普通亚种较为罕见。

中型猛禽，翅长而尖，眼周黄色，头至后颈灰黑色，其余上体蓝灰色，尾具数条黑色横带，下体白色，是世界上俯冲速度最快的鸟类。繁殖期4~6月，一窝卵2~6枚，孵卵期28~29d，雏鸟晚成性，育雏期35~42d。是阿联酋和安哥拉的国鸟。

CITES-2019附录Ⅰ保护动物，国家二级重点保护野生动物。

5.2.3.18 雀形目 PASSEROFORMES

5.2.3.18.1 山椒鸟科 Campephagidae

(118)长尾山椒鸟指名亚种 *Pericrocotus ethologus ethologus* Bangs et Phillips

分布：则岔。夏候鸟，4月初开始迁来，栖于海拔2900~3500m阔叶林、针阔混交林、针叶林、草地。国内河北、河南、山西、陕西、青海、四川、贵州、湖北、云南、东北等地。国外缅甸、泰国、老挝、越南。

雄鸟整个头、颈、背、肩黑色具金属光泽，下背、腰和尾上覆羽赤红色，中央尾羽黑色，但外翈先端大都赤红色，其余尾羽红色，仅基部黑色；雌鸟头顶、后颈黑灰色或暗褐灰色。以鳞翅目、鞘翅目、半翅目、直翅目和膜翅目等昆虫为食。繁殖期5~7月，一窝卵2~4枚，雏鸟晚成性。

国家保护的"三有"陆生野生动物。

5.2.3.18.2 卷尾科 Dicruridae

(119)黑卷尾 *Dicrurus macrocercus* Vieillot

分布：则岔。夏候鸟，4月初开始迁来。栖于海拔2900~3300m森林、草原和村庄，繁殖期有非常强的领域行为。国内吉林以南至西南为夏候鸟，云南南部、海南以及台湾为留鸟。国外伊朗至印度、东南亚。

通体黑色，上体、胸部及尾羽具辉蓝色光泽；尾长为深凹形，最外侧一对尾羽向外上方卷曲。从空中捕食夜蛾、蝽象、蚂蚁、蝗虫等飞虫。繁殖期6~7月，一窝卵3~4枚，孵化期16d，雏鸟晚成性，育雏期20~24d。

国家保护的"三有"陆生野生动物。

(120)灰卷尾指名亚种 *Dicrurus leucophaeus leucophaeus* Vieillot

分布：则岔。夏候鸟，4月初开始迁来，栖于海拔2900~3300m草原、河谷和村庄，常停留在乔木树冠顶端或岩石顶上。国内东北、河北、山西、陕西秦岭、长江流域、福建或达广东东北部(夏候鸟)。国外印度、缅甸、马来西亚一带越冬。

全身暗灰色；嘴形强健侧扁，嘴峰稍曲，先端具钩，嘴须存在；鼻孔为垂羽悬掩；跗跖短而强健，前缘具盾状鳞。以蝽象、白蚁、松毛虫等昆虫及植物种子为食。繁殖期6~7月，一窝卵3~4枚。

国家保护的"三有"陆生野生动物。

(121)发冠卷尾普通亚种 *Dicrurus hottentottus brevirostris* Cabanis et Heine

分布：则岔。迷鸟。栖于海拔2900~3300m森林、林缘疏林、草原、村落。国内陕西、山西和江苏。国外中南半岛、缅甸。2021年6月，祁连山国家公园青海片区首次发现发冠卷尾，刷新了这一区域鸟类记录。

全身羽绒黑色，点缀蓝绿色金属光泽；繁殖期间丝发状冠羽最长者可达112mm；头顶前部两侧羽稍延长侧冠羽，颈侧部羽呈披针状，尾呈叉状尾，最外侧一对末端稍向外曲并向内上方卷曲。以金龟甲、金花虫、蝗虫、蜻蜓等昆虫及植物果实、种子、叶芽为食。繁殖期5~7月，一窝卵3~4枚，孵化期16d，雏鸟晚成性，育雏期20~24d。

国家保护的"三有"陆生野生动物。

5.2.3.18.3　伯劳科 Lannidae

(122)虎纹伯劳 *Linius tigrinus* Drapiez

分布:则岔。夏候鸟,5月初迁来。活动在海拔2900~3500m山地林缘、河谷灌丛、疏林边缘枝头。甘肃碌曲、卓尼。国内吉林、辽宁、河北、山东、河南、山西、陕西、四川、贵州、湖南、湖北,在南部沿海地区越冬。国外朝鲜、日本、泰国、中南半岛、菲律宾、印度尼西亚爪哇。

雄性额基、眼先和宽阔的贯眼纹黑色,前额、头顶至后颈蓝灰色,上体余部栗红褐色,杂以黑色波状横斑;飞羽暗褐色,尾羽棕褐色;下体纯白色,两胁略沾蓝灰色;覆腿羽白杂以黑斑,雌鸟与雄鸟相似。性格凶猛,以蝗虫、甲虫、鳞翅目幼虫、膜翅目、蜻蜓、鼠类为食。繁殖期5~7月,一窝卵4~6枚,孵化期13~15d,雏鸟晚成性,育雏期13~15d。食虫鸟,有益于林业。

国家保护的"三有"陆生野生动物。

(123)红尾伯劳普通亚种 *Lanius cristatus lucionensis* Linnaeus

分布:则岔。夏候鸟,5月中旬迁来。栖于海拔2900~3300m村庄附近,多活动于树梢、电线上。甘肃天水、武山、平凉、庆阳、文县。国内除新疆、西藏、内蒙古、宁夏以北外均有分布,在南部沿海越冬。分布于亚洲东部,在南亚越冬。

额和头顶前部淡灰色,头顶至后颈灰褐色;上背、肩暗灰褐色,下背、腰棕褐色;尾上覆羽棕红色,尾羽棕褐色;两翅黑褐色,翅缘白色,眼先、眼周至耳区黑色,眼上方至耳羽上方有一窄的白色眉纹;颏、喉和颊白色,其余下体棕白色;雌鸟和雄鸟相似。以昆虫、小鸟、鼠类为食。繁殖期5~7月,一窝卵4~8枚,孵化期15d,雏鸟晚成性,育雏期14~18d。食虫鸟,有益于林、牧业。

国家保护的"三有"陆生野生动物。

(124)棕背伯劳指名亚种 *Lanius schach schach* Linnaeus

分布:则岔。留鸟。栖于海拔3400m左右河谷灌丛、阳坡柏树林。甘肃卓尼、碌曲。国内长江以南地区、四川南至云南。国外土耳其、伊朗、印度。

喙粗壮而侧扁,先端具利钩和齿突,嘴须发达;翅短圆;尾长,圆形或楔形;跗跖强健,趾具钩爪;头大,自嘴基过眼至耳羽区有一宽的过眼纹。多活动于树枝头,窥视地面食物,以鞘翅目、鳞翅目、半翅目昆虫、蜘蛛、小鸟和鼠类为食。繁殖期4~7月,一窝卵4~9枚,孵化期15d,雏鸟晚成性,育雏期15~18d。食虫鸟,有益于林、牧业。

国家保护的"三有"陆生野生动物。

(125)灰背伯劳指名亚种 *Lanius tephronotus tephronotus* Vigors

分布:则岔。夏候鸟,4月初迁来。栖于海拔2900~3200m河谷灌丛、林缘,甘肃祁连山、甘南、榆中、六盘山。国内青海、四川、西藏、云南。国外克什米尔、不丹、尼泊尔,在印度、缅甸、斯里兰卡、泰国、越南越冬。

自前额、眼先至耳羽黑色;头顶至下背暗灰;翅、尾黑褐;下体近白,胸染锈棕;上体深灰色,腰及尾上覆羽具狭窄的棕色带;嘴绿色;脚绿色。于乔木枝头窥视地面食物,以甲虫、鳞翅目,双翅目昆虫、鼠类为食。繁殖期5~7月,一窝卵4~6枚。食虫鸟,有益于林、牧业。

国家保护的"三有"陆生野生动物。

(126)楔尾伯劳西南亚种 *Lanius sphenocercus giganteus* Przevalski

分布:则岔。留鸟。栖于海拔2900~3200m河谷灌丛、林缘、草地。国内青海(东部、柴达木盆地东缘)、西藏(昌都地区北部)、四川(西部、北部、南部)。

体长31cm。眼罩黑色,色暗且缺少白色眉纹。两翼黑色并具粗的白色横纹。3枚中央尾羽黑色,羽端具狭窄的白色,外侧尾羽白。虹膜褐色;嘴灰色;脚黑色。停在空中振翼并捕食猎物如昆虫或小型鸟类。繁殖期5~7月,一窝卵5~6枚,孵化期15~16d,雏鸟晚成性,育雏期20d。

国家保护的“三有”陆生野生动物。

5.2.3.18.4 鸦科 Corvidae

(127)黑头噪鸦 *Perisoreus internigrans* Thayer et Bangs

分布:则岔。留鸟。栖于海拔2900~3400m针叶林较为开阔的地带。甘肃康县、卓尼。国内青海南部、四川西北部、西藏东南部。中国特有,数量稀少。

尾甚短,体羽全灰,嘴钝短,两翼、腰及尾少棕色;虹膜褐色;嘴黄橄榄色至角质色;脚黑色。以植物果实、种子和昆虫为食。繁殖期5~7月,一窝卵2~4枚,孵化期18d,雏鸟晚成性,育雏期26~30d。

IUCN 2018濒危物种红色名录——易危(VU),国家一级重点保护野生动物。

(128)松鸦甘肃亚种 *Garrulus glandarius kansuensis* Stresemann

分布:则岔。留鸟。栖于海拔3300m左右林木较稀疏的阳坡柏树上,喜集群。甘肃从祁连山东部南到文县。国内东北、华北、华中、华南,南到台湾,西到青海、西藏。中国特有。

整体近紫红褐色,腰部及肛周白色,两翅外缘带一辉亮的蓝色和黑色相间的块状斑。以植物果实、种子和昆虫为食。繁殖期4~6月,一窝卵4~8枚,孵化期17d,雏鸟晚成性,育雏期19~20d。吃多种昆虫,有益于林业。

(129)灰喜鹊长江亚种 *Cyanopica cyanus swinhoe* Hartert

异名:*Cyanopica swinhoei* Hartert。

分布:则岔。留鸟。栖于海拔2900~3200m河谷柳灌丛、开阔松林及阔叶林,性喜集群。甘肃祁连山、太子山、康乐、卓尼、临潭、碌曲,北自靖远、南到文县、东到陇东高原。国内东北、华北、长江中下游、青海。分布于欧亚大陆,东到朝鲜、日本。

嘴、脚黑色,额至后颈黑色,背灰色,两翅和尾灰蓝色,初级飞羽外翈端部白色;尾长、呈凸状具白色端斑,下体灰白色;外侧尾羽较短不及中央尾羽之半。以蝗虫、金龟子和鳞翅目、半翅目、膜翅目、双翅目昆虫及蜘蛛、马陆为食,也吃植物果实、种子,有时吃动物尸体。繁殖期5~7月,一窝卵4~9枚,孵化期15d,雏鸟晚成性,育雏期19d。食虫鸟,有益于林业。

国家保护的“三有”陆生野生动物。

(130)喜鹊青藏亚种 *Pica pica bottanensis* Delessert

分布:则岔。留鸟。栖于海拔2900~3500m疏林、林缘和村庄附近田野。甘肃各地。国内各地。国外不丹、印度。

除两肩、初级飞羽内翈和腹部为白色外全部黑色;翅具金属蓝色和绿色光泽;尾羽长,具金属蓝色、紫色、铜绿色、紫红色光泽;飞行时翅上白斑极显露,易于识别。食物包括昆虫、蛙、蜥蜴、鸟卵、农作物种子。繁殖期5~6月,一窝卵4~5枚,孵卵期18d,雏鸟晚成性,育雏期1个月。食虫鸟,有益于林业。

国家保护的“三有”陆生野生动物。

(131)星鸦西南亚种 *Nucifraga caryocatactes macella* Thayer et Bangs

分布:则岔。留鸟。栖于海拔3300m左右云杉、柏树稀疏林地的树梢。甘肃榆中、天水、庆阳子午岭、平凉崆峒山、甘南。国内山西、陕西、四川、云南、西藏、湖北、宁夏、新疆、台湾、东北、河北北部、河南。分布于欧亚大陆北部、南至土耳其、伊朗、印度、缅甸、日本、北美。

体羽大都咖啡褐色，具白色斑；飞翔时黑翅、白色的尾下覆羽和尾羽白端很醒目；鼻羽污白，眼先区为污白或乳白色；下腰到尾上覆羽淡褐黑色；尾下覆羽白色，尾羽亮黑；嘴、跗跖和足黑色。以植物果实、种子、昆虫、动物尸体等为食。繁殖期4~6月，一窝卵3~4枚，孵化期16~18d，雏鸟晚成性，育雏期25d。食虫，有益于林业。

(132)红嘴山鸦青藏亚种 *Pyrrhocorax pyrrhocorax himalayanus* Gould

分布：全保护区。留鸟。栖于海拔2900~3600m高山灌丛及亚高山草甸等处，常成群活动。甘肃各地。国内新疆、青海、四川、云南、内蒙古。分布于欧亚大陆。

全身黑色，嘴鲜红色短而下弯，脚红色；有很长的尾羽和带蓝色或紫蓝色斑点的主羽；亚成鸟似成鸟但嘴较黑。以金针虫、天牛、金龟子、蝗虫、蚱蜢、螽斯、蟀象、蚊子、蚂蚁等昆虫为食，也吃植物果实、种子、嫩芽等植物性食物。繁殖期4~7月，一窝卵3~6枚，孵化期17~18d，雏鸟晚成性，育雏期38d。食虫鸟，有益于牧业。

(133)黄嘴山鸦普通亚种 *Pyrrhocorax graculus digitatus* Hemprich & Ehrenberg

分布：郎木寺。留鸟。栖于海拔2900~3800m高山灌丛和草地。甘肃兰州、武威、天祝、玛曲等地。国内内蒙古、新疆、青海、四川、西藏等地。国外西亚、中亚、南亚。

体长38cm，呈黑色，羽毛闪光，黄色的嘴细而下弯，腿红色。飞行时尾更显圆，歇息时尾显较长，远伸出翼后。飞行时两翼不成直角。虹膜深褐色；嘴黄白色；脚红色。典型的高山和高原鸟类，常成群活动，有时也和红嘴山鸦、渡鸦一起混群活动，结群随热气流翱翔。取食昆虫、蜗牛及其他无脊椎动物、鼠类和植物性食物。繁殖期4~6月，一窝卵3~4枚。

(134)达乌里寒鸦 *Corvus dauuricus* Pallas

分布：全保护区。留鸟。栖于海拔2900~3900m河边悬岩、河岸林地，常在林缘、草地活动，喜成群活动。甘肃各地。国内繁殖在东北，经华北到西藏，西自青海东到山东；在江南越冬。国外西伯利亚、远东地区。

全身羽毛主要为黑色，仅后颈有一宽阔的白色颈圈向两侧延伸至胸和腹部，在黑色体羽衬托下极为醒目。主要以蝼蛄、甲虫、金龟子等昆虫为食。繁殖期4~6月，一窝卵4~8枚。食虫，有益于牧业。

国家保护的"三有"陆生野生动物。

(135)大嘴乌鸦青藏亚种 *Corvus macrorhynchos tibetosinensis* Kleinschmidt et Weigold

分布：则岔。留鸟。栖于海拔2900~3600m林间路旁、河谷、沼泽和草地。甘肃各地。国内除内蒙古、新疆外，均有分布。国外南亚、东南亚、东北亚、喜马拉雅山以西，直到阿富汗。

通身漆黑，除头顶、后颈和颈侧之外的部分羽毛，带有一些显蓝色、紫色和绿色的金属光泽；嘴粗大，嘴峰弯曲，峰脊明显，嘴基有长羽，伸至鼻孔处；尾长、呈楔状。以植物果实、动物尸体、鸟卵、小鸟等为食。繁殖期3~6月，一窝卵3~6枚，孵化期18d，雏鸟晚成性，育雏期26~30d。

(136)渡鸦青藏亚种 *Corvus corax tibetanus* Hodgson

分布：全保护区。留鸟。栖于海拔2900~3600m高山草甸和林缘地带。国内新疆、青海、内蒙古、四川和西藏。

通体黑色，并闪紫蓝色金属光泽，尤以两翅为最显著；喉与胸前的羽毛长且呈披针状；鼻须长而发达，几乎盖到上嘴的一半；虹膜暗褐色；嘴、跗跖和趾黑色。取食小型啮齿类、小型鸟类、爬行类、昆虫、腐肉和植物果实等。繁殖期2月，一窝卵3~7枚，孵化期18~21d，雏鸟晚成性，育雏期35~42d。

国家保护的“三有”陆生野生动物,甘肃省重点保护野生动物。

5.2.3.18.5 山雀科 Paridae

(137)黑冠山雀西南亚种 *Periparus rubidiventris beavani* Jerdo

异名:*Parus rubidiventris beavani* Jerdon。

分布:则岔。留鸟。栖于海拔3400~3600m针叶林,活动在云杉、冷杉树冠。甘肃肃南、张掖、天祝、榆中、康乐、卓尼、天水、武山、文县。国内新疆、陕西、甘肃、青海、四川、云南、西藏等地。国外俄罗斯以南、阿富汗、巴基斯坦、尼泊尔、不丹、印度、缅甸、孟加拉。

冠羽及胸兜黑色,脸颊白,上体灰色,飞羽灰色,无翼斑;下体灰,臀棕色;嘴黑色,脚蓝灰。常结群在叶间、枝杈找食,以甲虫、鳞翅目幼虫、尺蠖、小蠹虫、卷叶蛾幼虫为食。繁殖期4~6月,一窝卵5~7枚。食虫鸟,有益于林业。

国家保护的“三有”陆生野生动物。

(138)煤山雀西南亚种 *Periparus ater aemodius* Blyth

异名:*Parus ater aemodius* Blyth。

分布:则岔。留鸟。栖于海拔3000~3200m针阔叶林和灌木丛。国内甘肃南部和陕西南部,至西藏南部和云南西北部。国外尼泊尔中部、缅甸北部和东部。

雌雄羽色相似;具尖状的黑色冠羽,喙短钝,鼻孔略被羽覆盖;上体暗蓝灰色,下体淡锈色;翅短圆,尾方形或稍圆形;腿、脚健壮,爪钝;羽松软,头顶、颈侧、喉及上胸黑色,翼上具两道白色翼斑以及颈背部的大块白斑。在树皮上剥啄昆虫。繁殖期4~5月,一窝卵5~12枚,孵化期14d,雏鸟晚成性,育雏期18d。

国家保护的“三有”陆生野生动物。

(139)黄腹山雀 *Periparus venustulus* Swinhoe

异名:*Parus venustulus* Swinhoe。

分布:则岔。留鸟。栖于海拔3000~3200m针阔叶林、疏林、林缘灌丛地带。甘肃西南部。国内陕西、四川、贵州、云南、湖南、湖北、江苏、浙江、江西、安徽、河南。中国特有。

雄鸟头和上背黑色,脸颊和后颈各具一白色块斑,在暗色的头部极为醒目;下背、腰亮蓝灰色,翅上覆羽黑褐色,有两道白色翅斑;尾黑色,外侧一对尾羽大部白色;雌鸟上体灰绿色,颏、喉、颊和耳羽灰白色。以直翅目、半翅目、鳞翅目、鞘翅目等昆虫和植物果实、种子为食。繁殖期4~6月,一窝卵5~7枚。

国家保护的“三有”陆生野生动物。

(140)褐冠山雀甘肃亚种 *Lophophanes dichrous dichroides* Przewalski

分布:则岔。留鸟。栖于海拔3200~3460m针阔叶林和灌丛。甘肃南部。国内青海南部及东部、陕西南部的秦岭和四川北部。分布于喜马拉雅山脉东段不丹、印度、尼泊尔、缅甸。

雌雄羽色相似;上体暗灰,下体黄褐色;冠羽显著,体羽具皮黄色与白色的半颈环;翅短圆,尾方形或稍圆形;喙短钝,近黑色,略呈锥状;鼻孔略被羽覆盖;脚蓝灰色。以鳞翅目、双翅目、鞘翅目、半翅目、直翅目、同翅目、膜翅目等昆虫、蜘蛛、蜗牛、草籽、花为食。繁殖期5~7月,一窝卵5枚。

国家保护的“三有”陆生野生动物。

(141)白眉山雀 *Parus superciliosus* Przevalski

分布:则岔。留鸟。栖于海拔3200~3400m灌丛。甘肃肃南、天祝、山丹、永登。国内青海、四川、西藏等地。中国特有。

白色眉纹显著，头顶及胸兜黑色；前额的白色后延而成白色的长眉纹；头侧、两胁及腹部黄褐；臀皮黄色；上体深灰沾橄榄色；嘴黑色，脚略黑。以昆虫、蜘蛛和为草籽食。繁殖期5~7月。食虫鸟，有益于林业。

国家二级重点保护野生动物。

(142)沼泽山雀西北亚种 *Poecile palustris hypermelaenus* Berezovski et Bianchi

异名：*Parus palustris hypermelaenus* Berezovski et Bianchi。

分布：则岔。留鸟。栖于海拔3200~3460m森林、灌丛。国内东北、华北、陕西、甘肃等地。国外俄罗斯、蒙古、朝鲜和日本。

前额、头顶至后颈辉黑色，眼以下脸颊至颈侧白色，上体沙灰褐色；颏、喉黑色，其余下体白色或苍白色。常攀附于树枝上、灌丛间取食昆虫。繁殖期为4~6月，一窝卵6~10枚，孵化期12~14d，雏鸟晚成性，育雏期15~17d。

国家保护的"三有"陆生野生动物。

(143)褐头山雀西北亚种 *Poecile montanus affinis* Przewalski

异名：*Parus montanus affiinis*(Przewalskii)。

别名：北褐头山雀。

分布：则岔。留鸟。栖于海拔2900~3200m针叶林、河谷柳灌。甘肃西北部、西南部。国内宁夏贺兰山、阿拉善、银川，青海东部。分布于欧亚大陆。

头顶及颏褐黑，上体褐灰，下体近白，两胁皮黄，无翼斑或项纹，具浅色翼纹，褐色顶冠较大而少光泽，头部比例较大；下体沾粉色；嘴略黑，脚深蓝灰。以甲虫、尺蠖、卷叶蛾幼虫、蜘蛛为食，也吃植物种子。繁殖期5~6月，一窝卵5~7枚。食虫鸟，有益于林业。

国家保护的"三有"陆生野生动物。

(144)地山雀 *Pseudopodoces humilis* Hume

别名：褐背拟地鸦，藏语"迪迪"。

分布：全保护区。留鸟。栖于海拔3180~4000m高寒草甸、高寒荒漠疏灌丛和草原。甘肃祁连山、北山、黄土高原、甘南、六盘山。国内宁夏、四川、新疆、青藏高原及昆仑山脉。中国特有，是青藏高原特有的物种。边缘性分布于印度、尼泊尔和中亚东部。

嘴较细长而稍向下弯曲、黑色；上体沙褐色，下体近白，眼先斑纹暗色；中央尾羽褐色，外侧尾羽黄白；嘴黑色，脚黑色。营"鸟鼠同穴"生活，也有营巢于石缝中的。以鞘翅目、鳞翅目、直翅目、双翅目、膜翅目昆虫和蜘蛛为食，也吃植物种子、动物尸体。繁殖期5~7月，一窝卵4~8枚，卵白色，孵化期15~20d，雏鸟晚成性，育雏期20d。食虫鸟，有益于草原。

5.2.3.18.6　百灵科 Alaudidae

(145)长嘴百灵指名亚种 *Melanocorypha maxima maxima* Blyth

分布：尕海。留鸟。栖于海拔3500m左右较潮湿的草地。甘肃祁连山、甘南高原。国内青海、西藏、四川西北部。国外印度、不丹、克什米尔。

嘴厚而偏红色，尾部甚多白色，三级飞羽及次级飞羽羽端的白色明显，外侧尾羽白。幼鸟沾黄色。虹膜褐色；嘴黄白色，嘴端黑色；脚深褐。喜集群，以草籽、嫩芽、昆虫、蜘蛛为食。繁殖期5~6月，一窝卵4~5枚，孵化期11~12d，雏鸟晚成性，育雏期14~15d。

(146)短趾百灵甘肃亚种 *Alaudala cheleensis tangutica* Tugarinow

异名:*Calandrella cheleensis tangutica* Tugarinow。

分布:尕海。留鸟。栖于海拔3400m左右高山草原。分布于青海、甘肃、宁夏、内蒙古等地。

具褐色杂斑,无羽冠,颈无黑色斑块,嘴较粗短,胸部纵纹散布较开,站势甚直,上体满布纵纹且尾具白色的宽边。鸣唱飞行时不起伏。以杂草种子等为食,也食昆虫。繁殖期间鸣叫婉转动听,筑巢于荒漠多砾石的沙土地或河漫滩上,一窝卵2~3枚。

(147)云雀东北亚种 *Alauda arvensis intermedia* Swinhoe

分布:全保护区。夏候鸟,4月底迁来。栖于海拔3500~3900m草原等开阔的环境,歌声柔美嘹亮,常骤然自地面垂直地冲上天空,升至一定高度时悬停于空中。甘肃兰州、天祝、山丹、肃南、靖远、陇东、甘南高原。国内繁殖在新疆、青海、宁夏、西藏、黑龙江、吉林、河北,在长江以南、东北南部越冬。中国特有。

上体沙棕色,纵贯黑褐色轴纹;后头羽毛稍有延长,略成羽冠状;两翅覆羽黑褐而具棕色边缘和先端;雌雄相似。以草籽、鳞翅目、直翅目、鞘翅目昆虫及蜘蛛为食。繁殖期5~6月,一年繁殖2次,一窝卵3~5枚,孵化期11d,雏鸟晚成性,育雏期20d左右。食虫鸟,有益于牧业。

国家二级重点保护野生动物。

(148)小云雀西北亚种 *Alauda gulgula inopinat* Bianchi

分布:尕海西部山地。夏候鸟,4月上旬迁来。栖于海拔3500m左右开阔草地、河边。甘肃兰州、天水、天祝、甘南。国内青海、宁夏、陕西、西藏、四川、贵州、湖南、江西、广西、广东、海南、福建、台湾。国外俄罗斯、伊朗、阿富汗、巴基斯坦、印度次大陆、中南半岛。

上体沙棕色或棕褐色具黑褐色纵纹,受惊时可见头上有一短的羽冠;下体白色或棕白色,胸棕色具黑褐色羽干纹;飞行起伏不定,到一定高度时,稍稍悬停于空中,又疾飞而上,边飞边叫。以植物种子、甲虫、蝗虫、虫卵为食。繁殖期4~6月,一窝卵3~5枚,孵化期10~12d。食虫鸟,有益于牧业。

国家保护的"三有"陆生野生动物。

(149)角百灵西北亚种 *Eremophila alpestris khamensis* Bianchi

分布:全保护区。留鸟。栖于海拔3200m地势平坦的草原。甘肃各地。国内新疆、西藏、青海、四川、宁夏、陕西、内蒙古。国外亚洲北部,南到伊朗、非洲中部、北美洲。

上体棕褐色至灰褐色,前额白色,顶部红褐色,在额部与顶部之间具宽阔的黑色带纹,有黑色羽毛突起于头后如角;颊部白色并具有黑色宽阔胸带,尾暗褐色。喜集群,以草籽、昆虫、蜘蛛为食。繁殖期5~8月,一窝卵2~5枚,7月中旬在尕海雏鸟已孵出。

国家保护的"三有"陆生野生动物。

5.2.3.18.7 蝗莺科 Locustellidae

(150)斑胸短翅莺西北亚种 *Locustella thoracica przevalskii* Sushkin

异名:*Bradypterus thoracicus przevalskii* Sushkin。

分布:全保护区。留鸟。栖于海拔3100~3500m山地针叶林、林缘灌丛和草原。甘肃祁连山、卓尼、舟曲、徽县。国内东北、西南、广西、青海、陕西、内蒙古等地。国外孟加拉国、不丹、印度、缅甸、尼泊尔。

雌雄两性羽色相似;翅和尾暗赭褐色;眼先近黑色,眉纹狭窄而长,呈灰白色;颊和耳羽灰褐和白色相混杂;颏、喉纯白,胸部灰白;各羽中央为灰黑色,形成显著的斑点;尾上覆羽尖端白色,形成数道宽的白色横斑;嘴黑色,脚淡灰角色,爪角褐色。以鞘翅目、双翅目昆虫和蜗牛、蜘蛛等为食。繁殖期5~7月,一窝卵3~4枚。食虫鸟,有益于林业。

5.2.3.18.8 燕科 Hirundinidae

(151)褐喉沙燕中华亚种 *Riparia paludicola chinensis*(J. E. Gray)

别名:棕沙燕。

分布:尕海。迷鸟。栖于海拔3400m左右沼泽草地,常成群在水面或沼泽地上空飞翔,边飞边叫。国内西南及台湾。国外塔吉克斯坦、阿富汗、巴基斯坦、缅甸、印度和中南半岛。

喙短而宽扁,呈倒三角形,上喙近先端有一缺刻,口裂极深;翅狭长而尖,脚短而细弱,趾三前一后;尾略分叉,尾端无白色斑点,喉及胸浅灰褐色。在空中捕食膜翅目、等翅目、鞘翅目和直翅目昆虫。繁殖期4~6月,一窝卵2~4枚,孵化期17d,雏鸟晚成性,育雏期26~28d。

国家保护的"三有"陆生野生动物。

(152)崖沙燕青藏亚种 *Riparia riparia tibetana* Stegmann

分布:尕海。夏候鸟,4月中旬迁来。栖于海拔3400m左右沼泽草地,常成群在水面或沼泽地上空飞翔,飞行轻快而敏捷,穿梭般地往返于水面,且边飞边叫。国内青海、西藏、四川等地。国外印度(阿萨姆东部)。

褐色,下体白色并具一道特征性的褐色胸带;亚成鸟喉皮黄色;虹膜褐色;嘴及脚黑色。繁殖期5~7月,一窝卵46枚,孵化期12~13d,雏鸟晚成性,育雏期19d。

国家保护的"三有"陆生野生动物。

(153)家燕指名亚种 *Hirundo rustica rustica* Linnaeus

分布:全保护区。夏候鸟,4月下旬迁来。栖于海拔2900m以上村庄和草地,活动于房顶、电线以及附近的河滩里,鸣声尖锐而短促。国内西部地区。国外欧洲和亚洲西部,从英国到俄罗斯,南到地中海、北非、伊拉克和喜马拉雅山中部,冬季主要到南部非洲、南亚。

喙短而宽扁,呈倒三角形,上喙近先端有一缺刻,口裂极深;翅狭长而尖,尾呈叉状;脚短而细弱,趾三前一后;上体发蓝黑色金属光泽。飞行时捕食各种蚊、蝇、蛾等双翅目、鳞翅目、膜翅目、鞘翅目、同翅目、蜻蜓目昆虫。繁殖期4~7月,一年繁殖2窝,第一窝通常在4~6月,第二窝多在6~7月。

国家保护的"三有"陆生野生动物。

(154)岩燕指名亚种 *Ptyonoprogne rupestris rupestris* Scopoli

分布:全保护区。夏候鸟。4月下旬迁来。栖于海拔2900m以上悬崖及干旱河谷。甘肃兰州、玛曲、碌曲、武山、祁连山东部。国内西北、西藏、云南、四川、内蒙古、河北。分布于欧亚大陆、摩洛哥、苏丹、埃塞俄比亚。

体羽深褐色,方形尾的近端处具2个白色斑点;翼下覆羽、尾下覆羽及尾深色,头顶、飞羽、喉及胸色较淡;嘴黑色,脚肉棕色。喜集群,白天飞行捕食昆虫。繁殖期5~6月,一窝卵3~5枚,孵化期14d。食虫鸟,有益于牧业。

国家保护的"三有"陆生野生动物。

(155)烟腹毛脚燕西南亚种 *Delichon dasypus cashmeriensis* Gould

分布:则岔。夏候鸟。4月中旬迁来。栖于海拔3500m左右裸岩、悬崖峭壁、桥梁等建筑物上。甘肃天水、天祝、武威、碌曲、康县、文县、舟曲。国内青海、西藏及黄河以南地区。分布于沿喜马拉雅山脉南亚各国,从巴基斯坦东部、印度北部到东南亚。

雌雄羽色相似；上体自额、头顶、头侧、背、肩均为黑色，头顶、耳覆羽、上背具蓝黑色金属光泽；后颈羽毛基部白色，下背、腰和短的尾上覆羽白色具细的褐色羽干纹；尾羽黑褐色，尾呈浅叉状。捕食膜翅目、鞘翅目、半翅目、双翅目飞行性昆虫。繁殖期6~8月，或许一年繁殖2窝，孵化期15~19d，育雏期20d。食虫鸟，有益于牧业。

国家保护的"三有"陆生野生动物。

5.2.3.18.9 鹎科 Pycnonotidae

(156)黄臀鹎华南亚种 *Pycnonotus xanthorrhous andersoni* Swinhoe

分布：则岔。留鸟。栖于海拔2900~3400m沟谷森林、林缘疏林灌丛、稀树草坡等开阔地区。甘肃东南部。国内陕西、河南、四川、云南、河南、西藏。国外缅甸、老挝和越南。

额至头顶黑色；下嘴基部两侧各有一小红斑，耳羽灰褐或棕褐色，上体土褐色或褐色；颏、喉白色，其余下体近白色，胸具灰褐色横带，尾下覆羽鲜黄色。以植物果实与种子、昆虫等为食。繁殖期4~7月，一窝卵2~5枚。

国家保护的"三有"陆生野生动物。

5.2.3.18.10 柳莺科 Phylloscopidae

(157)褐柳莺西北亚种 *Phylloscopus fuscatus robustus* Stresemann

分布：则岔。夏候鸟，4月下旬迁来。栖于海拔2950~3500m溪流、林缘、灌丛、沼泽周围及潮湿灌丛，喜欢在树枝间窜来窜去。甘肃肃南、兰州、天水、文县、舟曲、迭部、卓尼。国内繁殖在东北、西北、西南，在南部边境地区越冬。国外俄罗斯东部、朝鲜、印度。

上体灰褐，飞羽有橄榄绿翼缘；嘴细小，腿细长；眉纹棕白色，贯眼纹暗褐色；颏、喉白色，其余下体乳白色，胸及两胁沾黄褐；眼先上部的眉纹有深褐色边且眉纹将眼和嘴隔开；腰部无橄榄绿色渲染。以小甲虫、鳞翅目幼虫、蚁和蜘蛛为食。繁殖期6~7月，一窝卵4~5枚。食虫鸟，有益于林业。

IUCN 2021年濒危物种红色名录ver3.1——低危(LC)。国家保护的"三有"陆生野生动物。

(158)黄腹柳莺 *Phylloscopus affinis* Tickell

分布：则岔、尕海西山地。夏候鸟，4月中旬迁来。栖于海拔3100~3900m灌丛。甘肃肃南、兰州、武山、康县、舟曲、迭部、卓尼。国内青海、陕西、四川、云南、西藏。国外繁殖于巴基斯坦、印度北部，越冬于孟加拉国、缅甸、泰国。

雌雄羽色相似；上体暗橄榄褐色，翅和尾羽褐色，羽缘染以橄榄黄；眉纹宽阔，自鼻孔延伸到颈后，呈黄色；贯眼纹暗褐色，脸颊和下体深鲜黄色；颈侧、两胁、腹染以橄榄色；腋羽和翅下覆羽浅橄榄黄色。以蚂蚁、蝇、小蠹、蚊、甲虫、鳞翅目幼虫为食。鳞翅目昆虫幼虫和其他昆虫碎片。单独或成对活动。繁殖期5~8月，一窝卵3~5枚。食虫鸟，有益于林、牧业。

国家保护的"三有"陆生野生动物。

(159)棕腹柳莺指名亚种 *Phylloscopus subaffinis subaffinis* Ogilvie-Grant

分布：则岔、尕海西山地。夏候鸟，5月初迁来。栖于海拔2950~3200m林缘灌丛、溪谷灌丛和灌丛草甸。甘肃宕昌、迭部、舟曲、卓尼。国内繁殖在青海、陕西、四川、云南、贵州、广西、湖北、安徽，在云南、广东、福建越冬。国外仅冬季见于尼泊尔、缅甸和中南半岛。

雌雄羽色相似；上体自额至尾上覆羽呈橄榄褐色，腰和尾上覆羽稍淡；飞羽、尾羽及翅上外侧覆羽黑褐色，外缘黄绿色；下体呈棕黄色，但颏、喉较淡，两胁较深暗；上嘴黑褐色，下嘴淡褐色，基部富于黄色；跗跖暗褐色。以鞘翅目、膜翅目、双翅目、鳞翅目幼虫为食。繁殖期5~8月，一窝卵4枚。食虫鸟，有益于林业。

国家保护的“三有”陆生野生动物。

(160)棕眉柳莺指名亚种 *Phylloscopus armandii armandii* Milne-Edwards

分布:则岔。夏候鸟,5月初迁来。栖于海拔2950~3400m针叶林、杨桦林林缘、溪谷和灌丛。甘肃西北部天祝、肃南和西南部卓尼、迭部。国内繁殖在河北、山西、内蒙古、宁夏、陕西、青海、四川、西藏,在广西、云南、广东越冬。国外印度、中南半岛,冬季见于缅甸、泰国和老挝。

雌雄羽色相似;上体较绿橄榄褐色,额羽松散沾棕;腰沾绿黄色,两翅和尾黑褐色或暗褐色;眉毛棕白色、长而显著,贯眼纹暗褐色,颊和耳覆羽棕褐色,颈侧黄褐色;下体绿白色具细的黄色纵纹,两胁和尾下覆羽皮黄色。以小蠹、卷叶蛾幼虫、蚁为食。繁殖期5~6月,一窝卵平均5枚。食虫鸟,有益于林业。

国家保护的“三有”陆生野生动物。

(161)黄腰柳莺 *Phylloscopus proregulus* Pallas

分布:则岔。夏候鸟,4月中旬迁来。栖于海拔2950~3500m针叶林和针阔混交林、林缘灌丛、溪谷灌丛。甘肃各地。国内繁殖在东北、华北、宁夏、陕西、青海、四川、云南、西藏,在长江以南越冬。国外繁殖在俄罗斯东部、蒙古、朝鲜、日本、印度、阿富汗,在中南半岛越冬。

上体橄榄绿色;头顶中央有一道淡黄绿色纵纹,眉纹黄绿色;两翅和尾黑褐色,外翈羽缘黄绿色,腰部有明显的黄带;翅上两条深黄色翼斑明显,腹面近白色;第2枚飞羽大都等于第7或第8枚。以象甲、蚊、蝇、蚂蚁、小蠹、卷叶蛾幼虫、蜘蛛为食。繁殖期5~7月,一窝卵4~5枚,孵化期10~11d。食虫鸟,有益于林业。

国家保护的“三有”陆生野生动物。

(162)黄眉柳莺西北亚种 *Phylloscopus inornatus mandellii* Brooks

分布:则岔、尕海西部山地。夏候鸟,4月下旬迁来。栖于海拔2950~3800m针叶林、溪谷灌丛、林缘灌丛、山地灌丛。甘肃各地。国内青海、宁夏、陕西、山西、四川、云南、西藏等地,在华南、云南南部越冬。国外俄罗斯、朝鲜、蒙古、印度、不丹、缅甸,在中南半岛越冬。

雌雄两性羽色相似;头部色泽较深,背羽以橄榄绿色或褐色为主,上体包括两翅的内侧覆羽概呈橄榄绿色,翅具两道浅黄绿色翼斑;下体白色,胸、胁、尾下覆羽均稍沾绿黄色,腋羽亦然;尾羽黑褐色,跗跖淡棕褐色。以蚊、蜘蛛、象鼻虫、小蠹、卷叶蛾幼虫、尺蠖虫和其他小甲虫为食。繁殖期5~6月,一窝卵4~5枚。食虫鸟,有益于林、牧业。

国家保护的“三有”陆生野生动物。

(163)极北柳莺指名亚种 *Phylloscopus borealisborealis* Blasius

分布:则岔。旅鸟,春、秋两季迁经保护区。栖于海拔2900~3500m森林及林缘地带和灌丛。甘肃南部。国内繁殖于新疆、黑龙江,迁徙经陕西、宁夏、青海、西南、东北、华北、福建等地,部分越冬于福建、台湾。国外繁殖于欧洲北部、亚洲北部及阿拉斯加,冬季南迁至东南亚。

雌雄羽色相似;上体灰橄榄绿色,大覆羽先端黄白色,形成一道翅上翼斑;下体白色沾黄,两胁褐橄榄色;具黄白色长眉纹,眼先及过眼纹近黑;嘴黑褐色,下嘴黄褐色;跗跖和趾肉色。加入混合鸟群,在树叶间觅食。

国家保护的“三有”陆生野生动物。

(164)暗绿柳莺青藏亚种 *Phylloscopus trochiloides obscuratus* Stresemann

分布:则岔、尕海西部山地。夏候鸟,4月底迁来。栖于海拔2900~3700m森林、林缘灌丛、河谷灌丛、山地灌丛。甘肃各地。国内新疆、青海、西藏、云南、四川、陕西、宁夏、山西,在云南南部越冬。国外欧洲、西亚、阿富汗、巴基斯坦、克什米尔、印度、尼泊尔、不丹、孟加拉、缅甸、泰国、中南半岛。

雌雄两性羽色相似;上体呈橄榄绿色,头顶较暗较褐;眉纹黄白色长而明显,贯眼纹暗褐色;腰较淡,外侧覆羽暗褐色,各羽外翈羽缘黄绿色;大覆羽和小覆羽先端淡黄色或淡黄白色,形成一道明显的翅上翼斑;下体白色或灰白色沾黄,尤以两胁和尾下覆羽沾黄更为显著。以象甲、蚊、蝇、小蠹、卷叶蛾幼虫为食。繁殖期5~6月,一窝卵4~6枚。食虫鸟,有益于林牧业。

国家保护的"三有"陆生野生动物。

5.2.3.18.11 长尾山雀科 Aegithalidae

(165)银脸长尾山雀 *Aegithalos fuliginosus* Verreaux

分布:则岔。留鸟。栖于海拔2900~3500m森林和灌丛。甘肃南部白水江。国内湖北神农架、陕西秦岭、四川岷山、雅砻江中游等地。中国特有。

凸尾状尾巴很长,头顶羽毛丰满发达,灰色的喉与白色上胸对比而成项纹;顶冠两侧及脸银灰,颈背皮黄褐色,头顶及上体褐色;尾褐色,侧缘白色,具灰褐色领环,两胁棕色;下体余部白色;嘴黑色,脚偏粉色至近黑。以半翅目、鞘翅目、鳞翅目昆虫为食。繁殖期3~5月,一窝卵6~8枚。

国家保护的"三有"陆生野生动物。

(166)花彩雀莺青藏亚种 *Leptopoecile sophiae obscura* Przewalskii

分布:则岔、尕海西山。留鸟。栖于海拔3100~3860m矮小灌丛,尤其沟边灌丛数量较多,冬季下至较低海拔。甘肃肃南、张掖、山丹、天祝、卓尼、碌曲、舟曲、迭部。国内新疆、四川、青海、西藏。国外不丹、克什米尔、巴基斯坦、阿富汗、俄罗斯南部。

顶冠棕色,眉纹白;雄鸟胸及腰紫罗兰色,尾蓝色,眼罩黑色;雌鸟色较淡,上体黄绿,腰部蓝色甚少,下体近白;外侧尾羽有白边,色深;嘴黑色,脚灰褐。以甲虫、鳞翅目幼虫和植物浆果为食。繁殖期5~6月,一窝卵4~6枚。食虫鸟,有益于牧业。

(167)凤头雀莺 *Leptopoecile elegans* Przewalskii

分布:则岔。留鸟。栖于海拔3300~3600m云杉、冷杉林,夏季栖于林线以上,冬季下至较低海拔。甘肃肃南、张掖、山丹、天祝、榆中、甘南。国内青海、宁夏、四川、云南、西藏。中国特有。

雄鸟呈毛茸茸的紫色和绛紫色,顶冠淡紫灰色,额及凤头白色,尾全蓝;雌鸟喉及上胸白,至臀部渐变成淡紫色,耳羽灰,一道黑线将灰色头顶及近白色的凤头与偏粉色的枕部及上背隔开;嘴黑色,脚黑褐色。以小甲虫、叶跳蝉、蚂蚁、蟋蟀、蜂等昆虫、蜘蛛和云杉种子为食。繁殖期5~7月,一窝卵4~6枚,孵化期12~14d。食虫鸟,有益于林业。

国家保护的"三有"陆生野生动物。

5.2.3.18.12 莺鹛科 Sylviidae

(168)中华雀鹛 *Fulvetta striaticollis* Verreaux

异名:*Alcippe striaticollis* Verreaux。

别名:高山雀鹛。

分布:则岔。留鸟。栖于海拔2900~3400m林间灌丛、阳坡小片柏树林,冬季下迁。甘肃南部文县、舟曲。国内青海、西藏、四川、云南。中国特有。

眼白色，喉近白而具褐色纵纹；上体灰褐，头顶及上背略具深色纵纹；下体浅灰；眼先略黑，脸颊浅褐；两翼棕褐，初级飞羽羽缘白色成浅色翼纹；嘴角质褐色；脚褐色。

国家二级重点保护野生动物。

（169）棕头雀鹛指名亚种 *Fulvetta ruficapilla ruficapilla* Verreaux

异名：*Alcippe ruficapilla ruficapilla* Verreatix。

分布：尕海西倾山。留鸟。栖于海拔3400~3600m森林和林缘灌丛，成小群活动。甘肃东南部天水、西南部甘南。国内甘肃、陕西、四川、贵州等地。中国特有。

顶冠棕色，并有黑色的边纹延至颈背；眉纹色浅而模糊，眼先暗黑而与白色眼圈成对比，喉近白而微具纵纹；下体余部酒红色，腹中心偏白；上体灰褐而渐变为腰部的偏红色；覆羽羽缘赤褐，尾褐色。以昆虫、草籽为食。繁殖期5~7月，一窝卵3~4枚。食虫鸟，有益于牧业。

国家保护的"三有"陆生野生动物。

（170）山鹛甘肃亚种 *Rhopophilus pekinensis leptorhynchus* Meise

分布：尕海西部山地。留鸟。栖于海拔3600~3800m山地灌木丛、低矮树丛及草丛，于隐蔽处做快速飞行，善在地面奔跑，不惧生。甘肃西北部、西部和南部。国内青海东部和东南部、陕西南部、新疆、西藏。中国特有。

上体以灰色为基色，头、颊、背、翅均为灰色中夹带纵向褐色斑纹，头部具淡色眉纹，喉部和整个下体均为浅色，自胸以下具长而直的栗色纵纹；尾尤其长，尾羽端部污白色；嘴细长而甚下弯，嘴角质色，脚黄褐色。以象甲、金龟甲等昆虫为食。繁殖期外结群活动，有时与鹛类混群。繁殖期5~7月，一窝卵4~5枚。食虫，有益于牧业。

国家保护的"三有"陆生野生动物。

（171）白眶鸦雀指名亚种 *Sinosuthora conspicillata conspicillata* David

异名：*Paradoxornis conspicillatus conspicillatus* David。

分布：尕海西部山地。留鸟。栖于海拔3600~3800m蒿草灌丛，性情活跃，窜上窜下，鸣叫不休。甘肃榆中、祁连山东端、康县、迭部、卓尼。国内青海、陕西、四川、湖北、宁夏等地。中国特有。

顶冠及颈背栗褐色，白色眼圈明显；上体橄榄褐色，下体粉褐；喉具模糊的纵纹，嘴黄色，脚近黄；以鞘翅目、鳞翅目昆虫及蜘蛛为食。食虫，有益于牧业。

国家二级重点保护野生动物。

5.2.3.18.13　绣眼鸟科 Zosteropidae

（172）红胁绣眼鸟 *Zosterops erythropleurus* Swinhoe

分布：则岔。旅鸟。栖于海拔3100~3500森林、灌丛及次生林。常单独、成对或成小群活动，在枝叶与花丛间穿梭跳跃。国内东北、陕西、四川、西藏、云南等地，越冬往南至华中、华南及华东。分布于东亚及中南半岛。

中等体型，体长12cm。雄性成鸟自额基、背以至尾上覆羽呈黄绿色，颊和耳羽黄绿色，眼周具一圈绒状白色短羽，肩和小覆羽暗绿，飞羽和其余覆羽黑褐色，颏、喉、颈侧和前胸呈鲜硫黄色，后胸和腹部中央乳白色，后胸两侧苍灰，胁部栗红色，尾下覆羽鲜硫黄色，腋羽白，翅下覆羽白色。雌性成鸟与雄鸟相似，但胁部的栗红色常不如雄鸟那样深浓，栗红色较淡，甚或略呈黄褐色。以鳞翅目、鞘翅目、半翅目、膜翅目、直翅目昆虫及蔷薇种子、草籽等植物果实和种子为食。繁殖期3~7月，一年繁殖1~2窝，一窝卵3~4枚。

国家二级重点保护野生动物。

(173)暗绿绣眼鸟普通亚种 *Zosterops japonicus simplex* Swinhoe

分布:则岔。夏候鸟,5月初迁来。栖于海拔3100~3200m溪谷灌丛,多在枝杈间活动。甘肃庆阳。国内山东、山西、河南、陕西、江苏、浙江、安徽、江西、湖北、湖南、广东、广西、福建,西至四川、贵州、云南、河北、海南、台湾、西沙群岛等地。国外中南半岛、菲律宾、日本、朝鲜。

雌雄鸟羽色相似;从额基至尾上覆羽草绿或暗黄绿色,前额沾鲜亮黄色,眼周具白色绒状短羽,耳羽、脸颊黄绿色;尾暗褐色,外翈羽缘草绿或黄绿色;颏、喉、上胸和颈侧鲜柠檬黄色;嘴黑色,下嘴基部稍淡。以昆虫、植物浆果为食。繁殖期5~7月,一窝卵3~4枚。食虫鸟,有益于林业。

国家保护的"三有"陆生野生动物。

5.2.3.18.14 噪鹛科 Leiothrichidae

(174)黑额山噪鹛 *Garrulax sukatschewi* Berezowski & Bianchi

分布:则岔。留鸟。栖于海拔3000~3500m山地灌丛及亚高山针叶林和针阔叶混交林,常成对活动。甘肃西南部、南部的碌曲、武都、迭部、文县等。国内四川北部南坪和平武等地。中国特有。

为噪鹛属中型鸟类,体长27~31cm,雌雄羽色相似。上体橄榄褐色或灰褐色,头顶较暗。颊和耳羽白色具黑色贯眼纹和颧纹,在淡色的头部甚为醒目,鼻羽黑色,遮挡在前额,故名"黑额山噪鹛"。飞羽和尾羽均具白色端斑,特征明显,野外容易识别。虹膜棕褐色,上嘴暗角色,下嘴基部和羽缘黄色沾绿,脚棕褐色,趾暗褐色。多在林下地上落叶层和苔藓植物丛中觅食,主要以甲虫、鳞翅目幼虫、蝇等昆虫为食,也吃植物果实和种子。繁殖期5~7月。营巢于灌木上或竹丛中,巢呈碗状,一窝卵3枚。

IUCN 2016年濒危物种红色名录ver 3.1——易危(VU),鸟类生活国际(Bird Life International)列入《全球濒危鸟类名录》,国家一级重点保护野生动物。

(175)斑背噪鹛指名亚种 *Garrulax lunulatus lunulatus* Verreaux

分布:则岔。留鸟。栖于海拔3100~3500m林间灌丛、山地灌丛、柏树林。甘肃甘南。国内陕西秦岭、湖北、四川、云南。中国特有。

雌雄羽色相似;额、头顶和后颈栗褐色,眼先白色与宽阔的白色眼圈相连并向眼后延伸呈眉状,其余头侧淡栗褐色;背、肩、腰一直到尾上覆羽为浅褐色,各羽均具棕色先端和宽阔的黑色横斑;以鞘翅目成虫、幼虫和蜘蛛、蚯蚓为食,也吃植物浆果。繁殖期5~6月,一窝卵2~4枚。食虫鸟,有益于林、牧业。

国家二级重点保护野生动物。

(176)大噪鹛 *Garrulax maximus* Verreaux

分布:则岔。留鸟。栖于海拔3200~3400m林间灌丛、阳坡小片柏树林。甘肃西南部、南部文县、天水、卓尼等地。国内青海、四川、云南、西藏。中国特有。

额至头顶黑褐色,背栗褐色杂以白色斑点,斑点前缘或四周有黑色;初级覆羽、大覆羽和初级飞羽具白色端斑;尾特长,均具黑色亚端斑和白色端斑;颏、喉棕褐色,喉具棕白色端斑,其余下体棕褐色。以鞘翅目、鳞翅目昆虫和植物浆果为食。食虫鸟,有益于林、牧业。

国家二级重点保护野生动物。

(177)山噪鹛四川亚种 *Garrulax davidi concolor* Strasemann

分布:则岔。留鸟。栖于海拔2900~3400m山地灌丛、河谷灌丛。常在灌丛间窜来窜去。甘肃各地。国内内蒙古、河北、河南、山西、陕西、青海、四川。中国特有。

灰色较重，整体褐色较少；嘴下弯，亮黄色，嘴端偏绿；脚浅褐。经常成对活动，以甲虫、鳞翅目幼虫、蚂蚁、蝗虫、蜘蛛和植物浆果为食。繁殖期5~7月，一窝卵2~4枚。食虫鸟，有益于林、牧业。

国家保护的"三有"陆生野生动物。

(178)橙翅噪鹛指名亚种 *Trochalopteron elliotii elliotii* Verreaux

异名：*Garrulax elliotii elliotii* Varreaux。

分布：则岔。留鸟。栖于海拔2900~3400m河谷灌丛、山地灌丛。甘肃除荒漠区外的其他各地。国内青海、陕西、四川、湖北、云南、宁夏等地。中国特有。

雌雄羽色相似；额、头顶至后颈深葡萄灰色或沙褐色，额部较浅、近沙黄色，其余上体包括两翅覆羽橄榄褐色或灰橄榄褐色，有的近似黄褐色；飞羽暗褐色，外侧飞羽基部橙黄色翅斑；所有尾羽均具白色端斑；嘴黑色，脚棕褐色。以鞘翅目、鳞翅目昆虫和植物浆果、种子为食。繁殖期5~7月，一窝卵3~4枚。食虫鸟，有益于林、牧业。

国家二级重点保护野生动物。

5.2.3.18.15 旋木雀科 Certhiidae

(179)高山旋木雀西南亚种 *Certhia himalayana yunnanensis* Sharpe

分布：则岔。留鸟。栖于海拔3400~3600m针叶林和针阔叶混交林，多沿树干螺旋状向上攀行，故称"旋木雀"。甘肃西南部文县、武都、舟曲。国内陕西、四川、贵州、云南、西藏等地。分布于中亚至阿富汗北部、喜马拉雅山脉、缅甸。

雌雄羽色相似；额、头顶、枕至背黑褐色，羽端具大小不同的椭圆形灰白色羽干斑，眉纹棕白色；尾多灰色、尾上具明显横斑；颏、喉白色，胸腹部烟黄色，嘴较其他旋木雀显长而下弯；嘴褐色，下颚色浅；脚近褐。主要食物是昆虫。繁殖期4~6月，一窝卵4~6枚，孵化期14~15d，雏鸟晚成性，雌雄亲鸟共同育雏。食虫鸟，有益于林业。

5.2.3.18.16 鳾科 Sittidae

(180)普通鳾华东亚种 *Sitta europaea sinensis* Verreaux

分布：则岔。留鸟。栖于海拔3200~3400m针叶林，在树干上向上攀行，也能头朝下向下攀行。甘肃子午岭、平凉、天水、文县、舟曲。国内河北、山西、陕西、四川、云南、贵州、广西、湖北、湖南、江西、安徽、江苏、浙江、福建、广东等地。分布于欧亚大陆、日本。

色彩优雅，上体蓝灰，过眼纹黑色，喉白，腹部淡皮黄，两胁浓栗，整个下体粉皮黄；嘴黑色，下颚基部带粉色；脚深灰。以鳞翅目幼虫、鞘翅目昆虫、虫卵、蜂及云杉种子为食。繁殖期4~6月，一窝卵7~9枚。食虫鸟，有益于林业。

(181)黑头鳾指名亚种 *Sitta villosa villosa* Verreaux

分布：则岔。留鸟。栖于海拔3000~3600m针叶林或混交林带，在树干、侧枝上攀行，多直线上升。甘肃肃南、天祝、卓尼。国内东北、河北、北京、山西、陕西、宁夏、青海、四川等地。中国特有，边缘性分布于朝鲜、乌苏里流域及萨哈林岛。

雄鸟顶冠黑色，雌鸟新羽的顶冠灰色；上体余部淡紫灰色，喉及脸侧偏白，下体余部灰黄或黄褐色；具白色眉纹和细细的黑色过眼纹，眼纹较窄而后端不散开；嘴近黑，下颚基部色较浅，脚灰色。以半翅目、鞘翅目、膜翅目、鳞翅目昆虫及小蠹虫、云杉种子等为食。5月初进入繁殖期，一窝卵4~9枚。食虫鸟，有益于林业。

(182)白脸䴓西南亚种 *Sitta leucopsis przewalskii* Berezovski et Bianchi

分布:则岔。留鸟。栖于海拔3000~3500m针叶林,常顺树干、枝杈直线攀行,或螺旋状向上攀行。甘肃西南部、祁连山。国内青海、西藏、四川等地。中国特有,边缘性分布于阿富汗、巴基斯坦。

皮黄色颊斑覆盖眼部;上体紫灰而具黑色的顶冠及半颈环,下体浓黄褐;嘴黑色,下颚基部灰色;脚绿褐。以昆虫为主食,也吃云杉、冷杉种子。食虫鸟,有益于林业。

(183)红翅旋壁雀普通亚种 *Tichodroma muraria nepalensis* Bonaparte

分布:则岔。留鸟。栖于海拔3600~4000m山地裸岩带,攀爬在岩崖峭壁上。甘肃庆阳、平凉、天水、兰州、榆中、武都、文县、祁连山。国内在西北、东北、西藏、云南、四川、内蒙古、河北、北京、河南繁殖,在湖北、江西、安徽、江苏、云南、福建、广东等地越冬。国外分布于里海以东至帕米尔高原,南抵伊朗、阿富汗,东达天山、蒙古。

尾短而嘴长,翼具醒目的绯红色斑纹;繁殖期雄鸟脸及喉黑色,雌鸟黑色较少;非繁殖期成鸟喉偏白,头顶及脸颊沾褐;飞羽黑色,外侧尾羽羽端白色显著,初级飞羽两排白色斑点飞行时成带状;嘴黑色,脚棕黑。在岩壁上觅食,食物有蚊、蝇、虻、甲虫、蜘蛛等。繁殖期4~7月,一窝卵4~5枚。食虫鸟,有益于牧业。

5.2.3.18.17 鹪鹩科 Troglodytldae

(184)冬鹪鹩四川亚种 *Troglodytes troglodytes szetschuanus* Hartert

分布:则岔。留鸟。栖于海拔2900~3400m森林、灌木丛和小片林区,不停地在树枝堆上跳来跳去,钻进钻出。甘肃天水、武山、文县、兰州、榆中、天祝、肃南、张掖。国内宁夏、陕西、四川、湖北、湖南、青海、黑龙江、吉林、内蒙古、新疆、台湾,在东部和南部沿海越冬。国外欧洲、西伯利亚、中亚山地、远东、朝鲜、日本。

通体褐或棕褐色,具黑褐色细横斑;飞羽黑褐色,外侧5枚初级飞羽外翈具10~11条棕黄白色横斑;尾较短而狭,栖止时尾常常高高举起;离趾型足,趾三前一后,腿细弱。以昆虫、苔藓为食。繁殖期5~6月,一窝卵5~7枚,孵化期12d,雏鸟晚成性,育雏期15~17d。食虫鸟,有益于林业。

5.2.3.18.18 河乌科 Cinclidae

(185)河乌青藏亚种 *Cinclus cinclus przewalskii* Bianchi

分布:则岔。留鸟。栖于海拔2900~3200m山间河流两岸的大石上或倒木上,善潜水。甘肃肃南、天祝、榆中、临潭、卓尼、宕昌、舟曲、文县。国内新疆、青海、四川、云南、西藏。国外不丹。

羽色黑褐或咖啡褐色,喉、胸部白色;体羽较短而稠密;嘴较窄而直,嘴长与头几等长;口角处有短的绒绢状羽;翅短而圆,尾较短;跗跖长而强。常在水中穿行觅食,以双翅目、鞘翅目、蜉游目昆虫和草种子为食。繁殖期4~7月,一窝卵4~5枚,孵卵期16~18d,雏鸟晚成性,育雏期23d。食虫鸟,有益于林业。

(186)褐河乌指名亚种 *Cinclus pallasii pallasii* Temminc

分布:则岔。留鸟。栖于海拔2900~3200m山涧河谷溪流露出的岩石上,常沿溪流贴近水面飞行。甘肃兰州、天祝、临潭、舟曲、天水、康县。国内西北、东北、华北、华东、河南、湖北、广东、四川、贵州。国外朝鲜、日本、不丹、印度等地。

通体咖啡褐色,背和尾上覆羽具棕红色羽缘;翅和尾黑褐色,飞羽外翈具咖啡褐色狭缘;嘴黑色,较窄而直,嘴长与头几等长;翅短而圆,尾较短;跗跖长而强。以昆虫、蜉蝣、小虾、小鱼、螺类及植物叶子和种子为食。繁殖期4~7月,一年繁殖1窝,一窝卵3~4枚,孵卵期15~16d,雏鸟晚成性,育雏期21~

23d。

5.2.3.18.19 椋鸟科 Sturnidae

(187)灰椋鸟 *Spodiopsar cineraceus* Temminck

异名:*Sturnus cineraceus* Temminck。

分布:则岔。夏候鸟,4月上旬迁来。栖于海拔2900m以上较为开阔的针叶林。国内黑龙江以南至辽宁、河北、内蒙古以及黄河流域一带的夏候鸟,迁徙及越冬时普遍见于东部至华南广大地区。分布于欧亚大陆及非洲北部。

头部上黑而两侧白,臀、外侧尾羽羽端及次级飞羽狭窄横纹白色。上体灰褐色,尾上覆羽白色,嘴橙红色,尖端黑色,脚橙黄色;雌鸟色浅而暗。主要以昆虫为食,也吃少量植物果实与种子。活动于平原或山区的稀树地带,繁殖期成对活动,非繁殖期常集群活动,主要取食昆虫。繁殖期5~7月,一窝卵4~8枚,孵化期12~13d,雏鸟晚成性。

国家保护的"三有"陆生野生动物。

5.2.3.18.20 鸫科 Turdidae

(188)虎斑地鸫指名亚种 *Zoothera aurea aurea* Holandre

分布:则岔、尕海西部山地。夏候鸟,4月初迁来。栖于海拔2900~3500m针叶林、林缘,善跳行,贴地面飞行。甘肃兰州、舟曲。国内东北、河北、山东、陕西、青海、四川、贵州、云南、广西,在南部沿海地区和台湾越冬。分布于亚洲北部、东北部,在中南半岛越冬。

雌雄羽色相似。上体金橄榄褐色满布黑色鳞片状斑,下体浅棕白色,除颏、喉和腹中部外,亦具黑色鳞状斑,虹膜褐色,嘴深褐,脚带粉色。以鞘翅目、鳞翅目、直翅目昆虫和植物果实、种子为食。繁殖期5~8月,一窝卵4~5枚,孵化期11~12d,雏鸟晚成性,育雏期12~13d。食虫鸟,有益于林、牧业。

国家保护的"三有"陆生野生动物。

(189)灰头鸫西南亚种 *Turdus rubrocanus gouldii* Verreaux

分布:则岔。留鸟。栖于海拔2900~3400m针叶林和针阔叶混交林林缘、灌丛,冬季到较低海拔林缘灌丛活动。甘肃西北部、西南部。国内宁夏、陕西、青海、四川、西藏、云南。国外巴基斯坦、克什米尔、印度和缅甸。

雄鸟前额、头顶、眼先、头侧、枕、后颈、颈侧、上背烟灰或褐灰色,背、肩、腰和尾上覆羽暗栗棕色,两翅和尾黑色;雌鸟和雄鸟相似,但羽色较淡;嘴和脚黄色。以鞘翅目昆虫、鳞翅目幼虫、蝗蝻和植物种子、果实为食。繁殖期5~7月,一窝卵3~5枚。食虫鸟,有益于林、牧业。

(190)棕背黑头鸫 *Turdus kessleri* Przewalski

别名:黑头鸫。

分布:则岔。留鸟。甘肃祁连山、甘南。栖于海拔3000~4400m林缘、灌丛、河谷、草地,多单独活动,冬季迁往较低海拔处越冬。国内四川北部、云南西北部、青海、西藏。中国特有。

头及颈灰色,两翼及尾黑色,身体多栗色,栗色的身体与深色的头胸部之间无偏白色边界,尾下覆羽黑色且羽端白,眼圈黄色;嘴黄色,脚黄色。以甲虫、鳞翅目幼虫和植物果实、种子为食。食虫鸟,有益于林、牧业。

(191)赤颈鸫 *Turdus ruficollis* Pallas

分布:则岔。旅鸟,春、秋两季迁经保护区。栖于海拔2900~3200m针叶林、阔叶林林缘、河谷灌丛。甘肃各地。国内仅繁殖在新疆,在河北、山东、甘肃、宁夏、陕西、四川、云南、西藏越冬,其他地区为旅鸟。国外西伯利亚、印度、缅甸。

雄鸟上体灰褐色,脸、喉及上胸棕色,眉纹、颈侧红褐色,翼灰褐,中央尾羽灰褐,外侧尾羽灰褐色,羽缘棕色,腹至臀白色;雌鸟似雄鸟,但栗红色部分较浅且喉部具黑色纵纹。以植物果实、甲虫、鳞翅目幼虫为食。繁殖期5~7月,一窝卵4~5枚。食虫,有益于林业。

(192)斑鸫 *Turdus eunomus* Temminck

分布:则岔、尕海西部山地。旅鸟,春、秋两季迁经保护区。栖于海拔2900~3500m针叶林、林缘。国内东北、华北、西北、江苏、江西、湖北、湖南、四川、贵州、云南、广东、福建等地,长江流域及其以南为冬候鸟。国外西伯利亚地区,越冬于朝鲜、日本、蒙古。

指名亚种体色较淡,上体灰褐色,眉纹淡棕红色,腰和尾上覆羽有时具栗斑或为棕红色,翅黑色,外翈羽缘棕白或棕红色,尾基部和外侧尾棕红;颏、喉、胸和两胁栗色,具白色羽缘,喉侧具黑色斑点。北方亚种体色较暗,上体从头至尾暗橄榄褐色杂有黑色;下体白色,喉、颈侧、两胁和胸具黑色斑点,有时在胸部密集成横带;两翅和尾黑褐色,翅上覆羽和内侧飞羽具宽的棕色羽缘;眉纹白色,翅下覆羽和腋羽辉棕色。主要以鳞翅目幼虫和双翅目、鞘翅目、直翅目昆虫等为食。繁殖期5~8月,一窝卵4~7枚。

5.2.3.18.21 鹟科 Muscicapidae

(193)栗腹歌鸲指名亚种 *Luscinia brunnea brunnea* Hodgson

分布:则岔。夏候鸟,4月上旬迁来。栖于海拔3160m河谷灌丛、林缘灌丛,常在枝头上鸣叫,鸣声由3~4个从容而深沉音符所组成,音量增大,接以4~5个快速而优美爆破颤音。甘肃卓尼、碌曲。国内四川、陕西、云南、西藏等地。国外尼泊尔、不丹、印度、缅甸、斯里兰卡、巴基斯坦、缅甸。

上体青石蓝色;眉纹白,喉、胸及两胁栗色;眼先及脸颊黑;腹中心及尾下覆羽白色;雌鸟上体橄榄褐色,下体偏白,胸及两胁沾赭黄。以鞘翅目、膜翅目昆虫和草籽为食。食虫鸟,有益于林、牧业。

(194)红喉歌鸲 *Luscinia calliope* Pallas

别名:红点颏。

分布:则岔。夏候鸟,4月上旬迁来。栖于海拔3000m以上近溪流的密林及次生植被,鸣声多韵而婉转,十分悦耳,与蓝喉歌鸲、蓝歌鸲称为歌鸲三姐妹,是中国名贵笼鸟。国内繁殖于东北、青海及四川,越冬于南方、台湾及海南。国外西伯利亚、蒙古、日本、朝鲜、印度、孟加拉、缅甸、中南半岛。

雄鸟头部、上体主要为橄榄褐色;眉纹白色,颏部、喉部红色,周围有黑色狭纹;胸部灰色,腹部白色;嘴暗褐色;雌鸟颏部、喉部不呈赤红色,而为白色。以直翅目、半翅目和膜翅目昆虫和植物果实为食。繁殖期5~7月,一窝卵4~5枚,孵化期14d,雏鸟晚成性,育雏期13d。

国家二级重点保护野生动物。

(195)白腹短翅鸲 *Hodgsonius phaenicuroides* Gray

分布:则岔。留鸟。栖于海拔2900~3100m林缘、河谷灌丛。国内宁夏、青海、陕西、湖北、四川、贵州、云南、西藏、河北。国外巴基斯坦、印度、尼泊尔、不丹、孟加拉、缅甸、老挝、越南。

翅短而圆,尾比翅长,呈凸尾状,嘴强状,嘴基较宽,嘴长约为头长的一半;雄鸟全身暗铅灰蓝色,两翅黑褐色,尾羽蓝黑色,基部栗色,腹部白色;雌鸟全身暗橄榄褐色,腰和尾上履羽及尾羽稍沾棕色,腹部色淡近白。以蟒象、金龟子、蚂蚁、鳞翅目幼虫和杂草种子为食。

(196)红胁蓝尾鸲西南亚种 *Tarsiger cyanurus rufilatus* Hodgson

分布:则岔。夏候鸟,4月底迁来。栖于海拔2900~3100m林缘、河谷灌丛。甘肃兰州、祁连山东部、天祝、肃南、卓尼、临潭。国内东北、西南、青海、陕西等地，在江南越冬。国外尼泊尔、印度、缅甸、泰国、俄罗斯，在中南半岛越冬。

喉白，橘黄色两胁与白色腹部及臀成对比；雄鸟上体蓝色，眉纹白；雌鸟褐色，尾蓝，喉褐色而具白色中线；*rufilatus* 亚种的腰、小覆羽及眉纹亮丽海蓝色，喉灰色较重；嘴黑色，脚灰色。以甲虫、蚂蚁、鳞翅目幼虫、小蠹、金龟子、蜘蛛为食。繁殖期5~6月，一窝卵4~6枚，孵化期14~15d，雏鸟晚成性，育雏期13d。食虫鸟，有益于林业。

国家保护的“三有”陆生野生动物。

（197）白喉红尾鸲 *Phoenicuropsis schisticeps* Gray

异名：*Phoenicurus schisticeps* Gray。

分布：则岔。留鸟。栖于海拔3100~3600m森林林缘、河谷灌丛。甘肃肃南、天祝、榆中、卓尼、文县、康县。国内青海、宁夏、四川、云南、西藏。国外尼泊尔、印度。

雄鸟额至枕钴蓝色，头侧、背、两翅和尾黑色，翅上有一大形白斑，腰和尾上覆羽栗棕色；颏、喉黑色，下喉中央有一白斑，在四周黑色衬托下极为醒目，其余下体栗棕色，腹部中央灰白色；雌鸟上体橄榄褐色沾棕色，腰和尾上覆羽栗棕色，翅暗褐色具白斑，尾棕褐色；下体褐灰色沾棕色，喉亦具白斑。以鞘翅目、鳞翅目昆虫及蜗牛为食。繁殖期5~7月，一窝卵3~5枚。食虫鸟，有益于林业。

（198）蓝额红尾鸲 *Phoenicuropsis frontalis* Vignors

异名：*Phoenicurus frontalis* Vignors。

分布：则岔。留鸟。栖于海拔2950~3300m针叶林，活动在针叶树和林下灌丛之间。甘肃祁连山、卓尼。国内青海、西藏、云南、四川、陕西、湖北。国外印度。

雄鸟夏羽前额和一短眉纹辉蓝色，头顶、头侧、后颈、颈侧、背、肩、两翅小覆羽和中覆羽以及颏、喉和上胸概为黑色具蓝色金属光泽。主要以鳞翅目、鳞翅目昆虫和植物种子为食。繁殖期6~7月，一窝卵4~5枚。食虫鸟，有益于林业。

（199）赭红尾鸲普通亚种 *Phoenicurus ochruros rufiventris* Vieillot

分布：尕海。夏候鸟，4月初迁来。栖于海拔3100~3500m草原、林缘、村庄。甘肃各地。国内青海、宁夏、陕西、山西、河北、内蒙古、山东、四川、云南、贵州、西藏、海南等地。国外尼泊尔、印度、缅甸、欧洲、北非。

雄鸟头顶和背黑色或暗灰色，额、头侧、颈侧暗灰色或黑色，腰和尾上覆羽栗棕色，颏、喉、胸黑色；雌鸟上体灰褐色，两翅褐色或浅褐色，腰、尾上覆羽和外侧尾羽淡栗棕色；以甲虫、蚂蚁、鳞翅目幼虫、蜘蛛为食。繁殖期5~7月，一窝卵4~6枚，孵化期13d，雏鸟晚成性，育雏期16~19d。食虫鸟，有益于牧业。

（200）黑喉红尾鸲 *Phoenicurus hodgsoni* Moore

分布：则岔。夏候鸟，4月上旬迁来。栖于海拔2950~3400m河谷灌丛、林缘。甘肃兰州、祁连山、卓尼、文县。国内宁夏、青海、四川、陕西、云南、西藏、湖北、湖南。国外印度北部。

雄鸟前额白色，头顶至背灰色，腰、尾上覆羽和尾羽棕色或栗棕色，中央一对尾羽褐色，两翅暗褐色具白色翅斑，颏、喉、胸均黑色，其余下体棕色；雌鸟上体和两翅灰褐色，下体灰褐色。以蚂蚁、蜘蛛、甲虫、鳞翅目幼虫为食。繁殖期5~7月，一窝卵4~6枚。食虫鸟，有益于林业。

（201）北红尾鸲青藏亚种 *Phoenicurus auroreus leucopterus* Blyth

分布：全保护区。夏候鸟，4月中旬迁来。栖于海拔2950~3500m林缘、河谷灌丛、草原灌丛。甘肃各地。国内东北、河北、河南、山东、山西、陕西、宁夏、青海、四川、云南、西藏，在江南越冬。国外西伯利亚、朝鲜、日本、印度半岛、中南半岛及以南岛屿。

雄鸟额、头顶、后颈至上背灰色或深灰色，下背黑色，腰和尾上覆羽橙棕色，两翅具有白斑；前额基部、头侧、颈侧、颏、喉和上胸黑色，其余下体橙棕色；雌鸟额、头顶、头侧、颈、背、两肩以及两翅内侧覆羽橄榄褐色。以蚊、蝇、虻、甲虫、姬蜂、蚂蚁、蜘蛛为食。繁殖期5~7月，一年2~3窝，一窝卵6~8枚，孵化期13d，雏鸟晚成性，育雏期14d。食虫鸟，有益于林、牧业。

国家保护的"三有"陆生野生动物。

(202)红腹红尾鸲普通亚种 *Phoenicurus erythrogaster grandis* Blyth

分布：全保护区。夏候鸟，4月初迁来。栖于海拔2950~3500m林缘、河谷灌丛、草原灌丛。国内新疆、青海、西藏、山西、河北、山东、四川、云南等地。国外俄罗斯、蒙古、伊朗、巴基斯坦、印度、喜马拉雅山脉。

雄鸟额、头顶、后颈至上背灰色，下背黑色，腰和尾上覆羽橙棕色，具有白色翅斑，前额基部、头侧、颈侧、颏、喉和上胸黑色，其余下体橙棕色；雌鸟额、头顶、头侧、颈、背、两肩以及两翅内侧覆羽橄榄褐色，腰、尾上覆羽和尾淡棕色；嘴、脚黑色。以蝇、虻、甲虫、蚂蚁、蜘蛛等昆虫为食。繁殖期4~7月，一年繁殖2~3窝，一窝卵6~8枚，孵化期13d，雏鸟晚成性，育雏期14d。

(203)红尾水鸲指名亚种 *Rhyacornis fuliginosa fuliginosa* Vigors

分布：全保护区。留鸟。栖于海拔2950~3500m林缘、河谷灌丛、草原灌丛。甘肃天堂寺、兰州。国内内蒙古、宁夏、青海、河北、长江流域及长江以南地区、西藏。分布于阿富汗、喜马拉雅山东部、泰国西北部、中南半岛。

雄鸟通体大都暗灰蓝色，翅黑褐色，尾羽和上、下覆羽均栗红色；雌鸟上体灰褐色，翅褐色，具两道白色点状斑，尾羽白色，端部及羽缘褐色，下体灰色，杂以不规则的白色细斑。以鞘翅目、鳞翅目、双翅目、半翅目昆虫及植物果实和种子为食。繁殖期3~7月，一窝卵3~6枚，雏鸟晚成性。

(204)白顶溪鸲 *Chaimarrornis leucocephalus* Vigors

分布：全保护区。留鸟。栖于海拔2900~3500m山间河流、溪水岸边，常立于水中或于近水的突出岩石上，降落时不停地点头且具黑色羽梢的尾不停抽动。甘肃兰州、天祝、肃南、武威、天水、文县、卓尼、碌曲、舟曲、迭部。国内山西、宁夏、陕西、河南、湖北、湖南、四川、云南、西藏，在广东、广西、云南东部越冬。国外阿富汗、克什米尔、不丹、缅甸、印度及中南半岛。

头顶及颈背白色，腰、尾基部及腹部栗色；雄雌同色；亚成鸟色暗而近褐，头顶具黑色鳞状斑纹；鸣声为细弱的高低起伏哨音。以鞘翅目、鳞翅目成虫及幼虫为食。繁殖期4~6月，有时6~7月间有第二窝，一窝卵3~5枚。食虫鸟，有益于林、牧业。

(205)白尾蓝地鸲指名亚种 *Myiomela leucurum leucurum* Hodgson

异名：*Cinclidium leucurum leucurum* Hodgson。

别名：白尾地鸲指名亚种。

分布：全保护区。留鸟。栖于海拔3000~3600m山间河流、溪水岸边。甘肃东南部。国内陕西、湖北、四川、贵州、云南。国外中南半岛、尼泊尔、不丹、孟加拉国、印度、缅甸等地。

雄鸟通体蓝黑色，前额、眉纹和两肩辉钴蓝色，下颈两侧隐约可见白斑，除中央和外侧各一对尾羽外，其余尾羽基部具白色或白斑；雌鸟通体橄榄黄褐色，上体较暗，两翅黑褐色具淡棕色羽缘，腹中部浅灰白色，尾具白斑。以昆虫、植物果实和种子为食。繁殖期4~7月，一窝卵3~5枚。

(206)黑喉石䳭青藏亚种 *Saxicola torquata przewalskii* Pleske

分布：尕海山地。留鸟。栖于海拔3400~3700m山地灌丛草原，多站立枝头。甘肃兰州、祁连山、崆峒山、碌曲、玛曲。国内东北、西北、西南、湖北、广西、河北，在南部沿海各地及海南、台湾越冬。国外越南、尼泊尔、印度、西伯利亚、朝鲜半岛、日本。

雄性额至上腰黑色具深棕色宽缘，颈侧和翅的内侧大覆羽白色，下腰和尾上覆羽白色沾棕，飞羽黑褐色，尾羽黑色，胸部深栗棕色，腹部中央浅棕色；雌性背面黑褐色具灰棕色宽缘；尾上覆羽淡棕色；嘴和跗跖、趾等均黑。以蝗虫、金针虫、甲虫、鳞翅目幼虫和草籽为食。繁殖期5~7月，每巢产卵4~6枚。食虫鸟，有益于牧业。

国家保护的“三有”陆生野生动物。

(207)灰林䳭普通亚种 *Saxicola ferrea haringtoni* Hartert

分布：全保护区。留鸟。栖于海拔2950~3500m林缘、河谷灌丛、草原灌丛。甘肃东南部。国内华南、华东、西南、陕西等地。

雄鸟上体灰色斑驳，醒目的白色眉纹及黑色脸罩与白色的颏及喉成对比；下体近白，烟灰色胸带及至两胁；翼及尾黑色；飞羽灰色，内覆羽白色；雌鸟似雄鸟，但褐色取代灰色，腰栗褐；嘴灰色，脚黑色。尾摆动，在地面或于飞行中捕捉昆虫。

(208)沙䳭 *Oenanthe isabellina* Cretzschmar

分布：尕海山地。夏候鸟，4月末迁来。栖于海拔3400~3860m山地灌丛草原，雄鸟炫耀时跃入空中，尾张开做徘徊飞行，然后滑降而落。甘肃西北部。国内内蒙古、青海、新疆、陕西等地。国外西伯利亚、高加索、阿富汗、伊朗、伊拉克、巴基斯坦、印度、欧洲、非洲。

嘴偏长，沙褐色略偏粉，翼色浅；雄雌同色，但雄鸟眼先较黑，眉纹及眼圈苍白，身体较扁圆而显头大、腿长，翼覆羽较少黑色，腰及尾基部白色；嘴黑色，脚黑色。以甲虫、鳞翅目幼虫、蝗虫、蜂、蚂蚁等昆虫为食。繁殖期5~7月，一窝卵4~7枚，孵化期15d，雏鸟晚成性。

(209)蓝矶鸫华南亚种 *Monticola solitarius pandoo* Sykes

分布：则岔、尕海西山。留鸟。栖于海拔3100~3800m山谷灌丛和草地。甘肃武山、静宁、康县、文县、武都、舟曲、碌曲。国内东北、河北、河南、山西、宁夏、陕西、四川、云南、西藏、湖南、湖北、海南、台湾。国外俄罗斯东部、朝鲜半岛、日本、菲律宾。是马耳他的国鸟。

雄鸟通体蓝色，头顶和上背较为辉亮，两翅和尾黑褐，表面沾蓝，翅上的内侧覆羽微具白端；雌鸟上体暗灰蓝色，两翅和尾黑褐，初级覆羽具白端，内侧飞羽微具淡色羽端。以鳞翅目、鞘翅目、蝼蛄、蝗虫昆虫、蜘蛛和植物果实为食。繁殖期5~7月，一窝卵4~5枚，孵化期12~13d，雏鸟晚成性，育雏期17~18d。食虫鸟，有益于牧业。

(210)锈胸蓝姬鹟 *Ficedula sordid* Jerdon et Blyth

异名：*Ficedula erithacus* Jerdon et Blyth。

分布：则岔。夏候鸟，5月初迁来。栖于海拔2900~3500m潮湿密林，冬季下至较低海拔处。甘肃肃南、天祝、卓尼、武都、康县、舟曲。国内青海、四川、云南、西藏、河北等地。国外尼泊尔、印度、缅甸、泰国、老挝。

雄鸟胸橘黄，外侧尾羽基部白色，胸橙褐渐变为腹部的皮黄白色，背部色彩较暗淡，尾基部白色，两翼较长而嘴短；嘴黑色，脚深褐。以蚊、蝇、甲虫等昆虫为食。繁殖期4~7月，卵淡黄白色或绿色，有时沾有红色。食虫鸟，有益于林业。

(211)白腹蓝鹟 *Cyanoptila cyanomelana* Temminck

分布:则岔。旅鸟,春、秋两季迁经保护区。栖于海拔3400~3600m针阔叶混交林或茂密灌丛中。国内东北。国外繁殖于东北亚,冬季南迁至东南亚。

雄鸟头顶钴蓝色或钴青蓝色,其余上体紫蓝色或青蓝色,两翅和尾黑褐色,外侧尾羽基部白色;头侧、颏、喉、胸黑色,其余下体白色;雌鸟上体橄榄褐色,腰沾锈色,眼圈白色;颏、喉污白色,胸灰褐色,胸以下白色。以鞘翅目、鳞翅目、直翅目、膜翅目等昆虫为食。繁殖期5~7月,一窝卵3~5枚,孵化期11~13d,雏鸟晚成性。

5.2.3.18.22 戴菊科 Regulidae

(212)戴菊西南亚种 *Regulus regulus yunnanensis* Rippon

分布:则岔。留鸟。栖于海拔3000~3600m针叶林林冠下层。甘肃张掖、兰州、卓尼、文县、舟曲、迭部。国内繁殖在东北、西北、西南,在福建、台湾越冬。分布于欧亚大陆、印度、尼泊尔。

翼上具黑白色图案,以金黄色或橙红色(雄鸟)的顶冠纹并两侧缘以黑色侧冠纹为其特征。上体全橄榄绿至黄绿色,下体偏灰或淡黄白色,两胁黄绿;眼周浅色使其看似眼小且表情茫然;体色更深,绿色更重,下体皮黄,两胁灰色;嘴黑色,脚偏褐。以小甲虫、蚊、蝇、蜂、鳞翅目幼虫及蛹、蜘蛛、云杉种子为食。繁殖期5~6月,一窝卵7~12枚,卵白玫瑰色,具红褐色斑。食虫鸟,有益于林业。

国家保护的"三有"陆生野生动物。

5.2.3.18.23 岩鹨科 Prunellidae

(213)领岩鹨青海亚种 *Prunella collaris tibetana* Bianchi

分布:全保护区。留鸟。栖于海拔3400m左右高山针叶林带及多岩地带或灌木丛中,冬天下降至溪谷中。甘肃天祝、肃南、卓尼。国内青海、四川。

头部灰褐色,腰部栗色,尾羽黑褐色;中央尾羽有很宽的栗色端缘,外侧尾羽的末端有白色缘斑,颏和喉灰白色。以蚊、蝇、虻、叶蝉、步行甲、象甲、叩头虫、昆虫幼虫、蜘蛛和草籽为食。繁殖期5~7月,一窝卵3~4枚,孵化期15d。

(214)鸲岩鹨 *Prunella rubeculoides* Moore

分布:尕海。留鸟。栖于海拔3400m左右草甸及灌丛中。国内青海、四川、西藏等地。国外印度、巴基斯坦、尼泊尔。

胸栗褐,头、喉、上体、两翼及尾烟褐,上背具模糊的黑色纵纹;翼覆羽有狭窄的白缘,翼羽羽缘褐色;灰色的喉与栗褐色的胸之间有狭窄的黑色领环;下体其余白色;嘴近黑,脚暗红褐。以甲虫、蛾、蚂蚁、蜗牛和植物种子为食。繁殖期5~7月,一窝卵4~5枚。

(215)棕胸岩鹨指名亚种 *Prunella strophiata strophiata* Blyth

分布:全保护区。留鸟。栖于海拔3500m左右高山裸岩、灌丛、草地带,冬季往较低处迁移。甘肃兰州、天祝、卓尼、天水、文县。国内陕西、青海、四川、云南、西藏等地。国外尼泊尔、不丹、印度、缅甸。

整个上体棕褐或淡棕褐色,各羽具宽阔的黑色或黑褐色纵纹;腰和尾上覆羽羽色稍较浅淡,黑色纵纹亦不显著;尾褐色,羽缘较浅淡;两翅褐色或暗褐色,羽缘棕红色,中覆羽、大覆羽和三级飞羽具棕红色羽端;眼先、颊、耳羽黑褐色,眉纹前段白色、较窄,后段棕红色、较宽阔。虹膜暗褐色或褐色。以鞘翅目、鳞翅目昆虫和草籽为食。繁殖期6~7月,一窝卵3~6枚。食虫鸟,有益于牧业。

(216)褐岩鹨青藏亚种 *Prunella fulvescens nanshanica* Sushkin

分布:全保护区。留鸟。栖于海拔2900m以上灌丛草地、林缘、河谷灌丛。甘肃天祝、武威、张掖、兰州、卓尼。国内河北、山西、宁夏、四川、西藏、云南、青海、新疆、内蒙古东部。国外阿富汗、巴基斯坦、克什米尔。

前额、头顶、枕褐色或暗褐色，头两侧黑色，有一长而宽阔的白色或皮黄白色眉纹；翅和尾褐色，具淡色羽缘；眼先、颊、耳羽黑色；其余下体赭皮黄色或淡棕黄色，腹中部较淡；嘴近黑，脚浅红褐。常成小群活动。以甲虫、鳞翅目幼虫、蜗牛、云杉籽、草籽等为食。繁殖期5~7月，一窝卵4~5枚。食虫鸟，有益于牧业。

(217)黑喉岩鹨指名亚种 *Prunella atrogularis atrogularis* Brandt

分布：全保护区。夏候鸟，4月上旬迁来。栖于海拔3400m左右高山裸岩、灌丛和草地。国内繁殖于西北、西藏等地，冬季南迁至较低海拔处。国外俄罗斯乌拉尔至土耳其、印度西北部，在伊朗、印度西北部和喜马拉雅山脉越冬。

头具明显的黑白色图纹，顶冠褐或灰色，头侧及喉黑色，粗重的眉纹及细小的髭纹白色；上体余部褐色而具模糊的暗黑色纵纹，下体胸及两胁偏粉色，至臀部而近白；嘴黑色，脚暗黄色；第一冬的鸟喉污白色、眉纹及髭纹沾黄。以甲虫、蛾、蚂蚁、蜗牛和植物种子为食。繁殖期5~7月，一窝卵4~5枚。

(218)栗背岩鹨 *Prunella immaculate* Hodgson

别名：褐红背岩鹨。

分布：则岔。留鸟。栖于海拔2900m以上暗针叶林、灌丛，常在有岩石裸出的地点活动。甘肃卓尼、兰州等地。国内四川、西藏、云南。国外尼泊尔、不丹、印度、缅甸。

额、头顶、后颈灰褐色，羽端具灰白羽缘，各羽相覆呈鳞状斑纹；背、肩、腰及尾上覆羽栗红沾橄榄褐色，肩部较鲜亮；翅黑褐色，尾羽黑褐色；下腹、胁和尾下覆羽栗棕色。以鞘翅目昆虫和草籽为食。繁殖期5~7月，一窝卵3~5枚，卵蓝色。食虫鸟，有益于林、牧业。

5.2.3.18.24 朱鹀科 Urocynchramidae

(219)朱鹀 *Urocynchramus pylzowi* Przewalski

分布：尕海西部山脉。留鸟。栖于海拔3500~3800m灌丛草原。甘肃天祝、甘南。国内青海、四川。朱鹀这种生活在青藏高原上的独特小鸟自成一科，成了我国鸟类当中唯一的特有科——朱鹀科Urocynchramidae。

头顶及上体纯沙褐色；眉纹、眼先、颊及颏、喉、胸呈淡玫瑰红色；腹部浅淡以至污白；第一枚飞羽很发达；尾羽长，外侧尾羽粉色；嘴细尖，嘴上下缘间有间隙，上嘴缘近基部处膨胀；尾长，呈凹形。以草籽、甲虫、鳞翅目幼虫为食。繁殖期5~8月。

国家二级重点保护野生动物。

5.2.3.18.25 雀科 Passeridae

(220)家麻雀新疆亚种 *Passer domesticus bactrianus* Zarudny & Kudashev

分布：保护区的村庄。留鸟。栖于海拔2900~3500m村镇，性喜结群。国内新疆塔什库尔干、疏勒、天山、阿勒泰、布尔津、青河、塔城、玛纳斯、克拉玛依，青海西部。国外印度北部。

背栗红色具黑色纵纹，两侧具皮黄色纵纹；颏、喉和上胸黑色，脸颊白色，其余下体白色，翅上具白色带斑。雄鸟顶冠及尾上覆羽灰色，雌鸟色淡具浅色眉纹；上背两侧具皮黄色纵纹，胸侧具近黑色纵纹；脸颊及下体较白，嘴端深色。以植物性食物和昆虫为食。繁殖期4~8月，一年繁殖1~2窝，一窝卵5~7枚，孵化期11~14d，雏鸟晚成性，育雏期12~15d。

(221)山麻雀*Passer cinnamomeus* Gould

异名:*Passer rutilans cinnamomeus* Gould。

别名:山麻雀西藏亚种。

分布:尕海、则岔。留鸟。栖于海拔2900~3500m村庄,性喜结群。甘肃各地。国内青藏高原、西藏、青海等地。国外阿富汗、不丹、印度。

体长约14cm,雄雌异色。雄鸟头侧及下体沾黄,顶冠及上体为鲜艳的黄褐色或栗色,上背具纯黑色纵纹,喉黑,脸颊污白。雌鸟色较暗,具深色的宽眼纹及奶油色的长眉纹。以植物性食物和昆虫为食。繁殖期4~8月,一窝卵4~6枚,一年繁殖2~3窝。

国家保护的"三有"陆生野生动物。

(222)麻雀普通亚种*Passer montanus saturates* Stejneger

别名:树麻雀。

分布:尕海、则岔。留鸟。栖于海拔2900~3500m村庄。甘肃各地。国内各地。分布于欧亚大陆中部和南部。

额、头顶至后颈栗褐色,头侧白色,耳部有一黑斑;背沙褐或棕褐色具黑色纵纹;颏、喉黑色,其余下体污灰白色微沾褐色。活动在村庄及其周边农地、牧场。以种子、果实等为食,繁殖期间吃大量昆虫。繁殖期4~7月,一窝卵4~8枚,孵卵期12d左右,雏鸟晚成性,育雏期15~16d。

国家保护的"三有"陆生野生动物。

(223)石雀北方亚种*Petronia petronia brevirostris* Taczanowski

分布:尕海。留鸟。栖于海拔2900~3200m人迹罕至的裸露岩石、峡谷等处,常集群活动。甘肃天堂寺、兰州、天祝、靖远、会宁、平凉、玛曲、碌曲。国内繁殖在新疆、青海、宁夏、四川、西藏、内蒙古和北京等地。国外欧亚大陆西部、北非。

雌雄相似;上体淡沙棕褐色,具土黄色眉纹;翅具一浅色横斑;喉部有一弧形黄斑,下体白色,胸和两胁略具淡褐色条纹;初级飞羽近基部具淡色横斑,背部羽毛亦具条纹;嘴短强,呈圆锥状,翅较长,几达尾端,尾较短。以植物种子、果实为主要食物,雏鸟以蝗虫、步行甲、鳞翅目幼虫为食。繁殖期5~7月,一年2~3窝,一窝卵4~5枚。

(224)白斑翅雪雀*Montifringilla nivalis* Linnaeus

分布:尕海。留鸟。栖于海拔3300~3600m山边悬崖和裸露的岩石,常成对或成小群活动,冬季向下部迁移。国内中国西部。国外西班牙、地中海地区至中东、中亚。

雄鸟头灰,颏黑,翕和肩褐色;翼大部白色;除一对中央尾羽黑色外其余均为白色而具黑色羽端,飞行时尾部呈中间黑、两边白的形态。雌鸟像雄鸟,但中覆羽底色常显暗色;嘴短粗而强壮,呈圆锥状,嘴峰稍曲。以果实、种子和昆虫为食。繁殖期5~7月,一窝卵4~5枚。

(225)褐翅雪雀指名亚种*Montifringilla adamsi adamsi* Adams

分布:尕海。留鸟。栖于海拔3300~3600m高山、草原或荒漠,常进出于鼠洞之中。甘肃天祝、玛曲、碌曲。国内新疆、青海、西藏、四川。国外克什米尔、尼泊尔。

体形小而壮实,雄雌同色;上体灰褐色具暗色羽干斑,翅上小覆羽和中覆羽褐色,羽端白色,大覆羽和初级覆羽白色,羽端褐色,翼肩具近黑色的小斑点;嘴脚黑色。以草籽及绿叶、芽、蚊、瓢虫为食。繁殖期5~7月。吃一些昆虫,有益于牧业。

(226)白腰雪雀 *Montifringilla taczanowskii* Przewalski

分布:尕海。留鸟。栖于海拔3400~3600m多裸岩的高原荒漠、草原及沼泽边缘,喜营巢于鼠兔废弃的旧洞中。甘肃玛曲、碌曲。国内青海、西藏、四川。中国特有,偶见于印度、尼泊尔。

颏、喉黑色;额和眉纹白色,上体灰褐或沙褐色、具暗褐色纵纹;腰白色,尾黑褐色,外侧尾羽具白色端斑,两翅黑褐色,翅上初级覆羽具白色端斑,外侧飞羽基部白色,形成翅上大块白斑,下体白色,嘴夏季黑色,冬季黄色。以象鼻甲、步行虫及其他甲虫和草籽为食。繁殖期5~8月,一窝卵5枚左右。吃一些昆虫,有益于牧业。

(227)棕颈雪雀指名亚种 *Pyrgilauda ruficollis ruficollis* Blanford

异名:*Montifringilla ruficollis ruficollis* Blanford。

分布:尕海。留鸟。栖于海拔3200~3600m草原,活动于鼠兔群集处,求偶时做精彩的俯冲飞行,冬季与其他雪雀混群。甘肃肃北、碌曲、玛曲。国内辽宁、新疆、青海、四川、西藏等地。中国特有,偶见于印度北部。

雄雌同色;眼先黑色,脸侧近白;头部图纹特别,髭纹黑,颏及喉白,颈背及颈侧较重栗色,覆羽羽端白色;嘴黑色或偏粉色,脚黑色。食物有象甲、伪步行虫、步行虫及他鞘翅目昆虫。繁殖期5~7月,雏鸟晚成性。食一些昆虫,有益牧业。

5.2.3.18.26 鹡鸰科 Motacillidae

(228)西黄鹡鸰北方西部亚种 *Motacilla flava beema* Sykes

别名:黄鹡鸰。

分布:全保护区。夏候鸟,4月中旬迁来。栖于海拔4000m左右沼泽、河湖边草地。甘肃河西走廊、甘南。国内繁殖在东北、内蒙古、新疆、四川、西藏等地,在南部沿海、海南、台湾越冬。国外俄罗斯、印度、美国阿拉斯加,在非洲、南亚越冬。

头顶蓝灰色或暗色,上体橄榄绿色或灰色,具白色、黄色或黄白色眉纹;飞羽黑褐色具两道白色或黄白色横斑;尾黑褐色,最外侧两对尾羽大都白色;下体黄色。常结成甚大群,在牲口及水牛周围取食昆虫。繁殖期5~7月,一窝卵5~6枚,孵化期14d,雏鸟晚成性,育雏期14d。食虫鸟,有益于牧业。

国家保护的"三有"陆生野生动物。

(229)黄头鹡鸰西南亚种 *Motacilla citreola calcarata* Hodgson

分布:尕海。夏候鸟,5月初迁来。栖于海拔3500m左右的湖畔、河边、草地、沼泽等各类生境中。国内繁殖于中西部及青藏高原,冬季迁至西藏东南部及云南。国外伊朗、阿富汗、亚洲中部,冬天进入阿富汗低地和缅甸。

雄鸟头鲜黄色,背黑色,腰暗灰色;尾上覆羽和尾羽黑褐色,外侧两对尾羽具大型楔状白斑;翅黑褐色,具宽的白色羽缘;下体鲜黄色。雌鸟额和头侧辉黄色,头顶黄色。以鳞翅目、鞘翅目、双翅目、膜翅目、半翅目等昆虫和草籽为食。繁殖期5~7月,一窝卵4~6枚。

国家保护的"三有"陆生野生动物。

(230)灰鹡鸰普通亚种 *Motacilla cinerea robusta* Brehm

分布:全保护区。旅鸟,春、秋两季迁经保护区。栖于海拔2900~3500m河湖、溪流、沼泽水岸或附近草地。甘肃各地。国内繁殖在东北、内蒙古、河北、河南、山西、宁夏、陕西、新疆、青海、四川,在江南各地越冬。分布于欧亚大陆,东到日本,在非洲、南亚等地岛屿越冬。

上背灰色,飞行时白色翼斑和黄色的腰显现;翅尖长,三级飞羽极长;尾细长,外侧尾羽具白,常做有规律的上、下摆动；腿细长，后趾具长爪。以昆虫、蜘蛛、蠕虫、软体动物等为食。繁殖期5~7月，一窝卵4~6枚，孵化期12d，雏鸟晚成性，育雏期14d。食虫鸟，有益于牧业。

国家保护的“三有”陆生野生动物。

(231)白鹡鸰西南亚种 *Motacilla alba alboides* Hodgson

分布：全保护区。夏候鸟，4月中旬迁来。栖于海拔2900~3900m河流、小溪、村落和草场，常成对或结小群活动。甘肃各地。国内各地。分布于欧亚大陆、阿拉伯半岛、印度、中南半岛、菲律宾、非洲。

额、头顶前部、眼先、眼周、眉纹白色，其余大部黑色；中覆羽、大覆羽白色或尖端白色；尾长而窄，最外两对尾羽主要为白色；胸部黑色与颈侧黑色相连。以昆虫、草籽、浆果等为食。繁殖期5~7月，一窝卵4~6枚，孵化期12d，雏鸟晚成性，育雏期14d。食虫鸟，有益于牧业。

国家保护的“三有”陆生野生动物。

(232)树鹨指名亚种 *Anthus hodgsoni hodgsoni* Richmond

分布：则岔。夏候鸟，5月初迁来。栖于海拔2900~3200m阔叶林、混交林和针叶林等山地森林中。甘肃兰州、天祝、卓尼、文县、舟曲、康县。国内繁殖在东北、华北、山西、陕西、青海、四川、云南、西藏，在江南越冬。国外俄罗斯阿尔泰地区，东到堪察加半岛；在印度、中南半岛、菲律宾、日本越冬。

上体橄榄绿色具褐色纵纹，眉纹乳白色或棕黄色，耳后有一白斑；下体灰白色，胸具黑褐色纵纹。以蝗虫、蜻象、金针虫、蝇、蚊、蚁等昆虫和草籽为食。繁殖期5~6月，一窝卵4~5枚，孵化期14d。食虫鸟，有益于林业。

国家保护的“三有”陆生野生动物。

(233)粉红胸鹨 *Anthus roseatus* Blyth et Hodgson

分布：则岔。夏候鸟。5月上旬迁来。栖于海拔2900~4300m山地、林缘、灌丛、草原、河谷地带，成对或小群活动。甘肃平凉、天祝、兰州、文县、甘南。国内西北、西南、湖北、广西、河北、山西，在广东、海南越冬。国外阿富汗部、巴基斯坦、喜马拉雅山南坡及印度、缅甸、越南等地。

非繁殖期粉皮黄色的粗眉线明显，背灰而具黑色粗纵纹，胸及两胁具浓密的黑色斑点或纵纹；嘴黑褐色，下嘴基部色较淡，呈角褐色；跗跖和趾褐色；翅尖长，三级飞羽极长，尾细长，外侧尾羽具白。食物为鞘翅目、鳞翅目、直翅目、双翅目、膜翅目昆虫和草籽。繁殖期5~7月，一窝卵3~5枚，孵化期13d，雏鸟晚成性。食虫鸟，有益于牧业。

国家保护的“三有”陆生野生动物。

5.2.3.18.27 燕雀科 Fringillidae

(234)白斑翅拟蜡嘴雀指名亚种 *Mycerobas carnipes carnipes* Hodgson

别名：白翅拟蜡嘴雀指名亚种。

分布：则岔。留鸟。栖于海拔3400~3700m阳坡柏树林，冬季有垂直迁移现象。甘肃天水、兰州、榆中、祁连山、东大山、文县、甘南。国内西北、内蒙古、四川、西藏、云南。国外俄罗斯、伊朗、尼泊尔、印度、阿富汗、巴基斯坦、缅甸。

雄鸟整个头顶、颊、喉、胸、颏均烟黑色，上体余部一般烟黑色，下背和腰橄榄黄色；翼覆羽黑色，大覆羽外翈羽端具橄榄黄小斑，初级飞羽具大“翼斑”，尾羽黑色；雌鸟与雄鸟近似，但羽色浅淡；嘴淡紫黑色，脚淡肉褐色。以树木种子、浆果为食。6月开始产卵，从6月末到8月中旬均见孵卵，一窝卵2~3枚。

(235)灰头灰雀指名亚种*Pyrrhula erythaca erythaca* Blyth

别名:赤胸灰雀。

分布:则岔。留鸟。栖于海拔3200m河谷灌丛、阔叶林、针叶林林缘,多单独活动,冬季结小群生活。甘肃天堂寺、兰州、武山、天水、榆中、舟曲。国内西南、宁夏、青海、陕西、河北、山西、湖北、台湾等地。国外缅甸。

嘴厚略带钩,头灰色;雄鸟胸及腹部深橘黄色,雌鸟下体及上背暖褐色,背有黑色条带;飞行时白色的腰及灰白色的翼斑明显可见;嘴近黑,脚粉褐。以植物种子、果实、叶、芽为食。

国家保护的"三有"陆生野生动物。

(236)赤朱雀*Agraphospiza rubescens* Blanford

异名:*Carpodacus rubescens* Blanford。

分布:则岔。留鸟。栖于海拔3200m森林林缘和高山灌丛。甘肃西南部。国内四川二郎山、峨眉山、宝兴,云南丽江山脉,西藏昌都、聂拉木。国外印度阿萨姆、缅甸和尼泊尔。

额、头顶、枕和后颈鲜红色,颊、耳羽玫瑰红色;背、肩膀红褐色,腰和尾上覆羽鲜红色,两翅和尾褐色,羽缘红色;颊、耳覆羽、颏、喉玫瑰红色。以草籽、果实为食。繁殖期6~8月,一窝卵3~4枚,雏鸟晚成性。

国家保护的"三有"陆生野生动物。

(237)林岭雀指名亚种*Leucosticte nemoricola nemoricola* Hodgson

分布:尕海西部山地。留鸟。栖于海拔3600~3900m山地草原、草甸和灌丛。甘肃榆中、武威、张掖、阿克塞、甘南。国内陕西、青海、西藏、云南、四川。国外尼泊尔、巴基斯坦、缅甸。

雌雄羽色相似;额、头顶和整个上体均为暗褐色,羽缘淡棕色,头顶和上体具暗褐色纵纹;尾上覆羽黑褐色,翅下覆羽白色,腋羽黄色。集小群活动,以草籽为食。繁殖期5~8月,一窝卵4~5枚,雏鸟晚成性。

(238)高山岭雀四川亚种*Leucosticte brandti walteri* Hartert

分布:尕海周围山地。留鸟。栖于海拔3400~4000m高山草原、灌丛、岩石上,多成小群活动。甘肃肃北、玛曲。国内新疆、青海、西藏、四川。国外阿富汗、巴基斯坦。

雌雄羽色相似;前额、头顶前部、眼先、眼周和脸颊黑色;头顶后部、枕、后颈和上背灰褐色或暗褐色具淡色羽缘,尾上覆羽褐色具灰白色或白色羽缘和尖端;颏、喉、胸暗灰褐色;嘴和脚黑色。以植物种子、果实、叶芽和蚂蚁等昆虫为食。繁殖期6~8月,一窝卵3~4枚。

(239)普通朱雀普通亚种*Carpodacus erythrinus roseatus* Blyt

分布:则岔。夏候鸟,4月下旬迁来。栖于海拔2900~3700m林缘灌丛地带,冬季多下降到较低海拔,多单独活动。甘肃祁连山、兴隆山、天水、武山、甘南、舟曲。国内繁殖在内蒙古东部、新疆、宁夏、陕西、四川、云南、西藏、湖北、贵州,在长江以南越冬。在欧亚大陆繁殖,在南亚越冬。

雄鸟额、头顶、枕深朱红色或深洋红色,后颈、背、肩暗褐或橄榄褐色,腰和尾上覆羽玫瑰红色或深红色;尾羽黑褐色,羽缘沾棕红色;两翅黑褐色;两颊、颏、喉和上胸朱红或洋红色;雌鸟上体灰褐或橄榄褐色,头顶至背具暗褐色纵纹,两翅和尾黑褐色,下体灰白或皮黄白色。以草籽、云杉籽、植物果实为食,兼食昆虫。繁殖期5~7月,一窝卵3~6枚,孵化期13~14d,雏鸟晚成性,育雏期15~17d。

国家保护的"三有"陆生野生动物。

(240)拟大朱雀指名亚种 *Carpodacus rubicilloides rubicilloides* Przewalski

分布:则岔。留鸟。栖于海拔2900~3800m灌丛、草地、针叶林中。甘肃祁连山、甘南。国内内蒙古、青海、四川、西藏。国外印度拉达克。

雄鸟额、头顶、枕、头侧、颊和耳覆羽辉深红色具白色条纹或斑点,眼先和眼周鲜红色;背、肩和两翅覆羽灰褐色具黑褐色纵纹,羽缘沾玫瑰红色;腰玫瑰红色,颏、喉辉深红色。雌鸟上体灰褐色或淡黄褐色具显著的暗褐色纵纹,下体淡灰色沾褐或皮黄褐色、具显著的黑色纵纹,腹部以下纵纹逐渐消失。以草籽、植物叶为食。繁殖期5~7月,一窝卵3~5枚。

(241)红眉朱雀青藏亚种 *Carpodacus pulcherrimus argyrophrys* Berlioz

分布:则岔。留鸟。栖于海拔2900~3600m山坡灌丛、林缘灌丛,多成对活动,冬季分布较低。甘肃靖远、武山、兰州、祁连山、卓尼。国内内蒙古、宁夏、陕西、四川、云南、西藏、青海、河北、北京、山西。国外不丹、印度。

雄鸟前额、眉纹、颊、耳覆羽下半部玫瑰粉红色,背、肩沾红色,腰玫瑰粉红色,尾上覆羽褐色沾玫瑰红色;两翅黑褐色;颏、喉、胸等下体辉玫瑰粉红色;雌鸟上体灰褐色具宽的黑褐色纵纹,下体淡黄色具黑褐色纵纹;嘴暗褐色或角褐色,脚肉色或角褐色。以草籽、植物芽和昆虫为食。繁殖期5~8月,一窝卵3~6枚,雏鸟晚成性。

国家保护的"三有"陆生野生动物。

(242)酒红朱雀指名亚种 *Carpodacus vinaceus vinaceus* Verreaux

分布:则岔。留鸟。栖于海拔3000~3500m灌木、林下植物发达的常绿阔叶林和针阔叶混交林。甘肃西南部和南部武山县。国内陕西、湖北、四川、重庆、贵州、西藏等地。国外尼泊尔、印度东北部和缅甸中部。

雄鸟通体深红色,头部深朱红或棕红色,下背和腰玫瑰红色,眉纹粉红色而具丝绢光泽;两翅和尾黑褐或灰褐色、具暗红色狭缘,内侧两枚三级飞羽具淡粉红色先端;雌鸟上体淡棕褐色具黑褐色羽干纹,两翅和尾暗褐色,外翈羽缘淡棕色,最内侧两枚三级飞羽具棕白色端斑,下体淡褐或赭黄色、具窄的黑色羽干纹。以草籽、果实和昆虫为食。繁殖期5~7月,一窝卵4~5枚。

国家保护的"三有"陆生野生动物。

(243)长尾雀秦岭亚种 *Carpodacus sibiricus lepidus* David & Oustalet

异名:*Uragus sibiricus lepidus* David & Oustalet。

别名:长尾朱雀秦岭亚种。

分布:则岔。留鸟。栖于海拔3000~3500m灌丛、草甸及林缘。甘肃南部。国内东北、内蒙古、河北、宁夏、新疆、四川、云南等地。国外俄罗斯、蒙古、日本、朝鲜半岛。

雄鸟额、眼先深玫瑰红色;眉纹珠白,耳羽白沾红;头顶羽毛较长呈亮粉红色,下背和腰纯红色,尾上覆羽暗红,小覆羽暗红,中覆羽白色沾红,大覆羽近黑色;雌鸟额、眼先、前颈暗褐色,各羽中央有黑褐色条纹,尾上覆羽灰褐色微沾红色。取食小树、灌木或草穗上的草籽、果实、嫩叶和昆虫。繁殖期5~7月,一年繁殖1~2窝,一窝卵4~8枚,孵化期14~15d,雏鸟晚成性。

国家保护的"三有"陆生野生动物。

(244)斑翅朱雀 *Carpodacus trifasciatus* Verreaux

分布:则岔。留鸟。栖于海拔3000~3600m针阔混交林、灌丛、草甸和砾石地带,冬季下至较低海拔地带。国内从甘肃南部经四川西部至云南西南部,在西藏东南部有记录。国外不丹、印度。

嘴基粗大;翅较短,与尾端相距超过跗跖的长度;具两道浅色翼斑,肩羽边缘及三级飞羽外侧白色;雄鸟脸偏黑,头顶、颈背、胸、腰及下背深绯红;雌鸟及幼鸟上体深灰,满布黑色纵纹。喙角质色,脚深褐色。以种子、果实等植物性食物为食。繁殖期5~7月,一窝卵3~6枚,孵化期13~14d,雏鸟晚成性,育雏期15~17d。

国家保护的"三有"陆生野生动物。

(245)白眉朱雀甘肃亚种 *Carpodacus thura dubius* Przevalski

分布:则岔。留鸟。栖于海拔2900~3600m疏林、灌丛、林缘、草地,冬季下到海拔较低地带。甘肃兰州、天祝、肃南、张掖、山丹、卓尼、碌曲。国内宁夏、青海、西藏、四川等地。国外阿富汗、巴基斯坦、克什米尔、尼泊尔、不丹、印度、缅甸。

额基、眼先深红色,前额和长而宽阔的眉纹珠白色,沾有粉红色并具丝绢光泽;头顶至背棕褐或红褐色、具黑褐色羽干纹,腰紫粉红色或玫瑰红色;头侧、颊和下体玫瑰红色或紫粉红色,喉和上胸具细的珠白色,腹中央白色。以草籽、果实、浆果、嫩叶和昆虫为食。繁殖期6~7月,一窝卵3~5枚,雏鸟晚成性。

国家保护的"三有"陆生野生动物。

(246)红胸朱雀青海亚种 *Carpodacus puniceus longirostris* Przewalski

分布:则岔。留鸟。栖于海拔3000~3500m高山草甸、高海拔流石甚至冰川雪线,冬季下至较低地带。甘肃西北部、东南部。国内青海、四川、云南、西藏等地。国外俄罗斯、帕米尔、尼泊尔、印度。

色彩较鲜艳,嘴甚长;繁殖期雄鸟眉纹红色,眉线短而绯红,颏至胸绯红,腰粉红,眼纹色深;雌鸟多橄榄色,腰具黄色调,无粉色,上下体均具浓密纵纹;嘴偏褐,脚褐色。以草籽、花、果实、昆虫为食。繁殖期6~8月,一窝卵2枚。

国家保护的"三有"陆生野生动物。

(247)金翅雀指名亚种 *Chloris sinica sinica* Linnaeus

异名:*Carduelis sinica sinica* Linnaeus。

分布:则岔。留鸟。栖于海拔2900~3200m村庄附近或开阔地带的疏林中,秋冬季节有时集群多达数十只甚至上百只。甘肃各地。国内东北、西北、西南、华南、内蒙古、河北、山西、山东、湖南、江苏、浙江。国外东北亚、越南中部和东北部。

嘴细直而尖,基部粗厚,头顶暗灰色;背栗褐色具暗色羽干纹,腰金黄色,尾下覆羽和尾基金黄色,翅上翅下都有一块大的金黄色块斑,无论站立还是飞翔时都醒目。以植物果实、种子、草籽和谷粒等农作物为食。繁殖期3~8月,一年2~3窝,一窝卵4~5枚,孵化期13d,雏鸟晚成性,育雏期15d。

国家保护的"三有"陆生野生动物。

(248)黄嘴朱顶雀青海亚种 *Linaria flavirostris miniakensis* Jacobi

异名:*Carduelis flavirostris miniakensis* Jacobi。

分布:尕海西部山地。留鸟,仅垂直迁移。栖于海拔3600~3820m高山灌丛草原,常成小群活动。甘肃瓜州、肃北、肃南、玛曲、兰州。国内四川、宁夏、新疆、青海、西藏。国外欧洲、西伯利亚西部、蒙古、土耳其、伊朗、巴基斯坦、克什米尔、印度。

上体褐色,具带皮黄色边缘的纵纹,腰白或浅粉红,体羽色深而多褐色,尾较长;嘴黄且小,头褐色较浓,颈背及上背多纵纹,翼上及尾基部白色;嘴黄色,脚近黑。以草籽和昆虫为食。繁殖期5~7月,一窝卵4~5枚,雏鸟晚成性。兼食昆虫,有益于牧业。

国家保护的"三有"陆生野生动物。

5.2.3.18.28 鹀科 Emberizidae

(249)蓝鹀*Latoucheornis siemsseni* Martens

分布:全保护区。夏候鸟,4月上旬迁来。栖于海拔3000~3500m次生林及灌丛,非繁殖期常集群活动。国内繁殖于陕西南部秦岭、四川北部岷山、四川南部及甘肃南部,越冬往东至湖北、安徽、福建武夷山地区及广东北部。中国特有。

雄鸟通体石板灰蓝;胁羽、下腹和尾下覆羽纯白;飞羽黑色,有蓝灰色羽缘;尾羽黑色,羽缘灰蓝色,腋羽白色;雌鸟头、颈及上胸棕黄色,上背棕褐,下背、腰、尾上覆羽均石板灰色,羽缘棕褐;嘴黑色,脚肉黄色。以植物种子为食。

国家二级重点保护野生动物。

(250)白头鹀青海亚种*Emberiza leucocephala fronto* Stresemann

分布:尕海西部山脉。留鸟。栖于海拔3400~3900m灌丛草原,成家族群活动。甘肃西南部。中国青海西宁、贵南、同仁、柴达木、都蓝和青海湖,贵州南部。

雄鸟头顶中央至枕白色,前额和头顶两侧黑色或黑栗色,颏、喉、颈侧、眼先、眼周和眉纹栗色或栗红色,从嘴基经眼下到耳覆羽白色;背、肩褐红色或棕色具黑褐色羽干纹;尾羽黑色具楔状白斑;雄鸟和雌鸟相似,但头部无白色。以植物种子和昆虫为食。繁殖期6~7月,一年产2窝,一窝卵4枚,孵化期14d。

国家保护的"三有"陆生野生动物。

(251)灰眉岩鹀*Emberiza godlewskii* Taczanowski

别名:灰眉岩鹀甘青亚种、戈氏岩鹀。

分布:全保护区。留鸟。栖于海拔2900~3600m山地灌丛、草原,多活动在沟边、岩石边。甘肃各山地、黄土高原。国内四川北部松潘、马尔康及茂汶等地(繁殖鸟)。分布于欧洲、非洲、中亚及其南部。

雄鸟额、头顶、枕一直到后颈蓝灰色,头顶两侧从额基开始各有一条宽的栗色带,眉纹蓝灰色,眼先和经过眼有一条贯眼纹,颧纹黑色,其余头和头侧蓝灰色;颏、喉、胸和颈侧蓝灰色,其余下体桂皮红色或肉桂红色;雌鸟头顶至后颈淡灰褐色且具较多黑色纵纹;嘴黑褐色,脚肉色。以草籽、草芽和昆虫为食。繁殖期5~7月,一窝卵3~5枚。有益,无害。

国家保护的"三有"陆生野生动物。

(252)三道眉草鹀普通亚种*Emberiza cioides castaneiceps* Moore

分布:则岔。留鸟。栖于海拔2950~3200m稀疏阔叶林地、灌丛、草丛。甘肃天水、康县、甘南。国内西北、东北、华中、山东、四川、云南、江西、江苏、浙江,在广西越冬。分布于欧亚大陆东部、日本列岛、中南半岛。

雄鸟额黑褐色和灰白色混杂状,头顶及枕深栗红色,眼先及下部各有一条黑纹,耳羽深栗色;眉纹白色,自嘴基伸至颈侧;上体余部栗红色,向后渐淡;颏及喉淡灰色;雌鸟头顶、后颈和背部均呈浅褐色沾棕,而满布黑褐色条纹;耳羽也沾土黄色,眼先和颊纹沾污黄色;眉纹、耳羽及喉均土黄色。以植物种子、甲虫、鳞翅目幼虫、蝗虫为食。繁殖期5~7月,一窝卵4~5枚。

国家保护的"三有"陆生野生动物。

(253)白眉鹀*Emberiza tristrami* Swinhoe

分布:则岔。旅鸟,春、秋两季迁经保护区。栖于海拔3000~3300m山溪沟谷、林缘、林间空地和林下灌丛或草丛。国内大兴安岭东北、小兴安岭、完达山和长山一带为夏候鸟，长江流域和东南沿海为冬候鸟，其他地区多为旅鸟。国外日本、韩国、朝鲜、泰国、越南、老挝、缅甸、俄罗斯。

雄鸟头黑色，中央冠纹、眉纹和一条宽阔的颚纹白色，背、肩栗褐色具黑色纵纹，腰和尾上覆羽栗色或栗红色；颏、喉黑色，下喉白色，胸栗色，其余下体白色，两肋具栗色纵纹；雌鸟和雄鸟相似，但头不为黑色而为褐色，颏、喉白色，颚纹黑色。以植物种子为食。繁殖期5~7月，一年繁殖1~2窝，一窝卵4~6枚，孵化期13~14d，雏鸟晚成性，育雏期11~12d。

国家保护的“三有”陆生野生动物。

（254）藏鹀*Emberiza koslowi* Bianchi

分布：则岔。留鸟。栖于海拔2950~3200m山柳灌丛地带。国内青海南部扎多、曲麻莱、河南县及西藏昌都地区北部澜沧江上游。中国特有。

雄鸟头顶、后颈、耳羽及颈侧均黑色，眉纹白色，自嘴基向后伸达至颈部，眼先及前颊红褐色；上背及两肩鲜红栗色，腰深灰色；后颈与上背间有一蓝灰色横带，下延至下胸；颏、喉白色；上胸有一宽阔黑带，与颈侧的黑色相连；嘴黑色，脚皮黄色，趾稍暗，爪黑褐色。以鳞翅目幼虫、蝽科、蚁类、蜘蛛类和浆果为食。通常由雌鸟单独筑巢、孵卵和育雏，雄鸟参加喂雏。

IUCN 2018濒危物种红色名录ver 3.1——近危（NT），中国濒危动物红皮书（1998）——稀有，国家二级重点保护野生动物。

（255）灰头鹀东方亚种*Emberiza spodocephala sordid* Pallas

分布：则岔。夏候鸟，4月下旬迁来。栖于海拔2900~3200m河谷溪流和稀疏林地、灌丛，常结成小群活动。甘肃西北部。国内东北、青海、陕西、宁夏、四川、云南、贵州、湖北，在南部沿海各地、台湾、海南越冬。国外俄罗斯、日本、朝鲜半岛、缅甸、印度、尼泊尔和不丹。

雄鸟嘴基、眼先、颊黑色，头、颈、颏、喉和上胸灰色沾绿黄色，上体橄榄褐色具黑褐色羽干纹，两翅和尾黑褐色；胸黄色，腹至尾下覆羽黄白色，两肋具黑褐色纵纹；雌鸟头和上体灰红褐色具黑色纵纹，下体白色或黄色，胸和两肋具黑色纵纹。以植物种子、昆虫、蜘蛛、螺为食。繁殖期5~7月，一窝卵3~6枚，雏鸟晚成性，留巢期12~13d。

国家保护的“三有”陆生野生动物。

5.2.4 哺乳纲MAMMALIA

5.2.4.1 劳亚食虫目EULIPOTYPHLA

5.2.4.1.1 鼹科Talpidae

（1）麝鼹*Scaptochirus moschata* Milne-Edwards

异名：*Scaptochirus moschatus* Milne-Edwards。

分布：则岔。栖于海拔3200~3400m潮湿森林、草地，喜生活在土质干燥而疏松、土层深厚的沙质地段。甘肃临潭、天水、玛曲。国内黑龙江、辽宁、内蒙古、山东、河北、山西、宁夏、陕西等省区。中国特有。

身体较粗壮，吻短尖如锥；眼退化，形小且隐没于毛被之中；爪扁平强大而锐利；全身被以棕色且有金属光泽的细密柔毛；体背灰棕色，毛基深灰色，毛尖沾棕。终生营地下穴居生活，在地表隔一定距离留下一小土堆；听觉、嗅觉灵敏。以土壤昆虫、蠕虫为食。春季繁殖，一年1次，孕期30d左右。食虫兽，有益于牧业。

5.2.4.1.2　鼩鼱科 Soricidae

(2)甘肃鼩鼱 *Sorex cansulus* Thomas

异名:*Sorex caecutiens cansulus* Thomas。

别名:中鼩鼱甘肃亚种。

分布:全保护区。栖于海拔2900~3200m山地草原、灌丛草原、林缘、草地等潮湿地域,不冬眠。甘肃各地。国内陕西、四川。

四肢纤细,头尖长,吻突出,耳壳隐于毛内;尾略大于体长之半;冬毛柔密而长,夏毛稀疏而短;吻、头、体背、四肢及尾上面被毛棕褐色,颌下、颈下、胸、腹及尾下面被毛灰白或灰棕色。以昆虫、蚯蚓、蜗牛等为食。一年繁殖1~2次,每胎2~6仔。对农林有益。

(3)喜马拉雅水麝鼩 *Chimarogale himalayica* Gray

分布:则岔。栖于海拔2950~3200m水边草地、灌丛,有时也利用河边废旧房屋。甘肃平凉、岷县、甘南。国内青海、西藏、云南、四川、广西、江苏、浙江、福建、广东。国外日本、越南、缅甸、老挝、克什米尔。

体背褐灰色染棕色,具闪光白色毛尖,体背中部色深,两侧逐渐变为较暗淡的腹部浅淡色泽;尾背面黑棕色,吻较长而尖细,尾约与体等长;四足发达,趾之两侧及足侧具扁而硬的蹼状刚毛,以适于游泳。性情凶猛,在草丛中跳跃捕食,以昆虫、小鼠、植物种子和果实为食。繁殖期5~6月,一年繁殖2次,每胎6~8仔,妊娠期18d,哺乳期22d。鹞子为其天敌。食虫,有益于林、牧业。

5.2.4.2　翼手目 CHIROPTEA

5.2.4.2.1　蝙蝠科 Vespertilionidae

(4)大卫鼠耳蝠 *Myotis davidi* Peters

分布:尕海、则岔。栖于海拔3100~3500m山洞、树洞、岩缝中。甘肃玛曲。国内北京、河北、海南。中国特有。

体型较小,前臂长34~54mm,后足长超过胫长的一半;通体黑褐色,被毛毛尖染有淡棕色,腹毛由前而后淡棕色毛尖逐渐增加,到腹后部几乎形成淡棕色区。昼伏夜出,从黄昏到黎明为活动高峰期,在空中飞捕昆虫。食虫兽,有益于林、牧业。

甘肃省保护的有重要生态、科学、社会价值的陆生野生动物(以下简称"甘肃省保护的'三有'陆生野生动物")。

(5)双色蝙蝠指名亚种 *Vespertilio murinus murinus* Linnaeus

别名:普通蝙蝠指名亚种。

分布:全保护区。栖于海拔2900~3200m森林、村庄,栖息于树洞、石缝、房檐下。甘肃各地。国内东北、内蒙古、北京、河北、山西、陕西、四川、湖南、福建、新疆。分布于欧亚大陆、日本。

耳较短,缘较圆;尾较长;翼膜较窄,由趾基起;距细长,有较窄的距缘膜;体背面毛基近黑色,毛尖好似一层霜故称霜蝠;腹毛基灰褐色,毛尖端灰白色,又称双色蝠。夜行性,以夜蛾等夜间飞行的昆虫为食,常在有亮光的地方活动。一年繁殖1次,每窝产1~3只仔。天敌主要有蛇类、蜥蜴等。食虫兽,有益于林、牧业。

甘肃省保护的"三有"陆生野生动物。

5.2.4.3　食肉目CARNIVORA

5.2.4.3.1　犬科Canidae

(6)蒙古狼*Canis lupus chanco* Gray

分布:全保护区。栖于海拔3100~4000m森林、草地、山地,喜群居,善于奔跑,大多昼伏夜出,人烟稀少地带白天也出来活动,夜晚觅食时常大声嚎叫,常追逐猎食,随牧群转移活动场所。甘肃各地。国内西藏、新疆等地。国外塔吉克斯坦、天山山脉、帕米尔山脉、哈萨克斯坦、蒙古北部。

灰狼的亚种之一。颜面部长,鼻端突出,耳尖且直立,嗅觉灵敏,听觉发达;体色一般为黄灰色,背部杂以毛基为棕色、毛尖为黑色的毛,也间有黑褐色、黄色以及乳白色的杂毛,尾部黑色毛较多,腹部及四肢内侧为乳白色,此外还有纯黑、纯白、棕色、褐色、灰色、沙色等色型;前足4~5趾,后足一般4趾,爪粗而钝。以食草动物、啮齿动物、牧羊和小牛等为食。1~2月发情、交配,4~5月产仔,每胎产5~7只。捕食啮齿类,有益于林、牧业。

CITES-2019附录Ⅱ保护动物,国家二级重点保护野生动物。

(7)藏狐*Vulpes ferrilata* Hodgson

分布:尕海。栖于海拔3400~4000m草原、灌丛、河谷,昼行性,独居,多早晨和傍晚活动;洞穴见于大岩石基部、老的河岸线等类似地点。甘肃南部。国内青海、西藏、新疆、四川、云南。国外印度、尼泊尔。

耳小,耳后茶色,耳内白色;背部褐红色,腹部白色,体侧浅灰色宽带与背部和腹部明显区分;有明显的窄淡红色鼻吻,头冠、颈、背部、四肢下部为浅红色;下腹部为淡白色到淡灰色;尾蓬松,除尾尖白色外其余灰色,尾长小于头体长的50%。以鼠兔类、啮齿类、昆虫、浆果为食。2~3月交配,妊娠期50~60d,每胎产2~5仔。在防治草原有害类动物方面有一定作用。

IUCN 2018濒危物种红色名录ver 3.1——近危(NT),国家二级重点保护野生动物。

(8)赤狐蒙新亚种*Vulpes vulpes karagan* Erxleben

分布:尕海。栖于海拔3400~3800m草原、灌丛、森林及村庄附近,洞栖,性机敏,昼夜活动。甘肃各地。国内内蒙古、陕西、宁夏、新疆等北部草原及半荒漠地带。国外中亚地区、蒙古。

体形纤长,吻尖而长,鼻骨细长,耳较大,高而尖,直立,四肢较短;具尾腺,能施放奇特臭味;乳头4对;尾较长,覆毛长而蓬松;背面毛色棕黄或趋棕红,或呈棕白色,毛尖白色;喉及前胸以及腹部毛色浅淡,从耳间自头顶至背中央有一栗褐色明显带,后肢呈暗红色;尾部上面红褐色而带黑、黄或灰色细斑,尾梢白色,尾下面亦呈棕白色;以野兔、旱獭、鼠兔、野鸡、昆虫、鱼、植物果实为食,也盗食家禽。1~2月发情交配,3~5月产仔,每窝产5~6仔,一年生殖1次。

国家二级重点保护野生动物。

5.2.4.3.2　鼬科Mustelidae

(9)猪獾北方亚种*Arctonyx collaris leucolaemus* Milne-Edward

分布:全保护区。栖于海拔2900m以上森林、山地灌丛等环境,在荒丘、路旁等处挖掘洞穴,也侵占其他兽类的洞穴,夜行性,能在水中游泳。甘肃各地。国内河北、北京等地。国外不丹、印度、蒙古、缅甸、泰国、越南。

吻鼻部裸露突出似猪拱嘴,头大颈粗,耳小眼也小,尾短;体呈黑白两色混杂,头部正中从吻鼻部裸露区向后至颈后部有一条白色条纹;吻鼻部两侧面至耳壳、穿过眼为一黑褐色宽带,向后渐宽,但在眼下方有一明显的白色区域,其后部黑褐色带渐浅;耳下部为白色长毛,并向两侧伸开;背毛黑褐色为主，胸、腹部两侧颜色同背色，中间为黑褐色；尾毛长，白色。以鼻翻掘泥土，10月下旬开始冬眠，次年3月开始出洞，以蚯蚓、青蛙、蜥蜴、泥鳅、黄鳝、甲壳动物、昆虫、蜈蚣、小鸟、鼠类、农作物为食。交配于4~9月，妊娠期10个月，每胎产2~4仔。

IUCN 2021濒危物种红色名录——易危(VU)。国家保护的"三有"陆生野生动物。

(10)水獭中华亚种 *Lutra lutra chinensis* Gray

分布：保护区各水域。栖于海拔2900~3400m洮河、尕海，活动于岸边附近的大石下、裂缝中或树根、树墩下挖洞而居，洞的另一出口通入水中，群居。甘肃各大河流、水库、湖沼。国内陕西、青海、河南等。分布于欧亚大陆、北非、克什米尔、中南半岛。

头部宽而稍扁，吻短，眼睛稍突而圆；耳朵小，外缘圆形，着生位置较低；四肢短，趾(指)间具蹼；毛较长而致密，通体背部均为咖啡色，有油亮光泽；腹面毛色较淡，呈灰褐色；绒毛基部灰白色，绒面咖啡色。以鱼、蛙、水鸟、近水哺乳类为食。4~5月发情，6~7月产仔，每窝产6~7只。

IUCN 2015年濒危物种红色名录ver 3.1——近危(NT)，CITES-2019附录Ⅱ保护动物，国家二级重点保护野生动物。

(11)黄喉貂指名亚种 *Martes flavigula flavigula* Boddaert

别名：青鼬指名亚种。

分布：则岔。栖于海拔2900~3600m森林，居于树洞、岩洞，善于攀缘树木和陡岩，行动敏捷，巢穴多建筑于树洞或石洞中，喜晨昏活动，但白天也经常出现；有臭腺；树栖。甘肃环县、漳县、张家川、会宁、康乐、临夏、舟曲、迭部、卓尼、玛曲、成县、康县、文县、武都。国内东北、华南、西南、河北、河南、山西、陕西、宁夏、湖北、安徽、江西。国外朝鲜、俄罗斯东部、尼泊尔、克什米尔、印度。

因胸部具有明显的黄橙色喉斑而得名；耳部短而圆，尾毛不蓬松，躯体细长，四肢较短；头形狭长，耳一般短而圆，嗅觉、听觉灵敏；前后足均5指(趾)，跖行性或半跖行性，爪锋利，不可伸缩。以啮齿类、鸟卵及幼雏、鱼类、两栖类、昆虫和植物果实为食，盗食蜂蜜，故有"蜜狗"之称。秋季交配，翌年春季产仔，每窝产2~3只。以啮齿类为食，有益于林、牧业。

IUCN 2018濒危物种红色名录——易危(VU)，濒危野生动植物种国际贸易公约(2019年)附录Ⅲ保护动物(以下简称"CITES-2019附录Ⅲ保护动物")，国家二级重点保护野生动物。

(12)石貂北方亚种 *Martes foina intermedia* Severtzov

分布：全保护区。栖于海拔3200m左右森林、多石山地、灌丛、草原，多在山崖和乱石堆活动，穴居，夜行性。甘肃各地。国内西北、山西、河北、内蒙古、四川、云南、西藏。分布于欧亚大陆中部，南到阿富汗。

头部呈三角形，吻鼻部尖，耳直立、圆钝，躯体粗壮，四肢粗短，后肢略长于前肢，足掌被毛；绒毛丰厚，毛色洁白或淡黄，针毛稀疏，深褐或淡褐色；头部呈淡灰褐色，耳缘白色，喉胸部具一鲜明的白色或茧黄色块斑；体背、体侧为深褐色，腹部淡褐色。以鼠类、鼠兔、兔、小鸟、鸟卵、蛙和植物果实为食。7~8月交配，妊娠期8个月，翌年3~4月分娩，每胎产仔1~8只。捕食啮齿类，有益于林、牧业。

CITES-2019附录Ⅲ保护动物，中国濒危动物红皮书(1998)——易危，中国物种红色名录——濒危(EN)，国家二级重点保护野生动物。

(13)亚洲狗獾 *Meles leucurus* Hodgson

异名：*Meles meles leucurus* Hodgson。

别名：狗獾西藏亚种。

分布：全保护区。栖于海拔2900m以上森林、灌丛、湖泊、河溪边，掘洞而居，有时用旱獭的旧洞，夜行性。甘肃环县、康县、和政、临夏、夏河、碌曲。国内山西、内蒙古、陕西、青海、安徽、江苏、山东。分布于欧洲经北亚到日本、朝鲜，南至中南半岛北部。

吻鼻长，耳壳短圆，眼小，尾短；具腺囊，能分泌臭液；体背褐色与白色或乳黄色混杂，从头顶至尾部被粗硬针毛；颜面两侧从口角经耳基到头后各有一条白色或乳黄色纵纹，中间一条从吻部到额部，两条黑褐色纵纹相间，从吻部两侧向后与颈背部深色区相连；耳背及后缘黑褐色，耳上缘白色或乳黄色，耳内缘乳黄色。以植物根、果实和蚯蚓、昆虫、蛙、鼠类、死尸为食。夏末秋初交配，翌年早春产仔，每胎产3~5只。

国家保护的“三有”陆生野生动物。

（14）香鼬指名亚种 *Mustela altaica altaica* Pallas

分布：全保护区。栖于森林、灌丛、草原、草甸和村庄附近，居于石洞、树洞或倒木下，多夜间单独活动。甘肃环县、兰州、天祝、肃南、玛曲。国内东北、西南、内蒙古、山西、陕西、新疆、青海。国外缅甸、蒙古、西伯利亚、中亚。

雌性小于雄性，体形细长，四肢短；颈长、头小，尾长约为体长之半，尾毛蓬松；背毛棕褐色或棕黄色，吻端和颜面部深褐色，鼻端周围、口角和额部均白色，杂有棕黄色，身体腹面颜色略淡；夏毛颜色较深，冬毛颜色浅淡且带光泽；尾部、四肢与背部同色；肛门腺发达。以鼠类、鸟卵及幼雏、鱼、蛙和昆虫为食，在住家附近，常在夜间偷袭家禽，据调查，每头黄鼬一夜之间可以捕食6~7只老鼠。3~4月交配，妊娠期40d，5月产仔，每胎产2~8仔。消灭啮齿类，有益于林牧业。

IUCN 2021濒危物种红色名录ver 3.1——近危（NT）。CITES-2019附录Ⅲ保护动物。国家保护的“三有”陆生野生动物。

（15）艾鼬静宁亚种 *Mustela eversmanni tiarata* Hollister

别名：艾虎、艾虎静宁亚种。

分布：尕海。栖于海拔3400~3600m阔叶林、灌丛、草地及村庄附近，侵占鼠兔洞居住，单独活动，夜行性，善于游泳和攀缘。甘肃兰州、静宁、天水、张家川、环县、康乐、和政、临夏、肃南、肃北、阿克塞、天祝、玛曲。国内山西、陕西、青海、贵州、江苏。国外西伯利亚、蒙古、东亚北部。

吻部短而钝，颈部稍粗；尾长近体长之半，尾毛稍蓬松；四肢较短，跖行性；体背棕黄色，自肩部沿背脊向后至尾基之大部为棕红色；体侧淡棕色，鼻周和下颌为白色，鼻中部、眼周及眼间为棕黑色，眼上前方具卵圆形白斑，头顶棕黄色，额部棕黑色，具一条白色宽带；颊部、耳基灰白色，耳背及外缘为白色，颏部、喉部棕褐色。以鼠类等啮齿动物、鸟类、鸟卵、小鱼、蛙类、甲壳动物、植物浆果、坚果等为食。2~3月交配，孕期56~60d，每胎产3~5仔。捕食啮齿类，有益于林、牧业。

国家保护的“三有”陆生野生动物。

5.2.4.3.3　猫科 Felidae

（16）野猫中国亚种 *Felis silvestris shawiana* Blanford

别名：草原斑猫、野猫中国亚种、沙漠斑猫、土狸子。

分布：尕海。栖于海拔3400~3600m草地和灌丛，单独在夜间或晨昏活动，行动敏捷，善于攀爬。甘肃南部。国内青海、四川、新疆、宁夏、内蒙古、西藏。

体形比家猫大，目光狡黠，性情暴躁，各色毛皮上有斑点。4对乳头，背部淡沙黄色至浅黄灰色，全身具有许多形状不规则的棕黑色斑块或横纹；尾巴上面有5~6条棕黑色横纹，尾巴的下面为白色，尾尖黑色；前额有4条十分显著的黑带，眼和鼻吻部通常突出有白色到淡灰色斑。潜行隐蔽接近猎物，突然捕食，以小型啮齿动物、鸟类、蜥蜴、鱼类、蛙和昆虫等为食。繁殖期1~3月，每年产1窝，每窝产2~3仔，怀孕期60余天。中国特有。

IUCN 2015年濒危物种红色名录ver 3.1——易危(VU)，CITES-2019附录Ⅱ保护动物，国家二级重点保护野生动物。

(17)猞猁*Lynx lynx* Linnaeus

分布：全保护区。栖于海拔2900m以上森林、山地灌丛及山岩，活动于大石板下、岩洞、石缝之中，孤身独居，无固定窝巢，晨昏活动，善于攀爬及游泳，耐饥性强，晨昏活动。甘肃祁连山、甘南、康县、和政、临夏。国内东北、内蒙古、宁夏、陕西、青海、西藏。广泛分布于欧洲和亚洲北部。

耳尖具黑色耸立簇毛，两颊有下垂的长毛，腹毛也很长；脊背的颜色较深，呈红棕色，腹部呈淡黄白色；眼周毛色发白，两颊具有2~3列明显的棕黑色纵纹；身上或深或浅点缀着深色斑点或者小条纹，背部毛色有乳灰、棕褐、土黄褐、灰草黄褐、浅灰褐等多种色型。以野兔类、鼠类、鸟类、鹿崽、猪崽、小羊等为食。3~4月交配，孕期2个多月，每窝产2~4仔。

IUCN 2021濒危物种红色名录ver 3.1——濒危(EN)，CITES-2019附录Ⅱ保护动物，中国濒危动物红皮书(1998)——濒危，国家二级重点保护野生动物。

(18)兔狲指名亚种*Otocolobus manul manul* Pallas

分布：则岔、尕海。栖于海拔3000~3500m草原地区，能适应寒冷、贫瘠的环境，夜行性，多单独活动，居于岩缝、石洞、石板下，也利用旱獭的废洞，叫声似猫。甘肃祁连山、临夏、和政、合作、康乐、卓尼、夏河、玛曲、碌曲。国内内蒙古、河北、宁夏、青海、四川、西藏、新疆。国外西伯利亚等地。

额部较宽，吻部很短，瞳孔为淡绿色；耳短宽，耳尖圆钝，耳背红灰色；全身被毛极密而软，背中线棕黑色，体后部有较多黑色细横放；头部灰色，带有一些黑斑，眼内角白色，颊部有两个细黑纹，下颌黄白色；体腹面乳白色，颈下方和前肢之间浅褐色；尾巴上面有明显的6~8条黑色的环细纹，尾巴的尖端长毛为黑色。以野兔、鼠兔、鼠类、野鸟为食。2月发情、交配，4~5月产仔，每窝产3~4只。消灭啮齿类，有益于林、牧业。

IUCN 2016年濒危物种红色名录ver 3.1——近危(NT)，CITES-2019附录Ⅱ保护动物，国家二级重点保护野生动物。

(19)雪豹*Panthera uncia* Schreber

分布：保护区格尔琼山、西倾山。栖于海拔3800m以上高山裸岩带，活动于高山裸岩及寒漠带，居于大型石板下，或天然山洞内，平时独居，生殖季节成对，昼伏夜出。甘肃祁连山、卓尼、玛曲、碌曲、夏河、舟曲、迭部、莲花山。国内新疆、青海、四川、西藏、内蒙古。分布于中亚、蒙古、帕米尔、尼泊尔、克什米尔、阿富汗。

全身灰白色，布满黑斑；头部黑斑小而密，背部、体侧及四肢外缘形成不规则的黑环，越往体后黑环越大，背部及体侧黑环中有几个小黑点，四肢外缘黑环内灰白色，无黑点，在背部由肩部开始，黑斑形成三条线直至尾根，后部的黑环边宽而大，至尾端最为明显，尾尖黑色；4对乳头，肛门部有一对乳腺孔。以岩羊、西藏盘羊、野兔、旱獭等鼠类、雪鸡、蓝马鸡、虹雉为食，食物短缺时也吃植物。春季发情交配，妊娠期100d，秋季产仔，每胎3~5仔。

IUCN 2017年濒危物种红色名录ver 3.1——易危(VU)，CITES-2019附录Ⅰ保护动物，中国物种红色名录——极危(CR)，中国濒危动物红皮书(1998)——濒危，国家一级重点保护野生动物，国家一级重点保护野生药用动物。

(20)豹猫指名亚种 *Prionailurus bengalensis bengalensis* Kerr

分布：则岔。栖于海拔2900~3600m森林、灌丛、草原、溪谷，独栖或雌雄共栖，多夜间活动，穴居岩缝、岩石下、灌木下。甘肃子午岭、兰州、榆中、天水、临夏、和政、康乐、陇西、文县、武都、舟曲。国内西南、宁夏、陕西、广西等地。国外巴基斯坦、印度、中南半岛。

头部形状与家猫一样，尾长超过体长的一半；头圆吻短，眼睛大而圆，瞳孔直立，耳朵圆形或尖形，耳背具有淡黄色斑；头部至肩部有4条棕褐色条纹，两眼内缘向上各有一条白纹；全身背面浅棕色，布满棕褐色至淡褐色斑点；胸腹部及四肢内侧白色，尾背有褐斑点或半环，尾端黑色或暗灰色。以鼠类、兔类、蛙类、蜥蜴、蛇类、小型鸟类、鸡、鸭、昆虫、浆果、嫩叶、嫩草等为食。春初交配，5~6月产仔，每窝产2~4仔。捕食啮齿类，有益于林、牧业。

IUCN 2021濒危物种红色名录——易危(VU)，CITES-2019附录Ⅱ保护动物，中国濒危动物红皮书(1998)——易危，国家二级重点保护野生动物。

5.2.4.4　偶蹄目 ARTIODATYLA

5.2.4.4.1　猪科 Suidae

(21)野猪四川亚种 *Sus scrofa moupinensis* Milne-Edwards

分布：则岔。活动在海拔3000~3500m森林、灌丛，集群活动，清晨和傍晚最活跃。甘肃南部。国内内蒙古、山西、河北、陕西、安徽、河南、湖北、四川。

躯体健壮，头部和前端较大，耳小，直立，吻部突出似圆锥体，其顶端为裸露的软骨垫——拱鼻；四肢粗短，尾巴细短，嗅觉敏锐；整体毛色呈深褐色或黑色，顶层由较硬的刚毛组成，底层下面有一层柔软的细毛；耳背脊鬃毛较长而硬；幼猪的毛色为浅棕色，有黑色条纹。以植物嫩叶、坚果、浆果、草叶、草根和老鼠、蜥蜴、蠕虫、腐肉等为食。怀孕期4个月，每胎产4~12仔。

国家保护的"三有"陆生野生动物。

5.2.4.4.2　麝科 Moschidae

(22)林麝指名亚种 *Moschus berezovskii berezovskii* Flerov

分布：则岔。栖息在海拔2900m以上针叶林、林缘灌丛、高山草原、亚高山灌丛、岩石裸出的陡坡生境，独来独往，领域性很强。甘肃舟曲、迭部、玛曲、碌曲、卓尼、夏河、临潭、康县、文具、武都、天水、平凉、庄浪、徽县、礼县。国内西南、宁夏、陕西、安徽、湖南、广东、广西。

雌雄均无角，耳长直立，端部稍圆；雄麝上犬齿发达，向后下方弯曲，伸出唇外，腹部生殖器前有麝香囊，尾粗短，尾脂腺发达；四肢细长，后肢长于前肢；体毛粗硬色深，呈橄榄褐色，并染以橘红色；耳内和眉毛白色，耳尖黑色；下颌、喉部、颈下以至前胸间为界限分明的白色或橘黄色区，下颌部具奶油色条纹。以植物的叶、茎、嫩枝、芽为食。10月至翌年2月发情，5~6月产仔，每胎产1~2仔。天敌为豹、貂、狐狸、狼、猞猁及人类。

IUCN 2016年濒危物种红色名录ver 3.1——濒危(EN)，CITES-2019附录Ⅱ保护动物，国家一级重点保护野生动物，国家二级重点保护野生药用动物。

(23)高山麝 *Moschus chrysogaster sifanicus* Buchne

异名：*Moschus sifanicus* Buchner。

别名：马麝、马麝西部亚种。

分布：保护区西部山地。栖于海拔3500~3900m山地灌丛、针叶林，晨昏活动，行动灵活，性孤独，多独栖,领域性强。甘肃祁连山、兰州、临夏、和政、康乐、临潭、玛曲、碌曲。国内青海、西藏、陕西、四川等西部地区。国外不丹、印度、尼泊尔。

雌、雄均无角,故臀高大于肩高;头形狭长,吻尖,耳狭长;雄体具发达的月牙状上犬齿向下伸出唇外,腹部具特殊的麝香腺囊,尾短而粗,腺体发达;雌体腹部无麝香,有一对乳头,上犬齿小未露出唇外;背部沙黄褐色或灰褐色,后部棕褐色较强,颜面灰棕色,鼻端无毛黑色,颈被有较宽的暗褐色斑块,腹、腋下毛细长而柔韧。以针茅、披碱草、灌木叶、嫩枝芽等为食。10~12月发情交配,翌年5~6月产仔,每窝产1~3仔。天敌为豹、貂、狐狸、狼、猞猁及人类。

IUCN 2018年濒危物种红色名录ver 3.1——濒危(EN),CITES-2019附录Ⅱ保护动物,国家一级重点保护野生动物,国家二级重点保护野生药用动物。

5.2.4.4.3 鹿科 Cervidae

(24)狍子 *Capreolus capreolus* Linnaeus

分布:则岔。栖于海拔2900m以上灌丛、草原和小树林。甘肃南部。国内东北、内蒙古、河北、河南、山西、新疆、宁夏、青海、陕西等地。

鼻吻裸出无毛,眼大,有眶下腺,耳短宽而圆,内外均被毛;颈和四肢都较长,尾很短,隐于体毛内;雄性略大,具角,角短,仅有三叉,无眉叉,角在秋季或初冬时会脱落,之后再缓慢重生;夏毛红赭色,耳朵黑色,腹毛白色,冬毛黄褐;腿茶色,喉、腹白色,臀有白斑块。以杂草、树叶、嫩枝、果实、谷物等为食。8~9月发情交配,孕期7.5~8个月,每胎1~3仔。

IUCN 2021濒危物种红色名录ver 3.1——濒危(EN),国家保护的"三有"陆生野生动物,甘肃省重点保护野生动物。

(25)四川马鹿 *Cervus macneilli* Lydekker

异名:*Cervus elaphus macneilli*、*Cervus canadensis macneilli*、*Cervus affinis macneilli*。

别名:黄臀赤鹿、八叉鹿、马鹿川西亚种、白臀鹿。

分布:则岔。栖于海拔3200m以上森林、高山灌丛、草原,多集群生活,季节性迁移明显,夏季多在夜间和清晨活动,冬季多在白天活动,善于奔跑和游泳。甘肃祁连山、甘南高原。国内四川西部、西藏东部。中国特有。

体型高大,体躯结实,尾短,四肢较长,蹄呈椭圆形;雌兽比雄兽要小一些,雄性有角,一般分为6叉,最多8个叉,茸角的第二叉紧靠于眉叉;夏毛较短,没有绒毛,一般为赤褐色,背面较深,腹面较浅。以各种草、树叶、茎、嫩枝、树皮和果实等为食,喜欢舔食盐碱。9~10月发情交配,孕期8个多月,每胎1仔。

原国家林业局《人工繁育国家重点保护陆生野生动物名录》,国家二级重点保护野生动物,国家二级重点保护野生药用动物。

(26)四川梅花鹿 *Cervus sichuanicus* Chen & Wang

异名:*Cervus nippon sichuanicus* Chen & Wang。

别名:梅花鹿四川亚种。

分布:则岔。栖于海拔2900m以上森林、高山灌丛、草原和沼泽,听觉及嗅觉发达,喜爱群居,擅长奔跑,善游泳。甘肃南部迭部、卓尼、碌曲等县。国内四川若尔盖等县。中国特有。

眼窝凹陷,腿细长,善奔跑;具獠牙状上犬齿,雄性第二年起生角,每年增加1叉,5岁后分4叉止;雄鹿大于雌鹿;毛色夏季为栗红色,有许多白斑,状如梅花,冬季为烟褐色,白斑不显著;颈部有鬣毛,雌鹿2对乳头。以杂草、树皮、嫩枝和幼树苗为食。9~11月交配，翌年5~7月产仔，每胎1~2只小鹿。

中国濒危动物红皮书（1998）——濒危，原国家林业局《人工繁育国家重点保护陆生野生动物名录》，国家一级重点保护野生动物，国家一级重点保护野生药用动物。

5.2.4.4.4 牛科 Bovidae

（27）西藏盘羊 *Ovis hodgsoni* Blyth

异名：*Ovis ammon hodgsoni* Blyth。

别名：盘羊西藏亚种、盘羊。

分布：尕海以西山地。栖于海拔3400m以上山地多岩地带、高山寒漠、高山灌丛、草原、草甸等环境中，有季节性的垂直迁徙习性；集群生活，主要在晨昏活动，冬季也常在白天觅食。甘肃祁连山、北山、马鬃山、甘南高原。国内新疆、内蒙古、青海、西藏。中国特有。

头大颈粗，尾短小；雄性的弯角粗大，向下扭曲呈螺旋状，外侧有环棱，角不形成完整的圆形，雌性的角非常短，而且弯度不大；乳头1对；通体被毛粗而短，唯颈部披毛较长；体色褐灰色或污灰色，脸面、肩胛、前背呈浅灰棕色，胸、腹部、四肢内侧和下部及臀部均呈污白色。以多种植物的叶、茎、嫩枝芽为食。秋末初冬发情交配，次年5~6月产仔，每胎产仔1~3只。主要天敌是狼和雪豹。

IUCN 2008年濒危物种红色名录ver3.1——近危（NT），CITES-2019附录Ⅰ保护动物，国家一级重点保护野生动物。

（28）中华鬣羚 *Capricornis milneedwardsii* David

异名：*Capricornis sumatraensis milneedwardii* David。

别名：鬣羚甘南亚种、四不像、苏门羚。

分布：则岔。栖于海拔2900~4000m针阔混交林、针叶林或多岩石的杂灌林，冬天在森林带，夏天转移到高海拔的峭壁区；单独或成小群生活，多在早晨和黄昏活动，性机警，行动敏捷，在乱石间奔跑很迅速。甘肃华亭、天水、康县、文县、武都、舟曲、迭部、临潭、卓尼。国内华中、华南、四川、云南、西藏、青海等地。国外中南半岛。

雌雄均具短而光滑的黑角，耳似驴耳，狭长而尖；尾巴较短，四肢短粗；全身被毛稀疏而粗硬，通体略呈黑褐色，但上下唇及耳内污白色；颈背部有长而蓬松的鬃毛形成向背部延伸的粗毛脊；自角基至颈背有长十几厘米的灰白色毛，甚为明显。以多种植物的幼苗、叶、茎、嫩枝芽和菌类为食，到盐渍地舔食盐。10月底至翌年2月发情交配，5~9月产仔，每窝产1只幼仔。

IUCN 2017年濒危物种红色名录ver 3.1——近危（NT），CITES-2019附录Ⅰ保护动物，《中国物种红色名录》——易危（VU），中国濒危动物红皮书（1998）——易危，国家二级重点保护野生动物。

（29）中华斑羚 *Naemorhedus griseus* Milne-Edwards

别名：川西斑羚。

分布：则岔。栖于海拔3000m以上森林峭壁、陡坡附近，单独或成小群生活，极善在悬崖峭壁上跳跃、攀登。甘肃南部。国内东北、华北、西南、华南等地。国外俄罗斯、韩国，中南半岛亦有分布。

雌雄均具黑色短直的角，四肢短而匀称，蹄狭窄而强健；毛色灰棕褐色，背部有褐色背纹，喉部有一块白斑；以各种青草和灌木的嫩枝叶、果实等为食。秋末冬初发情交配，孕期6个月左右，每胎1~2仔。

IUCN 2008年濒危物种红色名录ver 3.1——易危（VU），CITES-2019附录Ⅰ保护动物，国家二级重点保护野生动物。

(30)藏原羚 *Procapra picticaudata* Hodgson

别名:原羚、西藏黄羊。

分布:全保护区。栖于海拔2900~4000m森林、高山灌丛、草原和寒漠地带,行动敏捷。甘肃南部。国内新疆、西藏、青海、四川。中国青藏高原特有种。

四肢纤细,蹄狭窄;吻部短宽,前额高突,眼大而圆,耳短小,尾短,雄性有一对较细小的角,雌体无角;头额、四肢下部色较浅,呈灰白色,吻部、颈、体背、体侧和腿外侧灰褐色,臀部具一嵌黄棕色边缘的白斑;尾背黑色,尾下及尾侧白色;胸、腹部,腿内侧乳白色。以豆科、禾本科、菊科、蔷薇科、莎草科植物为食。发情期为冬末春初,每年繁殖1次,怀孕期6个月,7~8月生产,每胎产1~2仔。

IUCN 2016年濒危物种红色名录ver 3.1——濒危(EN),国家二级重点保护野生动物。

(31)岩羊四川亚种 *Pseudois nayaur szechuanensis* Rothschild

别名:石羊(青羊)四川亚种。

分布:保护区山地。栖于海拔3200m以上草原、灌丛、裸岩地带,有较强的耐寒性,性喜群居,行动敏捷,善攀登,常在裸岩乱石间跳跃。甘肃祁连山、北山山地、临夏、和政、康乐、甘南高原。国内内蒙古、四川、云南、青海、宁夏、新疆、陕西等地。国外尼泊尔、克什米尔。

头部长而狭,耳朵短小;雄兽四肢前缘有黑纹,而雌兽则没有;雄兽角长60cm左右,特别粗大,显得十分雄伟,雌兽角仅有13cm左右;通身均为青灰色,吻部和颜面部为灰白色与黑色相混,胸部为黑褐色;腹部和四肢的内侧则呈白色或黄白色,体侧的下缘从腋下开始,经腰部、鼠蹊部一直到后肢的前面蹄子上边有一条明显的黑纹;臀部和尾巴的底部为白色,尾巴背面末端黑色;冬季体毛比夏季长而色淡。晨、昏觅食,以杜鹃、绣线菊、金露梅等灌木的枝叶及嵩草、薹草、针茅等高山荒漠植物为食。12月至翌年1月发情交配,怀孕期6个月,每胎产1仔。

IUCN 2021年濒危物种红色名录ver 3.1——濒危(EN),CITES-2019附录Ⅲ保护动物,国家二级重点保护野生动物。

5.2.4.5 啮齿目RODENTIA

5.2.4.5.1 松鼠科Sciuridae

(32)喜马拉雅旱獭青藏亚种 *Marmota himalayana robusta* Milne-Edwards

分布:全保护区。栖于海拔2900~3800m山地草原、裸岩地带,以家族群为单位栖居、活动,性机警。甘肃祁连山、东大山、大黄山、合黎山、马鬃山、永登、甘南高原。国内青海、西藏、四川、云南、新疆、内蒙古。中国特有。

身躯肥胖,头部短宽,耳壳短小,颈部短粗,尾巴短小且末端略扁,四肢短粗,前足4趾,后足5趾;雌性乳头5~6对;自鼻端经两眉间到两耳前方之间有三角形的黑色毛区,眼眶黑色,面部两颊到耳外侧基部呈淡黄褐色或棕黄色,背部至臀部黑色毛尖多显著,体侧黑色。以植物根、茎、叶为食。4~8月繁殖,每年繁殖1次,孕期5周,每胎产1~9只幼仔。

CITES-2019附录Ⅲ保护动物。

(33)岩松鼠指名亚种 *Sciurotamias davidianus davidianus* Milne-Edwards

别名:石老鼠(扫尾子)指名亚种。

分布:则岔。栖于海拔3100~3600m多岩石针叶林、针阔混交林、阔叶林、灌木林等不很郁闭的生境。甘肃文县、康县、徽县、成县、西和、甘南。国内河北、山东、山西、陕西、四川(北部)。中国特有。

体长约210mm,尾长超过体长之半。尾毛蓬松而较背毛稀疏,全身由头至尾基及尾梢均为灰黑黄色。背毛基灰色，毛尖浅黄色，混有一定数量的全黑色针毛。昼行性，营地栖生活，在岩石缝隙中穴居筑巢，性机警，胆大，每年繁殖1次，每胎可产2~8仔。

国家保护的"三有"陆生野生动物。

(34)北花鼠太白亚种*Tamias sibiricus albogularis* J. Allen

异名：*Eutamias sibiricus albogularis* Allen。

别名：西伯利亚花栗鼠(金花鼠、花鼠、五道眉、花栗鼠)太白亚种。

分布：则岔。栖于3100~3600m针叶林、针阔混交林及山坡灌丛，半树栖、半地栖，多在倒木上跑来跑去，能爬树，机敏活泼，在树下筑洞，昼间活动，10月底冬眠，4月出蛰。甘肃各地。国内陕西南部、青海、四川东北。

前足裸出，有颊囊；体背淡褐色，其上有5条明显的黑色纵纹，其间为4条淡黄色条纹相隔；四肢与体背同色；腹面及四肢内侧为灰白色，臀区棕色，尾腹面中央为棕黄色。以植物果实、云杉种子为食，有贮食习性。5~6月繁殖，每胎产4~10只。

国家保护的"三有"陆生野生动物。

5.2.4.5.2 鼯鼠科 Petauristridae

(35)沟牙鼯鼠*Aeretes melanopterus* Mine-Edwards

别名：黑翼鼯鼠。

分布：则岔。栖于海拔2900~3400m水源丰富的针阔混交林中，具夜行性，以滑翔和攀爬结合交替活动，喜在高大乔木的树洞中做巢。甘肃南部。国内西藏、青海、云南、四川、北京、河北等地。中国特有。

背毛沙灰棕色，毛基深灰色，中上段黄棕色，毛尖黑色，背后方毛尖黑色的毛渐少，臀部略显苍白；头部中央棕灰色，吻鼻周围浅黄褐色；体侧及飞膜棕红色，腹面污白色；尾色与背色相似，尾端黑褐色。尾长等于或大于体长，扁圆形；乳头3对。以各种嫩枝、芽、叶、果实、蘑菇、昆虫等为食，不冬眠。每年繁殖1次，每胎1~2仔，哺乳期为5月。

IUCN 2021濒危物种红色名录ver 3.1——近危(NT)。

(36)白颊鼯鼠*Petaurista leucogenys* Temminck

分布：则岔。栖于海拔2900~3400m以针叶林为主的森林中，树洞中筑巢穴居，清晨和黄昏活动最为频繁。甘肃南部。国内西藏、青海、云南、四川等地。

背毛为茶色；腹面毛白色染有浅黄色；两颊有一灰白斑纹，通过眼耳之间延伸至颈侧；口角及唇色浅淡，喉及腹灰白色；前后足褐黑色，有的仅前端黑褐色，其余部分橙黄色；尾灰褐色，长30~40cm，在滑翔时帮助稳定身体；四肢之间有皮翼，滑翔距离可达160m。以植物的种子、果实、花等为食。每年繁殖1次。

(37)红背鼯鼠四川亚种*Petaurista petaurista rubicundus* Howell

别名：棕鼯鼠四川亚种。

分布：则岔。栖于海拔2900~3600m阔叶林与针叶林中，筑巢于树洞、岩缝和岩洞中，昼伏夜出，滑翔力强。甘肃临潭、卓尼、夏河、舟曲。国内海南、台湾、福建、四川、云南。国外印度、尼泊尔、缅甸、印度、斯里兰卡、中南半岛。

身体背面、皮翼、足和尾上面均呈闪亮赤褐色到暗栗红色；颈背及体背面中间部分毛色较深暗；体腹面带粉红色或橙红色，至皮翼边缘下面逐渐成为赤褐色，腹部两侧白色；耳壳后有少许黑色毛，眼周及颊部黑色，颏有1小褐斑；乳头3对。以植物种子、果实和昆虫为食。2~7月繁殖，年繁殖1次，每胎产仔1~3只。粪可入药。

国家保护的“三有”陆生野生动物。

(38)灰鼯鼠指名亚种 *Petaurista xanthotis xanthotis* Milne-Edwards

别名:黄耳斑鼯鼠指名亚种。

分布:则岔。栖于海拔2900~3500m亚高山针叶林带,筑窝于树洞、岩洞内或树上,不冬眠。甘肃卓尼等地。国内陕西、四川、青海、云南和西藏等地。中国特有。

头部短圆,眼周具淡棕黄色,耳后斑橙色或黄褐色,体背黄灰色,喉灰色,腹面浅灰白色,略带土黄色;足背棕黄色或暗褐色,翼膜边缘棕黄色,能滑翔;尾扁圆而壮如舵,长度超过体长,尾毛长而十分蓬松。以松子、嫩芽、嫩叶、嫩枝及昆虫等为食。繁殖期2~7月,孕期70~90d,一般年产1胎,每胎产仔1~4只,多数为2只。其粪尿中药称为“五灵脂”,主治胃痛、痛经、产后腹痛以及跌打损伤,其肉在藏医中也用于治妇科病、催产和避孕。

国家保护的“三有”陆生野生动物。

(39)复齿鼯鼠指名亚种 *Trogopterus xanthipes xanthipes* Miln-Edward

分布:则岔。栖于海拔3100~3600m针叶林,居于树洞中,不冬眠。甘肃天祝、武山、徽县、成县、康县、文县、舟曲、夏河。国内河北、山西、陕西、四川、云南、西藏、湖北。中国特有。

体型中等,头圆眼大,吻部短,耳壳发达、圆宽,尾与身体等长、稍扁;耳基部有长而软的毛丛,背毛基部淡灰黑色,上部淡黄色,尖端呈黑色;颈背部黄色,腹毛灰白色;尾端黑色,尾腹面毛梢大多黑色,形成一纵纹直至尾端,眼眶四周成黑圈。以植物果实、花序、叶及蘑菇为食。一年繁殖1次,每胎产1~3仔。粪可入药,称“五灵脂”。

IUCN 2016年濒危物种红色名录ver 3.1——近危(NT),国家保护的“三有”陆生野生动物。

5.2.4.5.3 仓鼠科 Cricetidae

(40)黑线仓鼠指名亚种 *Cricetulus barabensis barabensis* Pallas

分布:尕海。栖于海拔3500m山地草原,昼伏夜出。甘肃各地。国内东北、内蒙古、陕西、青海、宁夏、山西、山东、河南、安徽、江苏。分布于西伯利亚南部、朝鲜北部、蒙古。

头较圆,吻短钝;耳短圆,具白色毛边;尾极短小,略长于后足;雌鼠乳头4对;背部毛色黄灰色,背中线从头顶到尾基部有一暗色纵纹;颏部、胸部、腹部、四肢内侧、足背和尾腹毛均为白色或灰白色;背腹部毛色间的界限明显。以草籽、昆虫和绿色植物为食,有贮食习性。不冬眠。年繁殖3~5次,每胎产仔4~8只,幼仔出生后1个月可达性成熟。

(41)藏仓鼠指名亚种 *Cricetulus kamensis kamensis* Satunin

别名:西藏仓鼠(短尾藏仓鼠)指名亚种。

分布:尕海,栖于海拔3400~3900m河谷灌丛和沼泽草甸,穴居,昼夜活动,不冬眠。甘肃南部。国内青海、西藏、新疆。中国特有。

吻短钝,眼小,耳较大、圆形,尾长达体长之半;体背暗灰棕色,背毛毛基淡灰黑色,自前向后色渐浓,毛尖在头顶部为棕褐色,向后渐转灰褐色;吻侧、四肢内侧与腹面均灰白色;尾上面暗灰棕色,尾下及尾末梢白色。以蓼科、豆科及莎草科植物为食。繁殖期5~8月,每胎5~10仔。天敌有蝮蛇、艾鼬、黄鼬、香鼬、鹰、雕、猫等。

(42)长尾仓鼠(搬仓)指名亚种 *Cricetulus longicaudatus longicaudatus* Milne-Edwards

分布:全保护区,栖于海拔2900~3600m次生阔叶林地带,夜行性,不冬眠。甘肃各地。国内河北、山西、内蒙古、陕西、青海、新疆、西藏、四川等省区。国外哈萨克斯坦、蒙古、俄罗斯。

尾长占体长1/3以上，耳长与后足长相近；体背暗灰色而稍带棕色，背毛基灰黑色，中部棕黄色，毛尖黑色，近背中部黑色毛尖更浓，形成较重的黑色；吻端两侧具污白色短毛，形成半圆形门斑；前后肢与整个腹面均为白色；尾毛短而密，上面与体背色相同，下面白色。以植物性食物、小型无脊椎动物为食，有贮粮习性。繁殖期从早春直至秋末，每年繁殖2次，每胎4~9只。天敌动物有蛇、狐、鹰隼以及鹗等动物。

(43)大仓鼠 *Tscherskia triton* De Winton

异名：*Cricetulus triton* De Winton。

分布：全保护区，栖于海拔2900~3500m土壤疏松的草地、高于水源的荒地、住宅和仓房等处。甘肃各地。国内华北平原、东北平原、华中平原农作区及临近山谷川地。国外俄罗斯、蒙古和朝鲜等地。

尾短小，头钝圆，具颊囊；耳短而圆，具很窄的白边；乳头4对；背毛深灰色，体侧较淡；腹面与前后肢的内侧均为白色；耳的内外侧均被棕褐色短毛，边缘灰白色短毛形成一淡色窄边；尾毛上下均暗色，尾尖白色；后脚背面纯白色。以植物种子、昆虫和植物的绿色部分为食，有贮粮习性。繁殖期3~10月，一年产3~5胎，每胎4~14只，妊娠期22d左右，幼鼠2.5月龄即可达性成熟。

(44)中华鼢鼠指名亚种 *Myospalax fontanieri fontanieri* Milne-Edwards

分布：全保护区，栖于海拔2900~3800m土层深厚、土质松软的阶地及疏林灌丛、草原地、高山灌丛，终年营地下生活，不冬眠，昼夜活动，冬季在老窝内贮粮，很少活动。甘肃中部、东部、南部。国内青海、宁夏、陕西、山西、北京、河北、内蒙古、四川、湖北、湖南等省区。中国特有。

前足及前指爪较细短，头宽扁，鼻端平钝；四肢较短，前肢第二、三指爪近等长，镰刀形；尾短，尾毛稀疏；背部带有明显的锈红色，毛基灰褐色并常显露于外；额部中央有一大小不等、形状不规则的白斑点，腹毛灰黑色，毛尖稍带锈红色，尾毛污白色；吻周颜色淡，略显白色。以豆类、番薯、鲜苜蓿等为食。繁殖期4~9月，一年繁殖1~2次，妊娠期1个月，每胎1~ 6只。

附：高原鼢鼠指名亚种 *Eospalax fontanierii fontanierii* Milne-Edwards

分布：全保护区，栖于海拔2900~3600m高寒草甸、草甸化草原、草原化草甸、高寒灌丛、荒坡等比较湿润的河岸阶地、山间盆地、滩地和山麓缓坡，生活于黑暗、封闭的环境中，不冬眠。甘肃各地。国内北京、河北、河南、内蒙古、宁夏、青海、陕西、山东、山西、四川。中国特有。

吻短，眼小，耳壳退化为环绕耳孔的小皮褶；尾短并覆以密毛；四肢较短粗，前足的2~4指爪发达；躯体被毛柔软，并具光泽，鼻垫上缘及唇周为污白色；成体毛色从头部至尾部呈灰棕色，自臀部至头部呈暗赭棕色，腹面较背部更暗灰色，毛基均为暗鼠灰色，毛尖赭棕色。主要采食植物的地下根系。1年繁殖1次，每胎产仔1~6只，妊娠期40d。

(45)甘肃鼢鼠 *Myospalax cansus* Lyon

异名：*Myospalax fontanieri cansus* Lyon、*Eospalax fontanierii cansus* Lyon。

别名：中华鼢鼠甘肃亚种。

分布：全保护区，栖于海拔2900~3500m林地、苗圃、草原和农地。甘肃南部岷山东北坡山地。国内陕西、青海、宁夏及四川东北部、青海东部地区。中国特有。

外形似中华鼢鼠；尾较短，吻钝，眼小，耳壳退化，仅留外耳道，且被毛掩盖，尾不甚长，除被稀疏短白毛外，几乎全裸露，前肢爪强，第三趾爪最长。繁殖期3~7月，一年产1胎，胎仔数1~5只，幼鼠第二年达性成熟。天敌为猫、猫头鹰和蛇等。

(46)罗氏鼢鼠指名亚种 *Eospalax rothschildi rothschildi* Thomas

分布:全保护区,栖于海拔2900~3600m土壤疏松的林地、草原和农地,长期营地下生活。甘肃各地。国内河南、湖北、陕西、四川。中国特有。

前肢及其指爪较细弱而短,尾被有密毛,尾基的覆毛较长;头及体背、体侧毛灰褐色,灰色较重,毛尖略具锈褐色;四足足背灰白,略带淡棕褐色;尾毛背面棕灰色,腹面灰白色。食性很杂,几乎包括各种农作物、蔬菜、杂草及树根。每年4月开始繁殖,一年繁殖1次,胎仔数1~5只。

(47)斯氏鼢鼠 *Eospalax smithii* Thomas

异名:*Myospalax smithii* Thomas。

分布:则岔。栖于海拔2900~3300m森林、草原、草甸和农地。甘肃临潭及其附近。国内陕西、宁夏、四川等地。中国特有。

体型中等,尾相当体长的24%~25%,被淡灰褐色浓密短毛。毛尖锈红色,少数显红色,毛基石板灰色,腹毛比背毛色深,喉部灰色。鼻垫僧帽状。额顶嵴在中缝处靠近以致合并。鼻骨后端超过或平于颌额缝。门齿孔被前颌骨包围。

(48)洮州绒鼠 *Eothenomys eva* Thomas

别名:甘肃绒鼠、绒鼠。

分布:则岔。栖于海拔2900~3300m森林、草原、灌丛。甘肃南部。国内陕西、湖北等地。中国特有。

尾长为体长之半,尾覆毛稀而短,可见环状鳞片;耳壳较小,略露出被毛之外;四肢细弱,前足5指,后足5趾;躯体自吻端、额部、体背部到臀部棕褐色或暗棕褐色,后背和臀部稍染浅赭色,体腹灰褐色;尾上面黑褐色,下面灰白色。以草、嫩树芽、叶和皮为食。啃食幼林,分布区很狭。

(49)苛岚绒鼠 *Eothenomys inez* Thomas

分布:则岔。栖于海拔2900~3300m针叶混交林缘地带、灌丛、草地及农地,夜间活动。甘肃天水、甘南。国内陕西、山西。中国特有。

背面通体棕栗色,毛基黑灰色;体侧颜色稍淡;腹面毛基深灰;喉部及四肢被毛具白色毛尖;胸、腹部毛尖淡棕栗色,个体间有差异;尾毛和背腹颜色一致。以植物绿色部分及种子为食。3~10月均有繁殖,每胎2~6仔。

(50)根田鼠甘肃亚种 *Microtus oeconomus flaviventris* Satunin

分布:则岔。栖于海拔2900~3200m森林、草原、草甸和农地,挖掘地下通道或在草堆、草根、倒木、树根、岩石下筑洞穴居,洞道大多为单一洞口,昼夜活动。甘肃甘南及祁连山。国内新疆、青海、陕西。国外美国、俄罗斯等。

吻部短而钝,耳壳短小;尾很短,后足掌部仅近踵部被毛,被毛多蓬松,其余部分裸露,足垫明显可见;足及四肢均较短,无颊囊。以植物的绿色部分、根部、块茎和种子为食。于夏秋之间进行繁殖,年繁殖3~4次,每胎3~9仔。天敌主要为鼬类、狐、狼和猛禽类。

(51)棕背䶄 *Myodes rufocanus* Sundevall

异名:*Clethrionomys rufocanus* Sundevall。

别名:红毛耗子。

分布:则岔。栖于海拔2900~3300m针阔混交林林缘等生境中,活动于倒木和树根下,夜间活动频繁,不冬眠。甘肃夏河、兴隆山。国内黑龙江、吉林、内蒙古、河北、山西、陕西、湖北。分布于欧亚大陆中部,东到日本。

体型较粗胖，耳较大，四肢短小；额、颈、背至臀部均为红棕色，毛基灰黑色，毛尖红棕色，体侧灰黄色，背及体侧均杂有少数黑毛；吻端至眼前为灰褐色，腹毛污白色；颏和四肢内侧毛色较灰，腹部中央略微发黄；尾的上面与背色相同，下面灰白色。以植物种子、根、茎、叶、皮、枝条为食，且食性存在着明显的季节变化。年产2~4胎，每胎4~13只，4~9月繁殖，每窝产仔5~7只，春季出生的幼体，当年可参加繁殖。

(52)高原松田鼠*Neodon irene* Thomas

异名：*Pitymys irene oniscus* Thomas。

别名：松田鼠甘肃亚种、松田鼠、田老鼠、高原田鼠。

分布：则岔。栖于海拔2900~3700m高寒草原、灌木丛、草地和农地，洞穴在树根下面，不冬眠。甘肃临潭、卓尼及祁连山东段北坡。国内青海、四川、云南和西藏东部。国外缅甸(北部与云南交界地区)。

背部为褐色，毛根黑灰色，毛梢棕黄色；体侧和四肢外侧比背部稍浅；腹部浅灰色，腿内侧与腹部同色，尾巴上部与背部稍浅，下部与腹部同色。以植物的绿叶、草籽和昆虫为食。春末至夏末为繁殖期，每窝4~5只。主要的天敌是黄鼠狼、狐狸、狼和野兽。

(53)沟牙田鼠*Proedromys bedfordi* Thomas

别名：甘肃田鼠。

分布：则岔。栖于海拔2900~3300m针阔混交林、林缘、灌丛、草地。甘肃岷县、甘南等地。在中国大陆分布于四川等地，常见于山地森林、灌丛、草地。该物种的模式产地在甘肃岷县东南。中国特有。

尾长约占体长的36%，耳较小，隐于毛被中；上门齿外侧具一行浅细的纵沟；体毛细长，背毛长，黑褐色，腹面毛色棕色，背腹毛色在体侧有一明显分界线；尾背面毛色同体背，尾下面毛色同腹面，足背淡棕。以植物绿色部分和种子为食。稀有种，危害不大。

IUCN 2016年濒危物种红色名录ver3.1——易危(VU)。

5.2.4.5.4 鼠科Muridae

(54)线姬鼠*Apodemus agrarius* Pallas

别名：长尾黑线鼠、田姬鼠、黑线鼠。

分布：则岔。栖于海拔2900~3300m林缘、草地和柴草垛里，还经常进入居民住宅内过冬，洞系一般有3~4个洞口，有扩大的巢室或仓库。国内华东、华南、西南、辽宁等地。国外朝鲜、蒙古、俄罗斯直到欧洲西部。

身体纤细灵巧，耳壳较短；乳头4对；体背淡灰棕黄色，背部中央具明显纵走黑色条纹，起于两耳间的头顶部，止于尾基部；耳背具棕黄色短毛；腹面毛基淡灰，毛尖白色，背腹面毛色有明显界限；四足背面白色，尾上面暗棕下面淡灰。以植物青苗、根茎、瓜果、种子、昆虫为食。每年3~5胎，每胎4~8仔，仔鼠3个月发育成熟，平均寿命一年半左右。

(55)大林姬鼠青海亚种*Apodemus peninsulae qinghaiensis* Feng, Zheng et Wu

分布：则岔。栖于海拔2900~3600m针叶林、林缘灌丛、山地灌丛的倒木下、树枝堆下、树根下，夜行性。甘肃子午岭、崆峒山、祁连山东段、宕昌、岷县、甘南。国内东北、内蒙古、河北、陕西、宁夏、青海、四川、云南。国外日本、朝鲜、俄罗斯东部、蒙古。

雌兽乳头8枚；夏毛上体黄褐色，背部中区的背毛具有黑褐色的毛尖；耳壳短小而薄，与体背毛色相似；颏部纯白至毛基，喉、胸、腹部及四肢上部内侧呈污白色；足背白色；尾部多为两色，有的尾部全黑色，有的尾尖全白色；冬季毛色浅淡，上体呈棕黄色。以植物种子、果实、昆虫为食。4~9月繁殖，每窝产仔4~9只。

（56）小家鼠川陕亚种 *Mus musculus tantillus* G. M. Allen

分布：全保护区。栖于海拔2900~3500m居民区，进出于居民房舍，也见于近村的农地，昼夜活动，但夜间活动更频繁。甘肃全境。国内各地。世界各国均有分布。

尾长等于或短于体长，耳短，前折达不到眼部；乳头5对；毛色变化很大，背毛由灰褐色至黑灰色，腹毛由纯白到灰黄；前后足的背面为暗褐色或灰白色；尾毛上面的颜色较下面深。以植物种子、茎、叶和果实为食。全年繁殖，食物充足时，生育年龄的雌体年产6~9胎，胎平均产仔4~6只。幼体出生后2个月即可参加繁殖。

（57）北社鼠 *Niviventer confucianus* Milne-Edwards

异名：*Rattus confucianus* Milne-Edwards。

别名：社鼠、白尾星。

分布：尕海、则岔的居民区。栖于海拔2900~3400m森林、草地、灌丛，善于攀爬，行动敏捷，多夜间活动。甘肃各地。国内山东、河北、山西、陕西、湖北、湖南、四川、云南、广东、广西以及东南沿海等地。国外不丹、印度、尼泊尔。

身体细长，尾长大于体长；背毛棕褐色或略带棕黄色调，背毛中有部分刺状针毛，基部灰白色，毛尖褐色；背腹交界的两侧由于刺状针毛和褐色长毛较少，故两侧棕黄色调较深；腹毛乳白色或牙黄色，愈老年个体色调愈深；背腹毛在体侧分界线极为明显；尾背面棕褐色，腹面白色。以各种坚果、嫩叶和昆虫为食。每年繁殖3~4胎，每胎产仔4~5只。

（58）针毛鼠 *Rattus fulvescens* Gray

别名：山老鼠、黄毛鼠。

分布：尕海、则岔的居民区。栖于海拔2900~3600m森林、灌丛、田地和固定居民区，活动于树根、岩石缝等地，以夜间活动为主，性凶好斗，善攀喜跳，洞道以纵深洞居多，洞口较为隐蔽。甘肃各地。国内浙江、江西、河南、福建、广东、广西和云南。国外印度、印度尼西亚、老挝、马来西亚、缅甸、尼泊尔、泰国。

背毛棕色或棕黄色，背毛中有许多刺状针毛，针毛基部为白色，尖端为褐色，越靠近背部中央针毛越多，所以背部中央棕褐色调较深，背腹交界处针毛较少，呈鲜艳的棕黄色；由于夏毛中背部刺毛较冬季为多，所以冬季针毛鼠背部棕黄色较深；腹毛白色；前后足背面亦为白色。以野果、竹笋、粮食、花生、浆果及植物根、叶和幼苗为食。以6~7月怀孕率最高，每胎1~7仔。

（59）褐家鼠甘肃亚种 *Rattus norvegicus soccer* Miller

别名：褐鼠、大家鼠。

分布：尕海、则岔的居民区。栖于海拔2900~3600m居民房舍，也见于近村的农地。夜行性。甘肃各地。国内各地。全世界各地均有分布。

尾长明显短于体长，尾毛稀疏；耳短而厚，向前翻不到眼睛；雌鼠乳头6对；背毛棕褐色或灰褐色，年龄愈老背毛棕色愈深，背部自头顶至尾端中央有一些黑色长毛；腹毛灰色，略带污白，老年个体毛尖略带棕黄色调；尾上面灰褐色，下面灰白色。以植物种子、茎、叶、果实、根为食，也吃昆虫及动物尸体。全年繁殖，4~5月和9~10月为两个生殖高峰期。每胎产仔2~10只，年产6~10胎。

5.2.4.5.5 林跳鼠科 Zapodidae

(60)林跳鼠甘肃亚种 *Eozapus setchuanus vicinus* Thomas

分布:则岔。栖于海拔2900~3600m森林、灌丛、采伐迹地和草甸草原,夜间活动为主。甘肃岷县、临潭、卓尼、舟曲。国内青海、甘肃、陕西、四川、云南等地。中国特有。

前足短小,后足细长,足掌裸露;体背面为黄褐色,其间杂有全黑的毛,自鼻垫沿背中央到尾基部为一条暗棕褐色纵带;腹面纯白色;口鼻部白色,耳暗棕黑色,耳缘黄褐色;眼周黑;前足足背白色;体背面中央部分有宽的纵向暗褐黄色带;腹面除基部1/5为淡橘黄色外,其余部分为纯白色。以植物种子、果实绿色部分为食。天敌主要为蛇、豹猫、鼬类。

(61)中国蹶鼠指名亚种 *Sicista concolorconcolor* Buchner

分布:全保护区。栖于海拔3000m以上草原、草甸草原、灌丛及林缘地带,多夜间活动,善攀缘。甘肃临潭、合作、夏河、碌曲、玛曲、岷县、和政、嘉峪关、肃南、天祝、山丹、民乐等地。国内吉林、黑龙江、四川、青海等省。中国特有。

耳较大,尾长约为体长的1.5倍;后肢较前肢长,但不超过2倍;体背浅黄灰色,体侧色淡,背毛毛基灰色,毛尖黄色,或杂有部分黑色毛尖;腹部毛基灰色,毛尖白色,因而整个腹毛呈污白色;足背面有白色短毛,掌面裸露;尾毛暗灰色,上面色深,下面色浅,但分界不明显。以植物的茎、叶、嫩芽、种子和昆虫为食。每年繁殖1胎,产3~6仔。天敌主要为鼬类、猛禽及蛇等。

5.2.4.5.6 跳鼠科 Dipodidae

(62)五趾跳鼠指名亚种 *Allactaga sibirica sibirica* Forster

分布:则岔。栖于海拔2900~3300m山地草原、草甸、灌丛草原和林缘地带,有冬眠习性,不集群,夜行性;用两条后腿跳跃,靠尾巴平衡身体。甘肃各地。中国黑龙江、辽宁、吉林、河北、山西、内蒙古、陕西、宁夏、青海和新疆等省区。国外哈萨克斯坦、吉尔吉斯斯坦、蒙古、俄罗斯、土库曼斯坦、乌兹别克斯坦。

头圆,眼大,耳大,前折可达鼻端;后肢长为前肢的3~4倍;尾长约为体长的1.5倍;背部及四肢外侧毛尖浅棕黄色,毛基灰色;头顶及两耳内外均为淡沙黄色,两颊、下颌、腹部及四肢内侧为纯白色,臀部两侧各形成一白色纵带,向后延至尾基部分;尾背面黄褐色,腹面浅黄色,末端有黑、白色长毛形成的毛束。以种子、草根、甲虫、野生绿色植物、农作物为食。每年繁殖1次,6月产仔,每次产仔2~7只。天敌有猫头鹰、鼬科动物、沙狐、兔狲等。

5.2.4.6 兔形目 LAGOMORPHA

5.2.4.6.1 鼠兔科 Ochotonidae

(63)间颅鼠兔指名亚种 *Ochotona cansus cansus* Lyon

分布:则岔、尕海西部山地。栖于海拔3100~4000m森林、高山灌丛、草原,穴居于树根下、倒木下、倒木树洞中、灌木下洞中,昼夜活动,不冬眠。甘肃祁连山东段,陇南山地,甘南卓尼、玛曲、碌曲、夏河、临潭。国内青海、四川北部。中国特有。

耳较小,前足5指,爪粗长,后足4趾,爪细长;夏毛背部暗黄褐色;耳郭黑褐色,耳缘具明显的白色边缘;体侧淡黄棕色,吻周、颏和腹面污灰白色;喉部棕黄色,向后延伸,形成腹面正中的棕黄色条纹;冬毛较夏毛灰,腹面为污白色。以草根、茎、叶为食。5~8月繁殖,每窝产仔2~6只。

(64)黑唇鼠兔 *Ochotona curzoniae* Hodgson

别名:高原鼠兔。

分布：尕海。栖于海拔3300~3700m植物稀疏土坡，为典型的高山草原鼠类，营洞生活，不冬眠。国内黑龙江、河北、山西、陕西、内蒙古、青海、四川、西藏等地。国外尼泊尔、印度。

夏季背毛自吻端至尾基为沙黄褐色，体侧色泽较淡，近于沙黄棕色；腹毛污白色，皮肤淡黄色，颈下、两腋及腹中部具一个"Y"形棕黄色纵条区；鼻尖及唇周黑色，眼周具窄的淡棕色眼圈，耳背面黑棕色，两耳后具明显淡色区；冬毛较夏毛淡白，整个体背呈沙黄色。繁殖快，妊娠期28d，一胎产仔4~8只，早产的鼠兔可参加当年繁殖群。

附：高原鼠兔 *Ochotona curzoniae* Hodgson

分布：尕海西部山地。栖于海拔3400~3800m高寒草甸、高寒草原地区，喜欢选择滩地、河岸、山麓缓坡等植被低矮的开阔环境，终生营家族式生活，穴居，白昼活动，不冬眠。青藏高原特有种。甘肃甘南。国内青海、四川西北部和西藏。国外尼泊尔、印度。

耳小而圆，后肢略长于前肢，爪较发达，无明显的外尾；吻、鼻部被毛黑色，耳背面黑棕色，耳壳边缘淡色；从头脸部经颈、背至尾基部沙黄或黄褐色，向两侧至腹面污白色。取食禾本科、莎草科及豆科植物。繁殖期4~8月，每年2胎，孕期30d，每胎3~6仔。

(65)达乌尔鼠兔甘肃亚种 *Ochotona dauurica annectens* Miller

别名：达乎尔鼠兔甘肃亚种。

分布：尕海。栖于海拔3400~3600m草甸、草原，昼行性，多以家族群活动。甘肃平凉、华池、环县、兰州、会宁、康乐、和政、临夏、山丹、永昌、武威、肃南、天祝、玛曲、碌曲、夏河。国内内蒙古、河北、山西、宁夏、陕西、青海。国外俄罗斯、蒙古。

体形中等，较粗壮，头大，外耳壳呈椭圆形；吻部较短，上唇纵裂为左右两瓣。四肢短小，后肢略长于前肢，前肢5指，后肢4趾；无尾。以植物根、茎、叶、花、种子为食。5~9月繁殖，每年繁殖2次，每窝产仔5~6只，7d后幼鼠兔即在洞外活动。

(66)红耳鼠兔 *Ochotana erythrotis* Büchner

分布：则岔。栖于海拔3690~4000m高山草甸陡峭的悬崖上、乱石堆下，穴居，不冬眠，夜伏昼出性。甘肃祁连山、永靖、夏河、临潭。国内青海、西藏。中国特有。

体形粗壮，耳壳大而圆，后肢稍长于前肢；夏毛吻端、颈侧、额部至臀部为鲜明的红褐色、红棕色或锈黄色，毛基为黑灰色，毛端呈红棕色或黄棕色；冬毛除耳壳仍为浅锈黄色或红褐色外，吻部、额部或多或少染有淡黄色或棕黄色，其余部分为灰褐色或灰色。在保护区数量稀少，以禾本科、藜科等植物根、茎、叶和种子为食。5~8月繁殖，年产2胎，每胎产3~7仔。

(67)大耳鼠兔指名亚种 *Ochotona macrotis macrotis* Günther

分布：尕海。栖于海拔3400~3600m草甸、草原，为典型的草原动物，营群栖穴居生活，洞口附近有球形粪便，具贮草习性，昼间活动，不冬眠。甘肃河西走廊各县，甘南夏河、碌曲、玛曲、临潭、卓尼，永登。国内新疆、青海和西藏。国外尼泊尔和苏联。

吻侧须极长；后肢稍长于前肢；夏毛体背由吻端经颈、背部至臀部均为红棕色，毛基灰黑色，毛尖红棕色；体腹面与四肢内侧白毛，毛基暗灰色，所以腹部常呈污白色；前、后足背灰色。主食禾本科和莎草科的一些植物。繁殖期为4~10月，每年繁殖2次，每胎5~6仔，幼鼠7d已长毛并睁开眼，开始到洞外附近活动。天敌主要有艾鼬、银鼠、香鼠、黄鼬及一些猛禽和蛇类。

IUCN2013年濒危物种红色名录ver 3.1——易危(VU)。

(68)藏鼠兔*Ochotona thibetana* Milne-Edwards

别名:西藏鼠兔。

分布:尕海。栖于海拔3000~4000m草甸、灌丛、芨芨草滩、山坡草丛中,营穴居生活,昼夜活动,不冬眠。甘肃祁连山地和甘南。国内北自山西,南至云南,东至湖北西部,西至青海、四川等地。国外印度。

耳较大,椭圆形;四肢短小;无尾;上唇有纵裂;夏毛背部棕黑色,体侧较背色为淡,耳外侧黑褐,内侧棕黑色,边缘有窄白边;头部及吻端颜色较背部暗深,头侧、颈部淡棕黄色,整个腹毛基色灰黑;颏部毛尖白色;冬毛背部比夏毛稍浅淡,毛尖黄褐色。故整个背部毛色呈黄褐色,体侧淡黄褐色。以莎草科、禾本科及山柳等小灌丛的嫩叶为食。一年繁殖数次,繁殖期为5~9月,每胎5~6仔。天敌主要有狼、狐、鼬、鹰等。

(69)狭颅鼠兔*Ochotona thomasi* Argyropulo

分布:尕海。栖于海拔3400~3700m草甸草原、灌丛及亚高山针叶林带林缘草地。甘肃祁连山东段至甘南。国内青海和四川等地。中国特有。

夏毛背部暗黄褐色,体侧毛淡黄沾污;喉淡棕色;腹毛污白黄色,毛基灰黑色;腹及胸部中央有一条深黄色纵纹;冬毛背部鼠灰色。洞道复杂,洞群密集,昼夜均可活动,白昼活动频繁。以草为食,不冬眠。

5.2.4.6.2 兔科 Leporidae

(70)灰尾兔*Lepus oiostolus* Hodgson

异名:高原兔青海亚种*Lepus oiostolus qinghaiensis* Cai et Feng。

别名:高原兔。

分布:全保护区。栖于海拔2900~3600m山地草原、森林林缘、灌丛。甘肃祁连山、甘南高原。国内青海、四川、西藏。国外尼泊尔、印度。

冬毛颈部浅黄,略带粉红色;耳端外侧黑色,体侧面有长的白毛;臀部灰色;其余白色或带灰色;夏毛背部沙黄褐色,头颈和鼻部中央毛基灰而尖端沙黄、黑色或杂少量全黑之毛。清晨、傍晚活动。以草、树皮、嫩枝为食。4~8月繁殖,每窝产4~6仔,一年繁殖2~4次。

(71)中亚兔*Lepus tibetanus* Waterhouse

别名:藏野兔、西藏野兔、沙漠野兔。

分布:全保护区。栖于海拔2900~3600m森林林缘、灌丛和山地草原,夜间活动,听觉、视觉发达,善于奔跑。甘肃南部。国内新疆、内蒙古、青海、西藏。国外阿富汗、印度、吉尔吉斯斯坦、蒙古、巴基斯坦和塔吉克斯坦。

体形较大,身体纤细,头部较小;灰褐色或沙棕色,下体浅黄色至白色;尾巴黑褐色;两只眼睛有光环眼圈环绕;乳头3对。以植物种子、浆果、根、树皮、嫩枝及树苗等为食。一年繁殖4~5次,妊娠期50d,哺乳期17~23d,幼兔出生即具毛被,能睁眼,不久就能跑。天敌为赤狐、藏狐、沙狐、雕鸮、老鹰、鵟、鸢、猫头鹰等。

(72)蒙古兔*Lepus tolai* Pallas

异名:*Lepus capensis tolai* Pallas。

别名:草兔内蒙古亚种。

分布:全保护区。栖于海拔2900~3500m森林林缘、灌丛和山地草原,不掘洞,善于奔跑,多在夜间活动,听觉、视觉都很发达。国内东北、内蒙古、河北、宁夏、山西、陕西、新疆、山东、河南以及江苏、安徽、湖北的长江北部。国外里海、伊朗、阿富汗、哈萨克斯坦、西伯利亚、俄罗斯亚洲区、蒙古。

身体背面为黄褐色至赤褐色,腹面白色,耳尖暗褐色,尾的背面为黑褐色,两侧及下面白色;乳头3对。以杂草、植物种子、树皮、嫩枝、幼苗等为食。幼兔出生即具毛被,能睁眼,不久就能跑。

国家保护的"三有"陆生野生动物。

5.3 脊椎动物组成区系与分布

在保护区354种陆生脊椎动物中,鱼类17种,占总数的4.80%;两栖类7种,占总数的1.98%;爬行类3种,占总数的0.85%;鸟类255种,占总数的72.03%;兽类72种,占总数的20.34%。

5.3.1 脊椎动物种类组成特征

保护区的脊椎动物有29目81科204属354种。其中鱼类2目3科10属17种,分别占脊椎动物目、科、属、种的6.90%、3.70%、4.90%、4.8%;两栖类2目5科6属7种,分别占脊椎动物目、科、属、种的6.90%、6.17%、2.94%、1.98%;爬行类1目3科3属3种,分别占脊椎动物目、科、属、种的3.45%、3.70%、1.47%、0.85%;鸟类18目52科138属255种,分别占脊椎动物目、科、属、种的62.07%、64.21%、67.65%、72.03%;兽类6目18科47属72种,分别占脊椎动物目、科、属、种的20.68%、22.22%、23.04、%、20.34%。

雀形目为脊椎动物中最大的一个目,共包含28个科。其他包含2个以上科的目依次为啮齿目6个科、鸻形目5个科、无尾目4个科、偶蹄目4个科、有鳞目3个科、食肉目3个科、鲤形目2个科、鸡形目2个科、鹤形目2个科、鹈形目2个科、劳亚食虫目2个科、兔形目2个科。以上13个主要目共包含65科动物。

鹟科为脊椎动物中最大的一个科,共包含11个属。其他包含2个以上属的科依次为鸭科9个属、鹰科9个属、鲤科7个属、雉科7个属、鸦科7个属、燕雀科7个属、仓鼠科7个属、角蟾科5个属、鹭科5个属、鸮鸮科5个属、雀科5个属、鼬科5个属、猫科5个属、牛科5个属、鹬科4个属、啄木鸟科4个属、百灵科4个属、燕科4个属、石龙子科3个属、秧鸡科3个属、鸥科3个属、莺鹛科3个属、松鼠科3个属、鼯鼠科3个属、鼠科3个属,鳅科、鹡鸰科、鸠鸽科、杜鹃科、鸻科、翠鸟科、山雀科、长尾山雀科、噪鹛科、鹀科、鸫科、鹡鸰科、鸮科、鼩鼱科、蝙蝠科、犬科、鹿科和林跳鼠科都是2个属。以上44个主要科共包含174属动物,占204属脊椎动物85.29%。

鸭属为脊椎动物中最大的一个属,共包含9个种。其他包含2个以上种的属依次为高原鳅属8个种、柳莺属8个种、朱雀属8个种、山雀属7个种、鼠兔属7个种、红尾鸲属6个种、岩鹨属6个种、鸮属6个种、鹬属5个种、鵟属5个种、隼属5个种、伯劳属5个种、斑鸠属4个种、鹭属4个种、噪鹛属4个种、鸫属4个种、鹡鸰属4个种、仓鼠属4个种、凸颅鼢鼠属4个种,雁属、潜鸭属、鸽属、鸻属、沙锥属、鸥属、鹰属、卷尾属、鸦属、鹀属、歌鸲属、麻雀属、鼯鼠属、鼠属和兔属都是3个种,蟾蜍属、鹡鸰属、杜鹃属、鹤属、麦鸡属、夜鸦属、雕属、鹞属、海雕属、山鸦属、云雀属、沙燕属、雀莺属、雀鹛属、锈眼鸟属、河乌属、石鹏属、雪雀属、鹨属、岭雀属、狐属、貂属、鼬属、麝属、鹿属、绒鼠属和姬鼠属都是2个种。以上62个主要属共包含212种动物,占脊椎动物种数59.89%。保护区脊椎动物目、科分类见表5-1。

表5-1 保护区脊椎动物目、科分类表

目	科	属	种	目	科	属	种	目	科	属	种
鲤形目	鲤科	7	7	鹈形目	鹮科	1	1	雀形目	鸫科	2	5
鲤形目	鳅科	2	9	鹈形目	鹭科	5	9	雀形目	鹟科	11	19
鲑形目	鲑科	1	1	鹰形目	鹰科	9	18	雀形目	戴菊科	1	1
有尾目	小鲵科	1	1	鸮形目	鸱鸮科	5	5	雀形目	岩鹨科	1	6
无尾目	角蟾科	5	1	犀鸟目	戴胜科	1	1	雀形目	朱鹀科	1	1
无尾目	蟾蜍科	1	2	佛法僧目	翠鸟科	2	2	雀形目	雀科	5	8
无尾目	蛙科	1	2	啄木鸟目	啄木鸟科	4	4	雀形目	鹡鸰科	2	6
无尾目	叉舌蛙科	1	1	隼形目	隼科	1	5	雀形目	燕雀科	7	15
有鳞目	石龙子科	3	1	雀形目	山椒鸟科	1	1	雀形目	鹀科	2	7
有鳞目	鬣蜥科	1	1	雀形目	卷尾科	1	3	劳亚食虫目	鼹科	1	1
有鳞目	蝰科	1	1	雀形目	伯劳科	1	5	劳亚食虫目	鼩鼱科	2	2
鸡形目	松鸡科	1	1	雀形目	鸦科	7	10	翼手目	蝙蝠科	2	2
鸡形目	雉科	7	7	雀形目	山雀科	2	8	食肉目	犬科	2	3
雁形目	鸭科	9	21	雀形目	百灵科	4	5	食肉目	鼬科	5	7
鹍鹏目	鹍鹏科	2	3	雀形目	蝗莺科	1	1	食肉目	猫科	5	5
鸽形目	鸠鸽科	2	7	雀形目	燕科	4	5	偶蹄目	猪科	1	1
夜鹰目	雨燕科	1	1	雀形目	鹎科	1	1	偶蹄目	麝科	1	2
鹃形目	杜鹃科	2	3	雀形目	柳莺科	1	8	偶蹄目	鹿科	2	3
鹤形目	秧鸡科	3	3	雀形目	长尾山雀科	2	3	偶蹄目	牛科	5	5
鹤形目	鹤科	1	2	雀形目	莺鹛科	3	4	啮齿目	松鼠科	3	3
鸻形目	鹮嘴鹬科	1	1	雀形目	绣眼鸟科	1	2	啮齿目	鼯鼠科	3	5
鸻形目	反嘴鹬科	1	1	雀形目	噪鹛科	2	5	啮齿目	仓鼠科	7	14
鸻形目	鸻科	2	5	雀形目	旋木雀科	1	1	啮齿目	鼠科	3	6
鸻形目	鹬科	4	10	雀形目	䴓科	2	4	啮齿目	林跳鼠科	2	2
鸻形目	鸥科	3	5	雀形目	鹪鹩科	1	1	啮齿目	跳鼠科	1	1
鹳形目	鹳科	1	1	雀形目	河乌科	1	2	兔形目	鼠兔科	1	7
鲣鸟目	鸬鹚科	1	1	雀形目	椋鸟科	1	1	兔形目	兔科	1	3

5.3.2 脊椎动物区系及地理分布

由于陆地本身的地理特征阻隔，导致各种动物在地球表面的分布并不平均，相互相对隔离的不同大陆之间，野生动物的组成结构也有着巨大的差异。

脊椎动物一般分为6个界：古北界、新北界、东洋界、热带界、新热带界、大洋洲界（澳洲界）。我国的陆地动物区系分属于古北界和东洋界,两界在我国境内的分界线西起横断山脉北部,经过川北的岷山与陕南的秦岭,向东至淮河南岸,直抵长江口以北。

按照中国动物地理区划资料,保护区在古北界的详细区划是中亚亚界、青藏区、青海藏南亚区,属于高山森林草原、草甸草原、寒漠动物群;在东洋界的详细区划是中印亚界、西南区、西南山地亚区、亚热带森林、灌木、草地、农田动物群。显然,保护区地处东洋界和古北界过渡地带,面积又相对比较大,地形和气候复杂而多样,有大量湿地、森林和草地,从而为多种野生动物的栖息提供了良好的生态环境,加上尕海湿地又处于候鸟迁徙重要的线路上,保护区的野生动物资源比较丰富。

在354种脊椎野生动物中,广布种野生动物有康定滑蜥、凤头䴙䴘、白腰雨燕、白胸苦恶鸟、白骨顶、棕头鸥、红嘴鸥、渔鸥、灰翅浮鸥、普通鸬鹚、夜鹭、牛背鹭、大白鹭、中白鹭、黑鸢、毛脚鵟、游隼、喜鹊、褐喉沙燕、崖沙燕、家燕、岩燕、烟腹毛脚燕、鹪鹩、河乌、褐河乌、虎斑地鸫、灰头鸫、棕背黑头鸫、赤颈鸫、斑鸫、戴菊、蓝鹀、白头鹀、灰眉岩鹀、三道眉草鹀、白眉鹀、藏鹀、灰头鹀、小家鼠、褐家鼠等41种,占脊椎动物总数的11.58%;东洋界野生动物有黄斑苇鳽、栗头鳽、花彩雀莺、凤头雀莺、中华雀鹛、豹猫、中华斑羚等7种,占脊椎动物总数的1.98%;古北界野生动物有骨唇黄河鱼、黄河高原鳅、拟鲇高原鳅、达里湖高原鳅、东方高原鳅、硬鳍高原鳅、短尾高原鳅、黑体高原鳅、拟硬刺高原鳅、虹鳟、西藏山溪鲵、中华蟾蜍、岷山蟾蜍、中国林蛙、黑斑侧褶蛙、青海沙蜥、高原蝮、斑尾榛鸡、豆雁、灰雁、斑头雁、大天鹅、赤麻鸭、赤膀鸭、罗纹鸭、赤颈鸭、绿头鸭、斑嘴鸭、针尾鸭、绿翅鸭、琵嘴鸭、白眉鸭、赤嘴潜鸭、红头潜鸭、白眼潜鸭、凤头潜鸭、鹊鸭、斑头秋沙鸭、普通秋沙鸭、灰鹤、黑颈鹤、凤头麦鸡、灰头麦鸡、金眶鸻、环颈鸻、蒙古沙鸻、孤沙锥、针尾沙锥、扇尾沙锥、鹤鹬、红脚鹬、青脚鹬、白腰草鹬、林鹬、矶鹬、青脚滨鹬、金雕、雕鸮、戴胜、大斑啄木鸟、三趾啄木鸟、黑啄木鸟、灰头绿啄木鸟、黑头噪鸦、红嘴山鸦、黄嘴山鸦、黑冠山雀、煤山雀、白眉山雀、褐头山雀、地山雀、长嘴百灵、短趾百灵、云雀、小云雀、角百灵、斑胸短翅蝗莺、褐柳莺、黄腹柳莺、棕腹柳莺、棕眉柳莺、黄腰柳莺、黄眉柳莺、极北柳莺、暗绿柳莺、银脸长尾山雀、栗腹歌鸲、红喉歌鸲、白腹短翅鸲、红胁蓝尾鸲、白喉红尾鸲、蓝额红尾鸲、赭红尾鸲、黑喉红尾鸲、北红尾鸲、红腹红尾鸲、红尾水鸲、白顶溪鸲、白尾蓝地鸲、沙䳭、鸲岩鹨、褐岩鹨、黑喉岩鹨、栗背岩鹨、朱鹀、家麻雀、山麻雀、麻雀、石雀、白斑翅雪雀、褐翅雪雀、白腰雪雀、棕颈雪雀、林岭雀、高山岭雀、拟大朱雀、红眉朱雀、酒红朱雀、长尾雀、斑翅朱雀、白眉朱雀、红胸朱雀、黄嘴朱顶雀、麝鼹、甘肃鼩鼱、蒙古狼、藏狐、赤狐、猪獾、水獭、黄喉貂、石貂、亚洲狗獾、香鼬、艾鼬、猞猁、林麝、高山麝、狍、四川马鹿、四川梅花鹿、西藏盘羊、藏原羚、岩羊、喜马拉雅旱獭、岩松鼠、北花松鼠、黑线仓鼠、藏仓鼠、长尾仓鼠、大仓鼠、中华鼢鼠、甘肃鼢鼠、罗氏鼢鼠、斯氏鼢鼠、洮州绒鼠、苛岚绒鼠、根田鼠、棕背䶄、高原松田鼠、沟牙田鼠、五趾跳鼠、间颅鼠兔、黑唇鼠兔、达乌尔鼠兔、红耳鼠兔、大耳鼠兔、藏鼠兔、狭颅鼠兔、灰尾兔、中亚兔、蒙古兔等172种,占脊椎动物总数的48.59%;其余134种野生动物既是东洋界又是古北界分布的,占脊椎动物总数的37.85%。

5.3.3 脊椎动物分布分析

5.3.3.1 鱼类

保护区位于洮河上游,共采集到鱼类17种,除了异地放生的麦穗鱼、鲫、泥鳅和虹鳟等4种外来物种外,13种原产野生鱼类分属于裂腹鱼亚科的裸裂尻鱼属、裸鲤属、裸重唇鱼属、黄河鱼属、裂腹鱼属及条鳅亚科的高原鳅属。集中分布于青藏高原,少数种类延伸到高原之外。裂腹鱼亚科鱼类演化研究证明原始的裂腹鱼属分布于青藏高原四周低海拔水域中,而那些特化的则分布于高原高海拔的冷水中,最特化的裸鲤属和裸裂尻鱼属分布海拔最高。演化趋势是有关性状从原始向特化方向发展,如从有鳞演变为无鳞；蛰居习性出现，杂食性加强。

保护区的鱼类区系与长江水系鱼类区系有一定关系。黑体高原鳅、东方高原鳅、短尾高原鳅、厚唇裸重唇鱼4种与长江水系共有，并且这些鱼均分布于长江水系高海拔的上游。分析产生这种现象的原因，在鱼类地理学研究方面有重要意义。

5.3.3.2　两栖爬行类

两栖爬行类极为贫乏，仅有10种。高原蝮蛇为卵胎生，较适应保护区的高寒环境，但数量不多，仅见于山脚阳坡。林蛙一年大部时间在蛰眠中度过，自由活动时间只有4个多月，9月中旬就进入冬眠，以此适应高寒环境。岷山蟾蜍、西藏山溪鲵、康定滑蜥等为古北界种类，中国特有。岷山蟾蜍、西藏齿突蟾、西藏山溪鲵等分布区仅限于青藏高原及毗邻的黄土高原，西藏山溪鲵仅见于四川西北部康定及邻近地区。这些种类均属高地型种类，是青藏高原东部冷水溪流和高山的固有种。在长期进化中适应了高寒环境。西藏山溪鲵终生生活在水中，产卵于厚的胶质袋中。西藏齿突蟾产的卵颗粒大，包裹在厚的胶囊中，而且幼体能在-1.2~-0.5℃的水中度过几个冬天才变态上陆(宋志明，1990)。康定滑蜥为胎生种类，在高寒环境下种族得以延续。

5.3.3.3　鸟类

保护区鸟类达255种，是野生动物的主体，其中广布种38种，占14.90%；古北界种类106种，占41.57%；东洋界种类5种，占1.96%；古北界和东洋界都有的106种，占41.57%。显然，保护区鸟类是以古北界种类占绝对优势。古北界种类主要由两种类型组成。一是北方型，这些种类繁殖区环绕北半球北部，向南分布，达青藏高原。保护区这种类型的种类有红脚鹬、普通燕鸥、黑啄木鸟、红尾伯劳、星鸦、松鸦、普通䴓、鹪鹩、暗绿柳莺等。更值得一提的，是北方型的花尾榛鸡 *Bonasa bonasia* L. 和北噪鸦 *Perisoreus infaustus* L. 的近缘种斑尾榛鸡和黑头噪鸦，在青藏高原东部形成我国特有的种类，斑尾榛鸡和黑头噪鸦已经全部被确定为国家一级保护重点动物。二是高地型，这些动物主要繁殖在青藏高原或喜马拉雅山的高山带。保护区的这种类型的鸟类有雪鹑、藏雪鸡、红喉雉鹑、高原山鹑、血雉、黑颈鹤、斑头雁、灰背伯劳、雪鸽、鸲岩鹨、棕胸岩鹨、高山旋木雀、白脸䴓、长嘴百灵、白喉红尾鸲、黑喉红尾鸲、白斑翅雪雀、褐翅雪雀、白腰雪雀、棕颈雪雀、地山雀、朱鹀、领岩鹨、褐岩鹨、林岭雀、高山岭雀等，种类颇多，是保护区古北界鸟类的主体。东洋界有特色的种类主要有大噪鹛、斑背噪鹛、黄斑苇鳽、栗头鳽、花彩雀莺、凤头雀莺、中华雀鹛等，它们大多属于横断山脉-喜马拉雅山型，就起源于横断山脉。

5.3.3.4　兽类

在保护区分布的72种兽类中，古北界种类49种，占68.05%；东洋界种类只有豹猫和中华斑羚2种，占2.78%；古北界和东洋界共有的19种，占26.39%；广布种只有小家鼠和褐家鼠2种，占2.78%。显然，保护区兽类也是以古北界种类占优势。古北界种类主要由北方型耐寒种类、东北型和高地型的种类组成。北方型兽类有中国鼹鼠、猞猁、四川马鹿、蒙古狼、藏狐、赤狐、大卫鼠耳蝠、双色蝙蝠、棕背䶄、亚洲狗獾、香鼬和艾鼬，这些种类广泛分布于欧亚大陆的寒温带，向南伸达青藏高原。东北型的兽类以北花松鼠、大林姬鼠、黑线仓鼠等为代表，分布于我国东北和俄罗斯远东地区，向南分布达青藏高原的东部高山、高原。高地型种类有红耳鼠兔、间颅鼠兔、林跳鼠、灰尾兔、雪豹、岩羊、西藏盘羊、喜马拉雅旱獭，其中鼠兔、灰尾兔、喜马拉雅旱獭种群最为繁盛。

东洋界的兽类只有豹猫、中华斑羚，两种动物广泛分布于我国江南各地，国外见于中南半岛一些国家，向北延伸达保护区，接近其分布的最北界。

5.3.4 鸟类的居留型

在保护区255种鸟类中，夏候鸟97种，占鸟类总数的38.04%；冬候鸟3种，占鸟类总数的1.18%；留鸟122种，占鸟类总数的47.84%；旅鸟29种，占鸟类总数的11.37%；迷鸟4种，占鸟类总数的1.57%。夏候鸟和留鸟都是繁殖鸟，繁殖鸟类的总数达219种，占鸟类总数的85.88%。

夏候鸟集中在鸭科、鹛鹏科、杜鹃科、秧鸡科、鹤科、鸻科、鹬科、鸥科、鸬鹚科、鹮科、鹭科、鹰科、戴胜科、翠鸟科、隼科、山椒鸟科、卷尾科、伯劳科、百灵科、燕科、柳莺科、绣眼鸟科、椋鸟科、鹟科、岩鹨科、鹡鸰科、燕雀科和鹀科；大天鹅是保护区重要的也是比较典型的冬候鸟；旅鸟和迷鸟很少；留鸟占保护区鸟类的绝大多数。

夏候鸟：豆雁、灰雁、斑头雁、赤麻鸭、罗纹鸭、赤颈鸭、绿头鸭、斑嘴鸭、针尾鸭、绿翅鸭、琵嘴鸭、白眉鸭、普通秋沙鸭、小鹛鹏、凤头鹛鹏、白腰雨燕、大鹰鹃、四声杜鹃、大杜鹃、普通秧鸡、白胸苦恶鸟、白骨顶、黑颈鹤、黑翅长脚鹬、灰头麦鸡、金眶鸻、环颈鸻、蒙古沙鸻、鹤鹬、红脚鹬、白腰草鹬、矶鹬、棕头鸥、红嘴鸥、渔鸥、普通燕鸥、灰翅浮鸥、普通鸬鹚、白琵鹭、夜鹭、池鹭、牛背鹭、苍鹭、草鹭、中白鹭、草原雕、苍鹰、白尾鹞、草原鹞、玉带海雕、大鵟、普通鵟、戴胜、蓝翡翠、燕隼、猎隼、游隼、长尾山椒鸟、黑卷尾、灰卷尾、虎纹伯劳、红尾伯劳、灰背伯劳、云雀、小云雀、崖沙燕、家燕、岩燕、烟腹毛脚燕、褐柳莺、黄腹柳莺、棕腹柳莺、棕眉柳莺、黄腰柳莺、黄眉柳莺、暗绿柳莺、暗绿绣眼鸟、灰椋鸟、虎斑地鸫、栗腹歌鸲、红喉歌鸲、红胁蓝尾鸲、赭红尾鸲、黑喉红尾鸲、北红尾鸲、红腹红尾鸲、沙鵖、锈胸蓝姬鹟、黑喉岩鹨、西黄鹡鸰、黄头鹡鸰、白鹡鸰、树鹨、粉红胸鹨、普通朱雀、蓝鹀、灰头鹀。

冬候鸟：大天鹅、鹊鸭、斑头秋沙鸭。

旅鸟：赤膀鸭、赤嘴潜鸭、红头潜鸭、白眼潜鸭、凤头潜鸭、黑颈鹛鹏、灰鹤、鹮嘴鹬、凤头麦鸡、孤沙锥、针尾沙锥、扇尾沙锥、青脚鹬、林鹬、青脚滨鹬、黑鹳、大白鹭、白尾海雕、毛脚鵟、喜山鵟、棕尾鵟、灰背隼、极北柳莺、红胁绣眼鸟、赤颈鸫、斑鸫、白腹蓝鹟、灰鹡鸰、白眉鹀。

迷鸟：黄斑苇鳽、栗头鳽、发冠卷尾、褐喉沙燕。

留鸟：斑尾榛鸡、雪鹑、红喉雉鹑、藏雪鸡、高原山鹑、血雉、蓝马鸡、环颈雉、原鸽、岩鸽、雪鸽、山斑鸠、灰斑鸠、火斑鸠、珠颈斑鸠、胡兀鹫、高山兀鹫、秃鹫、金雕、松雀鹰、雀鹰、黑鸢、雕鸮、四川林鸮、斑头鸺鹠、纵纹腹小鸮、长耳鸮、冠鱼狗、大斑啄木鸟、三趾啄木鸟、黑啄木鸟、灰头绿啄木鸟、红隼、棕背伯劳、楔尾伯劳、黑头噪鸦、松鸦、灰喜鹊、喜鹊、星鸦、红嘴山鸦、黄嘴山鸦、达乌里寒鸦、大嘴乌鸦、渡鸦、黑冠山雀、煤山雀、黄腹山雀、褐冠山雀、白眉山雀、沼泽山雀、褐头山雀、地山雀、长嘴百灵、短趾百灵、角百灵、斑胸短翅蝗莺、黄臀鹎、银脸长尾山雀、花彩雀莺、凤头雀莺、中华雀鹛、棕头雀鹛、山鹛、白眶鸦雀、黑额山噪鹛、斑背噪鹛、大噪鹛、山噪鹛、橙翅噪鹛、高山旋木雀、普通䴓、黑头䴓、白脸䴓、红翅旋壁雀、鹪鹩、河乌、褐河乌、灰头鸫、棕背黑头鸫、白腹短翅鸲、白喉红尾鸲、蓝额红尾鸲、红尾水鸲、白顶溪鸲、白尾蓝地鸲、黑喉石鵖、灰林鵖、蓝矶鸫、戴菊、领岩鹨、鸲岩鹨、棕胸岩鹨、褐岩鹨、栗背岩鹨、朱鹀、家麻雀、山麻雀、麻雀、石雀、白斑翅雪雀、褐翅雪雀、白腰雪雀、棕颈雪雀、白斑翅拟蜡嘴雀、灰头灰雀、赤朱雀、林岭雀、高山岭雀、拟大朱雀、红眉朱雀、酒红朱雀、长尾雀、斑翅朱雀、白眉朱雀、红胸朱雀、金翅雀、黄嘴朱顶雀、白头鹀、灰眉岩鹀、三道眉草鹀、藏鹀。

5.3.5 鸟兽动物群的生态特征

保护区的动物群属高地森林草原-草甸草原-寒漠动物群。森林和草原交错，自然条件比较复杂，动物栖息的环境空间异质性比较高，因而有比较高的物种多样性。

保护区森林是以云杉、冷杉为主的暗针叶林，分布于阴坡、半阴坡，阳坡则是以针茅为主的草原，构成了森林草原复合体。高山森林动物和草原动物互相渗透、掺杂，构成了山地森林草原动物群。四川马鹿、高山麝等是这一动物群的代表，在森林和草原间活动或做季节性迁移；中华鬣羚是另一代表，活动于多岩或岩石陡峭的林地，在林间草地觅食，与此相适应，它们的蹄适于在陡岩间攀登。森林与草原间的食肉兽类有蒙古狼、藏狐、赤狐、猞猁、石貂、香鼬、豹猫，出没于森林草原之间，追捕猎物。鸟类中的蓝马鸡、血雉、雉鹑等是这一动物群中的森林灌丛种类，季节性活动于森林和灌丛之间。一些猛禽，如鸮形目、鹰形目和隼形目的种类，在森林树上营巢，而在草原、草甸、湖泊游弋觅食。

保护区草甸草原面积最大，主要植物有多种嵩草、薹草、委陵菜、蓼、马先蒿，有些地带混生金露梅、锦鸡儿等小灌木。鼠兔、鼢鼠、旱獭、灰尾兔、中国鼹鼠为兽类的典型代表。鸟类以岩鹨、雪雀、地山雀、黄嘴朱顶雀、林岭雀、高山岭雀为代表。草甸草原海拔高，气候严酷，寒冷多风，缺少两栖类和爬行类，是蒙古狼、藏狐、赤狐、猞猁和猛禽类追逐猎物的场所。草甸草原嵩草低矮，季节变化明显，与此相适应，动物体色暗淡，以草黄色和灰色为主，或掺杂褐色斑纹。与环境单调、空间异质性程度低、隐蔽条件差相适应，动物以洞栖或营地下生活为主，甚或一些鸟类也向洞中发展，赭红尾鸲、石雀利用土崖上鼠类废弃的洞营巢；地山雀、白斑翅雪雀、褐翅雪雀等更营巢于地面鼠洞，形成"鸟鼠同穴"。一些营巢地面的鸟类如角百灵、黄嘴朱顶雀、云雀等则营巢于灌丛和草丛下，其卵呈土褐色，掺杂褐斑，与环境十分协调。在食性上草甸草原动物以草食性和肉食性为主。与草甸草原多风、洞栖相适应，白斑翅雪雀、褐翅雪雀和地山雀飞翔能力趋于减退。

高山寒漠环境最为恶劣，植物以各种点地梅、蚤缀和麻黄为主，动物种类虽然不多，但大多属于国家重点保护动物，如西藏盘羊、岩羊、雪豹是兽类中的典型代表，它们都适于在陡岩上攀登。由于气候寒冷，植物生长季节短，这些动物常垂直迁移觅食，有时下到山间盆地。冬季盆地积雪，这些动物则逐渐转移到无雪或薄雪的山岭觅食。鸟类的典型代表当推藏雪鸡。这些动物体色呈石板灰色，与裸岩环境相适应；雪鸡腿脚强健，能在冰川和永久积雪带活动，对冬季严寒无所畏惧，冬季多活动在无雪或少雪的山脊或随岩羊、西藏盘羊游荡，在它们踏开积雪的路上觅食。雪鸽、胡兀鹫是寒漠带常见的鸟，雪鸽游荡的范围很大，常进出山间村庄，营巢于岩缝之间。胡兀鹫翱翔于高山之巅，营巢于崖壁的平台上。寒漠带的鸟类通常生殖率都比较低。雪鸽每窝产卵2枚，胡兀鹫每窝产卵1~2枚，藏雪鸡的窝卵数较它的近亲、分布海拔低的暗腹雪鸡低得多。

保护区还有一个以尕海为中心的高原湿地，海拔3400~3600m，呈现典型的高原湿地特征。在这里繁殖的鸟有棕头鸥、斑头雁、赤麻鸭、普通燕鸥等。最有特色的黑颈鹤是高原上繁殖的唯一鹤类，其繁殖区和越冬区均在青藏高原及其附近不大的范围内。湿地动物群季节变化明显，夏季生机勃勃，鹤鸣九皋；冬天则白雪盖地，一片萧条。

5.3.6　鸟兽数量统计

在对二期科考的样线、样方调查成果统计的基础上，结合保护区多年的专项调查和野生动物资源监测，对鸟兽数量进行估计。估计的鸟兽的种群数量约13 425 020头（只），其中鸟类154 088只、兽类13 270 932头（只）；在兽类中鼠类种群数量达13 216 500只。各科野生动物的数量估计见表5-2。

表5-2　保护区鸟兽种群数量估计　数量：头、只

科名	种群数量	科名	种群数量	科名	种群数量
松鸡科	380	伯劳科	2700	鼹科	9000
雉科	10 670	鸦科	4400	鼩鼱科	31 000

续表

科名	种群数量	科名	种群数量	科名	种群数量
鸭科	16 780	山雀科	6600	松鼠科	265 000
鹡鸰科	3300	百灵科	8000	鼢鼠科	54 000
鸠鸽科	4000	蝗莺科	300	仓鼠科	4 862 000
雨燕科	1000	燕科	2900	鼠科	118 000
杜鹃科	1600	鹎科	400	林跳鼠科	13 000
秧鸡科	3200	柳莺科	7500	跳鼠科	4500
鹤科	390	长尾山雀科	1800	鼠兔科	7 860 000
鹮嘴鹬科	80	莺鹛科	4200	鼠类合计	13 216 500
反嘴鹬科	280	绣眼鸟科	1700		
鸻科	2000	噪鹛科	7300	蝙蝠科	3100
鹬科	1040	旋木雀科	450	犬科	760
鸥科	3460	鸸科	1500	鼬科	750
鹳科	420	鹪鹩科	300	猫科	374
鸬鹚科	205	河乌科	800	猪科	140
鹮科	80	椋鸟科	100	麝科	402
鹭科	1025	鸫科	1900	鹿科	3082
鹰科	3929	鹟科	9000	牛科	5824
鸱鸮科	305	戴菊科	500	兔科	40 000
戴胜科	390	岩鹨科	3900		
翠鸟科	400	朱鹀科	450	其他兽类	54 432
啄木鸟科	2100	雀科	10 300		
隼科	1454	鹡鸰科	3600		
山椒鸟科	130	燕雀科	11 300		
卷尾科	170	鹀科	3400	兽类合计	132 70 932
伯劳科	2700	鸟类合计	154 088	鸟兽总计	134 25 020

5.4 珍稀濒危野生动物保护

5.4.1 国际公约规定的保护种类

5.4.1.1 列入濒危物种红色名录的野生动物

到2021年底,保护区列入IUCN濒危物种红色名录的野生动物情况为:

IUCN 濒危物种红色名录ver 3.1——濒危(EN):共10种,占脊椎动物总数的2.82%。即栗头鳽、草原雕、玉带海雕、猎隼、猞猁、林麝、高山麝、狍、藏原羚和岩羊。比以前的评估增加了6种。

IUCN濒危物种红色名录ver 3.1——易危(VU):共13种,占脊椎动物总数的3.67%。即西藏山溪鲵、黑颈鹤、黑头噪鸦、黑额山噪鹛、猪獾、黄喉貂、野猫、雪豹、豹猫、中华鬣羚、中华斑羚、沟牙田鼠和大耳鼠兔。比以前的评估增加了2种。

IUCN濒危物种红色名录ver 3.1——近危(NT):共18种,占脊椎动物总数的5.09%。即黑斑侧褶蛙、倭蛙、高原蝮、斑尾榛鸡、罗纹鸭、白眼潜鸭、胡兀鹫、高山兀鹫、秃鹫、草原鹞、藏鹀、藏狐、水獭、香鼬、兔狲、西藏盘羊、沟牙鼯鼠和复齿鼯鼠。比以前的评估增加了5种。

5.4.1.2　列入濒危野生动植物种国际贸易公约即CITES的野生动物

到2021年底,保护区列入附录Ⅰ的保护动物有:藏雪鸡、黑颈鹤、白尾海雕、游隼、雪豹、西藏盘羊、中华鬣羚、中华斑羚,计8种,占陆生脊椎动物的2.3%;列入附录Ⅱ的保护动物有:血雉、灰鹤、黑鹳、白琵鹭、胡兀鹫、高山兀鹫、秃鹫、草原雕、金雕、松雀鹰、雀鹰、苍鹰、白尾鹞、草原鹞、黑鸢、玉带海雕、毛脚鵟、大鵟、普通鵟、喜山鵟、棕尾鵟、雕鸮、四川林鸮、斑头鸺鹠、纵纹腹小鸮、长耳鸮、红隼、灰背隼、燕隼、猎隼、蒙古狼、水獭、野猫、猞猁、兔狲、豹猫、林麝、高山麝,计38种,占陆生脊椎动物的10.7%。列入附录Ⅲ的保护动物有:黄喉貂、石貂、香鼬、岩羊、喜马拉雅旱獭,计5种,占陆生脊椎动物的1.4%。从严格意义上说,只有生活在印度的黄喉貂、香鼬、岩羊和喜马拉雅旱獭、生活在巴基斯坦的石貂才列入附录Ⅲ。

5.4.1.3　列入中日候鸟保护协定的种类

该协定规定了中日两国应共同保护的候鸟227种。分布于保护区的有:黑颈䴙䴘、凤头䴙䴘、草鹭、牛背鹭、大白鹭、中白鹭、夜鹭、栗头虎斑鳽、黑鹳、白琵鹭、豆雁、大天鹅、赤麻鸭、针尾鸭、绿翅鸭、罗纹鸭、绿头鸭、赤膀鸭、赤颈鸭、白眉鸭、琵嘴鸭、红头潜鸭、凤头潜鸭、鹊鸭、白秋沙鸭(斑头秋沙鸭)、普通秋沙鸭、松雀鹰、毛脚鵟、白尾鹞、燕隼、灰背隼、灰鹤、普通秧鸡、凤头麦鸡、蒙古沙鸻、鹤鹬、红脚鹬、青脚鹬、白腰草鹬、林鹬、矶鹬、孤沙锥、扇尾沙锥、青脚滨鹬(乌脚滨鹬)、黑翅长脚鹬、红嘴鸥、普通燕鸥、大杜鹃、长耳鸮、白腰雨燕、角百灵、家燕、黄鹡鸰、黄头鹡鸰、白鹡鸰、树鹨、虎纹伯劳、红尾伯劳、红胁蓝尾鸲、北红尾鸲、黑喉石䳭、虎斑地鸫、斑鸫、黄眉柳莺、极北柳莺、山麻雀、普通朱雀、白头鹀、灰头鹀等70种,占保护区鸟类总数的27.45%。

5.4.1.4　列入中澳候鸟保护协定的种类

协议共列入候鸟81种,其中保护区境内有:牛背鹭、大白鹭、黄斑苇鳽、琵嘴鸭、白眉鸭、金眶鸻、蒙古沙鸻、红脚鹬、青脚鹬、林鹬、矶鹬、针尾沙锥、普通燕鸥、白腰雨燕、家燕、黄鹡鸰、黄头鹡鸰、灰鹡鸰、白鹡鸰、极北柳莺等20种,占保护区鸟类总数的7.84%。

5.4.2　国家特有及重点保护物种

5.4.2.1　国家特有物种

特有种是只见于这一地区而不见于其他地区,之于这一地区为特有种。在保护区分布的我国特有种类为黄河裸裂尻鱼、花斑裸鲤、厚唇裸重唇鱼、骨唇黄河鱼、极边扁咽齿鱼、黄河高原鳅、拟鲇高原鳅、达里湖高原鳅、东方高原鳅、硬鳍高原鳅、短尾高原鳅、黑体高原鳅、拟硬刺高原鳅、西藏山溪鲵、西藏齿突蟾、岷山蟾蜍、中国林蛙、倭蛙、康定滑蜥、青海沙蜥、高原蝮、斑尾榛鸡、红喉雉鹑、蓝马鸡、四川林鸮、黑头噪鸦、黄腹山雀、白眉山雀、地山雀、银脸长尾山雀、凤头雀莺、中华雀鹛、白眶鸦雀、黑额山噪鹛、斑背噪鹛、大噪鹛、山噪鹛、橙翅噪鹛、白脸䴓、朱鹀、蓝鹀、藏鹀、麝鼹、甘肃鼩鼱、大卫鼠耳蝠、四川马鹿、四川梅花鹿、西藏盘羊、藏原羚、喜马拉雅旱獭、岩松鼠、沟牙鼯鼠、灰鼯鼠、复齿鼯鼠、藏仓鼠、中华鼢鼠、甘肃鼢鼠、罗氏鼢鼠、斯氏鼢鼠、洮州绒鼠、苛岚绒鼠、高原松田鼠、沟牙田鼠、林跳鼠、中国蹶鼠、间颅鼠兔、红耳鼠兔、狭颅鼠兔、灰尾兔等69种，占354种脊椎动物种数的19.49%。其中鱼类13种，占17种鱼类的76.47%；两栖类5种，占7种两栖类的71.43%；爬行类3种，占3种爬行类种数的100%；鸟类21种，占255种鸟类的5.24%；兽类27种，占72种兽类的37.5%。

5.4.2.2　国家重点保护动物

根据2021年版《国家重点保护野生动物名录》初步统计，保护区分布国家重点保护野生动物85种（其中昆虫3种），82种重点保护脊椎动物占354种脊椎动物种数的23.16%。其中一级重点保护野生动物19种，占脊椎动物种数的5.37%；二级重点保护野生动物66种（其中昆虫3种），63种重点保护脊椎动物占脊椎动物种数的17.8%。

一级重点保护野生动物：共19种，其中名录调整以前的有斑尾榛鸡、红喉雉鹑、黑颈鹤、黑鹳、胡兀鹫、金雕、玉带海雕、白尾海雕、四川林鸮、雪豹、林麝、高山麝、四川梅花鹿等共13种，2020年由二级晋升为一级的有秃鹫、草原雕、猎隼、西藏盘羊等4种，2020年由“三有”野生动物直接晋级的有黑头噪鸦、黑额山噪鹛2种。

二级重点保护野生动物：共66种，其中名录调整以前的脊椎动物（除晋为一级的4种）有藏雪鸡、血雉、蓝马鸡、大天鹅、灰鹤、白琵鹭、高山兀鹫、松雀鹰、雀鹰、苍鹰、白尾鹞、草原鹞、黑鸢、毛脚鵟、大鵟、普通鵟、喜山鵟、棕尾鵟、雕鸮、斑头鸺鹠、纵纹腹小鸮、长耳鸮、红隼、灰背隼、燕隼、游隼、水獭、黄喉貂、石貂、野猫、猞猁、兔狲、四川马鹿、中华鬣羚、中华斑羚、藏原羚、岩羊等37种，2020年新晋级的脊椎动物有厚唇裸重唇鱼、骨唇黄河鱼、极边扁咽齿鱼、拟鲇高原鳅、西藏山溪鲵、斑头秋沙鸭、黑颈䴙䴘、鹮嘴鹬、栗头鳽、三趾啄木鸟、黑啄木鸟、白眉山雀、云雀、中华雀鹛、白眶鸦雀、红胁绣眼鸟、斑背噪鹛、大噪鹛、红喉歌鸲、朱鹀、蓝鹀、藏鹀、蒙古狼、藏狐、赤狐、豹猫等26种，2020年新晋级的无脊椎动物昆虫有君主绢蝶、君主绢蝶大通山亚种、大斑霾灰蝶等3种。

5.4.2.3　甘肃省重点保护野生动物

除了一部分物种已经晋升为国家重点保护野生动物外，保护区尚有黄河裸裂尻鱼、花斑裸鲤、黄河高原鳅、岷山蟾蜍、雪鹑、灰雁、斑头雁、赤嘴潜鸭、雪鸽、渔鸥、大白鹭、渡鸦和狍等13种甘肃省重点保护野生动物，其中岷山蟾蜍、雪鹑、灰雁、斑头雁、赤嘴潜鸭、雪鸽、渔鸥、大白鹭、渡鸦和狍等10种也是国家“三有”野生动物。

5.4.2.4　“三有”陆生野生动物

国家保护的“三有”陆生野生动物：按照2018年修正的《国家保护的有重要生态、科学、社会价值的陆生野生动物名录》，保护区有国家保护的“三有”陆生野生动物171种：西藏齿突蟾、中华蟾蜍、中国林蛙、黑斑侧褶蛙（黑斑蛙）、倭蛙、康定滑蜥、青海沙蜥、高原蝮、高原山鹑、环颈雉、豆雁、赤麻鸭、赤膀鸭、罗纹鸭、赤颈鸭、绿头鸭、斑嘴鸭、针尾鸭、绿翅鸭、琵嘴鸭、白眉鸭、红头潜鸭、白眼潜鸭、凤头潜鸭、鹊鸭、普通秋沙鸭、小䴙䴘、凤头䴙䴘、原鸽、岩鸽、山斑鸠、灰斑鸠、火斑鸠、珠颈斑鸠、白腰雨燕、大鹰鹃、四声杜鹃、大杜鹃、普通秧鸡、白胸苦恶鸟、白骨顶、黑翅长脚鹬、凤头麦鸡、灰头麦鸡、金眶鸻、环颈鸻、蒙古沙鸻、孤沙锥、针尾沙锥、扇尾沙锥、鹤鹬、红脚鹬、青脚鹬、白腰草鹬、林鹬、矶鹬、青脚滨鹬、棕头鸥、红嘴鸥、普通燕鸥、灰翅浮鸥、普通鸬鹚、黄斑苇鳽、夜鹭、池鹭、牛背鹭、苍鹭、草鹭、中白鹭、戴胜、蓝翡翠、大斑啄木鸟、灰头绿啄木鸟、长尾山椒鸟、黑卷尾、灰卷尾、发冠卷尾、虎纹伯劳、红尾伯劳、棕背伯劳、灰背伯劳、楔尾伯劳、灰喜鹊、喜鹊、达乌里寒鸦、黑冠山雀、煤山雀、黄腹山雀、褐冠山雀、沼泽山雀、褐头山雀、小云雀、角百灵、褐喉沙燕、崖沙燕、家燕、岩燕、烟腹毛脚燕、黄臀鹎、褐柳莺、黄腹柳莺、棕腹柳莺、棕眉柳莺、黄腰柳莺、黄眉柳莺、极北柳莺、暗绿柳莺、银脸长尾山雀、凤头雀莺、棕头雀鹛、山鹛、暗绿绣眼鸟、山噪鹛、橙翅噪鹛、灰椋鸟、虎斑地鸫、棕背黑头鸫、斑鸫、红胁蓝尾鸲、北红尾鸲、黑喉石䳭、戴菊、山麻雀、麻雀、西黄鹡鸰、黄头鹡鸰、灰鹡鸰、白鹡鸰、树鹨、粉红胸鹨、灰头灰雀、赤朱雀、普通朱雀、拟大朱雀、红眉朱雀、酒红朱雀、长尾雀、斑翅朱雀、白眉朱雀、红胸朱雀、金翅雀、黄嘴朱顶雀、白头鹀、灰眉岩鹀、三道眉草鹀、白眉鹀、灰头鹀、猪獾、亚洲狗獾、香鼬、艾鼬、野猪、岩松鼠、北花松鼠、沟牙鼯鼠、红背鼯鼠、灰鼯鼠、复齿鼯鼠、北社鼠、灰尾兔、蒙古兔等161种。另外,既是国家“三有”野生动物又是甘肃省重点保护野生动物的有岷山蟾蜍、雪鹑、灰雁、斑头雁、赤嘴潜鸭、雪鸽、渔鸥、大白鹭、渡鸦、狍等10种。合计171种,占脊椎动物种数的48.31%。其中两栖类6种,占7种两栖类的85.71%;爬行类3种,占3种爬行类种数的100%;鸟类147种,占255种鸟类的57.65%;兽类15种,占72种兽类的20.83%。

甘肃省保护的“三有”陆生野生动物:除了一部分物种已经晋升为国家重点保护野生动物外,保护区尚有虎纹伯劳、红尾伯劳、棕背伯劳、灰背伯劳、楔尾伯劳、灰喜鹊、喜鹊、褐喉沙燕、崖沙燕、家燕、岩燕、烟腹毛脚燕、灰椋鸟、猪獾、亚洲狗獾、香鼬、艾鼬、中国林蛙、黑斑侧褶蛙(黑斑蛙)、倭蛙、大卫鼠耳蝠、双色蝙蝠等22种甘肃省“三有”野生动物,其中只有大卫鼠耳蝠和双色蝙蝠不是国家“三有”野生动物。

5.4.3 中国脊椎动物红色名录

在保护区354种脊椎动物中,评估为极危(CR)的有林麝、高山麝、四川马鹿和四川梅花鹿4种,占脊椎动物总数的1.13%;评估为濒危(EN)的有骨唇黄河鱼、极边扁咽齿鱼、黄河高原鳅、玉带海雕、猎隼、石貂、野猫、猞猁、兔狲和雪豹等10种,占脊椎动物总数的2.82%;评估为易危(VU)的有黄河裸裂尻鱼、花斑裸鲤、厚唇裸重唇鱼、拟鲇高原鳅、西藏山溪鲵、红喉雉鹑、黑颈鹤、黑鹳、草原雕、金雕、白尾海雕、大鵟、四川林鸮、黑头噪鸦、黑额山噪鹛、藏鹀、喜马拉雅水麝鼩、艾鼬、豹猫、中华鬣羚、中华斑羚、红背鼯鼠、复齿鼯鼠和沟牙田鼠等24种,占脊椎动物总数的6.78%;评估为近危(NT)的有黑斑侧褶蛙、高原蝮、斑尾榛鸡、雪鹑、藏雪鸡、血雉、蓝马鸡、大天鹅、罗纹鸭、白眼潜鸭、灰鹤、鹮嘴鹬、白琵鹭、胡兀鹫、高山兀鹫、秃鹫、苍鹰、白尾鹞、草原鹞、毛脚鵟、棕尾鵟、雕鸮、灰背隼、游隼、白眉山雀、凤头雀莺、白眶鸦雀、黑头䴓、白脸䴓、朱鹀、拟大朱雀、白眉鹀、麝鼹、甘肃鼩鼱、蒙古狼、藏狐、赤狐、猪獾、水獭、黄喉貂、亚洲狗獾、香鼬、狍、西藏盘羊、藏原羚、沟牙鼯鼠、藏仓鼠和狭颅鼠兔等48种,占脊椎动物总数的13.56%。

5.4.4 珍稀濒危药用动物

根据国家公布的《野生药材资源保护管理条例》,保护区分布国家一级重点保护野生药用动物2种:猫科雪豹(豹骨)、鹿科梅花鹿(鹿茸);国家二级重点保护野生药用动物5种:鹿科马鹿(鹿茸)、麝科林麝(麝香)、高山麝(麝香)、蟾蜍科中华大蟾蜍(蟾酥)、蛙科中国林蛙(哈蟆油)。

第6章 有害生物

保护区林业有害生物种类较多,但危害相对比较轻。危害草原的有害生物主要是鼠虫害即中华鼢鼠、达乌尔鼠兔、喜马拉雅旱獭和草原毛虫;保护区没有发现植物检疫性有害生物,也没有发现农业检疫性有害物种(动物)和林业检疫性有害物种(动物),林业危险性有害生物(动物)有落叶松球蚜、柳蛎盾蚧和落叶松八齿小蠹;保护区外来植物共13种、外来动物4种,这些物种均未列入《中国外来入侵物种名单》。

6.1 林业有害生物

保护区地处高海拔地带,受高寒气候影响,相较而言林业有害生物比甘肃省内其他林区发生的少,有害生物种类也比较单一。较常发生、发病率较高的林木有害生物主要有立木腐朽病、云杉锈病、黑云杉蚜、松大蚜、大青叶蝉、白眼蝶、白杨叶甲、红斑隐盾叶甲、跗萤叶甲、紫绒金龟、幽天牛、蓝负泥虫等。

6.1.1 森林常见害虫

据有关科技资料及调查成果,危害云杉的害虫有16种、危害冷杉的害虫有7种、危害落叶松的害虫有10种、危害杨树的害虫有15种、危害柳树的害虫有13种、危害桦树的害虫有2种、危害杜鹃树的害虫有1种。大多危害程度轻,但也要搞好防治工作。

6.1.1.1 云杉害虫

松大蚜(油松大蚜、松长足大蚜)*Cinara pinea* Mordwiko:为害云杉、油松等。成虫和若虫群集在松树幼嫩枝吸食汁液,同时排出蜜露,引发煤污病产生,危害程度轻。

黑云杉蚜(云杉长足大蚜)*Cinara piceae* Panzer:为害云杉属青海云杉等,成、若蚜群集主干四周,幼树枝条被害后生长势普遍减弱,年高生长下降50%左右;大树危害部位为叶和芽,危害程度轻。

黑松大蚜 *Cinara atratipinivora* Zhang:危害部位为叶和芽,危害程度中等。

蜀云杉松球蚜 *Pineus sichuananus* Zhang:危害云杉梢部,危害程度较轻。

云杉梢球蚜 *Pineus* sp.:危害云杉梢部,危害程度较轻。

落叶松红瘿球蚜 *Sacchiphantes roseigallis* Li et Tsai:危害云杉树梢嫩芽形成虫瘿,引起树干变形,危害程度中等。

落叶松球蚜 *Adelges laricis* Vallot.:危害云杉幼梢,危害程度轻。

松沫蝉 *Aphrophora flavipes* Uhler:危害云杉树枝,危害程度轻。

云杉大树蜂 *Sirex gigas* L.:危害部位为树梢,危害程度轻。

跗萤叶甲 *Monolepta olichroa* Harold:危害部位为针叶,危害程度轻。

杉针黄叶甲 *Xanthonia collaris* Chen：主要危害云杉，成虫危害云杉当年生针叶，幼虫危害苗木及幼树根系。紫果云杉较青海云杉和粗枝云杉受害重，成虫比幼虫危害严重。危害程度中。

幽天牛 *Asemum* sp.：危害部位为枝干，危害程度轻。

多鳞四眼小蠹 *Polygraphus squameus* Yin et Huang：危害部位为枝干，危害程度轻。

云杉四眼小蠹 *Polygraphus polygraphus* L.：危害部位为枝干，危害程度较轻。

重齿小蠹 *Ips duplicatus* Sahlb.：危害部位为枝干，危害程度中。

云杉球果小卷蛾 *Pseudotomoides strobilellus* L.：幼虫危害，危害部位为枝叶，危害程度轻。

6.1.1.2 冷杉害虫

冷杉梢小蠹 *Cryphalus sinoabietis* Tsai et Li：危害树梢，危害程度轻。

云杉四眼小蠹 *Polygraphus polygraphus* L.：危害部位为枝干，危害程度较轻。

重齿小蠹 *Ips duplicatus* Sahlb.：危害部位为枝干，危害程度中。

曼氏重齿小蠹（中重齿小蠹）*Ips mansfeldi* Wachtl：危害部位为枝干，危害程度中。

云杉重齿小蠹 *Ips hauseri* Reitt：危害部位为枝干，危害程度中。

黄毛鳃金龟 *Holotrichia trichophora* Farim：危害部位为枝干，危害程度较轻。

冷杉芽小卷蛾 *Cymolomis hartigiana* Saxesen：幼虫危害，危害部位为枝梢，危害程度较轻。

6.1.1.3 落叶松害虫

橙黄豆粉蝶 *Colias fieldi* Menetries：幼虫危害，危害部位为针叶，危害程度较轻。

落叶松红腹叶蜂 *Pristiphora erichsonii* Hartig：危害部位为针叶，危害程度中。

落叶松球蚜 *Adelges laricis* Vallot.：危害部位为幼梢针叶，危害程度中。

棕色鳃金龟 *Holotrichia titanis* Reitter：幼虫危害幼苗根系、成虫危害针叶，危害程度中。

大云斑鳃金龟 *Polyphylla laticollis* Lewis：幼虫危害幼苗根系，危害程度较轻。

东北大黑鳃金龟 *Holotrichia diomphalia* Bates：幼虫危害幼苗根系，危害程度较轻。

多色丽金龟 *Anomala smaragdina* Ohaus：幼虫危害幼苗根系，危害程度轻。

绿鳞象甲 *Hypomeces squamosus* Herbst：成虫危害针叶，危害程度较轻。

大灰象甲 *Sympiezomias velatus* Chevrolat：成虫危害针叶，危害程度轻。

落叶松八齿小蠹 *Ips subelongatus* Motsch.：为害部位可分为树冠型、基干型和全株型，危害程度较轻。

6.1.1.4 杨树害虫

杨雪毒蛾 *Stilpnotia candida* Staudinger：幼虫危害，危害叶片，危害程度中。

紫闪蛱蝶 *Apatura iris* L.：幼虫危害，危害叶片，危害程度轻。

黄缘蛱蝶 *Nymphalis antiopa* Linnaeus：幼虫危害，危害叶片，危害程度轻。

小红蛱蝶 *Vanessa cardui* Linnaeus：幼虫危害，危害叶片，危害程度轻。

大红蛱蝶 *Vanessa indica* Herbst：幼虫危害，危害叶片，危害程度轻。

红珠绢蝶 *Parnassius bremeri graeseri* Horn：幼虫危害，危害部位为叶片，危害程度轻。

白眼蝶 *Melanargia halimede* Ménétriès：幼虫危害，危害部位为叶片，危害程度中等。

大青叶蝉 *Cicadella viridis* Linn.：危害部位为叶和嫩枝，危害程度轻。

白杨瘿绵蚜（杨瘿绵蚜、头瘿绵蚜）*Pemphigus napaeus* Buckton：危害叶芽，危害程度轻。

杨柄叶瘿绵蚜 *Pemphigus matsumurai* Monzen：危害叶芽，危害程度较轻。

三堡瘿绵蚜 *Epipemphigus sanpupopuli* Zhang et Zhang:危害叶芽,危害程度较轻。

杨牡蛎蚧 *Lepidosaphes salicina* Borchsonius:固定在枝梢和叶片上吸取汁液,造成落叶、枯枝,危害程度中。

白杨叶甲 *Chrysomela populi* Linn.:危害部位为叶,危害程度轻。

苹果卷叶象 *Byctiscus princeps*(Solsky):主要危害杨树、苹果、梨等树种,危害部位为树叶,危害程度中。对杨树的危害有时非常严重。

紫绒金龟 *Maladera japanica* Motschulsky:危害叶和根,危害程度轻。

6.1.1.5 柳树害虫

柳隐头叶甲 *Cryptocephalus hieracii* Weise:危害部位为叶,危害程度较轻。

红斑隐盾叶甲 *Adiscus anulatus* Pic:危害部位为叶,危害程度轻。

柳兰叶甲 *Plagiodera versicolora* Laichart:危害部位为叶,危害程度较轻。

跗萤叶甲 *Monolepta olichroa* Harold:危害部位为叶,危害程度轻。

蓝负泥虫 *Lema concinnipennis* Baly:危害部位为叶,危害程度轻。

白杨叶甲 *Chrysomela populi* Linn.:危害部位为叶,危害程度中。

棕色鳃金龟 *Holotrichia titanis* Reitter:危害部位为叶、嫩茎、根茎、根系,危害程度中。

守瓜 *Aulacophora* sp.:危害部位为叶,危害程度轻。

酪色苹粉蝶 *Aporia hippa* Bremer:幼虫危害,危害部位为叶,危害程度轻。

朱蛱蝶 *Nymphalis xanthomelas* Denis et Schiffermüller:幼虫危害,危害部位为叶,危害程度轻。

斐豹蛱蝶 *Argynnis hyperbius* Linn.:幼虫危害,危害部位为叶,危害程度较轻。

紫闪蛱蝶 *Apatura iris* L.:幼虫危害,危害部位为叶,危害程度较轻。

柳沫蝉 *Aphrophora intermedia* Uhler:危害部位为嫩枝、嫩叶,危害程度较轻。

6.1.1.6 桦树害虫

酪色苹粉蝶 *Aporia hippa* Bremer:幼虫危害,危害部位为叶,危害程度轻。

白眼蝶 *Melanargia halimede* Ménétriès:幼虫危害,危害部位为叶,危害程度轻。

6.1.1.7 杜鹃害虫

珍珠蛱蝶(珍珠蝶)*Clossiana gong* Oberhür:幼虫危害,危害部位为叶,危害程度轻。

6.1.2 森林常见病害

据有关资料统计,保护区常见病害有13种。其中危害云杉的病害有6种,危害冷杉的病害有1种,危害圆柏的病害有2种,危害杨树的病害有1种,危害柳树的病害有2种,危害桦树的病害有1种。大多危害程度较轻,还是要做好防治工作。

6.1.2.1 云杉病害

云杉叶锈病:病原菌为锈菌目金锈菌科的金锈菌属 *Chrysomyxa* spp.。祁连云杉叶锈病的病原菌为祁连金锈菌 *Chrysomyxa qilianensis* Wang, Wu et Li。云杉叶锈病中幼林的发病率为6.3%,成熟林为3.5%,多发生在当年生的嫩枝和针叶上。危害程度中等。

云杉美景梢锈病:此病害的病原菌为锈菌目、金锈菌科、金锈菌属的祁连金锈菌 *Chrysomyxa qilianensis*。6月底至7月初发病,7月20~25日后,锈孢子器成熟,包被膜破裂,散发出黄色粉状锈孢子,8月初病叶变成灰黄色逐渐干枯脱落。危害程度轻。

云杉球果锈病:该病病原为担子菌亚门冬孢菌纲锈菌目盖痂锈菌属的杉李盖痂锈菌 *Thekospora*

areolata(Fr.)Magn.。危害雌球果鳞片正面,感病鳞片扭曲、反卷、紊乱。正面产生许多紫褐色的小球排成一层,为病原菌的锈孢子器,有时鳞片背面也有锈孢子器产生。危害程度轻。

云杉落针病:是云杉人工幼林的主要病害,病原菌为子囊菌纲星裂菌目星裂菌科散斑壳属的云杉散斑壳菌 *Lophodermium piceae*(Fuckel)Von Hhnel。危害程度较重。

云杉煤污病(烟煤病):病原菌为小煤炱目小煤炱科的小煤炱属 *Meliola* 及煤炱目煤炱科的煤炱属 *Capnodium* 等。危害程度轻。

云杉立枯病:主要由半知菌亚门丝孢纲无孢菌目的立枯丝核菌 *Rhizoctonia solani* Kuhn 真菌侵染引起。危害程度中等。

6.1.2.2　冷杉病害

立木腐朽病:为林区发病率较高的病害,主要危害冷杉和云杉,病因由真菌引起,病症为树干从中向外腐朽,立木死亡。发生面积较大,以冷杉成、过熟林严重,病株率可达20%;云杉较轻,发病率为5%。危害程度较轻。

6.1.2.3　圆柏病害

圆柏锈病:病原菌为担子菌纲锈菌目中的山田胶锈菌 *Gymnosporangium yamadai* 和梨胶锈菌 *Gymnos porangium* haraeanum Syd.,两种菌态相似,都是转主寄生菌,危害程度轻。

圆柏丛枝病:丛枝病是木本植物特有的一类病害,发生在多种针、阔叶树种上,主要由类菌原体和真菌所致。圆柏丛枝病由真菌引起,所致丛枝症状仅表现在直接受侵染的个别枝条上。危害程度轻。

6.1.2.4　杨树病害

杨树锈病:引起杨树锈病的病原菌有马格栅锈菌 *Melampsora magnusiana* Wagn 和落叶松-杨栅锈菌 *Melampsora larici-populina* 等,这两种病菌在夏孢子和冬孢子以及侧丝的形态和大小上差异不大,夏孢子堆为黄色,散生或聚生;冬孢子为橘黄色,圆形或椭圆形,表面有刺;侧丝呈头状或勺形,淡黄色或无色;冬孢子堆于寄主表皮下,冬孢子近柱形。危害程度严重。

6.1.2.5　柳树病害

柳漆斑病(柳树黑痣病):由子囊菌纲盘菌目盘菌科斑痣盘菌属的柳斑痣盘菌 *Rhytisma salicinum*(Pers.)Fr.,无性阶段为柳叶痣菌 *Melasmia salicina* Lev.引起。危害程度重。

柳灰斑病 *Septoria populi* Desm.:病原有杨灰星叶点霉 *Phyllosticta populea* Sacc. 和杨棒盘孢 *Coryneum populinum* Bres.。危害程度中等。

6.1.2.6　桦树病害

桦树毛毡病:该病害主要危害桦幼林,由蜱螨亚纲瘿螨科瘿螨属 *Eriophyes* spp. 螨类引起,症状主要是受害部位植株的表皮细胞受到虫体分泌物的刺激所致。危害程度中等。

6.2　草原有害生物

保护区危害草原的鼠虫害主要有四类,即中华鼢鼠、达乌尔鼠兔、喜马拉雅旱獭和草原毛虫。中华鼢鼠打洞掘土,啃食牧草根系;达乌尔鼠兔打洞掘土、采食牧草,对牧草的生长造成极大的破坏,使牧草生长面积减少,造成水土流失和草场凹凸不平,草原破坏率达50%以上,使大面积优良草地变成黑土滩;草原毛虫取食牧草幼嫩茎叶,影响牧草生长,严重妨碍畜牧业发展。

中华鼢鼠、达乌尔鼠兔主要分布于尕海、郎木寺和拉仁关等乡镇的草场上,鼠害严重危害草场面积达62 266.67hm²、中度危害面积达到15 333.33hm²,鼠兔密度1~10只/hm²以上、鼢鼠密度0.5~1只/hm²以上,土丘覆盖密度53%以上。

草原虫害以草原毛虫为主。草原虫害发生时,虫口密度一般为80~100只/m²,严重时达到200~250只/m²,对草原的危害很大。

6.2.1 草原鼠兔害

6.2.1.1 主要鼠兔害

保护区有害陆生脊椎动物主要有达乌尔鼠兔、高原鼠兔、中华鼢鼠、高原鼢鼠、甘肃鼢鼠、喜马拉雅旱獭等。这些鼠兔害动物营洞栖生活,鼢鼠终生在地下生活,它们的共同特点是打洞,将土翻到草原,覆盖草场。

6.2.1.2 鼠兔害对草地的危害

人类同啮齿类进行斗争的历史久远,可以追溯到人类经营农牧业之初,但久治而不衰,主要因为啮齿类动物适应性强,繁殖力高。灰尾兔一年繁殖2~4次,每胎产仔5~6只;旱獭一年生殖1次,每胎4~6仔,多达9只;鼠兔一年繁殖2次,每胎产仔5~6只;中华鼢鼠一年繁殖1~3次,每胎产仔1~8只,以4~6只为多。

在尕海草原调查鼢鼠土堆密度为733堆/hm²,覆盖草场61.6%。鼠兔洞穴密度为1 266.6洞/hm²,覆盖草场46.6%,在这些土堆上生长牲畜不吃的狭叶香薷、乌头、臭蒿、委陵菜等杂草。鼢鼠土堆和鼠免洞穴严重破坏草甸草的基底,加速草原的荒漠化进程,促进草原朝着不利放牧方向演替,啃食牧草,传播疫病。

在尕海草原调查鼠兔的密度平均为48.6只/hm²、鼢鼠73.3只/hm²、旱獭2.4只/hm²。如果以一只鼠兔、一只鼢鼠一天吃50g青草计,1hm²草地一天就要被吃掉6.1kg牧草,相当于一只羊的饲草量。高原鼢鼠不仅与家畜争夺优良牧草,降低草原载畜量,而且终年打洞造穴、挖掘草根、推出地表土丘,导致植被盖度降低,地表土裸露,引起草原退化、沙化、荒漠化和水土流失等严重的生态灾难。再加上打洞破坏的草场,损失相当惊人。因此,必须控制草原鼠兔害,以利牧业发展和保护区建设。

6.2.2 草原虫害

6.2.2.1 草原常见虫害

草原常见虫害主要有以下种类:

直翅目:短角外斑腿蝗 *Xenocatantops humilis brachycerus*(Will.)、小稻蝗 *Oxya hyla intricata*(Stal.)、红腹牧草蝗 *Omocestus haemorrhoidalis*(Charpentier)、黄腹牧草蝗 *Omocestus* sp.、短星翅蝗 *Calliptamus abbreviatus* Ikonn.、红翅皱膝蝗 *Angaracris rhodopa*(Fischer et Walheim)、李氏大足蝗 *Aeropus licenti*(Chang)、邱氏异爪蝗 *Euchorthippus cheui*(Hsia)、达氏凹背蝗 *Ptygonotus tarbinskii* Uvarov、石栖蝗 *Saxetophilus petulans* Umnov、甘肃鳞翅蝗 *Squamopenna gansuensis*(Lian et Zheng)、西藏板胸蝗 *Spathosternum prasiniferum xizangense* Yin、轮纹异痂蝗 *Bryodemella tuberculatum dilutum* Stoll、华北雏蝗 *Chorthippus brunneus huabeiensis* Xia et Jin、楼观雏蝗 *Chorthippus louguanensis* Cheng et Tu、小翅雏蝗 *Chorthippus fallax*(Zub.)、白纹雏蝗 *Chorthippus albonemus* Cheng et Tu、中华雏蝗 *Chorthippus chinensis*(Tarbinsky)、黑马河凹顶蜢 *Ptygomastax heimahoensis*(Cheng et Hang)

鳞翅目:黄斑草毒蛾(草原毛虫、红头黑毛虫)*Gynaephora alpherakii*(Grum-Grzhimailo)、青海草原毛虫 *Gynaephora qinghaiensis*(Ghouet Ying)、金黄草原毛虫 *Gynaephora aureata*(Ghouet Ying)、若尔盖草原毛虫 *Gynaephora ruoergensis*(Ghouet Ying)、小草原毛虫 *Gynaephora minorav*(Ghouet Ying)。鳞翅目蝶

类幼虫在草原害虫中为次要害虫，因此未列入。

鞘翅目：棕色鳃金龟 *Holotrichia titanis*（Reitter）、黑棕鳃金龟 *Apogonia cupreoviridis*（Kolbe）、直蜉金龟 *Aphodius rectus*（Motschulsky）、两星牧场金龟（两斑蜉金龟、雅蜉金龟）*Aphodius elegans*（Allibert）、遮眼象 *Callirhopalus* sp.。

6.2.2.2 草原毛虫的危害

草原毛虫是对草地造成危害的主要害虫，对草原破坏巨大，虫灾严重时会造成草原大面积裸露，造成与牲畜争草的局面，对于本就脆弱的草原生态系统来说无疑是一大灾难。每年6月底至7月底的一个月是草原毛虫较多、危害严重的时节。草原毛虫会导致草原的牧草不能正常生长，给草原带来了很大的威胁，严重时还会影响到草原牧民的放牧问题。

在严重暴发期，草原毛虫的密度可达400~800头/m^2，降低草地产量50%~80%，改变草地植物群落结构，加剧草地退化和草地生态环境恶化，每年需要投入大量人力物力进行防治。

6.2.3 草原病害

牧草病害导致牧草产品质量下降，产量降低，引起巨大的经济损失，是阻碍畜牧业发展的主要原因之一，而在草地病害中最主要的是真菌病害。经甘肃农业大学张蓉的调查与鉴定，甘南高寒草地植物主要真菌病害有锈病11种、黑粉病11种、白锈病2种、麦角病（ergot）3种、白粉病5种、霜霉病3种，涉及草地植物11个科30个属。共采集和鉴定出草地病害44种（属）。这些植物病害大多存在保护区草地中。

锈病11种：蒲公英锈病 *Puccinia hieracii*、秦艽锈病 *Puccnicia gentianae*、珠芽蓼锈病 *Puccinia vivipari*、防风锈病 *Puccinia sileris*、蕴苞麻花头锈病 *Puccinia calcitrapae* de Candolle、刺儿菜锈病 *Puccinia calcitrapae* de Candolle var. *centaureae*、早熟禾锈病 *Puccinia brachypodii*、高原毛茛锈病 *Puccinia ustslis* Berkekey、毛莲菜锈病 *Puccinia hieracii*、驴蹄草锈病 *Puccinia Calthicola* J. Schr Oter、风毛菊锈病 *Puccinia saussureae* Thümen。

黑粉病11种：分别是珠芽蓼黑粉病 *Ustiligo bistortarum*、大麦坚黑穗病 *Ustilago hordei*、大麦散黑穗病 *Ustilago nuda*、垂穗披碱草条形黑粉病 *Urosystis dahuricus* Turcz、赖草黑粉病 *Ustilago serpens*、赖草条形黑粉病 *Ustiligo striiformis*、嵩草炭黑粉病 *Anthracoidea elynae*、芨芨草条黑粉病 *Urocystis achnatheri*、风毛菊黑粉菌病 *Thecaphora trailii*、茅香条黑粉病 *Urocystis hierochloae* 和冰草条黑粉病 *Urocystis agropyri*。

白锈病2种：即蕴苞麻花头白锈病 *Albugo macrospora*（Togashi）Ito、艾蒿白锈病 *Albugo tyagopogonis*。

麦角病（ergot）3种：即赖草麦角病 *Claviceps purpurea*（Fr.）Tul.、鹅观草麦角病 *Claviceps purpurea*（Fr.）Tul. 和披碱草麦角病 *Claviceps purpurea*（Fr.）Tul.。

白粉病5种：即蒲公英白粉病 *Sphaerotheca fusca*、二裂委陵菜白粉病 *Sphaerotheca aphanis*、早熟禾白粉病 *Blumeria graminis*、毛莲菜白粉病 *Oidium* 和苜蓿白粉病 *Erysiphe pisi*。

霜霉病3种：即苜蓿霜霉病 *Peronospora aestivalis*、苦荬菜霜霉病 *Bremia lactucae* 和苍耳霜霉病 *Plasmopara angustiterminalis*。

叶斑类病害9种：草玉梅黑斑病 *Alternaria tenuissima*（Nees ex Fr）Wiltshire、蒲公英褐斑病 *Alternaria tenuissima*（Fr.）Wiltshire、唐松草褐斑病 *Alternaria thalivtriicola*、珠芽蓼褐斑病 *Cercospora* sp.、刺儿菜黑斑病 *Alternaria tenuissima*（Fr.）Wiltshire，异叶青兰褐斑病 *Alternaria tenuissima*（Fr.）Wiltshire、黄帚橐吾褐斑病 *Trichometasphaeria* sp.、微孔草黑斑病 *Alternaria rosicol*、苦苣菜褐斑病 *Phoma* sp.。

寄主植物共涉及11个科的植物，依次是菊科、蓼科、禾本科、蔷薇科、唇形科、紫草科、豆科、毛茛科、蓼科、伞形科和龙胆科，其中危害最为严重的是菊科，其次是禾本科。能被黑粉菌所侵染的植物有5个科，依次为禾本科、菊科、莎草科、蓼科和毛茛科，其中危害最为严重的是禾本科。

6.3 外来入侵物种

外来植物：根据多年的监测，保护区外来植物共13种，大多是畜牧部门引种栽培的优良牧草，还有一部分是引种栽培的树种、药材、花卉等。即华北落叶松 *Larix principis-rupprechtii* Mayr、大麻 *Cannabis sativa* L.、芥菜 *Brassica juncea*（L.）Czern. et Coss.、美蔷薇 *Rosa bella* Rehd. et Wils、黄刺玫 *Rosa xanthina* Lindl、紫花豌豆 *Pisum sativum* Linn.、广布野豌豆 *Vicia cracca* L.、窄叶野豌豆 *Vicia sativa* Linn. subsp. *nigra* Ehrhart、中华野葵 *Malva verticillata* L. var. *rafiqii* Abedin、薄荷 *Mentha haplocalyx* Briq.、天仙子 *Hyoscyamus niger* L.、青稞 *Hordeum vulgare* Linn. var. *nudum* Hook.f.、黑麦草 *Lolium perenne* L.。这些外来植物均未列入《中国外来入侵物种名单》。

外来动物：有当地群众从市场买来异地放生的4种鱼类，即鳅科的泥鳅 *Misgurnus anguillicaudatus*（Cantor），鲤科的鲫鱼（刀子鱼）*Carassius auratus auratus*、麦穗鱼 *Pseudorasbora parva* Temminck et Schlegel，鲑科的虹鳟（瀑布鱼、七色鱼）*Oncorhynchus mykiss* Walbaum。这些外来动物均未列入《中国外来入侵物种名单》。由于保护区的气候比较恶劣，不适应这些外来鱼类栖息，所以没有造成泛滥，也没有对当地物种形成威胁和侵害。

第7章　专业调查监测和科学研究

保护区建立以来特别是管理机构成立后，技术人员完成了一系列资源调查、监测和科技项目，还积极参加或配合上级业务部门、大专院校、科研院所完成了多项资源调查、监测和科学研究工作，为保护区管理和资源保护发挥了重要作用。

7.1　资源调查

7.1.1　湿地资源调查

7.1.1.1　甘肃省第一次湿地资源调查

按照原国家林业局的安排，甘肃省林业部门于2000年组织开展了包括尕海湿地为主要调查区域的全省首次湿地资源调查，取得了许多成果，为湿地资源保护、管理和可持续利用提供了科学依据。只是由于起调面积为100hm^2，所以调查的湿地面积偏低。

保护区湿地总面积35 000hm^2，属于国家重点湿地，其中：

沼泽草甸湿地：湿地类型为草本沼泽（Ⅳ$_2$），面积33 400hm^2，海拔3500m左右。

湖泊湿地：湿地类型为永久性淡水湖（Ⅲ$_1$），丰水期面积702hm^2、枯水期面积498hm^2、平水期面积600hm^2，平水期平均水深2.2m，平均蓄水量1.32×10^{7}m^3；海拔3470m左右。

河流湿地：湿地类型为洪泛平原湿地（Ⅱ$_3$），面积1000hm^2，海拔3000~3500m。

7.1.1.2　保护区湿地资源调查

为了申报国际重要湿地，保护区技术人员按照湿地公约确定的湿地分类系统，于2006年6月至2007年12月采用GPS定位、RS卫星遥感影像判读、MAPGIS成图等先进的调查技术，对湿地资源和泥炭资源进行了详细调查，同时对湿地动物资源和植物资源也进行了调查，制作了卫星影像图和湿地分布图。

（1）湿地资源：尕海湿地总面积43 176hm^2，其中高山湿地14 882hm^2、洪泛地12 281hm^2、草本泥炭地10 429hm^2、永久性淡水湖2513hm^2、草本沼泽2870hm^2、永久性的河流201hm^2。有湿地植物94种；湿地动物95种，其中鱼类9种、两栖类4种、爬行类2种、鸟类72种、兽类8种，重要的濒危动物有黑颈鹤、灰鹤、黑鹳、大天鹅、水獭等。

（2）湿地主要特点：尕海湿地地处青藏高原与黄土高原过渡带，同时呈现两个高原生物地理特征，这在国内乃至世界都具有代表性和稀有性。尕海湿地范围内人口很少，均为藏族，以放牧业为主，没有种植业，其生产和生活方式较为原始。因此，尕海湿地基本上保持自然状态或近自然状态，其中郭茂滩湿地最具代表性。

尕海湿地支持着《濒危野生动植物种国际贸易公约》附录Ⅰ的黑颈鹤、水獭和附录Ⅱ的黑鹳等易危、濒危或近危物种。其中黑颈鹤是尕海湿地的夏候鸟，它们每年的3月中下旬来到尕海湿地，在这里完成繁殖和育雏后，于11月上旬迁离。

尕海湿地栖息的厚唇裸重唇鱼、黄河裸裂尻鱼、达里湖高原鳅、东方高原鳅等9种鱼类和林蛙、岷山蟾蜍等4种两栖类都是中国特有种，9种鱼类还是青藏亚区特有的动物种群，其个体从洄游、产卵、孵化、生长发育等生活史周期的各个阶段都在本湿地范围内完成。它们大多是黑颈鹤、灰鹤、黑鹳主要的食物来源，维持着黑颈鹤等珍稀、濒危野生动物的栖息和繁衍。

天鹅湖是尕海湿地的重要组成部分，湖泊面积198hm^2，由于其水源全部是从其南部的山下渗出的泉水，水温较高，因此冬季湖水不结冻，是大天鹅的越冬栖息地，每年12月至翌年2月，许多大天鹅在此越冬。在天鹅湖栖息的水鸟还有黑颈鹤、灰鹤和黑鹳等，各种水鸟数量最多时达3000多只。

尕海湿地是候鸟迁徙重要的中途站，也是许多鸟类的理想繁殖地。根据尕海保护站的多年监测，每年在尕海湿地栖息繁殖的水鸟、迁徙途中停歇和越冬的水禽总数均在21 000只以上，最多时达24 000只。

(3)生态系统服务效益。湿地的生物多样性占有非常重要的地位，尕海湿地生存、繁衍的野生动植物极为丰富，其中有许多是珍稀特有的物种，尕海湖边就栖息着20多种国家和省级一、二级保护水鸟，是生物多样性丰富的重要地区和濒危鸟类、迁徙候鸟以及其他野生动物的栖息繁殖地。天然的湿地环境为鸟类、水生动物提供丰富的食物和良好的生存繁衍空间，对物种保存和保护物种多样性发挥着重要作用。湿地是重要的遗传基因库，对维持野生物种种群的存续、筛选和改良具有商品意义的物种均具有重要意义。另外，尕海湿地水系众多，河流和小溪是鱼类上溯产卵的场所，在维护生物多样性方面起着重要的作用。

尕海湿地在控制洪水、调节水流方面功能十分显著，同时，湿地在蓄水、调节河川径流、补给地下水和维持区域水平衡中发挥着重要作用，是蓄水防洪的天然“海绵”。尽管尕海湿地降水的季节分配和年度分配不均匀，但通过湿地的调节，储存来自降水、河流过多的水量，从而为减少黄河发生洪水灾害起到积极作用，一定程度上保证了黄河下游工农业生产有稳定的水源供给。

湿地由于其特殊的生态特性，在植物生长、促淤造陆等生态过程中积累了大量的无机碳和有机碳，又由于湿地环境中微生物活动弱，土壤吸收和释放二氧化碳十分缓慢，形成了富含有机质的湿地土壤和泥炭层，起到了固定碳的作用。此外，湿地的蒸发在附近区域制造降雨，使区域气候条件稳定，具有调节区域气候作用。其中厚度1.94m、面积达10 429hm^{2}的泥炭地泥炭储量达2.02×10^8m^3，根据甘肃农业大学对尕海泥炭地的调查资料推算，尕海泥炭地中干物质含量为0.93×10^8t，有机碳储量达1775×10^4t，这些储存在泥炭地中的碳汇一旦全部氧化，就可能向大气层释放大量温室气体。

7.1.1.3 甘肃省第二次湿地资源调查

尕海湿地共30个湿地斑块，总面积为58 150hm^2。共3种湿地类型，其中河流湿地2011hm^2、湖泊湿地2354hm^2、沼泽湿地53 785m^2。

湿地型由以下几种构成：河流湿地17个斑块，其中永久性河流4个斑块206hm^2、季节性河流13个斑块1805hm^2；湖泊湿地1个斑块，全部为永久性淡水湖，面积2354hm^2；沼泽湿地12个斑块，其中草本沼泽1个斑块2378hm^2、沼泽化草甸11个斑块51 407hm^2。据保护区技术人员2007年调查，在湿地资源中有泥炭地10 429hm^2，14个调查点的泥炭层平均厚度为1.94m，泥炭储量2×10^8m^3。

7.1.2 泥炭资源调查

7.1.2.1 保护区泥炭资源初步调查

为了迎接国际泥炭会议在兰州的召开，为会议代表准备在尕海湿地的考察活动，保护区技术人员于2004年开展了尕海湿地泥炭资源初步调查。经调查，本区泥炭地主要分为以下两种：

沼泽泥炭地：由于地表长期积水，或活水与死水季节性交替，植被在过湿、低温环境下，下部残体不易分解，其有机质在嫌气条件下以泥炭形式积累，同时也有腐质化的积累方式，形成不足50cm的泥炭层。本区泥炭主要属于沼泽泥炭地，分布于海拔3480~3500m。剖面特征：0~14cm为草根层；14~36cm为泥炭层，黑棕色，片状结构，松散，渍水；36~64cm为潜育层。

低位泥炭地：由于成土母质主要为冲积洪积物和河湖沉积物。因为母质黏重，土壤水分下渗困难，加之降水丰富，溪水汇集，地表长期积水，湿生和水生植物生长茂盛，残体连年积累，在还原条件下形成泥炭。久而久之，泥炭愈积愈厚，深者可达4~5m。分布于海拔3400~3590m。剖面特征：0~30cm为毡状草皮层；30~237cm为泥炭层，黑棕色，片状结构，松散，湿；237~300cm为潜育层。

泥炭资源：泥炭地总面积3131hm^2，其中沼泽泥炭地2110hm^2、低位泥炭地1021hm^2。在沼泽泥炭地中，贡巴603hm^2、波海517hm^2、尕海滩388hm^2、尕尔娘344hm^2、野马滩258hm^2；在低位泥炭地中，野马滩932hm^2、郭茂滩89hm^2。

7.1.2.2 甘肃农业大学林学院泥炭调查

甘肃农业大学连树清等采用野外调查与室内分析相结合的方法，对尕海湿地泥炭土的理化性质，以及土壤水分和养分之间的相关性进行了研究，主要结论：

泥炭土的平均含水量为122.29%，0~10、10~20、20~40、40~60和60~80cm层平均含水量分别为111.43%、127.43%、126.74%、129.22%和116.64%。尕海湿地泥炭土含水量的空间变异程度属中等水平。

分布于阳坡、阴坡和坡间平缓地的泥炭土平均含水量分别为80.07%、132.14%和193.74%，泥炭土含水量与海拔高度呈一定的负相关性，且随土层的加深，海拔高度与土壤水分含量的负相关程度逐渐加强。

泥炭土的土壤容重在0~10、10~20、20~40、40~60、60~80cm层分别为0.419、0.417、0.470、0.495、0.592g/cm^3，土壤总孔隙度分别为81.18%、80.14%、78.20%、77.33%、74.08%。随着土层的加深，泥炭土的容重呈现出增大趋势，而土壤总孔隙度呈现出降低趋势。

泥炭土含水量与土壤容重呈显著负相关性，与土壤总孔隙度呈显著正相关性。

泥炭土的有机质、全氮、全磷、全钾平均含量依次为302.04、10.37、0.81、13.93g/kg。

分布于阳坡、阴坡和坡间平缓地的泥炭土有机质含量分别为223.58、333.58和368.42g/kg，全氮含量分别为8.99、11.32和12.86g/kg，全磷含量分别为0.72、0.83和0.84g/kg，全钾含量分别为14.44、14.29和12.21g/kg。

尕海湿地泥炭土0~10、10~20、20~40、40~60和60~80cm层土壤有机质含量分别为327.49、313.33、307.17、296.46和239.039g/kg，全氮含量分别为10.70、10.37、10.90、10.71和7.55g/kg，全磷含量分别为0.85、0.90、0.82、0.77和0.67g/kg，全钾含量分别为14.26、13.41、13.16、14.56和14.62g/kg。

根据对泥炭样本的测试分析，尕海泥炭地的干物质含量为0.463 3g/cm^3，干物质中有机碳含量为190.828 5g/kg。

7.1.2.3 GEF项目泥炭资源调查

2007年9月,保护区技术人员配合GEF项目专家马丁(德国)、董明伟(博士)开展了尕海湿地泥炭资源调查,一共调查了14个样点。调查内容主要包括:

采样点数据:土样编号、采样点照片、景观照片、地址、日期、GPS坐标、天气、调查人等。

采样点周围2m×2m区域特征(是、否)共调查11个问题:当你在泥炭地跳跃时会感到周围地段也在起伏;当站在某个点上时会缓慢地下沉;该地点全部为植被所覆盖;该地点是否有黄花植物(不仅在土丘上,在地表也有);植物包含水木贼、华扁穗草和/或沼生蔊菜;水位高于泥炭地表面;该地点可以看到水流;水低于泥炭地表面;该地点2007年已被放牧过;该地点超过1/3区域可以看到裸露的泥炭;存在超过10cm高的土丘(由于放牧或鼠害)。

采样点周围100m×100m区域景观特征(是、否)共调查5个问题:地表有轻微坡度;地表平坦;存在深度超过10cm的沟渠;存在超过10cm高的土丘(由于放牧和/或鼠害);其他人为影响的痕迹(详细说明,如存在很多人为沟渠,大坑等)。

泥炭地钻芯调查的地下特征:地下土层数据(按照钻芯特征的厚度分别填写,如地下0~20、20~55、55~77、77~108、108~112、112~159、159~164、164~181、181~200cm……):深度(cm)、泥炭、腐殖黑泥、存在沙子、地下土层颜色、手压出水、可以看到未完全分解的植物、木炭、湿度、备注等。

14个样点的调查表明,尕海泥炭地基本保持了原始状态,受破坏的主要因素是自然冲刷和修建公路。各个样点的泥炭层厚度分别为:20070907-1为181cm、20070907-2为230cm、20070907-3为85cm、20070907-4为180cm、20070907-5为175cm,20070908-1为60cm、20070908-2为150cm、20070908-3为125cm、20070908-4为85cm,20070909-1为309cm、20070909-2为310cm、20070909-3为336cm、20070909-4为260cm、200709010-1为230cm。14个样点的泥炭层平均厚度194cm,最厚336cm,最薄60cm。

7.1.2.4 西北师范大学泥炭调查

为进一步查清保护区泥炭沼泽碳库现状,全面提高湿地在应对气候变化中的重要作用,根据国家林业和草原局总体安排部署,2020年7月25~27日,在保护区技术人员陪同下,西北师范大学地理与环境科学学院调查组深入保护区开展沼泽泥炭储存量调查,重点对尕尔娘、郭茂滩、李恰如、波海、贡巴、郎木寺、加仓、尕海等8个保护片区的沼泽泥炭储存量现状进行了调查。

主要调查内容是沼泽湿地中泥炭地面积、泥炭地分布、泥炭层厚度与泥炭储存量,为泥炭资源保护、生态修复提供可靠的数据资料。

7.1.3 森林资源调查

7.1.3.1 森林资源规划设计调查

1982年西北五省区在甘肃省甘南州大夏河林业总场双岔林场开展了森林资源调查试点,完成了包括则岔营林区森林资源的双岔林场森林资源规划设计调查;1996年由甘肃省林业调查规划院完成了包括则岔营林区森林资源的甘南州森林资源规划设计调查;2010~2011年保护区技术人员配合甘肃省林业调查规划院完成了保护区森林资源规划设计调查。

7.1.3.2 森林资源连续清查

固定样地复查情况:保护区为甘肃省调查总体的第Ⅱ副总体和第Ⅲ副总体,其中Ⅱ副41个、Ⅲ副64个,共105个。有乔木样地1个(Ⅱ副)、灌木样地8个(Ⅱ副5个、Ⅲ副3个)、牧地91个(Ⅱ副31个、Ⅲ副60个)、水域2个(Ⅱ副1个、Ⅲ副1个)、未利用地3个(Ⅱ副);保护区建立后共进行了4次复查,

2001年的复查由甘南州林业调查队完成、2006年的复查由甘肃省林业调查规划院完成、2011年的复查由保护区技术人员完成、2016年的复查由甘南州林业调查队完成。

2020年，国家部署开展林草湿数据与第三次全国国土调查数据相统一，对森林资源"一张图"数据与"三调"数据进行对接融合，厘清林地、草地、湿地与其他土地范围界线，解决"三调"林地、湿地、草地与林业部门管理林草湿的数据矛盾。同时，五年一次的复查改成每年复查固定样地的20%，其余建模进行数据推算，从而实现年年查清总体蓄积量、生物量。根据甘肃省林业和草原局的要求，2020年、2021年保护区技术人员协助中国地质调查局乌鲁木齐自然资源综合调查中心完成了保护区林草湿综合监测工作。

7.1.4　植物资源调查

7.1.4.1　动植物资源综合调查

保护区管理机构成立后，技术人员在监测中发现，许多野生动植物种类在一期科考报告中没有记录，为了比较准确地反映保护区野生动植物资源，于2006年开展了动植物资源综合调查。保护区组成由技术人员为骨干的调查队伍，聘请当地一名植物专家作为技术顾问，调查的部分植物标本由甘肃农业大学孙学刚教授和西北师范大学陈学林教授鉴定。据统计，共发现植物分布新记录215种（亚种）。

7.1.4.2　尕海国际重要湿地野生植物调查

为了申报国际重要湿地，保护区技术人员于2008年开展了湿地野生动植物资源初步调查。结果表明，在保护区分布湿地野生植物43科186种，其中灌木6科14种、草本35科168种、蕨类1科3种、藻类1科1种。湿地维持生物多样性的功能十分显著。

7.1.4.3　甘肃省第四次全国中药资源调查

在国家中医药管理局组织的第四次全国中药资源普查项目的支持下，保护区技术人员配合西北师范大学陈学林、苏晶晶、罗巧玲等，于2012年对包括保护区范围的碌曲县的药用植物资源进行调查，应用相似性比较和植物多样性指数评估等方法研究和分析了药用植物的物种多样性及分布格局、药用植物栽培、保护和开发利用状况等问题，以期为天然药物产业发展和生物多样性的保护等提供基础资料。主要结论如下：有野生药用植物71科191属366种，其中菌类9科9属11种、蕨类6科6属9种、裸子植物3科4属10种、被子植物53科172属336种（单子叶植物7科19属23种、双子叶植物46科153属313种），野生药用植物种类组成以被子植物为主。充实了保护区植物资源本底。

7.1.5　动物资源调查

7.1.5.1　动植物资源综合调查

2006年，保护区开展动植物资源综合调查，调查的野生动物大多通过核对《中国鸟类野外手册》等工具书进行鉴定，武汉大学、兰州大学在尕海湿地从事野生动物研究的贡国鸿、曾宪海、吴逸群等学者鉴定了部分野生动物。据统计，共发现动物分布新记录种116个。

7.1.5.2　尕海国际重要湿地野生动物调查

为了申报国际重要湿地，保护区技术人员于2008年开展了湿地野生动植物资源初步调查。结果表明，在保护区分布湿地野生动物45科163种，其中鸟类30科134种、兽类7科13种、鱼类2科9种、两栖类4科5种、爬行类2科2种，重要的濒危动物有黑颈鹤、灰鹤、黑鹳、大天鹅、水獭等。湿地维持生物多样性的功能十分显著。

7.1.5.3 保护区蝶类群落及其区系调查

甘肃民族师范学院马雄、马怀义等于2012~2015年通过调查样线和广泛采集的方式对保护区的蝶类进行了系统调查,采集到蝶类标本共计681号,经整理鉴定共有136种(亚种),隶属于8科74属。其中凤蝶科1属3种、绢蝶科1属13种、粉蝶科8属32种、眼蝶科14属19种、蛱蝶科21属32种、蚬蝶科2属3种、灰蝶科20属25种、弄蝶科7属9种。其中,粉蝶科和蛱蝶科为优势种群,灰蝶科和眼蝶科为次优势种群,绢蝶科和弄蝶科为常见种群,凤蝶科和蚬蝶科为罕见种群。136种蝶类中,属于古北界的有95种,占69.85%;东洋界的有5种,占3.68%;广布种有36种,占总种数的26.47%,保护区蝶类中古北界分布的种类占绝对优势。

7.1.5.4 江苏野鸟会自然摄影师范明野生动物摄影

2007年11月,江苏野鸟会自然摄影师范明(网名:帕帕盖诺)先生不畏艰险、不怕困难,骑着自行车、带着帐篷千里走单骑,独自一人从四川省若尔盖县进入保护区。在保护区技术人员的协助下,利用先进的摄影器材、高超的拍摄技术和丰富的鸟类知识,为保护区拍摄了大量鸟类照片,发现了白琵鹭、草鹭、拟游隼、贺兰山红尾鸲等鸟类分布新记录,丰富了保护区野生动物资料。

此后,又有许多自然摄影师来保护区开展野生动物拍摄,特别是内蒙古包头观鸟协会会长聂延秋,四川成都观鸟会理事长沈尤,福建厦门观鸟会的林植,动物学家孙悦华、Wolfgang Scherzinger、Siegfried Klaus,兰州榆中县野生动物摄影爱好者赵成军,四川的游超智、巫佳伟、徐逸新,广东的章汉亭、朱兴超、南岳后山人,上海的王智强,陕西秦岭猴哥等等,他们大多具有雄厚的野外识别野生动物特别是识别鸟类的知识,他们的作品既大大充实了保护区野生动物资料,又为保护区进一步搞好野生动物监测积累了经验。

7.2 资源环境监测

为深入推进"互联网+智慧保护区"建设进程,建设包括了区内防火识别报警系统、地理信息管理系统、管护员巡护监测系统、管护员集群调度系统等四个子系统在内的科研监测系统,到2017年底已完成布置监测塔40处,架设专用光纤线路60km,建成运行保护区智慧监测综合控制平台,同时成立了信息化办公室,配备了3名专职工作人员。

2018年底,保护区整理汇总了森林草原防火、野生动物监测、水文监测、水质监测、气象观测等数据信息,初步建立了自己的数据库,搭建了数据大平台。

7.2.1 森林草原防火监测预警信息系统

为切实做到森林草原火灾的早发现、早处理,实现防火指挥快速化、决策科学化、调度实时化和防火信息资源化,保护区进一步加强了火情火险预警监测工作。森林草原火灾监测预警系统以先进的计算机、遥感、地理信息系统和全球定位系统等技术为手段,集地理信息、森林资源信息和防火专题信息为一体,进行宏观管理,分析决策服务的多要素、多层次、多功能、多时态的空间信息系统。

随着互联网技术的普及,运用"互联网+防火督查系统"平台,做好线上线下督查相结合,全力推广运用防火二维码。森林防火期能在保护区5处进入重点林区的路口开展扫码工作,做到"一人扫一码,人人有迹寻",配合巡护员、视频监控系统24小时不间断监控,立体化、全方位、全时间段监控火情,实现管理全链条、火因可追溯,从而进一步提升森林火灾综合防控能力。

7.2.2 野生动物监测

7.2.2.1 监测样线

尕海保护站：共设置了两条监测样线，两条监测样线分布于尕海湖与郭茂滩两地，监测湿地鸟类的种类、数量以及生活特性、繁殖行为以及野生动物疫源疫病。由于尕海湿地地处候鸟迁徙的交通线上，所以湿地鸟类以候鸟种类居多，其中一些为国家一、二级重点保护种类，如夏候鸟黑颈鹤、白琵鹭、斑头雁及冬候鸟大天鹅、斑头秋沙鸭、鹊鸭等。除候鸟外，还有一部分旅鸟，如国家一、二级重点保护种类黑鹳、灰鹤、青脚鹬等。

尕海湖样线：自102°24′21.79″E、34°12′43.72″N（3479m）起，沿湖边途经102°22′23.88″E、34°14′3.95″N（3481m）及102°20′10.15″E、34°14′43.52″N（3474m）到102°18′42.20″E、34°12′9.75″N（3482m）监测，线路长度15.88km。

天鹅湖样线：自102°17′57.63″E、34°18′13.79″N（3441m）起，沿湖、河边向上到102°18′46.87″E、34°17′37.81″N（3448m），然后到河湖对面102°18′8.45″E、34°17′19.46″N（3445m）监测，路线长度3.35km。

则岔保护站和石林保护站：两个保护站管护类型基本相同，所以样线功能也基本一样。两个保护站范围内以森林、高山草甸为主，所分布的6条监测样线是综合性监测样线，主要是用来监测林区、草场的野生动物种类、数量及动物生活特征以及野生动物疫源疫病等。这一区域也是动植物物种集中分布区，包括国家重点保护野生动物四川梅花鹿、林麝、高山麝、斑尾榛鸡、白尾海雕、中华鬣羚、蓝马鸡、纵纹腹小鸮、大鵟、毛脚鵟、普通鵟等以及国家重点保护野生植物川赤芍、桃儿七等。

则岔保护站共设置4条样线：

1号样线自102°41′14.71″E、34°27′42.31″N（3086m）起，沿山沟到102°42′26.79″E、34°27′18.41″N（3123m）监测，样线长度2.46km。

2号样线自102°41′7.96″、34°28′15.81″N（3065m）起，沿山沟到102°40′20.88″E、34°27′43.93″N（3461m）监测，样线长度3.30km。

3号样线自102°40′59.55″E、34°27′14.46″N（3090m）起，沿山沟到102°40′6.83″E、34°27′18.14″N（3412m）监测，样线长度1.54km。

4号样线自102°41′22.22″E、34°27′24.65″N（3078m）起，沿山沟到102°40′20.90″E、34°26′28.12″N（3097m）监测，样线长度3.05km。

石林保护站共设置两条样线：

1号样线自102°41′0.11″E、34°22′17.22″N（3232m）起，沿山沟到102°42′26.43″E、34°22′17.36″N（3522m）监测，样线长度2.54km。

2号样线自102°41′1.50″E、34°20′23.82″N（3262m）起，沿山沟到102°38′52.56″E、34°19′28.99″N（3668m）监测，样线长度3.98km。

7.2.2.2 鸟类监测

候鸟禽流感监测：2004年以来，在保护区范围内开展了以尕海湿地候鸟禽流感监测为主的监测活动。根据陆生野生动物栖息范围，共划定7条监测样线，每日24小时不间断进行监测，并及时上报陆生野生动物疫源疫病监测动态。一是在尕海湖畔组织开展了野生动物疫源疫病及H_7N_9禽流感防控应急演练，规范了应急防控程序，明确了应急处置疫情时个人的安全防护；二是更新了疫源疫病新系统，2017年3月1日正式启动新系统上报工作。在保护区一直没有发现过野生动物疫源疫病。

全国鸟类同步调查：全国第二次陆生野生动物资源调查鸟类同步调查，调查内容包括鸟类的分布现状、栖息地现状、种群数量、受威胁因素、保护现状；调查时间分为冬季、1月初。鸟类同步调查采取直接计数法。尕海湿地设两个调查点：郭茂滩天鹅湖（102°18′12.244″E、34°18′3.21″N），尕海湖（102°20′41.93″E、34°14′30.40″N）。

根据甘肃省水鸟分布区域特点，尕海湖作为陇中高原调查单元，参加全国冬季鸟类同步调查工作。2016年1月10日，保护区共调查6个观测点，观测到大天鹅、绿头鸭、绿翅鸭、鹊鸭、赤麻鸭、青脚鹬、小䴙䴘7种鸟类，采用直接计数法，记录了水鸟种类和种群数量，并拍摄了照片影像资料。

2016年分别于10月23日、11月6日进行同步调查，调查栖息地面积7463hm²，两次调查的结果分别为2574只和3525只（23日/6日），其中赤麻鸭151/124只、绿头鸭228/410只、斑嘴鸭47/46只、琵嘴鸭47/42只、针尾鸭92/120只、绿翅鸭191/338只、赤嘴潜鸭42/44只、红头潜鸭148/176只、白眼潜鸭102/90只、凤头潜鸭40/44只、普通秋沙鸭124/115只、鹊鸭40/40只、灰雁28/30只、斑头雁62/256只、大天鹅2/2只、黑颈䴙䴘48/40只、白骨顶406/392只、黑颈鹤8/10只、黑翅长脚鹬10/0只、红脚鹬60/44只、青脚鹬25/20只、棕头鸥74/62只、普通燕鸥32/32只、渔鸥6/8只、苍鹭6/4只、池鹭6/8只、牛背鹭8/10只、黑鹳4/0只、普通鸬鹚6/8只。11月6日比10月23日多出了37%，说明来自其他栖息地的候鸟很多。

"飞羽瞬间"观鸟日活动：2013年3月30日，自7:00~17:00环尕海湖观鸟，共记录20科39种鸟类5257只。其中䴙䴘科的凤头䴙䴘36只，鹭科的中白鹭15只，鹳科的黑鹳92只，鸭科的斑头雁25只、灰雁2只、大天鹅1只、赤麻鸭123只、绿翅鸭1350只、绿头鸭740只、针尾鸭4只、鹊鸭2只、普通秋沙鸭8只，鹰科的普通鵟2只、白尾鹞2只、黑耳鸢2只、高山兀鹫12只、红隼1只，鹤科的黑颈鹤25只，秧鸡科的白骨顶1830只，鸻科的凤头麦鸡370只，鸥科的棕头鸥26只、普通燕鸥14只，戴胜科的戴胜8只，百灵科的长嘴百灵28只、角百灵170只、云雀29只、小云雀22只，山雀科的地山雀8只，燕科的家燕4只，鸦科的小嘴乌鸦10只、大嘴乌鸦6只、红嘴山鸦12只，鸠鸽科的岩鸽8只，岩鹨科的鸲岩鹨4只，鹟科的赭红尾鸲8只、白顶溪鸲2只、红腹红尾鸲2只，文鸟科的树麻雀170只，雀科的黄嘴朱顶雀84只。

尕海湿地水鸟数量监测：2014年以来，尕海保护站对尕海湿地水鸟进行了持续的监测，通过对各年、各月水鸟数量的整理，取每一种水鸟当年最大监测数量进行汇总（表7-1）。

表7-1 2014~2020年尕海湿地水鸟监测数量（只）汇总表

序号	物种名	2014		2015		2016		2017		2018		2019		2020	
		冬春	夏秋	冬春	夏秋	冬春	夏秋	冬春	夏秋	冬春	夏秋	冬春	夏秋	冬春	夏秋
1	灰雁		254	19	252		30		262		38	1	32	22	72
2	斑头雁	41	1650	164	952	28	326	45	2684	123	307	130	108	66	1070
3	大天鹅	103	4	82	4	72	2	96	4	75		44		67	6
4	赤麻鸭	23	480	18	312	112	182	63	507	183	76	199	133	49	308
5	赤膀鸭		260	7	58		50	38	258	24	46	36	50	2	121
6	罗纹鸭				16	2	52		46		16				
7	赤颈鸭		20		120		60	26	92	110	48		32	4	180
8	绿头鸭	83	600	100	529	410	293	607	2344	253	104	124	92	221	224
9	斑嘴鸭		202	7	54	9	47	32	270		30		44		96
10	琵嘴鸭		100		67	2	57	52	135		60		50		115
11	针尾鸭	8	1200	19	141	43	246	73	890	50	62	28	60	8	124
12	白眉鸭		2						3						
13	绿翅鸭	69	1360	34	285	366	258	228	1454	175	107	96	78	66	222

续表

序号	物种名	2014		2015		2016		2017		2018		2019		2020	
		冬春	夏秋	冬春	夏秋	冬春	夏秋	冬春	夏秋	冬春	夏秋	冬春	夏秋	冬春	夏秋
14	赤嘴潜鸭	25	300		20		65	34	374	76	44	12	40	14	154
15	红头潜鸭		80		56		210	39	336	24	74		47		163
16	白眼潜鸭		808		326		102		788		64		74		127
17	凤头潜鸭	5	200	1	28		44	8	235		70	12	30	20	181
18	鹊鸭	122	120	23	4	63	40	29	192	24	10	15		43	48
19	斑头秋沙鸭	2			6	8		8		92		3			
20	普通秋沙鸭	16	120	16	102	124	36	26	104	19	32	24	73	27	143
21	黑颈䴙䴘	34	34		102		48		266		68		80		120
22	凤头䴙䴘	680	680		390		140		578		90	2	96		208
23	小䴙䴘				2				2						
24	黑颈鹤		17	6	15		34	2	76	2	26		46	2	23
25	灰鹤				4						5				
26	白胸苦恶鸟		1												
27	白骨顶		1240		632		406	13	2234	32	140		93		302
28	凤头麦鸡		60		48	13	34	20	146	36	12	30	28		56
29	黑翅长脚鹬		58		70		60		38		36		18		70
30	针尾沙锥		2						2						
31	青脚滨鹬	1													
32	矶鹬		1						2						
33	白腰草鹬		38		84	1		2	108						
34	红脚鹬		260		171		61		234	6	86		36		72
35	青脚鹬		188		105	1	26	4	269	4	79		19	2	28
36	林鹬		20		1				70						
37	鹮嘴鹬				1										
38	鹤鹬		20		2				44						
39	棕头鸥	13	1500	56	202	9	178	32	2232	25	138	38	70	12	257
40	普通燕鸥		115		78		58		1884		84		26		104
41	渔鸥		4	3	2		8	2	346	4	20	6	25	7	24
42	中白鹭	1	44	1	203	3	34	8	124	8	69	8	24	12	140
43	苍鹭		28		11		6		137	4	20				58
44	牛背鹭		30		15		18		120	2	25	3	22		66
45	池鹭						8		30		16		10		16
46	夜鹭														24
47	草鹭														6
48	白琵鹭		2				4		8	5	2				4
49	黑鹳	1	103	3	134		60	2	68	21	20	1	10	8	34
50	普通鸬鹚		10		38		9		152	9	18		20	2	58
合计		1227	12 215	559	5642	1266	3292	1489	2 0148	1386	2142	812	1566	654	5024
		13 442		6201		4558		21 637		3528		2378		5678	

汇总数据表明,尕海湿地水鸟数量年份的差异非常大,最多年份为2017年,最少年份为2019年。2014年13 442只、2015年6201只、2016年4558只、2017年21 637只、2018年3528只、2019年2378只、2020年5678只。不同年份数量前十名的水鸟依次为:

2014年:斑头雁1691只、棕头鸥1513只、绿翅鸭1429只、凤头鸊鷉1360只、白骨顶1240只、针尾鸭1208只、白眼潜鸭808只、绿头鸭683只、赤麻鸭503只、赤嘴潜鸭325只。

2015年:斑头雁1116只、白骨顶632只、绿头鸭629只、凤头鸊鷉390只、赤麻鸭330只、白眼潜鸭326只、绿翅鸭319只、灰雁271只、棕头鸥258只、中白鹭204只。

2016年:绿头鸭703只、绿翅鸭624只、白骨顶406只、斑头雁354只、赤麻鸭294只、针尾鸭289只、红头潜鸭210只、棕头鸥187只、普通秋沙鸭160只、凤头鸊鷉140只。

2017年:绿头鸭2951只、斑头雁2729只、棕头鸥2264只、白骨顶2247只、普通燕鸥1884只、绿翅鸭1682只、针尾鸭963只、白眼潜鸭788只、凤头鸊鷉578只、赤麻鸭570只。

2018年:斑头雁430只、绿头鸭357只、绿翅鸭282只、赤麻鸭259只、白骨顶172只、棕头鸥163只、赤颈鸭158只、赤嘴潜鸭120只、针尾鸭112只、红头潜鸭98只。

2019年:斑头雁238只、赤麻鸭332只、绿头鸭216只、绿翅鸭174只、棕头鸥108只、凤头鸊鷉98只、普通秋沙鸭97只、白骨顶93只、针尾鸭88只、赤膀鸭86只。

2020年:斑头雁1136只、绿头鸭445只、赤麻鸭357只、白骨顶302只、绿翅鸭288只、棕头鸥269只、凤头鸊鷉208只、凤头潜鸭201只、赤颈鸭184只、普通秋沙鸭170只。

黑颈鹤监测:2004~2014年,保护区技术人员于每年3月初至11月中旬,采用线路调查方法监测尕海国际重要湿地黑颈鹤的数量。对郭茂滩天鹅湖边上的一对黑颈鹤采用定点观察法观察其繁殖行为。监测表明,每年约有90只黑颈鹤在尕海国际重要湿地中越夏繁殖;每年3月中旬开始陆续迁回,于11月上旬全部迁离。黑颈鹤孵化期33d,且有重复产卵孵化现象。

每年来尕海湿地的黑颈鹤种群数量在17~115只之间,其中2004年115只、2005年79只、2006年88只、2007年107只、2008年85只、2009年113只、2010年89只、2011年93只、2012年103只、2013年70只、2014年17只、2015年21只、2016年34只、2017年78只、2018年28只、2019年46只、2020年25只。可以看出2004~2013年黑颈鹤数量在90只左右,跟1997年的监测的86只基本一致,2014年以后的数量有所下降。

黑颈鹤的迁徙路线和时间:黑颈鹤迁徙线路主要有东、中、西三条,其中东线是黑颈鹤迁徙数量最多的一条线路。尕海是黑颈鹤东线迁徙的主要栖息地和繁殖地之一。通过监测发现,黑颈鹤在这里为繁殖鸟,它的越冬地主要集中在云南大山包国家级自然保护区和云南会泽黑颈鹤国家级自然保护区;黑颈鹤每年3月中旬开始陆续迁回尕海湿地,于11月上旬全部迁离尕海湿地,共栖息230d左右。2009~2014年黑颈鹤在尕海湿地开始迁回时间/全部迁离时间为:2009年为3月22日/11月3日、2010年3月20日/11月7日、2011年3月16日/11月7日、2012年3月14日/11月8日、2013年3月11日/11月5日、2014年3月23日~11月9日。此后各年的迁回时间和迁离时间基本为3月中下旬和11月上旬。

黑颈鹤的繁殖:通过对一对繁殖黑颈鹤的观察发现,鸟巢构筑在天鹅湖东侧沼泽的一个草墩上,海拔3443m。鸟巢周围水深约1m,草墩直径约90cm,鸟巢中没有明显的筑巢材料,仅有几块干草皮;根据观察,黑颈鹤卵为淡灰褐色,有深褐色斑点,蛋壳厚约1mm,里面呈均一的青灰色,卵的长径约85mm,短径约60mm。观察出壳后的鸟卵内膜为奶油色,厚约0.2mm,膜上呈现树状血管痕迹并遗留胎衣类物质;黑颈鹤孵化时由两只亲鸟轮流抱窝,保持一只亲鸟一直在巢孵卵。2004年5月18日观察到黑颈鹤开始入巢孵化，6月20日晚上或21日早上幼雏出壳。多年观察到的孵化与出壳日期均十分接近。出壳后，两只亲鸟一直守护在幼雏附近，当观察人员接近幼雏时，一只亲鸟很快飞离远去，在约400m处落下，而另一只亲鸟却久久不愿离去，一直在幼雏附近盘旋。刚孵化出的幼雏形似鸭雏，稍大，呈偏黑的金黄色，由于刚刚出生不久，尚不能很快跑动，但一周后跑得比人还快。2004年6月20日拍摄到了出壳第一天的黑颈鹤幼雏，它通体金黄色，目光机灵有神，步履憨态可掬，非常可爱。

重复产卵孵化现象：2005年5月25日下午，黑颈鹤在上一年孵化的地方产卵，由于2005年3月天鹅湖大坝垮塌后水位下降，牧民的牛羊破坏了正在孵化的蛋卵。但6月5日又在另一处地方发现该对黑颈鹤开始抱窝孵化；2006年5月17日上午观测时两只抱窝的黑颈鹤尚在，但18日下午观测时发现黑颈鹤已不在窝中，19日早上去看时发现孵了几天的蛋卵不在，估计是17日晚上8点以后被偷。失去蛋卵的两只黑颈鹤在5月24日前后又开始抱窝孵化，6月26日发现黑颈鹤幼雏已经出壳，两只幼鸟都很安全。说明黑颈鹤有重复产卵孵化的现象。可否利用这一现象，通过有意捡拾蛋卵的方法开展人工繁殖试验，为扩大黑颈鹤的种群数量提供科学依据。

黑颈鹤环志：为进一步摸清保护区内黑颈鹤的迁徙路线、迁徙时间、越冬地点、生长状况等相关信息及数据，2020年8月，保护区工作人员配合全国鸟类环志中心、兰州大学生命科学学院在保护区开展了黑颈鹤环志工作。这是保护区内首次开展黑颈鹤环志，环志工作按照全国鸟类环志中心钱法文研究员的方案严格进行，捕捉到了一只黑颈鹤亚成体，给这只黑颈鹤戴上金属环、彩环和卫星追踪器，根据彩环和卫星追踪器信息，不仅为黑颈鹤的保护管理提供科学决策依据，而且为今后开展环志工作奠定了基础。

黑鹳监测：黑鹳 *Ciconia nigra* 分布于欧亚大陆和非洲，曾经是分布较广、较为常见的一种大型涉禽，但种群数量在全球范围内都明显下降，繁殖分布区急剧缩小，成为世界濒危鸟类，在我国数量稀少，被列为国家一级保护物种。监测发现，保护区黑鹳活动情况具有明显的年活动节律和日活动节律。

监测资料表明，黑鹳的数量由2003年的不到10只增加到2004年的30只、2005年的41只、2006年的70只、2007年的136只（其中一次观测到最大种群87只）、2008年的139只、2009年的319只，2010年达到最多的420只；2013年以后监测到的数量有所下降：2013年92只、2014年104只、2015年137只、2016年60只、2017年70只、2018年41只、2019年11只、2020年42只。通过对比2006年《中国观鸟年报》记录的全国黑鹳种群数量发现，大于52只的种群数量都是中国发现的最大黑鹳群体，尕海湿地已成国内最大的黑鹳停歇地之一。

黑鹳每年迁来的时间差别很小，2005年为3月30日、2006年为3月29日、2007年为3月26日、2007年为3月20日，以后多年基本稳定在4月1日前后。每年在尕海湖区黑鹳首次被发现后，经过2~3周的时间种群数量达到高峰，7~10d后开始以小的群体（2~3只）觅食。黑鹳于10月底在湖区以家庭为单位集小群后陆续迁离。每年最晚迁离时间2005年为10月26日、2006为10月16日、2007年为10月14日，以后多年基本稳定在10月中下旬。

大天鹅监测：郭茂滩的居民是20世纪60年代初才从波海一带迁来的，后来地方政府修建引水设施，留下了一个人工湖，也扩大了沼泽面积。义务护鸟志愿者西合道回忆，那时湖泊和溪流中的鱼很多，各种水鸟也非常多，每年来这里越冬的大天鹅有500~600只。以后，受人口的不断增长和大气干旱等原因的综合影响，草原逐渐退化，溪流水量变小，鱼虾数量大大减少，各种野鸟特别是大天鹅的数量也急剧减少。1998年以来，随着保护区的建立和广大群众保护野生动物意识的不断增强，大天鹅及其栖息地的保护工作不断加强，来郭茂滩越冬的大天鹅数量有了一定的恢复，2003年为284只、2004~2007年都在250只左右、2008年达到350只为监测最高值，郭茂滩人工湖也因此留下了天鹅湖的美名，以后各年分别为：2009年300多只、2010年120多只、2011年280只、2012年86只、2013年100只左右、2014年107只、2015年86只、2016年74只、2017年100只、2018年75只、2019年44只、2020年73只。

大天鹅的居留时间：每年12月5日至次年1月15日，大天鹅从蒙古国特尔金白湖等地迁来尕海湿地天鹅湖越冬，到2月数量最多，3月10~31日迁回到原来的繁殖地，在当地生活100d左右。也有一直不离开的，2000年有一只受伤的天鹅，在西合道、才热布、罗布藏等人的救治和保护下活了下来，但它在春季并未能飞走，2004年4月初也有十几只天鹅没有离开，2005年3月底也有2只天鹅没有离开郭茂滩。

大天鹅的繁殖：以往，没有发现大天鹅在尕海湿地繁殖的现象，2018年4月以来，尕海保护站巡护人员首次监测到2只大天鹅未迁回原来的繁殖地，它们在郭茂滩湿地筑巢。通过持续监测，至4月19日大天鹅已产卵4枚。为了使大天鹅能够成功繁殖，巡护人员排除了大天鹅繁殖过程中的其他不利因素，5月15日成功孵化出2只小天鹅。说明随着生态环境的改变，大天鹅在尕海湿地也有由冬候鸟成为夏候鸟或者留鸟的现象。

环志大天鹅监测：大天鹅 *Cygnus cygnus* 在本区主要为冬候鸟。根据对环志大天鹅的监测分析判断，在保护区越冬的大天鹅部分种群来自于蒙古国西部的特尔金白湖以及周边区域。

2012年1月2日，在保护区技术人员田瑞春等陪同下，IUCN世界保护地委员会（WCPA）委员、四川旅游学院生态旅游研究所所长、四川省野生动植物保护协会理事沈尤团队刘文海、余森、孟小芳等在郭茂滩天鹅湖（102°18′34.34″E、34°17′14.85″N），使用SWAROVSKI 30×65单筒望远镜（CANON EOS 7D+EF 400mmF5.6L）在距天鹅20m外用相机拍摄其飞行照片，11:46时拍摄到2只飞行的大天鹅有颈环，其中一只能清晰辨认：蓝底白字，编号为1T30，另一只编号未能记录清楚，这是尕海国际重要湿地首次监测到1T系列环志大天鹅。据有关资料，为了解大天鹅等候鸟的迁徙路线，同时进行禽流感监测，日本有关机构的研究人员于2011年夏季在蒙古国西部的特尔金北湖，用刻有4位数字组成的蓝色1T系列颈环标记，共环志了101只大天鹅、2只疣鼻天鹅、117只斑头雁。经与国家环志中心有关专家沟通了解到，保护区对环志大天鹅的监测和记录，对于掌握大天鹅迁徙线路、监测国际禽流感以及鸟类研究与保护都具有积极的意义和作用。

2012年2月5日，尕海保护站技术人员监测到1T12号环志大天鹅；2月18日再次监测到1T30号环志大天鹅，还监测到1T21号环志大天鹅。至此，天鹅湖共4次监测到3只1T系列环志大天鹅，即1T30、1T12和1T21号。

据报道，2012年3月16日新疆乌拉泊水库监测到1T62号环志大天鹅，11月25日山东省荣成监测到1T73号环志大天鹅，11月27日新疆玛纳斯湿地监测到1T28号环志大天鹅，尕海国际重要湿地是当时监测到1T系列环志大天鹅数量最多的湿地。

2013年1月10日，在天鹅湖监测到蓝底白字编号为1T21和1T30的2只环志大天鹅。

2013年12月16日，在天鹅湖监测到1T21环志大天鹅。

2014年12月17日，在天鹅湖监测到1T21环志大天鹅。

2016年1月10日，保护区技术人员在开展全国冬季鸟类同步调查时，在天鹅湖监测到编号1T21环志大天鹅。

2016年12月10日，尕海保护站技术人员再次在天鹅湖监测到编号1T21号的环志大天鹅，这是自2012年1月2日以来连续在天鹅湖监测到1T21号环志大天鹅，再次证明在尕海湿地越冬的部分大天鹅种群来自蒙古国境内，其迁徙路线为中国中部通道。

7.2.2.3　兽类监测

尕海保护站监测到大批岩羊：2016年3月，保护区技术人员开展巡护时，在距尕海保护站5km的一处监测点附近，监测到37只岩羊。成群岩羊在保护区活动较为罕见。岩羊常年生活在海拔2000~5000m的高山草甸、裸岩、岩壁和山谷之中，具有极高的攀岩技术，拥有“岩壁精灵”的美称。成群岩羊的出现，说明生态环境得到了明显改善，为野生动物的栖息提供了可靠的保障。

2018年5月安装红外相机后，已监测到多批岩羊种群活动的视频。

则岔保护站监测到四川梅花鹿：2010年10月12日，则岔保护站护林员在巡山时发现一只四川梅花鹿，一岁左右，雌性，是保护区分布新记录。物种分布新记录的不断出现，说明保护区生态环境明显变好，与保护区的建立、天然林保护工程的实施、广大干部群众保护环境和保护野生动植物的意识不断提高是分不开的。

2018年5月开展红外相机监测后，已拍摄到梅花鹿活动的视频10余次，种群数量平均在8只左右，最大的一次种群数量达20余只，而2010年发现新记录以来，巡护监测到的梅花鹿种群都在5只以下。

7.2.2.4　红外相机监测

红外相机监测样点：分为永久性样点和临时样点两种类型。监测样点可以布设在样线内，也可以单独布设在其他区域，一个样点可以在不同角度和位置同时布设多部红外相机，尽量做到一个视角可以看到另一个视角的位置。

为了全面地掌握保护区野生动物资源状况，2018年5月初，保护区在野生动物经常出没的十八道湾、尕秀石山西麓和尕秀石山东麓等三个区域，设置红外相机监测样点，科学布控了51台红外线相机，利用红外线相机对野生动物开展常态化监测。红外线相机的布设，为研究野生动物的种类、分布和活动轨迹提供了很好的依据，提高了保护区野生动物监测水平，为保护区科研监测工作提供了有力地支撑。到当年10月，红外线相机拍摄到有效照片5000多张，有效视频2700多段，获取了大量野生动物活动轨迹。

近年来，保护区红外相机监测的视频已经多次在中央电视台“秘境之眼”栏目播出，让全国观众了解了野生动物的秘密，也宣传了保护区的自然资源保护工作。先后登上“秘境之眼”的野生动物有雪豹、梅花鹿、马麝、岩羊、兔狲、狍、赤狐、狼、喜马拉雅旱獭、黑颈鹤、胡兀鹫、斑尾榛鸡、高山兀鹫、血雉、蓝马鸡、藏雪鸡、红头潜鸭、斑头雁、普通燕鸥等。

监测频率：野外布设的红外相机样点数据采集时间间隔为15d左右，以电池续航能力强弱可适当调整，以便更科学地掌握野生动物数量和活动规律。

到2022年6月，红外相机先后拍摄到雪豹、四川梅花鹿、林麝、高山麝等国家一级保护动物，中华斑羚、中华鬣羚、豹猫、兔狲、石貂、岩羊、狍鹿、毛冠鹿、藏雪鸡、血雉、大噪鹛等国家二级保护动物，还拍摄到赤狐、蒙古狼、喜马拉雅旱獭、野猪、高原山鹑等国家保护的“三有”陆生野生动物，为研究野生动物的种类、分布和生活轨迹提供了很好的依据。

雪豹监测：雪豹是国家一级保护动物，生活在高海拔的雪山地区，被誉为“雪山之王”。在动物学家看来，雪豹比大熊猫还要珍贵，目前数量仅剩2000余只。虽然在保护区本底资料中有记载，工作人员在巡护中也发现了雪豹的一些足迹，但长期没有亲眼看到过。2018年5月起，保护区与兰州大学生物多样性研究团队合作设置了3个红外相机监测样地，布设红外相机29台，长期监测保护区内野生动物资源状况，重点监测雪豹是否在保护区内栖息。第一次回收，通过仔细查看和认真梳理数据，在西倾山样区海拔4200m的一台相机中发现一只雪豹白天活动的高清影像，拍摄日期为2018年7月24日下午5点左右。4年多来已经21次拍摄到雪豹散步、觅食的影像，其中2018年1次、2019年1次、2020年3次、2021年12次、2022年4次（表7-2）。

表7-2　2018~2022年雪豹监测记录表

序号	发现时间	相机编号	照片（张）	视频（个）	地理坐标
1	2018.7.24（17时左右）	C020	3		102°25′26.65″E、34°18′28.74″N
2	2019.9.28（19:34）	C022		1	102°25′33.54″E、34°17′49.14″N
3	2020.5.29（20:28）	C021		1	102°25′33.78″E、34°18′20.62″N
4	2020.6.29（00:47）	C021	2	1	102°25′33.78″E、34°18′20.62″N
5	2020.7.27（23:53）	C021		1	102°25′33.78″E、34°18′20.62″N
6	2021.1.23（7:50）	C009		2	102°24′18.42″E、34°18′31.79″N
7	2021.2.9（18:29）	C011		1	102°25′26.50″E、34°18′27.11″N
8	2021.2.9（21:07）	C009		1	102°24′18.42″E、34°18′31.79″N
9	2021.3.25（5:02）	C009		2	102°24′18.42″E、34°18′31.79″N
10	2021.4.18（21:41）	C009		1	102°24′18.42″E、34°18′31.79″N
11	2021.4.18（20:18）	C029		1	102°25′42.10″E、34°17′35.26″N
12	2021.4.25（14:55）	C020	3		102°25′26.65″E、34°18′28.74″N
13	2021.4.25（14:32）	C003	2	1	102°25′26.99″E、34°18′29.99″N
14	2021.4.26（6:00）	C031	3	1	102°24′40.78″E、34°18′35.78″N
15	2021.6.3（20.18）	C003	3	1	102°25′26.99″E、34°18′29.99″N
16	2021.8.26（18:48）	C031	2		102°24′40.78″E、34°18′35.78″N
17	2021.10.25（5:24）	C002	1		102°25′26.65″E、34°18′28.74″N
18	2022.1.2（17:19）	C020	6	1	102°25′26.65″E、34°18′28.74″N
19	2022.3.15（18:36）	C026	4	1	102°25′27.43″E、34°18′30.71″N
20	2022.4.21（17:52）	C006	1		102°15′3.96″E、34°29′24.00″N
21	2022.4.21（19:36）	C006	1		102°15′3.96″E、34°29′24.00″N

中华斑羚监测：2019年10月，保护区工作人员从扎西沟区域布设的7部红外相机中，获取了保护区野生动物分布新记录——中华斑羚的照片及视频。中华斑羚 *Naemorhedus griseus* Milne-Edwards属牛科斑羚属，为世界自然保护联盟（IUCN）ver 3.1——易危（VU）野生动物、国家二级保护动物。

尕海湿地鸟类多样性研究：保护区技术人员联合甘肃农业大学、甘肃省林业调查规划院科技人员，以样带监测为主，辅以红外相机全天候拍摄验证和纠错，对尕海湿地研究区域的鸟类进行了调查，分析鸟类区系和多样性。结果表明，尕海湿地研究区鸟类有7目11科23属37种，国家级保护动物有黑鹳、大天鹅、白琵鹭、灰鹤，鸭科为优势类群，计18种；以夏候鸟和旅鸟为主，繁殖鸟和留鸟较少，分别为3种、2种；区系成分以古北界为主，计27种，其中东洋界4种、广布种6种。研究表明：尕海湖区湿地鸟类多样性比较高,郭茂滩沼泽湿地鸟类集聚比较均衡。

7.2.3 野生植物监测

在野生动物监测样线上同时开展野生植物监测,其中尕海湖样线和天鹅湖样线以监测湿地植物为主,同时监测草地植物;则岔、石林两个保护站管护类型基本相同,所以样线功能也基本一样。两个保护站范围内以森林、高山草甸为主,所分布的六条监测样线是综合性监测样线,主要是用来监测林区、草场的野生植物种类等,国家重点保护的野生植物如桃儿七、羽叶点地梅、红花绿绒蒿以及我国特有种紫果云杉等都生长在森林和草原中。

7.2.4 气象监测

2006年,在尕海保护站和则岔保护站建立了2座人工气象观测站。经过数月的试观测后,2006年11月14~18日,甘南州气象局又对2座人工气象观测站进行了自动化观测改造,保护区分别给每座气象站配备了2名气象观测人员,并派他们到碌曲县气象局进行了技术培训,以便能独立进行月报表的制作、数据维护、数据备份、人工数据的录入和自动观测设备的维护工作。通过对2个气象站空气温湿度、降水量、地温等气象因子的观测,一方面为当地气象部门源源不断地提供观测数据,同时为科研监测工作提供了第一手气象数据资料。2006年12月9日,甘南州气象局对2座自动观测设备进行了调试和验收,并于2007年1月1日正式使用。2座气象站是按照国家气象局“三站四网”建设方案改建的无人值守自动气象站,主要观测空气温湿度、降水、地温等内容。

随着国家气象事业的发展,地方气象部门又先后在尕海、郎木寺、则岔建立了自动气象站,为丰富气象资料发挥了重要作用。

7.2.5 水文水质监测

为了全面反映环境保护成果,保护区建立了水文监测体系,分别在尕海保护站和则岔保护站设立尕秀水文监测点和多拉水文监测点,重点监测洮河的重要支流周曲和括合曲流量。尕秀水文监测点于2014年5月以来,多拉水文监测点于2015年6月以来,分别开展水文、水质监测工作,每月监测2次,每次测算数据3~4组,然后取平均值。

尕秀水文监测点:位于尕海镇尕秀村以北赛若尕那果尔河与周曲交汇处,地理坐标102°14′0.42″E、34°28′16.04″N,海拔3331m。监测区汇水范围主要是周曲及其支流,监测内容为水质和水文。周曲流域多为沼泽湿地和草原,自上而下依次有野马滩、尕海滩、郭茂滩、晒银滩等,流域面积96 570hm^2,多年平均径流量3.06×10^{8}m^3。其中保护区内流域面积约80 518hm^2,多年平均径流量约2.41×10^{8}m^3。

贡去乎水文监测点:位于西仓镇贡去乎行政村多拉自然村大桥下,位于括合曲与拉康库合交汇处,地理坐标102°40′43.65″E、34°29′46.58″N,海拔3017m。监测区汇水范围主要是括合曲,监测内容为水质和水文。括合曲发源于西倾山东端郭尔莽梁北麓,与白龙江源头一岭之隔,自发源地北流至擦木多折向东北流,至拉仁关乡贡去乎桥头汇入洮河,其发源与补水全在保护区范围内。流域面积全在保护区,约126 161hm^2,多年平均径流量3.39×10^{8}m^3。

7.2.6 尕海湖环境监测预警系统

尕海湖被誉为“高原圣湖”,是黄河最大支流洮河的发源地之一,也是当地牧民的生命源泉。然而,自1980年以来,随着人口的不断增加、过度放牧以及大气持续干旱,尕海湿地遭遇了前所未有的生态灾难:地表裸露、草场沙化、地下水位逐年下降、湿地萎缩。尕海湖分别于1995年、1997年和2000年3次出现干涸,湖区成为一个硕大的沙坑。到2000年甘肃省第一次湿地资源调查时,尕海湖水面为

600hm²左右。

为了尽快恢复尕海湖水面和湿地生态，2002年初，碌曲县政府筹集专款，在尕海湖筑坝引水。与此同时，2003年初保护区管理机构成立以来，从加强生态建设、维护生态安全、实现生态文明"三生态"入手，努力搞好以湿地为主的自然资源保护工作。在积极争取生态恢复项目的同时，配合地方政府，通过采取核心区围栏育草、禁牧休牧、草场改良、退化湿地恢复等一系列生态保护措施，尕海湖区周边干涸的山泉大都恢复出水，尕海湖区生态环境逐步恢复。湿地面积由2000年甘肃省第一次湿地资源调查时的35 000hm²增加到2011年甘肃省第二次湿地资源调查时的58 150hm²、2018年湿地生态效益补偿试点时补充调查的60 842.1hm²。

为了科学评价筑坝引水的效益，2004年3月初，技术人员利用罗盘仪对尕海湖水面进行了实测，又用GPS进行了验证，此后一直采用GPS进行监测。实测结果表明，尕海湖水面已经由2000年的600hm²逐步恢复到2003年的1591hm²、2007年2200hm²、2008年2215hm²。2012年以后的监测结果分别是：2012年2354hm²、2013年2280hm²、2014年2481hm²、2015年1256hm²、2016年925hm²、2017年1861hm²、2018年2580hm²、2019年2650hm²、2020年2758hm²、2021年2686hm²，2016年和2020年分别是保护区成立以来的最小水面和最大水面(表7-3)。

表7-3 尕海湖水面历年监测记录

年份	水深(m)	蓄水量(m^3)	面积(hm^2)	年份	水深(m)	蓄水量(m^3)	面积(hm^2)
2000	2.0~2.4	1.32×10^7	600	2015	1.6~2.0	2.26×10^7	1256
2003	1.6~2	2.86×10^7	1591	2016	1.6~2.0	1.65×10^7	925
2007	2~2.4	4.84×10^7	2200	2017	1.6~2.0	3.35×10^7	1861
2008	2~2.4	4.87×10^7	2215	2018	1.8~2.2	5.16×10^7	2580
2012	1.9~2.3	5.02×10^7	2354	2019	1.8~2.2	5.32×10^7	2650
2013	2~2.4	4.97×10^7	2280	2020	1.8~2.2	5.49×10^7	2758
2014	1.9~2.3	5.11×10^7	2481	2021	1.8~2.2	5.37×10^7	2686

第8章 旅游资源

保护区所在的碌曲县地域辽阔，历史悠久，自然风光绚丽多彩，民族文化古朴神秘，民俗风情浓郁独特，历史遗迹底蕴丰厚，草原文化异彩纷呈，游牧文化和农耕文化和谐统一，是典型的青藏高原自然、人文资源的缩影。旅游资源具有原始性、神秘性、多元性及品位高、功能全、特色浓等特点。保护区内拥有亚洲最大的天然草原、中国最美的湿地，是人们消夏避暑的理想之地，开展生态旅游具有独特的优势和多种效益。

在保护区实验区，生态旅游资源非常丰富。自然旅游资源主要有则岔石林省级地质公园、甘肃则岔省级森林公园、草原景观、湿地景观和生物景观，人文旅游资源主要有郎木寺风景名胜区、民居等景观，这些旅游资源为保护区社区居民增加收入起到了重要作用。其中国家AAAA级旅游景区则岔石林省级地质公园、郎木寺风景名胜区和尕秀藏寨文化生态旅游区令游客叹为观止，郎木寺还是中国魅力名镇、甘肃省历史文化名镇。

8.1 自然旅游资源

保护区生态旅游资源得天独厚，集草地、森林、石林、河流等自然景观和人文景观为一体，独具特色。则岔石林群峰屹立，重峦叠嶂的森林，清澈见底的流水，大自然的能工巧匠造就了“青天一线”“灵猿望月”等数十处景点；被誉为高原明珠的尕海湖，天水相连，是候鸟栖息的乐园。

8.1.1 则岔石林省级地质公园

则岔石林位于保护区东部，分别属于则岔保护站和石林保护站辖区。距离碌曲县城约52km，景区全长32.5km，面积约21 400hm^2，山势巍峨陡峭，石林屹立云中，流水清澈见底，林木茂密葱郁，有众多珍禽异兽出没。则岔石林景区是则岔石林省级地质公园的重要部分，景区内西北罕见的典型石林景观以其鬼斧神工的奇特造型和森林茂密的秀丽景色著称，具有峨嵋之秀、华山之险、泰山之雄奇等特点，是甘南州乃至甘肃省著名的生态旅游胜地，2014年被评为国家AAAA级旅游景区。

这里是造山运动地块抬升后经流水侵蚀、风雨剥蚀而形成的大面积硅灰岩石林，是一处由三叠系海相沉积硅灰岩组成的岩溶景观，在石林的峰顶及岩洞中，有大量古海洋生物化石，如珊瑚化石等。大约在两亿年前，这里曾是汪洋大海，历经当时的印支期至7000万年的喜马拉雅运动，地壳反复上升，在长期风雨剥蚀和流水的侵蚀作用下，形成的岩溶地貌景观。

则岔石林是自然生态大观园，公园主要景观、景点有石林风貌、岩壁上的垂直构造节理、奇特的蘑菇石、青天一线、灵猿望月、仙人洞、将军峰、山水石林等数百个，且栩栩如生，惟妙惟肖。

8.1.1.1 喀斯特地貌

则岔石林是岩溶作用形成的岩溶地貌，又叫喀斯特地貌。岩溶是流水对可溶性岩石产生的溶解作用、淋滤作用及部分冲刷作用，并在地表形成独特的岩溶地貌和在深部形成各种溶洞、通道、空间的过程。地壳上一些可溶性岩石，如石灰岩、白云岩等碳酸岩类岩石，如果岩层中节理、裂隙、断裂等极为发育，就构成了水流运动的空间，当天然水富含各种盐类和CO_2等气体时，这种复杂的天然溶剂就可与岩石发生化学反应，产生溶解、淋滤作用，再加上千百年来流水的冲刷、搬运和岩石自身的崩塌等，才形成千姿百态的地表和地下的岩溶景观。则岔石林就是这种特殊的岩溶地貌景观，表现为各种大小不同、形态各异的石峰、石柱、石芽、石门、溶沟、漏斗等，是下石炭统的灰岩经岩溶等地质作用形成的。右侧山坡上，在岩层节理尤其是垂直节理发育的条件下，经溶蚀-水蚀作用切割后，形成的无数锥状、塔状或其他形状的相对独立的山峰，又经后期多次抬升，石峰大都被磨圆。石门也是由于密集的垂直节理经碎裂分化和水流的溶蚀、冲刷不断扩大，日久天长才慢慢形成的。

8.1.1.2 石峰

穿过石门，地势豁然开朗，各类形神兼备、千姿百态的石峰耸立着，四周松林环抱，山峰突出；峰林、峰丛、溶洞等溶蚀地貌广泛分布。石峰似刀削斧砍、壁立千仞，有“刀”“斧”等形状，以“野、秀、奇、险”著称。

8.1.1.3 一线天

一线天是则岔石林最有名的景观，在千仞山峰中间形成一道裂缝，素有“金剑劈峰”之说。一线天崖壁陡峭，气势磅礴，蔚为壮观。湍急汹涌的则岔河从一线天峡谷中哗哗流出，走在峡谷中抬头仰视崖顶一线蓝天，如坠万丈深渊，惊心动魄。

8.1.1.4 石林中心区

过一线天，就是则岔石林的中心区。仰首往左前方看，有一座石峰恰似一尊佛陀双手合十，轮廓清晰，袈裟在风中飘动，好像正在边行走边默念经文，栩栩如生，这情景、这意象，好像西天取经的唐朝高僧，故称之“朝圣西进”，在这块石林群中还有《西游记》其他人物的造型。登上左边稍低一点的顶峰，放眼远眺，灵猿望月、将军石、企鹅峰、雪豹卫士、龟探青龙等数十个景点，惟妙惟肖，让人目不暇接。这些山峰奇妙的形态，横看是一种感觉，侧看又是一种造型，不禁令人由衷地感叹大自然的神奇造化。游客至此，常常流连忘返。景区内还有许多待开发的景点，游客尽可以根据自己的想象给它们命名。

8.1.1.5 溶洞

则岔村西面小山的半山腰有一座神奇的溶洞，洞虽不大，但蛮有灵气，游客可以往前进入200多米，但洞里缺氧，游客不可深入。进洞时，需借助光照，否则寸步难行。

8.1.2 甘肃则岔省级森林公园

则岔省级森林公园是1993年1月甘肃省林业厅批准建立的，分别属于则岔保护站、石林保护站辖区，面积69 800hm^2。公园内各种野花与高山积雪辉映，森林与草原参差，层层叠叠、多姿多彩，如一幅立体的自然风光图，是甘南州乃至甘肃省著名的生态旅游胜地。夏季气候宜人，是消夏避暑观光的好去处；秋季景区内万紫千红，层林尽染，野果飘香，景色迷人。

8.1.2.1 森林景观

则岔森林公园原始植被垂直分带明显，最低处是云杉疏林灌木草地，再上是圆柏、冷杉、紫果云杉林莽，还有许多参天古树。再继续上升又是温性灌丛和亚高山灌丛草甸，最后是寸草不生的冰封雪裹之裸岩。

这里峰峦叠嶂，山形奇特，森林茂密，林木参天，野花盛开，蝶飞蜂舞，百鸟争鸣，流水潺潺，花儿弄影鱼儿游。千姿百态的怪石奇景从半山到谷底随处可见，同时大片的云杉林在悬崖峭壁石缝中，盘根错节，苍劲挺拔，更显奇特，构成一副天然风光的大观园。还有多姿多彩、艳丽香浓、种类繁多的花卉，为则岔峡谷增添了神奇的色彩。

8.1.2.2　紫果云杉保存地

弥足珍贵的中国特有树种——紫果云杉在这里集中分布，则岔森林公园是紫果云杉重要的保护地之一。紫果云杉仅分布于四川阿坝、甘肃榆中及洮河流域和祁连山北坡，极为稀有，是甘肃省保护植物；为高大乔木，大枝平展，树冠尖塔形，十分美观，木材淡红褐色，材质坚韧优良，可供飞机、机器、乐器等用材。

8.1.2.3　神鹰谷

森林公园的核心区是一处人迹罕至的幽深山谷，大群鹰类在陡峭的崖壁上筑巢繁殖幼雏，当听到藏族艺人特制的鹰笛吹响召唤时，它们就像接到命令的士兵一样很快地大量聚集，数量达百只左右，它们时而盘旋，时而上下翻飞，蔚为壮观，令人惊叹。这些鹰类都是国家一、二级保护动物胡兀鹫、秃鹫和高山兀鹫，它们以草原上的小型脊椎动物为食，有时也食用动物的尸体和腐肉，是草原上重要的、名副其实的保洁员。

8.1.2.4　羚羊的家园

则岔，藏语称“皂仓”，“皂”意为羚羊，“仓”意为家（另有窝、巢穴之意），连起来解释就是羚羊的家园。因当年有人将当地藏语方言“皂仓”音译为“则岔”，久而久之，就成为通称。山势巍峨陡峭，石林屹立云中，流水清澈见底，林木茂密葱郁，众多珍禽异兽不时出没，特别是有高原精灵和吉祥之物称誉的羚羊数量很多。这里不时出没着斑尾榛鸡、雉鹑、林麝、高山麝、蓝马鸡、中华鬣羚、岩羊等国家一、二级保护的珍贵野生动物。则岔森林公园植被保存十分完好，进入森林深处，枝头鸟语声声、悦耳动听，艳丽的野花开遍大地，好像走进了一个鸟的世界、花的海洋。在这里可以倾听百鸟歌唱，欣赏争相绽放、千姿百态的野花，驻足湖泊小溪，体验融入大自然的感受，非常惬意。森林公园空气异常清新，是一块生态原始自然、保存完好的处女地。其地学、科普、动植物研究及观赏价值尤为突出。

8.1.3　草原景观

保护区内无垠的草场是我国典型的高原天然灌丛草原和草甸草原。徜徉其间，幽深而秀丽，宁静而安详，宽阔而雄浑，如一块未曾雕琢的翡翠，像天公泼洒下来的浓墨，融会成碧绿的波涛，直向高高的天空奔涌而去。草原上生长着各种植物，把地表盖得严严实实。那些红彤彤、粉嘟嘟、黄澄澄、白晶晶的妖艳野花，盛开在大草原的绿丛中，如飘落的彩霞般绚烂。彩蝶飞舞，蜜蜂奔忙，昆虫吟唱，鲜花飘香，溪水淙淙，将草原装扮的格外妖娆，使人仿佛置身于人间仙境，忘掉了世俗的纷扰和忧愁，黑白相间的牛羊、蘑菇状的帐篷随处可见，奶茶飘香，羊肉肥美，令人向往。

以尕海滩、郭茂滩、野马滩和晒银滩为人们熟知的四大草滩，盛产冬虫夏草，被誉为高原上的一颗璀璨明珠。这里的草原景色壮丽，风光秀美。特别是夏秋季节，草青水碧，百花盛开，景色迷人，蓝天、白云、碧水、绿草交相辉映，如诗如画。

8.1.4　垂直景观

则岔峡谷自然景观秀丽迷人。从则岔沟口海拔最低处至保护区最高处，高差在1300m以上。特殊的地形地貌和气候环境，形成独特而又比较完整的原始植被垂直景观。从洮河沿岸河谷疏林灌丛沿则岔河顺流而上，主要是寒温性暗针叶林，谷底沙棘、柳树等生长茂密，云、冷杉主要分布于阴坡，圆柏则分布于阳坡，树种组成复杂，森林遮天蔽日，地被物有桃儿七等珍稀植物；继续前行就会出现中国特有的珍稀树种紫果云杉纯林，林相整齐，郁郁葱葱。国家重点保护动物中华鬣羚、斑尾榛鸡、蓝马鸡等野生动物时常出没。乔木林的林缘以外是寒温性灌木林和亚高山灌丛草甸等垂直景观，主要有千里香杜鹃、狭窄鲜卑花等灌木，再往上就是生长着冬虫夏草、水母雪莲等珍稀名贵中药的大草原，有时还能见到岩羊、盘羊等珍稀野生动物。这里各种类型的森林与草场相互交错，构成了一幅美丽动人的图画，蕴藏着草原的深奥，犹如清晨淡淡的白雾，清纯中露出不屈的苍劲，繁衍着许多倔强的生命，是一个天然珍稀动物园。

在不同海拔高度、坡向和坡位，在一望无际的大草原，夏秋季节是各种五彩缤纷的花卉竞放异彩的海洋。主要花卉植物有：石竹科的甘肃雪灵芝、卷耳、瞿麦、禾叶繁缕等；毛茛科的褐紫乌头、伏毛铁棒锤、露蕊乌头、瓜叶乌头、铁棒锤、高乌头、松潘乌头、甘青乌头、蓝侧金盏花、迭裂银莲花、钝裂银莲花、草玉梅(虎掌草)、小花草玉梅、条叶银莲花、疏齿银莲花、驴蹄草(沼泽金盏花)、花葶驴蹄草(花亭驴蹄草)、升麻、甘川铁线莲、甘青铁线莲、白蓝翠雀花、蓝翠雀花、单花翠雀花、密花翠雀花、三果大通翠雀花、川甘翠雀花、毛翠雀花、碱毛茛(水葫芦苗)、三裂碱毛茛、毛茛、浮毛茛、爬地毛茛、高原毛茛、毛果高原毛茛、云生毛茛、长茎毛茛、鸦跖花、川赤芍、拟耧斗菜、高原毛茛、贝加尔唐松草、瓣蕊唐松草、长柄唐松草、芸香叶唐松草、矮金莲花、小金莲花、毛茛状金莲花等；小檗科的桃儿七(鬼臼)等；罂粟科的斑花黄堇、曲花紫堇、迭裂黄堇、赛北紫堇、条裂黄堇、暗绿紫堇、扁柄黄堇(黄花紫堇、尖突黄堇)、蛇果黄堇、粗糙黄堇、草黄堇(草黄花黄堇)、糙果紫堇、苣叶秃疮花、细果角茴香、多刺绿绒蒿、全缘叶绿绒蒿、红花绿绒蒿、五脉绿绒蒿、总状绿绒蒿、野罂粟等；十字花科的垂果南芥、荠菜、大叶碎米荠、播娘蒿、毛葶苈、苞序葶苈、葶苈、头花独行菜、楔叶独行菜、蚓果芥、沼生蔊菜、菥蓂(遏蓝菜)等；景天科的费菜、大花红景天、小丛红景天、长鞭红景天、甘南红景天、狭叶红景天、四裂红景天、唐古红景天、云南红景天等；虎耳草科的长梗金腰、细叉梅花草、三脉梅花草、黑虎耳草、叉枝虎耳草、黑蕊虎耳草、山地虎耳草、青藏虎耳草、唐古特虎耳草、爪瓣虎耳草等；蔷薇科的龙芽草、无尾果、东方草莓、野草莓、路边青、鹅绒委陵菜、二裂叶委陵菜、委陵菜、金露梅、铺地小叶金露梅、银露梅、多茎委陵菜、掌叶多裂委陵菜、小叶金露梅、华西委陵菜、细梗蔷薇、扁刺蔷薇、黄刺玫、库页悬钩子、隐瓣山莓草、鲜卑花、天山花楸、高山绣线菊、蒙古绣线菊、细枝绣线菊、南川绣线菊等；豆科的甘肃黄耆、单体蕊黄耆、蒙古黄耆、肾形子黄耆、东俄洛黄耆、云南黄耆、短叶锦鸡儿、鬼箭锦鸡儿、川西锦鸡儿、红花山竹子(红花岩黄耆)、牧地香豌豆、矩镰荚苜蓿、天蓝苜蓿、花苜蓿、镰荚棘豆、甘肃棘豆、黑萼棘豆、披针叶野决明、高山豆、广布野豌豆、多茎野豌豆、野豌豆、歪头菜等；柽柳科的三春水柏枝、具鳞水柏枝等；堇菜科的双花堇菜；瑞香科的黄瑞香、甘青瑞香、狼毒等；柳叶菜科的柳兰、高山露珠草、柳叶菜、光滑柳叶菜、沼生柳叶菜、长籽柳叶菜、光籽柳叶菜等；伞形科的田葛缕子、葛缕子、裂叶独活、藁本、西藏棱子芹等；杜鹃花科的烈香杜鹃、头花杜鹃、樱草杜鹃、陇蜀杜鹃、黄毛杜鹃、千里香杜鹃等；报春花科的垫状点地梅、羽叶点地梅、苞芽粉报春、胭脂花、天山报春等；龙胆科的刺芒龙胆、肾叶龙胆、线叶龙胆、大花秦艽、云雾龙胆、黄管秦艽、假水生龙胆、匙叶龙胆、鳞叶龙胆、麻花艽、蓝玉簪龙胆、湿生扁蕾、花锚、椭圆叶花锚、肋柱花、辐状肋柱花等；花荵科的中华花荵；唇形科的美花筋骨草、密花香薷、鼬瓣花、独一味、宝盖草、薄荷、甘肃黄芩等；茄科的山莨菪；玄参科的肉果草、碎米蕨叶马先蒿、等唇碎米蕨叶马先蒿、中国马先蒿、弯管马先蒿、白花甘肃马先蒿、长花马先蒿、斑唇马先蒿、藓生马先蒿、返顾马先蒿、红纹马先蒿、轮叶马先蒿等；紫葳科的四川波罗花、密生波罗花等；五福花科的五福花；忍冬科的蓝靛果忍冬红花岩生忍冬、岩生忍冬、莛子藨等；川续断科的圆萼刺参；桔梗科的钻裂风铃草、党参等；菊科的翠菊(格桑花)、褐毛垂头菊、喜马拉雅垂头菊、车前状垂头菊、条叶垂头菊、掌叶橐吾、箭叶橐吾、黄帚橐吾、毛连菜、日本毛连菜、草地风毛菊、禾叶风毛菊、长毛风毛菊、大耳叶风毛菊、钝苞雪莲、蒲公英、狗舌草等；鸢尾科的锐果鸢尾、马蔺等；百合科的黄花韭、天蓝韭、卷叶黄精、玉竹、轮叶黄精、山丹等；兰科的掌裂兰、凹舌掌裂兰、小斑叶兰、手参、西藏玉凤花、裂瓣角盘兰、角盘兰、齿唇羊耳蒜、尖唇鸟巢兰、广布红门兰、绶草等。

8.1.5　湿地景观

保护区内禽鸟集中的尕海湖及其周边湿地，一望无际，浩浩荡荡，像绿色的海洋，微风轻拂，蔚为壮观，美丽的蘑菇圈一圈接一圈，沼泽地里群蛙鼓噪。空旷的天宇下静静地躺着一个碧波荡漾的尕海湖，湖中鱼儿弄影，鹤鹭共舞，雁鸭和鸣，鸥鸟欢唱。

尕海湖也被称为“措宁”，就是“牦牛走来走去的地方”，湖泊四周为优良的天然牧场，河流纵横，植被良好，有各种珍禽异鸟栖息于湖畔。在风和日丽的季节，尕海湖更是美得出奇。临高远眺，她就像镶嵌在广袤草原的一颗蓝宝石，又如晨光中美女开启的一盘明镜，在阳光照耀下波光粼粼，熠熠生辉。走近她，你会看到雪峰绿草、蓝天白云层层叠叠倒映湖中。

高原的尕海湖显得格外纯真，没有一丝人工粉饰和雕琢，没有半点城市的喧嚣与浮华。2007年10月下旬，尕海湖作为甘肃众多湖泊中的代表参加了在西子湖畔举办的“中华名湖秀”评选活动，顺利入选“全国50名湖”。久居城市的人们也像候鸟一样，每到夏季就不远万里来此旅游观光，把自己置身在这梦幻般的仙境，体会回归自然的美妙感觉。

尕海湖是鸟类迁徙的重要通道，每年春秋季节总有数以万计的候鸟，经此迁徙、歇脚或到此栖息繁衍后代。迁徙期间，各种鸟群时起时落，嬉戏鸣唱，黑颈鹤、黑鹳则喜欢在湖畔徜徉，即或游客在远处观看也不会被惊飞，一派优雅高贵的姿态，尕海湖因此素有“鸟类乐园”的美称。

夏天的尕海湖天蓝、水碧，天水相连，色彩斑斓，动静有效，湖畔千姿百态的各色野花绚烂开放，是一幅古朴典雅的天人合一图。这个神奇的地方被外界誉为高原圣湖。

8.1.6　蝶类景观

良好自然生态环境，吸引了凤蝶科、蛱蝶科、粉蝶科、绢蝶科、眼蝶科和灰蝶科等大量珍贵蝶类栖息，它们大都具有很高观赏价值。

蝶类体态窈窕，艳丽多姿，以其自身斑斓的色彩图案，点缀了大自然，使自然界更加绚丽多彩。它吸引了无数的人们为它赞赏，被它迷恋。被人们誉为“昆虫王国的佳丽”“会飞的花朵”“有生命的灿烂图画”。蝴蝶，已成为美的象征！是古往今来诗文、绘画、装饰的重要题材，倍受人们的钟爱。根据地形地貌及蝶类的垂直分布情况将蝶类资源分三个产区，即洮河则岔峡谷区、尕海高原湿地区和西倾山高山草甸区。

8.2　人文旅游资源

恢宏、神奇的人文景观和浓郁、纯朴的民俗风情交相辉映；风景绚丽多彩、风光旖旎的大草原，令人心旷神怡。

8.2.1　郎木寺风景名胜区

郎木寺风景名胜区位于保护区东南部，属于石林保护站的辖区，距离碌曲县城90km，地处甘川两省交界处，国道213线横贯全境，是兰郎公路的终点，交通十分便利。郎木寺特殊的地理位置，已成为周边地区经济、文化中心，小城镇建设已初具规模。在旅游业的带动下，郎木寺镇逐步形成了牧、商、旅游服务为主的新格局，呈现出政治稳定、经济发展、民族团结、社会事业健康和谐发展、人民安居乐业的良好局面。2004年，郎木寺被甘肃省人民政府列为全省风景名胜区，同年又被列为甘南州十大王牌景点之一；2005年3月被批准为省级风景名胜区；2005年10月参加了“CCTV中国魅力名镇”展示活动，取得了前20强的好成绩，被评为“中国魅力名镇”；2006年被批准为历史文化名镇，2017年被确定为甘肃省文物保护单位，2018年被评为国家AAAA级旅游景区。

在郎木寺有一条终年清澈明丽的小河，溯流而上约1km就是嘉陵江支流白龙江的源头，源头由十几个汩汩的泉眼组成，藏语称为“乃溪”(意为圣水)。在气候适宜的夏天人们感觉不到水的温度，但在数九寒冬，清晨的河水热气腾腾，若将冰冷的手伸进河里，那种温暖和惬意便传遍全身，一年四季都哼着欢快的小曲涓涓流淌，从不结冰。

8.2.2 甘南尕秀藏寨文化生态旅游区

尕秀村位于尕海镇，属于尕海保护站辖区。毗邻国道213线，距碌曲县城23km，平均海拔3400m，被誉为“行走的帐篷城”，2019年被评为国家AAAA级旅游景区。这里属高原湿润气候，生态旅游资源丰富，民俗文化底蕴深厚，是一个融自然风光、民族文化、人文景观为一体的特色生态村。

走进尕秀，一排排藏式风格民居在广袤的草原中别具风情，一座座独具特色的藏式门楼、一条条通畅整洁的水泥村道、一处处错落有致的休闲广场映入眼帘，村庄的整体布局和设施功能基本完善，住房特色化及旧街风貌改造时完整保存了敦克尔古城风貌，突出了尕秀村生态人居的优越环境，同时房屋标准统一，水电路等基础设施条件齐全。

全村有55户牧家乐铺石阶、种草皮、建户内卫生间，按照民宿标准完成升级改造。同时，村上引进了旅游餐饮管理企业，对牧家乐住宿、餐饮统一标准化管理。

8.2.3 民居

藏族民居独树一帜，以郎木寺榻板房和篱笆屋最具特色。榻板房因屋顶用木板层叠制作而得名，篱笆屋则是榻板房中较为特殊的一种，用木条编织的篱笆罩在榻板房周围而成。榻板房制作方法主要是在正房平顶部另外架起两檐水木椽屋顶，在木椽屋顶上顺斜坡再盖上松木榻板，上排压下排，交结处横放半圆形细长条木杆，然后用石块压住；在房檐前后泄水处，横架一条凹形木槽，倾斜伸向院墙外以引屋顶雨水。房屋以地势而建，高低错落有致，同周围的环境互相融合。它古朴美观，极富地方民族特色，颇有观赏价值。据考证，榻板房为古西戎建筑文化的遗存，2011年榻板房制作技艺被列为甘肃省省级非物质文化遗产名录。

8.2.4 民俗民风

藏族群众热情好客，淳朴豪放，历史悠久，生活习俗、节会活动丰富多彩。香浪节别具一格，各有特点；碌曲县是全国锅庄舞之乡，锅庄舞欢快而富于节奏；藏餐风味独特，蕨麻米饭、酸奶、酥油茶等营养丰富又十分可口。

第9章　社会经济状况

9.1　范围及人口

保护区范围包括完整的郎木寺镇、尕海镇、拉仁关乡和西仓镇贡去乎行政村洮河南岸部分。全区共有11个行政村、1个社区,32个村民小组、1个居民小组,其中:郎木寺镇有郎木、贡巴、波海、尕尔娘等4个行政村和郎木寺社区;尕海镇有秀哇、尕秀、加仓等3个行政村;拉仁关乡有唐科、玛日、则岔等3个行政村;西仓镇仅有贡去乎1个行政村。

根据保护区功能区调整前的2015年统计,全区共有2688户,12 794人。其中:郎木寺镇929户,4450人;尕海镇1117户,4918人;拉仁关乡550户,2907人;西仓镇贡去乎行政村洮河南岸的3个村民小组92户,519人。这些人口中,核心区有258户1321人、缓冲区有1091户5460人、实验区有1339户6013人。

功能区调整后,截至2020年底,全区共有3544户,14 346人。其中:郎木寺镇1455户,5219人;尕海镇1241户,5207人;拉仁关乡707户,3159人;西仓镇贡去乎行政村洮河南岸的3个村民小组141户,761人。这些人口全部生活在实验区。

9.2　乡镇基本情况

9.2.1　郎木寺镇

9.2.1.1　位置

郎木寺镇位于保护区东南部,距碌曲县城84km,面积571.15km²。地处甘肃和四川两省交界处,白龙江畔东南角,西、北分别与本县尕海镇和拉仁关乡相接,东南与四川省若尔盖县红星乡毗邻,国道213线横贯全境,是兰郎公路的终点,又是甘肃的"南大门"。郎木寺镇紧邻省道313线即武都区两河口至玛曲县阿万仓公路,是沟通东西方向,西进玛曲,东出迭部、舟曲的交通枢纽,交通十分便利,具有独特的区位优势。

郎木寺镇是西北五省区唯一的"中国魅力名镇",有"东方小瑞士"美誉。早在20世纪40年代,一位欧洲传教士以其在郎木寺的经历见闻编写成的书籍,将郎木寺带进了国际视野,让西方社会知道了青藏高原东缘的群山、草原和藏族人民。从70年代后期开始,每年都有大量的"背包客"来郎木寺旅游,也是从那时起,在《英汉大辞典》里出现"中国郎木寺"。

全镇辖郎木行政村(仁尕玛、加科、卡哇、吉可河4个村民小组)、贡巴行政村(一队、二队、三队、四队4个村民小组)、波海行政村(一队、二队、三队、四队4个村民小组)、尕尔娘行政村(尕尔娘村民小组)和郎木寺社区(郎木寺居民小组),共4个行政村、1个社区,13个村民小组、1个居民小组。

全镇总户数1400户，总人口5138人，其中农业人口4985人，少数民族5048人（其中藏族4649人、回族393人、其他民族6人），从业人员2523人（男1261人、女1262人）。

9.2.1.2 经济

畜牧业：2020年年初各类牲畜存栏66 532头（只、匹），年内增加43 347头（只、匹），年内减少45 261头（只、匹），年末存栏64 618头（只、匹），其中大牲畜11 211（牛10 292头、马919匹）、绵山羊55 321只（绵羊55 321只）；当年出栏牛2951头、牛肉产量295t，出栏羊37157只、羊肉产量669t，牛奶产量1192t，绵羊毛产量53t。

郎木寺镇草地资源丰富，畜牧业是郎木寺镇的经济基础，也是支柱产业。通过“整村推进”“六化”家庭牧场、农牧互补“一特四化”等一系列惠民项目的实施，使靠天吃饭、逐草而牧的现状逐步得到了改善，现代畜牧业初具规模。畜牧产业的稳步发展，有力地推动了全镇经济的发展和人民生活水平的提高。

旅游业：国家AAAA级旅游景区郎木寺风景名胜区就在郎木行政村，旅游业也是当地群众创收的重要产业。

9.2.2 尕海镇

9.2.2.1 位置

尕海镇位于保护区西南部，距碌曲县城52km，西距玛曲县52km，东南距郎木寺约40km，西北与青海省河南县毗邻，国道213线国道穿境而过，也是兰州—夏河拉卜楞寺—九寨沟、黄龙寺黄金旅游线的必经之路，交通十分便利。境内地形开阔平坦，地势较高，滩地海拔平均约3500m，周围山脉一般都在3800m左右，山势坡度小，地表起伏不大，南部有郭尔莽梁，西北耸立阿尼库合山，中部夹野马滩、尕海滩、郭茂滩、晒银滩四大草滩。包括李恰如种畜场的总面积1 095.48km²。

全镇辖秀哇行政村（一队、二队、三队、四队4个村民小组）、尕秀行政村（一队、二队、三队3个村民小组）和加仓行政村（一队、二队、三队3个村民小组）共3个行政村，10个村民小组。

全镇总户数1321户，总人口5688人，其中农业人口5255人，少数民族5675人（其中藏族5666人、回族8人、其他民族1人），从业人员3351人（男1733人、女1618人）。

9.2.2.2 经济

畜牧业：尕海镇为纯牧业区，具有得天独厚的草场资源，名优特产为高原牦牛和藏绵羊。1998年顺利完成一次性草场承包到户工作。通过牧民住房、草场围栏、棚圈建设、暖棚饲养、优良改种、短期育肥，使畜牧业生产逐步转入“提高总增、控制净增，扩大出栏，加快周转”的季节性草原商品化和产业化畜牧业发展方向。2020年年初各类牲畜存栏179 092头（只、匹），年内增加103 059头（只、匹），年内减少107 984头（只、匹），年末存栏174 167头（只、匹），其中大牲畜116 576头（只、匹）（牛115 325头、马1251匹）、绵山羊62 516只（绵羊62 516只）；当年出栏牛36 702头、牛肉产量3670t，出栏羊60 129只、羊肉产量1082t，牛奶产量12 627t，绵羊毛产量55t。

旅游业：国家AAAA级旅游景区甘南尕秀藏寨文化生态旅游区就在尕秀行政村，旅游业也是当地群众创收的重要产业。

9.2.3 拉仁关乡

9.2.3.1 位置

拉仁关乡位于保护区东部，处于洮河南岸之高山峡谷区，北接西仓镇，东南与双岔镇相连，西南与尕海镇、李恰如种畜场、青海省河南县毗邻。距碌曲县城25km，面积715.92km²。省道326公路从北部经过。热乌库合、括合曲穿流而过，山间河谷为草滩。在尕海镇秀哇村的郭茂滩西北部和夏子库合，有两块唐科村的飞地。

辖唐科行政村（一队、二队、三队、四队4个村民小组）、玛日行政村（玛日村民小组）和则岔行政村（则岔村民小组）3个行政村，6个村民小组。全乡总户数720户，总人口3258人，其中农业人口3052人，少数民族3251人（其中藏族3071人、回族179人、其他民族1人），从业人员1480人（男818人、女662人）。

9.2.3.2 经济

畜牧业：畜牧业是基础产业。2020年年初各类牲畜存栏122 964头（只、匹），年内增加74 374头（只、匹），年内减少72 723头（只、匹），年末存栏124 615头（只、匹），其中大牲畜68 695头（只、匹）（牛68 178头、马517匹）、绵山羊54 269只（绵羊54 269只）；当年出栏牛19 169头、牛肉产量1917t，出栏羊45 535只、羊肉产量820t，牛奶产量7832t，绵羊毛产量51t。

旅游业：国家AAAA级旅游景区则岔石林省级地质公园、甘肃则岔省级森林公园就在则岔行政村，生态旅游业也是当地群众创收的重要产业。

9.2.4 西仓镇

9.2.4.1 位置

西仓镇位于保护区东北部，距碌曲县城8km，总面积298.00km²，省道326公路穿境而过。西仓镇多为山区，洮河自西北向东穿流而过，形成狭长谷地。

西仓镇辖新寺行政村（加科、团结、根萨、加格、阿拉5个村民小组）、唐龙多行政村（曹沟、尖板、唐龙多、呼尔、尕果5个村民小组）和贡去乎行政村（贡去乎、多拉、土房则岔、麦日4个村民小组）共3个行政村，14个村民小组。西仓镇仅有贡去乎1个行政村洮河南岸的贡去乎、多拉、土房则岔等3个村民小组位于保护区范围内，面积91.76km²。

全镇总户数667户，总人口2672人，其中农业人口2611人，少数民族2626人（其中藏族2355人、回族259人、其他民族12人），从业人员1513人（男761人、女752人）。保护区范围内的贡去乎行政村3个村民小组计88户、554人。

9.2.4.2 经济

畜牧业：西仓镇全镇2020年年初各类牲畜存栏32 994头（只、匹），年内增加23 439头（只、匹），年内减少24 450头（只、匹），年末存栏31 983头（只、匹），其中大牲畜10 200头（只、匹）（牛10036头、马164匹）、绵山羊22 405只（绵羊22 405只）、猪389头；当年出栏牛3561头、牛肉产量356t，出栏羊17 894只、羊肉产量322t，出栏猪473头、猪肉产量36t，牛奶产量1122t，绵羊毛产量21t。牲畜疫苗注射覆盖率达97.36%。

保护区范围内贡去乎行政村洮河南岸的3个村民小组年初各类牲畜存栏7370头（只、匹），年内增加3820头（只、匹），年内减少5050头（只、匹），年末存栏6140头（只、匹）。贡去乎行政村结合实际发展藏羊、牦牛养殖业，同时鼓励部分群众发展中（藏）药材种植、蔬菜大棚及育苗。

旅游业：国家AAAA级旅游景区则岔石林省级地质公园、甘肃则岔省级森林公园的一部分在贡去乎行政村，生态旅游业也是当地群众创收的重要产业。2005年以来，贡去乎村大力发展藏家乐旅游服务业。

森林乡村建设：为持续推进落实《乡村振兴战略规划（2018—2022年）》和《农村人居环境整治三年行动方案》，国家林业和草原局组织开展了国家森林乡村创建工作。2019年12月，评价认定了第一批3947个国家森林乡村，贡去乎行政村榜上有名。

第10章 保护区管理

10.1 机构设置

以尕海湖为中心的尕海湿地，是黄河重要支流洮河的发源地之一，储存大量泥炭资源，也是以黑颈鹤、黑鹳、大天鹅等珍稀鸟类为主的野生动物重要的栖息地，生态区位十分重要。甘肃省人民政府于1982年9月2日批准成立尕海候鸟省级自然保护区，为野生生物类中的野生动物类型自然保护区，按森林和野生动物类型自然保护区管理，这是甘肃省1982年集中建立的一批自然保护区之一，为全省第8家保护区。碌曲县在尕海成立了尕海候鸟省级保护区管理站，由原碌曲县农林局领导。

保护区所在的碌曲县森林资源丰富，属于洮河流域分布最上游的森林。新中国成立后，为了支援国家建设，20世纪50年代碌曲县在贡去乎成立了贡去乎伐木队，后来改名贡去乎林场；1964年甘肃省成立了大夏河林业总场（成立不久即下放甘南州领导），贡去乎林场划归大夏河林业总场管理；70年代林场场部迁到双岔，1982年地名普查时改名为双岔林场；1986年大夏河林业总场撤销后，双岔林场归碌曲县领导；双岔林场贡去乎营林区的自然生态系统相对完整，分布林麝、中华鬣羚、雉鹑、蓝马鸡等国家重点保护野生动物，集中分布中国特有且分布狭窄的珍稀树种紫果云杉。1992年2月13日甘肃省林业厅批复建立了碌曲县则岔自然保护区，为自然生态系统类中的森林生态系统类型自然保护区，按森林和野生动物类型自然保护区管理，在双岔林场贡去乎营林区基础上设立了碌曲县则岔自然保护区管理站，由碌曲县农林局领导。

为了切实加强对两个省级保护区自然资源的管理，1998年国务院批准尕海、则岔两个省级自然保护区合并晋升为甘肃尕海则岔国家级自然保护区。2001年国家林业局批复为“湿地及森林生态系统类型”自然保护区，主要保护对象是：黑颈鹤等候鸟栖息地及高山草甸草原生态系统；2014年调整为“湿地生态系统类型”自然保护区，主要保护对象是：大陆性季风气候高山草甸生态系统及湿地生态系统，黑颈鹤、大天鹅、紫果云杉等珍稀濒危野生动植物种群栖息地。

10.1.1 1998年8月18日~2003年1月5日

保护区建立后，由于管理机构尚未成立，自然保护工作仍由碌曲县农林局负责。尕海湿地野生动物资源及其生态环境保护工作由尕海候鸟省级保护区管理站管理；则岔森林野生动植物资源及其生态环境保护工作由则岔省级自然保护区管理站管理，委托碌曲县双岔林场代管。

10.1.2 2003~2006年

2003年1月6日，保护区管理局成立，管理局编制30人，内设办公室、计财科、业务科三个科室，下设尕海保护站、则岔保护站。

2003年12月28日，甘肃省机构编制委员会办公室批准设立甘肃尕海则岔国家级自然保护区森林公安局，行政上受保护区管理局领导，业务上受甘南州公安局和甘肃省森林公安局领导，森林公安局编制10人，内设办公室、政工法制股、森林资源保卫股三个职能部门，下设尕海派出所和则岔派出所。

2006年1月12日，甘南州委批准成立中国共产党甘肃尕海则岔国家级自然保护区管理局委员会。

10.1.3 2007~2012年

2008年2月1日，甘肃省机构编制委员会办公室《关于分配下达全省森林公安政法专项编制等有关问题的通知》明确，全省森林公安编制纳入国家政法专项编制管理，继续实行林业和公安部门双重领导管理体制，省直国有重点林区和自然保护区森林公安的名称为“甘肃省森林公安局××分局”(加挂甘肃省森林公安局××分局森林警察支队牌子)。根据文件精神，甘肃尕海则岔国家级自然保护区森林公安局更名为“甘肃省森林公安局尕海则岔分局”，加挂“甘肃省森林公安局尕海则岔分局森林警察支队”牌子，内设办公室、政工法制股、森林资源保卫股三个职能部门，下设尕海派出所和则岔派出所。分配政法专项编制20名。

2010年1月28日，甘肃省林业厅批复尕海则岔保护区管理局增设产业管理办公室、防火办公室、湿地科三个内设机构。

2010年7月6日，甘肃省林业厅批复尕海则岔保护区管理局增设组织人事科。

2011年6月13日，为了搞好天然林资源保护，甘肃省林业厅批复尕海则岔保护区管理局增设石林保护站、森林有害生物防治检疫站。

2012年2月1日，根据甘肃省林业厅《关于印发省直森林公安机关内设机构、职能配置和科级领导职数规定的通知》精神，甘肃省森林公安局尕海则岔分局设置副局长1名(正科级)；设置4个建制的内设机构(副科级)，分别为办公室、法制科、治安科、刑侦科，核定领导职数4名；所属两个派出所均设置为正科级建制，核定领导职数各1名。

2012年，为了防止盗运非法木材的犯罪活动，管理局在石林保护站辖区的玛日村附近建立了玛日管护站。

10.1.4 2013~2020年

2014年6月10日，甘肃省机构编制委员会办公室同意在尕海则岔管理局加挂“甘肃尕海湿地管理办公室”牌子。2014年8月28日，甘肃省林业厅党组批复在尕海则岔管理局加挂“甘肃尕海湿地管理办公室”牌子。

2017年9月12日，《甘肃省高级人民法院关于全省林区法院案件管辖实施意见(试行)》决定，为深入推进林区法院改革，实现全省重点林区涉林案件集中管辖，洮河林区法院在现管辖范围基础上，管辖洮河林区的太子山、莲花山、尕海则岔自然保护区管理局辖区内的各类案件。

2018年5月3日，洮河林区法院与管理局举行洮河林区法院尕海则岔保护区刑事审判巡回法庭挂牌试点仪式，并成立尕海则岔管理局调解委员会。

2017年，由于石林保护站管护范围过大，给白龙江流域以及郎木寺镇范围自然资源保护造成很大难度，保护区在郎木寺镇建立了白龙江源管护站。

2021年4月，经甘肃省委编办的(甘编办复字〔2021〕17号)批准，甘肃尕海则岔国家级自然保护区管理局更名为“甘肃尕海则岔国家级自然保护区管护中心”。

10.2 基础设施

10.2.1 一期工程

一期工程建设共投入资金933.88万元，重点实施了保护工程、科研宣教工程和基础设施工程等方面的建设。主要建设内容包括：建成尕海保护站563m²，则岔保护站725m²，修建尕海、则岔气象监测站2处，尕海湖引水渠10km，修建尕海和则岔核心区围栏63.7km，建成科研办公楼2180m²，并配套建设附属用房804.12m²（含尕海、则岔保护站附属用房），架设输电线路0.7km，打饮水井2眼，完成供暖、给排水及通信系统等配套设施建设安装，购置了科研办公楼设备，为保护区发展奠定了基础。

10.2.2 二期工程

二期工程建设共投入资金448万元，重点实施了保护与恢复工程、科研宣教工程和基础设施工程等方面的建设。主要建设内容包括：新建职工食堂175m²，完成玛日、尕尔娘和天鹅湖保护点建设，修建拦水坝1座，填埋排水沟10km，新建保护站供水工程3处。另外，保护区通过积极争取和自筹资金的方式，建设科研监测办公楼2475m²，野生动物救护站153m²，湿地鸟类监测通道2.5km。

10.2.3 棚户区改造及林业公租房建设项目

为加快国有林场危旧房改造步伐，加强项目管理，规范建设程序，提高建设质量，切实改善国有林场职工住房条件，根据原国家林业局、住房城乡建设部、国家发展改革委《关于印发〈国有林场危旧房改造工程项目管理办法（暂行）〉的通知》精神，保护区完成了棚户区改造及林业公租房建设项目。50套棚户区（危旧房）改造项目已验收通过，并全部分配到户，实现入住，彻底解决了基层林业职工长期以来存在的住房难问题。同时，120套林业公租房竣工并入住，结束了职工多人合住一间宿舍的历史。

10.2.4 国家级野生动物疫源疫病监测站建设

2004年1月27日，农业部宣布：国家禽流感参考实验室确诊广西隆安县丁当镇的禽鸟死亡为H_5N_1亚型高致病性禽流感，这是我国内地首次确诊禽流感疫情，此后多地出现高致病性禽流感报道。国家强调要依靠科学、依靠法制、依靠群众做好防治工作，阻断疫情向人的传播，确保人民群众身体健康。

由于高致病性禽流感疫情与野生动物特别是与候鸟有关，原国家林业局进一步强化了自然保护区的疫情监测工作，并下达了野生动物疫源疫病监测站建设项目。保护区自2004年以来开展了野生动物疫源疫病监测，完成了国家级野生动物疫源疫病监测站建设，总投资40万元。

10.3 保护管理

保护区管理机构成立后，技术人员通过对生态地位的分析，提出了符合保护区实际的发展思路、发展目标和发展方针，并列出了急需开展的核心区禁牧及牧民扶持工程、森林资源恢复工程、野生动物资源恢复工程、湿地恢复工程、护林防火工程、草场恢复工程、资源调查、生态保护宣传教育基地建设、人员培训、科技推广等发展项目。

发展思路：突出与时俱进、开拓创新，突出生态建设、生态安全和生态文明的“三生态”思想；确立保护湿地、森林两大生态系统为主体的生态建设任务，即以保护黑颈鹤、黑鹳、大天鹅等珍稀水禽及其栖息地——尕海湿地生态系统，以保护紫果云杉原始森林、雉鹑、斑尾榛鸡、蓝马鸡、林麝、高山麝、中华鬣羚、红花绿绒蒿、桃儿七等珍稀野生动植物及其栖息地——则岔森林生态系统为主体的保护区生态建设任务，建立以湿地、森林、草原、野生动植物为主的生态安全体系；建设人人爱护自然、人与自然和谐相处、山川秀美的生态文明社会。

发展目标：近期目标是使保护区的森林资源、湿地资源和生物多样性得到有效保护，生态恶化的趋势得到遏制，生态系统趋于良性循环。再经过数十年的努力，建成资源丰富、功能完善、效益显著、生态良好的自然保护区，实现保护区生态、社会、经济可持续发展。

发展方针：保护区发展方针为“严格保护，搞好建设，深入研究，试验示范”。严格保护就是采取广泛宣传、订立乡规民约、制订规章制度、确定管护区、落实责任制、共建共荣等各种切实可行的措施，保护好区内森林资源、湿地资源、草地资源和野生动植物资源；搞好建设就是搞好以湿地核心区围栏、补播牧草、改良草场、草原灭鼠为主的湿地恢复工程，搞好以珍稀树种育苗、宜林地人工造林、封山育林、护林防火为主的森林资源恢复工程，搞好以巡护、人工投食、野生动物救护为主的野生动物保护工程；深入研究就是通过森林资源调查、湿地资源调查、野生动植物资源调查与监测、生态定位观测、气象观测、水文观测、珍稀树种培育、野生动物人工繁育及生物学观察，深入研究野生动植物和森林生态系统自然演替规律，通过重点野生动物的环志(或电子项圈)研究候鸟的迁徙路线和兽类的生活规律，研究有效管理方法和社会经济发展规律，为保护区的发展提供强有力的科技支撑；试验示范就是立足国家级自然保护区的优势，在森林、草原、湿地水源涵养机理和水源涵养效益的研究方面，在湿地保护和湿地恢复技术研究方面、在扩大野生动物特别是黑颈鹤种群研究方面、在改善社区群众的生产方式和生活水平研究方面进行立项，开展试验示范和推广。

经过20年的不断努力，保护区的各项工作取得了明显成果。

10.3.1 制度建设

2004年以来，根据天然林保护工程、野生动物保护工程和重点公益林建设等工作中存在的问题，制订了保护区《天保办工作制度》《保护站岗位职责》《天保工程护林员职责》《天保工程档案管理制度》《天保工程资金管理制度》《天然林保护工程财政专项资金管理办法》《生态公益林建设制度》《公益林建设管理办法》《森林管护制度》《护林员管理办法》《管护人员年度绩效考核管理办法》《管护员请销假制度》《野外巡护制度》《野外巡护方案》《违反森林资源管理规定造成森林资源破坏的责任追究制度》《野生动物管理办法》《森林病虫害防治管理办法》《森林资源档案管理办法》《档案管理制度》《财务管理制度》《森林火灾扑救预案》《防火办工作人员岗位职责》《森林防火制度》《野外生产用火管理制度》《森林火灾报告制度》《森林火灾处置制度》《森林火情报告制度》《护林防火值班制度》等管理制度、职责、办法和方案、预案，对各项管理工作和保护工作起到了重要的规范作用。

10.3.2 宣传教育

10.3.2.1 自然资源保护宣传

为了增强公众保护湿地、森林、草原及野生动植物的意识和理念，形成保护湿地及其野生动植物、保护生态环境、维护生态平衡的氛围。多年来，每逢世界湿地日、野生动植物日、森林日、水日、地球日、生物多样性日、环境日及甘肃省保护野生动物宣传月和爱鸟周，保护区在碌曲县城、尕海、则岔等地以悬挂条幅、摆放宣传展板、发放宣传单、折页、宣传画册及挂历、现场解释答疑等方式进行，使受众全面直观了解湿地、森林、草原、野生动植物、水资源现状以及保护自然资源和自然环境的重要意义、重要作用及具体措施，增强了大家对自然保护事业的关注，影响和带动更多民众积极参与到自然资源保护的活动中来。

保护区还多次积极参加甘肃省、甘南州林业系统主办的自然资源保护宣传活动。2009年是甘肃省林业系统自然保护区宣传年，为了配合实施中欧生物多样性保护示范项目(ECBP)，在碌曲县城主街道及辖区农牧村开展了有声势有特色的湿地保护宣传教育活动。5月31日，城关小学举办了“湿地杯”演讲比赛，参赛小学生从不同角度演讲了对生态安全和环境保护重要性的认识；6月1日，尕海中心小学举办了“六一”儿童节庆祝活动，同学们参加了保护湿地宣传演讲会，保护区职工还深入浅出地向牧民群众讲解保护生态、爱护湿地的重要性；6月3日，保护区与碌曲县妇联联合举办了县直机关妇女“湿地杯”健美操比赛，13支代表队参加了比赛，比赛现场保护生态、爱护湿地的气氛十分浓厚，前来观看比赛的干部职工和各界群众不同程度地受到保护生态环境教育。

为了增强全州人民保护野生动植物的意识，营造良好的保护氛围，动员全州各族群众以实际行动参与野生动植物保护工作，保护区多次联合原甘南州林业局、原合作市林业局等单位在甘南州羚城广场举行以“依法保护野生动植物，共建美好家园”为主题的“世界野生动植物日”综合性宣传活动，每次都有数千人参加。

2014年6月9日，举办“保护水鸟，爱护湿地”为主题的技能竞赛活动，兰州大学、甘肃省ECBP项目办、尕海小学组团参加；2014年8月4日，协调甘肃省文联、文化厅牵头，与甘肃省舞蹈家协会、碌曲县政府联合承办了全省“湿地杯”藏族舞蹈大赛，进一步唤起人们保护环境的意识，鼓励大家积极投身生态文明建设。

10.3.2.2 深入村寨宣传

各保护站一线职工经常深入村庄、牧场、寺院、学校和建筑工地，采用发放宣传资料等多种形式，向保护区群众和社会各界广泛宣传有关湿地、森林、草地及野生动植物保护的政策、法规，宣传保护自然资源的科学道理和重要意义。经过各种形式持续不断的宣传活动，增强了大家保护湿地、野生动物等自然资源的自觉性，爱鸟、护鸟已经成为尕海湿地区牧民的自觉行动，一部分群众已成为义务护鸟人。

为了进一步强化宣传教育和野外火源管控，各保护站每年向辖区农牧民群众发放宣传资料、普及了防火知识，营造了防火氛围。

10.3.3 技术培训

除了日常巡护工作外，搞好资源调查、资源监测以及技术推广与应用等技术工作也是保护区重要的职责。由于地处高原，工作和生活条件恶劣，造成保护区专业技术人员相对缺乏，管理工作依然存在薄弱环节。现有员工大多不是学习生态保护方面的人员，在参加保护区工作前也未接触过生态保护工作，对许多珍稀动物的生态习性、对栖息地要求、濒危因素等方面不十分明了，整体业务素质不高，需要进行系统地专业技术培训。通过派出去参加培训和请专家来举办培训班的形式，对保护区职工特别是技术人员进行了比较系统地培训，提高了大家的业务技术水平。

10.3.4 巡护监测

为了及时掌握保护区内人为活动及动植物活动的资料，以便开展针对性的保护，制止破坏湿地、森林和野生动植物资源的非法行为，提高保护措施的有效性和科学性。各保护站(点)依据保护面积和科学划分巡护任务区，同时设置多条样线和样点进行资源监测，定期和不定期开展巡护和监测工作。特别是自从保护区在高山裸岩安装红外相机、开展野生动物视频监测以来，巡护人员克服高原缺氧、山高路险等重重困难，定期完成监测资料存储卡和相机电池的更换，为发现雪豹等重点保护野生动物发挥了关键作用。

作为自然保护的“一线”人员，各保护站（点）认真贯彻落实《森林法》及野生动植物保护管理相关法律法规，负责管护区域内的日常巡护工作，及时掌握湿地、森林和野生动植物资源的动态信息和森林防火情况，是一支素质高、能力强、负责任的巡护监测队伍，确保了区内自然资源和生态环境的安全。

10.3.5 开展的科技工作

将《中华人民共和国自然保护区条例》赋予保护区“调查自然资源并建立档案，组织环境监测，保护自然保护区内的自然环境和自然资源”“组织或者协助有关部门开展自然保护区的科学研究工作”的权利和义务，作为保护区发展的要务来抓，取得了一系列成果。

技术人员克服人员少和科研经费缺乏的困难，在完成正常业务工作的同时，努力学习林业新技术，开展了保护区植物资源调查与监测、动物资源调查与监测、湿地资源调查、泥炭资源调查、国家公益林区划界定、尕海湖区湿地恢复工程效益评价、尕海湿地黑颈鹤繁殖行为观察、尕海湿地保护与建设工程、甘肃尕海湿地实施中欧生物多样性保护（ECBP）项目、尕海湿地申报国际重要湿地等10多项科技工作；协助和配合兰州大学、武汉大学、南京大学、甘肃农业大学、西北师范大学、甘肃民族师范学院、信阳师范学院师生和武汉植物园等科研院所专家开展了鸟类生态学研究、鸟类多样性监测、湿地温室气体监测等多个科技项目；编制了《尕海湿地保护工程规划》《保护区林业发展五年规划》《森林防火五年规划》等项目；配合原国家林业局规划院、生态环境部南京环境科学研究所、甘肃省林业调查规划院等资质单位完成《尕海湿地保护建设》《甘肃高原沼泽湿地野外培训基地建设》《自然保护区二期工程建设》《保护区综合生态系统保护与恢复》等工程规划设计项目的编制，为保护区的发展起到了推动作用。与此同时，技术人员认真总结技术工作，积极撰写论文，为自然保护事业积累技术资料。

10.3.5.1 资源调查

保护区植物资源调查与监测，2008年12月完成。调查和监测了野生植物的种类及国家重点保护野生植物，发表了《进一步搞好尕海湿地和生物多样性保护工作的建议》《尕海湿地生态系统的保护与管理》，撰写了《甘肃尕海湿地野生植物名录》。

保护区动物资源调查与监测，2008年12月完成。调查和监测了野生动物的种类及国家重点保护野生动物的种群数量，发表了《甘肃尕海湿地2007年鸟类达21 000只》《尕海则岔保护区鸟类分布新记录增加70余种》，撰写了《甘肃尕海湿地野生动物名录》。

保护区泥炭资源调查，2009年5月完成。配合实施GEF项目和ECBP项目完成了泥炭分布及数量调查，发表了《甘肃尕海湿地泥炭资源初步调查》。

保护区湿地资源调查，2009年12月完成。按照《湿地公约》的湿地类型，采用“3S”技术结合现地实测，调查各类湿地面积、分布和泥炭储量。发表了《甘肃尕海湿地资源调查报告》。

10.3.5.2 规划设计

技术人员配合资质单位先后完成保护区《湿地保护建设工程可行性研究报告》《湿地保护建设工程初步设计》《二期工程建设项目可行性研究报告》《二期工程建设项目初步设计》《综合生态系统保护与恢复项目可行性研究报告》《甘肃高原沼泽湿地野外培训基地建设项目可行性研究报告》《甘肃高原沼泽湿地野外培训基地建设项目初步设计》《基础设施建设项目可行性研究报告》《基础设施建设项目初步设计》等规划设计项目。技术人员完成了《国家公益林区划界定》，2014年及2015年《国家湿地生态效益补偿项目实施方案》等规划设计项目。

10.3.5.3 其他科技工作

尕海湖区湿地恢复工程效益评价：2004年4月~2005年10月完成。对尕海湖区湿地生态恶化后，通过采取筑坝引水、草场承包、围栏育草、生态保护等措施进行治理经过进行了调查，评价了尕海湖区湿地经过初步治理后在地下水位、湿地面积、生物多样性及草地盖度等生态方面的可喜变化。发表了《尕海湖区湿地恢复工程生态效益的初步分析》。

尕海湿地黑颈鹤繁殖行为观察：2004年4月~2010年7月完成。通过望远镜在尕海保护站天鹅湖，对黑颈鹤的巢穴特征、蛋卵特征、孵化期及幼雏等繁殖行为，进行了连续监测，发现黑颈鹤有重复产卵现象。发表了《尕海湿地黑颈鹤繁殖行为研究》。

退化泥炭地恢复技术研究：2007~2010年完成。制订了尕海湿地退化泥炭地的恢复方案和技术措施，通过筑坝、填埋侵蚀沟等措施恢复退化泥炭地，评价了退化泥炭地的恢复效果。发表了《甘肃尕海湿地退化泥炭地恢复技术评价》。

湿地资源监测：按照国际重要湿地监测的规定，对高山草甸湿地、洪泛地、草本泥炭地、湖泊、沼泽和河流等湿地主要类型的湿地面积、湿地野生动物、湿地植物及气象等因子进行了调查和监测，初步评估了生态系统服务价值。发表了《甘肃尕海湿地及其生物多样性特征》。

尕海国际重要湿地黑颈鹤监测：2004~2014年的每年3月初~11月中旬采用线路调查方法监测尕海国际重要湿地黑颈鹤的数量。对郭茂滩天鹅湖边上的一对黑颈鹤采用定点观察法观察其繁殖行为。发表了《甘肃尕海国际重要湿地黑颈鹤的数量、迁徙、繁殖与保护管理》。近年来，又利用红外线技术对黑颈鹤栖息、繁衍和迁徙进行了监测，取得了可喜的成果。

甘肃生物多样性监测项目：2011~2015年保护区技术人员与兰州大学生命科学学院合作开展。采用常规样线法，用双筒望远镜和单反数码照相机，沿着在尕海湖、天鹅湖周边布设的固定样线进行了定期监测，记录样线两侧50~100m内看到或拍到的鸟类种类、数量。

尕海湿地生态系统土壤特征及温室气体排放研究：2011~2012年保护区技术人员配合甘肃农业大学林学院合作开展。采用静态箱-气相色谱法同步研究了尕海4种典型湿地类型的CH_4、CO_2和N_2O通量及其与温度因子的关系，并估算了其全球变暖潜势值（GWP）。发表了《尕海湿地生态系统土壤特征及温室气体排放研究》等多篇学术论文。

尕海国际重要湿地生态系统评价：2013年10~12月，技术人员配合西北林业规划设计院专家通过实地调查、社会调查、卫星影像解译和采样分析，结合保护区提供的评价参考数据、统计年鉴和文献资料，严格按照《湿地生态系统评价指标体系》以及《湿地生态系统评价指标测量技术手册》，对保护区湿地生态系统健康和功能进行了综合评价。撰写了《甘肃尕海国际重要湿地生态系统评价》。

尕海湿地生态系统服务价值效益：技术人员配合中央民族大学生命与环境科学学院，项目运用生态经济学方法，结合实地调研和资料分析，评估尕海湿地生态系统服务价值。发表了《甘肃尕海湿地生态系统服务价值评估》。

尕海国际重要湿地监测：2012~2015年开展了湿地监测，一是利用自动气象传输数据进行观测记录，二是采用GPS对尕海湖水面进行测量，三是参加了甘肃省第二次湿地资源调查，四是开展了湿地鸟类监测。编印了《尕海则岔保护区监测报告》。

制订保护区管理计划：是2012年实施“UNDP-GEF利用生态方法保护洮河流域生物多样性项目”时，由技术人员在甘肃省项目办的指导下制订的，这份计划共4.5万多字。分序言、项目背景简介、管理计划制订的目的和意义和过程、保护区基本情况介绍、职责及保护对象、威胁评级与概念模型、保护区管理、管理计划执行目标、行动计划、保障措施等10个方面及附件、附表和附图。

其他科技项目：保护区林地落界（2012年）、有害生物调查（2015年）、森林资源连续清查第八次复查（2011年）、水鸟越冬期及迁徙期同步调查（2014~2015年）、野生动物疫源疫病监测（2011~2015年）等科技工作。与信阳师范学院生命科学学院合作开展了中华蟾蜍岷山亚种生活史研究（2012~2013年）。

10.3.5.4　国际合作项目

湿地保护与可持续利用若尔盖项目：2000年，联合国开发计划署、全球环境基金和国家林业局启动了"中国湿地生物多样性保护与可持续利用"项目。于2000~2004年实施了湿地保护与可持续利用若尔盖项目（即UNDP-GEF项目），项目为碌曲县配备了必要的交通工具和监测设备，还对技术人员和社区群众进行了生态旅游、湿地巡护、社区共管、环境经济学、计算机应用等内容的技术培训，编制了《尕海湿地管理计划》，在牧场管理、湿地恢复、建设项目对生态影响等方面的研究取得了一些成果。

申报国际重要湿地：《湿地公约》是《关于特别是作为水禽栖息地的国际重要湿地公约》的简称，1971年2月2日在伊朗拉姆萨尔签订，后来又于1982年12月3日修订。依照《湿地公约》第二条，各缔约国应指定其领土内适当湿地列入《国际重要湿地名录》，并给予充分、有效地保护。

从2006年开始，保护区开始申报国际重要湿地准备工作。一是技术人员在资源监测的基础上，于2006年对野生动植物资源进行了综合调查；二是按照湿地公约确定的湿地分类系统，于2006年6月至2007年12月采用GPS定位、RS卫星遥感影像判读、MAPGIS成图等先进的调查技术，对湿地资源和泥炭资源进行了详细调查，制作了卫星影像图和湿地分布图；三是根据《湿地公约》标准，于2009年8月填报了《尕海国际重要湿地数据信息表（RIS）》；四是经国家林业局审核后，2011年6月下旬，国家林业局湿地中心履约处组织国内湿地专家对尕海湿地进行了实地考察，专家们对尕海湿地给予了较高的评价。2011年9月，尕海湿地被正式指定为国际重要湿地。

中欧生物多样性保护项目：2007~2010年，保护区实施了若尔盖高原生物多样性保护项目（即ECBP项目），对碌曲县有关部门、乡（镇）的领导和保护区职工进行了泥炭地恢复与监测及保护知识培训，还对保护区技术人员进行了泥炭资源调查技术培训，并帮助保护区开展了泥炭资源调查部分工作；安排保护区开展了退化泥炭地恢复工作，使部分退化泥炭地得到恢复；通过举办"湿地杯"健美操比赛和演讲比赛等多种形式，向社区群众和中、小学生宣传湿地在生态环境建设、生物多样性保护、水资源保护及温室气体控制中的重要作用，宣传保护湿地及泥炭地的方法；在生计替代方面，资助示范户实施划区轮牧、修建暖棚、草场改良等有利牧民群众减少牛羊数量、提高经济效益的项目。

利用生态方法保护洮河流域生物多样性项目：2011~2014年，保护区技术人员配合项目办完成利用生态方法保护洮河流域生物多样性项目（即UNDP-GEF项目）。主要技术成果有：进行了PRA调查，制订了保护区生态旅游计划、商业计划、社区资源管理计划、技能发展计划、管理计划、激励机制，编制了保护区资源监测规程、资源监测技术方案，举办了识别鸟类竞赛实践活动，科学布设了监测样线。

嘉陵江湿地保护网络：世界自然基金会2009年11月启动了"嘉陵江流域湿地保护网络"项目，探索嘉陵江流域湿地保护新机制和方法。保护区是嘉陵江重要支流——白龙江的发源地，2009年11月，加入了世界自然基金会（即WWF）嘉陵江湿地保护网络，除了参加网络交流外，还实施了黑颈鹤监测和白龙江源头草甸植被监测的两个小额基金项目。

黄河湿地保护网络：从2015年开始，国家林业局有关湿地管理部门、湿地国际中国办事处指导，黄河流域9省区湿地管理机构、湿地保护区、湿地公园、湿地研究单位、湿地保护社会团体等组成"黄河流域湿地保护网络",旨在促进"母亲河"湿地资源的合理利用和可持续发展。保护区是黄河重要支流——洮河的发源地和重要补水区,自2015年以来多次参与黄河湿地保护网络的年会和相关工作。

10.3.6 兑换草场

2003~2004年,碌曲县人民政府利用军牧场撤销的机会,将尕海湖区3400hm²集体牧场兑换为国有牧场,归保护区经营,从根本上解决了牧民在尕海湖周边湿地放牧的问题,减少了人畜活动对野生动物的干扰。

10.3.7 保护区功能区调整

2015年5月,按照甘肃省交通厅《关于申请调整合作至郎木寺和尕秀至赛尔龙国家高速公路穿越尕海则岔国家级自然保护区范围的函》和甘南州发改委《关于向省林业厅汇报并衔接西成铁路碌曲至郎木寺段尕海则岔自然保护区功能区调整相关事宜的函》的文件精神,保护区及时向甘肃省林业厅和甘南州政府进行汇报。保护区委托国家林业局规划设计院完成综合科学考察、总体规划、功能区划申请书、调整论证报告等各项前期资料的准备工作,并派出技术人员密切配合了规划设计院专家的工作。

2015年11月18日,保护区功能区调整通过甘肃省林业厅组织的专家评审;12月28日,又顺利通过了甘肃省生态环境厅组织的专家评审,12月31日功能区调整材料上报国家林业局。2016年2月28日,保护区功能区调整方案通过国家林业局组织的专家评审,3月23日上报到国家级自然保护区评审委员会办公室。以后又经过系统修改,2017年底顺利通过国家级自然保护区评审委员会的评审。

生态环境部于2018年4月28日以《关于湖南高望界和甘肃尕海则岔2处国家级自然保护区功能区调整有关意见的复函》、国家林业和草原局于2018年7月28日以《关于甘肃尕海—则岔国家级自然保护区功能区调整的批复》分别予以批复,从而圆满完成保护区功能区调整,支持了国家重点工程建设。

第11章　自然保护区评价

11.1　保护区范围及功能区划评价

11.1.1　范围

保护区在行政区划上属甘南州碌曲县，范围包括甘南州大水种畜场，碌曲县郎木寺镇、尕海镇、拉仁关乡的全部行政村和西仓镇贡去乎行政村洮河南岸部分。全区共有4个乡镇，11个行政村、1个社区，32个村民小组、1个居民小组。功能区调整后，所有村民小组和居民小组全部位于实验区。

11.1.2　功能区划评价

保护区集高原湿地、高山森林、高山草甸和野生动物类型为一体，主要保护对象是以黑颈鹤、黑鹳、白琵鹭、大天鹅、雁鸭类、鸻鹬类、水獭、厚唇裸重唇鱼等野生动物及其高原湿地生态系统；以斑尾榛鸡、红喉雉鹑、蓝马鸡、林麝、高山麝、四川梅花鹿及桃儿七、星叶草、紫果云杉等野生动植物及其高山森林生态系统；以胡兀鹫、秃鹫、草原雕、金雕、雪豹、蒙古狼、藏狐及羽叶点地梅、红花绿绒蒿、冬虫夏草等野生动植物及其高山草甸生态系统。

功能区调整以前，53%的人口居住在核心区和缓冲区，居民的生活与保护区的管理存在一定的冲突，保护管理工作存在一定的难度；功能区调整后，所有人口都居住在实验区，居民的生活与保护区的管理相一致。

11.2　管理有效性评价

11.2.1　管理基础

管理基础包括土地权属、范围界线、功能区划和保护对象信息。2006年6月30日，碌曲县政府给保护区出具了《尕海则岔保护区土地权属证明》，区内土地权属为国有，土地权属清楚。保护区功能区划科学合理，核心区、缓冲区和实验区范围、面积与批复文件一致，边界清晰并采集了GPS拐点地理坐标。

11.2.2　管理措施

管理措施包括保护区的规划编制与实施、资源调查、动态监测、日常管护、巡护执法、科研能力和宣传教育。

1996年，兰州大学协助甘南州林业主管部门完成了保护区第一期科学考察，出版了《尕海—则岔自然保护区》。

2000年，碌曲县委托甘肃省林业勘察设计研究院编制了《保护区总体规划(2001~2007)》，根据上级下达的补助资金，已对规划内容进行分步实施建设；2011年，保护区委托甘肃省林业调查规划院编制了《保护区二期总体规划(2011~2020)》,根据上级下达的补助资金,对部分规划内容进行分步实施建设。

2006~2011年,先后完成了保护区动植物资源调查、湿地资源调查、森林资源规划设计调查和森林资源连续清查的两次复查。

建立了公益林生态效益监测站,对区域大气、水文、土壤、温度、湿度等因子进行监测,科学评价生态效益;建设了重点区域、重点地段的监控设施;采用人工监测和红外相机定点监测的手段,对野生动物的栖息环境、活动规律、种群数量变化等进行监测;每年编制完成保护区监测报告,保护区监测体系正在初步形成。

各保护站建立了巡护制度,每月巡护次数不少于22d,森林防火期不少于25d;开展了林业有害生物普查,制订了详细的有害生物防治年度计划,做到了有害生物及时预测、预报、预防;各保护站巡护人员应对突发事件能力逐步提升,对受伤野生动物能够及时进行救护,并能够在第一时间上报主管部门;辖区内没有因管护工作不到位而出现失职问题。

通过与大中专院校、科研院所的合作,通过资源调查、监测和研究培养了一批专业人员,为保护区长远发展提供了良好的技术人才支撑。

积极同碌曲县及有关乡(镇)政府、林区公检法加强合作,在保护区及周边社区加大党和国家在生态环境建设方面的方针、政策以及相关法律、法规的宣传力度,利用林区内一些典型的现实案例以案说法、说教结合,内容涉及湿地资源保护、森林资源保护、野生动物保护、森林防火、林地管理、保护区管理和禁毒等,方法新颖,内容广泛,取得了很好的效果,区域内广大群众自然保护意识明显提高。

11.2.3 管理保障

管理保障包括保护区的管理工作制度、机构设置与人员配置、专业技术能力、专门执法机构、资金和管护设施。

保护区制订了《管理工作领导责任体系和责任体系考核办法》,按照工作任务及职责与保护站签订了《保护区管理目标责任书》。

11.2.4 管理成效

管理成效包括保护对象变化和社区参与。

保护区管理机构成立以来,在通过各种形式广泛向保护区群众宣传有关法律法规的同时,结合林业执法,开展"春雷行动""候鸟保护行动""雷霆行动""禁种铲毒""严厉打击破坏森林和野生动物资源专项行动"等集中专项整治活动,使干部群众的生态环境保护意识和守法意识有了明显提高。同时,保护区非常重视社区共管工作,积极同社区各级政府加强联系和进行广泛合作,建立了联合保护委员会,各保护站与行政村和村民小组组建立了护林联防队、义务扑火队,形成了覆盖全保护区的森林资源保护体系。通过森林有害生物防治、人工造林、封山育林等项目,最大程度解决当地群众就业和劳务收入,使社区内群众在保护中得到实惠,逐步形成了一套有效的社区共管模式,管理效果十分明显。保护区森林植被覆盖率明显提高,生态环境明显改善,野生动物种群数量明显增加,生物多样性显著增多,人与自然、人与野生动物和谐相处的美好愿景正在变为现实。

11.2.5 负面影响

负面影响包括保护区的开发建设活动影响。

保护区管理机构成立后,核心区、缓冲区内无新开发建设项目,实验区内新建开发建设项目未对生态环境和主要保护对象产生不利影响;保护区建立前,历史遗留的保护区核心区、缓冲区内存在牧民居住的情况，通过保护区功能区调整已经解决，牧业生产活动对保护区生态环境和主要保护对象无较大影响。

11.2.6 评估结果

经过保护区不断努力和相关部门的密切配合，各项管理工作基本完成，基础资料比较齐全，管理责任落实到位，管理能力逐步得到提高，综合评估得分98.0分，评分等级为“优”。

11.3 社会效益评价

保护区为周边地区社会经济和科教文卫事业的全面、持续发展提供良好的生态环境，提高居民生活水平；为科学研究提供野生物种种质基因；为科研、教学实习和人们旅游、避暑、休憩提供理想场所；为广泛、深入、持久地开展环境保护宣传教育工作打下良好的基础，使保护区真正成为自然保护、生态教育、科研监测的重要基地。

保护区在湿地、森林、草地和生物多样性保护方面发挥了重要作用。在界定保护区社会效益的概念、分析其内涵的基础上，对社会文明进步、人类健康和社会生产生活改善的3种类型11项指标进行评价。社会文明进步包括科研教育效益，人口素养效益，人口文化脱贫效益和社会安定效益；人类健康包括人口寿命延长效益，疗养防病效益，居民陶冶情操效益；社会生产生活改善包括劳动力就业效益，劳动生产率效益，生活质量提高效益和科技应用效益。

11.3.1 科研和教育效益

科研水平可以表示文化的发展潜力，指投入保护区的科研经费和成果转化形成的科研效益和文化教育效益，包括大专院校和科研院所的实习教育费用、出版物费用和论文费用等。保护区独特的地理位置及丰富的生物多样性资源为科研及教育提供了良好的场所。保护区已经成为武汉大学、兰州大学、西北师范大学、甘肃农业大学、信阳师范学院、甘肃民族师范学院等国内大专院校和科研院所的科学研究基地。以尕海则岔保护区、尕海湿地为研究对象的著作和论文达到上百篇。

11.3.2 人口素养效益

人口素养可以表示保护区文化影响社会的程度，指保护区管理人才的知识结构和素养。保护区职工在保护自然资源和自然环境的过程中，常年和社区居民打交道，在跟他们一起的时候相互帮助、相互支持，建立了特殊的朋友关系。保护区职工向他们广泛宣传国家有关自然资源保护的法律法规和规定、宣传保护自然资源和生态环境的科学道理，同时帮助他们接受新知识、新理念，对他们的影响比较明显。与此同时，保护区的职工也跟社区群众学到了许多传统知识，提高了个人素质。

11.3.3 居民陶冶情操效益

保护区内良好的生态环境以及丰富的生物多样性，可以丰富社区居民的感情，陶冶他们的情操，同时吸引更多的游客前来参观。生态旅游的开展使人们更为直观地了解自然、认识自然，增强保护生态环境的意识。2010年以来保护区及周边生态旅游人数呈上升趋势，2018年保护区及周边社区共接待游客62.18万人次，游客平均停留2d，有关人群的收入也比较可观。

11.3.4 劳动力就业效益

新增就业体现保护区吸收就业的功能，也是改善保护区内社区居民生活的关键。保护区聘用了一些职工，还吸收了许多群众护林员；另外，保护区完成的各种建设项目也带动了区内劳动力就业；此外，保护区为社区群众修建公益设施，提供围栏、灭鼠、补播牧草，提供技术指导等，都有力推动了劳动力就业，有的是直接就业，也有的是间接就业。

11.3.5 生活质量提高效益

保护区内社区居民生活质量提高的效益，主要包括居民在家庭和个人物质文化生活提高方面所具有的效益。社区居民住房条件的改善以及年均家用消费品增加是其生活质量提高的重要标志，保护区周边居民的生活质量较保护区建立前有了较大变化和提高，体现在衣、食、住、行、医疗、教育、信息等许多方面。特别是许多牧民迁出原来在尕海湖边的居住地，迁入政府帮助新建的定居点后，生活质量有了明显提高。

11.3.6 科技推广效益

科技推广产生的效益主要包括科技人员到保护区内进行科技指导，并免费提供技术和养殖需要的良种等。因此，科技推广的成果主要是表现保护区为农牧业增收，特别是应用新科技、新技术发展牧业生产。保护区帮助周边社区，应用飞机播撒农药和生物科技新成果，在控制草原毛虫方面取得了可喜成果，增加了牧草产量和经济收入。

11.4 经济效益评价

据初步计算，保护区各类自然资源每年产生的直接经济效益为41.02亿元，其中湿地17.35亿元、林地3.04亿元、草地4.81亿元、陆生野生动物15.82亿元。

11.4.1 湿地资源

充分参考学者对尕海湿地价值研究的方法和成果，采用评估经济价值的一些主流方法，如市场价值法、旅行费用法、影子工程法、替代花费法和效益转移法等作为湿地价值评价的基本方法。鉴于尕海湿地生态系统服务价值量化取值上缺乏相关资料，某些数据通过借鉴国内外有关研究成果，并结合该地区的实际情况进行评估。对于涉及选择、存在和遗产等非使用价值部分的计算，主要对动物产品、植物产品、科教文化及游憩四个方面的效益进行了评估。同时充分考虑资料的时效与同时期物价因素，评估结果是尕海湿地每年提供的直接使用价值为17.353 3亿元。其中动物产品价值为每年3.053 3亿元、植物产品价值6.987亿元、科研文化价值4.65亿元、游憩价值2.663亿元。

11.4.1.1 动物产品价值

在尕海湿地中，除了湖泊湿地和河流湿地外，沼泽湿地全部是牧业用地。其中湖边的草本沼泽因积水较深，寄生虫比较多且牧草品质差，利用价值低，常在冬季封冻后进行放牧；沼泽化草甸是经济价值高的优良草场。畜牧业主要以饲养牦牛、绵羊为主，副产品主要为牛奶。物品由2007年的出栏量折算到2018年尕海湿地动物产品价值为每年3.053 3亿元（表11-1）。

表11-1 2007年折算到2018年尕海湿地动物产品价值

项目	2007年出栏（生产）数量	2018年单价	价值（万元）
牦牛	20 106头	8400元/头	16 889.04
绵羊	84 310只	1200元/只	10 117.2
鲜奶	6532t	5400元/t	3 527.28
总计			30 533.52

11.4.1.2 植物产品价值

有着“亚洲最好草场”美誉的尕海湿地，每年可以生产大量的可食鲜草，采用市场价值法计算其物质生产价值，尕海湿地沼泽化草甸面积为51 018.99hm^2，参考相同草甸类型的玛曲沼泽化草甸鲜草产量7 620.00kg/hm^2，总鲜草产量为3.89×10^{8}kg，按照市场销售价格1.20元/kg，计算可得每年4.665 2亿元。尕海湿地同样是药用植物生长比较丰富的区域，药用植物约有83种，主要的有冬虫夏草、秦艽、甘松、独一味、蕨麻、筋骨草、马先蒿等，由于并未形成草药采挖规模，所以未做评估。

2007年可食鲜草价值每年4.665 2亿元，照物价等因素，到2018年以50%的总增长率计算，尕海湿地的植物产品价值达每年6.987亿元。

11.4.1.3 科研教育文化价值

自2004年以来，中科院武汉植物园、武汉大学、兰州大学、甘肃农业大学等高校共8名博士、20名硕士进行学术研究并完成与鸟类生理生态、湿地生态、温室气体的学位论文。30多位国际专家和20多位国内教授、研究员在尕海湿地进行过考察研究。2008年12月10日，兰州大学生命科学学院与保护区签订了《生物学野外教学实习基地协议书》，并在尕海、则岔两个保护站分别举行了“野外教学实习基地”挂牌仪式，每年有50人次本科学生在湿地进行一周的学习，许多研究生在尕海完成了科学研究和学位论文。每年约有150人次中小学生来到尕海湿地进行与鸟类和湿地相关的自然科普教育。北京、香港、台湾、山东、成都、江苏等地鸟类协会在尕海湿地进行观鸟及摄影活动，出版与野生动物及其生态系统相关的相册，拍摄鸟类与湿地生态系统相关的纪录片。

如果采用Costanza推算出的世界湿地文化价值881美元/(hm^2·a)，按照1美元=6.1元人民币(下同)来推算尕海湿地的科研文化价值，为每年3.10亿元。按照物价等因素，到2018年以50%的总增长率计算，尕海湿地的科研教育文化价值达每年4.65亿元。

11.4.1.4 游憩价值

尕海湿地的风光旖旎，生态旅游资源丰富，尤以则岔沟、尕海湖和郎木寺最为著名，2018年接待国内外游客149.3万人次，旅游综合收入达到7.39亿元。尕海湿地游憩价值约占旅游总价值的1/3，即每年2.663亿元。

11.4.2 森林资产评估

2018年保护区林地45 173.8hm^2，其中有林地4 750.2hm^2、疏林地173.4hm^2、灌木林地40 177.6hm^2、未成林地72.6hm^2。根据《森林植被恢复费征收使用管理暂行办法》《甘肃省财政厅 甘肃省林业厅关于调整森林植被恢复费征收标准引导节约集约利用林地的通知》，按照评估对象、评估目的、价值类型、资料收集等情况，选择收益法进行资产评估。

根据2016年《森林植被恢复费征收标准》，自然保护区林郁闭度0.2以上的乔木林地(含采伐迹地、火烧迹地)、竹林地、苗圃地24元/m^2，灌木林地、疏林地、未成林造林地16元/m^2，宜林地6元/m^2。按照以上方法计算，有林地、疏林地、灌木林地和未成林地的收益分别为114 004.8万元、2 774.4万元、642 841.6万元和1 161.6万元，保护区内林地的总收益为760 782.4万元。由于绝大多数为利用期较短的灌木林，以有林地和疏林地100年利用期、灌木林15年利用期进行加权，平均分摊年限25年计算，则每年的资产收益为3.04亿元。

11.4.3 草地资产评估

畜牧业总产值：根据碌曲县国民经济统计资料，2018年保护区范围郎木寺、尕海、拉仁关三乡镇及西仓镇贡去乎畜产品为牦牛55 190头、绵羊185 352只、猪316头、鲜奶17 824t、羊毛203t(表11-2)。

表11-2 保护区内2018年畜产品出栏量、产量统计表

保护区	牦牛(头)	绵羊(只)	鲜奶(t)	羊毛(t)	猪(头)
郎木寺镇	4134	48 384	768	57	
尕海镇	33 439	66 707	10 349	70	
拉仁关乡	15 396	49 278	5802	56	
西仓镇贡去乎村	2221	20 983	905	20	316
总计	55 190	185 352	17 824	203	316

按照牦牛每头8400元、绵羊每只1200元、猪每头1500元、鲜奶5400元/t、羊毛20 000元/t计算，2018年的畜牧业总产值为7.868 0亿元(表11-3)。

表11-3 保护区内2018年畜产品产值表

项目	出栏数量	单价	价值(万元)
牦牛	55 190头	8400元/头	46 359.6
绵羊	185 352只	1200元/只	22 242.24
鲜奶	17 824t	5400元/t	9 624.96
羊毛	203t	20 000元/t	406
猪	316头	1500元/头	47.4
总计			78 680.2

减去湿地内畜牧业产值3.053 3亿元，保护区范围内畜牧业总产值为4.814 7亿元。

11.4.4 野生动物资产评估

为了规范野生动物及其制品价值评估标准和方法，根据《野生动物保护法》第五十七条规定，原国家林业局制订《野生动物及其制品价值评估方法》，并于2017年9月29日公布施行。根据资源监测数据统计，按照原国家林业局第46号令附件《陆生野生动物基准价值标准目录》，用保护区野生动物监测结果进行估计，进行价值评估的陆生野生动物种群数量达1 362.582万头(只、条)、评估的价值111 534.65万元。其中鸟类15.688 8万只、9 145.65万元，鼠(兔)类1 318.95万只、92 851.5万元，其他兽类1.443 2万头(只)、4 347.5万元，两栖类3.0万只、300.0万元，爬行类0.70万条、330.0万元，蝶类22.80万只、4560.0万元。陆生野生动物的价值见表11-4。

表11-4 保护区陆生野生动物的价值估算表

野生动物	数量估计(头、只、条)	单价(元/只)	价值估算(万元)	野生动物	数量估计(头、只、条)	单价(元/只)	价值估算(万元)
犬科所有种	760	800	60.8	鼬科所有种	750	800	60
猫科雪豹属	14	50 000	70	猫科其他属	360	1500	54
猪科所有种	140	500	7	麝科所有种	402	3000	120.6
鹿科所有种	3082	3000	924.6	牛科鬣羚属	126	10 000	126
牛科原羚属	178	5000	89	牛科斑羚属	20	10 000	20
牛科岩羊属	5400	5000	2700	牛科盘羊属	100	10 000	100
蝙蝠科所有种	3100	50	15.5	其他兽类合计	14 432		4 347.5
鸬鹚科所有种	205	600	12.3	鹭科所有种	1025	500	51.25

续表

野生动物	数量估计（头、只、条）	单价（元/只）	价值估算（万元）	野生动物	数量估计（头、只、条）	单价（元/只）	价值估算（万元）
鹳科黑鹳	420	10 000	420	鸭科天鹅	120	3000	36
鸭科其他种	16 660	500	833	鹰科金雕	60	8000	48
鹰科白尾海雕	30	8000	24	鹰科其他种	3839	5000	1 919.5
隼科猎隼	482	5000	241	隼科其他种	972	3000	291.6
松鸡科所有种	380	1000	38	雉科雉鸡	4000	300	120
雉科其他种	6670	1000	667	鹤科所有种	390	10 000	390
秧鸡科所有种	3200	300	96	鸻科所有种	2000	300	60
鹬科所有种	1040	300	31.2	反嘴鹬科所有种	280	300	8.4
鹮嘴鹬科所有种	80	300	2.4	鸥科所有种	3460	300	103.8
鹡鸰科所有种	3300	500	165	鸠鸽科所有种	4000	300	120
杜鹃科所有种	1600	500	80	鸱鸮科所有种	305	3000	91.5
雨燕科所有种	1000	300	30	百灵科其他所有种	8000	300	240
戴胜目所有种	790	300	23.7	鹟科其他种	9000	300	270
椋鸟科所有种	100	300	3	雀形目其他种	81 300	300	2439
鹮科所有种	80	10 000	80	啄木鸟科所有种	2100	1000	210
鸟类合计	156 888		9 145.65	仓鼠科所有种	4 862 000	50	24 310
松鼠科所有种	265 000	150	3975	鼠兔科所有种	7 860 000	80	62 880
鼠科所有种	118 000	80	944	兔科所有种	40 000	80	320
跳鼠科所有种	4500	50	22.5	鼩鼱科所有种	31 000	100	310
鼹科所有种	9000	100	90	鼠兔类合计	13 189 500		92 851.5
蜥蜴目所有种	6000	500	300	蝰科所有种	1000	300	30
无尾目所有种	30 000	100	300	爬行类合计	7000		330
凤蝶科所有种	28 000	200	560	粉蝶科种	46 000	200	920
蛱蝶科所有种	34 000	200	680	绢蝶科所有种	20 000	200	400
眼蝶科所有种	30 000	200	600	灰蝶科所有种	45 000	200	900
弄蝶科所有种	25 000	200	500	蝶类合计	228 000		4560
总价值					13 625 820		111 534.65

按照原国家林业局第46号令《野生动物及其制品价值评估方法》第四条的规定，野生动物整体的价值需按照《陆生野生动物基准价值标准目录》所列该种野生动物的基准价值，乘以相应的倍数核算：即国家一级保护野生动物，按照所列野生动物基准价值的10倍核算，国家二级保护野生动物，按照所列野生动物基准价值的5倍核算。按照第四条规定计算的保护区陆生野生动物的价值达158 229.05万元，由于加倍计算增加的价值46 694.4万元，增值41.87%。其中鸟类增值23 484.6万元，兽类增值18 009.8万元，蝶类增值5200万元。

11.5 生态效益评价

著名生态学家Daily首次从生态学角度全面介绍了生态系统服务的概念:生态系统服务是指生态系统与生态过程所形成维持人类赖以生存的自然环境条件与效用。1997年以来,生态学家Costanza等分析了全球主要的生态系统类型,并评估了全球生态系统服务价值之后,国内外学者陆续开展了包含湿地在内的有关生态系统服务价值评估的工作。

汇集有关学者对保护区的生态系统服务价值评估结果,全保护区每年的生态效益总和为96.04亿元,其中湿地生态效益为43.69亿元、森林生态效益为31.33亿元、草地生态效益为18.94亿元、野生动物生态效益为2.08亿元。

11.5.1 湿地生态效益

湿地生态系统为介于陆地与水生生态系统之间的过渡型生态系统,能够提供维护生物多样性、涵养水源、固碳等多项生态系统服务。研究结果表明,对湿地各项生态系统服务进行定量评价后,过去被忽视的生态系统服务以货币化形式出现,并且其价值超过了人们的普遍认识,其间接利用价值一般远远大于直接利用价值,人们对湿地的价值有了更为直观的感受。

根据薛达元等对生态系统服务价值的分类,结合尕海湿地的实际情况,将尕海湿地生态系统服务价值分为生态功能价值和环境功能价值。鉴于尕海湿地生态系统服务价值量化取值上缺乏相关资料,某些数据通过借鉴国内外有关研究成果,并结合该地区的实际情况进行评估。

尕海湿地具有多种生态功能,可以提供不同种类的生态系统服务。运用生态经济学方法,结合实地调研和资料分析,评估尕海湿地生态系统服务价值,计算发现尕海湿地生态系统服务价值为每年43.69亿元,其中泥炭储量价值0.22亿元、生物栖息地价值1.07亿元、涵养水源价值18.94亿元、蓄水防洪价值6.72亿元、水力发电价值0.58亿元、净化水质的价值14.70亿元、固碳释氧调节大气组分的价值0.59亿元、土壤侵蚀控制价值0.87亿元。生态系统服务价值是湿地直接使用价值17.35亿元的2.5倍多,由此可见,人们直接利用到的湿地资源只占其使用价值很小的一个部分,湿地更大的效益在于其对当地巨大的生态维持功能。

11.5.1.1 泥炭储量价值

据保护区技术人员2007年调查资料,在湿地资源中有泥炭地10 429hm^2,14个调查点的泥炭层平均厚度为1.94m,泥炭储量2×10^8m^3。根据甘肃农业大学对尕海泥炭地的调查资料推算,尕海泥炭地中干物质含量为0.93×10^8t,有机碳储量达1775×10^4t,根据Fankhauser和Pearce等人的研究成果,C释放的成本价值为20.4美元/t,假定其开发利用期为100年,则生态价值每年0.22亿元。

11.5.1.2 生物栖息地价值

生物栖息地功能是指生态系统为野生动物提供栖息、繁衍、迁徙、越冬场所的功能。尕海湿地是众多物种的区域性栖息地、越冬场所,同时又是候鸟南来北往的主要迁徙通道和中途食物补给地。丰富的多样性使尕海湿地成为生物育婴室、避难所和物种基因库。根据尕海保护站的多年监测,每年在尕海湿地栖息繁殖的水鸟、迁徙途中停歇和越冬的水禽总数均在21 000只以上,其中2009年水鸟总数为24 000只。尕海湿地生物栖息地功能的估算采用美国经济生态学家Costanza的研究成果,即湿地生态系统作为避难所的价值为304美元/(hm^2·a),估算尕海湿地提供生物栖息地价值为每年1.07亿元。

11.5.1.3 涵养水源价值

湿地对水源的调节功能表现为涵养水源、净化水质、巩固堤岸、防止侵蚀、降低洪峰、改善地方气候等。尕海湿地是黄河最大支流——洮河的发源地之一,湿地面积和集水区的面积达141 861hm^2,水源涵养的效益达$4.2\times10^8m^3$。按原国家林业局发布的中华人民共和国林业行业标准,2005年单位库容水库造价取6.110 7元/t,其价值为每年25.66亿元。减去蓄水防洪价值每年6.72亿元,则尕海涵养水源价值为每年18.94亿元。

11.5.1.4 蓄水防洪价值

尕海湿地在控制洪水方面的功能也是巨大的,一是尕海湿地的泥炭平均厚度达1.94m,10 429hm^{2}的泥炭地大约可以储存$6000\times10^4m^3$的降水,二是尕海湖的蓄水量约$5000\times10^4m^3$,三是沼泽湿地和湿草甸也可储存大量的降水。在尕海湿地至洮河之间基本上不形成洪涝灾害。按原国家林业局发布的林业行业标准,2005年单位库容水库造价取6.110 7元/t,仅以前两项蓄水功能计算,其价值分别为每年3.67亿元和3.05亿元,总价值达每年6.72亿元。

11.5.1.5 水力发电价值

利用保护区丰富的水资源优势,碌曲县在洮河上建造了6座水电站,装机容量为7.1×10^4kW,以2020年的发电量29 007kW·h、0.2元/(kW·h)计算,产生的总价值为0.58亿元。

11.5.1.6 净化水质价值

尕海湿地对于多种污染物具有有效的净化作用,尕海湿地的水质优良,属Ⅰ类水,矿化度0.5g/L以下,是人、畜饮用和工农业生产用水的良好水源。单一的计算某种污染物的净化价值是不全面的,同时应考虑到净化作用彼此之间会相互影响。采用Costanza推算出的世界湿地废物处理值4177美元/(hm^2·a)作为参数来推算,尕海湿地净化水质的价值为每年14.70亿元。

11.5.1.7 调节大气组分价值

评估尕海湿地固定CO_2,释放O_2,调价大气组分价值的时候,根据光合作用与呼吸作用方程$CO_2+H_2O\rightarrow C_6H_{12}O_6+O_2\rightarrow$多糖的公式进行估算,牧草每形成1g干物质,吸收1.63g CO_2,释放1.19g O_2,尕海沼泽草甸面积为51 018.99hm^2,单位面积干草产量参考赵同谦等研究结果为2170kg/(hm^2·a),算得可以固定17.94×10^4t CO_2,释放13.17×10^4t O_2。根据分子式及原子量,C/CO_2=0.272 9,按照C释放的成本价值为20.4美元/t,工业制氧的现价为400元/t计算,可算得尕海湿地固碳释氧调节大气组分价值为每年0.59亿元。

11.5.1.8 土壤侵蚀控制价值

湿地对土壤的侵蚀控制体现在两个方面,一是保持土壤,减少水土流失,二是减少土壤肥力的丧失。参考牛叔文对玛曲地区生态系统土壤侵蚀控制价值的研究结果为1 513.1元/(hm^2·a),运用效益转移法可以算得尕海湿地此项服务价值为每年0.87亿元。

11.5.2 森林生态效益

森林作为陆地生态系统的主体,对全球生态系统起着至关重要的作用,维系着全球的生态平衡、防止和减少生态灾害,保障人类的生存和可持续发展。森林生态系统是陆地生态系统中最重要的生态系统类型,它为人类提供木材、林副产品和畜牧产品;同时也发挥着保持水土、涵养水源、调节气候、净化空气、固碳释氧、维护生物多样性、防灾控灾等环境调节功能;此外,还具有精神、美学、文化等文化价值。森林生态系统服务功能是指森林生态系统与生态过程所形成及所维持人类赖以生存的自然环境条件与效用。人类社会不断进步,随之而来的环境问题也日益突出,科学客观、全面系统地对森林生态系统价值进行评价，有利于人类充分认识森林、保护森林、利用森林，促进人们对森林生态系统服务功能重要性的认识，有望实现森林生态系统的生态效益、社会效益及经济效益三者的统一。通过对保护区森林生态系统各项经济价值科学系统地分析评价，有助于促使公众正确认识保护区森林生态系统服务带来的巨大经济价值，提高人们保护环境、保护森林的意识，激发各利益相关者对保护区森林资源保护的自觉性和主动性；促使决策者重视间接价值，重视森林保护，为相关部门的规划决策提供理论基础和技术支撑。

中国青年报2009年10月9日报道，美国一位环保专家经过精确计算，发现一棵50年大树释放出来的氧气价值3.125万美元，防止空气污染价值6.25万美元，防止水土流失、土地沙化以及增加土壤肥力产生的价值为6.875万美元，为牲畜遮风避雨、为鸟类筑巢栖息、促进生物多样性产生的价值为3.125万美元，创造的生物蛋白质价值0.25万美元，合计综合价值为19万美元。这还不包括美化环境、调节气候、开花结果产生的价值。如果换算成人民币，一棵50年树龄的树，其价值在100万元以上。据有关技术资料，$1hm^2$林地与裸地相比，至少可以多储水$3000m^3$。1万亩森林的蓄水能力相当于造价千余万元、蓄水量达$100×10^4m^3$的水库。有专家预测，假如地球上失去了森林，约有450万个生物物种将不复存在，陆地上90%的淡水将白白流入大海，人类面临严重水荒。森林的丧失更会使许多地区风速增加60%~80%，因风灾而丧生的人可达数亿。

2018年保护区林地45 173.8hm^2，其中有林地4 750.2hm^2、疏林地173.4hm^2、灌木林地40 177.6hm^2、未成林地72.6hm^2。按照甘肃农业大学林学院对迭部县森林生态效益的评估方法，保护区内森林每年的生态效益总价值为31.334 7亿元。其中涵养水源价值21.376 4亿元、保育土壤价值4.126 3亿元、固碳释氧价值1.199 9亿元、净化空气的价值0.153 4亿元、保护生物多样性的价值4.478 7亿元。

11.5.2.1 涵养水源价值

据碌曲县气象局资料，保护区范围内年平均降水量为654.2mm，蒸散量取降雨量的75%，森林的地表径流基本上不发生，可忽略不计，估算保护区森林拦截蓄水量为$2.212 9×10^8m^3$。

调节水量价值评估：按原国家林业局发布的《森林生态系统服务功能评估规范》，单位库容水库造价按6.11元/t计，而2011年的固定资产投资价格指数增长了23.87%，则2011年的单位库容造价为7.57元/t，估算其调节水量价值为16.751 5亿元。

净化水质价值评估：水的净化费用采用原国家林业局公布的《森林生态系统服务功能价值评估公共数据表》中的公共数据，即水的净化费用为2.09元/t，估算净化水质价值为每年4.624 9亿元。

保护区森林涵养水源的总价值为每年21.376 4亿元。

11.5.2.2 保育土壤价值

在磷酸二铵中，N的含量为14.0%，P的含量为15.01%；氯化钾中K的含量为50%。采用“神农网”2012年春季平均价格，磷酸二铵价格为3000元/t、氯化钾价格为2600元/t。

固持土壤价值评估：物种多样性最低的小区土壤侵蚀11.4t/(hm^2·a)，物种多样性最高的小区土壤侵蚀为0.28t/(hm^2·a)，土壤上山还林价格50元/m^3。以保护区森林面积占迭部县森林面积的比值估算出保护区森林固持土壤的价值为每年1.027 3亿元。

保育肥力价值评估：保护区森林土壤的全氮含量为0.22%、全磷为0.06%、全钾为2.13%。以保护区森林面积占迭部县森林面积的比值，估算保护区森林保育肥力的价值为每年3.099 0亿元。

保护区森林保育土壤的总价值为每年4.126 3亿元。

11.5.2.3 固碳释氧价值

固碳释氧的价值采用效益转移法，根据对具有相同立地条件、相同类型和相同降雨量的祁连山森林的干物质量的测定，保护区森林干物质平均生产率以2.48t/(hm^2·a)计算，估算保护区森林每年所形成的干物质总量为11.185 1×10^4t。

固定二氧化碳价值评估：森林植被的固定二氧化碳能力根据光合作用与呼吸作用的方程式可知，森林每形成1g干物质需要吸收$CO_2$1.63g，则保护区森林每年所需要的CO_2的量为18.231 7×10^4t，保护区每年固定CO_2的平均价值为0.364 6亿元。

释放氧气价值评估：森林植被的释放氧气能力根据光合作用与呼吸作用的方程式可知，森林每形成1g干物质需要释放O_2 1.19g，则保护区森林每年所释放出的O_2为21.695 7×10^4t，保护区每年释放氧气的平均价值为0.835 3亿元。

因此，保护区森林每年固碳释氧的总价值为1.199 9亿元。

11.5.2.4 净化空气价值

生产负氧离子价值评估：根据2010年中南林业科技大学森林旅游研究中心对迭部县空气负离子的测定结果，迭部县空气负离子的平均含量为1263个/cm^3。以此作为参考，依照《森林生态系统服务功能评估规范》，负离子的生产费用5.818 5×10^{-18}元/个，以保护区森林面积占迭部县森林面积的比值，估算出保护区森林所提供的负离子价值为每年0.023 6亿元。

吸收污染物价值评估：根据《中国生物多样性国情研究报告》，阔叶林的滞尘能力为10.11kg/(hm^2·a)，针叶林的滞尘能力为33.2kg/(hm^2·a)，削减粉尘的成本为170元/t；阔叶林对SO_2吸收能力值为88.65kg/(hm^2·a)，针叶林的平均吸收SO_2的能力值为215.60 kg/(hm^2·a)，削减SO_2的成本为600元/t。以保护区森林面积占迭部县森林面积的比值计算出保护区森林滞尘价值为每年0.005 2亿元；吸收SO_2的价值为每年0.124 6亿元。两项合计的价值为每年0.129 8亿元。

保护区森林净化空气的总价值为每年0.153 4亿元。

11.5.2.5 保护生物多样性价值

参考学者对迭部县生物多样性保护的调查结论，平均支付意愿取34.98元/人，接受意愿平均取182.71元/人。根据Turner等的研究，支付意愿与采访人群的距离以及是否去过目标地点有关，距离太远则没有支付意愿。因此我们界定距离迭部县200~500km的甘南州、临夏市、天水市、定西市、陇南市、兰州市为支付范围。

根据原甘肃省人口委发布的人口统计数据，2011年底以上五个市的常住共计人口1 508.48万人，以此为依据，并以保护区森林面积占迭部县森林面积的比值，计算得出保护区森林保护生物多样性的价值为每年4.478 7亿元。

11.5.3 草地生态效益

天然草地是陆地上面积最大的生态系统类型，它为人类提供的许多产品和服务只有少数具有市场价值如肉类、奶类和毛皮制品等。大部分产品或服务对人类的生存与生活至关重要却又未被人们所认识，诸如维持大气成分、保存基因库、调节天气过程、保持土壤等。

位于青藏高原的碌曲县以畜牧业生产为主，高寒草地生态系统不仅是发展地区畜牧业、提高农牧民生活水平的重要生产资料，而且对于保护生物多样性、保持水土和维护生态平衡有着重大的生态作用和生态价值。尤其重要的是碌曲县草原生态系统主要分布于洮河、白龙江的源头区，对于保护河流源区的生态环境而言，其生态屏障功能不言而喻。

2018年保护区内牧草地137 233.4hm²(不包含湿地52 142.3hm²)。根据中科院地理科学与资源研究所谢高地等1990年的研究资料,按照保护区不包含沼泽化草甸的137 233.4hm²牧草地进行评估,同时按历年(1990~2018)央行存款利率2.79%/年进行了校正,保护区内不含湿地的草地生态系统服务价值为每年18.942 3亿元。其中气体调节0.265 3亿元、气候调节1.816 7亿元、干扰调节0.142 9亿元、水调节和供应0.020 4亿元、侵蚀控制1.122 6亿元、土壤形成0.081 7亿元、营养循环2.776 0亿元、废物处理3.347 6亿元、授粉0.959 4亿元、生物控制0.877 7亿元、栖息地4.756 0亿元、食物生产2.571 9亿元、原材料0.102 0亿元、基因资源0.020 4亿元、娱乐文化0.081 7亿元(表11-5)。

表11-5 青藏高原东部山地高寒草甸亚区草地生态系统服务价值的空间分异 单位:元/($hm^2 \cdot a^{-1}$)

服务功能	面积(hm²)	服务价值指标	初算服务价值	调整服务价值
气体调节	137 233.4	38.67	530.68	2 653.41
气候调节	137 233.4	264.76	3 633.39	18 166.96
干扰调节	137 233.4	20.82	285.72	1 428.6
水调节和供应	137 233.4	2.97	40.76	203.79
侵蚀控制	137 233.4	163.61	2 245.28	11 226.38
土壤形成	137 233.4	11.9	163.31	816.54
营养循环	137 233.4	404.57	5 552.05	27 760.26
废物处理	137 233.4	487.87	6 695.21	33 476.03
授粉	137 233.4	139.82	1 918.8	9 593.99
生物控制	137 233.4	127.92	1 755.49	8 777.45
栖息地	137 233.4	693.13	9 512.06	47 560.29
食物生产	137 233.4	374.82	5 143.78	25 718.91
原材料	137 233.4	14.87	204.07	1 020.33
基因资源	137 233.4	2.97	40.76	203.79
娱乐文化	137 233.4	11.9	163.31	816.54
合计				189 423.27

11.5.4 野生动物生态效益

野生动物作为生态系统的有机组成部分,是维系生态系统能量流和物质循环的重要环节,是生态系统中活跃的、引人注目的组成部分。野生动物作为生物多样性的一部分,具有内禀价值和利用价值。同时,野生动物的价值也取决于人们的视角,即人们自身的利益。野生动物服务功能的实现离不开自然生态系统。在人类文明的早期,人类利用野生动物果腹御寒,那时人们利用的是野生动物的直接价值。现代,野生动物的直接价值下降,野生动物的间接价值,如生态价值、文化价值却在上升。野生动物能够提供巨大的生态系统服务功能。野生动物观光也是一项重要的产业。这种生态服务功能带动了第三产业的发展,直接推动了地区性的国民经济发展。

经初步评估,保护区野生动物的生态效益每年2.079 8亿元,其中消灭有害生物的价值每年1.547 2

亿元、游憩价值每年0.532 6亿元，此外尚有难以量化、无法计算的医疗价值、存在价值、维持生物多样性的价值、选择价值与科学价值等。

11.5.4.1　消灭有害生物、保护草原的价值

鸟食害虫、鹰类捕食鼠类，维持草地食物链的生态平衡。如果不保护好鼠虫害的天敌，就会造成鼠虫害泛滥。鼠类泛滥，在草原上打洞刨土，吃草根，破坏草皮，使草原地表千疮百孔，造成鲜草大量损失，严重影响牧业生产，同时还容易引起土地沙化；虫害泛滥，同样会造成鲜草大量损失，严重影响牧业生产。据有关资料，保护区内草原鼠虫害严重时面积约51 573hm^2，以每公顷减少牧草1.5t、牧草价值以2000元/t计，则保护鹰类、狐类、鸟类等有害生物天敌的生态价值每年达1.547 2亿元。

11.5.4.2　游憩价值

野生动物的游憩价值主要表现为野生动物观光。娱乐和生态旅游是人们采用不同方式利用生物资源的娱乐活动，如在湿地、森林和草原中拍摄野生动物、观赏鸟兽和蝶类等，这些体现为活动休闲价值的形象价值十分可观。另外，野生动物生态旅游还有一定的生态教育功能。如果将保护区范围内每年生态旅游收入2.663亿元的20%归入野生动物的美化环境的价值，也要达到每年0.532 6亿元。

11.5.4.3　野生动物的医疗价值

传统中医药学是祖国文化遗产中重要的组成部分，是数千年来劳动人民智慧的结晶。中医中药在我国一直发挥着非常重要的作用，它和西医相辅相成，共同维护人民的健康。动物类中药是中国传统医学的重要组成部分，有着悠久的应用历史。我国东汉末期的《神农本草经》就收载了动物药76种，《本草纲目》中载有动物类中药达444味。社会各界包括中医药界都加强了对药用动物资源的保护，麝、鹿等动物的人工养殖，水牛角、人工牛黄、人工麝香等代用品的开发研究，极大地缓解了对野生资源的压力，保护了野生动物。只是医疗价值较难量化。

11.5.4.4　选择价值与科学价值

选择价值的基本含义是，包括野生动物资源的自然和环境资源的存在提供了将来选择对其利用可能性，因而具有价值。保护野生动物资源，以尽可能多的基因，可以为家禽、家畜的育种提供更多的可供选择的机会。例如当地的家猪与野猪杂交后培育形成了瘦肉型猪的新品种。

有些动物物种在生物演化历史上处于十分重要的地位，对其开展研究有助于搞清生物演化的过程。另外，随着科学技术的发展，野生动物的基因还有可能在治疗人类疾病方面发挥作用。科研价值还表现为大专院校、科研院所的学者从事野生动物研究的投入。野生动物选择价值和科研价值评估受诸多因素的影响，很难量化。

11.5.4.5　存在价值

有些野生动物物种，尽管其本身的直接价值很有限，但它的存在能为本地区人民带来某种荣誉感或心理上的满足。例如雪豹、四川梅花鹿、四川马鹿、黑颈鹤、黑鹳、大天鹅等国家重点保护野生动物。

11.5.4.6　维持生物多样性的价值

存在价值是指人们对现在不利用、将来也不会利用的资源所赋予的价值。遗产价值是为子孙后代将来利用而愿意支付的价值。一是野生动物资源维持着食物链的完整性和生态平衡，保持营养物质循环的顺利进行，包括生物控制价值、种子传播价值、改善土壤价值以及净化环境价值等；二是保持生物多样性，即保持遗传多样性、物种多样性和生态系统多样性，也就是说，野生动物的生物多样性价值是其生态价值的组成部分。

11.6 尕海国际重要湿地生态系统评价

为了科学准确地评价我国湿地生态系统健康、功能和价值状况，在原国家林业局组织下，技术人员配合西北林业调查规划设计院，在尕海国际重要湿地开展了湿地生态系统健康、功能和价值评价试点工作。

评价结果表明：尕海湿地生态系统健康指数为4.34，健康等级为“中”；尕海湿地生态系统综合功能指数为7.18，功能等级为“好”；尕海湿地生态系统服务价值为每年43.69亿元。

11.6.1 评价方法

外业通过实地座谈走访、问卷调查、现地采样调查、卫星影像解译、收集有关文献资料。内业对调查资料和土样等样品进行了科学系统分析，严格按照《湿地生态系统评价指标体系》《湿地生态系统健康评估指标体系研究》《湿地生态系统评价指标测量技术手册》进行。

11.6.2 湿地生态系统健康评价结果

11.6.2.1 评价结果

尕海湿地生态系统健康指数为4.34，健康等级为“中”。各评价指标归一化值由高到低依次为：地表水水质10.00、湿地面积变化率10.00、外来物种入侵度10.0、人口密度9.92、土壤含水量3.44、水源保证率2.81、生物多样性2.19、土地利用强度2.05、物质生活指数0.99。

11.6.2.2 结果分析

保护区地表水质量达到Ⅰ类标准，水质良好；湿地水源补给依靠自然降水，受全球气候变暖及降水减少等自然因素导致植被生长质量下降、土壤板结、土地沙化等因素的影响，湿地水源保证率降低，土壤环境受到轻微的重金属污染，pH适中，但含水量偏低，储水功能下降。

区内居民以藏族牧民为主，人口密度较小，环境保护意识好，湿地面临的人口压力小，但由于当地社会经济发展水平低，人们的物质生活水平差，湿地生态系统所面临的潜在压力大。

生物指标状况一般，中国特有高等动物种类较多，达到40种，受威胁的野生高等动物和野生维管束植物种分别达到38种和10种，但没有受到外来物种入侵的威胁。

林草植被覆盖度高，野生动物栖息地环境较好，湿地面积能够维持，基本没有发生变化；这里草地辽阔，是当地牧民的传统居住地和牧场，且超载过牧状况严重，土地利用强度较高。

11.6.3 湿地生态系统功能评价结果

11.6.3.1 评价结果

尕海湿地生态系统综合功能指数为7.18，功能等级为“好”。各功能指标从高到低依次为：湿地水资源调节指数2.00、物质生产1.40、气候调节1.02、教育与科研0.99、净化水质0.70、保护生物多样性0.66、消遣与生态旅游0.41。

11.6.3.2 结果分析

湿地调节功能高。保护区跨越黄河和长江两大水系，是长江二级支流白龙江的发源地，也是黄河上游最大支流洮河的主要发源地和水源涵养地，区内水资源丰富，水质良好，尤其是对区域气候、水资源调节方面发挥着重要作用。

供给功能显著。保护区内有大面积的草场和沼泽化草甸，这里历来是当地藏族牧民的传统牧场，湿地为当地经济社会发展提供了包括牧草在内的物质产品，经济和社会效益显著。

科研价值高。保护区地处青藏高原东北部边缘，独特的高寒湿地具有很高的科研价值，近年来，越来越引起国内外湿地研究单位和专家的关注。

生物多样性支持功能较差。保护区生物多样性较丰富，但生物多样性指数较低，总体水平一般，湿地对生物多样性的支持功能较差。

消遣与生态旅游功能差。保护区地处青藏高原，景观美学价值独特，但由于受气候、交通、位置偏远、当地经济社会发展水平低等条件的限制，来此观光旅游的人数较少。

11.6.4　湿地生态系统价值评价结果

11.6.4.1　评价结果

尕海湿地生态系统服务价值为每年43.69亿元，其中泥炭储量价值为0.22亿元、生物栖息地价值为1.07亿元、涵养水源价值为18.94亿元、蓄水防洪价值为6.72亿元、水力发电价值为0.58亿元、净化水质的价值为14.70亿元、固碳释氧调节大气组分的价值为0.59亿元、土壤侵蚀控制价值为0.87亿元。

11.6.4.2　结果分析

湿地面积较大，间接使用价值显著。广阔的湿地在固氮释氧、调节大气，减少洪水径流、调蓄洪水以及对氮磷、重金属元素的吸收转化等方面发挥了重要作用，间接产生的经济价值显著。

地理位置独特，直接使用价值高。湿地不仅为区域提供了丰富、优质的水资源，当地群众也从生态系统中获得了大量的泥炭、饲草、野生动植物等原料；独特的高寒湿地自然景观、良好的生态环境、较高的科研价值也为人们提供了休闲娱乐、生态旅游、环境教育和科学研究的良好场所。

加强保护管理，维持生物多样性。尕海湿地独特的自然环境为各类生物的生存、繁衍提供了丰富的食物资源以及优良的迁移、栖息及繁殖条件，生物多样性丰富。保护区应加强保护和管理，切实改善和提高湿地生态环境，维持生物多样性，持续提高尕海湿地生物多样性价值及生存栖息地价值。

第12章 生态建设工程

12.1 湿地资源保护与恢复工程

12.1.1 尕海湿地生态治理示范工程

20世纪80年代后期开始，由于过度放牧和人为的破坏活动，造成尕海湿地出现退化的现象，90年代尤其严重，1995年、1997年、2000年尕海湖先后3次干涸，湿地面积急剧萎缩、鸟类数量大幅减少，引起地方政府和各界人士的广泛关注。为了从根本上解决尕海湖及其周边生态环境日益恶化问题，2000年前后，地方政府和林业部门通过各种途径进行了不懈努力。一是在52 000多公顷的汇水区通过实行草场承包和围栏工程，使草场的利用趋于合理，草地的水源涵养能力有所增强。二是地方政府邀请并配合省、州有关专家在深入实地调研的基础上，制订了尕海湖生态保护与治理方案，决定以“引忠曲河入湖、建设拦水大坝”的方式恢复尕海湖水面和湿地生态环境。2002年上半年，甘肃省水利厅用于尕海湖生态保护与治理的30万元资金拨付到位后，开挖了一条4770m长的引水渠道，将部分忠曲河水引入尕海湖中，从而大大补充了尕海湖水量。同时，在尕海湖西北侧出口修筑了一座长174m、顶宽6m、高7m的梯形拦水坝，抬高了水位，从而扩大湖水面积。三是利用军牧场撤销的机会，将尕海湖区3400hm^{2}集体牧场兑换为国有牧场归保护区经营。

尕海湿地生态治理示范工程的实施，使尕海湖区生态有了很大改善。一是尕海湖区周边60%以上已经干涸的山泉恢复出水。二是尕海湖面积由2000年的600hm^{2}增加到2003年的1591hm^2、2007年初的2200hm^2，蓄水量达到$4.8×10^7$m^3，蓄洪和调节气候的能力大大增强。三是尕海湖区沼泽湿地的面积恢复到了12 000多公顷。四是湿地生物多样性增加，鱼虾数量逐步恢复，特别是国家一级保护动物黑鹳的数量有了很快增长；每年来尕海湿地繁殖、栖息的候鸟数量达到21 000多只。尕海湿地已成为候鸟的天堂。五是植被盖度提高，生物量增加，草地的水源涵养和固土能力有所增强。

12.1.2 保护区湿地保护与建设项目

随着经济社会的全面发展，湿地保护引起了社会各界的广泛关注。甘肃省发改委于2006年批准了“尕海则岔保护区湿地保护建设项目”，项目总投资1455万元。按照《全国湿地保护工程规划》对湿地保护工作的总体要求，项目通过实施湿地保护工程、能力建设和附属建设，减轻害鼠对草场的破坏，遏止草场退化的趋势。主要建设内容为退化草场休牧1800hm^2，草场鼠兔害治理11 000hm^2，退化草场改良1000hm^2；能力建设包括新建科研监测中心2200m^2，新建野生动物救护站153m^2；附属设施建设包括供排水管道、低压供电线路、净化池及设备仪器购置等；维修尕海湖引水渠进水口拦水坝1处，维修郭茂滩天鹅湖滚水坝1处；配套生物多样性保护、信息管理系统。

项目完成后，尕海湿地得到大幅恢复，新增湿地面积550hm^2，草原鼠兔害明显减少，草产量显著增加，候鸟种类及数量都有不同程度的增长，项目取得了较好的效果。

12.1.3　退化泥炭地恢复

泥炭地是湿地的重要组成部分，也是中国最为重要的碳库之一。泥炭地具有涵养水源、净化水质、蓄洪防旱、调节气候和维护生物多样性等重要的生态功能，泥炭资源保护在应对气候变化中有着重要的意义。由于气候变化、沟蚀及修路等人为影响，尕海湿地的泥炭地出现退化现象。2007~2010年，保护区实施了中欧生物多样性保护(ECBP)项目，分别在尕海镇的郭茂滩和加仓、郎木寺镇的贡巴和波海设立恢复示范点，通过清理引水渠、维修溢流堰、填沟、堵坝等生态补水措施恢复退化泥炭地345.4hm²，对相邻1200多公顷泥炭地也起到良好的影响。

12.1.4　尕尔娘退化沼泽化草甸湿地恢复

根据实地调查，尕尔娘湿地严重退化面积为320hm²，退化较轻的面积283.4hm²。除了盐碱化以外，鼠兔害也是比较严重的，主要是中华鼢鼠和高原鼠兔，密度为60只/hm²以上。共设计围栏育草、以水洗碱、补播牧草和施肥、鼠兔害防治等综合措施进行恢复。2012~2013年完成了尕尔娘退化湿地恢复工程，通过补播牧草、施肥、围栏禁牧、生态补水、加强管理等措施恢复退化湿地600hm²。

12.1.5　退化湿地恢复项目

为促进湿地保护与恢复，推动生态文明建设，根据《中共中央　国务院关于全面深化农村改革加快推进农业现代化的若干意见》等文件精神，2014年7月，财政部和国家林业局发出《关于切实做好退耕还湿和湿地生态效益补偿试点等工作的通知》，中央财政增加安排林业补助资金，支持启动了退耕还湿、湿地生态效益补偿试点和湿地保护奖励等工作。

保护区是国家重要湿地和国际重要湿地，每年有大天鹅、灰鹤、黑鹳等上百种野生鸟类在这里产卵、育雏，是许多雁鸭类等候鸟的繁殖地和迁徙途经地，也是黑颈鹤的重要繁殖地之一。2014年，保护区成为第一批湿地生态效益补偿试点单位，获得国家项目经费4000万元；2015年10月，保护区又成功争取到湿地生态效益补偿试点项目经费2500万元，用于对候鸟迁徙路线上的重要湿地因为保护鸟类等野生动物造成损失的牧民进行补偿，并对因保护湿地遭受损失或受到影响的湿地周边社区开展生态修复和环境治理。

2014~2016年，先后完成了禁牧面积测量、公示、签订禁牧协议、协议公证、禁牧区围栏、补播区围栏、补播牧草、人工捕捉高原鼢鼠及高原鼠兔、飞机药物防治草地虫害等子项目。发放了2015年度禁牧户补偿款，实施了2015年湿地生态效益补偿试点项目补播牧草1.6万多亩；完成2016年湿地保护与恢复项目的监测监控、监测栈道建设与维护，开展了草原毛虫防治，共完成飞防230架次，防治面积30多万亩，草原毛虫死亡率达到90%以上。

12.1.6　湿地生态修复与科研监测建设项目

2017年实施湿地生态修复与科研监测建设项目，投资6280万元，实施内容主要包括：采用人工补播和机械补播牧草的方法完成退化湿地植被恢复14 517hm²，恢复区围栏建设345km；通过修建拦水坝、小围堰治理侵蚀沟250km，治理面积2500hm²；使用生物农药飞机防治草原毛虫40 000hm²，生物防治鼠害的鹰架120座，人工捕捉中华鼢鼠和达乎尔鼠兔25 000hm²；碱化湿地改良2300hm²；建设监测点3处，共计285m²。

12.1.7　湿地生态效益补偿和湿地生态环境修复与治理项目

2020年实施湿地生态效益补偿和湿地生态环境修复与治理项目，投资2000万元，内容主要包括生态效益补偿和湿地生态环境修复与治理两大部分。

生态效益补偿：补偿对象为尕海国际重要湿地周边的牧民，实施地点为尕海镇加仓行政村和秀哇行政村，补偿户数为149户（加仓村97户，秀哇村52户），补偿面积为58 209.22亩（加仓村27 169亩，秀哇村31 040.22亩），补偿期限为4年。

湿地生态环境修复与治理：①栖息地恢复。采取飞播和人工补种草籽的方式开展退化栖息地植被恢复21 100亩。②弃地恢复。对保护区实验区37亩建筑弃地采取人工播撒草籽的方式进行植被恢复。③监控栈道维修。维修包括铺设钢架防腐木栈道地板1647m²，新增加水上栈道栏杆600m，重新油漆及打磨原有栈道1280m，柱子头安装不锈钢罩1380m，原有基础地板栏杆拆除，水上通道栏杆及地板刷漆等。④湿地生态监测体系建设。远程视频监测体系4套，物联网平台支撑，巡护系统，数据安全系统，可视对接系统。⑤电子沙盘、门户网站建设。

12.2 森林资源保护工程

12.2.1 天然林资源保护工程

12.2.1.1 天然林资源保护一期工程（1998~2010）

1998年9月，党中央、国务院做出了全面停止长江上游、黄河上中游天然林采伐，全面搞好生态环境建设的英明决策，揭开了一项功在当代、利在千秋的世纪性工程的序幕，经过两年的试点，2000年12月国家批准了天保一期工程实施方案。

1998~2000年，在甘南州编制天保方案时，保护区管理机构尚未成立，甘南州农林局和碌曲县农林局的技术人员为保护区编制了《天然林资源保护工程尕海则岔保护区实施方案》。2003年保护区管理机构成立以来，对方案核定的73 950亩（4930hm²）森林管护任务中的38 985亩（2599hm²）有林地和34 965亩（2331hm²）灌木林地确定专人承包管护，共安排森林管护人员13名、森林公安10名、分流安置富余人员17名。保护站与护林队签订了《管护合同》，护林队与护林人员签订了《承包管护合同》，共签订森林管护合同15份，发放护林员工作证13份；对一次性安置的17名人员，与单位彻底解除了劳动关系；落实了护林职工的五项社会保险，调动了他们的护林积极性。

天保工程任务艰巨，保护区以实施天然林保护工程为契机，以改善生态环境为目标，大力进行护林和封山育林、切实保护好天然林资源。天保一期工程经过12年的实施，森林得到有效保护，林分质量显著提高，为改善生态环境和推动社会经济持续发展做出了重大贡献。

12.2.1.2 天然林资源保护二期工程（2011~2020）

2008年10月，党的十七届三中全会在《中共中央关于推进农村改革发展若干重大问题的决定》中决定“延长天然林保护工程期限”；2010年12月29日国务院决定实施天然林保护工程二期。

根据原甘肃省林业厅批复的《天然林资源保护工程二期尕海则岔保护区实施方案》规定，天保工程区内林地面积16.48万亩（10 986.7hm²），其中有林地面积7.04万亩（4 693.3hm²）、灌木林3.43万亩2 286.7hm²）、疏林2.13万亩（1 420.0hm²）、宜林地3.8万亩（2 533.3hm²），管护面积6980hm²，林种为自然保护区林。

天保二期实行“管理机构—保护站—管护责任区—管护人员”四级管护体系，层层签订管护责任书和管护合同，保护区还与自然村签订了《管护合同》，保护站与群众护林员签订了《管护合同》，组建了63人的管护队伍，进一步明确管护责任；给各保护站配备了巡护监测设备，巡护能力逐步提高；搜集工程建设方面的图、表、报告等一切资料，分门别类装订成册建立了文字档案，同时利用计算机、GPS、RS和GIS等现代技术建立了可以更新利用的电子档案；落实管护责任，加大检查、考核机制；落实了护林职工的社会保险，保障生活，对各保护站点进行了建设和维修工作，改善了基层管护人员的工作和住宿环境，进一步调动了他们参与护林的积极性。

自天保二期工程实施以来，完成造林任务4000亩、封山育林任务25 132亩。通过严格管护责任，确保了森林资源安全，取得了明显管护效果。

12.2.2　国家重点公益林建设暨中央森林生态效益补偿

12.2.2.1　2003年文本

2000~2002年，甘南州开展公益林界定工作时，保护区管理机构尚未成立，甘南州农林局和碌曲县农林局技术人员为保护区编制了《尕海则岔保护区森林分类区划界定技术报告》。

保护区的森林都是特种用途林，二级林种全部属于自然保护区林。共区划林业用地39 479.8hm²，其中有林地3 081.1hm²、疏林地3 333.3hm²、灌木林地31 532.0hm²、宜林地1 533.4hm²。界定生态公益林39 479.8hm²（全部为国家级重点公益林）。在生态公益林中，天然林保护工程区的公益林4930hm²，其中有林地2599hm²、灌木林地2331hm²。由于保护区为国家级，全部区划界定为国家重点公益林，事权全部为国家级。

界定工作采取现场核对、更正和确认、有关人员签字和核发界定书的办法进行，共核发界定书104份，其中国有林86份，集体林18份。

12.2.2.2　2016年调整文本

经过2013年、2016年公益林区划落界工作，到2016年底纳入补偿的公益林总面积为41 689.2hm²，其中天保工程区内的管护面积6 980.0hm²、天保工程区外已纳入中央和甘肃省级财政补偿的国家级公益林34 709.2hm²，未纳入补偿的公益林4 000.46hm²，林地权属全部为国有；天保工程区内林木权属全部为国有，天保工程区外34 603.6hm²公益林的林木权属为国有、105.6hm²公益林的林木权属为集体。共安排管护人员50余人，确定了每个人的管护面积和管护责任区。

12.2.2.3　2018年数据

生态公益林分地类面积：按照甘肃省森林资源"一张图"更新资料，到2018年底，保护区共有已认定的国家公益林41 175.9hm²，其中有林地4 710.0hm²、疏林地173.4hm²、灌木林地36 219.9hm²、人工造林未成林地72.6hm²；尚有未认定的国家公益林3 997.8hm²，其中有林地40.2hm²、灌木林地3 957.6hm²。生态公益林的土地使用权全为国有（表12-1）。

表12-1　生态公益林（地）分地类面积统计表（单位：hm²）

统计单位	工程类别	事权等级	总面积	有林地	疏林地	人工造林未成林地	灌木林地		
							小计	国家特别规定灌木林	其他灌木林
尕海则岔保护区	合计	合计	45 173.7	4 750.1	173.4	72.6	40 177.6	33 429.9	6 747.7
		已认定	41 175.9	4 709.9	173.4	72.6	36 220	29 665	6555
		未认定	3 997.8	40.2			3 957.6	3 764.9	192.7
	国家级自然保护区	合计	43 099.4	4 643.9	173.4	72.6	38 209.5	31 718.9	6 490.6
		已认定	39 101.6	4 603.7	173.4	72.6	34 251.9	27 954	6 297.9
		未认定	3 997.8	40.2			3 957.6	3 764.9	192.7
	黄河上中游地区	合计	2 074.3	106.2			1 968.1	1711	257.1
		已认定	2 074.3	106.2			1 968.1	1711	257.1
		未认定							

续表

统计单位	工程类别	事权等级	总面积	有林地	疏林地	人工造林未成林地	灌木林地		
							小计	国家特别规定灌木林	其他灌木林
则岔保护站	合计	合计	19 554.5	3 773.4	76.7	4.6	15 699.8	10 585.7	5 114.1
		已认定	19 000.6	3 737.9	76.7	4.6	15 181.4	10 201.3	4 980.1
		未认定	553.9	35.5			518.4	384.4	134
	国家级自然保护区	合计	18 427.9	3 678.3	76.7	4.6	14 668.3	9 700.2	4 968.1
		已认定	17 874	3 642.8	76.7	4.6	14 149.9	9 315.8	4 834.1
		未认定	553.9	35.5			518.4	384.4	134
	黄河上中游地区	合计	1 126.6	95.1			1 031.5	885.5	146
		已认定	1 126.6	95.1			1 031.5	885.5	146
		未认定							
尕海保护站	国家级自然保护区	合计	11 053.7				11 053.7	11 045.3	8.4
		已认定	8 773.1				8 773.1	8 764.9	8.2
		未认定	2 280.6				2 280.6	2 280.4	0.2
石林保护站	合计	合计	14 565.5	976.7	96.7	68	13 424.1	11 798.9	1 625.2
		已认定	13 402.2	972	96.7	68	12 265.5	10 698.8	1 566.7
		未认定	1 163.3	4.7			1 158.6	1 100.1	58.5
	国家级自然保护区	合计	13 617.8	965.6	96.7	68	12 487.5	10 973.4	1 514.1
		已认定	12 454.5	960.9	96.7	68	11 328.9	9 873.3	1 455.6
		未认定	1 163.3	4.7			1 158.6	1 100.1	58.5
	黄河上中游地区	合计	947.7	11.1			936.6	825.5	111.1
		已认定	947.7	11.1			936.6	825.5	111.1
		未认定							

生态公益林分保护等级面积：按照甘肃省森林资源“一张图”更新资料，到2018年底，保护区共有国家认定的生态公益林41 175.9hm²，其中保护等级为Ⅰ级的17 097.1hm²、Ⅱ级的24 078.8hm²（表12-2）。

表12-2 国家级公益林地分保护等级现状统计表（单位：hm²）

统计单位	起源	合计			Ⅰ级保护			Ⅱ级保护		
		合计	特用林	其他林地	小计	特用林	其他林地	小计	特用林	其他林地
保护区合计	合计	41 175.9	34 375.0	6 800.9	17 097.1	14 882.7	2 214.4	24 078.8	19 492.3	4 586.5
	天然	41 103.3	34 375.0	6 728.3	17 097.1	14 882.7	2 214.4	24 006.2	19 492.3	4 513.9
	人工	72.6		72.6				72.6		72.6
则岔保护站	合计	19 000.6	13 939.2	5 061.4	7 582.9	5 958.7	1 624.2	11 417.7	7 980.5	3 437.2
	天然	18 996.0	13 939.2	5 056.8	7 582.9	5 958.7	1 624.2	11 413.1	7 980.5	3 432.6
	人工	4.6		4.6				4.6		4.6
尕海保护站	合计	8 773.1	8 764.9	8.2	3 247.8	3 247.8		5 525.3	5 517.1	8.2
	天然	8 773.1	8 764.9	8.2	3 247.8	3 247.8		5 525.3	5 517.1	8.2
	人工									
石林保护站	合计	13 402.2	11 670.9	1 731.3	6 266.4	5 676.2	590.2	7 135.8	5 994.7	1 141.1
	天然	13 334.2	11 670.9	1 663.3	6 266.4	5 676.2	590.2	7 067.8	5 994.7	1 073.1
	人工	68.0		68.0				68.0		68.0

12.2.3　森林植被恢复工程

12.2.3.1　苗木培育

经与双岔镇政府、青科村委会共同研究决定，保护区于2012~2013年在青科村建设试验示范苗圃1处，面积106亩，由甘肃省林业厅筹措建设资金320万元，村委会组织群众投工投劳，育苗收益由村委会按劳分配。首先选择适宜当地生长的5年生青海云杉苗木，培育云杉大苗，用于当地及周边地区造林绿化工程，增加群众收入。

苗圃建在青科行政村与恰日行政村交界处，海拔2950m，地势平坦；土壤为黑钙土，土层深厚(40~60cm)，有机质含量高，氮、磷、钾丰富；洮河自苗圃地东侧边缘流过，灌溉条件十分便利；苗圃交通方便，通讯、用电、劳力等方面的条件相当优越。

12.2.3.2　植树造林

自从保护区管理机构成立以来，坚持植树造林和绿化工作，先后在土房则岔沟、贡去乎沟、十合地沟、回多沟等地的旧采伐迹地、火烧迹地和宜林地开展迹地更新和造林，取得了一定的成效。

与此同时，每年4月下旬，还组织职工积极参加地方有关部门组织的春季造林活动，为打造森林生态景观，拓展绿化面积，营造生态旅游大环境做出了应有的贡献。

为了切实搞好造林绿化工作，保护区抢抓气温回升的有利时机，有计划、有部署地组织职工做好春季造林各项工作。为有效提高苗木移栽成活率，技术人员对造林进行全程督导，严格把好苗木假植关和“三埋两踩一提苗”栽植技术关。同时全面落实新造林地管护责任，确保造林绿化栽一棵活一棵，植一片成一片。

12.3　草地保护工程

12.3.1　退牧还草工程

退牧还草工程是国家2002年12月16日正式启动的，改善我国草地生态环境的重大举措，以禁牧、轮牧、休牧、围栏放牧及补播为主要方式的退牧还草工程，力争使工程区内退化的草地得到基本恢复，天然草地得到休养生息，达到草畜平衡，实现草地资源的永续利用，最终建立起与畜牧业可持续发展相适应的草地农业生态系统。到2010年底，保护区所在的碌曲县退牧还草工程一期、二期全部结束，对保护草地生态环境起到了积极作用。

12.3.2　草地生态保护补助奖励政策

由于牧业的发展与草地有限载畜能力之间的矛盾导致草场退化，2011年起，决定在内蒙古、新疆、甘肃、青海、西藏等9个牧区省(区)和新疆生产建设兵团，建立保护草原生态、保障牛羊肉等特色畜产品供给、促进牧民增收的草地生态保护补助奖励机制，目的是保护草地生态、促进牧民增收。具体政策：一是对生存环境非常恶劣、草场严重退化、不宜放牧的草原，实行禁牧封育，中央财政按照每亩每年6元的测算标准对牧民给予禁牧补助；二是对禁牧区域以外的可利用草原，在核定合理载畜量的基础上，中央财政对未超载的牧民按照每亩每年1.5元的测算标准给予草畜平衡奖励；三是给予牧民生产性补贴，包括畜牧良种补贴、牧草良种补贴和每户牧民500元的生产资料综合补贴；四是绩效考核奖励。项目的实施，对改善区内草地生态环境起到了一定作用。

12.4 国际合作生态项目

12.4.1 UNDP-GEF中国湿地生物多样性保护与可持续利用项目

2000年,联合国开发计划署(The United Nations Development Programme, UNDP)、全球环境基金(The Global Environment Facility, GEF)和原国家林业局启动了“中国湿地生物多样性保护与可持续利用”项目。

湿地国际(Wetlands International, WI)一直十分重视尕海湿地的保护工作,2000~2003年将尕海湿地纳入了UNDP-GEF湿地保护与可持续利用若尔盖项目,配备了必要的交通工具和监测设备,还对保护区人员和社区群众进行了生态旅游、湿地巡护、社区共管等内容的技术培训,在牧场管理、湿地恢复、建设项目对生态影响、湿地保护与当地经济社会可持续发展等方面的研究取得了系列成果。

12.4.2 ECBP中国欧盟生物多样性山地湿地综合管理项目

由湿地国际组织实施的“若尔盖高原和阿尔泰山湿地综合管理支持生物多样性保护和可持续发展”项目,是中国欧盟生物多样性保护项目18个示范项目之一,欧盟赠款160万美元,于2007年7月正式启动。项目启动以来对若尔盖高原泥炭地发育退化及恢复进行了初步分析,完成了部分泥炭地碳动态评估和湿地水资源状况评估,在当地相关部门、社区和国内外专家的积极参与下,制订了《若尔盖高原湿地保护与可持续利用战略》和《阿尔泰山湿地保护和可持续利用战略》,编制了《若尔盖湿地恢复技术手册》。项目在四川省若尔盖县、红原县和甘肃省玛曲县、碌曲县开展了泥炭地恢复示范,通过填埋排水沟、修筑土石坝、木板坝、围栏、播散草籽等方式,提高地下水位,恢复草地植被,遏制泥炭地退化趋势;同时项目首次将泥炭地恢复技术引入新疆阿勒泰,在三道海子湿地和哈拉沙子湿地进行了湿地恢复试验,并取得良好效果。项目多次组织专家进行湿地知识、泥炭地恢复和监测、生物多样性保护等方面的培训,并组织国外实地考察,大大提高了当地保护管理能力和技术水平。在项目推动下,四川省若尔盖县、红原县和甘肃省玛曲县、碌曲县政府和若尔盖地区相关保护区等合作伙伴共11家部门和组织联合签署了《合作备忘录》,成立了若尔盖高原湿地保护委员会,成为跨省合作的典范。

12.4.3 UNDP-GEF利用生态方法保护洮河流域生物多样性项目

2011~2014年,保护区实施了由甘肃省林业厅、联合国开发计划署(UNDP)、全球环境基金(GEF)主持的利用生态方法保护洮河流域生物多样性项目,项目主要侧重提高保护区系统管理能力,增强洮河流域试点的资金可持续性。保护区主要完成了示范村PRA调查,制订了保护区管理计划、商业计划、社区资源管理计划、技能发展计划、激励机制、资源共管制度、资源监测规程和资源监测技术方案。

主要参考文献

[1]刘迺发,马崇玉.尕海—则岔自然保护区[M].北京:中国林业出版社,1997.

[2]郑光美.中国鸟类分类与分布名录 [M].3版.北京:科学出版社,2017.

[3]陈克林,张小红,顾海军,等.若尔盖湿地恢复指南[M].北京:中国水利水电出版社,2010.

[4]刘永彪,李俊臻,陈雪玉,等.甘南藏族自治州林业志[M].兰州:甘肃民族出版社,1997.

[5]安源,张弟弟.碌曲县云杉叶锈病的发生与防治技术[J].新农民,2020(27):72-73.

[6]曹学海,田瑞春,李俊臻.尕海参加"飞羽瞬间"观鸟日活动[J].湿地,2013(3):31.

[7]陈有顺.尕海湖的变迁[J].甘肃林业,2004(3):4.

[8]陈有顺.甘肃尕海则岔自然保护区建设研究[J].甘肃林业科技,2011,36(3):65-69.

[9]当知才让,李俊臻,薛慧.尕尔娘退化沼泽化草甸湿地恢复技术[J].甘肃林业科技,2014,39(4):58-60.

[10]方毅才.碌曲县直升机飞防草原毛虫效果研究[J].甘肃畜牧兽医,2017(3):110-112.

[11]虎高勇,李俊臻.甘肃尕海湿地及其生物多样性特征[J].甘肃林业科技,2011,36(3):24-27.

[12]李俊臻,刘成录,田瑞春,等.甘肃尕海湿地资源调查报告[J].湿地,2010(4):30-31.

[13]李俊臻,刘志勇,杨卫东.甘肃尕海泥炭地资源初步调查[J].湿地通讯,2006(4):22-23.

[14]李俊臻,刘志勇.甘肃尕海—则岔国家级自然保护区发展思路探讨[A]//首届中国林业学术大会论文集:森林可持续经营探索与实践[M].北京:中国林业出版社,2006.

[15]李俊臻,田瑞春,西合道.尕海湿地黑颈鹤繁殖行为的观察[J].湿地,2010(6):33.

[16]李俊臻,王琳,田瑞春,等.甘肃尕海国际重要湿地黑颈鹤的数量、迁徙、繁殖与保护管理[J].动物学研究,2014,35(S1):211-214.

[17]连树清,王辉.尕海湿地泥炭土养分特征研究[J].甘肃农业大学学报,2009,6(3):128-132.

[18]梁晨,刘晓达,王国萍,等.甘肃尕海湿地生态系统服务价值效益分析[J].中央民族大学学报(自然科学版),2015(4):26-32.

[19]刘惠斌,李俊臻.甘肃尕海湿地退化泥炭地恢复技术评价[J].湿地科学与管理,2010,6(2):26-29.

[20]罗巧玲.陈学林.王桔红,等.甘肃省被子植物新资料[J].西北植物学报,2014,34(11):2354-2356.

[21]马斌,黄银洲,王伟伟,等.1993—2013年甘肃甘南尕海湖湖面变化及其原因分析[J].西北师范大学学报(自然科学版),2016,52(2):114-120.

[22]马沛龙,刘诚.洮河源头生态环境保护与治理[J].甘南调研与决策,2003(5):37-39.

[23]马沛龙.遏制碌曲县生态环境恶化的建议[J].甘南调研与决策,2000(1-2):49-51.

[24]马沛龙.尕海—则岔国家级自然保护区自然资源特征[J].甘肃林业,2004(5):38-40.

[25]马沛龙.论灌木林是维护高寒地区生态安全的重要森林群落[J].甘肃林业,2019(1):44.

[26]马沛龙.浅析洮河生态环境问题[J].吉林农业,2018(9):62-63.

[27]马维伟,王辉,黄蓉,等.尕海湿地生态系统土壤有机碳储量和碳密度分布[J].应用生态学报,2014,25(3):738-744.

[28]马雄,马怀义,马正学,等.甘肃尕海—则岔自然保护区蝶类群落及其区系[J].草业科学,2017,34(2):389-395.

[29]田晋,马沛龙.高原明珠——尕海—则岔国家级自然保护区[J].甘肃林业,2002(4):38-39.

[30]王琳,陈有顺,李世洋,等.尕海湿地鸟类多样性季节动态[J].甘肃林业科技,2021,46(2):22-26.

[31]王琳,陈有顺,王金昌,等.直升机防治草原毛虫效果评价[J].甘肃林业科技,2020,45(4):43-46.

[32]王三喜.尕海则岔自然保护区的生态价值与建设[J].中国林业,2007(17):24-27.

[33]王修华.云杉叶锈病的防治[J].中国林业,2011(19):138.

[34]王元峰,王辉,马维伟,等.尕海4种湿地类型土壤水分特性研究[J].干旱区研究,2012,29(4):598-604.

[35]王元峰,王辉,马维伟,等.尕海湿地泥炭土土壤理化性质[J].水土保持学报,2012,26(3):188-122.

[36]魏文彬,李婷,李俊臻.尕海湿地生态系统的保护与管理[J].湿地科学与管理,2010,6(3):32-34.

[37]吴逸群,王修华,陈有顺.黑冠山雀 *Parus rubidiventris* 的巢址特征与繁殖行为[J].甘肃林业科技,2007(4):1-2,8.

[38]辛玉梅,贾赓,党乾锟.则岔石林风景区针叶树病害种类调查及其防治对策[J].甘肃林业科技,2013,38(4):33-34.

[39]辛玉梅,史静,武慧娟,等.碌曲县尕海湿地植物资源及区系研究[J].青海草业,2012,21(Z1):55-57.

[40]徐凌翔,程玉,刘帆,等.尕海湖滨湿地种子库初探[J].植物科学学报,2011(5):589-598.

[41]杨彦东,苏军虎,花立民.碌曲县草原鼠害区划研究[J].草原与草坪,2014(6):51-55.

[42]杨彦东,苏军虎,周建伟,等.碌曲县啮齿动物种类组成[J].草业科学,2013(2):287-290.

[43]杨彦东.高原鼢鼠种群数量动态研究[J].甘肃畜牧兽医,2015(9):30-35.

[44]姚长生,李俊臻,谈克平.甘肃尕海湿地泥炭资源初步调查[J].甘肃林业科技,2006(3):30-32.

[45]赵阳,齐瑞,焦健,等.尕海—则岔地区紫果云杉种群结构与动态特征[J].生态学报,2018,38(20):7447-7457.

[46]马维伟.尕海湿地生态系统土壤特征及温室气体排放研究[D].兰州:甘肃农业大学,2014.

附　录

附录1　尕海则岔保护区植被类型名录

<table>
<tr><th>植被型组</th><th>植被型</th><th colspan="2">植被亚型或群系组</th><th>群系</th></tr>
<tr><td rowspan="4">针叶林</td><td rowspan="4">Ⅰ.寒温性针叶林</td><td colspan="2" rowspan="3">(一)云杉、冷杉林</td><td>1.岷江冷杉林</td></tr>
<tr><td>2.紫果云杉林</td></tr>
<tr><td>3.云杉林</td></tr>
<tr><td colspan="2">(二)圆柏林</td><td>4.祁连圆柏林</td></tr>
<tr><td>阔叶林</td><td>Ⅱ.落叶阔叶林</td><td colspan="2">(三)桦木林</td><td>5.白桦云杉混交林</td></tr>
<tr><td rowspan="8">灌丛</td><td rowspan="2">Ⅲ.常绿革叶灌木</td><td colspan="2" rowspan="2">(四)杜鹃灌丛</td><td>6.头花杜鹃、百里香杜鹃灌丛</td></tr>
<tr><td>7.黄毛杜鹃、烈香杜鹃灌丛</td></tr>
<tr><td rowspan="6">Ⅳ.落叶阔叶林灌木</td><td colspan="2" rowspan="4">(五)高寒落叶阔叶灌丛</td><td>8.山生柳灌丛</td></tr>
<tr><td>9.窄叶鲜卑花灌丛</td></tr>
<tr><td>10.金露梅灌丛</td></tr>
<tr><td>11.高山绣线菊灌丛</td></tr>
<tr><td colspan="2" rowspan="2">(六)温性落叶阔叶灌丛(河谷落叶阔叶灌丛)</td><td>12.中国沙棘灌丛</td></tr>
<tr><td>13.柳属(spp.)河谷灌丛</td></tr>
<tr><td>草原</td><td>Ⅴ.草原</td><td colspan="2">(七)草甸草原(丛生禾草草甸草原)</td><td>14.异针茅草原</td></tr>
<tr><td rowspan="3">高山稀疏植被</td><td rowspan="2">Ⅵ.高山垫状植被</td><td colspan="2" rowspan="2">(八)密实垫状植被</td><td>15.甘肃雪灵芝垫状植被</td></tr>
<tr><td>16.垫状点地梅垫状植被</td></tr>
<tr><td>Ⅶ.高山流石滩植被</td><td colspan="2">(九)亚冰雪带稀疏植被</td><td>17.水母雪莲、红景天稀疏植被</td></tr>
<tr><td rowspan="6">草甸</td><td rowspan="6">Ⅷ.草甸</td><td rowspan="4">高寒草甸</td><td>(十)嵩草高寒草甸</td><td>18.以高山嵩草、矮嵩草为主的嵩草草甸</td></tr>
<tr><td>(十一)薹草高寒草甸</td><td>19.以黑褐薹草、密生薹草为主的薹草草甸</td></tr>
<tr><td rowspan="2">(十二)杂类草高寒草甸</td><td>20.以珠芽蓼为主的杂类草草甸</td></tr>
<tr><td>21.以圆穗蓼为主的杂类草草甸</td></tr>
<tr><td rowspan="2">沼泽草甸</td><td>(十三)嵩草沼泽草甸</td><td>22.藏嵩草沼泽草甸</td></tr>
<tr><td>(十四)扁穗草沼泽草甸</td><td>23.华扁穗草沼泽草甸</td></tr>
<tr><td>沼泽</td><td>Ⅸ.沼泽</td><td></td><td>(十五)杂类草沼泽</td><td>24.杉叶藻、眼子菜沼泽</td></tr>
</table>

附录2 尕海则岔保护区野生植物名录

序号	科名	种名	拉丁名	调查时间	保护类型	用途
1	青藓科	青藓	*Brachythecium albicans*(Hedw)B. S. G.	一期科考		
2	水藓科	水藓	*Fontinalis antipyretica* Hedw.	一期科考		
3	羽苔科	多齿羽苔	*Plagiochila perserrata* Herzog	其他		
4	石地钱科	石地钱	*Reboulia hemisphaerica*(L.)Raddi	其他		药用
5	地钱科	地钱	*Marchantia polymorpha* L.	其他		药用
6	蛇苔科	蛇苔	*Conocephalum conicum*(Linn.)Dum.	其他		药用
7	蛇苔科	小蛇苔	*Conocephalum japonicum*(Thunb.)Grolle	其他		药用
8	齿萼苔科	芽胞裂萼苔	*Chiloscyphus minor*(Nees)Engel et Schust.	其他		
9	丛藓科	小石藓	*Weisia controversa* Hedw.	其他		药用
10	羽藓科	山羽藓	*Abietinella abietina*(Hedw.)Fleisch.	其他		
11	羽藓科	细叶小羽藓	*Haplocladium microphyllum*(Hedw.)Broth.	其他		药用
12	木贼科	问荆	*Equisetum arvense* L.	二期科考		药用
13	木贼科	溪木贼	*Equisetum fluviatile* L.	其他		药用
14	木贼科	木贼	*Equisetum hyemale* L.	其他		药用
15	木贼科	犬问荆	*Equisetum palustre* L.	其他		药用
16	木贼科	节节草	*Equisetum ramosissimum* Desf	二期科考		药用
17	木贼科	笔管草	*Equisetum ramosissimum* Desf. subsp. *debile*(Roxb. ex Vauch.)Hauke	其他		药用
18	水龙骨科	天山瓦韦	*Lepisorus albertii*(Regel)Ching	其他		药用
19	水龙骨科	扭瓦韦	*Lepisorus contortus*(Christ)Ching	其他		药用
20	水龙骨科	瓦韦	*Lepisorus thunbergianus*(Kaulf.)Ching	二期科考		药用
21	蹄盖蕨科	高山冷蕨	*Cystopteris montana*(Lam.)Bernh. ex Desv.	二期科考		
22	蹄盖蕨科	膜叶冷蕨	*Cystopteris pellucida*(Franch.)Ching ex C. Chr.	二期科考		
23	鳞毛蕨科	华北鳞毛蕨	*Dryopteris goeringiana*(Kunze)Koidz.	其他		药用
24	鳞毛蕨科	毛叶耳蕨	*Polystichum mollissimum* Ching	二期科考		
25	中国蕨科	银粉背蕨	*Aleuritopteris argentea*(Gmel.)Fee	其他		药用
26	铁角蕨科	北京铁角蕨	*Asplenium pekinense* Hance	其他		药用
27	球子蕨科	荚果蕨	*Matteuccia struthiopteris*(L.)Todaro	其他		药用
28	球子蕨科	中华荚果蕨	*Pentarhizidium intermedium*(C. Christensen)Hayata	其他		药用
29	槲蕨科	秦岭槲蕨	*Drynaria baronii* Diels	其他		药用
30	铁线蕨科	铁线蕨	*Adiantum capillus-veneris* L.	其他		药用
31	铁线蕨科	长盖铁线蕨	*Adiantum fimbriatum* Christ	二期科考		药用
32	铁线蕨科	掌叶铁线蕨	*Adiantum pedatum* Linn.	其他		药用
33	岩蕨科	岩蕨	*Woodsia ilvensis*(L.)R. Br.	二期科考		
34	岩蕨科	甘南岩蕨	*Woodsia macrospora* C. Chr. et Maxon	二期科考		
35	松科	岷江冷杉	*Abies faxoniana* Rehd.	一期科考	中国特有	木材
36	松科	华北落叶松	*Larix principis-rupprechtii* Mayr	一期科考	中国特有	木材
37	松科	云杉	*Picea asperata* Mast.	一期科考	中国特有	木材
38	松科	青海云杉	*Picea crassifolia* Kom.	一期科考	中国特有	木材
39	松科	紫果云杉	*Picea purpurea* Mast	一期科考	中国特有	木材
40	柏科	祁连圆柏	*Sabina przewalskii* Kom.	一期科考	中国特有	木材

续表

序号	科名	种名	拉丁名	调查时间	保护类型	用途
41	柏科	垂枝祁连圆柏	*Sabina przewalskii* Kom. f. *pendula* Cheng et L. K. Fu	一期科考	中国特有	木材
42	柏科	方枝柏	*Sabina saltuaria*(Rehder & E.H.Wilson)W. C. Cheng & W. T. Wang.	一期科考	中国特有	木材
43	柏科	高山柏	*Sabina squamata*(Buch.-Hamilt.)Ant.	一期科考		药用
44	柏科	大果圆柏	*Sabina tibetica* Kom.	综合调查	中国特有	药用
45	柏科	叉子圆柏	*Sabina vulgaris* Antoine	二期科考		药用
46	麻黄科	中麻黄	*Ephedra intermedia* Schrenk ex Mey.	一期科考		药用
47	麻黄科	单子麻黄	*Ephedra monosperma* C. A. Mey.	一期科考		药用
48	杨柳科	青杨	*Populus cathayana* Rehd.	一期科考		绿化
49	杨柳科	奇花柳	*Salix atopantha* Schneid.	一期科考	中国特有	
50	杨柳科	密齿柳	*Salix character* Schneid.	一期科考	中国特有	
51	杨柳科	乌柳	*Salix cheilophila* Schneid.	一期科考	中国特有	
52	杨柳科	高山柳	*Salix cupularis* Rehd.	综合调查	中国特有	
53	杨柳科	吉拉柳	*Salix gilashanica* C. Wang et P. Y. Fu	其他		
54	杨柳科	川柳	*Salix hylonoma* Schneid.	一期科考	中国特有	
55	杨柳科	山生柳	*Salix oritrepha* Schneid.	一期科考	中国特有	
56	杨柳科	康定柳	*Salix paraplesia* Schneid.	一期科考		
57	杨柳科	青皂柳	*Salix pseudowallichiana* Goerz ex Rehder & Kobuski	一期科考		
58	杨柳科	小叶青海柳	*Salix qinghaiensis* Y. L. Chou var. *microphylla* Y. L. Chou	综合调查	中国特有	绿化
59	杨柳科	川滇柳	*Salix rehderiana* Schneid.	一期科考	中国特有	
60	杨柳科	硬叶柳	*Salix sclerophylla* Anderss.	二期科考		
61	杨柳科	黄花垫柳	*Salix souliei* Seemen	二期科考		
62	杨柳科	匙叶柳	*Salix spathulifolia* Seemen	一期科考	中国特有	
63	杨柳科	洮河柳	*Salix taoensis* Goerz.	一期科考	中国特有	
64	杨柳科	皂柳	*Salix wallichiana* Anderss.	综合调查		药用
65	杨柳科	长柱皂柳	*Salix wallichiana* f. *longistyla* C. F. Fang	一期科考		
66	桦木科	红桦	*Betula albosinensis* Burk.	其他		
67	桦木科	白桦	*Betula platyphylla* Suk.	一期科考		
68	桦木科	糙皮桦	*Betula utilis* D. Don	一期科考		
69	桑科	大麻(单种属)	*Cannabis sativa* L.	一期科考		药用
70	荨麻科	高原荨麻	*Urtica hyperborea* Jacq. ex Wedd.	综合调查		
71	荨麻科	宽叶荨麻	*Urtica laetevirens* Maxim.	二期科考	中国特有	药用
72	荨麻科	毛果荨麻	*Urtica triangularis* subsp. *trichocarpa* C. J. Chen	一期科考	中国特有	
73	蓼科	卷茎蓼	*Fallopia convolvulus*(Linnaeus)A. Love	二期科考		药用
74	蓼科	冰岛蓼	*Koenigia islandica* L. Mant	综合调查		药用
75	蓼科	山蓼	*Oxyria digyna*(L.)Hill.	其他		药用
76	蓼科	两栖蓼	*Polygonum amphibium* L.	综合调查		药用
77	蓼科	萹蓄	*Polygonum aviculare* L.	一期科考		药用
78	蓼科	头花蓼	*Polygonum capitatum* Buch.-Ham. ex D. Don	一期科考		药用
79	蓼科	硬毛蓼	*Polygonum hookeri* Meisn.	一期科考		

续表

序号	科名	种名	拉丁名	调查时间	保护类型	用途
80	蓼科	陕甘蓼	*Polygonum hubertii* Lingelsh.	二期科考		
81	蓼科	水蓼	*Polygonum hydropiper* L.	综合调查		药用
82	蓼科	酸模叶蓼	*Polygonum lapathifolium* L.	综合调查		
83	蓼科	圆穗蓼	*Polygonum macrophyllum* D. Don	一期科考		野果、蔬菜、药用
84	蓼科	细叶圆穗蓼	*Polygonum macrophyllum* D. Don var. *stenophyllum* (Meisn.)A. J. Li	二期科考		
85	蓼科	尼泊尔蓼	*Polygonum nepalense* Meisn.	综合调查		
86	蓼科	西伯利亚蓼	*Polygonum sibiricum* Laxm.	一期科考		药用
87	蓼科	柔毛蓼	*Polygonum sparsipilosum* A. J. Li	综合调查		
88	蓼科	腺点柔毛蓼	*Polygonum sparsipilosum* var. *hubertii*(Lingelsh.) A. J. Li	综合调查		
89	蓼科	珠芽蓼	*Polygonum viviparum* L.	一期科考		野果、蔬菜、药用
90	蓼科	掌叶大黄	*Rheum palmatum* L.	一期科考	中国特有	药用
91	蓼科	小大黄	*Rheum pumilum* Maxim.	一期科考	中国特有	药用
92	蓼科	窄叶大黄	*Rheum sublanceolatum* C. Y. Cheng et Kao	二期科考		
93	蓼科	酸模	*Rumex acetosa* L.	一期科考		药用
94	蓼科	水生酸模	*Rumex aquaticus* L.	综合调查		
95	蓼科	齿果酸模	*Rumex dentatus* L.	综合调查		药用
96	蓼科	巴天酸模	*Rumex patientia* Linn.	一期科考		药用
97	蓼科	尼泊尔酸模	Rumex nepalensis Spreng.	其他		
98	藜科	轴藜	*Axyris amaranthoides* L.	综合调查		
99	藜科	杂配轴藜	*Axyris hybrida* L.	综合调查		
100	藜科	华北驼绒藜	*Ceratoides arborescens*(Losinsk.)Tsien et C. G. Ma	综合调查	中国特有	
101	藜科	尖头叶藜	*Chenopodium acuminatum* Willd.	二期科考		
102	藜科	藜(灰藜、白藜)	*Chenopodium album* L.	一期科考		药用食用
103	藜科	灰绿藜	*Chenopodium glaucum* L.	综合调查		
104	藜科	杂配藜	*Chenopodium hybridum* L.	综合调查		
105	藜科	小白藜	*Chenopodium iljinii* Golosk.	二期科考		
106	藜科	蒙古虫实	*Corispermum mongolicum* Iljin	二期科考		
107	藜科	刺藜	*Dysphania aristata*(Linnaeus)Mosyakin & Clemants	综合调查		药用
108	藜科	菊叶香藜	*Dysphania schraderiana*(Roemer & Schultes)Mosyakin & Clemants	一期科考		
109	藜科	白茎盐生草	*Halogeton arachnoideus* Moq.	综合调查		
110	石竹科	甘肃雪灵芝	*Arenaria kansuensis* Maxim.	一期科考		
111	石竹科	黑蕊无心菜	*Arenaria melanandra*(Maxim.)Mattf. ex Hand.-Mazz.	一期科考	中国特有	药用
112	石竹科	福禄草	*Arenaria przewalskii* Maxim.	一期科考	中国特有	药用

续表

序号	科名	种名	拉丁名	调查时间	保护类型	用途
113	石竹科	蚤缀(无心菜)	*Arenaria serpyllifolia* L.	二期科考		药用
114	石竹科	卷耳	*Cerastium arvense* L.	一期科考		
115	石竹科	六齿卷耳	*Cerastium cerastoides*(Linn.)Britton	二期科考		
116	石竹科	簇生泉卷耳	*Cerastium fontanum* subsp. *vulgare*(Hartman) Greuter & Burdet	一期科考		
117	石竹科	苍白卷耳	*Cerastium pusillum* Ser.	二期科考		
118	石竹科	瞿麦	*Dianthus superbus* L.	一期科考		药用
119	石竹科	喜马拉雅女娄菜	*Melandrium himalayense*(Rohrbach)Y. Z. Zhao	一期科考		药用
120	石竹科	碌曲女娄菜	*Melandrium multicaule*(Wall. ex Benth.)Walp. var. *luquiense* Y. Sh. Lian	其他		
121	石竹科	鹅肠菜	*Myosoton aquaticum*(Linnaeus)Moench	综合调查		药用
122	石竹科	女娄菜	*Silene aprica* Turcz.[*Melandrium apricum*(Turcz.) Rohrb.]	综合调查		药用
123	石竹科	麦瓶草	*Silene conoidea* L.	二期科考		
124	石竹科	细蝇子草	*Silene gracilicaulis* C. L. Tang	一期科考		药用
125	石竹科	山蚂蚱草	*Silene jenisseensis* Willd.	二期科考		药用
126	石竹科	长梗蝇子草	*Silene pterosperma* Maxim.	综合调查	中国特有	
127	石竹科	禾叶繁缕	*Stellaria graminea* L.	一期科考		药用
128	石竹科	内曲繁缕	*Stellaria infracta* Maxim.	一期科考	中国特有	
129	石竹科	鹅肠繁缕	Stellaria neglecta Weihe	二期科考		
130	毛茛科	褐紫乌头	*Aconitum brunneum* Hand.-Mazz.	一期科考	中国特有	药用
131	毛茛科	伏毛铁棒锤	*Aconitum flavum* Hand.-Mazz.	一期科考	中国特有	药用
132	毛茛科	露蕊乌头	*Aconitum gymnandrum* Maxim.	一期科考	中国特有	药用
133	毛茛科	瓜叶乌头	*Aconitum hemsleyanum* E. Pritz.	其他		药用
134	毛茛科	铁棒锤	*Aconitum pendulum* Busch	综合调查		药用
135	毛茛科	高乌头	*Aconitum sinomontanum* Nakai	一期科考	中国特有	药用
136	毛茛科	松潘乌头	*Aconitum sungpanense* Hand.-Mazz.	一期科考	中国特有	药用
137	毛茛科	甘青乌头	*Aconitum tanguticum*(Maxim.)Stapf	一期科考	中国特有	药用
138	毛茛科	毛果甘青乌头	*Aconitum tanguticum*(Maxim.)Stapf var. *trichocarpum* Hand.-Mazz.	一期科考	中国特有	
139	毛茛科	蓝侧金盏花	*Adonis coerulea* Maxim.	一期科考	中国特有	药用
140	毛茛科	小银莲花	*Anemone exigua* Maxim.	其他		
141	毛茛科	迭裂银莲花	*Anemone imbricata* Maxim.	综合调查		药用
142	毛茛科	钝裂银莲花	*Anemone obtusiloba* D. Don.	其他		药用
143	毛茛科	草玉梅(虎掌草)	*Anemone rivularis* Buch.-Ham.	综合调查		药用
144	毛茛科	小花草玉梅	*Anemone rivularis* Buch.-Ham. var. *flore-minore* Maxim.	一期科考	中国特有	药用
145	毛茛科	条叶银莲花	*Anemone trullifolia* Hook. f. et Thoms. var. *linearis*(Bruhl)Hand.-Mazz.	一期科考	中国特有	药用

续表

序号	科名	种名	拉丁名	调查时间	保护类型	用途
146	毛茛科	疏齿银莲花	*Anemone geum* subsp. *ovalifolia*(Bruhl)R. P. Chaudhary	一期科考	中国特有	药用
147	毛茛科	水毛茛	*Batrachium bungei*(Steud.)L. Liou	一期科考	中国特有	
148	毛茛科	梅花藻	*Batrachium trichophyllum* Chaix Bossche	一期科考		
149	毛茛科	驴蹄草	*Caltha palustris* L.	其他		药用
150	毛茛科	花葶驴蹄草	*Caltha scaposa* Hook. f. et Thoms.	一期科考		药用
151	毛茛科	升麻	*Cimicifuga foetida* L.	一期科考		药用
152	毛茛科	星叶草	*Circaeaster agrestis* Maxim.	一期科考		
153	毛茛科	甘川铁线莲	*Clematis akebioides*(Maxim.)Hort. ex Veitch	一期科考	中国特有	药用
154	毛茛科	甘青铁线莲	*Clematis tangutica*(Maxim.)Korsh.	一期科考		药用
155	毛茛科	白蓝翠雀花	*Delphinium albocoeruleum* Maxim.	一期科考	中国特有	药用
156	毛茛科	蓝翠雀花	*Delphinium caeruleum* Jacq. ex Camb.	一期科考		药用
157	毛茛科	弯距翠雀花	*Delphinium campylocentrum* Maxim.	一期科考	中国特有	
158	毛茛科	单花翠雀花	*Delphinium candelabrum* Ostf. var. *monanthum*(Hand.-Mazz.)W. T. Wang	一期科考	中国特有	药用
159	毛茛科	密花翠雀花	*Delphinium densiflorum* Duthie	综合调查		药用
160	毛茛科	腺毛翠雀	*Delphinium grandiflorum* var. *glandulosum* W. T. Wang	一期科考	中国特有	
161	毛茛科	三果大通翠雀花	*Delphinium pylzowii* Maxim. var. *trigynum* W. T. Wang	二期科考	中国特有	药用
162	毛茛科	川甘翠雀花	*Delphinium souliei* Franch.	一期科考	中国特有	药用
163	毛茛科	疏花翠雀花	*Delphinium sparsiflorum* Maxim.	二期科考	中国特有	
164	毛茛科	毛翠雀花	*Delphinium trichophorum* Franch.	一期科考	中国特有	药用
165	毛茛科	碱毛茛(水葫芦苗)	*Halerpestes sarmentosa*(Adams)Komarov & Alissova	综合调查		药用
166	毛茛科	三裂碱毛茛	*Halerpestes tricuspis*(Maxim.)Hand.-Mazz.	一期科考		药用
167	毛茛科	鸦跖花	*Oxygraphis glacialis*(Fisch.)Bunge	一期科考		药用
168	毛茛科	川赤芍	*Paeonia anomala* subsp. *veitchii*(Lynch)D. Y. Hong & K. Y. Pan	一期科考	中国特有 国家二级	药用
169	毛茛科	拟耧斗菜	*Paraquilegia microphylla*(Royle)Drumm. et Hutch.	一期科考		药用
170	毛茛科	毛茛	*Ranunculus japonicus* Thunb.	二期科考		
171	毛茛科	浮毛茛	*Ranunculus natans* C. A. Mey.	其他		
172	毛茛科	爬地毛茛	*Ranunculus pegaeus* Hand.-Mazz.	二期科考		
173	毛茛科	高原毛茛	*Ranunculus tanguticus*(Maxim.)Ovcz.	一期科考		药用
174	毛茛科	毛果高原毛茛	*Ranunculus tanguticus* var. *dasycarpus*(Maximowicz) L. Liou	二期科考		
175	毛茛科	云生毛茛	*Ranunculus nephelogenes* Edgeworth	一期科考		
176	毛茛科	长茎毛茛	*Ranunculus nephelogenes* var. *longicaulis*(Trautvetter)W. T. Wang	二期科考		
177	毛茛科	黄三七	*Souliea vaginata*(Maxim.)Franch.	二期科考		
178	毛茛科	高山唐松草	*Thalictrum alpinum* L.	其他		

续表

序号	科名	种名	拉丁名	调查时间	保护类型	用途
179	毛茛科	贝加尔唐松草	*Thalictrum baicalense* Turcz. ex Ledeb.	一期科考		药用
180	毛茛科	瓣蕊唐松草	*Thalictrum petaloideum* L.	二期科考		药用
181	毛茛科	长柄唐松草	*Thalictrum przewalskii* Maxim.	一期科考	中国特有	
182	毛茛科	芸香叶唐松草	*Thalictrum rutifolium* Hook. f. & Thomson	一期科考		药用
183	毛茛科	矮金莲花	*Trollius farreri* Stapf	一期科考	中国特有	
184	毛茛科	小金莲花	*Trollius pumilus* D. Don	二期科考		
185	毛茛科	毛茛状金莲花	*Trollius ranunculoides* Hemsl.	一期科考	中国特有	药用
186	小檗科	堆花小檗	*Berberis aggregata* Schneid.	综合调查		药用
187	小檗科	近似小檗	*Berberis approximata* Sprague	一期科考	中国特有	
188	小檗科	秦岭小檗	*Berberis circumserrata*(Schneid.)Schneid.	一期科考	中国特有	药用
189	小檗科	直穗小檗	*Berberis dasystachya* Maxim.	一期科考	中国特有	药用
190	小檗科	鲜黄小檗	*Berberis diaphana* Maxim.	综合调查		药用
191	小檗科	甘肃小檗	*Berberis kansuensis* Schneid.	综合调查		药用
192	小檗科	延安小檗	*Berberis purdomii* Schneid.	二期科考	中国特有	药用
193	小檗科	匙叶小檗	*Berberis vernae* Schneid.	二期科考	中国特有	药用
194	小檗科	桃儿七(鬼臼)	*Sinopodophyllum hexandrum*(Royle)Ying	一期科考	国家二级、CITES-Ⅱ	药用
195	罂粟科	斑花黄堇	*Corydalis conspersa* Maxim.	其他调查		药用
196	罂粟科	曲花紫堇	*Corydalis curviflora* Maxim.	一期科考	中国特有	药用
197	罂粟科	迭裂黄堇	*Corydalis dasyptera* Maxim.	一期科考	中国特有	药用
198	罂粟科	赛北紫堇	*Corydalis impatiens*(Pall.)Fisch.	一期科考		药用
199	罂粟科	条裂黄堇	*Corydalis linarioides* Maxim.	一期科考	中国特有	药用
200	罂粟科	暗绿紫堇	*Corydalis melanochlora* Maxim.	综合调查	中国特有	药用
201	罂粟科	扁柄黄堇	*Corydalis mucronifera* Maxim.	其他	中国特有	药用
202	罂粟科	蛇果黄堇	*Corydalis ophiocarpa* Hook. f. et Thoms.	二期科考	中国特有	药用
203	罂粟科	粗糙黄堇	*Corydalis scaberula* Maxim.	一期科考	中国特有	药用
204	罂粟科	陕西紫堇	*Corydalis shensiana* Liden	二期科考		
205	罂粟科	草黄堇	*Corydalis straminea* Maxim.	一期科考	中国特有	药用
206	罂粟科	天山黄堇	*Corydalis tianshanica* Lidén	二期科考		
207	罂粟科	天祝黄堇	*Corydalis tianzhuensis* M. S. Yan & C. J. Wang	二期科考	中国特有	
208	罂粟科	糙果紫堇	*Corydalis trachycarpa* Maxim.	一期科考	中国特有	药用
209	罂粟科	苣叶秃疮花	*Dicranostigma lactucoides* Hook. f. et Thoms	二期科考	中国特有	药用
210	罂粟科	细果(节烈)角茴香	*Hypecoum leptocarpum* Hook. f. et Thoms.	一期科考		药用
211	罂粟科	多刺绿绒蒿	*Meconopsis horridula* Hook. f. & Thoms.	综合调查		药用
212	罂粟科	全缘叶绿绒蒿	*Meconopsis integrifolia*(Maxim.)French.	一期科考		药用
213	罂粟科	红花绿绒蒿	*Meconopsis punicea* Maxim.	一期科考	中国特有、国家二级	药用
214	罂粟科	五脉绿绒蒿	*Meconopsis quintuplinervia* Regel	一期科考	中国特有	药用
215	罂粟科	总状绿绒蒿	*Meconopsis racemosa* Maxim.	一期科考	中国特有	药用

续表

序号	科名	种名	拉丁名	调查时间	保护类型	用途
216	罂粟科	野罂粟(山罂粟)	*Papaver nudicaule* L.	二期科考		药用
217	十字花科	垂果南芥	*Arabis pendula* L.	一期科考		药用
218	十字花科	芥菜(野油菜)	*Brassica juncea*(L.)Czern. et Coss.	综合调查		药用
219	十字花科	荠菜	*Capsella bursa-pastoris*(Linn.)Medic.	一期科考		药用
220	十字花科	大叶碎米荠	*Cardamine macrophylla* Willd.	一期科考		药用
221	十字花科	唐古碎米荠	*Cardamine tangutorum* O. E. Schulz	一期科考	中国特有	药用
222	十字花科	离子芥	*Chorispora tenella*(Pall.)DC.	二期科考		
223	十字花科	播娘蒿	*Descurainia sophia*(L.)Webb. ex Prantl	综合调查		药用
224	十字花科	异蕊芥	*Dimorphostemon pinnatus*(Pers.)Kitag.	一期科考		
225	十字花科	羽裂花旗杆	*Dontostemon pinnatifidus*(Willdenow) Al-Shehbaz & H. Ohba	二期科考		
226	十字花科	抱茎葶苈	*Draba amplexicaulis* Franch.	二期科考		
227	十字花科	毛葶苈	*Draba eriopoda* Turcz	一期科考		药用
228	十字花科	苞序葶苈	*Draba ladyginii* Pohle	一期科考	中国特有	
229	十字花科	葶苈	*Draba nemorosa* L.	一期科考		药用
230	十字花科	喜山葶苈	*Draba oreades* Schrenk	一期科考		药用
231	十字花科	独行菜(腺茎独行菜)	*Lepidium apetalum* Willd	二期科考		药用
232	十字花科	头花独行菜	*Lepidium capitatum* Hook. f. et Thoms	一期科考		
233	十字花科	楔叶独行菜	*Lepidium cuneiforme* C. Y. Wu	综合调查		
234	十字花科	涩荠(离蕊芥)	*Malcolmia africana*(Linn.)R. Br	一期科考		
235	十字花科	双果荠	*Megadenia pygmaea* Maxim.	综合调查	中国特有	
236	十字花科	蚓果芥	*Neotorularia humilis*(C. A. Meyer)Hedge & J. Léonard	一期科考		药用
237	十字花科	柔毛藏芥	*Phaeonychium villosum*(Maximowicz)Al-Shehbaz	二期科考		
238	十字花科	沼生蔊菜	*Rorippa palustris*(Linnaeus)Besser	一期科考		
239	十字花科	垂果大蒜芥	*Sisymbrium heteromallum* C. A. Mey.	一期科考		药用
240	十字花科	藏芹叶荠	*Smelowskia tibetica*(Thomson)Lipsky	二期科考		
241	十字花科	宽果丛菔	*Solms-laubachia eurycarpa*(Maximowicz) Botschantzev	一期科考	中国特有	药用
242	十字花科	菥蓂(遏蓝菜)	*Thlaspi arvense* L.	一期科考		药用
243	景天科	瓦松	*Orostachys fimbriatus*(Turcz.)Berger	综合调查		药用
244	景天科	费菜(土三七)	*Phedimus aizoon*(Linnaeus)'t Hart	一期科考		药用
245	景天科	大花红景天	*Rhodiola crenulata*(Hk. f. et Thoms.)H. Ohba	综合调查	国家二级	药用
246	景天科	小丛红景天	*Rhodiola dumulosa*(Franch.)S. H. Fu	综合调查	中国特有	药用
247	景天科	长鞭红景天	*Rhodiola fastigiata*(Hk. f. et Thoms.)S. H. Fu	其他	国家二级	药用
248	景天科	甘南红景天	*Rhodiola gannanica* K. T. Fu	其他	中国特有	药用
249	景天科	洮河红景天	*Rhodiola himalensis* subsp. *taohoensis* (S. H. Fu)H. Ohba	一期科考	中国特有、国家二级	
250	景天科	狭叶红景天	*Rhodiola kirilowii*(Regel)Maxim.	一期科考		药用

续表

序号	科名	种名	拉丁名	调查时间	保护类型	用途
251	景天科	大果红景天	*Rhodiola macrocarpa*(Praeger)S. H. Fu	一期科考	中国特有	
252	景天科	四裂红景天	*Rhodiola quadrifida*(Pall.)Fisch. et. Mey.	一期科考	国家二级	药用
253	景天科	唐古红景天	*Rhodiola tangutica*(Maximowicz)S. H. Fu	一期科考	中国特有、国家二级、IUCN易危	药用
254	景天科	云南红景天	*Rhodiola yunnanensis*(Franchet)S. H. Fu	其他	国家二级	药用
255	景天科	隐匿景天	*Sedum celatum* Frod.	一期科考	中国特有	
256	景天科	甘南景天	*Sedum ulricae* Frod.	一期科考	中国特有	
257	虎耳草科	长梗金腰	*Chrysosplenium axillare* Maxim.	一期科考		药用
258	虎耳草科	柔毛金腰	*Chrysosplenium pilosum* Maxim. var. *valdepilosum* Ohwi	综合调查		
259	虎耳草科	细叉梅花草	*Parnassia oreophila* Hance	一期科考		药用
260	虎耳草科	三脉梅花草	*Parnassia trinervis* Drude	一期科考	中国特有	药用
261	虎耳草科	绿花梅花草	*Parnassia viridiflora* Batalin *Parnassia trinervis* var. *viridiflora*(Batalin)Hand.-Mazz.	一期科考	中国特有	
262	虎耳草科	大刺茶藨子	*Ribes alpestre* var. *giganteum* Janczewsk	综合调查		野果、蔬菜
263	虎耳草科	刺茶藨子	*Ribes alpestre* Wall. ex Decne.	一期科考		野果、蔬菜
264	虎耳草科	糖茶藨子	*Ribes himalense* Royle ex Decne.	综合调查		野果、蔬菜
265	虎耳草科	裂叶茶藨子	*Ribes laciniatum* Hook. f. et Thoms.	二期科考		
266	虎耳草科	腺毛茶藨子	*Ribes longiracemosum* Franch. var. *davidii* Jancz.	二期科考		
267	虎耳草科	门源茶藨	*Ribes menyuanense* J. T. Pan	二期科考	中国特有	
268	虎耳草科	五裂茶藨子	*Ribes meyeri* Maxim.	一期科考		野果、蔬菜
269	虎耳草科	穆坪茶藨子	*Ribes moupinense* Franch.	二期科考		
270	虎耳草科	美丽茶藨子	*Ribes pulchellum* Turcz.	二期科考		
271	虎耳草科	狭果茶藨子	*Ribes stenocarpum* Maxim.	一期科考	中国特有	药用
272	虎耳草科	细枝茶藨子	*Ribes tenue* Jancz.	二期科考		药用
273	虎耳草科	黑虎耳草	*Saxifraga atrata* Engl.	二期科考		药用
274	虎耳草科	叉枝虎耳草	*Saxifraga divaricata* Engl. et Irmsch.	二期科考		药用
275	虎耳草科	优越虎耳草	*Saxifraga egregia* Engl.	一期科考	中国特有	
276	虎耳草科	道孚虎耳草	*Saxifraga lumpuensis* Engl.	一期科考	中国特有	
277	虎耳草科	黑蕊虎耳草	*Saxifraga melanocentra* Franch.	一期科考		药用
278	虎耳草科	山地虎耳草	*Saxifraga montana* H. Smith	一期科考		药用
279	虎耳草科	青藏虎耳草	*Saxifraga przewalskii* Engl.	一期科考	中国特有	药用
280	虎耳草科	狭瓣虎耳草	*Saxifraga pseudohirculus* Engl.	二期科考		
281	虎耳草科	唐古特虎耳草	*Saxifraga tangutica* Engl.	一期科考		药用
282	虎耳草科	爪瓣虎耳草	*Saxifraga unguiculata* Engl.	一期科考	中国特有	药用
283	蔷薇科	龙芽草	*Agrimonia pilosa* Ldb.	一期科考		药用

续表

序号	科名	种名	拉丁名	调查时间	保护类型	用途
284	蔷薇科	刺毛樱桃	*Cerasus setulosa*(Batal.)Yu et Li.	一期科考	中国特有	
285	蔷薇科	无尾果	*Coluria longifolia* Maxim.	一期科考	中国特有	药用
286	蔷薇科	尖叶栒子	*Cotoneaster acuminatus* Lindl.	综合调查		
287	蔷薇科	灰栒子	*Cotoneaster acutifolius* Turcz.	一期科考		药用
288	蔷薇科	匍匐栒子	*Cotoneaster adpressus* Bois	一期科考		
289	蔷薇科	散生栒子	*Cotoneaster divaricatus* Rehd. et Wils.	一期科考	中国特有	
290	蔷薇科	麻核栒子	*Cotoneaster foveolatus* Rehd. et Wils.	一期科考	中国特有	
291	蔷薇科	西北栒子	*Cotoneaster zabelii* Schneid.	一期科考	中国特有	
292	蔷薇科	东方草莓	*Fragaria orientalis* Losinsk	综合调查		野果、蔬菜
293	蔷薇科	野草莓	*Fragaria vesca* L.	一期科考		野果、蔬菜
294	蔷薇科	路边青（水杨梅）	*Geum aleppicum* Jacq.	一期科考		
295	蔷薇科	华西臭樱	*Maddenia wilsonii* Koehne	综合调查		
296	蔷薇科	鹅绒委陵菜（蕨麻）	*Potentilla anserina* L.	一期科考		野果、蔬菜
297	蔷薇科	二裂叶委陵菜	*Potentilla bifurca* L.	一期科考		药用
298	蔷薇科	矮生二裂委陵菜	*Potentilla bifurca* L. var. *humilior* Rupr.	二期科考		
299	蔷薇科	委陵菜	*Potentilla chinensis* Ser.	综合调查		药用
300	蔷薇科	金露梅	*Potentilla fruticosa* L.	一期科考		药用
301	蔷薇科	垫状金露梅	*Potentilla fruticosa* L. var. *pumila* Hook. f.	二期科考		
302	蔷薇科	伏毛金露梅	*Potentilla fruticosa* Linn. var. *arbuscula* (D.Don)Maxim.	二期科考		
303	蔷薇科	银露梅	*Potentilla glabra* Lodd.	一期科考		药用
304	蔷薇科	柔毛委陵菜	*Potentilla griffithii* Hook. f.	一期科考		
305	蔷薇科	多茎委陵菜	*Potentilla multicaulis* Bge.	一期科考	中国特有	药用
306	蔷薇科	多裂委陵菜	*Potentilla multifida* L.	一期科考		
307	蔷薇科	掌叶多裂委陵菜	*Potentilla multifida* Linn. var. *ornithopoda* (Tausch)Wolf	二期科考		
308	蔷薇科	小叶金露梅	*Potentilla parvifolia* Fisch. ex. Lehm.	一期科考		
309	蔷薇科	铺地小叶金露梅	*Potentilla parvifolia* var. *armenioides* (Hook. f.)Yu et Li	一期科考		药用
310	蔷薇科	羽毛委陵菜	*Potentilla plumosa* Yü et Li	二期科考	中国特有	
311	蔷薇科	华西委陵菜	*Potentilla potaninii* Wolf	一期科考	中国特有	
312	蔷薇科	裂叶华西委陵菜	*Potentilla potaninii* Wolf var. *compsophylla* (Hand.-Mazz.)Yü et Li	二期科考	中国特有	
313	蔷薇科	钉柱委陵菜	*Potentilla saundersiana* Royle	二期科考		
314	蔷薇科	齿裂西山委陵菜	*Potentilla sischanensis* Bge. ex Lehm. var. *peterae* (Hand.-Mazz.)Yü et Li	一期科考	中国特有	

续表

序号	科名	种名	拉丁名	调查时间	保护类型	用途
315	蔷薇科	菊叶委陵菜	*Potentilla tanacetifolia* Willd.	其他		
316	蔷薇科	美蔷薇(栽培)	*Rosa bella* Rehd. et Wils	二期科考		药用
317	蔷薇科	细梗蔷薇	*Rosa graciliflora* Rehd. et Wils.	一期科考	中国特有	
318	蔷薇科	峨眉蔷薇	*Rosa omeiensis* Rolfe	一期科考	中国特有	
319	蔷薇科	刺梗蔷薇	*Rosa setipoda* Hemsl. & E. H. Wilson	二期科考		
320	蔷薇科	扁刺蔷薇	*Rosa sweginzowii* Koehne	一期科考	中国特有	
321	蔷薇科	小叶蔷薇	*Rosa willmottiae* Hemsl.	一期科考	中国特有	
322	蔷薇科	黄刺玫	*Rosa xanthina* Lindl	二期科考		药用
323	蔷薇科	华西蔷薇	*Rosa moyesii* Hemsl.	二期科考		
324	蔷薇科	紫色悬钩子	*Rubus irritans* Focke	一期科考		
325	蔷薇科	毛果悬钩子	*Rubus ptilocarpus* Yü et Lu	二期科考		
326	蔷薇科	库页悬钩子	*Rubus sachalinensis* Lévl.	二期科考		药用
327	蔷薇科	矮地榆	*Sanguisorba filiformis*(Hook. f.)Hand.-Mazz.	一期科考		药用
328	蔷薇科	地榆	*Sanguisorba officinalis* L.	一期科考		药用
329	蔷薇科	隐瓣山莓草	*Sibbaldia procumbens* var. *aphanopetala* (Hand.-Mazz.)Yü et Li	一期科考	中国特有	药用
330	蔷薇科	窄叶鲜卑花	*Sibiraea angustata*(Rehd.)Hand.-Mazz.	一期科考	中国特有	
331	蔷薇科	鲜卑花	*Sibiraea laevigata*(L.)Maxim.	综合调查		药用
332	蔷薇科	湖北花楸	*Sorbus hupehensis* C. K. Schneid.	综合调查	中国特有	
333	蔷薇科	陕甘花楸	*Sorbus koehneana* Schneid.	一期科考	中国特有	
334	蔷薇科	太白花楸	*Sorbus tapashana* C. K. Schneid.	一期科考	中国特有	
335	蔷薇科	天山花楸	*Sorbus tianschanica* Rupr.	二期科考		药用
336	蔷薇科	高山绣线菊	*Spiraea alpina* Pall.	一期科考		
337	蔷薇科	蒙古绣线菊	*Spiraea mongolica* Maxim.	综合调查		
338	蔷薇科	细枝绣线菊	*Spiraea myrtilloides* Rehd.	一期科考	中国特有	药用
339	蔷薇科	南川绣线菊	*Spiraea rosthornii* Pritz.	一期科考	中国特有	
340	蔷薇科	西藏绣线菊	*Spiraea xizangensis* L. T. Lu	其他		
341	豆科	金翼黄耆	*Astragalus chrysopterus* Bunge	一期科考	中国特有	
342	豆科	多花黄耆	*Astragalus floridus* Bunge	一期科考		
343	豆科	青海黄耆	*Astragalus kukunoricus* N. Ulziykh.	二期科考		
344	豆科	甘肃黄耆	*Astragalus licentianus* Hand. -Mazz.	其他	中国特有	药用
345	豆科	岩生黄耆	*Astragalus lithophilus* Kar. et Kir.	其他		
346	豆科	淡黄花黄耆	*Astragalus luteolus* Tsai et Yu	一期科考	中国特有	
347	豆科	单体蕊黄耆	*Astragalus monadelphus* Bunge	一期科考	中国特有	药用
348	豆科	蒙古黄耆	*Astragalus mongholicus* Bunge	一期科考		药用
349	豆科	多枝黄耆	*Astragalus polycladus* Bur. et Franch.	一期科考	中国特有	
350	豆科	肾形子黄耆	*Astragalus skythropos* Bunge ex Maxim.	一期科考	中国特有	药用
351	豆科	东俄洛黄耆	*Astragalus tongolensis* Ulbr.	一期科考	中国特有	药用
352	豆科	云南黄耆	*Astragalus yunnanensis* Franch.	一期科考	中国特有	药用
353	豆科	小果黄耆	*Astragalus zacharensis* Bunge	综合调查	中国特有	
354	豆科	祁连山黄耆	*Astragalus chilienshanensis* Y. C. Ho	二期科考		

续表

序号	科名	种名	拉丁名	调查时间	保护类型	用途
355	豆科	长萼裂黄耆	*Astragalus longilobus* Pet.-Stib.	二期科考		
356	豆科	马衔山黄耆	*Astragalus mahoschanicus* Hand.-Mazz.	二期科考		
357	豆科	无毛叶黄耆	*Astragalus smithianus* Pet.-Stib.	二期科考		
358	豆科	短叶锦鸡儿	*Caragana brevifolia* Kom.	一期科考	中国特有	药用
359	豆科	密叶锦鸡儿	*Caragana densa* Kom.	一期科考	中国特有	
360	豆科	川西锦鸡儿	*Caragana erinacea* Kom.	综合调查		
361	豆科	弯耳鬼箭	*Caragana jubata*(Pall.)Poir. var. *recurva* Liou f.(Leguminosae)	一期科考	中国特有	
362	豆科	鬼箭锦鸡儿	*Caragana jubata*(Pall.)Poir.	综合调查		药用
363	豆科	青海锦鸡儿	*Caragana chinghaiensis* Liou f.	二期科考		
364	豆科	红花山竹子	*Corethrodendron multijugum*(Maxim.)B. H. Choi & H. Ohashi	综合调查		药用
365	豆科	块茎岩黄耆	*Hedysarum algidum* L. Z. Shue.	一期科考	中国特有	
366	豆科	锡金岩黄耆	*Hedysarum sikkimense* Benth. ex Baker var. *sikkimense*	一期科考		
367	豆科	唐古特岩黄耆	*Hedysarum tanguticum* B. Fedtsch	其他		
368	豆科	牧地香豌豆	*Lathyrus pratensis* Linn.	其他		药用
369	豆科	矩镰荚苜蓿	*Medicago archiducis-nicolai* G. Sirjaev	综合调查		药用
370	豆科	天蓝苜蓿	*Medicago lupulina* L.	综合调查		药用
371	豆科	花苜蓿	*Medicago ruthenica*(L.)Trautv.	综合调查		药用
372	豆科	草木犀	*Melilotus officinalis*(L.)Pall.	二期科考		
373	豆科	镰荚棘豆	*Oxytropis falcata* Bge.	综合调查		药用
374	豆科	华西棘豆	*Oxytropis giraldii* Ulbr.	一期科考	中国特有	
375	豆科	米口袋状棘豆	*Oxytropis gueldenstaedtioides* Ulbr.	一期科考	中国特有	
376	豆科	甘肃棘豆	*Oxytropis kansuensis* Bunge	一期科考		药用
377	豆科	黑萼棘豆	*Oxytropis melanocalyx* Bunge	其他	中国特有	药用
378	豆科	黄花棘豆	*Oxytropis ochrocephala* Bunge.	一期科考		
379	豆科	青海棘豆	*Oxytropis qinghaiensis* Y. H. Wu	二期科考		
380	豆科	泽库棘豆	*Oxytropis zekogensis* Y. H. Wu	二期科考		
381	豆科	地角儿苗	*Oxytropis bicolor* Bunge	二期科考		
382	豆科	兴隆山棘豆	*Oxytropis xinglongshanica* C. W. Chang	二期科考		
383	豆科	长小苞蔓黄耆	*Phyllolobium balfourianum*(N. D. Simpson)M. L. Zhang & Podlech	一期科考	中国特有	
384	豆科	蒺藜叶蔓黄耆	*Phyllolobium tribulifolium*(Benth.ex Bunge)M. L. Zhang et Podlech	一期科考		
385	豆科	紫花豌豆	*Pisum sativum* L. var. *arvense* Poir	综合调查		
386	豆科	披针叶黄华	*Thermopsis lanceolata* R. Br.	一期科考		药用
387	豆科	高山豆(异叶米口袋)	*Tibetia himalaica*(Baker)H. P. Tsui	一期科考		
388	豆科	广布野豌豆	*Vicia cracca* L.	综合调查		
389	豆科	多茎野豌豆	*Vicia multicaulis* Ledeb.	一期科考		药用

续表

序号	科名	种名	拉丁名	调查时间	保护类型	用途
390	豆科	窄叶野豌豆	*Vicia sativa* Linn. subsp. *nigra* Ehrhart	其他		
391	豆科	野豌豆	*Vicia sepium* L.	综合调查		药用
392	豆科	歪头菜	*Vicia unijuga* A. Br.	一期科考		药用
393	牻牛儿苗科	熏倒牛	*Biebersteinia heterostemon* Maxim.	其他调查		药用
394	牻牛儿苗科	牻牛儿苗	*Erodium stephanianum* Willd.	综合调查		药用
395	牻牛儿苗科	粗根老鹳草	*Geranium dahuricum* DC.	其他调查		药用
396	牻牛儿苗科	尼泊尔老鹳草	*Geranium nepalense* Sweet	综合调查		药用
397	牻牛儿苗科	草地老鹳草	*Geranium pratense* L.	一期科考		药用
398	牻牛儿苗科	甘青老鹳草	*Geranium pylzowianum* Maxim.	一期科考		药用
399	牻牛儿苗科	鼠掌老鹳草	*Geranium sibiricum* L.	二期科考		药用
400	牻牛儿苗科	老鹳草	*Geranium wilfordii* Maxim.	二期科考		
401	亚麻科	宿根亚麻	*Linum perenne* L.	一期科考		药用
402	远志科	西伯利亚远志	*Polygala sibirica* L.	一期科考		药用
403	大戟科	青藏大戟	*Euphorbia altotibetica* O. Pauls.	综合调查	中国特有、CITES-Ⅱ	药用
404	大戟科	泽漆	*Euphorbia helioscopia* L.	一期科考	CITES-Ⅱ	药用
405	大戟科	高山大戟	*Euphorbia stracheyi* Boiss.	一期科考	CITES-Ⅱ	药用
406	大戟科	乳浆大戟	*Euphorbia esula* L.	二期科考	CITES-Ⅱ	
407	大戟科	甘青大戟	*Euphorbia micractina* Boiss.	二期科考	CITES-Ⅱ	
408	水马齿科	沼生水马齿	*Callitriche palustris* L.	一期科考		药用
409	卫矛科	小卫矛	*Euonymus nanoides* Loes	一期科考	中国特有	
410	卫矛科	矮卫矛	*Euonymus nanus* Bieb.	二期科考		药用
411	卫矛科	栓翅卫矛	*Euonymus phellomanus* Loes.	综合调查	中国特有	药用
412	卫矛科	中亚卫矛（八宝茶）	*Euonymus semenovii* Regel et Herd.	二期科考		
413	藤黄科	突脉金丝桃	*Hypericum przewalskii* Maxim.	一期科考	中国特有	
414	柽柳科	三春水柏枝	*Myricaria paniculata* P. Y. Zhang et Y. J. Zhang.	二期科考		药用
415	柽柳科	具鳞水柏枝	*Myricaria squamosa* Desv.	一期科考		药用
416	堇菜科	双花堇菜	*Viola biflora* L.	一期科考		药用
417	堇菜科	鳞茎堇菜	*Viola bulbosa* Maxim.	一期科考	中国特有	
418	瑞香科	黄瑞香	*Daphne giraldii* Nitsche	二期科考		药用
419	瑞香科	甘青瑞香（唐古特瑞香）	*Daphne tangutica* Maxim.	一期科考	中国特有	药用

续表

序号	科名	种名	拉丁名	调查时间	保护类型	用途
420	瑞香科	狼毒	*Stellera chamaejasme* Linn.	一期科考		药用
421	胡颓子科	中国沙棘	*Hippophae rhamnoides* subsp. *sinensis* Rousi	一期科考	中国特有	药用
422	胡颓子科	西藏沙棘	*Hippophae thibetana* Schlechtend.	一期科考	中国特有	药用
423	柳叶菜科	柳兰	*Chamerion angustifolium*(Linnaeus)Holub	一期科考		
424	柳叶菜科	高山露珠草	*Circaea alpina* L.	一期科考		
425	柳叶菜科	柳叶菜	*Epilobium hirsutum* L.	综合调查		药用
426	柳叶菜科	光滑柳叶菜	*Epilobium amurense* Hausskn. subsp. *cephalostigma* (Hausskn.)C. J. Chen	二期科考		
427	柳叶菜科	沼生柳叶菜	*Epilobium palustre* L.	一期科考		药用
428	柳叶菜科	长籽柳叶菜	*Epilobium pyrricholophum* Franch. et Savat.	综合调查		
429	柳叶菜科	光籽柳叶菜	*Epilobium tibetanum* Hausskn.	一期科考		
430	小二仙草科	穗状狐尾藻	*Myriophyllum spicatum* L.	湿地调查		药用
431	小二仙草科	狐尾藻	*Myriophyllum verticillatum* L.	一期科考		
432	杉叶藻科	杉叶藻	*Hippuris vulgaris* L.	一期科考		
433	五加科	红毛五加	*Eleutherococcus giraldii*(Harms)Nakai	二期科考		药用
434	五加科	毛狭叶五加	*Eleutherococcus wilsonii* var. *pilosulus*(Rehder)P. S. Hsu & S. L. Pan	一期科考	中国特有	药用
435	锦葵科	中华野葵	*Malva verticillata* L. var. *rafiqii* Abedin	二期科考		药用
436	锦葵科	冬葵(野葵)	*Malva verticillata* Linn.	二期科考		药用
437	伞形科	尖瓣芹	*Acronema chinense* Wolff	一期科考	中国特有	
438	伞形科	青海当归	*Angelica nitida* Shan	一期科考	中国特有	药用
439	伞形科	峨参	*Anthriscus sylvestris*(L.)Hoffm. Gen.	一期科考		药用
440	伞形科	黑柴胡(小五台柴胡)	*Bupleurum smithii* Wolff	一期科考	中国特有	药用
441	伞形科	小叶黑柴胡	*Bupleurum smithii* Wolff var. *parvifolium* Shan et Y. Li	一期科考	中国特有	药用
442	伞形科	田葛缕子	*Carum buriaticum* Turcz.	综合调查		
443	伞形科	葛缕子	*Carum carvi* L.	一期科考		
444	伞形科	松潘矮泽芹	*Chamaesium thalictrifolium* Wolff	一期科考	中国特有	
445	伞形科	短毛独活	*Heracleum moellendorffii* Hance	二期科考		
446	伞形科	裂叶独活	*Heraeleum millefolium* Diels	一期科考		
447	伞形科	长茎藁本	*Ligusticum longicaule*(Wolff)Shan	一期科考		
448	伞形科	藁本	*Ligusticum sinense* Oliv.	综合调查		药用
449	伞形科	宽叶羌活	*Notopterygium franchetii* H. Boissieu	综合调查	中国特有	药用
450	伞形科	羌活	*Notopterygium incisum* Ting ex H. T. Chang	一期科考	中国特有	药用
451	伞形科	松潘棱子芹	*Pleurospermum franchetianum* Hemsl.	一期科考	中国特有	
452	伞形科	西藏棱子芹	*Pleurospermum hookeri* C. B. Clarke var. *thomsonii* C. B. Clarke	其他	中国特有	药用
453	伞形科	青藏棱子芹	*Pleurospermum pulszkyi* Kanitz.	一期科考	中国特有	

续表

序号	科名	种名	拉丁名	调查时间	保护类型	用途
454	伞形科	青海棱子芹	*Pleurospermum szechenyii* Kanitz	一期科考	中国特有	
455	伞形科	迷果芹	*Sphallerocarpus gracilis*(Bess.)K.-Pol.	二期科考		药用
456	伞形科	大东俄芹	*Tongoloa elata* Wolff	二期科考		
457	伞形科	纤细东俄芹	*Tongoloa gracilis* Wolff	二期科考		
458	杜鹃花科	北极果	*Arctous alpinus*(L.)Niedenzu	二期科考		
459	杜鹃花科	红北极果	*Arctous ruber*(Rehd. et Wils.)Nakai	一期科考		
460	杜鹃花科	烈香杜鹃	*Rhododendron anthopogonoides* Maxim.	一期科考	中国特有	药用
461	杜鹃花科	头花杜鹃	*Rhododendron capitatum* Maxim.	一期科考	中国特有	
462	杜鹃花科	樱草杜鹃	*Rhododendron primuliflorum* Bur. et Franch.	二期科考		
463	杜鹃花科	陇蜀杜鹃	*Rhododendron przewalskii* Maxim.	二期科考		药用
464	杜鹃花科	黄毛杜鹃	*Rhododendron rufum* Batalin	一期科考	中国特有	
465	杜鹃花科	百里香杜鹃	*Rhododendron thymifolium* Maxim.	一期科考	中国特有	
466	报春花科	西藏点地梅	*Androsace mariae* Kanitz	一期科考	中国特有	药用
467	报春花科	大苞点地梅	*Androsace maxima* L.	二期科考		
468	报春花科	垫状点地梅	*Androsace tapete* Maxim.	一期科考	中国特有	
469	报春花科	雅江点地梅	*Androsace yargongensis* Petitm.	二期科考		
470	报春花科	海乳草	*Glaux maritima* L.	二期科考		药用
471	报春花科	羽叶点地梅	*Pomatosace filicula* Maxim.	一期科考	国家二级	
472	报春花科	散布报春	*Primula conspersa* Balf. f. et Purdom	一期科考	中国特有	
473	报春花科	黄花圆叶报春	*Primula elongata* Watt var. *barnardoana* Chen et C. M. Hu	一期科考	中国特有	
474	报春花科	束花粉报春	*Primula fasciculata* Balf. f. et Ward	二期科考		
475	报春花科	黄花粉叶报春	*Primula flava* Maxim.	二期科考		
476	报春花科	苞芽粉报春	*Primula gemmifera* Batal.	二期科考		
477	报春花科	胭脂花	*Primula maximowiczii* Regel	一期科考	中国特有	药用
478	报春花科	天山报春	*Primula nutans* Georgi	综合调查		
479	报春花科	心愿报春	*Primula optata* Farrer ex Balf. f.	二期科考		
480	报春花科	圆瓣黄花报春	*Primula orbicularis* Hemsl.	二期科考		
481	报春花科	偏花报春	*Primula secundiflora* Franch.	一期科考	中国特有	
482	报春花科	车前叶报春	*Primula sinoplantaginea* Balf. f.	二期科考		
483	报春花科	狭萼报春(窄萼报春)	*Primula stenocalyx* Maxim.	一期科考	中国特有	
484	报春花科	甘青报春	*Primula tangutica* Duthie	一期科考	中国特有	
485	报春花科	岷山报春	*Primula woodwardii* Balf. f.	二期科考		
486	白花丹科	鸡娃草(小蓝雪花)	*Plumbagella micrantha*(Lebeb.)Spach	一期科考		药用
487	龙胆科	镰萼喉毛花	*Comastoma falcatum*(Turcz. ex Kar. et Kir.)Toyokuni	一期科考		药用
488	龙胆科	长梗喉毛花	*Comastoma pedunculatum*(Royle ex D. Don)Holub	二期科考		
489	龙胆科	喉毛花	*Comastoma pulmonarium*(Turcz.)Toyokuni	一期科考		
490	龙胆科	阿坝龙胆	*Gentiana abaensis* T. N. Ho	其他	中国特有	
491	龙胆科	高山龙胆	*Gentiana algida* Pall.	二期科考		药用

续表

序号	科名	种名	拉丁名	调查时间	保护类型	用途
492	龙胆科	开张龙胆	*Gentiana aperta* Maxim.	其他	中国特有	
493	龙胆科	刺芒龙胆(尖叶龙胆)	*Gentiana aristata* Maxim.	一期科考	中国特有	药用
494	龙胆科	反折花龙胆	*Gentiana choanantha* Marq.	其他	中国特有	
495	龙胆科	粗茎龙胆	*Gentiana crassicaulis* Duthie ex Burk.	一期科考	中国特有	药用
496	龙胆科	肾叶龙胆	*Gentiana crassuloides* Bureau & Franch.	一期科考		
497	龙胆科	达乌里秦艽	*Gentiana dahurica* Fisch.	其他		药用
498	龙胆科	青藏龙胆	*Gentiana futtereri* Diels et Gilg	其他		
499	龙胆科	南山龙胆	*Gentiana grumii* Kusnez.	其他	中国特有	
500	龙胆科	线叶龙胆	*Gentiana lawrencei* Burkill var. *farreri* (I. B. Balfour)T. N. Ho	二期科考	中国特有	
501	龙胆科	蓝白龙胆	*Gentiana leucomelaena* Maxim.	一期科考		
502	龙胆科	秦艽	*Gentiana macrophylla* Pall.	其他		药用
503	龙胆科	大花秦艽	*Gentiana macrophylla* Pall. var. *fetissowii*(Regel et Winkl.)Ma et K. C. Hsia	一期科考		
504	龙胆科	云雾龙胆	*Gentiana nubigena* Edgew.	一期科考		药用
505	龙胆科	黄管秦艽	*Gentiana officinalis* H. Smith	一期科考	中国特有	
506	龙胆科	假水生龙胆	*Gentiana pseudoaquatica* Kusnez.	一期科考		
507	龙胆科	岷县龙胆	*Gentiana purdomii* Marq.	一期科考	中国特有	药用
508	龙胆科	类华丽龙胆(华丽龙胆)	*Gentiana sino-ornata* Balf. f.	一期科考		药用
509	龙胆科	管花秦艽	*Gentiana siphonantha* Maxim. ex Kusnez.	二期科考	中国特有	
510	龙胆科	匙叶龙胆	*Gentiana spathulifolia* Maxim. ex Kusnez.	一期科考	中国特有	药用
511	龙胆科	鳞叶龙胆	*Gentiana squarrosa* Ledeb.	二期科考		
512	龙胆科	麻花艽	*Gentiana straminea* Maxim.	一期科考		药用
513	龙胆科	条纹龙胆	*Gentiana striata* Maxim.	一期科考	中国特有	药用
514	龙胆科	紫花龙胆	*Gentiana syringea* T. N. Ho	其他	中国特有	
515	龙胆科	大花龙胆	*Gentiana szechenyii* Kanitz	一期科考		药用
516	龙胆科	三歧龙胆	*Gentiana trichotoma* Kusnez.	二期科考		
517	龙胆科	短茎三歧龙胆	*Gentiana trichotoma* var. *chingii* (C.Marquand)T. N. Ho	二期科考		
518	龙胆科	三色龙胆	*Gentiana tricolor* Diels et Gilg	二期科考		
519	龙胆科	蓝玉簪龙胆	*Gentiana veitchiorum* Hemsl.	一期科考		药用
520	龙胆科	泽库秦艽	*Gentiana zekuensis* T. N. Ho & S. W. Liu	二期科考		
521	龙胆科	细萼扁蕾	*Gentianopsis barbata*(Froel.)Ma var. *stenocalyx* H. W. Li ex T. N. Ho	其他		
522	龙胆科	回旋扁蕾	*Gentianopsis contorta*(Royle)Ma	一期科考		
523	龙胆科	湿生扁蕾	*Gentianopsis paludosa*(Hook. f.)Ma	一期科考		药用
524	龙胆科	花锚	*Halenia corniculata*(L.)Cornaz	其他调查		药用
525	龙胆科	椭圆叶花锚	*Halenia elliptica* D. Don	一期科考		药用
526	龙胆科	肋柱花	*Lomatogonium carinthiacum*(Wulf.)Reichb.	一期科考		药用

续表

序号	科名	种名	拉丁名	调查时间	保护类型	用途
527	龙胆科	辐状肋柱花	*Lomatogonium rotatum*(L.)Fries ex Nym.	一期科考		药用
528	龙胆科	歧伞獐牙菜	*Swertia dichotoma* L.	一期科考		药用
529	龙胆科	红直獐牙菜	*Swertia erythrosticta* Maxim.	一期科考	中国特有	药用
530	龙胆科	华北獐牙菜	*Swertia wolfangiana* Grun.	一期科考	中国特有	
531	龙胆科	四数獐牙菜	*Swertia tetraptera* Maxim.	其他	中国特有	药用
532	花荵科	中华花荵	*Polemonium chinense*(Brand)Brand	一期科考		药用
533	紫草科	锚刺果	*Actinocarya tibetica* Benth.	二期科考	单种属	
534	紫草科	糙草	*Asperugo procumbens* Linn.	综合调查	单种属	
535	紫草科	倒提壶	*Cynoglossum amabile* Stapf et Drumm.	综合调查		药用
536	紫草科	大果琉璃草	*Cynoglossum divaricatum* Steph.	一期科考		药用
537	紫草科	甘青微孔草	*Microula pseudotrichocarpa* W. T. Wang	一期科考	中国特有	
538	紫草科	柔毛微孔草	*Microula rockii* I. M. Johnst.	一期科考	中国特有	药用
539	紫草科	微孔草(锡金微孔草)	*Microula sikkimensis* Hemsl.	一期科考	中国特有	
540	紫草科	附地菜(地胡椒)	*Trigonotis peduncularis*(Trev.)Benth. ex Baker et Moore	一期科考		药用
541	唇形科	白苞筋骨草	*Ajuga lupulina* Maxim.	一期科考	中国特有	药用
542	唇形科	矮白苞筋骨草	*Ajuga lupulina* Maxim. var. *lupulina* f. *humilis* Sun ex C. H. Hu	一期科考	中国特有	
543	唇形科	美花筋骨草	*Ajuga ovalifolia* Bur. var. *calantha*(Diels)C. Y. Wu	一期科考	中国特有	
544	唇形科	白花枝子花(异叶青兰)	*Dracocephalum heterophyllum* Benth.	一期科考		药用
545	唇形科	岷山毛建草	*Dracocephalum purdomii* W. W. Smith	一期科考	中国特有	
546	唇形科	甘青青兰	*Dracocephalum tanguticum* Maxim.	一期科考	中国特有	药用
547	唇形科	小头花香薷	*Elsholtzia cephalantha* Hand.-Mazz.	二期科考	中国特有	
548	唇形科	密花香薷	*Elsholtzia densa* Benth.	一期科考	中国特有	药用
549	唇形科	高原香薷	*Elsholtzia feddei* Lévl.	二期科考		药用
550	唇形科	鼬瓣花	*Galeopsis bifida* Boenn.	综合调查		药用
551	唇形科	独一味	*Lamiophlomis rotata*(Benth.)Kudo	一期科考	中国特有	药用
552	唇形科	宝盖草	*Lamium amplexicaule* L.	一期科考		药用
553	唇形科	野芝麻(硬毛野芝麻)	*Lamium barbatum* Sieb. et Zucc.	一期科考		
554	唇形科	薄荷	*Mentha haplocalyx* Briq.	二期科考		药用
555	唇形科	蓝花荆芥	*Nepeta coerulescens* Maxim.	二期科考		药用
556	唇形科	康藏荆芥	*Nepeta prattii* Lévl.	一期科考	中国特有	药用
557	唇形科	大花荆芥	*Nepeta sibirica* L.	综合调查		
558	唇形科	甘西鼠尾草	*Salvia przewalskii* Maxim.	一期科考	中国特有	药用
559	唇形科	粘毛鼠尾草	*Salvia roborowskii* Maxim.	一期科考		药用
560	唇形科	黄芩	*Scutellaria baicalensis* Georgi	综合调查		药用
561	唇形科	连翘叶黄芩	*Scutellaria hypericifolia* Lévl.	综合调查	中国特有	药用
562	唇形科	甘肃黄芩	*Scutellaria rehderiana* Diels	综合调查		药用

续表

序号	科名	种名	拉丁名	调查时间	保护类型	用途
563	唇形科	甘露子(草食蚕)	*Stachys sieboldii* Miq.	一期科考	中国特有	药用
564	茄科	山莨菪(甘青赛莨菪)	*Anisodus tanguticus*(Maxim.)Pascher	一期科考	中国特有	药用
565	茄科	天仙子	*Hyoscyamus niger* L.	综合调查		药用
566	茄科	马尿泡	*Przewalskia tangutica* Maxim.	一期科考	中国特有	药用
567	玄参科	小米草	*Euphrasia pectinata* Tenore	综合调查		药用
568	玄参科	短腺小米草	*Euphrasia regelii* Wettst.	一期科考		药用
569	玄参科	短穗兔耳草	*Lagotis brachystachya* Maxim.	一期科考	中国特有	药用
570	玄参科	短筒兔耳草	*Lagotis brevituba* Maxim.	一期科考	中国特有	药用
571	玄参科	肉果草(兰石草)	*Lancea tibetica* Hook. f. et Thoms.	一期科考		药用
572	玄参科	水茫草	*Limosella aquatica* L.	一期科考		
573	玄参科	阿拉善马先蒿	*Pedicularis alaschanica* Maxim.	其他	中国特有	
574	玄参科	鸭首马先蒿	*Pedicularis anas* Maxim.	其他	中国特有	
575	玄参科	黄花鸭首马先蒿	*Pedicularis anas* Maxim. var. *xanthantha*(Li)Tsoong	一期科考	中国特有	
576	玄参科	刺齿马先蒿	*Pedicularis armata* Maxim.	一期科考	中国特有	
577	玄参科	碎米蕨叶马先蒿	*Pedicularis cheilanthifolia* Schrenk	一期科考		
578	玄参科	等唇碎米蕨叶马先蒿	*Pedicularis cheilanthifolia* Schrenk var. *isochila* Maxim.	一期科考	中国特有	
579	玄参科	中国马先蒿	*Pedicularis chinensis* Maxim.	一期科考	中国特有	
580	玄参科	凸额马先蒿	*Pedicularis cranolopha* Maxim.	一期科考	中国特有	药用
581	玄参科	弯管马先蒿	*Pedicularis curvituba* Maxim.	一期科考	中国特有	
582	玄参科	美观马先蒿	*Pedicularis decora* Franch.	一期科考	中国特有	
583	玄参科	硕大马先蒿	*Pedicularis ingens* Maxim.	一期科考	中国特有	
584	玄参科	甘肃马先蒿	*Pedicularis kansuensis* Maxim.	一期科考	中国特有	
585	玄参科	白花甘肃马先蒿	*Pedicularis kansuensis* Maxim. subsp. *kansuensis* f. *albiflora* Li	一期科考	中国特有	
586	玄参科	绒舌马先蒿	*Pedicularis lachnoglossa* Hook. f.	其他调查	中国特有	
587	玄参科	毛颏马先蒿	*Pedicularis lasiophrys* Maxim.	其他调查	中国特有	
588	玄参科	毛背毛颏马先蒿	*Pedicularis lasiophrys* Maxim. var. *sinica* Maxim.	一期科考	中国特有	
589	玄参科	长花马先蒿	*Pedicularis longiflora* Rudolph	一期科考		
590	玄参科	斑唇马先蒿	*Pedicularis longiflora* Rudolph. var. *tubiformis* (Klotz.)Tsoong	一期科考		药用
591	玄参科	琴盔马先蒿	*Pedicularis lyrata* Prain	其他调查	中国特有	
592	玄参科	藓生马先蒿	*Pedicularis muscicola* Maxim.	一期科考	中国特有	药用
593	玄参科	华马先蒿	*Pedicularis oederi* Vahl var. *sinensis*(Maxim.)Hurus.	一期科考	中国特有	药用
594	玄参科	等裂马先蒿	*Pedicularis paiana* H. L. Li	一期科考	中国特有	

续表

序号	科名	种名	拉丁名	调查时间	保护类型	用途
595	玄参科	返顾马先蒿	*Pedicularis resupinata* Linn.	其他		药用
596	玄参科	大唇马先蒿	*Pedicularis rhinanthoides* Schrenk subsp. *labellata* (Jacq.)Tsoong	其他		药用
597	玄参科	粗野马先蒿	*Pedicularis rudis* Maxim.	一期科考	中国特有	药用
598	玄参科	半扭卷马先蒿	*Pedicularis semitorta* Maxim.	一期科考	中国特有	
599	玄参科	穗花马先蒿	*Pedicularis spicata* Pall	一期科考		
600	玄参科	红纹马先蒿	*Pedicularis striata* Pall.	二期科考		
601	玄参科	四川马先蒿	*Pedicularis szetschuanica* Maxim.	二期科考	中国特有	
602	玄参科	扭旋马先蒿	*Pedicularis torta* Maxim.	一期科考	中国特有	
603	玄参科	阴郁马先蒿	*Pedicularis tristis* Linn.	一期科考		药用
604	玄参科	轮叶马先蒿	*Pedicularis verticillata* L.	一期科考		药用
605	玄参科	唐古特轮叶马先蒿	*Pedicularis verticillata* Linn. subsp. *tangutica* (Bonati)Tsoong	一期科考	中国特有	
606	玄参科	西倾山马先蒿	*Pedicularis xiqingshanensis* H. Y. Feng et J. Z. Sun	一期科考	保护区特有	
607	玄参科	细穗玄参	*Scrofella chinensis* Maxim.	一期科考	中国特有	
608	玄参科	甘肃玄参	*Scrophularia kansuensis* Batal.	一期科考	中国特有	
609	玄参科	北水苦荬	*Veronica anagallis-aquatica* L.	一期科考		药用
610	玄参科	毛果婆婆纳	*Veronica eriogyne* H. Winki	一期科考	中国特有	药用
611	玄参科	阿拉伯婆婆纳	*Veronica persica* Poir.	二期科考		
612	玄参科	光果婆婆纳	*Veronica rockii* Li	一期科考	中国特有	药用
613	玄参科	小婆婆纳	*Veronica serpyllifolia* L.	综合调查		药用
614	玄参科	水苦荬(水菠菜)	*Veronica undulata* Wall.	综合调查		药用
615	玄参科	唐古拉婆婆纳	*Veronica vandellioides* Maxim.	二期科考		
616	紫葳科	四川波罗花	*Incarvillea berezovskii* Batalin	二期科考	中国特有	药用
617	紫葳科	密生波罗花(全缘角蒿)	*Incarvillea compacta* Maxim	一期科考	中国特有	药用
618	列当科	丁座草	*Boschniakia himalaica* Hook. f. et Thoms	综合调查		药用
619	列当科	矮生豆列当	*Mannagettaea hummelii* H. Smith	综合调查		
620	列当科	列当	*Orobanche coerulescens* Steph	一期科考		药用
621	狸藻科	捕虫堇(高山捕虫堇)	*Pinguicula alpina* L.	一期科考		
622	狸藻科	弯距狸藻(狸藻)	*Utricularia vulgaris* L. subsp. *macrorhiza*(Le Conte) R. T. Clausen	一期科考		
623	车前科	车前	*Plantago asiatica* L.	综合调查		药用
624	车前科	平车前	*Plantago depressa* Willd.	一期科考		药用
625	车前科	大车前	*Plantago major* L.	一期科考		药用
626	车前科	小车前	*Plantago minuta* Pall.	其他		
627	茜草科	北方拉拉藤	*Galium boreale* L.	综合调查		药用
628	茜草科	硬毛砧草	*Galium boreale* L. var. *ciliatum* Nakai	二期科考		

续表

序号	科名	种名	拉丁名	调查时间	保护类型	用途
629	茜草科	狭叶砧草(砧草)	*Galium boreale* var. *angustifolium*(Freyn)Cuf.	二期科考		
630	茜草科	四叶葎	*Galium bungei* Steud.	一期科考		药用
631	茜草科	显脉拉拉藤	*Galium kinuta* Nakai et Hara	一期科考		
632	茜草科	拉拉藤(猪殃殃)	*Galium spurium* L.	一期科考		药用
633	茜草科	蓬子菜	*Galium verum* L.	一期科考		药用
634	茜草科	毛蓬子菜	*Galium verum* L. var. *tomentosum*(Nakai)Nakai	二期科考		
635	茜草科	茜草	*Rubia cordifolia* L.	一期科考		药用
636	五福花科	五福花	*Adoxa moschatellina* L.	综合调查		药用
637	忍冬科	蓝靛果忍冬	*Lonicera caerulea* L.	综合调查		药用
638	忍冬科	金花忍冬	*Lonicera chrysantha* Turcz.	一期科考		药用
639	忍冬科	葱皮忍冬	*Lonicera ferdinandii* Franch.	其他		药用
640	忍冬科	刚毛忍冬	*Lonicera hispida* Pall. ex Roem. et Schult.	一期科考		
641	忍冬科	红花岩生忍冬	*Lonicera rupicola* Hook. f. et Thoms. var. *syringantha*(Maxim.)Zabel	一期科考	中国特有	药用
642	忍冬科	岩生忍冬	*Lonicera rupicola* Hook. f. & Thomson	一期科考	中国特有	
643	忍冬科	矮生忍冬	*Lonicera rupicola* var. *minuta*(Batalin)Q. E. Yang	综合调查		
644	忍冬科	唐古特忍冬(陇塞忍冬)	*Lonicera tangutica* Maxim.	一期科考	中国特有	药用
645	忍冬科	毛花忍冬	*Lonicera trichosantha* Bur. et Franch.	其他		
646	忍冬科	长叶毛花忍冬	*Lonicera trichosantha* Bureau & Franch. var. *xerocalyx*(Diels)P. S. Hsu & H. J. Wang	一期科考	中国特有	
647	忍冬科	华西忍冬	*Lonicera webbiana* Wall. ex DC.	一期科考		
648	忍冬科	甘肃忍冬	*Lonicera kansuensis*(Batal. ex Rehd.)Pojark.	二期科考		
649	忍冬科	红脉忍冬	*Lonicera nervosa* Maxim.	二期科考		
650	忍冬科	短萼忍冬	*Lonicera ruprechtiana* Regel	二期科考		
651	忍冬科	莛子藨(羽裂叶莛子藨)	*Triosteum pinnatifidum* Maxim.	一期科考	中国特有	
652	败酱科	匙叶甘松	*Nardostachys jatamansi*(D. Don)DC.	二期科考	国家二级、CITES-Ⅱ	药用
653	败酱科	缬草	*Valeriana officinalis* L.	一期科考		药用
654	川续断科	白花刺续断(白花刺参)	*Acanthocalyx alba*(Hand.-Mazz.)M. Connon	一期科考	中国特有	药用
655	川续断科	圆萼刺参	*Morina chinensis*(Bat.)Diels	一期科考	中国特有	药用
656	川续断科	青海刺参	*Morina kokonorica* Hao	综合调查		药用
657	川续断科	匙叶翼首花	*Pterocephalus hookeri*(C. B. Clarke)Hock.	综合调查		药用
658	桔梗科	细叶沙参	*Adenophora capillaris* Hemsl. subsp. *paniculata*(Nannfeldt)D. Y. Hong & S. Ge	一期科考	中国特有	药用
659	桔梗科	喜马拉雅沙参	*Adenophora himalayana* Feer	一期科考		药用
660	桔梗科	川藏沙参	*Adenophora liliifolioides* Pax et Hoffm.	一期科考	中国特有	药用

续表

序号	科名	种名	拉丁名	调查时间	保护类型	用途
661	桔梗科	长柱沙参	*Adenophora stenanthina*(Ledeb.)Kitagawa	综合调查		药用
662	桔梗科	林沙参	*Adenophora stenanthina*(Ledeb.)Kitagawa subsp. *sylvatica* Hong	一期科考	中国特有	药用
663	桔梗科	钻裂风铃草	*Campanula aristata* Wall.	一期科考		
664	桔梗科	灰毛党参	*Codonopsis canescens* Nannf.	综合调查		药用
665	桔梗科	脉花党参	*Codonopsis nervosa*(Chipp)Nannf.	综合调查		药用
666	桔梗科	党参	*Codonopsis pilosula*(Franch.)Nannf.	一期科考		药用
667	桔梗科	绿花党参	*Codonopsis viridiflora* Maxim.	一期科考	中国特有	药用
668	桔梗科	蓝钟花	*Cyananthus hookeri* C. B. Cl.	综合调查		
669	菊科	云南蓍	*Achillea wilsoniana* Heimerl ex Hand.-Mazz	一期科考	中国特有	药用
670	菊科	细裂亚菊	*Ajania przewalskii* Poljak.	一期科考	中国特有	
671	菊科	柳叶亚菊	*Ajania salicifolia*(Mattf.)Poljak.	一期科考	中国特有	药用
672	菊科	细叶亚菊	*Ajania tenuifolia*(Jacq.)Tzvel.	一期科考		药用
673	菊科	黄腺香青	*Anaphalis aureopunctata* Lingelsh et Borza	一期科考	中国特有	
674	菊科	二色香青	*Anaphalis bicolor*(Franch.)Diels	二期科考		
675	菊科	同色二色香青	*Anaphalis bicolor*(Franch.)Diels var. *subconcolor* Hand.-Mazz.	一期科考	中国特有	
676	菊科	淡黄香青	*Anaphalis flavescens* Hand.-Mazz.	一期科考	中国特有	药用
677	菊科	淡红淡黄香青	*Anaphalis flavescens* Hand.-Mazz. f. *rosea* Y. Ling	一期科考	中国特有	
678	菊科	铃铃香青	*Anaphalis hancockii* Maxim.	一期科考	中国特有	
679	菊科	乳白香青	*Anaphalis lactea* Maxim.	一期科考	中国特有	药用
680	菊科	红花乳白香青	*Anaphalis lactea* Maxim. f. *rosea* Ling	一期科考	中国特有	
681	菊科	尼泊尔香青	*Anaphalis nepalensis*(Spreng.)Hand.-Mazz.	二期科考		药用
682	菊科	香青	*Anaphalis sinica* Hance	二期科考		药用
683	菊科	牛蒡	*Arctium lappa* L.	二期科考		药用
684	菊科	沙蒿	*Artemisia desertorum* Spreng.	一期科考		药用
685	菊科	东俄洛沙蒿	*Artemisia desertorum* Spreng. var. *tongolensis* Pamp.	一期科考	中国特有	药用
686	菊科	甘肃南牡蒿	*Artemisia eriopoda* var. *gansuensis* Ling et Y. R. Ling	一期科考	中国特有	
687	菊科	冷蒿	*Artemisia frigida* Willd.	其他		药用
688	菊科	密毛白莲蒿	*Artemisia gmelinii* var. *messerschmidiana*(Besser) Poljakov	其他		药用
689	菊科	臭蒿	*Artemisia hedinii* Ostenf. et Pauls.	一期科考		药用
690	菊科	粘毛蒿	*Artemisia mattfeldii* Pamp.	综合调查		
691	菊科	蒙古蒿	*Artemisia mongolica*(Fisch. ex Bess.)Nakai	一期科考		药用
692	菊科	小球花蒿	*Artemisia moorcroftiana* Wall. ex DC.	一期科考		药用
693	菊科	猪毛蒿	*Artemisia scoparia* Waldst. et Kit.	一期科考		药用
694	菊科	大籽蒿	*Artemisia sieversiana* Ehrhart ex Willd.	综合调查		药用
695	菊科	白莲蒿(铁杆蒿)	*Artemisia stechmanniana* Bess.	综合调查		药用
696	菊科	甘青蒿	*Artemisia tangutica* Pamp.	一期科考	中国特有	
697	菊科	黄花蒿	*Artemisia annua* L.	二期科考		

续表

序号	科名	种名	拉丁名	调查时间	保护类型	用途
698	菊科	阿尔泰狗娃花	*Aster altaicus* Willd.	综合调查		
699	菊科	青藏狗娃花	*Aster boweri* Hemsl.	其他		药用
700	菊科	圆齿狗娃花	*Aster crenatifolius* Hand.-Mazz.	一期科考		药用
701	菊科	重冠紫菀	*Aster diplostephioides*(DC.)C. B. Clarke.	一期科考		药用
702	菊科	狭苞紫菀	*Aster farreri* W. W. Sm. et J. F. Jeffr.	一期科考	中国特有	
703	菊科	萎软紫菀（柔软紫菀）	*Aster flaccidus* Bunge.	一期科考		药用
704	菊科	狗哇花	*Aster hispidus* Thunb.	综合调查		药用
705	菊科	缘毛紫菀	*Aster souliei* Franch.	一期科考		药用
706	菊科	东俄洛紫菀	*Aster tongolensis* Franch.	一期科考	中国特有	药用
707	菊科	云南紫菀	*Aster yunnanensis* Franch.	综合调查	中国特有	药用
708	菊科	翠菊(格桑花)	*Callistephus chinensis*(L.)Nees	综合调查		
709	菊科	节毛飞廉	*Carduus acanthoides* Linn.	二期科考		
710	菊科	丝毛飞廉	*Carduus crispus* L.	一期科考		药用
711	菊科	烟管头草	*Carpesium cernuum* L.	综合调查		药用
712	菊科	高原天名精	*Carpesium lipskyi* Winkl	一期科考	中国特有	药用
713	菊科	刺儿菜(小蓟)	*Cirsium arvense* var. *integrifolium* C. Wimm. et Grabowski	综合调查		药用
714	菊科	魁蓟	*Cirsium leo* Nakai et Kitag.	一期科考	中国特有	
715	菊科	葵花大蓟（聚头蓟）	*Cirsium souliei*(Franch.)Mattf.	一期科考	中国特有	药用
716	菊科	褐毛垂头菊	*Cremanthodium brunneo-pilosum* S. W. Liu	一期科考	中国特有	
717	菊科	喜马拉雅垂头菊	*Cremanthodium decaisnei* C. B. Clarke.	一期科考		药用
718	菊科	车前状垂头菊	*Cremanthodium ellisii*(Hook. f.)Kitam.	综合调查		药用
719	菊科	条叶垂头菊	*Cremanthodium lineare* Maxim.	一期科考	中国特有	药用
720	菊科	阿尔泰多榔菊	*Doronicum altaicum* Pall.	一期科考		药用
721	菊科	狭舌多榔菊	*Doronicum stenoglossum* Maxim.	二期科考		
722	菊科	飞蓬	*Erigeron acris* L.	二期科考		
723	菊科	长茎飞蓬	*Erigeron acris* subsp. *politus*(Fries)H. Lindberg	二期科考		
724	菊科	多色苦荬	*Ixeris chinensis* subsp. *versicolor*(Fisch. ex Link)Kitam.	二期科考		
725	菊科	麻花头	*Klasea centauroides*(L.)Cass.	其他		
726	菊科	缢苞麻花头	*Klasea centauroides* subsp. *strangulata*(Iljin)L. Martins	一期科考	中国特有	药用
727	菊科	美头火绒草	*Leontopodium calocephalum*(Franch.)Beauv.	一期科考	中国特有	药用
728	菊科	戟叶火绒草	*Leontopodium dedekensii*(Bur. et Franch.)Beauv.	二期科考		
729	菊科	坚杆火绒草	*Leontopodium franchetii* Beauv.	一期科考	中国特有	
730	菊科	香芸火绒草	*Leontopodium haplophylloides* Hand.-Mazz.	一期科考	中国特有	
731	菊科	长叶火绒草	*Leontopodium junpeianum* Kitam.	一期科考		药用
732	菊科	火绒草	*Leontopodium leontopodioides*(Willd.)Beauv.	其他		药用

续表

序号	科名	种名	拉丁名	调查时间	保护类型	用途
733	菊科	矮火绒草	*Leontopodium nanum*(Hook. f. et Thoms.) Hand.-Mazz.	一期科考		
734	菊科	银叶火绒草	*Leontopodium souliei* Beauv.	一期科考	中国特有	
735	菊科	总状橐吾	*Ligularia botryodes*(C. Winkl.)Hand.-Mazz.	一期科考	中国特有	
736	菊科	莲叶橐吾	*Ligularia nelumbifolia*(Bur. et Franch.)Hand.-Mazz.	其他	中国特有	药用
737	菊科	掌叶橐吾	*Ligularia przewalskii*(Maxim.)Diels	一期科考	中国特有	药用
738	菊科	箭叶橐吾	*Ligularia sagitta*(Maxim.)Maettf	一期科考	中国特有	药用
739	菊科	黄帚橐吾	*Ligularia virgaurea*(Maxim.)Mattf. ex Rehd. & Kobuski	一期科考	中国特有	药用
740	菊科	同花母菊	*Matricaria matricarioides*(Less.)Porter ex Britton	其他		
741	菊科	刺疙瘩	*Olgaea tangutica* Iljin	其他		药用
742	菊科	三角叶蟹甲草	*Parasenecio deltophyllus*(Maxim.)Y. L. Chen	综合调查		
743	菊科	蛛毛蟹甲草	*Parasenecio roborowskii*(Maxim.)Y. L. Chen	综合调查	中国特有	
744	菊科	毛裂蜂斗菜(冬花)	*Petasites tricholobus* Franch.	综合调查		药用
745	菊科	毛连菜(毛莲菜)	*Picris hieracioides* L.	一期科考		药用
746	菊科	日本毛连菜	*Picris japonica* Thunb.	二期科考		药用
747	菊科	草地风毛菊	*Saussurea amara*(L.)DC.	综合调查		
748	菊科	云状雪兔子	*Saussurea aster* Hemsl.	二期科考		
749	菊科	异色风毛菊	*Saussurea brunneopilosa* Hand.-Mazz.	一期科考	中国特有	
750	菊科	川西风毛菊	*Saussurea dzeurensis* Franch.	一期科考	中国特有	
751	菊科	柳叶菜风毛菊	*Saussurea epilobioides* Maxim.	一期科考	中国特有	药用
752	菊科	红柄雪莲	*Saussurea erubescens* Lipsch	一期科考	中国特有	药用
753	菊科	球花雪莲(球花风毛菊)	*Saussurea globosa* Chen	一期科考	中国特有	药用
754	菊科	鼠曲雪兔子	*Saussurea gnaphalodes*(Royle)Sch.-Bip.	二期科考		
755	菊科	禾叶风毛菊	*Saussurea graminea* Dunn.	综合调查		药用
756	菊科	长毛风毛菊	*Saussurea hieracioides* Hook. f.	一期科考		药用
757	菊科	紫苞雪莲(紫苞风毛菊)	*Saussurea iodostegia* Hance	一期科考	中国特有	
758	菊科	风毛菊	*Saussurea japonica*(Thunb.)DC.	一期科考		药用
759	菊科	甘肃风毛菊	*Saussurea kansuenses* Hand.-Mazz.	其他		
760	菊科	重齿叶缘风毛菊	*Saussurea katochaete* Maxim.	一期科考	中国特有	
761	菊科	狮牙草状风毛菊	*Saussurea leontodontoides*(DC.)Hand.-Mazz.	一期科考		
762	菊科	大耳叶风毛菊	*Saussurea macrota* Franch.	一期科考	中国特有	
763	菊科	尖头风毛菊	*Saussurea malitiosa* Maxim.	综合调查		
764	菊科	水母雪莲(水母雪兔子)	*Saussurea medusa* Maxim.	一期科考		药用

续表

序号	科名	种名	拉丁名	调查时间	保护类型	用途
765	菊科	钝苞雪莲	*Saussurea nigrescens* Maxim.	其他	中国特有	药用
766	菊科	苞叶雪莲	*Saussurea obvallata*(DC.)Edgew.	二期科考		药用
767	菊科	卵叶风毛菊	*Saussurea ovatifolia* Y. L. Chen et S. Y. Liang	二期科考	中国特有	
768	菊科	小花风毛菊	*Saussurea parviflora*(Poir.)DC.	综合调查		
769	菊科	羽裂风毛菊	*Saussurea pinnatidentata* Lipsch.	其他		
770	菊科	弯齿风毛菊	*Saussurea przewalskii* Maxim.	一期科考	中国特有	
771	菊科	美花风毛菊	*Saussurea pulchella*(Fisch.)Fisch.	其他		药用
772	菊科	柳叶风毛菊	*Saussurea salicifolia*(L.)DC.	二期科考		
773	菊科	星状风毛菊	*Saussurea stella* Maxim.	一期科考		药用
774	菊科	尖苞风毛菊	*Saussurea subulisquama* Hand. -Mazz.	二期科考	中国特有	
775	菊科	横断山风毛菊	*Saussurea superba* Anth	一期科考	中国特有	药用
776	菊科	林生风毛菊	*Saussurea sylvatica* Maxim.	二期科考	中国特有	
777	菊科	打箭风毛菊	*Saussurea tatsienensis* Franch.	其他	中国特有	
778	菊科	西藏风毛菊	*Saussurea tibetica* C. Winkl.	二期科考		
779	菊科	牛耳风毛菊	*Saussurea woodiana* Hemsl.	其他	中国特有	
780	菊科	鸦葱	*Scorzonera austriaca* Willd.	二期科考		
781	菊科	额河千里光	*Senecio argunensis* Turcz.	一期科考		药用
782	菊科	异羽千里光	*Senecio diversipinnus* Ling	一期科考	中国特有	
783	菊科	北千里光	*Senecio dubitabilis* C. Jeffrey et Y. L. Chen	综合调查		
784	菊科	苦苣菜(苦荬菜)	*Sonchus oleraceus* L.	综合调查		药用
785	菊科	短裂苦苣菜	*Sonchus uliginosus* M. B. Fl.	其他		药用
786	菊科	苣荬菜	*Sonchus wightianus* DC.	综合调查		药用
787	菊科	空桶参	*Soroseris erysimoides*(Hand.-Mazz.)Shih	二期科考		药用
788	菊科	柱序绢毛苣	*Soroseris teres* Shih	二期科考		
789	菊科	盘状合头菊	*Syncalathium disciforme*(Mattf.)Ling.	综合调查		
790	菊科	川西小黄菊	*Tanacetum tatsienense*(Bureau & Franchet)K. Bremer & Humphries	一期科考	中国特有	药用
791	菊科	白花蒲公英	*Taraxacum albiflos* Kirschner & Štepanek	一期科考		药用
792	菊科	短喙蒲公英	*Taraxacum brevirostre* Hand.-Mazz.	二期科考		
793	菊科	大头蒲公英	*Taraxacum calanthodium* Dahlst.	一期科考	中国特有	
794	菊科	川甘蒲公英	*Taraxacum lugubre* Dahlst.	综合调查		
795	菊科	蒲公英	*Taraxacum mongolicum* Hand.-Mazz.	一期科考		药用
796	菊科	白缘蒲公英	*Taraxacum platypecidum* Diels	综合调查		
797	菊科	深裂蒲公英	*Taraxacum scariosum*(Tausch)Kirschner & Štepanek	二期科考		
798	菊科	锡金蒲公英	*Taraxacum sikkimense* Hand.-Mazz.	二期科考		
799	菊科	狗舌草	*Tephroseris kirilowii*(Turcz. ex DC.)Holub	二期科考		
800	菊科	橙舌狗舌草	*Tephroseris rufa*(Hand.-Mazz.)B. Nord.	一期科考	中国特有	
801	菊科	黄缨菊	*Xanthopappus subacaulis* C. Winkl.	综合调查	中国特有	药用
802	菊科	无茎黄鹌菜	*Youngia simulatrix*(Babcock)Babcock et Stebbins	一期科考	中国特有	
803	眼子菜科	穿叶眼子菜	*Potamogeton perfoliatus* L.	其他		

续表

序号	科名	种名	拉丁名	调查时间	保护类型	用途
804	眼子菜科	小眼子菜(线叶眼子菜)	*Potamogeton pusillus* L.	一期科考		药用
805	眼子菜科	篦齿眼子菜	*Stuckenia pectinata*(L.)Borner	一期科考		
806	眼子菜科	角果藻	*Zannichellia palustris* L.	综合调查		
807	水麦冬科	海韭菜	*Triglochin maritimum* L.	一期科考		药用
808	水麦冬科	水麦冬	*Triglochin palustre* L.	综合调查		药用
809	禾本科	细叶芨芨草(秦氏芨芨草)	*Achnatherum chingii*(Hitchc.)Keng ex P. C. Kuo	其他		
810	禾本科	醉马草	*Achnatherum inebrians*(Hance)Keng	一期科考	中国特有	药用
811	禾本科	芨芨草	*Achnatherum splendens*(Trin.)Nevski	综合调查		药用
812	禾本科	华北剪股颖	*Agrostis clavata* Trin.	二期科考		
813	禾本科	巨序剪股颖	*Agrostis gigantea* Roth	其他		
814	禾本科	疏花剪股颖(广序剪股颖)	*Agrostis hookeriana* Clarke ex Hook. f.	一期科考	中国特有	
815	禾本科	甘青剪股颖	*Agrostis hugoniana* Rendle	一期科考	中国特有	
816	禾本科	小花剪股颖	*Agrostis micrantha* Steud.	一期科考		
817	禾本科	岩生剪股颖(川西剪股颖)	*Agrostis sinorupestris* L. Liu ex S. M. Phillips & S. L. Lu	一期科考	中国特有	
818	禾本科	三刺草	*Aristida triseta* Keng	其他	中国特有	
819	禾本科	野燕麦	*Avena fatua* L.	综合调查		
820	禾本科	菵草	*Beckmannia syzigachne*(Steud .)Fern.	一期科考		
821	禾本科	短柄草	*Brachypodium sylvaticum*(Huds)Beauv	综合调查		
822	禾本科	无芒雀麦	*Bromus inermis* Leyss.	其他		
823	禾本科	雀麦	*Bromus japonicus* Thunb. ex Murr.	一期科考		药用
824	禾本科	大雀麦	*Bromus magnus* Keng	一期科考	中国特有	
825	禾本科	多节雀麦	*Bromus plurinodis* Keng	其他		
826	禾本科	耐酸草	*Bromus pumpellianus* Scribn.	二期科考		
827	禾本科	华雀麦	*Bromus sinensis* Keng.	其他	CITES-Ⅱ	
828	禾本科	旱雀麦	*Bromus tectorum* L.	综合调查		
829	禾本科	假苇拂子茅(拂子茅属)	*Calamagrostis pseudophragmites*(Hall. f.)Koel.	二期科考		
830	禾本科	沿沟草	*Catabrosa aquatica*(L.)Beauv.	综合调查		药用
831	禾本科	发草	*Deschampsia cespitosa*(L.)P. Beauv.	一期科考		
832	禾本科	短枝发草(滨发草)	*Deschampsia cespitosa* subsp. *ivanovae*(Tzvelev)S. M. Phillips & Z. L. Wu	一期科考		
833	禾本科	穗发草	*Deschampsia koelerioides* Regel	二期科考		
834	禾本科	黄花野青茅(长花野青茅)	*Deyeuxia flavens* Keng	其他	中国特有	
835	禾本科	野青茅	*Deyeuxia pyramidalis*(Host)Veldkamp	其他		
836	禾本科	糙野青茅	*Deyeuxia scabrescens*(Griseb.)Munro ex Duthie.	其他		
837	禾本科	短芒披碱草	*Elymus breviaristatus*(Keng)Keng f.	其他		

续表

序号	科名	种名	拉丁名	调查时间	保护类型	用途
838	禾本科	短颖披碱草(垂穗鹅观草)	*Elymus burchan-buddae*(Nevski)Tzvelev	一期科考	中国特有	
839	禾本科	披碱草	*Elymus dahuricus* Turcz.	综合调查		
840	禾本科	垂穗披碱草	*Elymus nutans* Griseb.	一期科考		
841	禾本科	紫芒披碱草	*Elymus purpuraristatus* C. P. Wang et H. L. Yang	综合调查	中国特有、国家二级	
842	禾本科	秋披碱草(秋鹅观草)	*Elymus serotinus*(Keng)A. Love ex B. Rong Lu	二期科考		
843	禾本科	老芒麦	*Elymus sibiricus* Linn	一期科考		
844	禾本科	远东羊茅	*Festuca extremiorientalis* Ohwi	一期科考		
845	禾本科	羊茅	*Festuca ovina* L.	一期科考		
846	禾本科	紫羊茅	*Festuca rubra* L.	一期科考		
847	禾本科	中华羊茅	*Festuca sinensis* Keng ex S. L. Lu	综合调查	中国特有、CITES-Ⅱ	
848	禾本科	藏滇羊茅(云南羊茅)	*Festuca vierhapperi* Hand.-Mazz.	一期科考	中国特有	
849	禾本科	高异燕麦	*Helictotrichon altius*(Hitchc.)Ohwi	一期科考	中国特有	
850	禾本科	异燕麦	*Helictotrichon hookeri*(Scribner)Henrard	一期科考		
851	禾本科	藏异燕麦	*Helictotrichon tibeticum*(Roshev.)Holub	一期科考	中国特有	
852	禾本科	青稞(裸大麦)	*Hordeum vulgare* Linn. var. *nudum* Hook. f.	综合调查		
853	禾本科	青海以礼草(青海仲彬草、青海鹅观草)	*Kengyilia kokonorica*(Keng)J. L. Yang et.al	综合调查	国家二级	
854	禾本科	芒落落草	*Koeleria litvinowii* Dom.	一期科考		
855	禾本科	银落草	*Koeleria litvinowii* subsp. *argentea*(Grisebach)S. M. Phillips & Z. L. Wu	一期科考		
856	禾本科	落草	*Koeleria macrantha*(Ledebour)Schultes	综合调查		
857	禾本科	羊草	*Leymus chinensis*(Trin.)Tzvel.	二期科考		
858	禾本科	赖草	*Leymus secalinus*(Georgi)Tzvel.	综合调查		药用
859	禾本科	黑麦草(黑麦草属)	*Lolium perenne* L.	二期科考		
860	禾本科	白草	*Pennisetum flaccidum* Grisebach	一期科考		药用
861	禾本科	高山梯牧草	*Phleum alpinum* Linn.	二期科考		
862	禾本科	芦苇	*Phragmites australis*(Cav.)Trin. ex Steud.	综合调查		药用
863	禾本科	藏落芒草	*Piptatherum tibeticum* Roshevitz	其他		
864	禾本科	阿拉套早熟禾	*Poa alberti* Regel.	二期科考		
865	禾本科	波伐早熟禾	*Poa albertii* subsp. *poophagorum*(Bor)Olonova & G. Zhu	综合调查		
866	禾本科	早熟禾	*Poa annua* L.	一期科考		药用
867	禾本科	堇色早熟禾(华灰早熟禾)	*Poa araratica* subsp. *ianthina*(Keng ex Shan Chen) Olonova & G. Zhu	综合调查		

续表

序号	科名	种名	拉丁名	调查时间	保护类型	用途
868	禾本科	阿洼早熟禾(冷地早熟禾)	*Poa araratica* Trautv.	一期科考	中国特有	
869	禾本科	糙叶早熟禾(大锥早熟禾)	*Poa asperifolia* Bor	一期科考	中国特有	
870	禾本科	渐尖早熟禾	*Poa attenuata* Trin.	一期科考		
871	禾本科	草地早熟禾	*Poa pratensis* L.	一期科考		药用
872	禾本科	高原早熟禾	*Poa pratensis* subsp. *alpigena*(Lindman)Hiitonen	综合调查		
873	禾本科	粉绿早熟禾(密花早熟禾)	*Poa pratensis* subsp. *pruinosa*(Korotky)Dickore	综合调查		
874	禾本科	矮早熟禾	*Poa pumila* Host.	其他		
875	禾本科	锡金早熟禾(套鞘早熟禾)	*Poa sikkimensis*(Stapf)Bor	一期科考		
876	禾本科	胎生早熟禾	*Poa sinattenuata* Keng var. *vivipara* Rendle	一期科考	中国特有	
877	禾本科	散穗早熟禾	*Poa subfastigiata* Trin.	二期科考		
878	禾本科	垂枝早熟禾	*Poa szechuensis* var. *debilior*(Hitchcock)Soreng & G. Zhu	一期科考	中国特有	
879	禾本科	西藏早熟禾	*Poa tibetica* Munro ex Stapf	其他		
880	禾本科	多变早熟禾(变色早熟禾)	*Poa versicolor* subsp. *varia*(Keng ex L. Liu)Olonova & G. Zhu	其他		
881	禾本科	细柄茅	*Ptilagrostis mongholica*(Turcz. ex Trin.)Griseb.	其他		
882	禾本科	异针茅	*Stipa aliena* Keng	一期科考	中国特有	
883	禾本科	丝颖针茅(本氏针茅)	*Stipa capillacea* Keng	其他		
884	禾本科	疏花针茅	*Stipa penicillata* Hand.-Mazz.	二期科考		
885	禾本科	甘青针茅	*Stipa przewalskyi* Roshev.	二期科考		
886	禾本科	紫花针茅	*Stipa purpurea* Griseb.	综合调查		
887	禾本科	狭穗针茅	*Stipa regeliana* Hack.	一期科考		
888	禾本科	西北针茅(克氏针茅)	*Stipa sareptana* var. *krylovii*(Roshev.)P. C. Kuo et Y. H. Sun	其他		
889	禾本科	三毛草	*Trisetum bifidum*(Thunb.)Ohwi	其他		
890	禾本科	西伯利亚三毛草	*Trisetum sibiricum* Rupr.	一期科考		
891	禾本科	穗三毛	*Trisetum spicatum*(L.)Richt.	一期科考		
892	禾本科	菰	*Zizania latifolia*(Griseb.)Stapf	二期科考		
893	莎草科	扁穗草	*Blysmus compressus*(Linn.)Panz.	其他		
894	莎草科	华扁穗草	*Blysmus sinocompressus* Tang et Wang	一期科考	中国特有	
895	莎草科	黑褐穗薹草	*Carex atrofusca* Schkuhr subsp. *minor*(Boott)T. Koyama	二期科考		
896	莎草科	丝秆薹草	*Carex capillaris* Linn.	其他		
897	莎草科	藏东薹草	*Carex cardiolepis* Nees	一期科考		
898	莎草科	密生薹草	*Carex crebra* V. Krecz.	综合调查	中国特有	

续表

序号	科名	种名	拉丁名	调查时间	保护类型	用途
899	莎草科	狭囊薹草	*Carex cruenta* Nees	一期科考		
900	莎草科	无脉薹草	*Carex enervis* C. A. Mey.	一期科考		
901	莎草科	箭叶薹草	*Carex ensifolia* Trucz.	二期科考		
902	莎草科	点叶薹草	*Carex hancockiana* Maxim.	二期科考		
903	莎草科	甘肃薹草	*Carex kansuensis* Nelmes	一期科考	中国特有	
904	莎草科	膨囊薹草	*Carex lehmanii* Drejer	一期科考		
905	莎草科	尖苞薹草	*Carex microglochin* Wahl.	综合调查		
906	莎草科	青藏薹草	*Carex moorcroftii* Falc. ex Boott	一期科考		
907	莎草科	木里薹草	*Carex muliensis* Hand.-Mazz.	其他		
908	莎草科	喜马拉雅薹草（黑穗薹草）	*Carex nivalis* Boott	一期科考		
909	莎草科	帕米尔薹草	*Carex pamirensis* C. B. Clarke ex B. Fedtsch	综合调查		
910	莎草科	糙喙薹草	*Carex scabrirostris* Kükenth.	一期科考	中国特有	
911	莎草科	粗根薹草	*Carex setosa* Boott	一期科考	中国特有	
912	莎草科	沼泽荸荠	*Eleocharis palustris* Bunge	综合调查		
913	莎草科	具刚毛荸荠	*Eleocharis valleculosa* var. *setosa* Ohwi	一期科考		
914	莎草科	牛毛毡	*Eleocharis yokoscensis*（Franch. et Sav.）Tang et Wang	其他		药用
915	莎草科	细莞（细秆藨草）	*Isolepis setacea*（Linnaeus）R. Brown	一期科考		
916	莎草科	线叶嵩草	*Kobresia capillifolia*（Decne.）C. B. Clarke	一期科考		
917	莎草科	丝叶嵩草（丝秆嵩草）	*Kobresia filifolia*（Turcz.）C. B. Clarke	其他		
918	莎草科	禾叶嵩草	*Kobresia graminifolia* C. B. Clarke	一期科考	中国特有	
919	莎草科	矮生嵩草	*Kobresia humilis*（C. A. Mey. ex Trauvt.）Sergievskaya	一期科考		
920	莎草科	甘肃嵩草	*Kobresia kansuensis* Kukenth.	一期科考	中国特有	
921	莎草科	康藏嵩草（藏北嵩草）	*Kobresia littledalei* C. B. Clarke	一期科考	中国特有	
922	莎草科	大花嵩草（裸果扁穗薹草）	*Kobresia macrantha* Bocklr.	其他		
923	莎草科	嵩草	*Kobresia myosuroides*（Villars）Foiri	一期科考		
924	莎草科	高山嵩草（小嵩草）	*Kobresia pygmaea* C. B. Clarke	一期科考		
925	莎草科	岷山嵩草	*Kobresia royleana* subsp. *minshanica*（F. T. Wang & T. Tang ex Y. C. Yang）S. R. Zhang	一期科考	中国特有	
926	莎草科	喜马拉雅嵩草	*Kobresia royleana*（Nees）Bocklr.	二期科考		
927	莎草科	赤箭嵩草	*Kobresia schoenoides*（C. A. Mey.）Steud.	二期科考		
928	莎草科	四川嵩草	*Kobresia setschwanensis* Hand.-Mazz.	一期科考	中国特有	
929	莎草科	西藏嵩草	*Kobresia tibetica* Maxim.	二期科考		
930	莎草科	短轴嵩草	*Kobresia vidua*（Boott ex C. B. Clarke）Kükenth.	综合调查		
931	莎草科	三棱水葱（藨草）	*Schoenoplectus triqueter*（Linnaeus）Palla	其他		药用

续表

序号	科名	种名	拉丁名	调查时间	保护类型	用途
932	莎草科	矮针蔺(矮藨草)	*Trichophorum pumilum*(Vahl)Schinz & Thellung	其他		
933	灯心草科	葱状灯心草	*Juncus allioides* Franch.	一期科考	中国特有	
934	灯心草科	小灯心草	*Juncus bufonius* Linn.	一期科考		药用
935	灯心草科	栗花灯心草	*Juncus castaneus* Smith	一期科考		药用
936	灯心草科	喜马灯心草(无耳灯心草)	*Juncus himalensis* Klotzsch	一期科考		
937	灯心草科	分枝灯心草	*Juncus luzuliformis* Franchet	一期科考	中国特有	
938	灯心草科	多花灯心草	*Juncus modicus* N. E. Brown	一期科考	中国特有	
939	灯心草科	单枝丝灯心草	*Juncus potaninii* Buchen.	一期科考	中国特有	
940	灯心草科	枯灯心草	*Juncus sphacelatus* Decne.	综合调查		
941	灯心草科	展苞灯心草	*Juncus thomsonii* Buchen.	一期科考		
942	鸢尾科	玉蝉花	*Iris ensata* Thunb.	综合调查		药用
943	鸢尾科	锐果鸢尾	*Iris goniocarpa* Baker	一期科考		
944	鸢尾科	马蔺	*Iris lactea* Pall.	一期科考		药用
945	鸢尾科	卷鞘鸢尾	*Iris potaninii* Maxim.	综合调查		药用
946	鸢尾科	准噶尔鸢尾	*Iris songarica* Schrenk ex Fisch. et C. A. Mey.	二期科考		
947	百合科	腺毛粉条儿菜	*Aletris glandulifera* Bur. et Franch.	一期科考	中国特有	
948	百合科	折被韭(黄头韭)	*Allium chrysocephalum* Regel	一期科考	中国特有	
949	百合科	黄花韭(野葱)	*Allium chysanthum* Regel	一期科考	中国特有	
950	百合科	天蓝韭	*Allium cyaneum* Regel	一期科考	中国特有	药用
951	百合科	川甘韭	*Allium cyathophorum* var. *farreri* Stearn	一期科考	中国特有	
952	百合科	金头韭	*Allium herderianum* Regel	二期科考	中国特有	药用
953	百合科	大花韭	*Allium macranthum* Baker	二期科考		
954	百合科	青甘韭	*Allium przewalskianum* Regel	一期科考		
955	百合科	高山韭	*Allium sikkimense* Baker	一期科考		药用
956	百合科	唐古韭	*Allium tanguticum* Regel	一期科考	中国特有	
957	百合科	齿被韭	*Allium yuanum* Wang et Tang	二期科考	中国特有	
958	百合科	长花天门冬	*Asparagus longiflorus* Franch.	一期科考	中国特有	
959	百合科	石刁柏	*Asparagus officinalis* L.	二期科考	中国特有	
960	百合科	甘肃贝母	*Fritillaria przewalskii* Maxim. ex Batal.	一期科考	中国特有、国家二级	
961	百合科	玉簪	*Hosta plantaginea*(Lam.)Aschers.	综合调查		药用
962	百合科	山丹	*Lilium pumilum* DC.	综合调查		药用
963	百合科	洼瓣花	*Lloydia serotina*(L.)Rchb.	二期科考		
964	百合科	西藏洼瓣花	*Lloydia tibetica* Baker ex Oliv.	二期科考		药用
965	百合科	卷叶黄精	*Polygonatum cirrhifolium*(Wall.)Royle	一期科考		药用
966	百合科	玉竹	*Polygonatum odoratum*(Mill.)Druce	综合调查		药用
967	百合科	轮叶黄精	*Polygonatum verticillatum*(L.)All.	一期科考		药用
968	兰科	掌裂兰	*Dactylorhiza hatagirea*(D. Don)Soó	二期科考	CITES-Ⅱ	药用

续表

序号	科名	种名	拉丁名	调查时间	保护类型	用途
969	兰科	凹舌掌裂兰（凹舌兰）	*Dactylorhiza viridis*（Linnaeus）R. M. Bateman，Pridgeon & M. W. Chase	一期科考	CITES-Ⅱ	药用
970	兰科	小斑叶兰	*Goodyera repens*（L.）R. Br.	一期科考	CITES-Ⅱ	药用
971	兰科	手参	*Gymnadenia conopsea*（L.）R. Br.	一期科考	国家二级、CITES-Ⅱ	药用
972	兰科	西藏玉凤花	*Habenaria tibetica* Schltr. ex Limpricht	一期科考	中国特有、IUCN近危、CITES-Ⅱ	药用
973	兰科	裂瓣角盘兰	*Herminium alaschanicum* Maxim.	综合调查	中国特有、IUCN近危、CITES-Ⅱ	药用
974	兰科	角盘兰	*Herminium monorchis*（L. ）R. Br.	一期科考	IUCN近危、CITES-Ⅱ	药用
975	兰科	羊耳蒜	*Liparis campylostalix* H. G. Reichenbach	二期科考	CITES-Ⅱ	药用
976	兰科	尖唇鸟巢兰	*Neottia acuminata* Schltr.	一期科考	CITES-Ⅱ	
977	兰科	广布小红门兰	*Ponerorchis chusua*（D. Don）Soó	一期科考	CITES-Ⅱ	药用
978	兰科	绶草	*Spiranthes sinensis*（Pers.）Ames	二期科考	CITES-Ⅱ	药用

附录3　尕海则岔保护区大型真菌名录

序号	目名	科名	种名	拉丁名	红色名录	保护类型
1	冠囊菌目	麦角科	蛹虫草	*Cordyceps militaris*（L. ex Fr.）Link.	NT	
2	冠囊菌目	麦角科	冬虫夏草	*Cordyceps sinensis*（ Berk.）Sacc.	VU	国家二级
3	冠囊菌目	炭棒科	鹿角炭角菌	*Xylaria hypoxylon*（L.）Grev.		
4	盘菌目	盘菌科	兔耳侧盘菌	*Otidea leporina*（Batsh.：Fr.）Fuckel		
5	盘菌目	盘菌科	褐侧盘菌	*Otidea umbrina*（Pers. ex Fr.）Bres.		
6	盘菌目	盘菌科	疣孢褐盘菌	*Peziza badia* Pers.		
7	盘菌目	马鞍菌科	尖顶羊肚菌	*Morchella conica* Fr.		
8	盘菌目	马鞍菌科	粗柄羊肚菌	*Morchella crassipes*（Vent.）Pers.		
9	盘菌目	马鞍菌科	羊肚菌	*Morchella esculenea*（L.）Pers.		
10	盘菌目	蜡钉菌科	小孢绿盘菌	*Chlorosplenium aeruginascens*（Nyl.）Karst.		
11	盘菌目	蜡钉菌科	长黄蜡钉菌	*Helotium buccinum*（Pers.）Fr.		
12	盘菌目	地舌菌科	黄地锤	*Cudonia lutea*（PK.）Sacc.		
13	木耳目	木耳科	木耳	*Auricularia auricula*（L. ex Hook.）Underwood		
14	木耳目	木耳科	毡盖木耳	*Auricularia mesentrica*（Dicks.）Pers.		
15	银耳目	银耳科	金耳	*Tremella aurantialba* Bandoni et Zang		
16	多孔菌目	多孔菌科	单色云芝	*Coriolus unicolor*（L.：Fr.）Pat.		
17	多孔菌目	多孔菌科	灰白云芝	*Coriolus versicolor*（L. ex Fr.）Quél.		
18	多孔菌目	多孔菌科	大孔菌	*Favolus alveolaris*（DC.：Fr.）Quél.		
19	多孔菌目	多孔菌科	漏斗大孔菌	*Favolus arcularius*（Batsch：Fr.）Ames.		
20	多孔菌目	多孔菌科	硬壳层孔菌	*Fomes hornodermus* Mont		
21	多孔菌目	多孔菌科	篱边黏褶菌	*Gleophyllum saepiarium*（Wulf: Fr.）Karst.		
22	多孔菌目	多孔菌科	乌茸菌	*Polyozellus multiplex*（Underw.）Murr.		

续表

序号	目名	科名	种名	拉丁名	红色名录	保护类型
23	多孔菌目	多孔菌科	黑盖拟多孔菌	*Polyporellus melanopus*(Sw.)Pilát.		
24	多孔菌目	多孔菌科	灰树花	*Polyporus frondosus*(Dicks.)Fr.		
25	多孔菌目	多孔菌科	多孔菌	*Polyporus varius* Pers.:Fr.		
26	多孔菌目	多孔菌科	香栓菌	*Trametes suaveloens*(L.)Fr.		
27	多孔菌目	裂褶菌科	裂褶菌	*Schizophyllum commune* Franch.		
28	多孔菌目	齿菌科	白齿菌	*Hydnum repandum* L. : Fr. var. *album*(Quél.)Rea.		
29	多孔菌目	齿菌科	翘鳞肉齿菌	*Saarcodon imbricatum*(L.:Fr.)Karst.		
30	多孔菌目	珊瑚菌科	棒瑚菌	*Clavariadelphus pistillaris*(L.)Donk		
31	多孔菌目	珊瑚菌科	烟色珊瑚菌	*Clavaria fumosa* Fr.		
32	多孔菌目	珊瑚菌科	杵棒	*Clavaria pistillaria* L. ex Fr.		
33	多孔菌目	珊瑚菌科	灰色锁瑚菌	*Clavulina cinerea*(Bull. : Fr.)Schrot.		
34	多孔菌目	珊瑚菌科	冠锁瑚菌	*Clavulina cristata*(Holmsk. : Fr.)Schroet		
35	多孔菌目	珊瑚菌科	棕黄枝瑚菌	*Ramaria flavobrunnescens*(Atk.)Corner		
36	多孔菌目	珊瑚菌科	金色枝瑚菌	*Ramaria subaurantiaca* Corner		中国特有
37	多孔菌目	喇叭菌科	黄肉喇叭菌	*Cantharellus carneoflavus* Corner		
38	伞菌目	牛肝菌科	黄褐牛肝菌	Boletus subsplendidus W.F. Chiu		
39	伞菌目	侧耳科	腐木侧耳	*Pleurotus lignatilis* Gill.		
40	伞菌目	口蘑科	肉色杯伞	*Clitocybe geotropa*(Fr.)Quél.		
41	伞菌目	口蘑科	华美杯伞	*Clitocybe splendens*(Pers. : Fr.)Gill.		
42	伞菌目	口蘑科	群生金线菌	*Collybia confluens*(Pers. ex Fr.)Quél.		
43	伞菌目	口蘑科	白香蘑	*Lepista caespitosa*(Bres.)Sing.		
44	伞菌目	口蘑科	紫丁香蘑	*Lepista nuda*(Bull.)Cooke		
45	伞菌目	口蘑科	荷叶离褶伞	*Lyophyllum decastes*(Fr. : Fr.)Sing.		
46	伞菌目	口蘑科	苦白口蘑	*Tricholoma album*(Schaeff. : Fr.)Kummer		
47	伞菌目	蘑菇科	野蘑菇	*Agaricus arvensis* Schaeff. ex Fr.		
48	伞菌目	蘑菇科	白鳞蘑菇	*Agaricus bernardii*(Quél.)Sacc.		
49	伞菌目	蘑菇科	蘑菇	*Agaricus bisporus*(J. E. Lange)Pilát		
50	伞菌目	蘑菇科	白林地蘑菇	*Agaricus silvicola*(Vitt.)Sacc.		
51	伞菌目	鬼伞科	墨汁鬼伞	*Coprinus atramentarius*(Bull.)Fr.		
52	伞菌目	鬼伞科	粪鬼伞	*Coprinus sterqulinus* Fr.		
53	伞菌目	铆钉菇科	血红铆钉菇	*Chroogomphus rutilus*(Schaeff.)O. K. Mill.		
54	伞菌目	丝膜菌科	蓝丝膜菌	*Cortinarius caerulescens*(Schaeff.)Fr.		
55	伞菌目	丝膜菌科	黄棕丝膜菌	*Cortinarius cinnamomeus*(L. : Fr.)Fr.		
56	伞菌目	丝膜菌科	弯丝膜菌	*Cortinarius infractus*(Pers.)Fr.	VU	
57	伞菌目	红菇科	松乳菇	*Lactarius deliciosus*(L.:Fr.)Gray		
58	伞菌目	红菇科	红汁乳菇	*Lactarius hatsudake* Tanaka		
59	伞菌目	红菇科	细质乳菇	*Lactarius mitissimus* Fr.		
60	伞菌目	红菇科	窝柄黄乳菇	*Lactarius scrobiculatus*(Scop ex Fr.)Fr.		
61	伞菌目	红菇科	黑菇	*Russula adusta*(Pers.)Fr.		
62	伞菌目	红菇科	大红菇	*Russula alutacea*(Pers.)Fr.		
63	伞菌目	红菇科	大白菇	*Russula delica* Fr.		

续表

序号	目名	科名	种名	拉丁名	红色名录	保护类型
64	马勃目	马勃科	白秃马勃	*Calvatia candida*(Rostk.)Hollos		
65	马勃目	马勃科	大秃马勃	*Calvatia gigantea*(Batsch ex Pers.)Lloyd.		
66	马勃目	马勃科	小马勃	*Lycoperdon pusillus* Batsch : Pers.		
67	马勃目	马勃科	梨形马勃	*Lycoperdon pyriforme* Schaeff.:Pers.		
68	硬皮马勃目	硬皮地星科	硬皮地星	*Astraeus hygrometricus*(Pers.)Morgan		
69	鸟巢菌目	鸟巢菌科	白蛋巢菌	*Crucibulum vulgare* Tul.		
70	鸟巢菌目	鸟巢菌科	壶黑蛋巢	*Cyathus olla*(Batsch)Pers.		

附录4 尕海则岔保护区野生动物名录

物种序号	目	科	中文名	拉丁名	保护级别	地理分布型	鸟类居留型	居留期	是否国家特有	红色名录	CITES	IUCN
1	鲤形目	鲤科	黄河裸裂尻鱼	*Schizopygopsis pylzovi*	省重点	古北界东洋界			是	VU		
2	鲤形目	鲤科	花斑裸鲤	*Gymnocypris eckloni*	省重点	古北界东洋界			是	VU		
3	鲤形目	鲤科	厚唇裸重唇鱼	*Gymnodiptychus pachycheilus*	新二级	古北界东洋界			是	VU		
4	鲤形目	鲤科	骨唇黄河鱼	*Chuanchia labiosa*	新二级	古北界			是	EN		
5	鲤形目	鲤科	极边扁咽齿鱼	*Platypharodon extremus*	新二级	古北界东洋界			是	EN		
6	鲤形目	鲤科	麦穗鱼	*Pseudorasbora parva*		古北界东洋界				LC		LC
7	鲤形目	鲤科	鲫	*Carassius auratus*		古北界东洋界				LC		LC
8	鲤形目	鳅科	黄河高原鳅	*Triplophysa pappenheimi*	省重点	古北界			是	EN		
9	鲤形目	鳅科	拟鲇高原鳅	*Triplophysa siluroides*	新二级	古北界			是	VU		
10	鲤形目	鳅科	达里湖高原鳅	*Triplophysa dalaica*		古北界			是	LC		LC
11	鲤形目	鳅科	东方高原鳅	*Triplophysa orientalis*		古北界			是	LC		LC
12	鲤形目	鳅科	硬鳍高原鳅	*Triplophysa scleroptera*		古北界			是	LC		
13	鲤形目	鳅科	短尾高原鳅	*Triplophysa brevicauda*		古北界			是	DD		LC
14	鲤形目	鳅科	黑体高原鳅	*Triplophysa obscura*		古北界			是	DD		

续表

物种序号	目	科	中文名	拉丁名	保护级别	地理分布型	鸟类居留型	居留期	是否国家特有	红色名录	CITES	IUCN
15	鲤形目	鳅科	拟硬刺高原鳅	*Triplophysa pseudoscleroptera*		古北界			是	DD		
16	鲤形目	鳅科	泥鳅	*Misgurnus anguillicaudatus*		古北界 东洋界				LC		LC
17	鲑形目	鲑科	虹鳟	*Oncorhynchus mykiss*		古北界						
18	有尾目	小鲵科	西藏山溪鲵	*Batrachuperus tibetanus*	新二级	古北界			是	VU		VU
19	无尾目	角蟾科	西藏齿突蟾	*Scutiger boulengeri*	三有	古北界 东洋界			是	LC		LC
20	无尾目	蟾蜍科	中华蟾蜍	*Bufo gargarizans*	三有	古北界				LC		LC
21	无尾目	蟾蜍科	岷山蟾蜍	*Bufo minshanicus*	国三有、省重点	古北界			是	LC		LC
22	无尾目	蛙科	中国林蛙	*Rana chensinensis*	三有	古北界			是	LC		LC
23	无尾目	蛙科	黑斑侧褶蛙	*Pelophylax nigromaculatus*	三有	古北界				NT		NT
24	无尾目	叉舌蛙科	倭蛙	*Nanorana pleskei*	三有	古北界 东洋界			是	LC		NT
25	有鳞目	石龙子科	康定滑蜥	*Scincella potanini*	三有	广布种			是	LC		LC
26	有鳞目	鬣蜥科	青海沙蜥	*Phrynocephalus vlangalii*	三有	古北界			是	LC		LC
27	有鳞目	蝰科	高原蝮	*Gloydius strauchi*	三有	古北界			是	NT		NT
28	鸡形目	松鸡科	斑尾榛鸡	*Tetrastes sewerzowi*	一级	古北界	留鸟	终年	是	NT		NT
29	鸡形目	雉科	雪鹑	*Lerwa lerwa*	国三有、省重点	古北界 东洋界	留鸟	终年		NT		LC
30	鸡形目	雉科	红喉雉鹑	*Tetraophasis obscurus*	一级	古北界 东洋界	留鸟	终年	是	VU		LC
31	鸡形目	雉科	藏雪鸡	*Tetraogallus tibetanus*	二级	古北界 东洋界	留鸟	终年		NT	附录Ⅰ	LC
32	鸡形目	雉科	高原山鹑	*Perdix hodgsoniae*	三有	古北界 东洋界	留鸟	终年		LC		LC
33	鸡形目	雉科	血雉	*Ithaginis cruentus*	二级	古北界 东洋界	留鸟	终年		NT	附录Ⅱ	LC
34	鸡形目	雉科	蓝马鸡	*Crossoptilon auritum*	二级	古北界 东洋界	留鸟	终年	是	NT		LC

续表

物种序号	目	科	中文名	拉丁名	保护级别	地理分布型	鸟类居留型	居留期	是否国家特有	红色名录	CITES	IUCN
35	鸡形目	雉科	环颈雉	*Phasianus colchicus*	三有	古北界东洋界	留鸟	终年		LC		LC
36	雁形目	鸭科	豆雁	*Anser fabalis*	三有	古北界	夏候鸟	4~10月		LC		LC
37	雁形目	鸭科	灰雁	*Anser anser*	国三有、省重点	古北界	夏候鸟	3~11月		LC		LC
38	雁形目	鸭科	斑头雁	*Anser indicus*	国三有、省重点	古北界	夏候鸟	3~11月		LC		LC
39	雁形目	鸭科	大天鹅	*Cygnus cygnus*	二级	古北界	冬候鸟	3~11月		NT		LC
40	雁形目	鸭科	赤麻鸭	*Tadorna ferruginea*	三有	古北界	夏候鸟	3~11月		LC		LC
41	雁形目	鸭科	赤膀鸭	*Anas strepera*	三有	古北界	旅鸟			LC		LC
42	雁形目	鸭科	罗纹鸭	*Anas falcata*	三有	古北界	夏候鸟	4~11月		NT		NT
43	雁形目	鸭科	赤颈鸭	*Anas penelope*	三有	古北界	夏候鸟	4~11月		LC		LC
44	雁形目	鸭科	绿头鸭	*Anas platyrhynchos*	三有	古北界	夏候鸟	4~11月		LC		LC
45	雁形目	鸭科	斑嘴鸭	*Anas zonorhyncha*	三有	古北界	夏候鸟	4~11月		LC		LC
46	雁形目	鸭科	针尾鸭	*Anas acuta*	三有	古北界	夏候鸟	3~11月		LC		LC
47	雁形目	鸭科	绿翅鸭	*Anas crecca*	三有	古北界	夏候鸟	3~11月		LC		LC
48	雁形目	鸭科	琵嘴鸭	*Anas clypeata*	三有	古北界	夏候鸟	3~11月		LC		LC
49	雁形目	鸭科	白眉鸭	*Anas querquedula*	三有	古北界	夏候鸟	4~11月		LC		LC
50	雁形目	鸭科	赤嘴潜鸭	*Netta rufina*	国三有、省重点	古北界	旅鸟			LC		LC
51	雁形目	鸭科	红头潜鸭	*Aythya ferina*	三有	古北界	旅鸟			LC		LC
52	雁形目	鸭科	白眼潜鸭	*Aythya nyroca*	三有	古北界	旅鸟			NT		NT
53	雁形目	鸭科	凤头潜鸭	*Aythya fuligula*	三有	古北界	旅鸟			LC		LC

续表

物种序号	目	科	中文名	拉丁名	保护级别	地理分布型	鸟类居留型	居留期	是否国家特有	红色名录	CITES	IUCN
54	雁形目	鸭科	鹊鸭	*Bucephala clangula*	三有	古北界	冬候鸟	10~3月		LC		LC
55	雁形目	鸭科	斑头秋沙鸭	*Mergellus albellus*	新二级	古北界	冬候鸟	10~3月		LC		LC
56	雁形目	鸭科	普通秋沙鸭	*Mergus merganser*	三有	古北界	夏候鸟	4~11月		LC		LC
57	鸊鷉目	鸊鷉科	小鸊鷉	*Tachybaptus ruficollis*	三有	古北界东洋界	夏候鸟	3~11月		LC		LC
58	鸊鷉目	鸊鷉科	凤头鸊鷉	*Podiceps cristatus*	三有	广布种	夏候鸟	4~11月		LC		LC
59	鸊鷉目	鸊鷉科	黑颈鸊鷉	*Podiceps nigricollis*	新二级	古北界东洋界	旅鸟			LC		LC
60	鸽形目	鸠鸽科	原鸽	*Columba livia*	三有	古北界东洋界	留鸟	终年		LC		LC
61	鸽形目	鸠鸽科	岩鸽	*Columba rupestris*	三有	古北界东洋界	留鸟	终年		LC		LC
62	鸽形目	鸠鸽科	雪鸽	*Columba leuconota*	国三有、省重点	古北界东洋界	留鸟	终年		LC		LC
63	鸽形目	鸠鸽科	山斑鸠	*Streptopelia orientalis*	三有	古北界东洋界	留鸟	终年		LC		LC
64	鸽形目	鸠鸽科	灰斑鸠	*Streptopelia decaocto*	三有	古北界东洋界	留鸟	终年		LC		LC
65	鸽形目	鸠鸽科	火斑鸠	*Streptopelia tranquebarica*	三有	古北界东洋界	留鸟	终年		LC		LC
66	鸽形目	鸠鸽科	珠颈斑鸠	*Streptopelia chinensis*	三有	古北界东洋界	留鸟	终年		LC		LC
67	夜鹰目	雨燕科	白腰雨燕	*Apus pacificus*	三有	广布种	夏候鸟	4~10月		LC		LC
68	鹃形目	杜鹃科	大鹰鹃	*Hierococcyx sparverioides*	三有	古北界东洋界	夏候鸟	5~10月		LC		LC
69	鹃形目	杜鹃科	四声杜鹃	*Cuculus micropterus*	三有	古北界东洋界	夏候鸟	5~10月		LC		LC
70	鹃形目	杜鹃科	大杜鹃	*Cuculus canorus*	三有	古北界东洋界	夏候鸟	5~10月		LC		LC
71	鹤形目	秧鸡科	普通秧鸡	*Rallus aquaticus*	三有	古北界东洋界	夏候鸟	4~11月		LC		LC
72	鹤形目	秧鸡科	白胸苦恶鸟	*Amaurornis phoenicurus*	三有	广布种	夏候鸟	4~11月		LC		LC

续表

物种序号	目	科	中文名	拉丁名	保护级别	地理分布型	鸟类居留型	居留期	是否国家特有	红色名录	CITES	IUCN
73	鹤形目	秧鸡科	白骨顶	*Fulica atra*	三有	广布种	夏候鸟	4~11月		LC		LC
74	鹤形目	鹤科	灰鹤	*Grus grus*	二级	古北界	旅鸟			NT	附录Ⅱ	LC
75	鹤形目	鹤科	黑颈鹤	*Grus nigricollis*	一级	古北界	夏候鸟	3~11月		VU	附录Ⅰ	VU
76	鸻形目	鹮嘴鹬科	鹮嘴鹬	*Ibidorhyncha struthersii*	新二级	古北界东洋界	旅鸟			NT		LC
77	鸻形目	反嘴鹬科	黑翅长脚鹬	*Himantopus himantopus*	三有	古北界东洋界	夏候鸟	4~10月		LC		LC
78	鸻形目	鸻科	凤头麦鸡	*Vanellus vanellus*	三有	古北界	旅鸟			LC		LC
79	鸻形目	鸻科	灰头麦鸡	*Vanellus cinereus*	三有	古北界	夏候鸟	3~11月		LC		LC
80	鸻形目	鸻科	金眶鸻	*Charadrius dubius*	三有	古北界	夏候鸟	4~11月		LC		LC
81	鸻形目	鸻科	环颈鸻	*Charadrius alexandrinus*	三有	古北界	夏候鸟	4~11月		LC		LC
82	鸻形目	鸻科	蒙古沙鸻	*Charadrius mongolus*	三有	古北界	夏候鸟	4~11月		LC		LC
83	鸻形目	鹬科	孤沙锥	*Gallinago solitaria*	三有	古北界	旅鸟			LC		LC
84	鸻形目	鹬科	针尾沙锥	*Gallinago stenura*	三有	古北界	旅鸟			LC		LC
85	鸻形目	鹬科	扇尾沙锥	*Gallinago gallinago*	三有	古北界	旅鸟			LC		LC
86	鸻形目	鹬科	鹤鹬	*Tringa erythropus*	三有	古北界	夏候鸟	4~11月		LC		LC
87	鸻形目	鹬科	红脚鹬	*Tringa totanus*	三有	古北界	夏候鸟	4~11月		LC		LC
88	鸻形目	鹬科	青脚鹬	*Tringa nebularia*	三有	古北界	旅鸟			LC		LC
89	鸻形目	鹬科	白腰草鹬	*Tringa ochropus*	三有	古北界	夏候鸟	4~11月		LC		LC
90	鸻形目	鹬科	林鹬	*Tringa glareola*	三有	古北界	旅鸟			LC		LC
91	鸻形目	鹬科	矶鹬	*Actitis hypoleucos*	三有	古北界	夏候鸟	4~11月		LC		LC
92	鸻形目	鹬科	青脚滨鹬	*Calidris temminckii*	三有	古北界	旅鸟			LC		LC
93	鸻形目	鸥科	棕头鸥	*Larus brunnicephalus*	三有	广布种	夏候鸟	4~11月		LC		LC

续表

物种序号	目	科	中文名	拉丁名	保护级别	地理分布型	鸟类居留型	居留期	是否国家特有	红色名录	CITES	IUCN
94	鸻形目	鸥科	红嘴鸥	*Larus ridibundus*	三有	广布种	夏候鸟	4~11月		LC		LC
95	鸻形目	鸥科	渔鸥	*Ichthyaetusi ichthyaetus*	国三有、省重点	广布种	夏候鸟	4~11月		LC		LC
96	鸻形目	鸥科	普通燕鸥	*Sterna hirundo*	三有	古北界东洋界	夏候鸟	4~11月		LC		LC
97	鸻形目	鸥科	灰翅浮鸥	*Chlidonias hybrida*	三有	广布种	旅鸟	3~11月		LC		LC
98	鹳形目	鹳科	黑鹳	*Ciconia nigra*	一级	古北界东洋界	旅鸟			VU	附录Ⅱ	LC
99	鲣鸟目	鸬鹚科	普通鸬鹚	*Phalacrocorax carbo*	三有	广布种	夏候鸟	5~11月		LC		LC
100	鹈形目	鹮科	白琵鹭	*Platalea leucorodia*	二级	古北界东洋界	夏候鸟	4~11月		NT	附录Ⅱ	LC
101	鹈形目	鹭科	黄斑苇鳽	*Ixobrychus sinensis*	三有	东洋界	迷鸟			LC		LC
102	鹈形目	鹭科	栗头鳽	*Gorsachius goisagi*	新二级	东洋界	迷鸟			DD		EN
103	鹈形目	鹭科	夜鹭	*Nycticorax nycticorax*	三有	广布种	夏候鸟	3~11月		LC		LC
104	鹈形目	鹭科	池鹭	*Ardeola bacchus*	三有	古北界东洋界	夏候鸟	3~11月		LC		LC
105	鹈形目	鹭科	牛背鹭	*Bubulcus ibis*	三有	广布种	夏候鸟	3~10月		LC		LC
106	鹈形目	鹭科	苍鹭	*Ardea cinerea*	三有	古北界东洋界	夏候鸟	5~11月		LC		LC
107	鹈形目	鹭科	草鹭	*Ardea purpurea*	三有	古北界东洋界	夏候鸟	4~11月		LC		LC
108	鹈形目	鹭科	大白鹭	*Ardea alba*	国三有、省重点	广布种	旅鸟			LC		LC
109	鹈形目	鹭科	中白鹭	*Ardea intermedia*	三有	广布种	夏候鸟	4~11月		LC		LC
110	鹰形目	鹰科	胡兀鹫	*Gypaetus barbatus*	一级	古北界东洋界	留鸟	终年		NT	附录Ⅱ	NT
111	鹰形目	鹰科	高山兀鹫	*Gyps himalayensis*	二级	古北界东洋界	留鸟	终年		NT	附录Ⅱ	NT
112	鹰形目	鹰科	秃鹫	*Aegypius monachus*	晋一级	古北界东洋界	留鸟	终年		NT	附录Ⅱ	NT

续表

物种序号	目	科	中文名	拉丁名	保护级别	地理分布型	鸟类居留型	居留期	是否国家特有	红色名录	CITES	IUCN
113	鹰形目	鹰科	草原雕	*Aquila nipalensis*	晋一级	古北界东洋界	夏候鸟	3~11月		VU	附录Ⅱ	EN
114	鹰形目	鹰科	金雕	*Aquila chrysaetos*	一级	古北界	留鸟	终年		VU	附录Ⅱ	LC
115	鹰形目	鹰科	松雀鹰	*Accipiter virgatus*	二级	古北界东洋界	留鸟	终年		LC	附录Ⅱ	LC
116	鹰形目	鹰科	雀鹰	*Accipiter nisus*	二级	古北界东洋界	留鸟	终年		LC	附录Ⅱ	LC
117	鹰形目	鹰科	苍鹰	*Accipiter gentilis*	二级	古北界东洋界	夏候鸟	4~11月		NT	附录Ⅱ	LC
118	鹰形目	鹰科	白尾鹞	*Circus cyaneus*	二级	古北界东洋界	夏候鸟	5~10月		NT	附录Ⅱ	LC
119	鹰形目	鹰科	草原鹞	*Circus macrourus*	二级	古北界东洋界	夏候鸟	5~10月		NT	附录Ⅱ	NT
120	鹰形目	鹰科	黑鸢	*Milvus migrans*	二级	广布种	留鸟	终年		LC	附录Ⅱ	LC
121	鹰形目	鹰科	玉带海雕	*Haliaeetus leucoryphus*	一级	古北界东洋界	夏候鸟	4~11月		EN	附录Ⅱ	EN
122	鹰形目	鹰科	白尾海雕	*Haliaeetus albicilla*	一级	古北界东洋界	旅鸟			VU	附录Ⅰ	LC
123	鹰形目	鹰科	毛脚鵟	*Buteo lagopus*	二级	广布种	旅鸟			NT	附录Ⅱ	LC
124	鹰形目	鹰科	大鵟	*Buteo hemilasius*	二级	古北界东洋界	夏候鸟	4~11月		VU	附录Ⅱ	LC
125	鹰形目	鹰科	普通鵟	*Buteo japonicas*	二级	古北界东洋界	夏候鸟	4~10月		LC	附录Ⅱ	LC
126	鹰形目	鹰科	喜山鵟	*Buteo refectus*	二级	古北界东洋界	旅鸟			LC	附录Ⅱ	LC
127	鹰形目	鹰科	棕尾鵟	*Buteo rufinus*	二级	古北界东洋界	旅鸟			NT	附录Ⅱ	LC
128	鸮形目	鸱鸮科	雕鸮	*Bubo bubo*	二级	古北界	留鸟	终年		NT	附录Ⅱ	LC
129	鸮形目	鸱鸮科	四川林鸮	*Strix david*	一级	古北界东洋界	留鸟	终年	是	VU	附录Ⅱ	LC
130	鸮形目	鸱鸮科	斑头鸺鹠	*Glaucidium cuculoides*	二级	古北界东洋界	留鸟	终年		LC	附录Ⅱ	LC
131	鸮形目	鸱鸮科	纵纹腹小鸮	*Athene noctua*	二级	古北界东洋界	留鸟	终年		LC	附录Ⅱ	LC
132	鸮形目	鸱鸮科	长耳鸮	*Asio otus*	二级	古北界东洋界	留鸟	终年		LC	附录Ⅱ	LC

续表

物种序号	目	科	中文名	拉丁名	保护级别	地理分布型	鸟类居留型	居留期	是否国家特有	红色名录	CITES	IUCN
133	犀鸟目	戴胜科	戴胜	*Upupa epops*	三有	古北界	夏候鸟	3~11月		LC		LC
134	佛法僧目	翠鸟科	蓝翡翠	*Halcyon pileata*	三有	古北界东洋界	夏候鸟	3~11月		LC		LC
135	佛法僧目	翠鸟科	冠鱼狗	*Megaceryle lugubris*		古北界东洋界	留鸟	终年		LC		LC
136	啄木鸟目	啄木鸟科	大斑啄木鸟	*Dendrocopos major*	三有	古北界	留鸟	终年		LC		LC
137	啄木鸟目	啄木鸟科	三趾啄木鸟	*Picoides tridactylus*	新二级	古北界	留鸟	终年		LC		LC
138	啄木鸟目	啄木鸟科	黑啄木鸟	*Dryocopus martius*	新二级	古北界	留鸟	终年		LC		LC
139	啄木鸟目	啄木鸟科	灰头绿啄木鸟	*Picus canus*	三有	古北界	留鸟	终年		LC		LC
140	隼形目	隼科	红隼	*Falco tinnunculus*	二级	古北界东洋界	留鸟	终年		LC	附录Ⅱ	LC
141	隼形目	隼科	灰背隼	*Falco columbarius*	二级	古北界东洋界	旅鸟			NT	附录Ⅱ	LC
142	隼形目	隼科	燕隼	*Falco subbuteo*	二级	古北界东洋界	夏候鸟	4~10月		LC	附录Ⅱ	LC
143	隼形目	隼科	猎隼	*Falco cherrug*	晋一级	古北界东洋界	夏候鸟	4~10月		EN	附录Ⅱ	EN
144	隼形目	隼科	游隼	*Falco peregrinus*	二级	广布种	夏候鸟	4~10月		NT	附录Ⅰ	LC
145	雀形目	山椒鸟科	长尾山椒鸟	*Pericrocotus ethologus*	三有	古北界东洋界	夏候鸟	4~10月		LC		LC
146	雀形目	卷尾科	黑卷尾	*Dicrurus macrocercus*	三有	古北界东洋界	夏候鸟	4~10月		LC		LC
147	雀形目	卷尾科	灰卷尾	*Dicrurus leucophaeus*	三有	古北界东洋界	夏候鸟	4~10月		LC		LC
148	雀形目	卷尾科	发冠卷尾	*Dicrurus hottentottus*	三有	古北界东洋界	迷鸟			LC		LC
149	雀形目	伯劳科	虎纹伯劳	*Lanius tigrinus*	三有	古北界东洋界	夏候鸟	5~10月		LC		LC
150	雀形目	伯劳科	红尾伯劳	*Lanius cristatus*	三有	古北界东洋界	夏候鸟	5~10月		LC		LC
151	雀形目	伯劳科	棕背伯劳	*Lanius schach*	三有	古北界东洋界	留鸟	终年		LC		LC
152	雀形目	伯劳科	灰背伯劳	*Lanius tephronotus*	三有	古北界东洋界	夏候鸟	4~10月		LC		LC

续表

物种序号	目	科	中文名	拉丁名	保护级别	地理分布型	鸟类居留型	居留期	是否国家特有	红色名录	CITES	IUCN
153	雀形目	伯劳科	楔尾伯劳	*Lanius sphenocercus*	三有	古北界东洋界	留鸟	终年		LC		LC
154	雀形目	鸦科	黑头噪鸦	*Perisoreus internigrans*	新一级	古北界	留鸟	终年	是	VU		VU
155	雀形目	鸦科	松鸦	*Garrulus glandarius*		古北界东洋界	留鸟	终年		LC		LC
156	雀形目	鸦科	灰喜鹊	*Cyanopica cyanus*	三有	古北界东洋界	留鸟	终年		LC		LC
157	雀形目	鸦科	喜鹊	*Pica pica bottanensis*	三有	广布种	留鸟	终年		LC		LC
158	雀形目	鸦科	星鸦	*Nucifraga caryocatactes*		古北界东洋界	留鸟	终年		LC		LC
159	雀形目	鸦科	红嘴山鸦	*Pyrrhocorax pyrrhocorax*		古北界	留鸟	终年		LC		LC
160	雀形目	鸦科	黄嘴山鸦	*Pyrrhocorax graculus*		古北界	留鸟	终年		LC		LC
161	雀形目	鸦科	达乌里寒鸦	*Corvus dauuricus*	三有	古北界东洋界	留鸟	终年		LC		LC
162	雀形目	鸦科	大嘴乌鸦	*Corvus macrorhynchos*		古北界东洋界	留鸟	终年		LC		LC
163	雀形目	鸦科	渡鸦	*Corvus corax*	国三有、省重点	古北界东洋界	留鸟	终年		LC		LC
164	雀形目	山雀科	黑冠山雀	*Periparus rubidiventris*	三有	古北界	留鸟	终年		LC		LC
165	雀形目	山雀科	煤山雀	*Periparus ater*	三有	古北界	留鸟	终年		LC		LC
166	雀形目	山雀科	黄腹山雀	*Periparus venustulus*	三有	古北界东洋界	留鸟	终年	是	LC		LC
167	雀形目	山雀科	褐冠山雀	*Lophophanes dichrous*	三有	古北界东洋界	留鸟	终年		LC		LC
168	雀形目	山雀科	白眉山雀	*Parus superciliosus*	新二级	古北界	留鸟	终年	是	NT		LC
169	雀形目	山雀科	沼泽山雀	*Poecile palustris*	三有	古北界东洋界	留鸟	终年		LC		LC
170	雀形目	山雀科	褐头山雀	*Poecile montanus*	三有	古北界	留鸟	终年		LC		LC
171	雀形目	山雀科	地山雀	*Pseudopodoces humilis*		古北界	留鸟	终年	是	LC		LC
172	雀形目	百灵科	长嘴百灵	*Melanocorypha maxima*		古北界	留鸟	终年		LC		LC

续表

物种序号	目	科	中文名	拉丁名	保护级别	地理分布型	鸟类居留型	居留期	是否国家特有	红色名录	CITES	IUCN
173	雀形目	百灵科	短趾百灵	*Alaudala cheleensis*		古北界	留鸟	终年		LC		LC
174	雀形目	百灵科	云雀	*Alauda arvensis*	新二级	古北界	夏候鸟	4~10月		LC		LC
175	雀形目	百灵科	小云雀	*Alauda gulgula*	三有	古北界	夏候鸟	4~10月		LC		LC
176	雀形目	百灵科	角百灵	*Eremophila alpestris*	三有	古北界	留鸟	终年		LC		LC
177	雀形目	蝗莺科	斑胸短翅蝗莺	*Locustella thoracica*		古北界	留鸟	终年		LC		LC
178	雀形目	燕科	褐喉沙燕	*Riparia paludicola*	三有	广布种	迷鸟			LC		LC
179	雀形目	燕科	崖沙燕	*Riparia riparia*	三有	广布种	夏候鸟	4~10月		LC		LC
180	雀形目	燕科	家燕	*Hirundo rustica*	三有	广布种	夏候鸟	4~10月		LC		LC
181	雀形目	燕科	岩燕	*Ptyonoprogne rupestris*	三有	广布种	夏候鸟	4~10月		LC		LC
182	雀形目	燕科	烟腹毛脚燕	*Delichon dasypus*	三有	广布种	夏候鸟	4~10月		LC		LC
183	雀形目	鹎科	黄臀鹎	*Pycnonotus xanthorrhous*	三有	古北界东洋界	留鸟	终年		LC		LC
184	雀形目	柳莺科	褐柳莺	*Phylloscopus fuscatus*	三有	古北界	夏候鸟	4~10月		LC		LC
185	雀形目	柳莺科	黄腹柳莺	*Phylloscopus affinis*	三有	古北界	夏候鸟	4~10月		LC		LC
186	雀形目	柳莺科	棕腹柳莺	*Phylloscopus subaffinis*	三有	古北界	夏候鸟	5~10月		LC		LC
187	雀形目	柳莺科	棕眉柳莺	*Phylloscopus armandii*	三有	古北界	夏候鸟	5~10月		LC		LC
188	雀形目	柳莺科	黄腰柳莺	*Phylloscopus proregulus*	三有	古北界	夏候鸟	4~10月		LC		LC
189	雀形目	柳莺科	黄眉柳莺	*Phylloscopus inornatus*	三有	古北界	夏候鸟	4~10月		LC		LC
190	雀形目	柳莺科	极北柳莺	*Phylloscopus borealis*	三有	古北界	旅鸟			LC		LC
191	雀形目	柳莺科	暗绿柳莺	*Phylloscopus trochiloides*	三有	古北界	夏候鸟	4~10月		LC		LC

续表

物种序号	目	科	中文名	拉丁名	保护级别	地理分布型	鸟类居留型	居留期	是否国家特有	红色名录	CITES	IUCN
192	雀形目	长尾山雀科	银脸长尾山雀	*Aegithalos fuliginosus*	三有	古北界	留鸟	终年	是	LC		LC
193	雀形目	长尾山雀科	花彩雀莺	*Leptopoecile sophiae*		东洋界	留鸟	终年		LC		LC
194	雀形目	长尾山雀科	凤头雀莺	*Leptopoecile elegans*	三有	东洋界	留鸟	终年	是	NT		LC
195	雀形目	莺鹛科	中华雀鹛	*Fulvetta striaticollis*	新二级	东洋界	留鸟	终年	是	LC		LC
196	雀形目	莺鹛科	棕头雀鹛	*Fulvetta ruficapilla*	三有	古北界东洋界	留鸟	终年		LC		LC
197	雀形目	莺鹛科	山鹛	*Rhopophilus pekinensis*	三有	古北界东洋界	留鸟	终年		LC		LC
198	雀形目	莺鹛科	白眶鸦雀	*Sinosuthora conspicillata*	新二级	古北界东洋界	留鸟	终年	是	NT		LC
199	雀形目	绣眼鸟科	红胁绣眼鸟	*Zosterops erythropleurus*	新二级	古北界东洋界	旅鸟			LC		LC
200	雀形目	绣眼鸟科	暗绿绣眼鸟	*Zosterops japonicus*	三有	古北界东洋界	夏候鸟	5~10月		LC		LC
201	雀形目	噪鹛科	黑额山噪鹛	*Garrulax sukatschewi*	新一级	古北界东洋界	留鸟	终年	是	VU		VU
202	雀形目	噪鹛科	斑背噪鹛	*Garrulax lunulatus*	新二级	古北界东洋界	留鸟	终年	是	LC		LC
203	雀形目	噪鹛科	大噪鹛	*Garrulax maximus*	新二级	古北界东洋界	留鸟	终年	是	LC		LC
204	雀形目	噪鹛科	山噪鹛	*Garrulax davidi*	三有	古北界东洋界	留鸟	终年	是	LC		LC
205	雀形目	噪鹛科	橙翅噪鹛	*Trochalopteron elliotii*	三有	古北界东洋界	留鸟	终年	是	LC		LC
206	雀形目	旋木雀科	高山旋木雀	*Certhia himalayana*		古北界东洋界	留鸟	终年		LC		LC
207	雀形目	䴓科	普通䴓	*Sitta europaea*		古北界东洋界	留鸟	终年		LC		LC
208	雀形目	䴓科	黑头䴓	*Sitta villosa*		古北界东洋界	留鸟	终年		NT		LC
209	雀形目	䴓科	白脸䴓	*Sitta leucopsis*		古北界东洋界	留鸟	终年	是	NT		LC

续表

物种序号	目	科	中文名	拉丁名	保护级别	地理分布型	鸟类居留型	居留期	是否国家特有	红色名录	CITES	IUCN
210	雀形目	鸸科	红翅旋壁雀	*Tichodroma muraria*		古北界东洋界	留鸟	终年		LC		LC
211	雀形目	鹪鹩科	鹪鹩	*Troglodytes troglodytes*		广布种	留鸟	终年		LC		LC
212	雀形目	河乌科	河乌	*Cinclus cinclus*		广布种	留鸟	终年		LC		LC
213	雀形目	河乌科	褐河乌	*Cinclus pallasii*		广布种	留鸟	终年		LC		LC
214	雀形目	椋鸟科	灰椋鸟	*Spodiopsar cineraceus*	三有	古北界东洋界	夏候鸟	4~10月		LC		LC
215	雀形目	鸫科	虎斑地鸫	*Zoothera aurea*	三有	广布种	夏候鸟	4~10月		LC		LC
216	雀形目	鸫科	灰头鸫	*Turdus rubrocanus*		广布种	留鸟	终年		LC		LC
217	雀形目	鸫科	棕背黑头鸫	*Turdus kessleri*	三有	广布种	留鸟	终年		LC		LC
218	雀形目	鸫科	赤颈鸫	*Turdus ruficollis*		广布种	旅鸟			LC		LC
219	雀形目	鸫科	斑鸫	*Turdus eunomus*	三有	广布种	旅鸟			LC		LC
220	雀形目	鹟科	栗腹歌鸲	*Luscinia brunnea*		古北界	夏候鸟	4~10月		LC		LC
221	雀形目	鹟科	红喉歌鸲	*Luscinia calliope*	新二级	古北界	夏候鸟	4~10月		LC		LC
222	雀形目	鹟科	白腹短翅鸲	*Hodgsonius phaenicuroides*		古北界	留鸟	终年		LC		LC
223	雀形目	鹟科	红胁蓝尾鸲	*Tarsiger cyanurus*	三有	古北界	夏候鸟	4~10月		LC		LC
224	雀形目	鹟科	白喉红尾鸲	*Phoenicuropsis schisticeps*		古北界	留鸟	终年		LC		LC
225	雀形目	鹟科	蓝额红尾鸲	*Phoenicuropsis frontalis*		古北界	留鸟	终年		LC		LC
226	雀形目	鹟科	赭红尾鸲	*Phoenicurus ochruros*		古北界	夏候鸟	4~10月		LC		LC
227	雀形目	鹟科	黑喉红尾鸲	*Phoenicurus hodgsoni*		古北界	夏候鸟	4~10月		LC		LC
228	雀形目	鹟科	北红尾鸲	*Phoenicurus auroreus*	三有	古北界	夏候鸟	4~10月		LC		LC
229	雀形目	鹟科	红腹红尾鸲	*Phoenicurus erythrogastrus*		古北界	夏候鸟	4~10月		LC		LC
230	雀形目	鹟科	红尾水鸲	*Rhyacornis fuliginosa*		古北界	留鸟	终年		LC		LC

续表

物种序号	目	科	中文名	拉丁名	保护级别	地理分布型	鸟类居留型	居留期	是否国家特有	红色名录	CITES	IUCN
231	雀形目	鹟科	白顶溪鸲	*Chaimarrornis leucocephalus*		古北界	留鸟	终年		LC		LC
232	雀形目	鹟科	白尾蓝地鸲	*Myiomela leucurum*		古北界	留鸟	终年		LC		LC
233	雀形目	鹟科	黑喉石鵖	*Saxicola maurus*	三有	古北界东洋界	留鸟	终年		LC		LC
234	雀形目	鹟科	灰林鵖	*Saxicola ferreus*		古北界东洋界	留鸟	终年		LC		LC
235	雀形目	鹟科	沙鵖	*Oenanthe isabellina*		古北界	夏候鸟	4~10月		LC		LC
236	雀形目	鹟科	蓝矶鸫	*Monticola solitarius*		古北界东洋界	留鸟	终年		LC		LC
237	雀形目	鹟科	锈胸蓝姬鹟	*Ficedula sordida*		古北界东洋界	夏候鸟	5~10月		LC		LC
238	雀形目	鹟科	白腹蓝鹟	*Cyanoptila cyanomelana*		古北界东洋界	旅鸟			LC		LC
239	雀形目	戴菊科	戴菊	*Regulus regulus*	三有	广布种	留鸟	终年		LC		LC
240	雀形目	岩鹨科	领岩鹨	*Prunella collaris*		古北界东洋界	留鸟	终年		LC		LC
241	雀形目	岩鹨科	鸲岩鹨	*Prunella rubeculoides*		古北界	留鸟	终年		LC		LC
242	雀形目	岩鹨科	棕胸岩鹨	*Prunella strophiata*		古北界东洋界	留鸟	终年		LC		LC
243	雀形目	岩鹨科	褐岩鹨	*Prunella fulvescens*		古北界	留鸟	终年		LC		LC
244	雀形目	岩鹨科	黑喉岩鹨	*Prunella atrogularis*		古北界	夏候鸟	4~10月		LC		LC
245	雀形目	岩鹨科	栗背岩鹨	*Prunella immaculata*		古北界	留鸟	终年		LC		LC
246	雀形目	朱鹀科	朱鹀	*Urocynchramus pylzowi*	新二级	古北界	留鸟	终年	是	NT		LC
247	雀形目	雀科	家麻雀	*Passer domesticus*		古北界	留鸟	终年		LC		LC
248	雀形目	雀科	山麻雀	*Passer cinnamomeus*	三有	古北界	留鸟	终年		LC		LC
249	雀形目	雀科	麻雀	*Passer montanus*	三有	古北界	留鸟	终年		LC		LC
250	雀形目	雀科	石雀	*Petronia petronia*		古北界	留鸟	终年		LC		LC
251	雀形目	雀科	白斑翅雪雀	*Montifringilla nivalis*		古北界	留鸟	终年		LC		LC
252	雀形目	雀科	褐翅雪雀	*Montifringilla adamsi*		古北界	留鸟	终年		LC		LC

续表

物种序号	目	科	中文名	拉丁名	保护级别	地理分布型	鸟类居留型	居留期	是否国家特有	红色名录	CITES	IUCN
253	雀形目	雀科	白腰雪雀	*Onychostruthus taczanowskii*		古北界	留鸟	终年		LC		LC
254	雀形目	雀科	棕颈雪雀	*Pyrgilauda ruficollis*		古北界	留鸟	终年		LC		LC
255	雀形目	鹡鸰科	西黄鹡鸰	*Motacilla flava*	三有	古北界东洋界	夏候鸟	4~10月		LC		LC
256	雀形目	鹡鸰科	黄头鹡鸰	*Motacilla citreola*	三有	古北界东洋界	夏候鸟	5~10月		LC		LC
257	雀形目	鹡鸰科	灰鹡鸰	*Motacilla cinerea*	三有	古北界东洋界	旅鸟			LC		LC
258	雀形目	鹡鸰科	白鹡鸰	*Motacilla alba*	三有	古北界东洋界	夏候鸟	4~10月		LC		LC
259	雀形目	鹡鸰科	树鹨	*Anthus hodgsoni*	三有	古北界东洋界	夏候鸟	5~10月		LC		LC
260	雀形目	鹡鸰科	粉红胸鹨	*Anthus roseatus*	三有	古北界东洋界	夏候鸟	5~10月		LC		LC
261	雀形目	燕雀科	白斑翅拟蜡嘴雀	*Mycerobas carnipes*		古北界东洋界	留鸟	终年		LC		LC
262	雀形目	燕雀科	灰头灰雀	*Pyrrhula erythaca*	三有	古北界东洋界	留鸟	终年		LC		LC
263	雀形目	燕雀科	赤朱雀	*Agraphospiza rubescens*	三有	古北界东洋界	留鸟	终年		LC		LC
264	雀形目	燕雀科	林岭雀	*Leucosticte nemoricola*		古北界	留鸟	终年		LC		LC
265	雀形目	燕雀科	高山岭雀	*Leucosticte brandti*		古北界	留鸟	终年		LC		LC
266	雀形目	燕雀科	普通朱雀	*Carpodacus erythrinus*	三有	古北界东洋界	夏候鸟	4~10月		LC		LC
267	雀形目	燕雀科	拟大朱雀	*Carpodacus rubicilloides*	三有	古北界	留鸟	终年		NT		LC
268	雀形目	燕雀科	红眉朱雀	*Carpodacus pulcherrimus*	三有	古北界	留鸟	终年		LC		LC
269	雀形目	燕雀科	酒红朱雀	*Carpodacus vinaceus*	三有	古北界	留鸟	终年		LC		LC
270	雀形目	燕雀科	长尾雀	*Carpodacus sibiricus*	三有	古北界	留鸟	终年		LC		LC
271	雀形目	燕雀科	斑翅朱雀	*Carpodacus trifasciatus*	三有	古北界	留鸟	终年		LC		LC

续表

物种序号	目	科	中文名	拉丁名	保护级别	地理分布型	鸟类居留型	居留期	是否国家特有	红色名录	CITES	IUCN
272	雀形目	燕雀科	白眉朱雀	*Carpodacus dubius*	三有	古北界	留鸟	终年		LC		LC
273	雀形目	燕雀科	红胸朱雀	*Carpodacus puniceus*	三有	古北界	留鸟	终年		LC		LC
274	雀形目	燕雀科	金翅雀	*Chloris sinica*	三有	古北界 东洋界	留鸟	终年		LC		LC
275	雀形目	燕雀科	黄嘴朱顶雀	*Linaria flavirostris*	三有	古北界	留鸟	终年		LC		LC
276	雀形目	鹀科	蓝鹀	*Latoucheornis siemsseni*	新二级	广布种	夏候鸟	4~10月	是	LC		LC
277	雀形目	鹀科	白头鹀	*Emberiza leucocephalos*	三有	广布种	留鸟	终年		LC		LC
278	雀形目	鹀科	灰眉岩鹀	*Emberiza godlewskii*	三有	广布种	留鸟	终年		LC		LC
279	雀形目	鹀科	三道眉草鹀	*Emberiza cioides*	三有	广布种	留鸟	终年		LC		LC
280	雀形目	鹀科	白眉鹀	*Emberiza tristrami*	三有	广布种	旅鸟			NT		LC
281	雀形目	鹀科	藏鹀	*Emberiza koslowi*	新二级	广布种	留鸟	终年	是	VU		NT
282	雀形目	鹀科	灰头鹀	*Emberiza spodocephala*	三有	广布种	夏候鸟	4~10月		LC		LC
283	劳亚食虫目	鼹科	麝鼹	*Scaptochirus moschatus*		古北界			是	NT		LC
284	劳亚食虫目	鼩鼱科	甘肃鼩鼱	*Sorex cansulus*		古北界			是	NT		LC
285	劳亚食虫目	鼩鼱科	喜马拉雅水麝鼩	*Chimarogale himalayica*		古北界 东洋界				VU		查不到!
286	翼手目	蝙蝠科	大卫鼠耳蝠	*Myotis davidi*	省三有	古北界 东洋界			是	LC		LC
287	翼手目	蝙蝠科	双色蝙蝠	*Vespertilio murinus*	省三有	古北界 东洋界				LC		LC
288	食肉目	犬科	蒙古狼	*Canis lupus*	新二级	古北界				NT	附录Ⅱ	LC
289	食肉目	犬科	藏狐	*Vulpes ferrilata*	新二级	古北界				NT		NT
290	食肉目	犬科	赤狐	*Vulpes vulpes*	新二级	古北界				NT		LC
291	食肉目	鼬科	猪獾	*Arctonyx collaris*	三有	古北界				NT		VU
292	食肉目	鼬科	水獭	*Lutra lutra*	二级	古北界				NT	附录Ⅱ	NT
293	食肉目	鼬科	黄喉貂	*Martes flavigula*	二级	古北界				NT	附录Ⅲ	VU

续表

物种序号	目	科	中文名	拉丁名	保护级别	地理分布型	鸟类居留型	居留期	是否国家特有	红色名录	CITES	IUCN
294	食肉目	鼬科	石貂	*Martes foina*	二级	古北界				EN	附录Ⅲ	LC
295	食肉目	鼬科	亚洲狗獾	*Meles leucurus*	三有	古北界				NT		LC
296	食肉目	鼬科	香鼬	*Mustela altaica*	三有	古北界				NT	附录Ⅲ	NT
297	食肉目	鼬科	艾鼬	*Mustela eversmanni*	三有	古北界				VU		LC
298	食肉目	猫科	野猫	*Felis silvestris*	二级	古北界 东洋界				EN	附录Ⅱ	VU
299	食肉目	猫科	猞猁	*Lynx lynx*	二级	古北界				EN	附录Ⅱ	EN
300	食肉目	猫科	兔狲	*Otocolobus manul*	二级	古北界 东洋界				EN	附录Ⅱ	NT
301	食肉目	猫科	雪豹	*Panthera uncia*	一级	古北界 东洋界				EN	附录Ⅰ	VU
302	食肉目	猫科	豹猫	*Prionailurus bengalensis*	新二级	东洋界				VU	附录Ⅱ	VU
303	偶蹄目	猪科	野猪	*Sus scrofa*	三有	古北界 东洋界				LC		LC
304	偶蹄目	麝科	林麝	*Moschus berezovskii*	一级	古北界				CR	附录Ⅱ	EN
305	偶蹄目	麝科	高山麝	*Moschus chrysogaster*	一级	古北界				CR	附录Ⅱ	EN
306	偶蹄目	鹿科	狍	*Capreolus capreolus*	国三有、省重点	古北界				NT		EN
307	偶蹄目	鹿科	四川马鹿	*Cervus macneilli*	二级	古北界			是	CR		LC
308	偶蹄目	鹿科	四川梅花鹿	*Cervus sichuanicus*	一级	古北界			是	CR		LC
309	偶蹄目	牛科	西藏盘羊	*Ovis hodgsoni*	晋一级	古北界			是	NT	附录Ⅰ	NT
310	偶蹄目	牛科	中华鬣羚	*Capricornis milneedwardsii*	二级	古北界 东洋界				VU	附录Ⅰ	VU
311	偶蹄目	牛科	中华斑羚	*Naemorhedus griseus*	二级	东洋界				VU	附录Ⅰ	VU
312	偶蹄目	牛科	藏原羚	*Procapra picticaudata*	二级	古北界			是	NT		EN
313	偶蹄目	牛科	岩羊	*Pseudois nayaur*	二级	古北界				LC	附录Ⅲ	EN

续表

物种序号	目	科	中文名	拉丁名	保护级别	地理分布型	鸟类居留型	居留期	是否国家特有	红色名录	CITES	IUCN
314	啮齿目	松鼠科	喜马拉雅旱獭	*Marmota himalayana*		古北界			是	LC	附录Ⅲ	LC
315	啮齿目	松鼠科	岩松鼠	*Sciurotamias davidianus*	三有	古北界			是	LC		LC
316	啮齿目	松鼠科	北花松鼠	*Tamias sibiricus*	三有	古北界				LC		LC
317	啮齿目	鼯鼠科	沟牙鼯鼠	*Aeretes melanopterus*	三有	古北界东洋界			是	NT		NT
318	啮齿目	鼯鼠科	白颊鼯鼠	*Petaurista leucogenys*		古北界东洋界				DD		LC
319	啮齿目	鼯鼠科	红背鼯鼠	*Petaurista petaurista*	三有	古北界东洋界				VU		LC
320	啮齿目	鼯鼠科	灰鼯鼠	*Petaurista xanthotis*	三有	古北界东洋界			是	LC		LC
321	啮齿目	鼯鼠科	复齿鼯鼠	*Trogopterus xanthipes*	三有	古北界东洋界			是	VU		NT
322	啮齿目	仓鼠科	黑线仓鼠	*Cricetulus barabensis*		古北界				LC		LC
323	啮齿目	仓鼠科	藏仓鼠	*Cricetulus kamensis*		古北界			是	NT		LC
324	啮齿目	仓鼠科	长尾仓鼠	*Cricetulus longicaudatus*		古北界				LC		LC
325	啮齿目	仓鼠科	大仓鼠	*Tscherskia triton*		古北界				LC		LC
326	啮齿目	仓鼠科	中华鼢鼠	*Eospalax fontanieri*		古北界			是	LC		LC
327	啮齿目	仓鼠科	甘肃鼢鼠	*Myospalax cansus*		古北界			是			LC
328	啮齿目	仓鼠科	罗氏鼢鼠	*Eospalax rothschildi*		古北界			是	LC		LC
329	啮齿目	仓鼠科	斯氏鼢鼠	*Eospalax smithii*		古北界			是	LC		LC
330	啮齿目	仓鼠科	洮州绒鼠	*Eothenomys eva*		古北界			是	LC		LC
331	啮齿目	仓鼠科	苛岚绒鼠	*Eothenomys inez*		古北界			是	LC		LC
332	啮齿目	仓鼠科	根田鼠	*Microtus oeconomus*		古北界				LC		LC
333	啮齿目	仓鼠科	棕背䶄	*Myodes rufocanus*		古北界				LC		LC

续表

物种序号	目	科	中文名	拉丁名	保护级别	地理分布型	鸟类居留型	居留期	是否国家特有	红色名录	CITES	IUCN
334	啮齿目	仓鼠科	高原松田鼠	*Pitymys ierne*		古北界			是	LC		LC
335	啮齿目	仓鼠科	沟牙田鼠	*Proedromys bedfordi*		古北界			是	VU		VU
336	啮齿目	鼠科	黑线姬鼠	*Apodemus agrarius*		古北界 东洋界				LC		LC
337	啮齿目	鼠科	大林姬鼠	*Apodemus peninsulae*		古北界 东洋界				LC		LC
338	啮齿目	鼠科	小家鼠	*Mus musculus*		广布种				LC		LC
339	啮齿目	鼠科	北社鼠	*Niviventer confucianus*	三有	古北界 东洋界				LC		LC
340	啮齿目	鼠科	针毛鼠	*Rattus fulvescens*		古北界 东洋界				LC		LC
341	啮齿目	鼠科	褐家鼠	*Rattus norvegicus*		广布种				LC		LC
342	啮齿目	林跳鼠科	林跳鼠	*Eozapus setchuanus*		古北界 东洋界			是	LC		LC
343	啮齿目	林跳鼠科	中国蹶鼠	*Sicista concolor*		古北界 东洋界			是	LC		LC
344	啮齿目	跳鼠科	五趾跳鼠	*Allactaga sibirica*		古北界				LC		LC
345	兔形目	鼠兔科	间颅鼠兔	*Ochotona cansus*		古北界			是	LC		LC
346	兔形目	鼠兔科	黑唇鼠兔	*Ochotona curzoniae*		古北界				LC		LC
347	兔形目	鼠兔科	达乌尔鼠兔	*Ochotona dauurica*		古北界				LC		LC
348	兔形目	鼠兔科	红耳鼠兔	*Ochotana erythrotis*		古北界			是	LC		
349	兔形目	鼠兔科	大耳鼠兔	*Ochotona macrotis*		古北界				LC		VU
350	兔形目	鼠兔科	藏鼠兔	*Ochotona thibetana*		古北界				LC		LC
351	兔形目	鼠兔科	狭颅鼠兔	*Ochotona thomasi*		古北界			是	NT		LC
352	兔形目	兔科	灰尾兔	*Lepus oiostolus*	三有	古北界			是	LC		LC
353	兔形目	兔科	中亚兔	*Lepus tibetanus*		古北界				LC		LC
354	兔形目	兔科	蒙古兔	*Lepus tolai*	三有	古北界				LC		LC

附录5 尕海则岔保护区昆虫名录

序号	目名	科名	种名	拉丁名	调查期	保护级别
1	蜻蜓目	蜻科	褐带赤卒	*Sympetrum pedemontanum* Auioni	一期	
2	蜻蜓目	蜓科	褐蜓	*Anax nigrofasciatus* Oguma	一期	
3	直翅目	螽斯科	螽斯	*Gampsocleis* sp.	一期	
4	直翅目	丝角蝗科	小稻蝗	*Oxya hyla intricata*(Stal.)	一期	
5	直翅目	丝角蝗科	西藏板胸蝗	*Spathosternum prasiniferum xizangense* Yin	一期	
6	直翅目	斑腿蝗科	短角外斑腿蝗	*Xenocatantops humilis brachycerus*(Will.)	一期	
7	直翅目	蝗科	红翅皱膝蝗	*Angaracris rhodopa*(Fischer et Walheim)	一期	
8	直翅目	蝗科	轮纹异痂蝗	*Bryodemella tuberculatum dilutum* Stoll	一期	
9	直翅目	蝗科	短星翅蝗	*Calliptamus abbreviatus* Ikonn.	一期	
10	直翅目	蝗科	红腹牧草蝗	*Omocestus haemorrhoidalis* Charpentier	一期	
11	直翅目	蝗科	黄腹牧草蝗	*Omocestus* sp.	一期	
12	直翅目	蝗科	达氏凹背蝗	*Ptygonotus tarbinskii* Uvarov	一期	
13	直翅目	蝗科	石栖蝗	*Saxetophilus petulans* Umnov	一期	
14	直翅目	蝗科	甘肃鳞翅蝗	*Squamopenna gansuensis*(Lian et Zheng)	一期	
15	直翅目	槌角蝗科	李氏大足蝗	*Aeropus licenti* Chang	二期	
16	直翅目	网翅蝗科	白纹雏蝗	*Chorthippus albonemus* Cheng et Tu	一期	
17	直翅目	网翅蝗科	华北雏蝗	*Chorthippus brunneus huabeiensis* Xia et Jin	一期	
18	直翅目	网翅蝗科	中华雏蝗	*Chorthippus chinensis* Tarbinsky	一期	
19	直翅目	网翅蝗科	狭翅雏蝗	*Chorthippus dubius*(Zub.)	一期	
20	直翅目	网翅蝗科	小翅雏蝗	*Chorthippus fallax*(Zub.)	一期	
21	直翅目	网翅蝗科	东方雏蝗	*Chorthippus intermedius* Bei-Bienko	一期	
22	直翅目	网翅蝗科	楼观雏蝗	*Chorthippus louguanensis* Cheng et Tu	一期	
23	直翅目	网翅蝗科	小雏蝗	*Chorthippus mollis*(Charp.)	一期	
24	直翅目	网翅蝗科	邱氏异爪蝗	*Euchorthippus cheui* Hsia	二期	
25	直翅目	蜢科	黑马河凹顶蜢	*Ptygomastax heimahoensis* Cheng et Hang	一期	
26	同翅目	沫蝉科	松沫蝉	*Aphrophora flavipes* Uhler.	一期	
27	同翅目	沫蝉科	柳沫蝉	*Aphrophora intermedia* Uhler	一期	
28	同翅目	叶蝉科	大青叶蝉	*Cicadella viridis* Linn.	一期	
29	同翅目	瘿绵蚜科	三堡瘿绵蚜	*Epipemphigus sanpupopuli* Zhang et Zhang	一期	
30	同翅目	瘿绵蚜科	杨柄叶瘿绵蚜	*Pemphigus matsumurai* Monzen	二期	
31	同翅目	瘿绵蚜科	白杨瘿绵蚜	*Pemphigus napaeus* Buckton	一期	
32	同翅目	大蚜科	黑松大蚜	*Cinara atratipinivora* Zhang	二期	
33	同翅目	大蚜科	黑云杉蚜	*Cinara piceae* Panzer	一期	
34	同翅目	大蚜科	松蚜	*Cinara pinea* Mordwiko	二期	
35	同翅目	大蚜科	松大蚜	*Cinara pinitabulaeformis* Zhang et Zhang	一期	
36	同翅目	球蚜科	落叶松球蚜	*Adelges laricis* Vallot.	一期	
37	同翅目	球蚜科	蜀云杉松球蚜	*Pineus sichuananus* Zhang	一期	
38	同翅目	球蚜科	云杉梢球蚜	*Pineus* sp.	二期	
39	同翅目	球蚜科	落叶松红瘿球蚜	*Sacchiphantes roseigallis* Li et Tsai	一期	
40	同翅目	蚜科	樱桃卷叶蚜	*Tuberocephalus liaoningensis* Chang et Zhong	一期	
41	同翅目	盾蚧科	杨牡蛎蚧	*Lepidosaphes salicina* Borchsonius	一期	

续表

序号	目名	科名	种名	拉丁名	调查期	保护级别
42	同翅目	粉虱科	白粉虱	*Trialeurodes vaporariorum* Westwood	一期	
43	半翅目	蝽科	横纹菜蝽	*Eurydema gebleri* Kolenati	一期	
44	半翅目	蝽科	蓝蝽	*Zicrona caerula* Linnaeus	一期	
45	半翅目	长蝽科	红脊长蝽	*Tropidothorax elegans* Distant	一期	
46	半翅目	盲蝽科	四斑苜蓿盲蝽	*Adelphocoris guadripunctatus* Annuluornis	一期	
47	半翅目	盲蝽科	苜蓿盲蝽	*Adelphocoris linedatus* Goeze	一期	
48	半翅目	盲蝽科	牧草盲蝽	*Lygus pratensis* Linnaeus	一期	
49	半翅目	盲蝽科	二点叶盲蝽	*Lygus* sp.	一期	
50	半翅目	黾蝽科	大水黾	*Aguarium elongatas* Uhl.	一期	
51	半翅目	黾蝽科	小水黾	*Gerris lacustris* L.	一期	
52	鞘翅目	虎甲科	紫铜虎甲	*Cicindela genmata* Falermann.	一期	
53	鞘翅目	虎甲科	多型虎甲铜翅亚种	*Cicindela hybrida transbaicalica* Motschulsky.	一期	
54	鞘翅目	步甲科	大星步甲	*Calosoma maximoviczi* Morawitz.	一期	
55	鞘翅目	步甲科	黄缘青步甲	*Chlaenius spoliatus* Rossi	一期	
56	鞘翅目	步甲科	大头婪步甲	*Harpalus capito* Morawitz	一期	
57	鞘翅目	步甲科	单齿婪步甲	*Harpalus simplicidens* Schauberger	一期	
58	鞘翅目	步甲科	刘氏三角步甲	*Trgonotoma lewisii* Bates.	一期	
59	鞘翅目	龙虱科	江龙虱	*Potamocldytes airumrus* Kolenatr.	一期	
60	鞘翅目	埋葬甲科	大红斑葬甲	*Nicrophorus japonicus* Harold.	一期	
61	鞘翅目	埋葬甲科	红斑葬甲	*Nicrophorus vespillozdes* Herbst.	一期	
62	鞘翅目	埋葬甲科	双斑葬甲	*Plomascopus plagiatus* Menetries	一期	
63	鞘翅目	芫菁科	中国豆芫菁	*Epicauta chinensis* Laporte.	一期	
64	鞘翅目	芫菁科	西北豆芫菁	*Epicauta sibirica* Pallas	一期	
65	鞘翅目	芫菁科	眼斑芫菁	*Mylabris cichorii* Linnaeus	一期	
66	鞘翅目	芫菁科	小斑芫菁	*Mylabris splendidula* Pallas	一期	
67	鞘翅目	瓢甲科	二星瓢虫	*Adalia bipunctata* Linnaeus	一期	
68	鞘翅目	瓢甲科	多异瓢虫	*Adonia variegata* Goeze	一期	
69	鞘翅目	瓢甲科	奇变瓢虫	*Aiolocaria mirabilis* Motschnlsky	一期	
70	鞘翅目	瓢甲科	黑缘红瓢虫	*Chilocorus rubidus* Hope	一期	
71	鞘翅目	瓢甲科	横带瓢虫	*Coccinella gaminopunctata* Liu	一期	
72	鞘翅目	瓢甲科	纵条瓢虫	*Coccinella longifasciata* Liu	一期	
73	鞘翅目	瓢甲科	七星瓢虫	*Coccinella septempunctata* Linnaeus	一期	
74	鞘翅目	瓢甲科	横斑瓢虫	*Coccinella transversoguttata* Faldermann	一期	
75	鞘翅目	瓢甲科	黄斑盘瓢虫	*Coeloptoro saucaia* Mulsant	一期	
76	鞘翅目	瓢甲科	九斑食植瓢虫	*Epilachna freyana* Beilawski	一期	
77	鞘翅目	瓢甲科	茄二十八星瓢虫	*Epilachna vigintioctopunctata* Fabricius	一期	
78	鞘翅目	瓢甲科	环艳瓢虫	*Jauravia* sp.	一期	
79	鞘翅目	瓢甲科	龟纹瓢虫锚斑变型	*Propylaea lenylaea* Ancora	一期	
80	鞘翅目	瓢甲科	小艳瓢虫	*Sticholotis* sp.	一期	
81	鞘翅目	蜣螂科	臭蜣螂	*Copris ochus* Motschulsky	一期	
82	鞘翅目	蜣螂科	黑蜣螂	*Passaeidae* sp.	一期	

续表

序号	目名	科名	种名	拉丁名	调查期	保护级别
83	鞘翅目	蜣螂科	蜣螂	*Scrabaells sacer* Linn.	一期	
84	鞘翅目	粪蜣科	粪堆粪金龟	*Geotrupes stercorarills* Linnaeus	一期	
85	鞘翅目	鳃金龟科	黑棕鳃金龟	*Apogonia cupreoviridis* Kolbe	一期	
86	鞘翅目	鳃金龟科	东北大黑鳃金龟	*Holotrichia diomphalia* Bates	一期	
87	鞘翅目	鳃金龟科	棕色鳃金龟	*Holotrichia titanis* Reitter	一期	
88	鞘翅目	鳃金龟科	黄毛鳃金龟	*Holotrichia trichophora* Farim	二期	
89	鞘翅目	鳃金龟科	紫绒金龟	*Maladera japanica* Motschulsky	一期	
90	鞘翅目	鳃金龟科	大云斑鳃金龟	*Polyphylla laticollis* Lewis	二期	
91	鞘翅目	鳃金龟科	黑绒鳃金龟	*Serica orientalis* Metsch.	一期	
92	鞘翅目	花金龟科	黑绒金龟	*Maladera orienealis* Motschulsky	一期	
93	鞘翅目	花金龟科	绿星花潜	*Potosia nitidiscntellata*	一期	
94	鞘翅目	丽金龟科	多色丽金龟	*Anomala smaragdina* Ohaus	一期	
95	鞘翅目	蜉金龟科	蜉金龟	*Aphodius coobopterus*	一期	
96	鞘翅目	蜉金龟科	两星牧场金龟	*Aphodius elegans* Allibert	一期	
97	鞘翅目	蜉金龟科	直蜉金龟	*Aphodius rectus* Motschulsky	一期	
98	鞘翅目	天牛科	幽天牛	*Asemum* sp.	一期	
99	鞘翅目	天牛科	密条草天牛	*Endorcadion virgatum* Motschulsky	一期	
100	鞘翅目	小蠹科	冷杉梢小蠹	*Cryphalus sinoabietis* Tsai et Li	一期	
101	鞘翅目	小蠹科	云杉大毛小蠹	*Dryocoetes rugicollis* Egg	一期	
102	鞘翅目	小蠹科	重齿小蠹	*Ips duplicatus* Sahlb.	一期	
103	鞘翅目	小蠹科	云杉重齿小蠹	*Ips hauseri* Reitt	二期	
104	鞘翅目	小蠹科	曼氏重齿小蠹	*Ips mansfeldi* Wachtl	二期	
105	鞘翅目	小蠹科	落叶松八齿小蠹	*Ips subelongatus* Motsch.	一期	
106	鞘翅目	小蠹科	云杉四眼小蠹	*Polygraphus polygraphus* L.	一期	
107	鞘翅目	小蠹科	多鳞四眼小蠹	*Polygraphus squameus* Yin et Huang	二期	
108	鞘翅目	象甲科	山杨卷叶象	*Byctiscus betulae* Linn.	一期	
109	鞘翅目	象甲科	苹果卷叶象	*Byctiscus princeps* Solsky	二期	
110	鞘翅目	象甲科	遮眼象	*Callirhopalus* sp.	一期	
111	鞘翅目	象甲科	隆脊绿象	*Chlorophanus lineolus* Motschulsky	一期	
112	鞘翅目	象甲科	西伯利亚绿象	*Chlorophanus sibiricus* Gyllenhl	一期	
113	鞘翅目	象甲科	松树皮象	*Hylobius haroldi* Faust	一期	
114	鞘翅目	象甲科	绿鳞象甲	*Hypomeces squamosus* Herbst	二期	
115	鞘翅目	象甲科	大灰象甲	*Sympiezomias velatus* Chevrolat	一期	
116	鞘翅目	叶甲科	红斑隐盾叶甲	*Adiscus anulatus* Pic	一期	
117	鞘翅目	叶甲科	守瓜	*Aulacophora* sp.	一期	
118	鞘翅目	叶甲科	白杨叶甲	*Chrysomela populi* Linn.	一期	
119	鞘翅目	叶甲科	毛角沟臀叶甲	*Colaspoides pilicornis* Lefèvre	一期	
120	鞘翅目	叶甲科	柳隐头叶甲	*Cryptocephalus hieracii* Weise	一期	
121	鞘翅目	叶甲科	蓝负泥虫	*Lema concinnipennis* Baly	一期	
122	鞘翅目	叶甲科	跗萤叶甲	*Monolepta olichroa* Harold	一期	
123	鞘翅目	叶甲科	黄曲条跳甲	*Phyllotreta vittata* Fab	一期	

续表

序号	目名	科名	种名	拉丁名	调查期	保护级别
124	鞘翅目	叶甲科	柳兰叶甲	*Plagiodera versicolora* Laichart	一期	
125	鞘翅目	叶甲科	杉针黄叶甲	*Xanthonia collaris* Chen	一期	
126	脉翅目	草蛉科	中华草蛉	*Chrysopibae formosa* Brauer.	一期	
127	脉翅目	草蛉科	小四星草蛉	*Ohysopa cognuaeua*	一期	
128	毛翅目	石蛾科	石蛾	*Phryganeaus* sp.	一期	
129	鳞翅目	凤蝶科	碧凤蝶	*Papilio bianor* Cramer	二期	
130	鳞翅目	凤蝶科	黄凤蝶西藏亚种	*Papilio machaon asiaticus* Ménétriès	一期	
131	鳞翅目	凤蝶科	金凤蝶(黄凤蝶)	*Papilio machaon* Linnaeus	一期	
132	鳞翅目	凤蝶科	柑橘凤蝶	*Papilio xuthus* Linnaeus	二期	
133	鳞翅目	绢蝶科	周氏绢蝶	*Panassius choui* Huang et Shi	一期	国家三有
134	鳞翅目	绢蝶科	君主绢蝶	*Panassius imperator* Oberthur	一期	国家二级
135	鳞翅目	绢蝶科	君主绢蝶大通山亚种	*Panassius impevator rex* Bang-Haas	一期	国家二级
136	鳞翅目	绢蝶科	四川绢蝶指名亚种	*Panassius szechenyii szechenyii*	一期	国家三有
137	鳞翅目	绢蝶科	安度绢蝶	*Parnassius andreji* Eisner	二期	国家三有
138	鳞翅目	绢蝶科	红珠绢蝶	*Parnassius bremeri graeseri* Horn	一期	国家三有
139	鳞翅目	绢蝶科	元首绢蝶	*Parnassius cephalus* Grum-Grshimailo	二期	国家三有
140	鳞翅目	绢蝶科	冰清绢蝶	*Parnassius citrinarius* Motschulsky	二期	国家三有
141	鳞翅目	绢蝶科	依帕绢蝶	*Parnassius epaphus* Oberthür	一期	国家三有
142	鳞翅目	绢蝶科	依帕绢蝶青海亚种	*Parnassius epaphus* ssp.	一期	国家三有
143	鳞翅目	绢蝶科	夏梦绢蝶	*Parnassius jacquemontii* Boisduval	二期	国家三有
144	鳞翅目	绢蝶科	黄毛白绢蝶	*Parnassius lalialis* Btlr	一期	国家三有
145	鳞翅目	绢蝶科	小红珠绢蝶甘南亚种	*Parnassius nomion theagenes* Fruhtorfer	一期	国家三有
146	鳞翅目	绢蝶科	小红珠绢蝶秦岭亚种	*Parnassius nomion tsinlingensis* Bryke et Eisner	一期	国家三有
147	鳞翅目	绢蝶科	珍珠绢蝶	*parnassius orleans* Oberthür	二期	国家三有
148	鳞翅目	绢蝶科	小红珠绢蝶	*Parnassius orleanus* Oberthür	一期	国家三有
149	鳞翅目	绢蝶科	西猴绢蝶	*Parnassius simo* Gray	二期	国家三有
150	鳞翅目	绢蝶科	白绢蝶	*Parnassius stubbendorfii* Menetries	一期	国家三有
151	鳞翅目	蛱蝶科	孔雀蛱蝶	*Aglais io* Linnaeus	一期	
152	鳞翅目	蛱蝶科	荨麻蛱蝶	*Aglais urticae* Linnaeus	一期	
153	鳞翅目	蛱蝶科	柳紫闪蛱蝶	*Apatura ilia*(Denis et Schiffermüller)	二期	
154	鳞翅目	蛱蝶科	紫闪蛱蝶	*Apatura iris* L.	一期	
155	鳞翅目	蛱蝶科	闪蛱蝶属一种	*Apatura* sp.	二期	
156	鳞翅目	蛱蝶科	斐豹蛱蝶	*Argynnis hyperbius* Linn.	一期	
157	鳞翅目	蛱蝶科	老豹蛱蝶	*Argyronome laodice* Pall	一期	
158	鳞翅目	蛱蝶科	龙女宝蛱蝶	*Boloria pales*(Denis et Schiffermuller)	二期	
159	鳞翅目	蛱蝶科	龙女宝蛱蝶蝶康定亚种	*Boloria pales palina* Fruhst	一期	
160	鳞翅目	蛱蝶科	小豹蛱蝶	*Brenthis daphne ochroleuca* Fruhostorfer	一期	

续表

序号	目名	科名	种名	拉丁名	调查期	保护级别
161	鳞翅目	蛱蝶科	黑基小豹蛱蝶盐源亚种	*Clossiana evagong* Oberthür	一期	
162	鳞翅目	蛱蝶科	珍珠蛱蝶	*Clossiana gong* Oberhür	一期	
163	鳞翅目	蛱蝶科	灰珠蛱蝶	*Clossiana poles pwlina* Fruhstofer	一期	
164	鳞翅目	蛱蝶科	珍蛱蝶属一种	*Clossiana* sp.	二期	
165	鳞翅目	蛱蝶科	捷豹蛱蝶	*Fabriciana abipps vorax* Butler	一期	
166	鳞翅目	蛱蝶科	灿福蛱蝶	*Fabriciana adippe* Linnaeus	一期	
167	鳞翅目	蛱蝶科	蟾福蛱蝶	*Fabriciana nerippe* Felder	一期	
168	鳞翅目	蛱蝶科	孔雀蛱蝶属一种	*Inachis* sp.	二期	
169	鳞翅目	蛱蝶科	琉璃蛱蝶	*Kaniska canace*(Linnaeus)	二期	
170	鳞翅目	蛱蝶科	细线蛱蝶	*Limenitis cleophas*	二期	
171	鳞翅目	蛱蝶科	横眉线蛱蝶	*Limenitis moltrechti* Kardakoff	二期	
172	鳞翅目	蛱蝶科	折线蛱蝶	*Limenitis sydyi* Lederer	二期	
173	鳞翅目	蛱蝶科	缕蛱蝶	*Litinga cottina*	二期	
174	鳞翅目	蛱蝶科	曲斑珠蛱蝶	*Lssoria eugenia* Eversmann	二期	
175	鳞翅目	蛱蝶科	黑网蛱蝶	*Melitaea amada*	二期	
176	鳞翅目	蛱蝶科	帝网蛱蝶	*Melitaea diamina*	二期	
177	鳞翅目	蛱蝶科	罗网蛱蝶	*Melitaea romanovi*	二期	
178	鳞翅目	蛱蝶科	大网蛱蝶	*Melitaea scotosia*	二期	
179	鳞翅目	蛱蝶科	福豹蛱蝶	*Mesoacidalia charlotta fortura* Janson	一期	
180	鳞翅目	蛱蝶科	银丝豹蛱蝶	*Mesoacidalia clara* Blanch	一期	
181	鳞翅目	蛱蝶科	重环蛱蝶	*Neptis alwina dejeani* Oberthür	一期	
182	鳞翅目	蛱蝶科	小环蛱蝶	*Neptis hylas emodes* Moore	一期	
183	鳞翅目	蛱蝶科	单环蛱蝶	*Neptis rivularis* Scopoli	一期	
184	鳞翅目	蛱蝶科	黄缘蛱蝶	*Nymphalis antiopa* Linnaeus	一期	
185	鳞翅目	蛱蝶科	朱蛱蝶	*Nymphalis xanthomelas* Denis et Schiffermüller	一期	
186	鳞翅目	蛱蝶科	线蛱蝶	*Patathyma elmanni* Subsp	一期	
187	鳞翅目	蛱蝶科	中华黄葩蛱蝶	*Patsuia sinensium* Oberthür	二期	
188	鳞翅目	蛱蝶科	白钩蛱蝶	*Polygonia calbum hemigera* Butler	一期	
189	鳞翅目	蛱蝶科	大紫蛱蝶	*Sasakia charonda*	二期	
190	鳞翅目	蛱蝶科	银斑豹蛱蝶	*Speyeria aglaja*	二期	
191	鳞翅目	蛱蝶科	小红蛱蝶	*Vanessa cardui* Linnaeus	一期	
192	鳞翅目	蛱蝶科	大红蛱蝶	*Vanessa indica* Herbst	一期	
193	鳞翅目	蛱蝶科	印度赤蛱蝶	*Vanessa indica* Herbst	一期	
194	鳞翅目	粉蝶科	皮氏尖襟粉蝶	*Anthocharis bieti* Pieridae	一期	
195	鳞翅目	粉蝶科	红襟粉蝶	*Anthocharis cardamines* Linnaeus	一期	
196	鳞翅目	粉蝶科	红襟粉蝶太白亚种	*Anthocharis cardamines taipaichana* Verity	一期	
197	鳞翅目	粉蝶科	黄尖襟粉蝶	*Anthocharis scolymus* Butler	二期	
198	鳞翅目	粉蝶科	暗色绢粉蝶	*Aporia bieti* Oberthür	二期	
199	鳞翅目	粉蝶科	绢粉蝶	*Aporia crataegi* Linnaeus	二期	
200	鳞翅目	粉蝶科	酪色苹粉蝶	*Aporia hippa* Bremer	一期	

续表

序号	目名	科名	种名	拉丁名	调查期	保护级别
201	鳞翅目	粉蝶科	小檗绢粉蝶	*Aporia hippia*(Bremer)	二期	
202	鳞翅目	粉蝶科	大翅绢粉蝶	*Aporia largeteaui* Oberthür	二期	
203	鳞翅目	粉蝶科	酪色绢粉蝶	*Aporia potanini* Alpheraky	二期	
204	鳞翅目	粉蝶科	箭纹绢粉蝶	*Aporia procris* Leech	二期	
205	鳞翅目	粉蝶科	红黑豆粉蝶	*Colias arida* Alpheraky	二期	
206	鳞翅目	粉蝶科	斑缘豆粉蝶	*Colias erate* Esper	一期	
207	鳞翅目	粉蝶科	、黄粉蝶	*Colias erate* Esper	一期	
208	鳞翅目	粉蝶科	橙黄豆粉蝶	*Colias fieldi* Menetries	一期	
209	鳞翅目	粉蝶科	黎明豆粉蝶	*Colias heos* Herbst	二期	
210	鳞翅目	粉蝶科	豆粉蝶	*Colias hyale* Linnaeus	二期	
211	鳞翅目	粉蝶科	山豆粉蝶	*Colias montium* Oberhür	一期	
212	鳞翅目	粉蝶科	西番豆粉蝶	*Colias sifanica* Grum-Grschimailo	二期	
213	鳞翅目	粉蝶科	锐角翅粉蝶	*Gonepteryx aspasia* Linnaeus	一期	
214	鳞翅目	粉蝶科	尖钩粉蝶	*Gonepteryx mahaguru* Gistel	二期	
215	鳞翅目	粉蝶科	角翅粉蝶	*Gonepteryx rhamni* Linnaeus	二期	
216	鳞翅目	粉蝶科	钩粉蝶属一种	*Gonepteryx* sp.	一期	
217	鳞翅目	粉蝶科	突角小粉蝶	*Leptidea amurensis* Menetries	一期	
218	鳞翅目	粉蝶科	圆翅小粉蝶	*Leptidea gigantea* Leech	二期	
219	鳞翅目	粉蝶科	莫氏小粉蝶	*Leptidea morsei* Fenton	二期	
220	鳞翅目	粉蝶科	锯纹小粉蝶	*Leptidea serrata* Lee	一期	
221	鳞翅目	粉蝶科	小粉蝶	*Leptidea sinapisis* Linnaeus	一期	
222	鳞翅目	粉蝶科	妹粉蝶	*Mesapia peloria* Hewitson	二期	
223	鳞翅目	粉蝶科	黑斑苹粉蝶	*Metaporia melania* Oberthür	一期	
224	鳞翅目	粉蝶科	欧洲粉蝶	*Pieris brassicae* Linnaeus	一期	
225	鳞翅目	粉蝶科	东方粉蝶	*Pieris canidia* Sparrman	一期	
226	鳞翅目	粉蝶科	大卫粉蝶	*Pieris davidis* Oberthür	二期	
227	鳞翅目	粉蝶科	黑脉粉蝶	*Pieris melele* Menetries	一期	
228	鳞翅目	粉蝶科	暗脉菜粉蝶	*Pieris napi* L.	二期	
229	鳞翅目	粉蝶科	菜粉蝶	*Pieris rapae* Linnaeus	一期	
230	鳞翅目	粉蝶科	箭纹云粉蝶	*Pontia callidice* Hübner	二期	
231	鳞翅目	粉蝶科	绿云粉蝶	*Pontia chloridice* Hübner	二期	
232	鳞翅目	粉蝶科	云粉蝶	*Pontia daplidice* Linnaeus	一期	
233	鳞翅目	眼蝶科	大斑草眼蝶	*Aphantopus aruensis* Compana	一期	
234	鳞翅目	眼蝶科	阿芬眼蝶	*Aphantopus hyperantus* L.	一期	
235	鳞翅目	眼蝶科	小型林眼蝶	*Aulocera sybillina* Oberthür	一期	
236	鳞翅目	眼蝶科	花岩眼蝶	*Chazara anthe* Hoffmansegg	二期	
237	鳞翅目	眼蝶科	珍眼蝶	*Coenonympha amaryllis* Cramer	一期	
238	鳞翅目	眼蝶科	西门珍眼蝶	*Coenonympha semenovi* Alph	一期	
239	鳞翅目	眼蝶科	褐眉沙眼蝶	*Epinephele lycaoe* Bott	一期	
240	鳞翅目	眼蝶科	红眼蝶	*Erebia alemena* Gr-Grsh	一期	
241	鳞翅目	眼蝶科	仁眼蝶	*Eumenis autonoe* Esper	二期	

续表

序号	目名	科名	种名	拉丁名	调查期	保护级别
242	鳞翅目	眼蝶科	多眼蝶	*Kirinia epaminondes* Staudinger	一期	
243	鳞翅目	眼蝶科	星斗眼蝶	*Lasiommata cetana* Leech	一期	
244	鳞翅目	眼蝶科	斗毛眼蝶	*Lasiommata deidamia* Eversman	一期	
245	鳞翅目	眼蝶科	黄环链眼蝶	*Lopinga achine* Scopoli	二期	
246	鳞翅目	眼蝶科	亚洲白眼蝶	*Melanargia asiatica* Oberthür et Houlbet	二期	
247	鳞翅目	眼蝶科	甘藏白眼蝶	*Melanargia ganymedes* Ruhl-Heyne	二期	
248	鳞翅目	眼蝶科	白眼蝶	*Melanargia halimede* Ménétriès	一期	
249	鳞翅目	眼蝶科	蛇眼蝶	*Minois dryas* Linnaeus	一期	
250	鳞翅目	眼蝶科	蒙链荫眼蝶	*Neope muirheadi* Falder	一期	
251	鳞翅目	眼蝶科	山眼蝶	*Paralasa batanga* Goltz	二期	
252	鳞翅目	眼蝶科	耳环山眼蝶	*Paralasa herse* Grum-Grshima	二期	
253	鳞翅目	眼蝶科	西藏带眼蝶	*Pararge thibetana* Oberthür	一期	
254	鳞翅目	眼蝶科	矍眼蝶	*Ypthima balda* Fabricius	二期	
255	鳞翅目	眼蝶科	乱云矍眼蝶	*Ypthima megalomma* Butler	二期	
256	鳞翅目	灰蝶科	婀灰蝶	*Albulina orbitula* Prunner	二期	
257	鳞翅目	灰蝶科	白斑蓝灰蝶	*Albulina pherettes* Hbn	一期	
258	鳞翅目	灰蝶科	中华爱灰蝶	*Aricia mandschurica* Staudinger	二期	
259	鳞翅目	灰蝶科	琉璃灰蝶	*Celastrina argiolus* Linnaeus	一期	
260	鳞翅目	灰蝶科	后斑琉璃灰蝶	*Celastrina postimacula*	一期	
261	鳞翅目	灰蝶科	金灰蝶	*Chrysozephyrus smaragdinus* Bremer	二期	
262	鳞翅目	灰蝶科	尖角银灰蝶	*Claucopsyche* sp.	一期	
263	鳞翅目	灰蝶科	枯灰蝶	*Cupide minimus* Füessly	二期	
264	鳞翅目	灰蝶科	尖翅银灰蝶	*Curetis acuta* Moore	二期	
265	鳞翅目	灰蝶科	蓝灰蝶	*Everes argiades* Pallas	二期	
266	鳞翅目	灰蝶科	艳灰蝶	*Favonius orientalis* Murray	一期	
267	鳞翅目	灰蝶科	银灰蝶	*Graucopsyche lycormas* Butler	一期	
268	鳞翅目	灰蝶科	彩灰蝶	*Hysudra selira* Moore	一期	
269	鳞翅目	灰蝶科	黄灰蝶	*Japonica lutea* Hewitson	二期	
270	鳞翅目	灰蝶科	红珠灰蝶	*Lycaeides argyrognomon* Bergstrasser	二期	
271	鳞翅目	灰蝶科	茄纹红珠灰蝶	*Lycaeides cleobis* Bremer	二期	
272	鳞翅目	灰蝶科	橙灰蝶	*Lycaena dispar* Hauorth	二期	
273	鳞翅目	灰蝶科	红灰蝶	*Lycaena phlaeas* Linnaeus	二期	
274	鳞翅目	灰蝶科	霾灰蝶	*Maculinea arion* Linnaeus	二期	
275	鳞翅目	灰蝶科	大斑霾灰蝶	*Maculinea arionides* Staudinger	二期	国家二级
276	鳞翅目	灰蝶科	胡麻霾灰蝶	*Maculinea teleia* Bergstrasser	二期	
277	鳞翅目	灰蝶科	黑灰蝶	*Niphanda fusca* Bremer et Grey	二期	
278	鳞翅目	灰蝶科	豆灰蝶	*Plebejus argus* Linnaeus	一期	
279	鳞翅目	灰蝶科	维纳斯眼灰蝶	*Polyommatus venus* Staudinger	二期	
280	鳞翅目	灰蝶科	彩燕灰蝶	*Rapala selira* Moore	二期	
281	鳞翅目	灰蝶科	优秀洒灰蝶	*Satyrium eximium* Fixsen	二期	
282	鳞翅目	灰蝶科	大洒灰蝶	*Satyrium grande* Felder et Felder	二期	

续表

序号	目名	科名	种名	拉丁名	调查期	保护级别
283	鳞翅目	灰蝶科	珞灰蝶	*Scolitantides orion* Pallas	二期	
284	鳞翅目	灰蝶科	乌灰蝶	*Strymonidia walbum* Knoch	一期	
285	鳞翅目	灰蝶科	线灰蝶	*Thecla betulae* Linnaeus	二期	
286	鳞翅目	灰蝶科	玄灰蝶	*Tongeia fischeri* Eversmann	一期	
287	鳞翅目	弄蝶科	黑弄蝶	*Daimio tethys* Ménétriés	二期	
288	鳞翅目	弄蝶科	弄蝶	*Hesperia comma* Linnaeus	二期	
289	鳞翅目	弄蝶科	稀点弄蝶	*Muschampia staudingeri* Speyer	二期	
290	鳞翅目	弄蝶科	小赭弄蝶	*Ochlodes venata*（Bremer et Grey）	二期	
291	鳞翅目	弄蝶科	曲纹黄室弄蝶	*Potanthus flavus* Murray	二期	
292	鳞翅目	弄蝶科	花弄蝶	*Pyrgus maculatus* Bremer et Grey	二期	
293	鳞翅目	弄蝶科	星点弄蝶	*Syrichtus tessellum* Hùbnerr	一期	
294	鳞翅目	弄蝶科	黑豹弄蝶	*Thhymericus syevaticus* Bremer	一期	
295	鳞翅目	弄蝶科	豹弄蝶	*Thymelicus leoninus* Butler	二期	
296	鳞翅目	蚬蝶科	露娅小蚬蝶	*Polycaena lua* Grum-Grshimailo	二期	
297	鳞翅目	蚬蝶科	第一小蚬蝶	*Polycaena princeps* Oberthür	一期	
298	鳞翅目	蚬蝶科	小蚬蝶	*Polycaena tamerlana* Staudinger	一期	
299	鳞翅目	蚬蝶科	豹蚬蝶	*Takashia nana* Leech	二期	
300	鳞翅目	巢蛾科	巢蛾	*Yponomeuta malinella* Zeller	一期	
301	鳞翅目	卷蛾科	冷杉芽小卷蛾	*Cymolomis hartigiana* Saxesen	一期	
302	鳞翅目	卷蛾科	云杉球果小卷蛾	*Pseudotomoides strobilellus* L.	一期	
303	鳞翅目	蝙蝠蛾科	虫草蝠蛾	*Hepialus armoricanus* Oberthür	一期	
304	鳞翅目	蝙蝠蛾科	碌曲蝠蛾	*Hepialus luquensis*（Yang et Yang）	二期	
305	鳞翅目	蝙蝠蛾科	门源蝠蛾	*Hepialus menyuanicus* Chu et Wang	一期	
306	鳞翅目	蝙蝠蛾科	玉树蝠蛾	*Hepialus yushuensis* Chu et Wang	一期	
307	鳞翅目	毒蛾科	黄斑草毒蛾	*Gynaephora alpherakii*（Grum-Grschimailo）	二期	
308	鳞翅目	毒蛾科	金黄草原毛虫	*Gynaephora aureate* Zhou	二期	
309	鳞翅目	毒蛾科	小草原毛虫	*Gynaephora minora* Zhou	二期	
310	鳞翅目	毒蛾科	青海草原毛虫	*Gynaephora qinghaiensis* Zhou	二期	
311	鳞翅目	毒蛾科	若尔盖草原毛虫	*Gynaephora ruoergensis* Zhou	二期	
312	鳞翅目	毒蛾科	杨雪毒蛾	*Stilpnotia candida* Staudinger	二期	
313	双翅目	蜂虻科	白尻蜂虻	*Anthrax distigma* Wiedemann	一期	
314	双翅目	蜂虻科	乌蜂虻	*Anthrax putealis* Matsumura	一期	
315	双翅目	食虫虻科	中华盗虻	*Cophinopocla chinensis* Fabr.	一期	
316	双翅目	食虫虻科	盾盗虻	*Mdcbimus scuteuavis* Coquillett	一期	
317	双翅目	虻科	短瘤虻	*Hybomitra brevis* Loew	一期	
318	双翅目	虻科	黑灰虻	*Tabanus grandis* Szilady	一期	
319	双翅目	虻科	牧村虻	*Tabanus ichiokai* Ouchi	一期	
320	双翅目	食蚜蝇科	黑带食蚜蝇	*Epistrophe balteata* De Geer	一期	
321	双翅目	食蚜蝇科	鼠尾管食蚜蝇	*Eristalis campestris* Meig	一期	
322	双翅目	食蚜蝇科	灰被管食蚜蝇	*Eristalis cerealis* Fabricius	一期	
323	双翅目	食蚜蝇科	斜斑鼓额食蚜蝇	*Lasiopticus pyrastri* Linnaeus	一期	

续表

序号	目名	科名	种名	拉丁名	调查期	保护级别
324	双翅目	食蚜蝇科	梯斑黑食蚜蝇	*Melanostoma scalare* Fabricius	一期	
325	双翅目	食蚜蝇科	宽带后食蚜蝇	*Metasyrphus confrater* Wiedemann	一期	
326	双翅目	食蚜蝇科	印度细腹食蚜蝇	*Sphaerophoria indiana* Bigot	一期	
327	双翅目	食蚜蝇科	短翅细腹食蚜蝇	*Sphaerophoria scripta* Linnaeus	一期	
328	双翅目	食蚜蝇科	大灰食蚜蝇	*Syrphus corollae* Fabricius	一期	
329	双翅目	食蚜蝇科	凹带食蚜蝇	*Syrphus niteus* Zetterstedt	一期	
330	双翅目	大蚊科	斑大蚊	*Tipula coguiuetti* Enderlein	一期	
331	双翅目	大蚊科	大蚊	*Tipula praepotns* Wiedmann	一期	
332	膜翅目	熊蜂科	两色大熊蜂	*Bombus bicoloratus* Smith	一期	
333	膜翅目	蜜蜂科	中国蜜蜂	*Apis cerana* Fabr	一期	
334	膜翅目	蜜蜂科	意大利蜜蜂	*Apis mellifera* Linnaeus	一期	
335	膜翅目	叶蜂科	松扁叶蜂	*Acantholyda pinivora* Enslin	一期	
336	膜翅目	叶蜂科	落叶松红腹叶蜂	*Pristiphora erichsonii* Hartig	一期	
337	膜翅目	树蜂科	云杉大树蜂	*Sirex gigas* L.	一期	
338	膜翅目	蚁科	黑大蚁	*Camponotus herculeanus japonicus* Mayr	一期	
339	膜翅目	蚁科	黑山蚁	*Formica fusca* Lats	一期	
340	膜翅目	蚁科	暗褐蚁	*Lusius niger* L.	一期	

附　　表

附表1　尕海则岔保护区各类土地面积统计表　　单位：hm^2

功能区	总面积	湿地	耕地	林地	草地	工矿用地	住宅用地	交通运输用地	水域及水利设施用地	其他土地
合计	247 431.0	60 842.1	131.6	45 173.8	128 543.6	120.3	733.7	759.0	6 007.7	5 119.2
核心区	48 062.0	4 034.6		6 417.9	32 461.4	2.6	88.4	93.7	4 920.4	43.0
缓冲区	78 918.0	45 836.5		13 025.8	17 423.5	9.0	346.5	211.8	372.3	1 692.6
实验区	120 451.0	10 971.0	131.6	25 730.1	78 658.7	108.7	298.8	453.5	715.0	3 383.6

说明：到2018年底，保护区内不包含湿地和森林的草地面积为128 543.6hm^2，包含部分湿地、森林的草地面积为189 374.7hm^2，包含青海、四川境内由保护区经营的草地面积为190 768.7hm^2。

附表2　尕海则岔保护区湿地面积统计表　　单位：hm^2

单位	天然湿地	各湿地类型面积								湿地率（%）
		河流湿地			湖泊湿地		沼泽湿地			
		小计	永久性河流	季节或间歇性河流	小计	永久性淡水湖	小计	草本沼泽	沼泽化草甸	
尕海则岔保护区	60 842.1	1 901.2	817.1	1 084.1	4 837.7	4 837.7	54 103.2	3 602.4	50 500.8	24.6
则岔保护站	4 034.6	312.4	40	272.4			3 722.2		3 722.2	6.9
尕海保护站	45 836.5	1 067.4	738.7	328.7	4 837.7	4 837.7	39 931.4	3 602.4	36 329	40.9
石林保护站	10 971	521.4	38.5	482.9			10 449.6		10 449.6	14.3

说明：保护区河流湿地中没有洪泛平原湿地，湖泊湿地中没有季节性淡水湖、永久性咸水湖和季节性咸水湖，沼泽湿地中没有藓类沼泽、草本沼泽、森林沼泽、内陆盐沼、地热湿地和淡水泉或绿洲湿地。

附表3　尕海则岔保护区林地面积统计表　　单位：hm^2

统计单位	林木使用权	林地总面积	有林地（乔木林）					疏林地	未成林地	灌木林		
			小计	幼龄林	中龄林	近熟林	成熟地			小计	国家特别规定灌木林	其他灌木林
全保护区	合计	45 173.8	4 750.2	601.6	2 450.7	1 691.3	6.6	173.4	72.6	40 177.6	33 429.9	6 747.7
	国有	45 069.6	4 750.2	601.6	2 450.7	1 691.3	6.6	167.5	72.6	40 079.3	33 429.9	6 649.4
	集体	104.2						5.9		98.3		98.3
则岔保护站	合计	19 554.6	3 773.5	489.4	1 688.7	1 588.8	6.6	76.7	4.6	15 699.8	10 585.7	5 114.1
	国有	19 450.4	3 773.5	489.4	1 688.7	1 588.8	6.6	70.8	4.6	15 601.6	10 585.7	5 015.9
	集体	104.2						5.9		98.3		98.3

续表

统计单位	林木使用权	林地总面积	有林地(乔木林)					疏林地	未成林地	灌木林		
			小计	幼龄林	中龄林	近熟林	成熟林			小计	国家特别规定灌木林	其他灌木林
尕海保护站	合计	11 053.6								11 053.6	11 045.3	8.4
	国有	11 053.6								11 053.6	11 045.3	8.4
	集体											
石林保护站	合计	14 565.6	976.8	112.3	762.0	102.5		96.7	68.0	13 424.1	11 798.9	1 625.2
	国有	14 565.6	976.8	112.3	762.0	102.5		96.7	68.0	13 424.1	11 798.9	1 625.2
	集体											

附表4 尕海则岔保护区有林地面积蓄积统计表 单位:hm^2、m^3、株

统计单位	林木使用权	活立木蓄积量	林地面积	有林地(乔木林地)						疏林		散生木	
				小计		纯林		混交林					
				面积	蓄积	面积	蓄积	面积	蓄积	面积	蓄积	株数	蓄积
尕海则岔保护区	合计	572 808	4 923.6	4 750.2	560 856	4 406.9	525 907	343.4	34 949	173.4	11 302	8232	650
	国有	571 420	4 917.7	4 750.2	560 856	4 406.9	525 907	343.4	34 949	167.5	9914	8232	650
	集体	1388	5.9							5.9	1388		
则岔保护站	合计	449 632	3 850.1	3 773.4	439 968	3 533.5	418 630	239.9	21 338	76.7	9112	7792	552
	国有	448 244	3 844.2	3 773.4	439 968	3 533.5	418 630	239.9	21 338	70.8	7724	7792	552
	集体	1388	5.9							5.9	1388		
石林保护站	合计	123 176	1 073.5	976.8	120 888	873.3	107 277	103.5	13 611	96.7	2190	440	98
	国有	123 176	1 073.5	976.8	120 888	873.3	107 277	103.5	13 611	96.7	2190	440	98
	集体												

附表5 尕海则岔保护区灌木林面积统计表 单位:hm^2

统计单位	优势树种	合计			国家特别规定灌木林			其他灌木林		
		合计	疏	中	计	疏	中	计	疏	中
保护区合计	合计	40 177.6	31 469.6	8 707.9	33 429.9	25 727.4	7 702.5	6 747.7	5 742.2	1 005.5
	柳灌	779.1	779.1		330.8	330.8		448.4	448.4	
	金露梅	1493	1493		1 440.2	1 440.2		52.8	52.8	
	小檗	214	214					214	214	
	杜鹃	8 024.9		8 024.9	7061		7061	963.9		963.9
	其他灌木	29 666.6	28 983.6	683.1	24 598	23 956.5	641.5	5 068.7	5 027.1	41.6
则岔保护站	合计	15 699.8	14 030.8	1 669.1	10 585.7	9 397.4	1 188.4	5 114.1	4 633.4	480.7
	柳灌	472.9	472.9		69.8	69.8		403.1	403.1	
	金露梅	357.1	357.1		357.1	357.1				
	小檗	168.9	168.9					168.9	168.9	

续表

统计单位	优势树种	合计			国家特别规定灌木林			其他灌木林		
		合计	疏	中	计	疏	中	计	疏	中
则岔保护站	杜鹃	1 665.4		1 665.4	1 188.4		1 188.4	477.1		477.1
	其他灌木	13 035.5	13 031.8	3.6	8 970.4	8 970.4		4065	4 061.4	3.6
尕海保护站	合计	11 053.6	8 471.7	2 581.9	11 045.3	8 463.4	2 581.9	8.4	8.4	
	金露梅	835.1	835.1		835	835		0.2	0.2	
	杜鹃	2237		2237	2237		2237			
	其他灌木	7 981.5	7 636.6	344.9	7 973.3	7 628.4	344.9	8.2	8.2	
石林保护站	合计	13 424.1	8 967.1	4457	11 798.9	7 866.7	3 932.2	1 625.2	1 100.5	524.7
	柳灌	306.2	306.2		260.9	260.9		45.3	45.3	
	金露梅	300.7	300.7		248.1	248.1		52.7	52.7	
	小檗	45	45					45	45	
	杜鹃	4 122.5		4 122.5	3 635.7		3 635.7	486.8		486.8
	其他灌木	8 649.6	8 315.2	334.5	7 654.2	7 357.7	296.6	995.4	957.5	37.9

附表6　尕海则岔保护区草地面积统计表

单位：hm^2

保护区名	所在县	功能分区	土地权属	草地面积		可利用草地面积		退化草地	盐渍化草地	草原病虫鼠害主要类型
				小计	高寒草原	小计	天然草地			
尕海则岔保护区	合计			190 769	190 769	190 426	190 769	51 573	2300	草原鼠害
	甘肃省甘南州碌曲县	合计		189 375	189 374.7	189 375	189 374.7	51 573	2300	草原鼠害
		核心区	国有	28 057.9	28 057.87	28 057.9	28 057.87			
		缓冲区	国有	65 561.5	65 561.46	65 561.5	65 561.46			
		实验区	国有	95 755.4	95 755.35	95 755.4	95 755.35	51 573	2300	草原鼠害
	青海省黄南州河南蒙古族自治县	实验区	国有	1 041.07	1 041.07	1 041.07	1 041.07			
	四川省阿坝州若尔盖县	合计		352.94	352.94	10	352.94			
		缓冲区	国有	10	10	10	10			
		实验区	国有	342.94	342.94		342.94			

说明：到2018年底，保护区内不包含湿地和森林的草地134 541.4hm^2，包含湿地、森林的草地面积189 374.7hm^2，包含青海、四川的草地面积190 768.7hm^2。